普通高等教育“十一五”国家级规划教材

机械工程测试原理与技术

（第3版）

主　编　秦树人
副主编　张明洪　罗德扬
编　委　郭祚达　汤宝平　周吉彬
余　愚　杨成银　田大庆

重庆大学出版社

内 容 提 要

本教材吸收编者多年的教学经验和科研成果，同时借鉴了同类教材的相关内容，着重于物理概念和工程应用的阐述，重点突出，条理清晰，分析透彻，内容符合教学大纲的要求。

本教材共分12章，内容包括：测量误差的基本性质与处理，信号分析基础，测试系统的基本特性，模拟信号分析，信号采集与数字分析原理及技术，传感器原理与测量电路，机械工程几何量测量，振动测试，噪声测量，应变、应力测试，其他机械参量测量（力与扭矩的测量、温度的测量），虚拟测试仪器。不同的专业可根据自己的教学要求选择讲授有关章节。

本书可作为高等学校机械类及相关专业本科生的教材和硕士研究生的参考书，也可供从事机械工程测试工作的工程技术人员参考。

图书在版编目（CIP）数据

机械工程测试原理与技术/秦树人主编. —2版.
—重庆：重庆大学出版社，2011.3（2024.8重印）
ISBN 978-7-5624-2663-9

Ⅰ.①机… Ⅱ.①秦… Ⅲ.①机械工程—测试技术—高等学校—教材 Ⅳ.①TG806

中国版本图书馆CIP数据核字（2011）第025688号

普通高等教育"十一五"国家级规划教材
机械工程测试原理与技术
（第3版）
主 编 秦树人
副主编 张明洪 罗德扬
责任编辑：曾令维 版式设计：曾令维
责任校对：蓝安梅 责任印制：张 策
*
重庆大学出版社出版发行
出版人：陈晓阳
社址：重庆市沙坪坝区大学城西路21号
邮编：401331
电话：（023）88617190 88617185（中小学）
传真：（023）88617186 88617166
网址：http://www.cqup.com.cn
邮箱：fxk@cqup.com.cn（营销中心）
全国新华书店经销
POD：重庆新生代彩印技术有限公司
*
开本：787mm×960mm 1/16 印张：26.5 字数：534千
2016年1月第3版 2024年8月第12次印刷
ISBN 978-7-5624-2663-9 定价：59.00元

前言

“测试技术”自1978年被正式列入机械制造专业的教学课程以来，已成为“机械自动化”、“机械电子工程”、“车辆工程”等专业的主干课程。

测试技术与测试仪器是获取信息、分析和处理测量数据的关键技术与手段，是从事科学研究、产品质量检验与控制不可缺少的工具，可以说，没有测试技术和测试仪器便没有科学研究今天的成就和明天的发展，而整个制造业则会因为没有测试技术和测试仪器而导致产品质量体系的彻底崩溃！因此，测试技术与测试仪器的相关知识是已经或将要从事科技与生产的人员必须学会、必须掌握的一门重要的专业基础知识。

目前与“机械测试”有关的教材和教学参考书已有多种，各种版本各有所长，各有所取。本教材正是以现有的多种版本为借鉴，同时又紧扣时代脉搏，尽可能反映现代测试科学的最新发展撰写而成的。特别需要说明的是，为了弥补“公差与技术测量”课程在机械工程专业中的大幅削减，本教材以一定篇幅对这一测量技术中的重要内容予以反映。

本书由重庆大学秦树人教授任主编并对全书进行统稿。西南石油学院张明洪教授、昆明理工大学罗德扬教授任副主编，四川大学郭祚达副教授、重庆大学汤宝平副教授、四川工业学院佘愚副教授、贵州工业大学周吉彬副教授、杨成银副教授以及四川大学田大庆讲师任编委，全书是在以上各位老师的通力合作下完成的。

重庆大学梁德沛教授担任本书主审。

重庆大学机械学院张承贵高工和博士生钟佑明、纪跃波、郭瑜、季忠、金涛、梁玉前、王见，硕士生谢亭亭、周传德、尹爱军参加了本教材的校对工作。

凡本教材参阅过的文献均一一列于每章的末尾，以备读者查阅。

由于编者水平所限，且成书时间稍嫌仓促，书中定有不少纰漏，望读者指正。

秦树人

2015年12月

于重庆大学机械学院测试中心

目　录

绪　论

0.1 测试技术的任务和重要性

没有测试就没有科学,科学始于测量。测试技术是科学研究工作者感官、思维的延拓和加深。测试技术包含了测量(Measurement)和试验(Test)两方面的含义,是指具有试验性质的测量,或测量与试验的综合。

机械工程测试的对象是机械系统(包括各种机械零件、机构、部件和整机)及其相关组成部分(包括与机械系统有关的电路、电器等)。机械工程测试过程包括测量、试验、测试、计量、检验、故障诊断等过程。

测量的基本任务有两个:一是提供被测对象(如产品)的质量依据;二是提供机械工程设计、制造、研究所需的信息。因此,设计、工艺、测试三者共同构成了机械工程的三大技术支柱。

测试是人们从客观事物中提取所需信息,借以认识客观事物,并掌握其客观规律的一种科学方法。在测试过程中,需要选用专门的仪器设备,设计合理的实验方法和进行必要的数据处理,从而获得被测对象有关信息及其量值。广义来看,测试属于信息科学的范畴。一般说来,信息的载体称为信号,信息蕴涵于信号之中。信息是通过某些物理量的形式来表现的,而这些物理量的形式就是信号。例如,单自由度质量-弹簧系统的动态特性可以通过质量块的位移-时间关系来描述,质量块位移的时间历程就是信号,它包含着该系统的固有频率和阻尼率等特征参数,这些特征参数就是所需要的信息。分析采集到这些信息,就掌握了这一系统的动态特性。

根据信号的物理性质,可以将其分为非电信号和电信号。例如,随时间变化的力、位移、速度、加速度、温度、应力等属于非电信号;而随时间变化的电流、电压则属于电信号。这两者可以借助于换能器装置相互转换。在测试过程中,常常将被测的非电信号通过相应的传感器变换成电信号,以便于传输、调理(放大、滤波)、分析处理和显示记录等。

被测信号中既包含着需要研究的有用信息,但也不同程度地混入了无用信息(例如噪声信号等),各种电磁测量线路和测试装置在不同的环境下工作,不可避免地会受到噪声的干扰。噪声对被测信号所产生的影响,最终将以误差的形式表现出来,导致测试的精确度降低,甚至难以正常进行测试工作。因此,如何在有噪声背景的情况下提取有用信息,是测试工作者的重要任务之一。

具体到机械工程中,例如一部机器或机构,从设计、制造、运行、维修到最终报废,都与机械测试与测量密不可分。现代机械设备的动态分析设计、过程检测控制、产品的质量检验、设备现代化管理、工况监测和故障诊断等,都离不开机械测试,都要依靠机械测试。机械测试是实现这些过程的技术基础,同时也是进行科学探索、科学发现和技术发明的技术手段。

从机械结构动力学分析的角度看,测试技术的任务又可归结为研究系统的输入(激励)、输出(响应)以及系统本身的特性(系统函数或传递函数)和它们三者之间的相互关系:

1)已知激励、响应,求系统的动态特性(传递函数),用以验证系统特性的数学模型。在工程模型试验方面,可进行产品的动态设计、结构参数设计和模型特征参数的研究等。

2)已知系统的特性(传递函数)和响应(输出),求激励(输入),用以研究载荷或载荷谱。某些工程系统(如火箭、车辆、井下钻具等)的载荷(如阻力、风浪等)很难直接测得,设计这些系统时往往凭经验和假设,因此误差较大。采用参数识别的方法能准确地求得载荷。为此目的组成的测试系统称为载荷识别系统,它为产品的优化设计提供了依据。

3)由已知的测量系统对被测系统的响应进行测量分析。被测量可以是电量,也可以是非电量。该系统的功用是测量响应的大小、频率结构和能量分布等,也可用于计量、系统监测以及故障诊断等。

当系统响应超过其特定输出时,控制装置的功能将调整被测系统的参数,使响应(输出)发生相应的改变,从而使系统工作在最佳响应状态或使系统按规定的指令工作。这种响应——控制系统常用于参数的自动测量与控制。

随着科学技术水平的不断提高和生产技术的高速发展,机械工程测试技术也随之向前发展,卡式仪器、总线仪器直至集成仪器,近年出现的虚拟仪器和集成虚拟仪器库不断地丰富测试领域的手段。此外,测试系统的体系结构、测试软件、人工智能测试技术等也有很大的发展。仪器与计算机技术的深层次结合产生了全新的测试仪器的概念和结构。近年来,计算机技术在现代测试系统中的地位显得越来越重要,软件技术已成为现代测试系统的重要组成部分。当然,计算机软件不可能完全取代测试系统的硬件。因此,现代测试技术要求从事测试科技的人员具备良好的计算机技术基础,更要求深入掌握测试技术的基本理论和方法。

在现代测试技术中,通用集成仪器平台的构成技术、数据采集、数字信号分析处理软件技术是决定现代测试仪器系统性能与功能的三大关键技术。以软件化的虚拟仪器和虚拟仪器库为代表的现代测试仪器系统与传统测试仪器相比较的最大特点就在于,用户可在集成仪器平台上按自已的要求开发相应的应用软件,构成自己所需要的实用仪器和实用测试系统,其仪器和系统的功能不局限于厂家的束缚。特别当测试仪器系统进一步实现了网络化以后,仪器资源将得到很大的延伸,其性能价格比将获更大的提高,机械工程测试领域将出现一个更加蓬勃发展的新局面。

0.2 测试过程和测试系统的组成

如前所述,机械工程测试的主要任务就是从机械设备的测试信号中提取所需的特征信息。对于机械系统,信息是其客观存在的静动状态特征。信号中包含有丰富的信息,根据不同的目的要求,信号中所包含的信息有的是有用信息,而另一些则为无用信息。无用信息通常称为噪声。信号也是多种多样的,按物理性质可分为非电信号和电信号。为便于拾取、传输、放大、分析处理和显示记录等,一般都需要将非电信号转换为电信号。

因此,机械工程测试过程一般包含了从被测对象拾取机械信号,再将非电性质的机械信号转换为电信号,信号经放大后输入后续信号处理设备进行分析处理,信号分析处理可采用模拟系统或数字分析处理系统。由于后者有高的性能价格比、高稳定性、高精度,故目前多采用数字式分析处理系统。

为了从被测对象提取所需要的信息,需要采用适当的方式对被测对象实行激励,使其既能产生特征信息,同时又能产生便于检测的信号。例如,在测取机械系统的固有频率时,采用瞬态激振或稳态正弦扫描激振,激发该系统的振动响应,拾取其响应信号。通过分析便可求出系统固有频率。

测试系统由一个或若干个功能元件组成。广义地说,一个测试系统应具有以下的功能,即将被测对象置于预定状态下,并对被测对象所输出的特征信息进行拾取,变换放大,分析处理,判断,记录显示,最终获得测试目的所需要的信息。图0.1表示测试系统的构成。

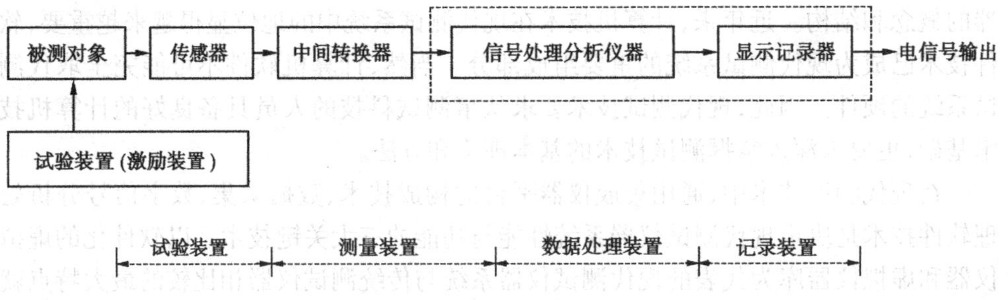

图0.1 测试系统框图

由图0.1可见,一个测试系统一般由试验装置、测量装置、数据处理装置和显示记录装置等所组成。

(1)试验装置

试验装置是使被测对象处于预定的状态下,并将其有关方面的内在联系充分显露出来,以便进行有效测量的一种专门装置。测定结构的动力学参数时,所使用的激振系统就是一种试验装置,如图0.2所示。激振系统由虚拟仪器中的信号发生器

（也可以是单独的信号源）、功率放大器、激振器等组成。信号发生器提供频率在一定范围内可变的正弦信号，经功率放大后，驱动激振器。激振器便产生与信号发生器频率一致的交变激振力，此力作用于被测构件上，使构件处于该频率激振下的强迫振动状态。为保证试验进行所需的各种机械结构也属于试验装置。

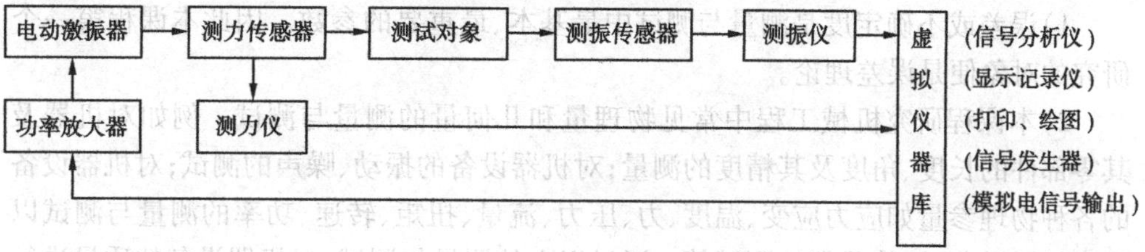

图 0.2　构建频率响应测试系统

（2）测量装置

测量装置是把被测量（如激振力和振动所产生的位移）通过传感器变换成电信号，经过后接仪器的变换、放大、运算，变成易于处理和记录的信号，例如在图 0.2 所示系统中，需要观察在各种频率正弦激振力的作用下，构件产生振动的位移幅值和激振力幅值之比，以及这两个信号相位差的变化情况，为此，采用测力传感器和测力仪组成力的测量装置；用测振传感器和测振仪组成振动位移的测量装置。被测的机械参量经过传感器变换成相应的电信号，然后再输入到后接仪器进行放大、运算等，变换成易于处理和记录的信号形式。所以，测量装置是根据不同的机械参量，选用不同的传感器和相应的后接仪器所组成的测量环节。不同的传感器要求的后接仪器也不相同。

（3）数据处理装置

数据处理装置是将测量装置输出的信号进一步进行处理，以排除干扰和噪声污染，并清楚地估计测量数据的可靠程度。图 0.2 中，虚拟仪器中的信号分析仪就是一台数据处理装置，它可以把被测对象的输入（力信号）与输出（构件的振动位移信号），通过相关的分析运算，得到这两个信号中不同频率成分的振动位移和激振力幅值之比及其相位差，并能有效地排除混杂在信号中的干扰信息（噪声），提高所获得信号（或数据）的置信度。

（4）显示记录装置

显示记录装置是测试系统的输出环节，它可将对被测对象所测得的有用信号及其变化过程显示或记录（或存储）下来，数据显示可以用各种表盘、电子示波器和显示屏等来实现。数据记录则可采用模拟式的各种笔式记录仪、磁带记录仪或光线记录示波器等设备来实现，而在现代测试工作中，越来越多的是采用虚拟仪器直接记录存储在硬盘或软盘上。

0.3 课程的对象和要求

本课程的研究对象为：

1)误差或不确定度是测量与测试中最基本、最重要的参数。因此本课程第一个研究的对象便是误差理论。

2)本课程研究机械工程中常见物理量和几何量的测量与测试。例如对机器及其零部件的长度、角度及其精度的测量；对机器设备的振动、噪声的测试；对机器设备的各种物理参量如应力应变、温度、力、压力、流量、扭矩、转速、功率的测量与测试以及对机器设备动、静平衡的测试等。通过以上的测量与测试，对机器设备的质量进行评价和控制。

3)研究测量测试的方法与系统特性(其内容参考图0.1和图0.2)，从而达到正确地设计测试方案、正确地使用仪器设备以及正确地进行测量测试结果的分析处理。

根据本门学科的对象和任务，对高等学校机械类各有关专业来说，“机械工程测试原理和技术”是一门主干技术基础课。通过对本课程的学习，培养学生能合理地选用测试装置，并初步掌握静、动态机械参量测试方法和常用工程试验所需的基本知识和技能，做到“选得准，用得好”，为在工程实际中完成对象测试任务打下必要的基础。

具体而言，学生在学完本门课程后应具备以下的知识和技能：

①对机械工程测试工作的概貌和思路有一个比较完整的概念，对机械工程测试系统及其各环节有一个比较清楚的认识，并能初步运用于机械工程中某些静、动态参量的测试和产品或结构的动态特性试验。

②了解常用传感器、中间转换放大器的工作原理和性能，并能依据测试工作的具体要求较为合理地选用。

③掌握测试装置静、动态特性的评价、测试方法，测试装置实现不失真测量的条件，并能正确地运用于测试装置的分析和选择。

④掌握信号在基本变换域的描述方法，信号模拟分析、信号数字分析的一些基本概念。掌握信号频谱分析、相关分析的基本原理和方法，并对其延拓的其他分析方法有所了解。

⑤掌握虚拟仪器、虚拟测试系统和信号分析处理软件系统的基本原理和使用。

⑥通过本课程的学习和实践，应能对机械工程中某些静、动态参数的测试自行选择、设计测试仪器仪表，组建测试系统和确定测试方法，并能对测试结果进行必要的数据处理。

本课程具有很强的实践性。在教与学的过程中应紧密联系实际，既要注意掌握基本理论，弄清物理概念，同时，也必须加强对学生动手能力的培养，必须通过教学实验和实践环节，使学生尽可能熟练掌握有关的测试技术和测试方法，达到具有初步处理实际测试工作的能力。

由于本门课程综合应用了多学科的原理和技术，是多门学科的交叉，是数学、物理学、电工学、电子学、机械振动工程、自动控制工程及计算机技术的交叉融合，因此，为了学好本门课程，要求学生在学习本课程之前，应当具备有关学科特别是电工学（含电子技术）和微机原理及应用等课程的基础。

第1章

测量误差的基本性质与处理

1.1 测量误差的基本概念

在几何量、机械量及其他物理量的一切静态测量与动态测量中都不可避免地会产生测量误差,可以说误差存在于一切科学实验之中。测量误差的存在使我们不能直接得到被测量的真实值,有时甚至严重偏离和歪曲测量结果,从而掩盖了被观测事物的客观性。在科技迅速发展的当今社会,人们对产品的精度要求越来越高,对测量技术的精确度寄以更高的期望。因而研究测量误差,了解它的特性,熟悉相应的处理原则,就能有效地减少和消除测量误差的影响,经济地提高测量技术水平,设计出一系列高精度、智能化、自动化的测量系统,更好地为科研和生产服务。

1.1.1 测量误差的定义

某被测量的测量误差是对该量的测量结果与被测量的真值的差异。测量误差值的大小可用以下概念来表示。

(1)绝对误差

被测量的测得值 l 和其真实值 L 之差称被测量的绝对误差,简称误差,用符号 δ 表示:

$$\delta = l - L \tag{1.1}$$

被测量的真值是指一个量在观测条件下严格定义的真实值。可以用理论真值、计量学约定真值或相对真值来表示。例如,一圆周角度为360°,三角形三内角和为180°,即为理论真值。国际计量委员会(CIPM)定义的7个基准量和43个导出量,是国际公认的标准量,就是计量学约定真值。在相对测量中,一等量块的中心长度经检定后的值,可以作为二等量块中心长度检定时的相对真值看待。

(2)相对误差

被测量的绝对误差与其真值之比值的百分数值称相对误差,即

$$相对误差 = \frac{绝对误差}{真值} \times 100\% \approx \frac{绝对误差}{测得值} \times 100\% \tag{1.2}$$

(3)引用误差

引用误差为仪器仪表示值误差与仪表测量范围上限的百分比,即

$$引用误差 = \frac{仪器仪表示值误差}{仪表测量范围上限} \times 100\% \tag{1.3}$$

一般来说,用绝对误差可以评价相同被测量测量精度的高低,相对误差可用于评价不同被测量测量精度的高低。为了减少仪器仪表引用误差,一般应在满量程2/3范围以上进行测量。

例如,用两种方法测得工件 $L_1 = 100\text{mm}$ 的误差分别为 $\delta_1 = \pm 0.01\text{mm}$, $\delta_2 =$

±0. 02mm，从绝对误差看，显然第一种方法精度较高，但若用第三种方法测得 $L_2 = 180\text{mm}$ 时的误差为 $\delta_3 = \pm 0.02\text{mm}$，从绝对误差上不好判定精度的高低，因为 L_2 与 L_1 是不同被测量，此时三者的相对误差为：

$$\frac{\delta_1}{L_1} = \pm\frac{0.01}{100} \times 100\% = \pm 0.01\%$$

$$\frac{\delta_2}{L_1} = \pm\frac{0.02}{100} \times 100\% = \pm 0.02\%$$

$$\frac{\delta_3}{L_2} = \pm\frac{0.02}{180} \times 100\% = \pm 0.011\%$$

可见第一种方法精度最好，第三种居第二，第二种最差。

1.1.2 误差分类

为便于分析与处理误差，按照其特点与性质，可将误差分为随机误差、系统误差、粗大误差三类。

(1)随机误差

在同一测量条件下，多次测量同一量值时，其绝对值和符号以不可预定方式变化的误差。

(2)系统误差

在同一测量条件下，多次测量同一量值时，其绝对值和符号保持不变，或条件改变时，按一定规律变化的误差。

系统误差根据其变化规律又可进行如下划分：

1)按对误差掌握的程度分

①已定系统误差，即误差大小和符号已知。

②未定系统误差，即误差大小和符号未知，但可估计其范围。

2)按误差出现规律分

①不变系统误差，即误差大小和方向为固定值。

②变化系统误差，即误差大小和方向为变化的，按其变化规律又分为线性系统误差、周期性系统误差和复杂规律系统误差等。

如图 1.1 所示。

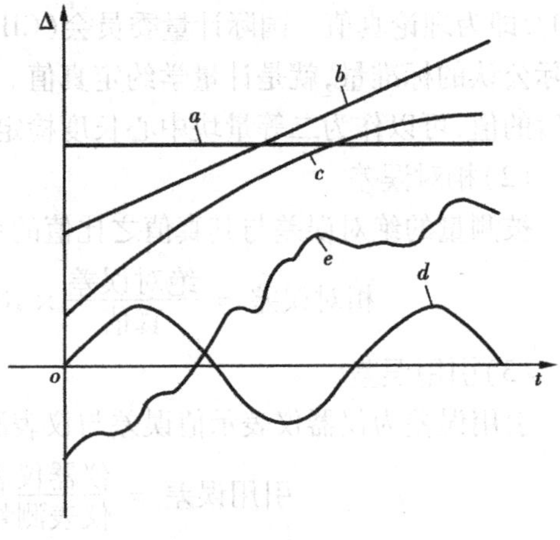

图 1.1 系统误差

a—不变系统误差；*b*—线性系统误差；*c*—非线性系统误差；*d*—周期性系统误差；*e*—复杂规律系统误差

(3)粗大误差

又称寄生误差。超出在规定条件下的误差极限且明显歪曲测量结果的误差。

上面三类误差对测量值的影响各不相同,随机误差反映了测量结果的分散情况,由于它主要是测量时各种随机因素综合影响的结果,一般能借助概率与数理统计的各种分布函数进行处理并估计其大小。系统误差往往数值较大,隐含在测量中又不易被发现,它使测量值偏离真值,故系统误差比随机误差影响更为严重。但由于系统误差形式多样,出现原因各异,一般是借助各种物理判别与统计判别方法,查找出系统误差是否存在于测量之中,然后用一定措施将其减少或消除。粗大误差明显歪曲测量结果,一般是借助各种统计判别方法,将含有粗大误差的坏值予以剔除。但必须注意,三类误差的划分是相对的,在一定条件下,它们可以互相转化。某些条件下的系统误差例如未定系统误差,在其误差限内是变化的,其值大小出现有一定随机性,因而可以视其为随机误差处理;度盘刻线误差一经刻定,属于系统误差,且每条刻线误差较小,但在一整周内各条刻线误差时大、时小、时正、时负,亦可视其为随机误差进行处理。这就形成了误差处理与分析的复杂性。但是,只要把握住各类误差的本质特性,以科学严谨的要求设计各种测量系统和测量方法,从误差的产生根源上消除或减少误差,就可以有效地提高测量精度。

1.1.3　测量结果的精度

反映测量结果与真值接近程度的量。它与误差大小相对应,误差大,精度低;误差小,精度高。因此精度是从另一角度评价测量误差大小的量,可细分为:

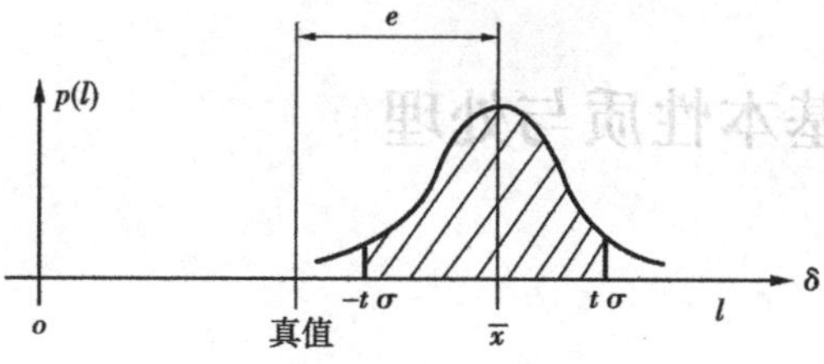

图1.2　误差与精度的相互联系

1)准确度　反映测量中系统误差的大小,即测量结果偏离真值的程度。

2)精密度　反映测量中随机误差的大小,即测量结果的分散程度。

3)精确度　反映测量中系统误差与随机误差综合影响的程度。

可用图1.2来表示误差与精度的相互联系。其中横坐标 l 表示测量值,纵坐标表示测量值对应的概率密度 $p(l)$。

e:由于系统误差使测量结果偏离真值。

$\bar{x}$:测量结果用算术平均值表示。

$\pm t\sigma$:由于随机误差使测量结果有一定分散。

σ:随机误差的统计平均值。

Δ:精确度,即测量结果不确定度或极限误差大小。

$\Delta=(e\pm t\sigma)$:精确度等于系统误差与随机误差的合成。

1.1.4 测量不确定度

表征被测量的真值在某量值范围内不能肯定程度的一个估计。即不确定度就是测量误差极限估计值的评价。

(1)不确定度的估计可分为两大类

1)用统计方法估计的不确定度。通过一定实验和样本,用统计学方法获得不确定度值,例如用标准偏差 σ 反映随机误差,用 $t\sigma$ 反映其极限值,即不确定度大小。

2)用非统计方法估计的不确定度。例如用高精度的标准量比较测量,只能仔细分析比对过程,用经验或其他信息估计不确定度值。

(2)不确定度的合成

1)系统中的随机误差往往可以根据其概率分布用统计方法获得不确定度量值,当有若干分量时,可以按其方差合成,$\sigma = \sqrt{\sigma_1^2 + \sigma_2^2 + \cdots + \sigma_n^2}$,若分量总和分布的置信系数为 t,则系统总不确定度 $\Delta = \pm t \cdot \sigma$。

2)系统中的系统误差往往不能用统计方法分析其不确定度,但已定系统误差可用修正值予以消除,对未定系统误差也可按一定分布,用统计方法获得各不确定度分量,然后求总不确定度。

3)系统中各误差间有一定相互关联时,按方差合成必须考虑协方差的影响,且误差因素之间有传递关系时必须按传递系数进行分析,然后合成随机与系统不确定度,从而得到系统总不确定度大小。

1.2 误差的基本性质与处理

1.2.1 随机误差的概率分布

由于随机误差是由测量中一系列随机因素所引起的,因而随机变量的分布函数就可以用来表达随机误差取某一范围值及取值的概率。若有一非负函数 $f(x)$,使得对任意的实数 x 有分布函数 $F(x)$:

$$F(x) = \int_{-\infty}^{x} f(x)\,\mathrm{d}x$$

则 $f(x)$ 称为 x 的概率分布密度函数

$$P\{x_1 < x \leqslant x_2\} = F(x_2) - F(x_1) = \int_{x_1}^{x_1} f(x)\,\mathrm{d}x \tag{1.4}$$

因此,凡是能把随机误差取值于某一范围的每个值及其概率表达出来的函数都是随机误差的一种分布。

从中心极限定理知道,在满足林德贝格条件时随机误差呈正态分布,但在实践中

各种非正态分布也很多,故对随机误差一般将其按下述数学模型予以研究:

(1)正态分布

如图1.3所示,大多数随机误差都服从正态分布,其应用范围包括各种物理、机械、电气、化学等特性分布。例如铝合金板抗拉强度、电容器电容变化、磨擦磨损、噪声发生器输出电压、纤维纤度等,其误差特性一般可用正态分布估计。

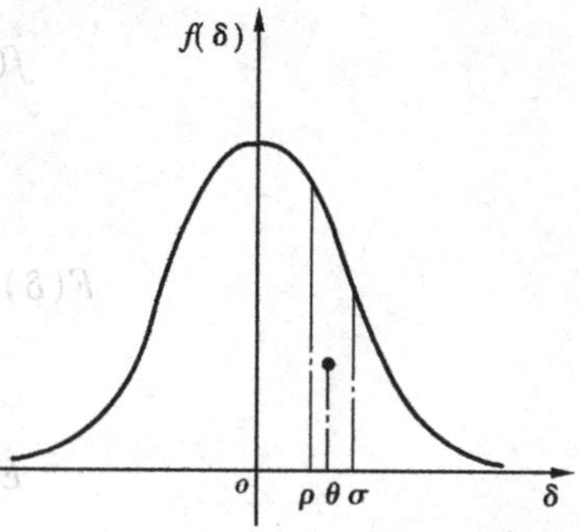

图1.3　正态分布曲线

正态分布的密度函数$f(\delta)$、分布函数$F(\delta)$、数学期望$E(\delta)$、方差$D(\delta)$、平均误差θ和或然误差ρ分别用下列各式计算:

$$f(\delta) = \frac{1}{\sigma\sqrt{2x}}e^{-\frac{\delta^2}{2a^2}} \cdot d\delta \tag{1.5}$$

$$F(\delta) = \int_{-\infty}^{\delta} f(\delta) \cdot d\delta \tag{1.6}$$

$$E(\delta) = \int_{-\infty}^{\infty} \delta f(\delta) \cdot d\delta = 0 \tag{1.7}$$

$$D(\delta) = \sigma^2 = \int_{-\infty}^{\infty} \delta^2 f(\delta) d\delta \tag{1.8}$$

$$\theta = \int_{-\infty}^{\infty} |\delta| \cdot f(\delta) \cdot d\delta = 0.797\,9\sigma \approx \frac{4}{5}\sigma \tag{1.9}$$

$$\rho = 0.674\,5\sigma \approx \frac{2}{3}\sigma \tag{1.10}$$

(2)均匀分布

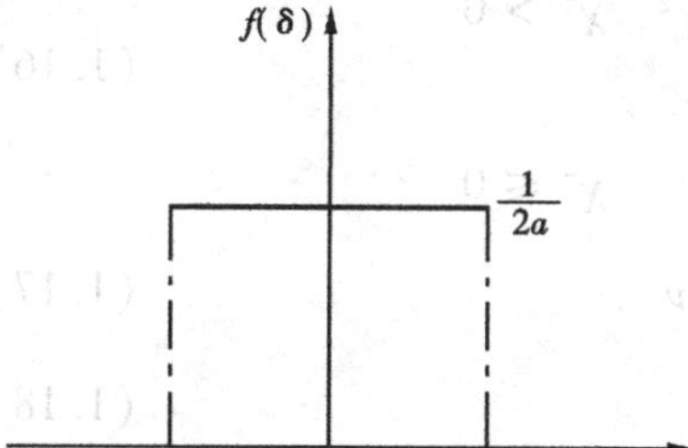

图1.4　均匀分布曲线

如图1.4所示,其重要性与正态分布相同,根据概率理论,连续变量x的任何密度函数都可以变换为均匀分布密度$f(y) = 1(0 < y < 1)$。

令$y = G(x)$,$G(x) = X = \int_{-\infty}^{\pi} f(x) dx$,则$y = G(x)$是$X$的累积分布函数,则$f(x) = \frac{dG(x)}{dx} = \frac{dy}{dx}$。根据累积分布的性质,$f(y) = 1$。

例如:电子计数器末位量化±1误差、仪器度盘刻度误差、传动机构空程误差、数据计算的舍入误差等的概率分布密度函数$f(\delta)$、分布函数$F(\delta)$、数学期望$E(\delta)$和方差$D(\delta)$分别用下列各式计算:

$$f(\delta)=\begin{cases}\dfrac{1}{2a} & |\delta|\leqslant a\\ 0 & |\delta|>a\end{cases}\tag{1.11}$$

$$F(\delta)=\begin{cases}0 & \delta\leqslant -a\\ \dfrac{\delta+a}{2a} & -a<\delta\leqslant a\\ 1 & \delta>a\end{cases}\tag{1.12}$$

$$E(\delta)=\int_{-a}^{a}f(\delta)\mathrm{d}\delta=0\tag{1.13}$$

$$D(\delta)=\sigma^2=\int_{-a}^{a}\delta^2 f(\delta)\mathrm{d}\delta=\frac{a^2}{3}\tag{1.14}$$

(3) χ^2 分布

它是随机变量函数的一种分布,如图 1.5 所示。可以用于检验随机误差是否服从某种分布。

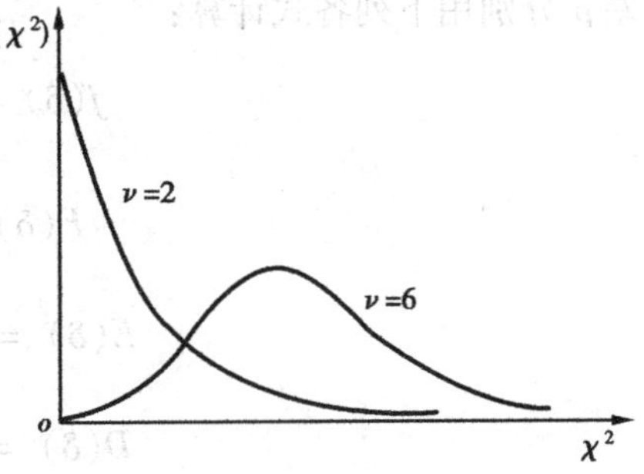

图 1.5 χ^2 分布曲线

设 $\xi_1,\xi_2,\cdots,\xi_\nu$ 为 ν 个独立随机变量,每个都服从正态分布,则

$$\chi^2=(\xi_1^2+\xi_2^2+\cdots+\xi_\nu^2)\tag{1.15}$$

称为自由度为 ν 的卡埃平方变量。其中 $\nu=(n-1)$,n 表示样本数。根据概率理论知:当 ν 充分大时,χ^2 曲线趋近正态曲线。其概率分布密度函数 $f(\chi^2)$、数学期望 $E(\chi^2)$ 和方差 $D(\chi^2)$ 分别如下:

$$f(\chi^2)=\begin{cases}\dfrac{2^{-\frac{\nu}{2}}}{\Gamma\left(\dfrac{\nu}{2}\right)}(\chi^2)^{\frac{\nu}{2}-1}\cdot \mathrm{e}^{-\frac{\chi^2}{2}} & \chi^2>0\\ 0 & \chi^2\leqslant 0\end{cases}\tag{1.16}$$

$$E(\chi^2)=\int_0^{\infty}\chi^2 f(\chi^2)\cdot\mathrm{d}\chi^2=\nu\tag{1.17}$$

$$D(\chi^2)=2D\nu\tag{1.18}$$

例 1.1 已知维尼纶纤维纤度在正常生产状态下遵从正态分布,$N(1.405,0.048^2)$,某日抽取 5 根纤维样本测得其纤度为:1.32,1.55,1.36,1.40,1.44,问这一天纤维总体标准差是否正常?给定 $\alpha=0.1$。

计算统计量 χ^2:

$$\chi^2=\frac{\sum\limits_{i=1}^{n}(x_i-\bar{x})^2}{\sigma^2}$$

$$\bar{x} = \frac{\sum_{i=1}^{n} x_i}{n} = \frac{(1.32 + 1.55 + 1.36 + 1.40 + 1.44)}{5} = 1.414$$

$$\chi^2 = \frac{\sum_{i=1}^{5}(x_i - \bar{x})^2}{\sigma^2} = 13.5 \quad (\sigma^2 = 0.048^2)$$

$\nu = n - 1 = 5 - 1 = 4$，查χ^2分布表得：$\chi^2_{\alpha/2} = 9.49$。

根据：$P(\chi^2 \geqslant \chi^2_\alpha) = \alpha, P(\chi^2 = 13.5 > \chi^2_{\alpha/2} = 9.49) = \alpha$。

否认原假设：$\sigma \neq \sigma_0$，纤维纤度标准差已经不正常，概率为90%。

测量误差除上述分布外，还有反正弦分布，t分布，F分布，二项分布，三角分布，二点分布，双峰正态分布，指数分布，维布尔二参数、三参数分布，泊松分布，超几何分布，对数正态分布等等。借助各种分布总可以对随机误差性质作相应概率分析。

1.2.2 随机误差的估计

(1)用测量的标准差估计

标准偏差σ定义为$\sigma = \sqrt{D(x)}$ ($D(x)$——随机误差的方差)，是一定测量条件下随机误差δ_i的最常用估计值，一般按照下式计算

$$\sigma = \sqrt{\frac{\delta_1^2 + \delta_2^2 + \cdots + \delta_n^2}{n}} = \sqrt{\frac{\sum_{i=1}^{n}\delta_i^2}{n}} \tag{1.19}$$

测量次数n应充分大，在真值未知时，δ_i不可求，一般可用残余误差ν_i代替真值误差δ_i，$\nu_i = (x_i - \bar{x})$。标准偏差σ的常用估计方法有：

1)贝塞尔公式

$$\sigma_1 = \left[\sum_{i=1}^{n}(\nu_1^2 + \nu_2^2 + \cdots + \nu_n^2)/(n-1)\right]^{\frac{1}{2}} = \sqrt{\frac{\sum_{i=1}^{n}\nu_i^2}{n-1}} \tag{1.20}$$

使用贝塞尔公式时，由于统计分析采用了测量的全部信息，对标准差的估计精度较高。数学家高斯证明其估计精度为：

$$\delta_{\sigma_1} = \frac{0.707}{\sqrt{n-1}}\sigma = \frac{\sigma}{\sqrt{2n}} \quad (\sigma \text{——总体标准误差，当} n \to \infty \text{时})$$

2)别捷尔斯公式

$$\sigma_2 = 1.253\frac{\sum_{i=1}^{n}|\nu_i|}{\sqrt{n(n-1)}} \qquad \nu_i = (x_i - \bar{x}) \tag{1.21}$$

估计精度为：

$$\delta_{\sigma_2}=\frac{0.756}{\sqrt{n-1}}\sigma \qquad (\sigma\text{—— 总体标准误差，当 } n\to\infty \text{ 时})$$

(2)用极限误差估计

用标准偏差 σ 估计随机误差是一个统计平均值，在许多情况下，需要知道其极限误差的大小。由于随机误差具有一定分布，可以通过分布去估计随机误差最大取值范围。测量的极限误差应是测量结果的误差不超过该极限值的概率为 P，并使差值 $(1-P)$ 可以忽略，因此与测量次数 n 和随机误差分布有关。

随机误差服从正态分布时：

$$P=\int_{-\infty}^{\infty}f(\delta)\,\mathrm{d}\delta=\int_{-\infty}^{\infty}\frac{1}{\sigma\sqrt{2\pi}}\mathrm{e}^{-\frac{\delta^2}{2\sigma^2}}\mathrm{d}\delta=1$$

估计其在 $(-\delta$ 到 $\delta)$ 范围内概率为：

$$P(\pm\delta)=\frac{1}{\sigma\sqrt{2\pi}}\int_{-\delta}^{\delta}\mathrm{e}^{-\frac{\delta^2}{2\sigma^2}}\mathrm{d}\delta=\frac{2}{\sigma\sqrt{2\pi}}\int_{0}^{\delta}\mathrm{e}^{-\frac{\delta^2}{2\sigma^2}}\mathrm{d}\delta \tag{1.22}$$

设：$t=\dfrac{\delta}{\sigma}$，$\delta=t\cdot\sigma$，$P(\pm\delta)=\dfrac{2}{\sqrt{2\pi}}\displaystyle\int_0^t \mathrm{e}^{-\frac{t^2}{2}}\mathrm{d}t$，$\Phi(t)=\dfrac{1}{\sqrt{2\pi}}\displaystyle\int_0^t \mathrm{e}^{-\frac{t^2}{2}}\mathrm{d}t$——概率积分函数。则 $P(\pm\delta)=2\Phi(t)$，随机误差超出此极限误差 $\delta=\pm t\cdot\sigma$ 的概率为

$$\alpha=1-2\Phi(t) \tag{1.23}$$

表 1.1 给出了几个典型 t 值及相应概率。

表 1.1　t 值及相应概率

t	$\lvert\delta\rvert=t\sigma$	不超出 $\lvert\delta\rvert$ 概率 $2\Phi(t)$	超出 $\lvert\delta\rvert$ 概率 $\alpha=1-2\Phi(t)$	测量次数 n	可能超出 $\lvert\delta\rvert$ 的次数
1	σ	0.682 6	0.317 4	3	1
2	2σ	0.954 4	0.045 6	22	1
3	3σ	0.997 3	0.002 7	370	1
4	4σ	0.999 9	0.000 1	15 626	1

当 $t=3$ 时，随机误差极限为 $\lvert\delta\rvert=3\sigma$，超出概率仅为 0.002 7。

$\alpha=1-P=0.002\,7=\dfrac{1}{370}$，相当于 370 次测量有一次可能超出 $\lvert3\sigma\rvert$，由此可见，给定不同 α，对应不同 t 值，可以估计极限误差取值范围。

α——显著性水平，显著度。

P——置信概率。

t——概率分布置信系数。

$t\cdot\sigma$——极限误差大小（置信限）。

显然，当随机误差分布不同时，给定 α，由其分布函数就可以估计随机误差的极限值 $\delta=\pm t_\alpha\sigma$，相应置信概率也随之确定。

(3)算术平均值的标准偏差和极限误差

由于随机误差存在，等精度测量时，每次测量值 x_i 各不相同，为减少随机误差影响，常常取多次测量的算术平均值作为被测量的测量结果。

$$\bar{x} = \frac{x_1 + x_2 + \cdots + x_n}{n} = \frac{\sum_{i=1}^{n} x_i}{n} \tag{1.24}$$

取方差：$D(\bar{x}) = \frac{1}{n^2}[D(x_1) + D(x_2) + \cdots + D(x_n)]$ 的等精度测量时：

$$D(x_1) = D(x_2) = \cdots = D(x_n)$$

所以

$$D(\bar{x}) = \frac{1}{n}D(x) \tag{1.25}$$

$$\sigma_{\bar{x}}^2 = \frac{\sigma^2}{n},\ \sigma_{\bar{x}} = \frac{\sigma}{\sqrt{n}} \tag{1.26}$$

由此可见，取算术平均值为测量结果，其标准偏差 $\sigma_{\bar{x}}$ 是单次测量 σ 的 $\frac{1}{\sqrt{n}}$。

一般说来，当 x_i 服从正态分布时，$\bar{x} = \sum_{i=1}^{n} x_i/n$ 也服从正态分布，因而其极限误差可表示为：

$$\delta_{\lim \bar{x}} = \pm t\sigma_{\bar{x}} \tag{1.27}$$

通常取 $t = 3, P = 0.997\,3, \bar{x} = \frac{1}{n}\sum_{i=1}^{n} x_i$。

1.2.3　系统误差的发现准则和减少消除方法

(1)发现和判定准则

1)实验对比法　主要发现不变系统误差。

例如 0 级量块，公称尺寸 $l = 20$mm 时，由于制造偏差，其中心长度相对 20mm 有一不变系统误差 Δl，多次重复测量不能发现此误差，当用一等量块与其比较测量时，就可检定出 0 级量块中心长度实际值 l'，$\Delta l = (l' - L)$，系统误差 Δl 可以找出来。

2)残余误差 ν_i 观察法　主要发现有规律变化的系统误差(简称系差)。

若测量列含有变化系差，其测得值为：$l_1, l_2, \cdots, l_n$。设其系统误差为：$\Delta l_1, \Delta l_2, \cdots, \Delta l_n$，其不含系统误差测量值为：$l'_1, l'_2, \cdots, l'_n$，则有：

$$l_i = l'_i + \Delta l_i \tag{1.28}$$

取算术平均值：$\bar{l} = \bar{l}_i + \Delta\bar{l}_i$。其中 $\bar{l}_i$ 表示测得值的平均值，$\Delta\bar{l}_i$ 表示系统误差的平均值。因为 $\nu_i = l_i - \bar{l}$，相应 $\nu'_i = l'_i - \bar{l}'_i$(不含系差测量值与其平均值之差)，所以有

$$\begin{aligned}\nu_i &= l_i - \bar{l} = (l'_i + \Delta l_i) - \bar{l} = l'_i - \bar{l}'_i + \Delta l_i + \bar{l}'_i - \bar{l} = \\ &(l'_i - \bar{l}'_i) + [\Delta l_i - (\bar{l} - \bar{l}'_i)] = \nu'_i + (\Delta l_i - \Delta\bar{l})\end{aligned} \tag{1.29}$$

$\Delta\bar{l} = (\bar{l} - \bar{l}'_i)$——算术平均值系差。

由于 $\nu'_i = l'_i - \bar{l}'_i$ = 不含系差测量值 - 不含系差测量值的平均值，故 ν'_i 主要反映了随机误差的影响，当测量列中系统误差显著大于随机误差时，ν'_i 可以忽略，则 $\nu_i = (\Delta l_i - \Delta\bar{l})$，由于 $\Delta\bar{l}$ 为确定值，所以测量列中残余误差 ν_i 的变化主要反映测量中系统误差 Δl_i 的变化。若将测量列的 ν_i 按序作图进行观察，并与图 1.6 的图形比较，即可判断有无系统误差。

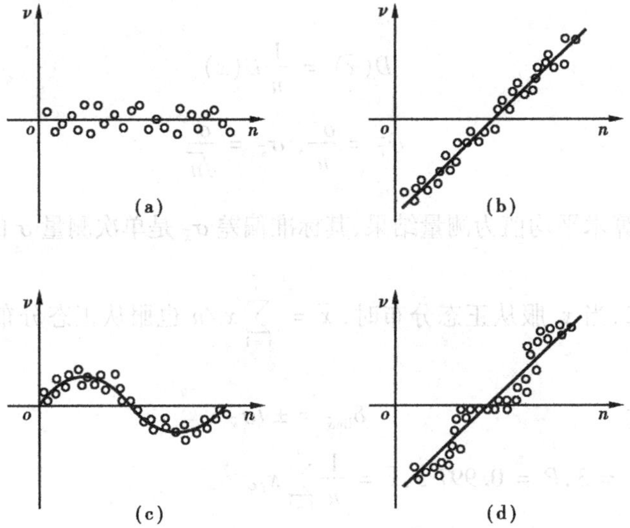

图 1.6 含系差的测量列

(a) ν_i 大体上正负相间无显著变化规律——不存在系差；

(b) ν_i 有规律地向一个方向成比例变化——有线性系差存在；

(c) ν_i 有规律地重复交替呈周期性变化——周期性系差存在；

(d) ν_i 呈周期性与线性复合变化——复杂系差存在

3) 马利科夫(M. ϕ. Malukob)判据 发现线性系差。将等精度测量列按顺序排列，n 为偶数时，取 $k = \frac{n}{2}$；n 为奇数时，取 $k = \frac{n+1}{2}$。

令 $\Delta = \sum_{i=1}^{k}\nu_i - \sum_{i=k+1}^{n}\nu_i = \sum_{i=1}^{k}\nu'_i + \sum_{i=1}^{k}(\Delta_i - \Delta\bar{l}) - \sum_{i=k+1}^{n}\nu'_i - \sum_{i=k+1}^{n}(\Delta_i - \Delta\bar{l})$

当 n 足够大时，由于 ν'_i 主要是反映随机误差，$\sum_{i=1}^{k}\nu'_i \to 0$，$\sum_{i=k+1}^{n}\nu'_i \to 0$，故

$$\Delta = \sum_{i=1}^{k}(\Delta_i - \Delta\bar{l}) - \sum_{i=k+1}^{n}(\Delta_i - \Delta\bar{l}) \tag{1.30}$$

若有线性系统误差存在，Δ 将显著不为零（$\Delta > |\nu_i|_{max}$）。

例 1.2　测量一装置温度得如下结果，由 ν_i 规律曲线（图 1.7）明显可见有线性系差存在。（$n=10$）

t_i	20.06	20.07	20.06	20.08	20.10	20.12	20.14	20.18	20.18	20.21
ν_i	-0.06	-0.05	-0.06	-0.04	-0.02	0	+0.02	+0.06	+0.06	+0.09

$$\Delta = \sum_{i=1}^{5}\nu_i - \sum_{i=5}^{10}\nu_i = -0.23 - 0.23 = -0.46$$

$$|\nu_i|_{max} = 0.09$$

$|\Delta| \gg |\nu_i|_{max}$ 显著不为零，说明有线性系差，与观察结果一致。

4）Abbe-Helmert 判据　判定周期性系差。

将等精度测量列的残余误差 ν_i 按序排列，如果系统误差明显大于随机误差，并呈周期性变化，则（$\nu_i - \nu_{i+1}$）符号也会出现周期性变化。

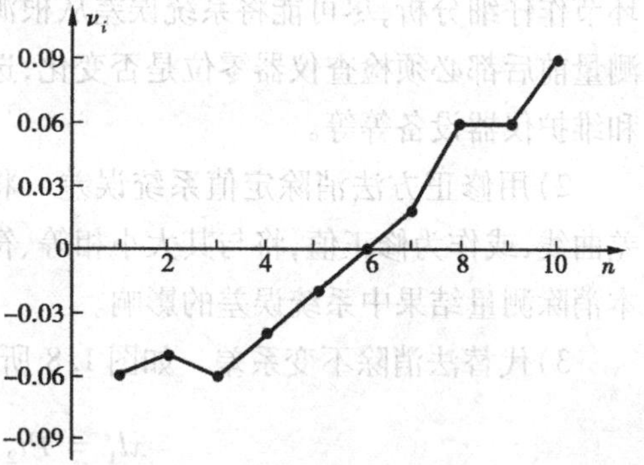

图 1.7　ν_i 规律曲线

令 $\Delta = \left|\sum_{i=1}^{n-1}\nu_i\nu_{i+1}\right| = |\nu_1\nu_2 + \nu_2\nu_3 + \cdots + \nu_{n-1}\nu_n|$，则当式（1.31）成立时，可有效确定周期性系统误差存在。

$$\Delta > \sqrt{(n-1)\sigma^2} \tag{1.31}$$

5）不同公式计算 σ 比较法

用贝赛尔公式：$\sigma_1 = \sqrt{\dfrac{\sum_{i=1}^{n}\nu_i^2}{n-1}}$

用别捷尔斯公式：$\sigma_2 = 1.253\dfrac{\sum_{i=1}^{n}|\nu_i|}{\sqrt{n(n-1)}}$

n 有限时，二者有差异。但如主要是随机误差存在，其差异应有一定限度。观察二者的相对误差

$$e = \frac{\sigma_2 - \sigma_1}{\sigma_1} = \frac{\sigma_2}{\sigma_1} - 1$$

即
$$\frac{\sigma_2}{\sigma_1} = 1 + e$$

可以证明 $\sigma\left(\frac{\sigma_2}{\sigma_1}\right) = \frac{1}{\sqrt{n-1}}$，其极限误差为 $e = \frac{2}{\sqrt{n-1}} = 2\sigma\left(\frac{\sigma_2}{\sigma_1}\right)$。因此，当式(1.32)成立时，可怀疑测量列中有系统误差。

$$\frac{\sigma_2}{\sigma_1} \geqslant 1 + \frac{2}{\sqrt{n-1}} \tag{1.32}$$

(2)减少和消除方法

1)从产生误差根源上消除　测量时首先对测量过程中可能产生系统误差的各环节作仔细分析，尽可能将系统误差从根源上予以消除。例如按测量规程调整仪器，测量前后都必须检查仪器零位是否变化，选择合理的支撑与定位面，进行周期的检定和维护仪器设备等等。

2)用修正方法消除定值系统误差　将测量出的系统误差数值做成误差表或误差曲线，或作为修正值，将与其大小相等、符号相反的数值加入到测量结果中，即可基本消除测量结果中系统误差的影响。

3)代替法消除不变系差　如图1.8所示，用标准量 P 与重物 x 平衡

$$xl_1 = Pl_2, x = \frac{l_2}{l_1}P$$

由于臂长 l_1 与 l_2 不可能绝对相等，取 $x = P$ 时产生系统误差。现用另一标准量 Q 代替 x，重新平衡，则 $Q = \frac{l_2}{l_1}P$，取 $x = Q$ 就可以消除臂长不等引起的系统误差。

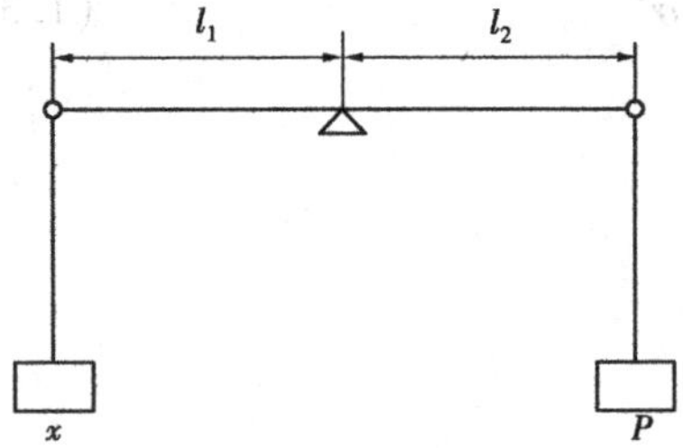

图1.8　代替法消除不变系差

4)抵消法消除固定系差　在工具显微镜上用顶尖定位影像法测量细纹中径，由于螺纹轴线与工作台移动测量轴线不可能绝对重合，致使一牙侧面螺纹中径 d_2 有系统误差，而螺纹对应另一牙侧面也同时产生与之大小相等、方向相反的系统误差，若取二牙侧中径测得值的平均值为结果，则可使此系统误差互相抵消，从而提高了中径测量精度。

5)交换法消除不变系差　如图1.8所示，x 与 P 平衡后，$x = \frac{l_2}{l_1}P$，然后将 x 与 P

交换位置，由于 $l_1 \neq l_2$，$P' = \frac{l_2}{l_1}x$，二式相乘得

$$x^2 = PP',x = \sqrt{PP'} = P\left(\frac{P'}{P}\right)^{\frac{1}{2}} = P\left(1 + \frac{P' - P}{P}\right)^{\frac{1}{2}}$$

按级数展开，舍去高阶项，$x = P\left[1 + \frac{P' - P}{2P}\right] = \frac{P + P'}{2}$，此时臂长不等带来的系统误差不再影响测量结果。

6）对称测量法消除线性系统误差　线性系统误差的特点是，相对中点的系统误差平均值相等，如图 1.9 所示，即满足：

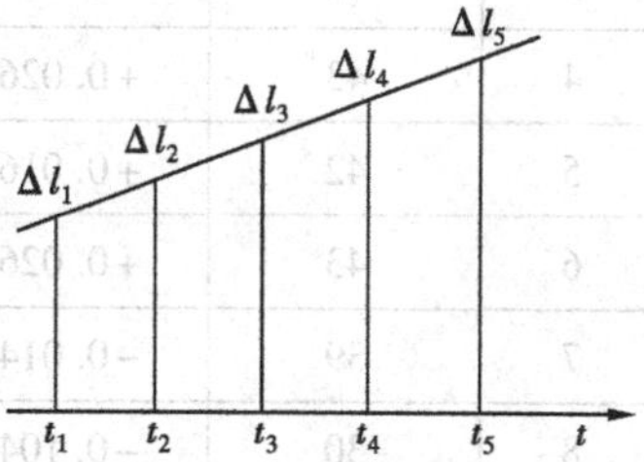

图 1.9　对称测量法消除线性系差

$$\Delta l_3 = \frac{\Delta l_1 + \Delta l_5}{2} = \frac{\Delta l_2 + \Delta l_4}{2}$$

若将测量对称安排，取对称点两次测得值的平均值为测得结果，即可消除系统误差。

7）半周期测量法消除周期性系统误差　周期性系差可表示为：$\Delta l = a\sin\varphi$。当测量 φ_1 时，$\Delta l_1 = a\sin\varphi_1$，若同时在 $\varphi_2 = \varphi_1 + \pi$ 处测量，得

$$\Delta l_2 = a\sin(\varphi_1 + \pi) = -a\sin\varphi_1 = -\Delta l_1$$

取半周期二次测量平均值为测得结果，则周期性系差变为 $\frac{\Delta l_1 + \Delta l_2}{2} = \frac{\Delta l_1 - \Delta l_1}{2} = 0$。

1.2.4　测量粗大误差的存在判定准则

由于随机误差在一定条件下有一定极限范围，若测量中个别值明显地偏离结果，很可能是由于粗大误差影响产生，因此对粗大误差，总可以从一定的概率意义去判断它是否已存在测量值之中。常用的准则有：

（1）3σ 准则

一般呈正态分布的随机误差分布在 $\pm 3\sigma$ 以外的概率为 0.002 7，即约 0.3%，相当于 $\frac{1}{370}$，为小概率事件，故当测量值的 $|\nu_i| > 3\sigma$ 时，可以认为对应的测量值 l_i 含有粗大误差，应予剔除。

例 1.3　对温度测量 15 次，结果如下表所示，若已不含系差，试判定是否含有粗大误差的测量值。

n	x	ν	ν^2	ν'	ν'^2	
1	20.42	+0.016	0.000 256	+0.009	0.000 081	
2	43	+0.026	0.000 676	+0.019	0.000 361	
3	40	−0.004	0.000 016	−0.011	0.000 121	
4	43	+0.026	0.000 676	+0.019	0.000 361	
5	42	+0.016	0.000 256	+0.009	0.000 081	
6	43	+0.026	0.000 676	+0.019	0.000 361	
7	39	−0.014	0.000 196	−0.021	0.000 441	$\bar{x}=20.404$
8	30	−0.104	0.010 816	—	—	$\sigma=\sqrt{\frac{[\nu^2]}{n-1}}=0.033$
9	40	−0.004	0.000 016	−0.011	0.000 121	$3\sigma=0.099$
10	42	+0.016	0.000 256	+0.009	0.000 081	
11	41	+0.006	0.000 036	−0.001	0.000 001	
12	39	−0.014	0.000 196	−0.021	0.000 441	
13	39	−0.014	0.000 196	−0.021	0.000 441	
14	40	−0.004	0.000 036	−0.011	0.000 121	
15	43	+0.026	0.000 676	+0.019	0.000 361	

因第 8 个测量值$|\nu_8|=0.104>3\sigma=0.099$，故$x_8$含有粗大误差，应剔除，剩余 14 个值再计算：$\bar{x}'=20.411$，$\sigma'=\sqrt{\frac{[\nu'^2]}{n-1}}=\sqrt{\frac{[\nu'^2]}{13}}=0.016$，$3\sigma'=0.048$，14 个测量值均不含粗大误差。

(2) Grubbs 准则

若将等精度测量列x_i排成顺序统计量$x_{(1)}<x_{(2)}<\cdots<x_{(n)}$，按顺序统计量的极值分布理论，Grubbs 导出了$g(n)=\frac{x_{(n)}-\bar{x}}{\sigma}$，$g(1)=\frac{\bar{x}-x_{(1)}}{\sigma}$的分布，给定显著度$\alpha$，可得表 1.2 所示临界值$g_0(n,\alpha)$。而

$$P\left(\frac{x_{(n)}-\bar{x}}{\sigma}\geqslant g_0(n,\alpha)\right)=\alpha,P\left(\frac{\bar{x}-x_1}{\sigma}\geqslant g_0(n,\alpha)\right)=\alpha \tag{1.33}$$

当计算统计量$g_{(i)}\geqslant g_0(n,\alpha)$，即认为该测量值含粗大误差，应剔除。

用上例数值排成顺序统计量：$x_{(1)}=20.30$，$x_{(15)}=20.43$。因

$\bar{x}=20.404$，$\nu_1=20.30-20.404=-0.104$，$\nu_{15}=20.43-20.404=0.026$

故$x_{(1)}$应先怀疑有粗大误差，计算$g_{(1)}=\frac{\bar{x}-x_{(1)}}{\sigma}=3.15$。

查表 1.2，$g_0(15,0.05)=2.41$，$g_{(1)}>g_0$，故 x_8 含有粗大误差，与上例判定结果相一致。

表 1.2　$g_0(n,\alpha)$ 数值表

n	$\alpha=0.05$	$\alpha=0.01$	n	$\alpha=0.05$	$\alpha=0.01$
	$g_0(n,\alpha)$			$g_0(n,\alpha)$	
3	1.15	1.16	17	2.48	2.78
4	1.46	1.49	18	2.50	2.82
5	1.67	1.75	19	2.53	2.85
6	1.82	1.94	20	2.56	2.88
7	1.94	2.10	21	2.58	2.91
8	2.03	2.22	22	2.60	2.94
9	2.11	2.32	23	2.62	2.96
10	2.18	2.41	24	2.64	2.99
11	2.23	2.48	25	2.66	3.01
12	2.28	2.55	30	2.74	3.10
13	2.33	2.61	35	2.81	3.18
14	2.37	2.66	40	2.87	3.24
15	2.41	2.70	50	2.96	3.34
16	2.44	2.75	100	3.17	3.59

此外，还有 Dixon 准则和罗曼诺夫斯基准则，这里就不一一讲述。

1.3　测量系统的误差计算方法

一个测量系统总是由若干子系统所组成，每个子系统都具有不同的误差，这些误差再通过一定的传递从而形成系统的总误差。对各种测量系统总可以找到系统的总误差与各子系统分项误差之间的内在的函数关系，只不过随着实际系统复杂程度的不同，所拟合的函数关系可能简单也可能十分复杂。一般的测量系统常可以用初等多元函数来表达系统总误差与子系统分项误差之间的关系，而对二次函数又可以通过变量置换转化为初等函数进行分析，因而测量系统或测量装置误差的计算方法可以从函数误差分析入手。由于粗大误差可被剔除，在此主要研究系统误差与随机误差的计算方法。

（1）测量系统随机误差的计算

一般常用初等多元函数表达系统中各直接测量值 x_i 与函数 y 的内在联系，即 $y=f(x_1,x_2,\cdots,x_n)$，而多元函数的增量可用其全微分表示

$$dy=\left(\frac{\partial f}{\partial x_1}\right)dx_1+\left(\frac{\partial f}{\partial x_2}\right)dx_2+\cdots+\left(\frac{\partial f}{\partial x_n}\right)dx_n \qquad (1.34)$$

式中　dy——函数误差,可认为是系统总随机误差;

dx_i——各分项随机误差的大小;

$\left(\frac{\partial f}{\partial x_i}\right)$——误差传递系数。

式(1.34)可以作为系统随机误差计算的通用公式。当函数关系f确定后,函数总随机误差dy可求。在一般情况下,常采用标准偏差σ作为对随机误差的统计平均估计。式(1.34)中dx_i用σ代替后,其传递关系须另作分析。

一般情况下,随机误差按方差传递的计算:

$$\sigma_y = \left[\left(\frac{\partial f}{\partial x_1}\right)^2\sigma_{x_1}^2 + \left(\frac{\partial f}{\partial x_2}\right)^2\sigma_{x_2}^2 + \cdots + \left(\frac{\partial f}{\partial x_n}\right)^2\sigma_{x_n}^2\right]^{\frac{1}{2}} = \left[\sum_{i=1}^{n}\left(\frac{\partial f}{\partial x_i}\right)^2\sigma_{x_i}^2\right]^{\frac{1}{2}} \tag{1.35}$$

当各测量值的随机误差为同一分布时,在同一概率水平下,可用随机误差极限值进行计算:

$$\delta_{\lim y} = \pm\left[\left(\frac{\partial f}{\partial x_1}\right)^2\delta_{\lim x_1}^2 + \left(\frac{\partial f}{\partial x_2}\right)^2\delta_{\lim x_2}^2 + \cdots + \left(\frac{\partial f}{\partial x_n}\right)^2\delta_{\lim x_n}^2\right]^{\frac{1}{2}} \tag{1.36}$$

若$\frac{\partial f}{\partial x_i}=1$,则

$$\delta_{\lim y} = \pm\left[\delta_{\lim x_1}^2 + \delta_{\lim x_2}^2 + \cdots + \delta_{\lim x_n}^2\right]^{\frac{1}{2}} \tag{1.37}$$

式(1.36)和式(1.37)可作为广泛使用的极限误差合成公式。

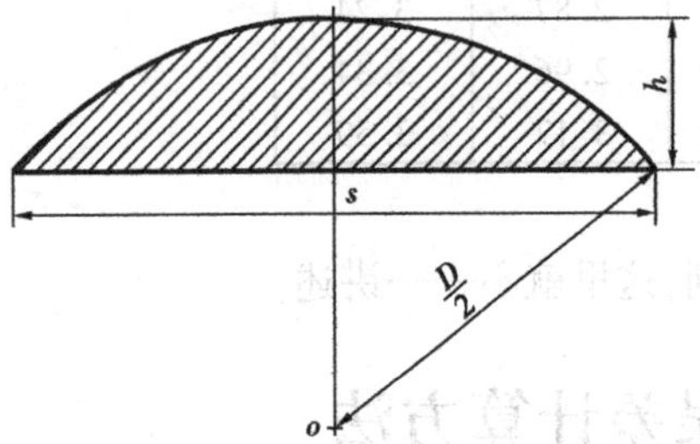

图1.10　弓高弦长法示意图

例1.4　用弓高弦长法求大直径D,如图1.10所示,已知弓高$h_0=50\text{mm}$,弦长$s_0=500\text{mm}$,它们的测量极限误差分别为:$\delta_{\lim h}=\pm0.05\text{mm}$,$\delta_{\lim s}=\pm0.1\text{mm}$,求工件测量结果。

根据图1.10可求得D与s,h函数关系为

$$D = \frac{s^2}{4h} + h$$

则

$$\delta_{\lim D} = \pm\left[\left(\frac{\partial f}{\partial s}\right)^2\delta_{\lim s}^2 + \left(\frac{\partial f}{\partial h}\right)^2\delta_{\lim h}^2\right]^{\frac{1}{2}} =$$

$$\pm\left[\left(\frac{s}{2h}\right)^2\delta_{\lim s}^2 + \left(\frac{s^2}{4h^2} - 1\right)^2\delta_{\lim h}^2\right]^{\frac{1}{2}} =$$

$$\pm 1.3\text{mm}$$

在不考虑随机误差时工件直径

$$D_0 = \frac{s_0^2}{4h_0} + h_0 = 1\ 300\text{mm}$$

得测量结果 $D = D_0 \pm \delta_{\lim D} = (1\ 300 \pm 1.3)\text{mm}$

(2)测量系统系统误差的计算

1)已定系统误差的计算

根据式(1.34) $\mathrm{d}y = \left(\frac{\partial f}{\partial x_1}\right)\mathrm{d}x_1 + \left(\frac{\partial f}{\partial x_2}\right)\mathrm{d}x_2 + \cdots + \left(\frac{\partial f}{\partial x_n}\right)\mathrm{d}x_n$

当各分项误差为已定系统误差，Δx_i即可视为其增量，$\Delta x_i = \mathrm{d}x_i$，函数增量即为系统误差 $\Delta y \approx \mathrm{d}y$，则

$$\Delta y = \left(\frac{\partial f}{\partial x_1}\right)\Delta x_1 + \left(\frac{\partial f}{\partial x_2}\right)\Delta x_2 + \cdots + \left(\frac{\partial f}{\partial x_n}\right)\Delta x_n \tag{1.38}$$

只要函数关系 f 知道，各 Δx_i 测出后，总系统误差 Δy 可求。

例 1.5 用例 1.4 中的弓高弦长法测工件直径。

若 $h = 50\text{mm}$，$\Delta h = -0.1\text{mm}$，$s_0 = 500\text{mm}$，$\Delta s = +1\text{mm}$，则

$$D = f(s,h) = \frac{s^2}{4h} + h$$

$$\Delta D = \left(\frac{\partial f}{\partial s}\right)\Delta s + \left(\frac{\partial f}{\partial h}\right)\Delta h = \left(\frac{s}{2h}\right)\Delta s + \left(\frac{s^2}{4h^2} - 1\right)\Delta h = 2.6\text{mm}$$

由于为定值系差，可将其作为修正值，即反号加入测量结果，以消除其影响。

测量最后结果为

$$D = (D_0 - \Delta D) \pm \delta_{\lim D} =$$

$$(1\ 300 - 2.6)\text{mm} \pm 1.3\text{mm} = (1\ 297.4 \pm 1.3)\text{mm}$$

2)未定系差的计算

在一定测量条件下，未定系差只能估计取值范围$(-e_i, e_i)$，而不能确定其具体值，在取值范围内，随着测量条件的改变，往往未定系差也随之变化，多次测量取平均值也消除不了其影响。因此在$(-e_i, e_i)$区间，未定系差具有与实验条件密切相关的概率分布。由于实际上此分布很难求出，故往往按均匀分布或正态分布去处理，这样就可以像随机误差一样用未定系统误差分布的标准差或极限误差来表征其取值的分散性。

①若有 s 项未定系差，其标准差分别为 $\sigma'_1, \sigma'_2, \cdots, \sigma'_s$，相应的误差传递系数为 $\left(\frac{\partial f}{\partial x_i}\right)$，$i = 1, 2, \cdots, s$，设各测量值 x_i 相互独立，即相关系数 $\rho_{ij} = 0$，协方差 $k_{ij} = 0$。

s 项未定系差合成后的总标准差

$$\sigma'_y = \left[\left(\frac{\partial f}{\partial x_1}\right)^2 \sigma_1'^2 + \cdots + \left(\frac{\partial f}{\partial x_s}\right)^2 \sigma_s'^2\right]^{\frac{1}{2}} \tag{1.39}$$

②若各单项未定系差的极限误差为 $\delta_{\lim x_i'} = \pm t_i \sigma'_i$，$i = 1, 2, \cdots, s$。$s$ 项合成后总未

定系统误差为

$$\delta_{\lim y'} = \pm t \cdot \sigma'_y \tag{1.40}$$

将式(1.39)代入,得

$$\delta_{\lim y'} = \pm t\left[\left(\frac{\partial f}{\partial x_1}\right)^2 \sigma_1'^2 + \left(\frac{\partial f}{\partial x_2}\right)^2 \sigma_2'^2 + \cdots + \left(\frac{\partial f}{\partial x_s}\right)^2 \sigma_s'^2\right]^{\frac{1}{2}} \tag{1.41}$$

$$\delta_{\lim y'} = \pm t\left[\left(\frac{\partial f}{\partial x_1}\right)^2 \left(\frac{\delta_{\lim x_1'}}{t_1}\right)^2 + \cdots + \left(\frac{\partial f}{\partial x_s}\right)^2 \left(\frac{\delta_{\lim x_s'}}{t_s}\right)^2\right]^{\frac{1}{2}} \tag{1.42}$$

在同概率同分布时,有相同的置信系数,因此 $t_1 = t_2 = \cdots = t_s = t$,则

$$\delta_{\lim y'} = \pm\left[\left(\frac{\partial f}{\partial x_1}\right)^2 \delta^2_{\lim x_1'} + \left(\frac{\partial f}{\partial x_2}\right)^2 \delta^2_{\lim x_2'} + \cdots + \left(\frac{\partial f}{\partial x_s}\right)\delta^2_{\lim x_s'}\right]^{\frac{1}{2}} \tag{1.43}$$

式(1.41)中的置信系数 t,在各 $\delta_{\lim x_i'}$ 分布不同时,可用卷积求出,在正态分布时,式(1.43)仍是一般计算的通用公式。

(3)测量系统总误差的计算

1)按极限误差合成

若测量系统中有 r 项已定系差,s 项未定系差,q 项随机误差,其极限值分别为:

$\Delta_1, \Delta_2, \cdots, \Delta_r$

$e_1, e_2, \cdots, e_s$(相当于 $\delta_{\lim x_i'}$)

$\delta_1, \delta_2, \cdots, \delta_q$(相当于 $\delta_{\lim x_i}$)

为计算方便,假设传递系数$\left(\frac{\partial f}{\partial x_i}\right) = 1$,协方差简化为 $k = 0$,系统总的极限误差为

$$\delta_{\lim 总} = \sum_{i=1}^{r} \Delta_i \pm t\left[\sum_{i=1}^{s}\left(\frac{e_i}{t_i}\right)^2 + \sum_{i=1}^{q}\left(\frac{\delta_i}{t_i}\right)^2\right]^{\frac{1}{2}} = \sum_{i=1}^{r} \Delta_i \pm t\sigma \tag{1.44}$$

其中 t 可用卷积分求出。多项不同分布之总和分布,在 r, s, q 较大时已趋于正态,故上式可简写为

$$\delta_{\lim 总} = \sum_{i=1}^{r} \Delta_i \pm \left[\sum_{i=1}^{s} e_i^2 + \sum_{i=1}^{q} \delta_i^2\right]^{\frac{1}{2}} \tag{1.45}$$

当修正已定系差后,总的极限误差为

$$\delta_{\lim 总} = \pm\left[\sum_{i=1}^{s} e_i^2 + \sum_{i=1}^{q} \delta_i^2\right]^{\frac{1}{2}} \tag{1.46}$$

考虑到测量中常常以多次测量平均值为结果,系统中随机误差由于有抵消性而被减至$\frac{1}{q}\sum_{i=1}^{q}\delta_i^2$,未定系差则不变,故上式为

$$\delta_{\lim 总} = \pm\left[\sum_{i=1}^{s} e_i^2 + \frac{1}{q}\sum_{i=1}^{q} \delta_i^2\right]^{\frac{1}{2}} \tag{1.47}$$

2)按方差合成

此时只考虑未定系差与随机误差。设系统中有:s 项未定系差,其标准差为 σ_1',

$\sigma'_2,\cdots,\sigma'_s$;$q$ 项随机误差,其标准差为 $\sigma_1,\sigma_2,\cdots,\sigma_q$。

设$\left(\frac{\partial f}{\partial x_i}\right)=1$,协方差 $k=0$,不管未定系差、随机误差分布如何,总的标准差为

$$\sigma_{总} = \left[\sum_{i=1}^{s}\sigma_i'^2 + \sum_{i=1}^{q}\sigma_i^2\right]^{\frac{1}{2}} \tag{1.48}$$

取算术平均值以后的结果为

$$\sigma_{总} = \left[\sum_{i=1}^{s}\sigma_i'^2 + \frac{1}{q}\sum_{i=1}^{q}\sigma_i^2\right]^{\frac{1}{2}} \tag{1.49}$$

例 1.6　在自由下落绝对重力测量时,已知置信系数 $t=3$,各项误差如下表所示,求测量的总误差。

各项误差列表如下(均为极限误差,单位略):

序号	已定系统误差	未定系统误差	随机误差	分布的置信系数
1	−5			
2		6		$\sqrt{3}$
3		4		$\sqrt{3}$
4		2		$\sqrt{3}$
5		15		3
6	+3			
7	−39			
8			21	3

1)已定系统误差:$\Delta = \sum_{i=1}^{n}\Delta_i = (-5+3-39) = -41$

2)由式(1.48)按方差合成总的标准差:

$$\sigma = \left[\left(\frac{6}{\sqrt{3}}\right)^2 + \left(\frac{4}{\sqrt{3}}\right)^2 + \left(\frac{2}{\sqrt{3}}\right)^2 + \left(\frac{15}{3}\right)^2 + \left(\frac{21}{3}\right)^2\right]^{\frac{1}{2}} = 9.6$$

3)按各项误差的极限误差合成,应按式(1.44)计算

$$\delta_{\text{limy}} = \sum_{i=1}^{n}\Delta_i \pm t\sigma = -41 \pm 3\times 9.6 = -41 \pm 28.8$$

1.4　测量系统最佳测量方案的确定

面对被测对象及各种被测量,由于测量设备及条件的不同,可以设计出各种测量方案,但是哪一种方案最佳,即能最经济地保证测量精度要求,从而达到试验设计的目的,是测量设计必须研究的问题。

(1)微小误差的取舍原则

在测量方案设计中,当发现某项误差对总和的影响比较小时,可不考虑此项误差,这样既精简了测量方案,又减少了不必要的计算。这种可被忽略的误差称微小误差。

对一般测量系统,根据式(1.35)

$$\sigma_y = \left[\left(\frac{\partial f}{\partial x_1}\right)^2\sigma_{x_1}^2 + \left(\frac{\partial f}{\partial x_2}\right)^2\sigma_{x_2}^2 + \cdots + \left(\frac{\partial f}{\partial x_n}\right)^2\sigma_{x_n}^2\right]^{\frac{1}{2}}$$

设 $D_i = \left(\frac{\partial f}{\partial x_i}\right)\sigma_{x_i}$,则

$$\sigma_y = [D_1^2 + D_2^2 + \cdots + D_{k-1}^2 + D_k^2 + D_{k+1}^2 + \cdots + D_n^2]^{\frac{1}{2}}$$

将局部误差 D_k 取出后,得

$$\sigma_y' = [D_1^2 + D_2^2 + \cdots + D_{k-1}^2 + D_{k+1}^2 + \cdots + D_n^2]^{\frac{1}{2}}$$

若 $\sigma_y' \approx \sigma_y$,称 D_k 为微小误差,在计算时不予考虑而舍去。根据数字运算修约准则,对一般精度测量误差,有效数字取一位时,可以证明 $D_k \leqslant \frac{1}{3}\sigma_y$;对比较精密的测量误差,有效数字取两位时

$$D_k \leqslant \frac{1}{10}\sigma_y$$

因此,对随机误差和未定系统误差,微小误差的取舍原则是

$$D_k \leqslant \left(\frac{1}{3} \sim \frac{1}{10}\right)\sigma_y \tag{1.50}$$

(2)确定最佳测量条件

由式(1.35),当 $\sigma_y = \left[\left(\frac{\partial f}{\partial x_1}\right)^2\sigma_{x_1}^2 + \left(\frac{\partial f}{\partial x_2}\right)^2\sigma_{x_2}^2 + \cdots + \left(\frac{\partial f}{\partial x_n}\right)^2\sigma_{x_n}^2\right]^{\frac{1}{2}}$ 时,若能使 σ_y 为最小,即为最佳测量条件。一般可以从以下几个方面考虑:

1)选择使函数误差 σ_y 值较小的测量方案

一般情况下,同一种被测量可以有不同的测量方案。若能使测量方案中包含的局部误差 $\left(\frac{\partial f}{\partial x_i}\right)\sigma_{x_i}$ 的组成项数愈少,测量结果的总误差就会愈小。因此首先选用测量项目较少的函数公式,其次考虑当组成的项数相同时,应选取测量误差较小的测量方法,以达到最佳的函数误差传递。

例 1.7 测量箱体上两轴心距 L,如图 1.11 所示,可以有三种测量方案。

①测量两轴直径 d_1,d_2 和尺寸 L_1

$$L = L_1 - \left(\frac{1}{2}d_1 + \frac{1}{2}d_2\right)$$

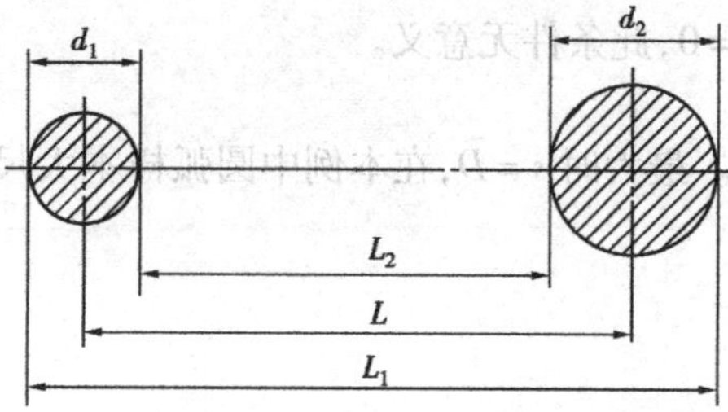

图1.11　轴心距 L 的测量

②测量两轴直径 d_1, d_2 和尺寸 L_2

$$L = L_2 + \left(\frac{1}{2}d_1 + \frac{1}{2}d_2\right)$$

③测量尺寸 L_1 和 L_2

$$L = \frac{1}{2}(L_1 + L_2)$$

若已知：$\sigma_{d_1} = 0.5\text{mm}$，$\sigma_{d_2} = 0.7\text{mm}$，$\sigma_{L_1} = 0.8\text{mm}$，$\sigma_{L_2} = 1\text{mm}$，则三种方案的测量方法误差 σ_L 分别是：

$$①\sigma_L = \left[\left(\frac{\partial f}{\partial L_1}\right)^2\sigma_{L_1}^2 + \left(\frac{\partial f}{\partial d_1}\right)^2\sigma_{d_1}^2 + \left(\frac{\partial f}{\partial d_2}\right)^2\sigma_{d_2}^2\right]^{\frac{1}{2}} =$$

$$\left[\sigma_{L_1}^2 + \frac{1}{4}\sigma_{d_1}^2 + \frac{1}{4}\sigma_{d_2}^2\right]^{\frac{1}{2}} = 0.91\text{mm}$$

$$②\sigma_L = \left[\left(\frac{\partial f}{\partial L_2}\right)^2\sigma_{L_2}^2 + \left(\frac{\partial f}{\partial d_1}\right)^2\sigma_{d_1}^2 + \left(\frac{\partial f}{\partial d_2}\right)^2\sigma_{d_2}^2\right]^{\frac{1}{2}} =$$

$$\left[\sigma_{L_2}^2 + \frac{1}{4}\sigma_{d_1}^2 + \frac{1}{4}\sigma_{d_2}^2\right]^{\frac{1}{2}} = 1.1\text{mm}$$

$$③\sigma_L = \left[\left(\frac{\partial f}{\partial L_1}\right)^2\sigma_{L_1}^2 + \left(\frac{\partial f}{\partial L_2}\right)^2\sigma_{L_2}^2\right]^{\frac{1}{2}} =$$

$$\left[\frac{1}{4}\sigma_{L_1}^2 + \frac{1}{4}\sigma_{L_2}^2\right]^{\frac{1}{2}} = 0.64\text{mm}$$

可见第③种方案误差最小，第②种最大。主要是因为第③种方案局部误差项数最少，而第①种与第②种包含项目多于第③种，且第②种方案包含了内尺寸测量方法。第①种与第②种项数相同，但第①种测量 L_1 精度（外尺寸）比第②种测量 L_2（内尺寸）精度高，因而总误差也比第②种小。

2）使各个测量值的误差传递系数等于零或最小

若 $\left(\frac{\partial f}{\partial x_i}\right) = 0$，则 $D_i = \left(\frac{\partial f}{\partial x_i}\right)\sigma_{x_i} = 0$。

若 $\left(\frac{\partial f}{\partial x_i}\right)$ 为最小，则 $D_i = \left(\frac{\partial f}{\partial x_i}\right)\sigma_{x_i}$ 为最小。

由式（1.35）知，在上述条件下 $\sigma_y = 0$ 或 σ_y 为最小值。

例1.8　用例1.4的弓高弦长法测量大尺寸工件（参见图1.10）知

$$D = \frac{s^2}{4h} + h, \quad {}_D = \left[\left(\frac{s}{2h}\right)^2\sigma_s^2 + \left(\frac{s^2}{4h^2} - 1\right)\sigma_h^2\right]^{\frac{1}{2}}$$

使 σ_D 为最小值的条件是：

①令$\left(\frac{\partial f}{\partial s}\right)=\frac{s}{2h}=0$,则$s=0$。但此时$h=0$,此条件无意义。

②令$\left(\frac{\partial f}{\partial s}\right)=\frac{s}{2h}$为最小,则$2h$愈大愈好。最大时$s=D$,在本例中圆弧样本大尺寸测量也无实际意义。

③令$\left(\frac{\partial f}{\partial h}\right)=\frac{s^2}{4h^2}-1=0$,则$s=2h$。

④令$\left(\frac{\partial f}{\partial h}\right)=\frac{s^2}{4h^2}-1$为最小,则$h$愈大、$s$愈小,愈满足要求。

故综合③、④条要求,$s=2h$时,$\left(\frac{\partial f}{\partial h}\right)^2\sigma_h^2=0$,此时,测量方案中只有弦长$s$的误差影响$D$的测量精度,故一般弓高弦长仪应设计成弦长是弓高的2倍。因此在实际测量方案设计时,遵循这两条思路,总可以寻找到最佳测量条件。

(3)函数误差分配

确定最佳测量方案考虑的另一问题是,当总误差σ_y已经确定,如何根据测量要求确定每项局部误差$\left(\frac{\partial f}{\partial x_i}\right)\sigma_i$的大小,即合理地进行误差分配以保证测量精度的要求,且使$\sqrt{D_1^2+D_2^2+\cdots+D_n^2}\leqslant\sigma_y$。一般按下述三个步骤进行:

①按等作用原则分配局部误差$D_i=\left(\frac{\partial f}{\partial x_i}\right)\sigma_{x_i}$,即

$$D_1=D_2=\cdots=D_n=\frac{\sigma_y}{\sqrt{n}},\text{即}\left(\frac{\partial f}{\partial x_i}\right)\sigma_{x_i}=D_i=\frac{\sigma_y}{\sqrt{n}} \tag{1.51}$$

$$\sigma_{x_i}=\frac{\sigma_y}{\sqrt{n}}\cdot\frac{1}{\left(\frac{\partial f}{\partial x_i}\right)} \tag{1.52}$$

$$\delta_{\lim x_i}=\frac{\delta_{\lim y}}{\sqrt{n}}\cdot\frac{1}{\left(\frac{\partial f}{\partial x_i}\right)} \tag{1.53}$$

此时能满足要求,使$\sqrt{D_1^2+D_2^2+\cdots+D_n^2}\leqslant\sigma_y$。

②按可能性进行调整。按等作用原则分配后,虽然$D_1=D_2=\cdots=D_n$,由式(1.52)看出,每一项具体被测量的误差σ_{x_i}与其传递系数$\left(\frac{\partial f}{\partial x_i}\right)$成反比。故$\sigma_{x_i}\neq\sigma_{x_j}$,有时相差较大,致使某项被测量要达到其精度要求十分困难,因此应对容易实现的误差项适当减小误差量,对难于实现的误差项适当扩大误差量,以便经济地实现测量要求。但若方案中有的误差项目已经确定不能更改时,可先从σ_y中除掉,再对剩下的$(n-i)$项进行分配。

③验算调整后的总误差。

(4)动态测量误差的评定指标

1)系统误差评定指标——均值函数 $m_x(t)$

动态测量系统误差具有确定性变化规律,可用动态测量误差的期望函数来表征。一般采用动态测量数据拟合的均值作为评定指标。

例如,用动态丝杆检查仪转位12次测得其误差曲线,如图1.12所示,中线为均值 $m_x(t)$。

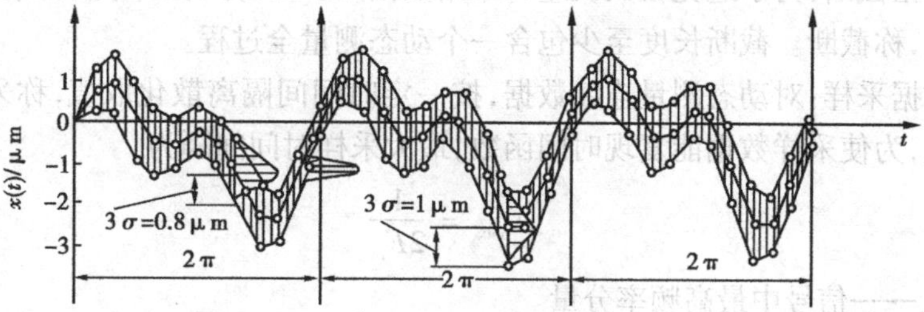

图1.12　误差曲线

若重复 n 次测量,得到 n 个表示系统误差确定性的变量 $e_i(t)$ 时,则系统误差

$$e(t) = \sum_{i=1}^{n} \frac{e_i(t)}{n} \tag{1.54}$$

2)随机误差评定指标

①标准差 $\sigma_{(t)}$——表示动态测量误差的统计平均函数

$$\sigma_{(t)} = \left\{\frac{1}{n-1}\sum_{i=1}^{n}\left[e_{ri}(t) - \bar{e}_r(t)\right]^2\right\}^{\frac{1}{2}} \tag{1.55}$$

②极限误差

$$\delta_{\lim(t)} = k_\alpha \sigma_{(t)} \tag{1.56}$$

式中　α——显著水平。正态分布时 $k_\alpha = 3$。

③自相关函数:动态测量随机函数相关特性。

$$R_x(t,t+\tau) = \left\{\frac{1}{n-1}\sum_{i=1}^{n}\left[e_{ri}(t) - \bar{e}_r(t)\right]\left[e_{ri}(t+\tau) - \bar{e}_r(k+\tau)\right]\right\}^{\frac{1}{2}} \tag{1.57}$$

式中　τ——两个样本时间间隔。

3)当动态测量随机过程是各态历经时,一个误差样本的时间平均可代替总体平均系统误差,即均值

$$\bar{e}_r = \lim_{T\to\infty}\frac{1}{T}\int_0^T e_r(t)\,\mathrm{d}t \tag{1.58}$$

随机误差的标准差

$$\sigma = \{\lim_{T\to\infty}\frac{1}{T}\int_0^T [e_r(t) - \bar{e}_r]^2 dt\}^{\frac{1}{2}} \tag{1.59}$$

自相关函数

$$R_x(\tau) = \lim_{T\to\infty}\frac{1}{T-\tau}\int_0^T [e_r(t) - \bar{e}_r][e_r(t+\tau) - \bar{e}_r]dt \tag{1.60}$$

(5)动态测量误差的处理

1)动态测量数据的预处理

①数据截断:为了避免粗大误差和原始数据太多,经分析后截取原始数据一部分进行处理,称截断。截断长度至少包含一个动态测量全过程。

②数据采样:对动态测量连续数据,按一定时间间隔离散化取值,称采样。根据采样定理,为使采样数据能复现时间函数,最大采样时间间隔为:

$$\Delta_{max} = \frac{1}{2F_m} \tag{1.61}$$

式中 F_m——信号中最高频率分量。

③数据检验:为了进行动态测量误差分离与评定,必须对随机数据的特性进行检验。例如通过自相关函数检验其独立性和平衡性,或通过其均方值时间序列 Ψ_x^2 有无明显变化检验其平稳性。通过功率谱密度函数在 $\omega=\omega_0$ 处出现 δ 函数检验其周期性,通过概率密度曲线检验其正态性。

④动态测量误差的分离:动态测量数据 $x(t)$ 的组合模型可由下式表示:

$$\begin{aligned} x(t) &= x_0(t) + e(t) = f_0(t) + Y_0(t) + e_s(t) + e_r(t) = \\ &d_0(t) + P_0(t) + Y_0(t) + e_s(t) + e_r(t) \end{aligned} \tag{1.62}$$

式中 ($x_0(t)$——被测量真值 + $e(t)$——测量误差)——组成 $x(t)$。

($f_0(t)$——确定性真值 + $Y_0(t)$——随机性真值)——组成 $x_0(t)$。

($e_s(t)$——系统误差 + $e_r(t)$——随机误差)——组成 $e(t)$。

$d_0(t)$——确定性成分真值 $f_0(t)$ 的非周期性分量。

$P_0(t)$——确定性成分真值 $f_0(t)$ 的周期性分量。

从式(1.62)中分离出 $e_s(t)$ 和 $e_r(t)$ 为其主要任务。

A. 分离系统误差。系统误差 $e_s(t)$ 可由多次重复测量误差曲线均值求出,见式(1.54)。

B. 非系统误差计算:

$$x(t) - e_s(t) = x_0(t) + e_r(t) \tag{1.63}$$

C. 分离随机误差。随机误差 $e_r(t)$ 用统计分析方法计算:

$$\sigma_{(t)}^2 = D[x(t)] = E[(x(t) - x_0(t))^2] = E[(e_r(t))^2] \tag{1.64}$$

或求自相关函数:

$$R_x(\tau) = E[(x(t) - x_0(t))(x(t+\tau) - x_0(x+\tau))] = E[e_r(t)e_r(t+\tau)] \tag{1.65}$$

D. 分离真值：

$$x_0(t) = E[x(t)] = E[x_0(t) + e_r(t)] = d_0(t) + P_0(t) \tag{1.66}$$

上述分离方法的流程如图 1.13 所示。

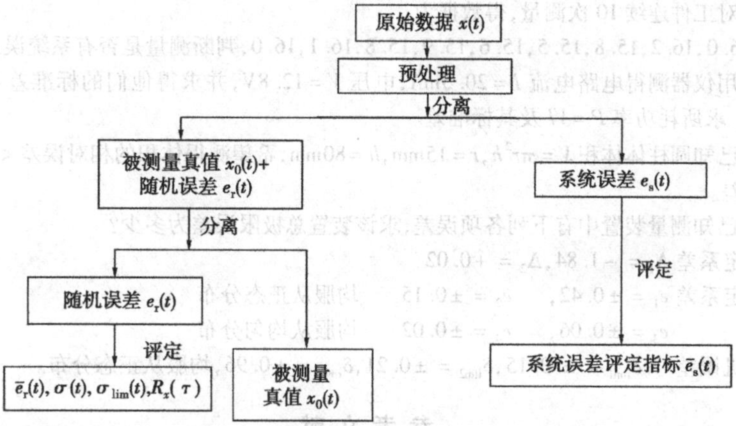

图 1.13　分离方法的流程图

动态测量数据或信号的具体分析，由后面各章进行专题研究。

习　题

1.1　用仪器测得工件长度为 80mm，已知该仪器的测量最大绝对误差为 1μm，该工件真实长度为多少？

1.2　什么叫误差？什么叫修正值？含有误差的某一量值经修正后能否得到其真值？

1.3　用卡尺测量 $L_1 = 50$mm 工件，测量误差为 $\delta_1 = \pm 0.08$mm；测量 $L_2 = 120$mm，误差 $\delta_2 = \pm 0.1$mm。用千分尺测量 $L_3 = 80$mm 时，测量误差 $\delta_3 = \pm 0.014$mm。试比较这三次测量精度的高低。

1.4　检定 2.5 级全量程为 100V 的电压表，测得 50V 处实际电压为 48V，问该电压表是否合格？（电表引用误差为 2.5%）

1.5　多级弹道火箭射程为 10 000km 时，弹着点偏离预定位置小于 0.1km，优秀射手在 50m 处能准确射中 2cm 靶心，何者射击精度高？

1.6　测量工件分别为 36.45，36.37，36.51，36.34，36.39，36.48，36.47，36.40（单位 kg），求工件测量结果及其标准差，并求其平均误差和或然误差。

1.7　试求误差落在 $(-\sqrt{2}\sigma, \sqrt{2}\sigma)$ 区间的概率，误差分别服从正态、均匀分布。

1.8　测量工件 5 次，得数据为 10.001 5，10.001 6，10.001 8，10.001 5，10.001 1，测量值服从正态分布，试求 $P = 99\%$ 时的测量结果（单位 mm）。

1.9　已知仪器的标准差 $\sigma = 0.003\text{mm}$，要求测量结果允许的极限误差为 $\delta_{\lim\bar{x}} = \pm 0.005\text{mm}$，当置信概率为 $P = 99\%$ 时，求测量次数 n。

1.10　用测角仪测量工件锥角 α 得数据如下：

数据测量 3 次得 $\alpha_1 = 25°13'36''$

连续测量 5 次得 $\alpha_2 = 25°13'24''$

求锥角 α 的加权算术平均值及其标准差。

1.11　国家工作米尺连续三天与国家基准器比较，得到其平均长度分别为 999.942 5mm(3 次测定)，999.941 6mm(2 次测定)，999.941 9mm(5 次测定)，求工作米尺的测量结果。

1.12　对工件连续 10 次测量，得数据为：

15.7，16.0，16.2，15.8，15.5，15.6，15.9，15.8，16.1，16.0，判断测量是否有系统误差。

1.13　用仪器测得电路电流 $I = 20.5\text{mA}$，电压 $V = 12.8\text{V}$，并求得他们的标准差 $\delta_I = 0.4\text{mA}$，$\delta_V = 0.15\text{V}$。求所耗功率 $P = VI$ 及其标准差。

1.14　已知圆柱体体积 $V = \pi r^2 h$，$r = 15\text{mm}$，$h = 80\text{mm}$，希望测得体积的相对误差 $< 2\%$，求：r 和 h 的测量误差。

1.15　已知测量装置中有下列各项误差，求该装置总极限误差为多少？

(1)已定系差 $\Delta_1 = -1.84$，$\Delta_2 = +0.02$

(2)未定系差 $e_1 = \pm 0.42$，　$e_2 = \pm 0.15$　　均服从正态分布

　　　　　　$e_3 = \pm 0.06$，　$e_4 = \pm 0.02$　　均服从均匀分布

(3)随机误差　$\delta_{\lim 1} = \pm 0.15$，$\delta_{\lim 2} = \pm 0.21$，$\delta_{\lim 3} = \pm 0.96$，均服从正态分布。

参考文献

1. 肖明耀. 实验误差估计与数据处理. 北京：科学出版社，1980
2. 张世箕. 测量误差及数据处理. 北京：科学出版社，1979
3. 费业泰. 误差理论与数据处理. 北京：机械工业出版社，2000
4. A. M. 穆德，F. A. 格雷比尔. 统计学导论. 北京：科学出版社，1978
5. 张世英，刘智敏. 测量实践的数据处理. 北京：科学出版社，1977
6. 中科院数学研究所统计组. 常用数据处理方法. 北京：科学出版社，1979
7. 中国计量科学研究院情报室. 法制计量学基本名词
8. 潘维栋. 数理统计方法. 上海：上海教育出版社，1980
9. 中科院数学研究所数理统计组. 回归分析法. 北京：科学出版社，1974
10. 关家骥，瞿永然. 概率统计习题解答. 湖南：湖南科技出版社，1979
11. 毛英泰. 误差理论与精度分析. 北京：国防工业出版社，1982
12. 肖明耀. 误差合成中置信系数的精确计算. 中国科学院研究报告(78001)，1978

第2章

信号分析基础

根据一定的理论、方法并采用适当的手段和设备，对信号进行变换与处理的过程称为信号分析。信号分析使我们能够从被测对象中获得有用信息。本章中主要介绍信号分析的基本理论、原理和方法，使读者初步掌握信号分析的基础知识。

2.1 信号的分类及其基本参数

2.1.1 信号的概念及其描述方法

一个信号 $x(t)$ 或 $x(n)$，它可以代表一个实际的物理信号，也可以是一个数学上的"函数"或"序列"。比如 $x(t)=A\sin(\omega t)$，它既是正弦信号，也是正弦函数；而数字化了的语音信号序列 $x(n)$，则是蕴涵了人类语音信息的语音信号，同时在数学上也可看成是一个序列。

现实世界中的信号有两种：一种是自然和物理信号，如语音、图像、振动信号、地震信号、物理信号等；另一种是人工产生信号经自然的作用和影响而形成的信号，如雷达信号、通讯信号、医用超声信号和机械探伤信号等。

不管是哪种形式的信号，它总是蕴涵一定的信息。比如，图像信号含有丰富的图像信息，包括物体、颜色、明暗等。又比如，人们通过研究地震波信号，可以推断出震源、震级等信息。因此可以这样说：信号是信息的表现形式，信息则是信号的具体内容。

在机械工程领域的生产实践和科学实验中，需要研究大量的现象及其参量的变化。这些变化可以通过特定的测试装置转换成可供测量、记录和分析的电信号。这些信号包含着反映被测系统的状态或特性的某些有用信息，它是人们认识客观事物规律、研究事物之间相互联系及预测未来发展的依据。

数学上，信号可以描述为一个或若干个自变量的函数或序列的形式。比如信号 $x(t)$，其中 t 是抽象化了的自变量，它可以是时间，也可以是空间。为叙述方便，称单自变量的一维信号为"时间"信号，而两个自变量的二维信号为"空间"信号。需要指出的是，这里的时间和空间是抽象化了的概念。例如，一个语音信号可以表示为声压随时间变化的函数；一张黑白照片可用亮度随二维空间变量变化的函数表示。

信号的另外一种描述方式是"波形"描述。按照函数随自变量的变化关系，可以把信号的波形画出来。和信号的函数或序列表达描述方式相比，波形描述方式更具一般性。有些信号，虽然无法用某个数学函数或序列描述，但却可以画出它的波形图。图 2.1 显示了 4 个测试信号的波形。

随着本章内容的深入，我们还可以发现，"频谱"也是信号的描述方法之一，它是频率的函数，可以与表示信号的函数或序列一一对应。如果信号的频谱不是恒定的而是随时间变化的，那么可以用"时频表示"更加准确地描述信号的频谱分布和变化，它是时间和频率的二元函数。但是我们更愿意称这种描述方法为分析方法或处理方法。

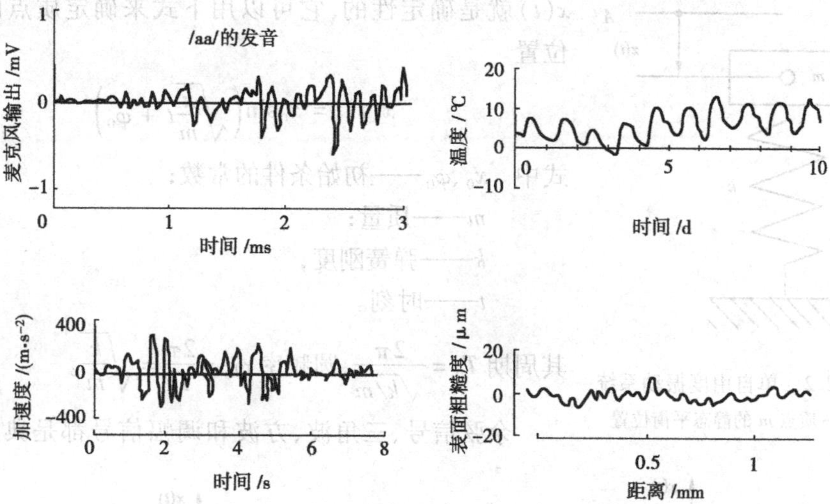

图 2.1　4 个测试信号的波形

2.1.2　信号分类

为了深入了解信号的物理实质，将其分类研究是非常必要的。信号的分类方法很多，可以从不同的角度对信号进行分类，例如按照信号的实际用途划分，信号可分为广播信号、电视信号、雷达信号、控制信号、通信信号、遥感信号等等。在信号分析中，以信号所具有的时间函数特性加以分类，这样信号可以分为确定性信号与非确定性信号、能量信号与功率信号、时限信号与频限信号、连续时间信号与离散时间信号等。应该注意的是信号分类的根本目的是为了便于对信号的描述、分析及应用。下面分别说明上述各种信号的定义和特性。

(1)确定性信号与非确定性信号

1)确定性信号

若信号可以表示为一个确定的时间函数，因而可确定其在任何时刻的量值，这种信号称为(时间)确定性信号。进一步推广，只要信号可以用明确的数学关系式来描述，则称其为确定性信号。确定性信号又可以进一步分为周期信号、非周期信号与准周期信号。

①周期信号：按一定的时间间隔周而复始地重复出现的无始无终的信号，可表达为

$$x(t) = x(t + nT_0) \qquad (n = \pm 1, \pm 2, \pm 3, \cdots) \tag{2.1}$$

式中　T_0——周期，$T_0 = 2\pi/\omega_0$；

ω_0——基频。

例如，图 2.2 所示的集中参量的单自由度振动系统作无阻尼自由振动时，其位移

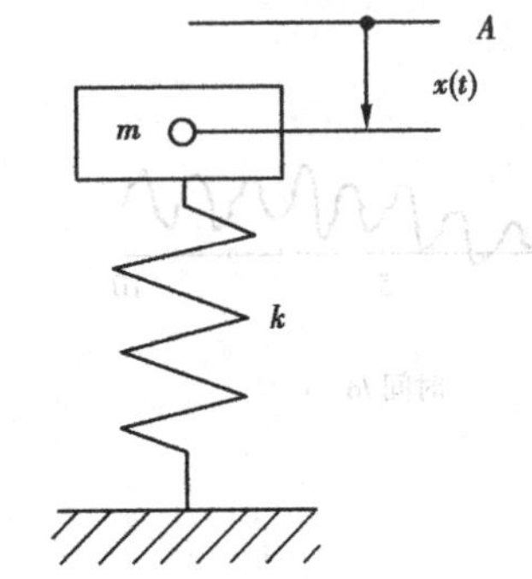

图 2.2　单自由度振动系统

A—质点 m 的静态平衡位置

$x(t)$ 就是确定性的，它可以用下式来确定质点的瞬时位置

$$x(t) = x_0 \sin\left(\sqrt{\frac{k}{m}}t + \varphi_0\right) \tag{2.2}$$

式中　x_0、φ_0——初始条件的常数；

m——质量；

k——弹簧刚度；

t——时刻。

其周期 $T_0 = \dfrac{2\pi}{\sqrt{k/m}}$，圆频率 $\omega_0 = \dfrac{2\pi}{T_0} = \sqrt{\dfrac{k}{m}}$。

余弦信号、三角波、方波和调幅信号都是典型的周期信号，如图 2.3 所示。

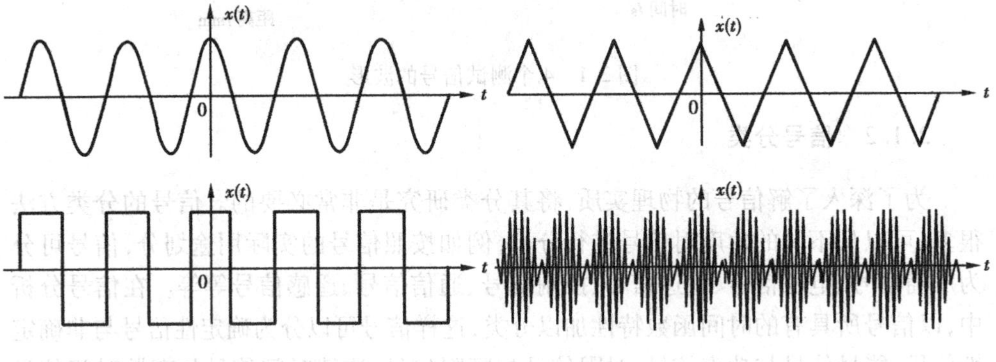

图 2.3　典型的周期信号（余弦信号、三角波、方波和调幅信号）

②非周期信号：也常称为瞬变信号，不具有周期重复特性的信号，其往往具有瞬变性，或在一定时间区间内存在，或随时间的增长而衰减至零。图 2.2 所示的振动系统，若加阻尼装置后，其质点位移 $x(t)$ 可用下式表示

$$x(t) = x_0 e^{-at} \sin(\omega_0 t + \varphi_0) \tag{2.3}$$

其图形如图 2.4 所示，它是一种非周期信号，随时间的无限增加而衰减至零。常见的非周期信号如图 2.5 所示。

③准周期信号：准周期信号是周期与非周期的边缘情况，是由有限周期信号合成的，但各周期信号的频率相互之间不是公倍关系，无公有周期，其合成信号不满足周期信号的条件，因而无法按某一时间间隔周而复始地重复出现。这种信号往往出现于通信、振动等系统之中，例如：

$$x(t) = \sin\omega_0 t + \sin\sqrt{2}\omega_0 t \tag{2.4}$$

就是准周期信号。工程实际中，由不同独立振动激励的系统响应，往往属于这一类。

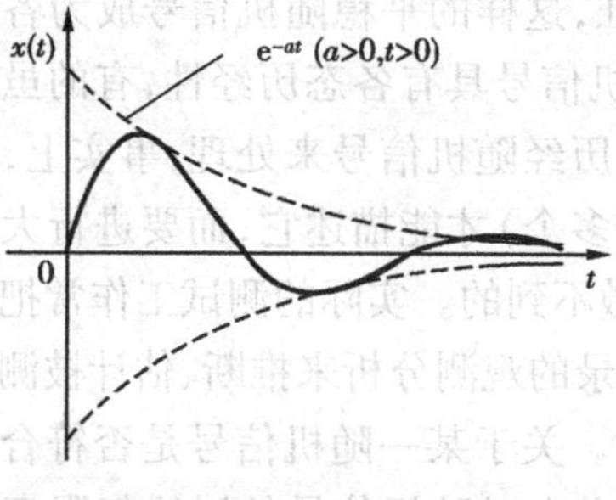

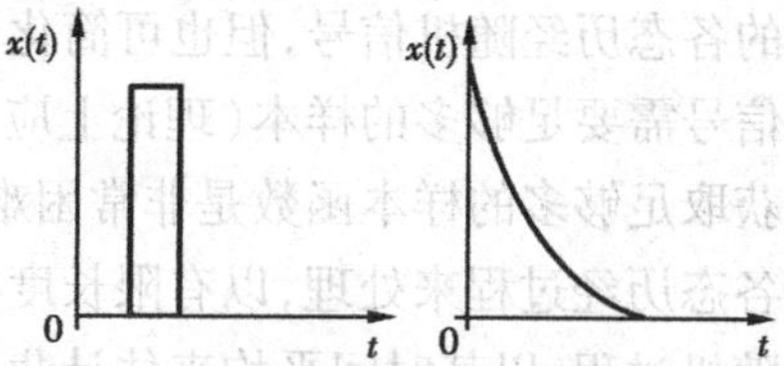

图2.4 衰减振动信号 图2.5 瞬变信号示例(矩形脉冲、指数衰减函数)

2)非确定性信号

非确定性信号也称随机信号,是一种不能准确预测其未来瞬时值,也无法用数学关系式来描述的信号,它描述的物理现象是一种随机过程。随机信号任一次观测值只代表在其变化范围中可能产生的结果之一,但其值的变化服从统计规律,具有某些统计特征,可以用概率统计方法由其过去来估计其未来。

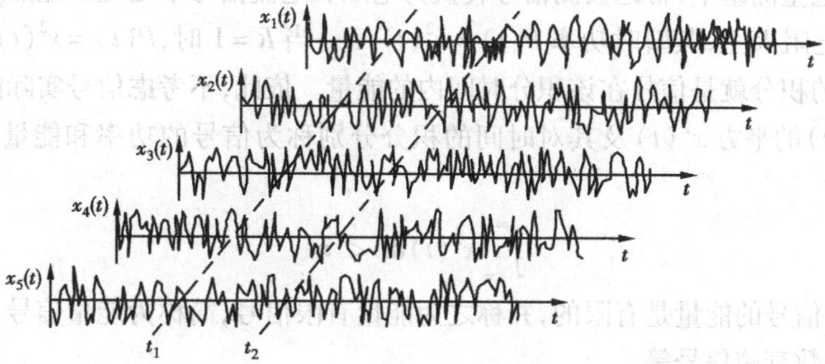

图2.6 随机过程与样本函数

对随机信号按时间历程所作的各次长时间观测记录称为样本函数,记作 $x_i(t)$,如图2.6所示。在同一试验条件下,全部样本函数的集合(总体)就是随机过程,计作 $\{x(t)\}$,即

$$\{x(t)\} = \{x_1(t), x_2(t), \cdots, x_i(t), \cdots\} \tag{2.5}$$

随机信号的各种统计值(均值、方差、均方值和均方根值等)是按集合平均来计算的。集合平均的计算不是沿某个样本的时间轴进行平均而是在集合中的某时刻 t_i 对所有样本函数的观测值取平均。为了与集合平均相区别,称按单个样本的时间历程进行平均的计算为时间平均。

随机信号又有平稳随机信号和非平稳随机信号之分。所谓平稳随机信号是指其统计特征参数不随时间而变化的随机信号,其概率密度函数为正态分布,参见图2.18(d),否则视为非平稳随机信号。在平稳随机信号中,若任一单个样本函数的时间平均统计特征等于该过程的集合平均统计特征，这样的平稳随机信号成为各态历经（遍历性）随机信号。工程上所遇到的很多随机信号具有各态历经性，有的虽然不是严格的各态历经随机信号，但也可简化为各态历经随机信号来处理，事实上，一般的随机信号需要足够多的样本（理论上应为无穷多个）才能描述它，而要进行大量的观测来获取足够多的样本函数是非常困难的或做不到的。实际的测试工作常把随机信号按各态历经过程来处理，以有限长度样本记录的观测分析来推断、估计被测对象的整个随机过程，以其时间平均来估计集合平均。关于某一随机信号是否符合各态历经性的问题请参阅有关《概率论》的书籍。本书中对随机信号的讨论仅限于各态历经过程的范围。

自然界和生活中有许多随机信号，例如汽车奔驰时产生的振动、树叶随风飘动、环境噪声等。

(2)能量信号与功率信号

1)能量信号

在非电量测量中，常把被测信号转换为电压和电流信号来处理。显然，电压信号 $x(t)$ 加到电阻 R 上，其瞬时功率 $P(t)=x^2(t)/R$。当 $R=1$ 时，$P(t)=x^2(t)$。瞬时功率对时间的积分就是信号在该积分时间内的能量。依此，不考虑信号实际的量纲，而把信号 $x(t)$ 的平方 $x^2(t)$ 及其对时间的积分分别称为信号的功率和能量。当 $x(t)$ 满足

$$\int_{-\infty}^{\infty} x^2(t)\,\mathrm{d}t < \infty \tag{2.6}$$

时，则认为信号的能量是有限的，并称之为能量有限信号，简称为能量信号，如矩形脉冲信号、指数衰减信号等。

2)功率信号

若信号在区间 $(-\infty,\infty)$ 的能量是无限的，即

$$\int_{-\infty}^{\infty} x^2(t)\,\mathrm{d}t \to \infty \tag{2.7}$$

但它在有限区间 (t_1,t_2) 的平均功率是有限的，即

$$\frac{1}{t_2-t_1}\int_{t_1}^{t_2} x^2(t)\,\mathrm{d}t < \infty \tag{2.8}$$

这种信号称为功率有限信号或功率信号。

图 2.2 所示的单自由度振动系统，其位移信号就是能量无限的正弦信号，但在一定时间区间内其功率是有限的，因此，该位移信号为功率信号。如果该系统加上阻尼装置，其振动能量随时间而衰减，如图 2.4 所示，这时的位移信号就变成能量有限信号了。但是必须注意，信号的功率和能量，未必具有真实功率和真实能量的量纲。一个能量信号具有零平均功率，而一个功率信号具有无限大能量。

(3)时限信号与频限信号

1)时限信号

时限信号是在时域有限区间(t_1,t_2)内定义,而其外恒等于零。例如,矩形脉冲、三角脉冲、余弦脉冲等。反之,若信号在时域无穷区间内定义,则称为时域无限信号,前面所述的周期信号、指数衰减信号、随机信号等都是时域无限信号。

2)频限信号

和时限信号定义类似,频限信号是在频域内占据一定的带宽(f_1,f_2),而其外恒等于零。例如:正弦信号、sinc(t)、限带白噪声等。若信号在频域内的带宽延伸至无穷区间,则称为频域无限信号。

时间有限信号的频谱,在频率轴上可以延伸至无限远处。同理,一个有限带宽信号,也在时间轴上延伸至无限远处。一个信号不能够在时域和频域上都是有限的,可阐述为如下定理:一个严格的频限信号,不能同时是时限信号;反之亦然。

(4)连续时间信号与离散时间信号

按信号函数表达式中的独立变量取值是连续的还是离散的,可将信号分为连续信号和离散信号。通常独立变量为时间,相应地对应连续时间信号和离散时间信号。

1)连续时间信号

在所讨论的时间间隔内,对任意时间值,除若干个第一类间断点外,都可给出确定的函数值,此类信号称为连续时间信号或模拟信号。

所谓第一类间断点,应满足条件:函数在间断点处左极限与右极限存在;左极限与右极限不等;间断点收敛于左极限与右极限函数值的中点,即

$$\lim_{t\to t_0^+}x(t) \neq \lim_{t\to t_0^-}x(t) \tag{2.9}$$

$$x(t_0) = \frac{\lim\limits_{t\to t_0^-}x(t) + \lim\limits_{t\to t_0^+}x(t)}{2} \tag{2.10}$$

式中t_0为第一类间断点。常见的正弦、直流、阶跃、锯齿波、矩形脉冲、截断信号等都属连续时间信号。

2)离散时间信号

离散时间信号又称时域离散信号或时间序列。它是在所讨论的时间区间内,在所规定的不连续的瞬时给出函数值。

离散时间信号又可分为两种情况:时间离散而幅值连续时,称为采样信号;时间离散而幅值量化时,则称为数字信号。

离散时间信号可直接从试验中获得,也可由连续时间信号经采样得到。典型的离散时间信号有单位采样序列、阶跃序列、指数序列等。

单位采样序列用$\delta(n)$表示,定义为:

$$\delta(n)=\begin{cases}0 & n\neq 0\\ 1 & n=0\end{cases} \tag{2.11}$$

此序列在 $n=0$ 处取单位值1,其余点上都为零,如图2.7(a)所示。

单位延时 $\delta(n-1)$ 和 k 延时 $\delta(n-k)$ 分别如图2.7(b)和(c)所示。

单位阶跃序列 $u(n)$ 定义为

$$u(n)=\begin{cases}1 & n\geqslant 0\\ 0 & n<0\end{cases} \tag{2.12}$$

单位阶跃序列 $u(n)$、单位延时 $u(n-1)$、k 延时 $u(n-k)$ 分别如图2.8所示。

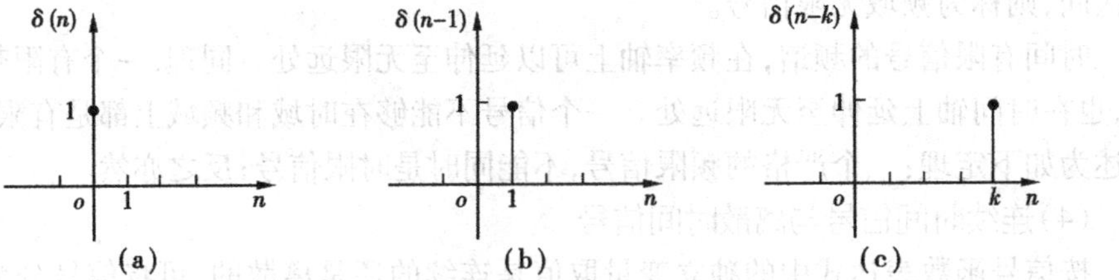

图2.7　单位采样序列

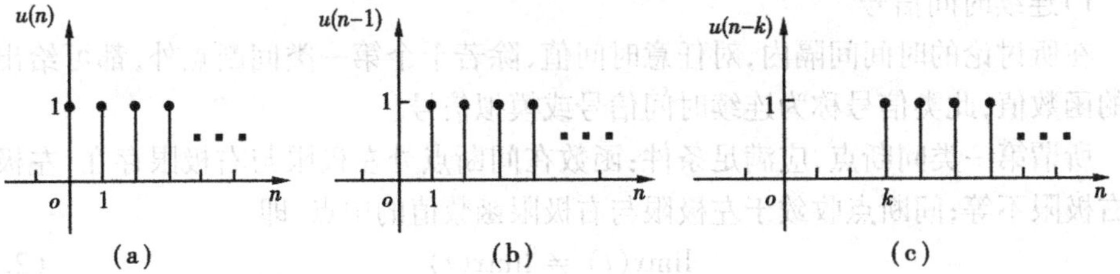

图2.8　单位阶跃序列

单位阶跃序列与单位采样序列之间的关系为:

$$u(n)=\sum_{k=0}^{\infty}\delta(n-k) \tag{2.13}$$

或

$$\delta(n)=u(n)-u(n-1) \tag{2.14}$$

实指数序列是一个值为 a^n 的任意序列,如图2.9(a)所示,此处 a 是实数。

正弦序列具有 $x(n)=A\cos(\omega_0 n+\phi)$ 的形式,如图2.9(b)所示,其中 ω_0 与 ϕ 是常数。

复指数序列的函数形式及其展开式为:

$$e^{(\sigma+j\omega_0)n}=e^{\sigma n}\cos(\omega_0 n)+je^{\sigma n}\sin(\omega_0 n) \tag{2.15}$$

如果对所有 n 都满足 $x(n)=x(n+N)$,则定义 $x(n)$ 为周期序列,其周期为 N,N 是满足关系式的最小正整数。若 $2\pi/\omega_0$ 为一整数,则 $\sigma=0$ 的复指数序列和正弦序

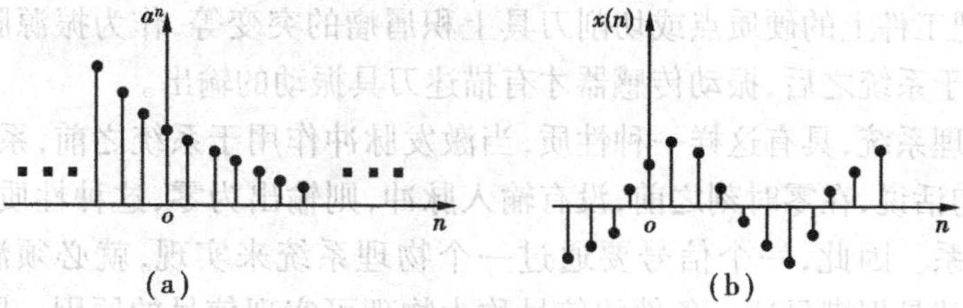

图 2.9　实指数序列与正弦序列

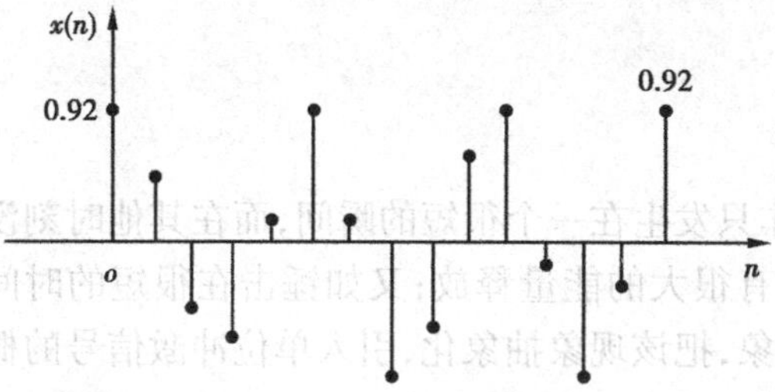

图 2.10　序列 $x(n)=\cos(3\pi n/7-\pi/8)$ 之图形

列是周期性序列，其周期为$\frac{2\pi}{\omega_0}$；若 $2\pi/\omega_0$ 为有理数但不为整数，则正弦序列仍是周期性的，其周期大于 $2\pi/\omega_0$；如果 $2\pi/\omega_0$ 不是有理数，则正弦序列和复指数序列都不是周期性的。

例　试求 $x(n)=\cos(3\pi n/7-\pi/8)$ 之周期，并给出此序列之图形。

解

$$N=\frac{2\pi}{\omega_0}=\frac{2\pi}{3\pi/7}=\frac{14}{3}\approx 4.666$$

N 为有理数，故为周期序列。可化为整数的最小倍数为 3，故周期为 14，该序列如图 2.10 所示。

任意序列都可以表示为延迟单位采样序列的幅值加权和，即

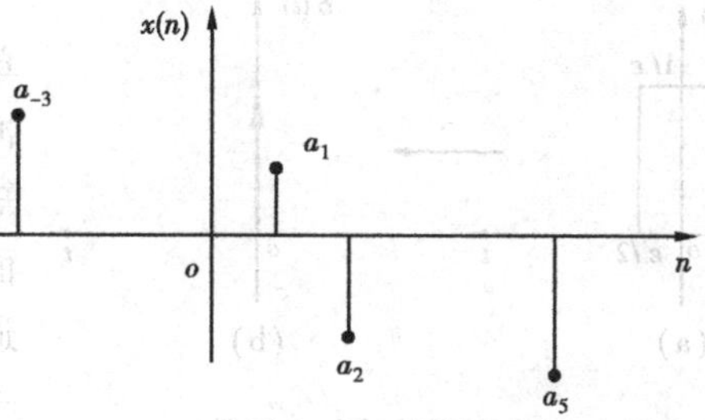

图 2.11　序列表示为各延迟单位采样的幅值加权和

$$x(n)=\sum_{k=-\infty}^{\infty}a_k\delta(n-k) \tag{2.16}$$

例如，$x(n)=a_{-3}\delta(n+3)+a_1\delta(n-1)+a_2\delta(n-2)+a_5\delta(n-5)$ 可用图 2.11 表示。

(5)物理可实现信号

物理可实现信号又称为单边信号，满足条件：$t<0$ 时，$x(t)=0$，即在时刻小于零的一侧全为零，信号完全由时刻大于零的一侧确定。

在实际中出现的信号，大量的是物理可实现信号，因为这种信号反映了物理上的因果律。实际中所能测得的信号，许多都是由一个激发脉冲作用于一个物理系统之后所输出的信号。例如切削过程，可以把机床、刀具、工件构成的工艺系统作为一个

物理系统,把工件上的硬质点或切削刀具上积屑瘤的突变等,作为振源脉冲,仅仅在该脉冲作用于系统之后,振动传感器才有描述刀具振动的输出。

所谓物理系统,具有这样一种性质,当激发脉冲作用于系统之前,系统是不会有响应的,换句话说,在零时刻之前,没有输入脉冲,则输出为零,这种性质反映了物理上的因果关系。因此,一个信号要通过一个物理系统来实现,就必须满足 $x(t)=0(t<0)$,这就是把满足这一条件的信号称为物理可实现信号的原因。同理,对于离散信号而言,满足 $x(n)=0(n<0)$ 条件的序列,即称为因果序列。

2.1.3 信号分析中的常用函数

(1)单位冲激信号(δ 函数)

自然界中常有这样的现象,某个动作只发生在一个很短的瞬间,而在其他时刻没有任何动作。例如闪电在很短的时间内有很大的能量释放;又如锤击在很短的时间有一个很强的冲击力。为了描述这种现象,把该现象抽象化,引入单位冲激信号的概念。单位冲击信号的"狄拉克(Dirac)定义法"为:

$$\begin{cases}\int_{-\infty}^{\infty}\delta(t)\,dt=1\\ \delta(t)=0\quad(t\neq0)\end{cases}\tag{2.17}$$

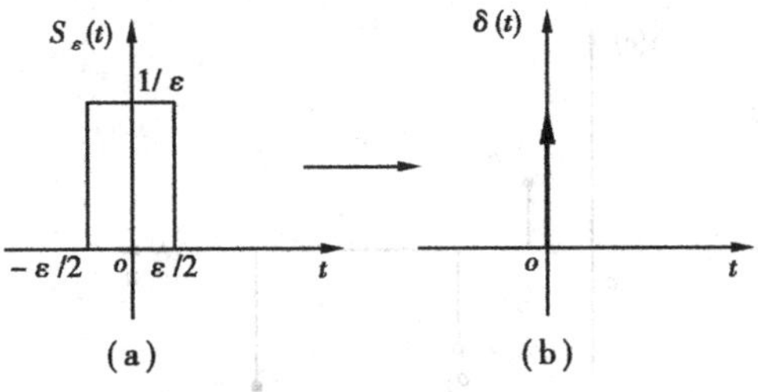

图 2.12 矩形脉冲与 δ 函数

把满足式(2.17)的信号 $\delta(t)$ 称为单位冲激信号,其冲激强度为 1。单位冲激信号也可以利用规则信号(如对称矩形脉冲或三角脉冲信号等)"在保证面积不变的前提下使宽度取极限 0"的逼近方法来定义,如图 2.12(a)所示的一个矩形脉冲 $S_\varepsilon(t)$,其面积为 1。当 $\varepsilon\to0$ 时,$S_\varepsilon(t)$ 的极限就称为 δ 函数,如图 2.12(b)所示。δ 函数也称为单位脉冲函数。

从极限的角度看

$$\delta(t)=\begin{cases}\infty & t=0\\ 0 & t\neq0\end{cases}\tag{2.18}$$

从面积(通常也称为 δ 函数的强度)的角度来看

$$\int_{-\infty}^{\infty}\delta(t)\,dt=\lim_{\varepsilon\to0}\int_{-\infty}^{\infty}S_\varepsilon(t)\,dt=1\tag{2.19}$$

δ 函数在信号分析中经常用到,它有一些特殊的性质,这些性质的采用常可使被分析问题大大简化。δ 函数的性质有:

①对称性(偶函数)

单位冲激函数是偶函数,因为对任意非零的 t,$\delta(t)=0=\delta(-t)$。

②时域压扩性

单位冲激函数的时域压扩性(或尺度变换性)用数学表达式表示就是

$$\delta(at)=\frac{1}{|a|}\delta(t)\ (a\neq 0) \tag{2.20}$$

证明:两边同时积分

左边 $=\int_{-\infty}^{\infty}\delta(at)\mathrm{d}t=\int_{-\infty}^{\infty}\delta(|a|t)\mathrm{d}t=\frac{1}{|a|}\int_{-\infty}^{\infty}\delta(|a|t)\mathrm{d}(|a|t)=$

$\frac{1}{|a|}\int_{-\infty}^{\infty}\delta(t)\mathrm{d}t=\frac{1}{|a|}$

右边 $=\int_{-\infty}^{\infty}\frac{1}{|a|}\delta(t)\mathrm{d}t=\frac{1}{|a|}$

故式(2.20)得证。

而当 t 非零时,由于 at 非零,故 $\delta(at)=0$,由定义可知结论正确。

该性质表明:把单位冲激信号以原点为基准压缩到原来的 $\frac{1}{|a|}$($|a|>1$)或扩展到原来的 $\frac{1}{|a|}$ 倍($0<|a|<1$),等价于把冲激信号的强度乘以 $\frac{1}{|a|}$。

③抽样特性(筛选特性)

根据"函数相乘定义为函数的逐点相乘",很容易得到

$$x(t)\delta(t-t_0)=x(t_0)\delta(t-t_0) \tag{2.21}$$

再利用式(2.17),得出

$$\int_{-\infty}^{\infty}x(t)\delta(t-t_0)\mathrm{d}t=x(t_0) \tag{2.22}$$

这就是单位冲激信号的"抽样(筛选)特性"。

由此,我们知道:虽然冲激函数并不能逐点给出函数值,但是它与某个函数相乘后的积分,等于该函数的冲激点位置的函数值。这个性质对连续信号的离散采样是十分重要的。

定义周期为 T_s 的周期单位冲激信号(序列)为

$$\Delta_{T_s}(t)=\sum_{-\infty}^{\infty}\delta(t-nT_s) \tag{2.23}$$

利用冲激函数的抽样特性,一个信号 $x(t)$ 与之相乘,可以得到 $x(t)$ 的采样信号为:

$$x_s(t)=x(t)\cdot\Delta_{T_s}(t)=\sum_{-\infty}^{\infty}x(nT_s)\delta(t-nT_s) \tag{2.24}$$

采样信号 $x_s(t)$ 的波形图如图2.13所示。

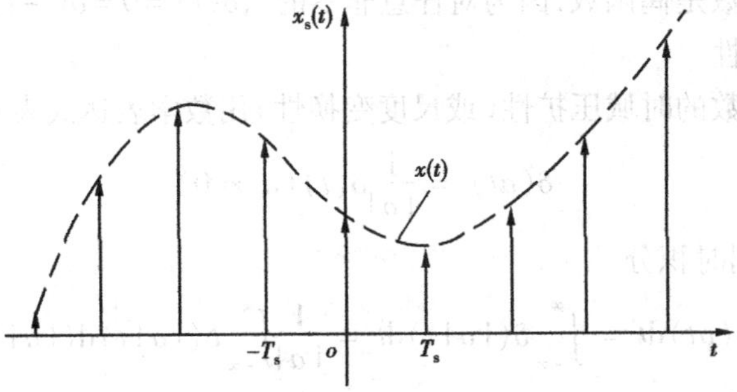

图 2.13　采样信号波形

(2) sinc(*t*)函数

sinc(*t*)函数又称为闸门函数、滤波函数或内插函数，在许多场合下频繁出现。其定义为

$$\mathrm{sinc}(t) = \frac{\sin t}{t}(-\infty < t < \infty) \tag{2.25}$$

或

$$\mathrm{sinc}(t) = \frac{\sin \pi t}{\pi t}(-\infty < t < \infty) \tag{2.26}$$

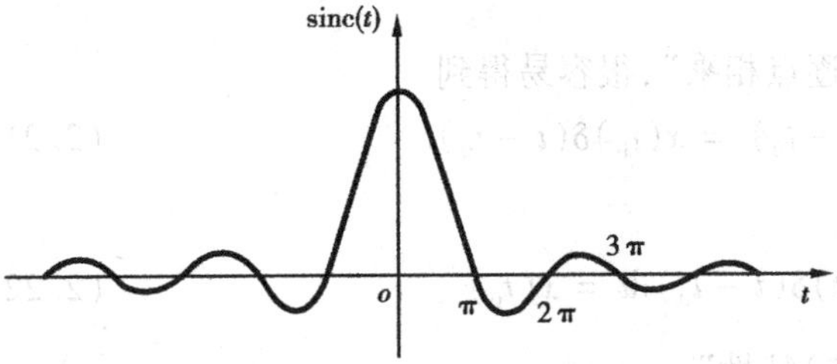

图 2.14　sinc(*t*)函数

如图 2.14 所示，它是一个偶函数，在 t 的正、负方向幅值逐渐衰减，当 $t = \pm\pi, \pm 2\pi, \cdots, \pm n\pi$ 时，函数为零；$t = 0$ 时，函数为 1。

sinc(*t*)函数之所以称为闸门（或抽样）函数，是因为矩形脉冲的频谱为 sinc(*t*)型函数；之所以称为滤波函数，是因为任意信号与 sinc(*t*)型函数进行时域卷积时，实现低通滤波；之所以称为内插函数，是因为采样信号复原时，在时域由许多 sinc(*t*)函数叠加而成，构成非采样点的波形。

(3)复指数函数

复指数函数 $e^{st}(-\infty < t < \infty)$又称永存指数，在信号分析中亦占有特殊地位。其指数 $s = \sigma + j\omega$，是一个复数，依据取值不同，函数 e^{st}可以概括为信号分析中所遇到的多种波形。例如：

1)当 s 为实数，即 $\omega = 0$ 时，如果 $\sigma \neq 0$，则 e^{st} 表示升、降指数函数；$\sigma = 0$，则表示直流信号。

2)当 s 为虚数，即 $\sigma = 0, \omega \neq 0$ 时，

$$e^{\pm j\omega t} = \cos\omega t \pm j\sin\omega t$$

实部 $\mathrm{Re}[e^{j\omega t}]=\cos\omega t$,表示余弦;

虚部 $\mathrm{Im}[e^{j\omega t}]=\sin\omega t$,表示正弦。

3)当 s 为复数,即 $\sigma\neq0,\omega\neq0$ 时,

$$e^{st}=e^{\sigma t}\cdot e^{j\omega t}=e^{\sigma t}\cos\omega t+je^{\sigma t}\sin\omega t$$

实部 $\mathrm{Re}[e^{st}]=e^{\sigma t}\cos\omega t$,表示余弦指数;

虚部 $\mathrm{Im}[e^{st}]=e^{\sigma t}\sin\omega t$,表示正弦指数。

如果将上述各种情况表示在 s 平面上,如图2.15所示。可以看出,s 平面上的每一点都和一定的指数函数模式相对应。

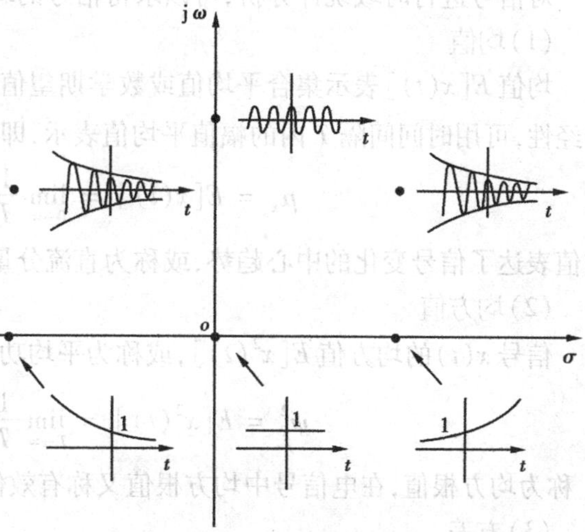

图2.15 复指数函数表示在 s 平面上

虚轴(jω)代表 e^{st} 的振荡频率,而实轴(σ)则代表 e^{st} 的振幅变化。当 s 沿实轴(σ)变化时,$\omega=0$,这意味着与 σ 轴相关联的信号是一种振幅单调增大($\sigma>0$)、等幅($\sigma=0$)或单调减小($\sigma>0$)的指数信号。当 s 沿虚轴变化时,$\sigma=0$,$e^{\sigma t}=1$,则意味着与 jω 轴相关联的信号是一种等幅振荡(正弦或余弦)信号,其振荡频率沿虚轴而变化。这自然会引出一个问题,即沿 -jω 轴表示的信号频率将为负值。根据频率的原来定义,频率本来是一个正量,一个函数在1s内通过某一固定点的次数总是正的。那么怎样解释这个"负频率"呢?之所以产生这种问题,是由于上述运算中的频率是复指数函数中的指数。因此,负频率是与负指数相关联的,是数学运算的结果,并无确切的物理含义。

此外,复指数函数还具有一些重要性质,例如:

①实际中遇到的任何时间函数,总可以表示成为复指数函数的离散和与连续和,即 e^{st} 作为正交函数出现于傅里叶级数与傅里叶变换之中,即

离散和 $$x(t)=\sum_r C_r e^{s_r t}$$

连续和 $$x(t)=\int_{-\infty}^{\infty}C_s e^{st}\mathrm{d}t$$

②复指数函数 e^{st} 的微分、积分或通过线性系统时,总会存在于所分析的函数之中,即:

微分 $$\frac{\mathrm{d}}{\mathrm{d}t}e^{st}=se^{st}$$

积分 $\int e^{st}dt = \frac{1}{s}e^{st} + A$

通过线性系统 $e^{st} \to H(s)e^{st}$

式中 $H(s)$ 是系统函数。这表明了函数 e^{st} 的永存性质。

2.1.4 信号的时域统计分析

对信号进行时域统计分析，可以求得信号的均值、均方值、方差等参数。

(1)均值

均值 $E[x(t)]$ 表示集合平均值或数学期望值，用 μ_x 表示。基于随机过程的各态历经性，可用时间间隔 T 内的幅值平均值表示，即

$$\mu_x = E[x(t)] = \lim_{T\to\infty}\frac{1}{T}\int_0^T x(t)\,dt \tag{2.27}$$

均值表达了信号变化的中心趋势，或称为直流分量。

(2)均方值

信号 $x(t)$ 的均方值 $E[x^2(t)]$，或称为平均功率 ψ_x^2，其表达式为

$$\psi_x^2 = E[x^2(t)] = \lim_{T\to\infty}\frac{1}{T}\int_0^T x^2(t)\,dt \tag{2.28}$$

ψ_x 称为均方根值，在电信号中均方根值又称有效值。

(3)方差

信号 $x(t)$ 的方差定义为

$$\sigma_x^2 = E[(x(t) - E[x(t)])^2] = \lim_{T\to\infty}\frac{1}{T}\int_0^T [x(t) - \mu_x]^2 dt \tag{2.29}$$

σ_x 称为均方差或标准差。

可以证明，$\sigma_x^2, \psi_x^2, \mu_x^2$ 有如下关系

$$\psi_x^2 = \sigma_x^2 + \mu_x^2 \tag{2.30}$$

σ_x^2 描述了信号的波动量，对应电信号中交流成分的功率；μ_x^2 描述了信号的静态量，对应电信号中直流成分的功率，见图 2.16 信号的分解，$x_1(t)$ 对应 $x(t)$ 的波动量，$x_2(t)$ 对应 $x(t)$ 的静态量。

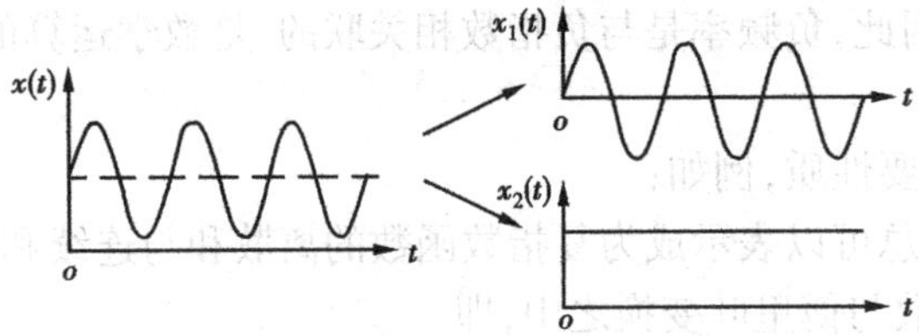

图 2.16 信号的分解

2.1.5 信号的幅值域分析

(1)概率密度函数

信号的概率密度函数是表示信号幅值落在指定区间内的概率。定义为

$$p(x) = \lim_{\Delta x \to 0} \frac{P[x < x(t) \leqslant x + \Delta x]}{\Delta x} \tag{2.31}$$

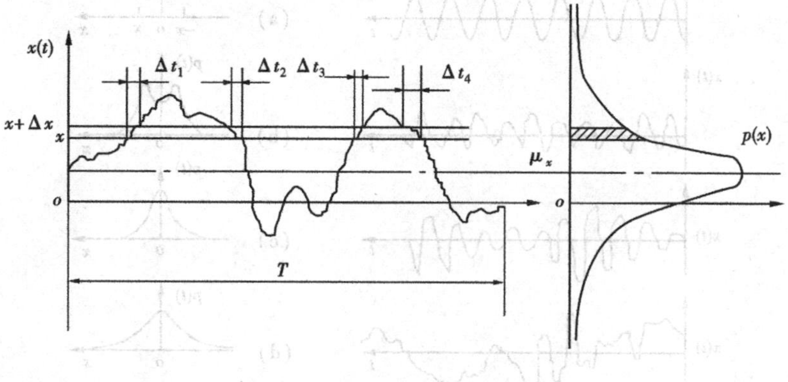

图 2.17 概率密度函数的计算

对如图 2.17 所示的信号，$x(t)$ 值落在 $(x, x + \Delta x)$ 区间内的时间为

$$T_x = \Delta t_1 + \Delta t_2 + \cdots + \Delta t_n = \sum_{i=1}^{n} \Delta t_i$$

当样本函数的记录时间 T 趋于无穷大时 T_x/T 的值就是落在 $(x, x + \Delta x)$ 区间内的概率，即

$$P[x < x(t) \leqslant x + \Delta x] = \lim_{T \to \infty} \frac{T_x}{T} \tag{2.32}$$

所以，相应的幅值概率密度为

$$p(x) = \lim_{\Delta x \to 0} \frac{1}{\Delta x} \left[\lim_{T \to \infty} \frac{T_x}{T} \right] \tag{2.33}$$

信号的概率密度函数与信号均值、均方值及方差有如下关系

$$\mu_x = \int_{-\infty}^{\infty} x p(x) \mathrm{d}x \tag{2.34}$$

$$\psi_x^2 = \int_{-\infty}^{\infty} x^2 p(x) \mathrm{d}x \tag{2.35}$$

$$\delta_x^2 = \int_{-\infty}^{\infty} (x - \mu_x)^2 p(x) \mathrm{d}x \tag{2.36}$$

可以看出，均值是 $x(t)$ 在所有 x 值上的线性加权和；均方值是 $x^2(t)$ 在所有 x 值上的线性加权和；方差则是在 $(x(t) - \mu_x)^2$ 在所有 x 值上的线性加权和。

概率密度函数提供了信号幅值分布的信息，是信号的主要特征参数之一。不同的信号有不同的概率密度图形，可以借此来识别信号的性质。图 2.18 是常见的 4 种信号（假设这些信号的均值为零）的概率密度函数图形。

(2)概率分布函数

概率分布函数是瞬时值 $x(t)$ 小于或等于某值 x 的概率，其定义为

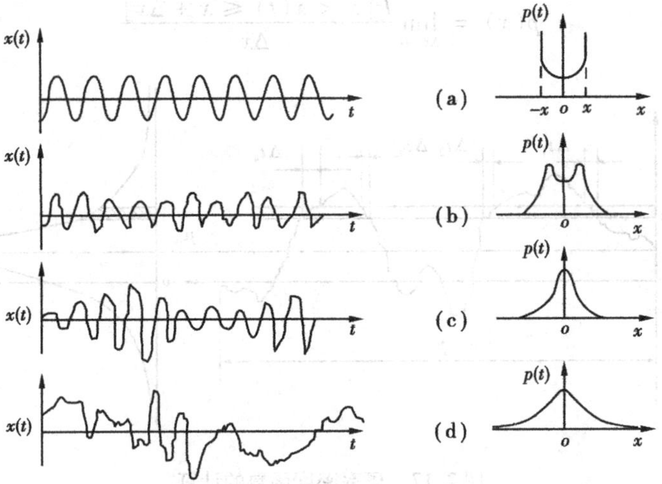

图2.18 4种常见信号及其概率密度函数

(a) 正弦信号; (b) 正弦信号加随机噪声;

(c) 窄带随机噪声; (d) 宽带随机噪声

$$F(x) = \int_{-\infty}^{x} p(x)\mathrm{d}x \tag{2.37}$$

概率分布函数又称累积概率,表示了函数值落在某一区间的概率,也可写成

$$F(x) = P(-\infty < x(t) \leqslant x) \tag{2.38}$$

2.2 周期信号及其频谱

在时域难以分析的信号,通常可以先把它从时域变换到某种变换域,然后在变换域进行分析,这成为信号分析的重要方法之一。

信号的正交函数分解分析方法就是一种信号的变换域方法,如果用三角函数集或复指数函数集作为正交函数集,就称这种分析方法为傅里叶分析方法,该方法因法国数学家傅里叶(J. Fourier,1768—1830)于1822年提出并证明的"周期函数展开为正弦级数的原理"而得名。傅里叶分析方法是一种频域分析方法,它包括用于对周期信号进行频域分析的傅里叶变换分析。傅里叶分析方法在信号分析中有非常重要的地位,多少年来不断有人对其进行发展和应用,使之成为信息科学与技术领域中应用最广泛的分析方法之一,同时它也是其他许多变换方法的基础。1965年提出并实现的"快速傅里叶变换(FFT)",为这一数学工具赋予了新的生命力。

事实上,由于正弦和余弦信号都是单一频率信号,因此傅里叶分析可以看成是按频率对信号进行分解的一种方法。本章将从特殊情形——周期函数的傅里叶级数展开——出发,通过使周期函数的周期逼近无穷大,引出非周期函数的傅里叶分析方法——傅里叶变换，最后借助于周期冲激序列的傅里叶变换，导出周期函数的傅里叶变换，并最终把周期函数和非周期函数统一在傅里叶变换的框架之下。

2.2.1 傅里叶级数与周期信号的分解

(1)傅里叶级数的三角展开式

在有限区间上，凡满足狄里赫利条件的周期信号 $x(t)$ 都可以展开成傅里叶级数。傅里叶级数的三角展开式如下：

$$x(t) = \frac{a_0}{2} + \sum_{n=1}^{\infty}(a_n\cos n\omega_0 t + b_n\sin n\omega_0 t) \tag{2.39}$$

式中 常值分量

$$a_0 = \frac{2}{T}\int_{-\frac{T}{2}}^{\frac{T}{2}} x(t)\,\mathrm{d}t \tag{2.40}$$

由上式可看出常值分量 a_0 代表了信号 $x(t)$ 在积分区间内的均值。

余弦分量的幅值

$$a_n = \frac{2}{T}\int_{-\frac{T}{2}}^{\frac{T}{2}} x(t)\cos n\omega_0 t\,\mathrm{d}t \tag{2.41}$$

正弦分量的幅值

$$b_n = \frac{2}{T}\int_{-\frac{T}{2}}^{\frac{T}{2}} x(t)\sin n\omega_0 t\,\mathrm{d}t \tag{2.42}$$

式中 T——基本周期；

ω_0——圆频率，$\omega_0 = \frac{2\pi}{T}$；

$n = 1, 2, 3, \cdots$

将式(2.39)中同频分量合并，可以改写成

$$x(t) = \frac{a_0}{2} + \sum_{n=1}^{\infty} A_n\sin(n\omega_0 t + \varphi_n) \tag{2.43}$$

式中

$$A_n = \sqrt{a_n^2 + b_n^2} \tag{2.44}$$

$$\tan\varphi_n = \frac{a_n}{b_n} \tag{2.45}$$

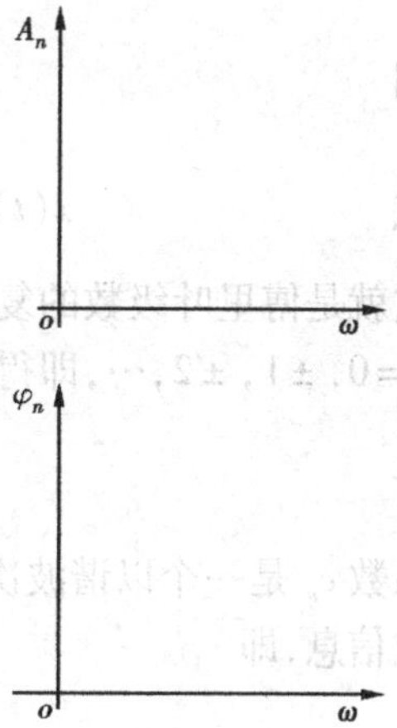

图2.19 幅值谱图和相位图谱坐标

从式(2.43)可看出，周期信号是由一个或几个乃至无穷多个不同频率的谐波叠加而成的。以圆频率为横坐标，幅值 A_n 或相角 φ_n 为纵坐标作图，如图2.19所示，则分别得其幅值谱图和相位谱图。由于 n 是整数序列，各频率成分都是 ω_0 的整倍数，相邻频率的间隔 $\Delta\omega = \omega_0 = 2\pi/T$，因而谱线是离散的。通常把 ω_0 称为基频，并把成分 $A_n\sin(n\omega_0 t + \varphi_n)$ 称为 n 次谐波。

(2)傅里叶级数的复指数展开式

傅里叶级数也可写成复指数形式。根据欧拉(Euler)公式，有：

$$e^{\pm j\omega t} = \cos\omega t \pm j\sin\omega t \quad (j = \sqrt{-1}) \tag{2.46}$$

$$\cos\omega t = \frac{1}{2}(e^{-j\omega t} + e^{j\omega t}) \tag{2.47}$$

$$\sin\omega t = j\frac{1}{2}(e^{-j\omega t} - e^{j\omega t}) \tag{2.48}$$

因此,式(2.39)可改写为

$$x(t) = \frac{a_0}{2} + \sum_{n=1}^{\infty}\left[\frac{1}{2}(a_n + jb_n)e^{-jn\omega_0 t} + \frac{1}{2}(a_n - jb_n)e^{jn\omega_0 t}\right] \tag{2.49}$$

令

$$c_n = \frac{1}{2}(a_n - jb_n) \tag{2.50}$$

$$c_{-n} = \frac{1}{2}(a_n + jb_n) \tag{2.51}$$

则
$$x(t) = c_0 + \sum_{n=1}^{\infty} c_{-n}e^{-jn\omega_0 t} + \sum_{n=1}^{\infty} c_n e^{jn\omega_0 t} \tag{2.52}$$

或
$$x(t) = \sum_{n=-\infty}^{\infty} c_n e^{jn\omega_0 t} \quad (n = 0, \pm 1, \pm 2, \cdots) \tag{2.53}$$

这就是傅里叶级数的复指数函数形式,将式(2.41)和式(2.42)代入式(2.50),并令 $n=0, \pm 1, \pm 2, \cdots$,即得

$$c_n = \frac{1}{T_0}\int_{-\frac{T}{2}}^{\frac{T}{2}} x(t)e^{-jn\omega_0 t}dt \tag{2.54}$$

系数 c_n 是一个以谐波次数 n 为自变量的复值函数,它包含了第 n 次谐波的振幅和相位信息,即

$$c_n = c_{nR} + jc_{nI} = |c_n| e^{j\varphi_n} \tag{2.55}$$

式中
$$|c_n| = \sqrt{c_{nR}^2 + c_{nI}^2} \tag{2.56}$$

$$\varphi_n = \angle c_n = \arctan\frac{c_{nI}}{c_{nR}} \tag{2.57}$$

c_n与 c_{-n}共轭,即 $c_n = \overline{c}_{-n}$,$\varphi_n = -\varphi_{-n}$。

把周期函数 $x(t)$ 展开为傅里叶级数的复指数函数形式后,可以分别以$|c_n| - \omega$ 和 $\varphi_n - \omega$ 作幅值谱图和相位谱图,也可以分别以 c_n的实部和虚部与频率的关系作幅值谱图,并分别称为实频谱图和虚频谱图。比较傅里叶级数的两种展开形式可知:复指数函数形式的频谱为双边幅值谱(ω 从 $-\infty$ 到 $+\infty$),三角函数形式的频谱为单边幅值谱(ω 从 0 到 $+\infty$),这两种频谱各次谐波在量值上有确定的关系,即$|c_n| = \frac{1}{2}A_n$。双边幅值谱为偶函数,双边相位谱为奇函数。

负频率在 2.1 节常用函数中有说明。

2.2.2 周期信号的频谱

如上所述,一个周期信号只要满足狄里赫利条件,就可展开成一系列的正弦信号或复指数信号之和。周期信号的波形不同,其展开式中包含的谐波结构也不同。在实际工作中,为表征不同信号的波形,时常需要画出各次谐波分量的频谱。从周期信号的傅里叶级数展开式可看出,A_n,φ_n和ω_0是描述周期信号谐波组成的三个基本要素。将A_n,φ_n系列分别称为信号$x(t)$的幅值谱和相位谱,由于n值取正整数,故采用实三角函数形式的傅里叶级数时,周期信号的频谱是位于频率轴右侧的离散谱,谱线间隔为整数个ω_0。对于指数形式的傅里叶级数,c_n为幅值谱,$\angle c_n$为相位谱,由于n值取正负整数,故其频谱为双边频谱。幅值谱的量纲与信号的量纲是一致的。

例 2.1 求如图 2.20 所示周期性三角波的傅里叶级数表示。

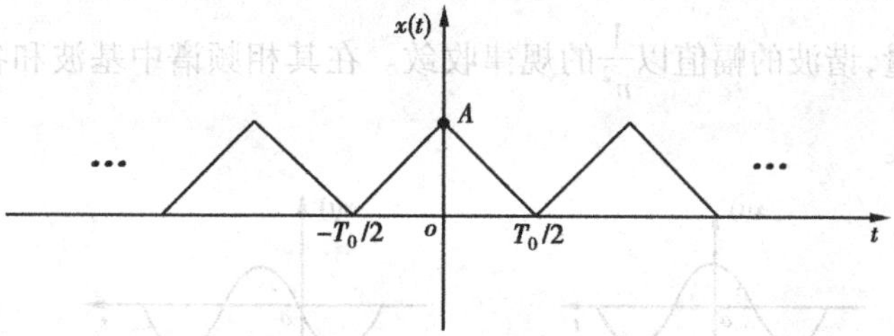

图 2.20 周期性三角波

解 $x(t)$的一个周期可表示为

$$x(t)=\begin{cases}A+\dfrac{2A}{T_0}t & -\dfrac{T_0}{2}\leqslant t\leqslant 0\\[2ex] A-\dfrac{2A}{T_0}t & 0<t\leqslant\dfrac{T_0}{2}\end{cases}$$

常值分量: $$\frac{a_0}{2}=\frac{1}{T_0}\int_{-\frac{T_0}{2}}^{\frac{T_0}{2}}x(t)\,\mathrm{d}t=\frac{2}{T_0}\int_0^{\frac{T_0}{2}}\left(A-\frac{2A}{T_0}t\right)\mathrm{d}t=\frac{A}{2}$$

余弦分量的幅值: $$a_n=\frac{2}{T_0}\int_{-\frac{T_0}{2}}^{\frac{T_0}{2}}x(t)\cos n\omega_0t\,\mathrm{d}t=\frac{4}{T_0}\int_0^{\frac{T_0}{2}}\left(A-\frac{2A}{T_0}t\right)\cos n\omega_n t\,\mathrm{d}t=$$

$$\frac{4A}{n^2\pi^2}\sin^2\frac{n\pi}{2}=\begin{cases}\dfrac{4A}{n^2\pi^2} & n=1,3,5,\cdots\\[2ex] 0 & n=2,4,6,\cdots\end{cases}$$

正弦分量的幅值: $$b_n=\frac{2}{T_0}\int_{-\frac{T_0}{2}}^{\frac{T_0}{2}}x(t)\sin n\omega_0t\,\mathrm{d}t=0$$

这样,该周期性三角波的傅里叶级数展开式为

$$x(t)=\frac{A}{2}+\frac{4A}{\pi^2}\left(\cos\omega_0 t+\frac{1}{3^2}\cos 3\omega_0 t+\frac{1}{5^2}\cos 5\omega_0 t+\cdots\right)=\frac{A}{2}+\frac{4A}{\pi^2}\sum_{n=1}^{\infty}\frac{1}{n^2}\cos n\omega_0 t$$

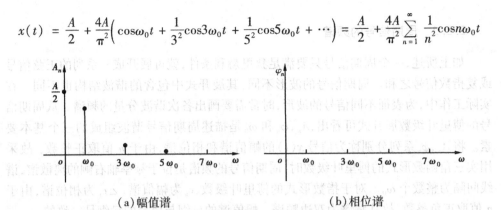

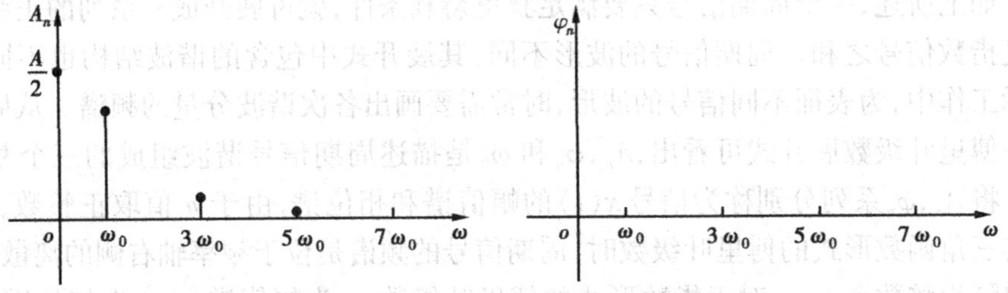

(a)幅值谱　　(b)相位谱

图 2.21　周期性三角波的频谱

周期性三角波的频谱图如图 2.21 所示，其幅频谱只包含常值分量、基波和奇次谐波的频率分量，谐波的幅值以$\frac{1}{n^2}$的规律收敛。在其相频谱中基波和各次谐波的初相位 φ_n 均为零。

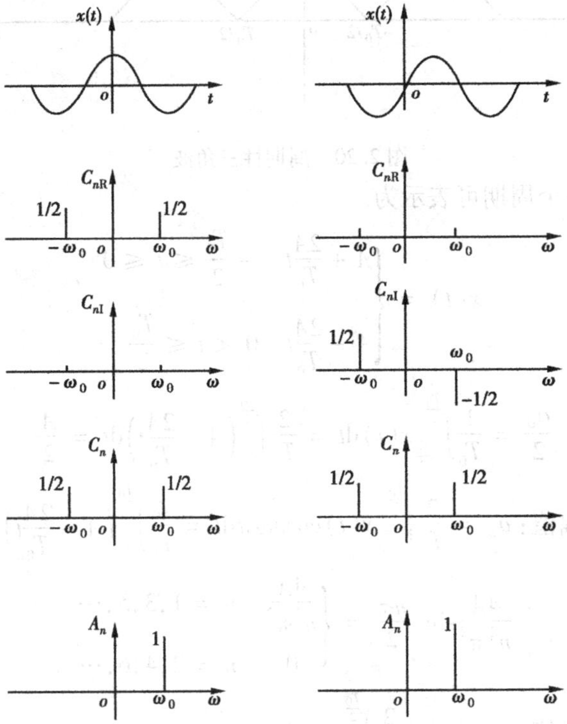

(a) $x(t)=\cos\omega_0 t$　　(b) $x(t)=\sin\omega_0 t$

图 2.22　正、余弦函数的频谱图

例2.2　画出余弦、正弦信号的实、虚部频谱图。

解　根据式(2.47)和式(2.48)得

$$\cos\omega_0 t = \frac{1}{2}(e^{-j\omega_0 t} + e^{j\omega_0 t})$$

$$\sin\omega_0 t = j\frac{1}{2}(e^{-j\omega_0 t} - e^{j\omega_0 t})$$

故余弦信号只有实频谱,与纵轴偶对称。正弦函数只有虚频谱图,与纵轴奇对称。图2.22是这两个函数的频谱图。

从上例还可得到如下推论:一般周期实函数按傅里叶级数的复指数展开后,其实频谱(对应三角函数展开中的余弦分量)总是偶对称的,其虚频谱(对应三角函数展开中的正弦分量)总是奇对称的。更进一步,若周期实函数为实偶函数,则其傅里叶级数的复指数展开将只有偶对称的实部,若周期函数为实奇函数,则其傅里叶级数的复指数展开将只有奇对称的虚部。

周期信号的频谱具有如下特点:

1)周期信号的频谱是离散的。

2)每条谱线只出现在基波频率的整倍数上,基波频率是各高次谐波分量频率的公约数。

3)各频率分量的谱线高度表示该次谐波的幅值和相位角。工程中常见的周期信号,其谐波分量的幅值总的趋势是随谐波次数的增高而减小。因此,在频谱分析中没有必要取那些次数过高的谐波分量。

2.3　非周期信号及其频谱

2.3.1　傅里叶变换与非周期信号的分解

上一节学过了将周期信号分解成各个频率谐波分量,并利用正交函数将信号展开成傅里叶级数的分析方法。在信号的分类中我们知道确定性信号中除周期信号以外还存在准周期信号和非周期信号,它们的频谱也有其各自的特点。

准周期信号的频谱可以借助周期信号的傅里叶级数分析法通过类比得到。周期信号可展开成多项,甚至是无穷项简谐信号的叠加,其频谱具有离散性且各次谐波分量的频率都是基频的整数倍。准周期信号也是由多个简谐信号构成的,例如若有信号:

$$x(t) = \sin\omega_0 t + \sin\sqrt{3}\omega_0 t + \sin\sqrt{5}\omega_0 t$$

但各简谐分量的频率比不是有理数,因而不存在公共周期,合成后不可能经过一段时间间隔后重复出现。但这种信号也有离散频谱,和周期信号不同的是,由于不存在基频,各谱线不是等间隔分布。在工程中,由多个独立振源激励引起的某对象的振动往往属于这类信号。

非周期信号是经常用到的信号。常见的非周期信号参见图 2.4 和图 2.5。图 2.4为衰减振荡,图 2.5 为矩形脉冲和指数衰减信号。下面讨论非周期信号的频谱特性。

对于周期信号,可以用傅里叶级数展开的方法对其进行频谱分析,但对于非周期信号,由于其不是周期信号,因此在有限区间的傅里叶级数展开是错误的。应该如何对其进行频谱分析呢?在这里将前面学过的周期信号的傅里叶级数展开法,推广到非周期信号的频谱分析中去,导出非周期信号的傅里叶变换。

所谓周期信号是指信号经过一段时间间隔——周期 T 不断重复出现的信号。在特殊情况下,可将非周期信号看成是周期趋于无穷的周期信号,即 $T\to\infty$。从周期信号的傅里叶级数展开已经了解到:随着周期增大,信号的基频分量频率值将降低,各谐波分量的频率间隔减小,当周期为无穷大时,信号的基频分量频率值将趋于零值,各谐波分量间的频率间隔也趋于零,即原周期信号的离散频谱变为了非周期信号的连续频谱,同时原傅里叶级数的求和变为了积分。下面就详细地讨论用傅里叶级数表示非周期信号的演变——傅里叶变换。

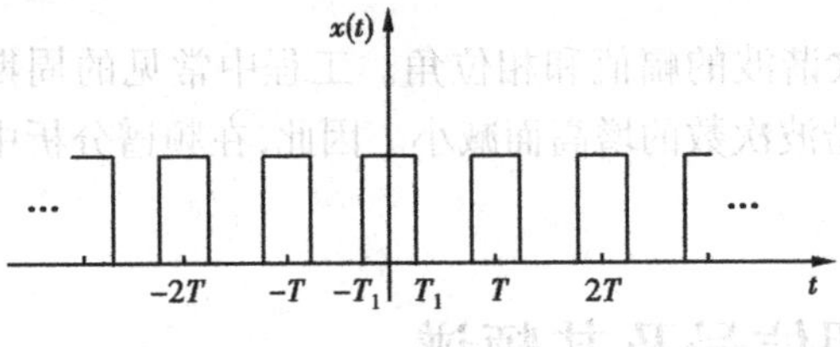

图 2.23　周期方波

为了深刻理解信号的傅里叶变换表示的实质,先来讨论连续时间周期方波(如图2.23)的傅里叶级数表示。在一个周期内有

$$x(t)=\begin{cases}1 & |t|\leqslant T_1\\ 0 & T_1<|t|<T/2\end{cases}\tag{2.58}$$

则对应的傅里叶级数系数为

$$C_n=\frac{2\sin(n\omega_0 T_1)}{n\omega_0 T}\tag{2.59}$$

其中 $\omega_0=2\pi/T$。式(2.59)还可表示为

$$TC_n=\left.\frac{2\sin(\omega T_1)}{\omega}\right|_{\omega=n\omega_0}\tag{2.60}$$

由式(2.60)不难发现,若 ω 作连续变化,函数 $2\sin(\omega T_1)/\omega$ 实际为 TC_n 的包络线,系数 C_n 可简单地认为是该包络线的等间隔采样,同时,对固定的 T_1 包络线 TC_n 独立于 T。在图2.24中,用对包络线 TC_n 等间隔采样的方法显示出方波的傅里叶级数各阶系数 C_n 和 T 的乘积 TC_n 随 T 的变化情况。

由图中可看出随着周期 T 的增大或基频 $\omega_0(\omega_0=2\pi/T)$ 的减小,对包络线 TC_n 的采样间隔越来越小。当 T 充分大时,原来的周期方波将接近于一个矩形脉冲(在时域中仅存在原周期方波的一个周期)。在某种程度上可以认为，当 $T\to\infty$ 时，方波的傅里叶级数各阶系数 C_n 和 T 的乘积就是包络线 TC_n。

上面阐述了傅里叶提出的有关非周期信号的傅里叶表示的基本思想，具体来说，即可将一个非周期信号视为一个周期充分大的周期信号的极限情况，并考虑在该情况下非周期信号的傅里叶级数表示。特别地，对于一个时域有限信号 $x(t)$，如图 2.25(a)所示，可构造一个周期信号 $\tilde{x}(t)$，如图 2.25(b)所示，其中 $x(t)$ 为 $\tilde{x}(t)$ 的一个周期。当选择的周期 $T>2T_1$ 时，$\tilde{x}(t)$ 在一个较长的间隔区间内等同于 $x(t)$，当 $T\to\infty$ 时，$\tilde{x}(t)$ 则在任何 t 时刻等同于 $x(t)$。下面讨论 $\tilde{x}(t)$ 的傅里叶级数表示随 T 的

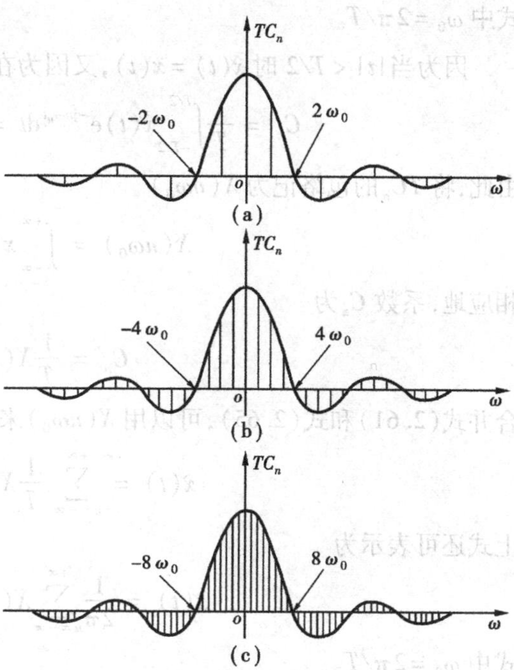

图 2.24　TC_n 随 T 变化情况

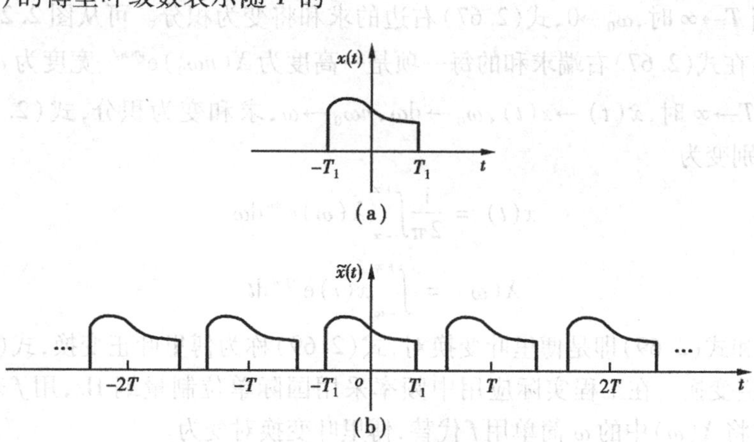

图 2.25　时限信号的周期延拓

变化情况。根据周期信号的傅里叶级数展开有

$$\tilde{x}(t)=\sum_{n=-\infty}^{+\infty}C_n e^{jn\omega_0 t} \tag{2.61}$$

$$C_n=\frac{1}{T}\int_{-T/2}^{T/2}\tilde{x}(t)e^{-jn\omega_0 t}dt \tag{2.62}$$

式中 $\omega_0 = 2\pi/T$。

因为当$|t| < T/2$ 时 $\hat{x}(t) = x(t)$，又因为在此区间之外，$x(t) = 0$，所以

$$C_n = \frac{1}{T}\int_{-T/2}^{T/2} \hat{x}(t)\mathrm{e}^{-\mathrm{j}n\omega_n t}\mathrm{d}t = \frac{1}{T}\int_{-\infty}^{+\infty} x(t)\mathrm{e}^{-\mathrm{j}n\omega_0 t}\mathrm{d}t \tag{2.63}$$

由此，将 TC_n的包络记为 $X(n\omega_0)$

$$X(n\omega_0) = \int_{-\infty}^{+\infty} x(t)\mathrm{e}^{-\mathrm{j}n\omega_0 t}\mathrm{d}t \tag{2.64}$$

相应地，系数 C_n 为

$$C_n = \frac{1}{T}X(n\omega_0) \tag{2.65}$$

合并式(2.61)和式(2.65)，可以用 $X(n\omega_0)$ 来表示 $\hat{x}(t)$，有

$$\hat{x}(t) = \sum_{n=-\infty}^{+\infty} \frac{1}{T}X(n\omega_0)\mathrm{e}^{\mathrm{j}n\omega_0 t} \tag{2.66}$$

上式还可表示为

$$\hat{x}(t) = \frac{1}{2\pi}\sum_{n=-\infty}^{+\infty} X(n\omega_0)\mathrm{e}^{\mathrm{j}n\omega_0 t}\omega_0 \tag{2.67}$$

式中 $\omega_0 = 2\pi/T$。

当 $T\to\infty$，$\hat{x}(t)$ 接近于 $x(t)$，并且式(2.67)的极限形式即表示信号 $x(t)$。进一步分析，当 $T\to\infty$ 时，$\omega_0\to 0$，式(2.67)右边的求和将变为积分。可从图 2.25 中看到这种变化：在式(2.67)右端求和的每一项是一高度为 $X(n\omega_0)\mathrm{e}^{\mathrm{j}n\omega_0 t}$、宽度为 ω_0的矩形面积。当 $T\to\infty$ 时，$\hat{x}(t)\to x(t)$，$\omega_0\to\mathrm{d}\omega$，$n\omega_0\to\omega$，求和变为积分，式(2.67)和式(2.64)分别变为

$$x(t) = \frac{1}{2\pi}\int_{-\infty}^{+\infty} X(\omega)\mathrm{e}^{\mathrm{j}\omega t}\mathrm{d}\omega \tag{2.68}$$

和

$$X(\omega) = \int_{-\infty}^{+\infty} x(t)\mathrm{e}^{-\mathrm{j}\omega t}\mathrm{d}t \tag{2.69}$$

式(2.68)和式(2.69)即是傅里叶变换对，式(2.69)称为傅里叶正变换，式(2.68)称为傅里叶逆变换。在工程实际应用中频率采用国际单位制量纲 Hz，用 f 表示($f = \omega/2\pi$)，并将 $X(\omega)$ 中的 ω 简单用 f 代替，傅里叶变换对变为

$$x(t) = \int_{-\infty}^{+\infty} X(f)\mathrm{e}^{\mathrm{j}2\pi f t}\mathrm{d}f \qquad 简记为\ F^{-1}[X(f)] \tag{2.70}$$

和

$$X(f) = \int_{-\infty}^{+\infty} x(t)\mathrm{e}^{-\mathrm{j}2\pi f t}\mathrm{d}t \qquad 简记为\ F[x(t)] \tag{2.71}$$

对比式(2.70)和式(2.53)可看出 $X(f)\mathrm{d}f$ 和周期信号的傅里叶级数复指数展开中的谐波系数 c_n 等价，c_n 是复振幅，$X(f)$ 是复谱密度函数，同样包含了幅值和相位信息。式(2.70)还表明，非周期信号 $x(t)$ 是由频率为 f，幅值为 $X(f)\mathrm{d}f$ 的谐波 $X(f)$

$df e^{j2\pi ft}$连续叠加而得，f的变化范围是$-\infty \to +\infty$，因此称$X(f)$为$x(t)$的连续频谱，实质上为频谱密度，量纲为幅值/Hz。

2.3.2 非周期信号的频谱

设$x(t)$是时间t的非周期信号，$x(t)$的傅里叶变换存在的充要条件是：

1）$x(t)$在$(-\infty,\infty)$范围内满足狄里赫利条件；

2）$x(t)$绝对可积，即

$$\int_{-\infty}^{\infty} |x(t)| \, dt < \infty \tag{2.72}$$

3）$x(t)$为能量有限信号，即

$$\int_{-\infty}^{\infty} |x(t)|^2 dt < \infty \tag{2.73}$$

满足上述三条件的$x(t)$的傅里叶变换如式(2.71)，式(2.71)中的$X(f)$就是非周期信号的频谱。

通常情况下$X(f)$是复数，可表示为

$$X(f) = A(f) e^{j\varphi(f)} \tag{2.74}$$

式中 $A(f) = |X(f)|$，称为$x(t)$的幅值谱密度； (2.75)

$\varphi(f) = \angle X(f)$，称为$x(t)$的相位谱密度； (2.76)

而将$|X(f)|^2$称为能量谱密度。

也可将$X(f)$分解为实部、虚部两部分：

$$X(f) = \mathrm{Re}\{X(f)\} + j\mathrm{Im}\{X(f)\} \tag{2.77}$$

实部$\mathrm{Re}\{X(f)\}$称为实谱密度，虚部$\mathrm{Im}\{X(f)\}$称为虚谱密度。下面通过几个例子来说明非周期信号的频谱分析。

例2.3 已知单位阶跃函数$u(t)=\begin{cases}1 & t\geqslant 0\\ 0 & t<0\end{cases}$，信号$x(t)=e^{-at}u(t)$，$a>0$，求$x(t)$的频谱密度。

解 由式(2.71)

$$X(f) = \int_{-\infty}^{\infty} e^{-at} e^{-j2\pi ft} dt = -\frac{1}{a+j2\pi f} e^{-(a+j2\pi f)t} \Big|_0^{\infty}$$

$$X(f) = \frac{1}{a+j2\pi f}$$

所以，幅值谱密度和相位谱密度分别为：

$$A(f) = |X(f)| = \frac{1}{\sqrt{a^2+(2\pi f)^2}} \qquad \varphi(f) = \angle X(f) = -\arctan\frac{2\pi f}{a}$$

如图2.26所示。

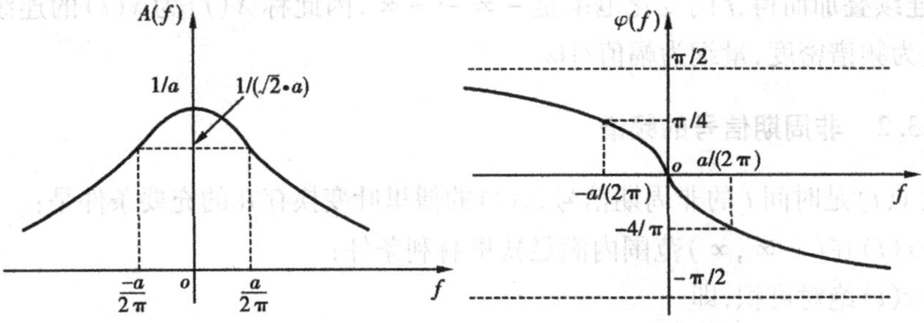

(a)幅值谱密度　　(b)相位谱密度

图 2.26　$x(t)$的频谱密度

例 2.4　求如图 2.27(a)矩形脉冲信号 $x(t)$ 的频谱密度，已知$x(t)=\begin{cases}1, & |t|<T_1\\ 0, & |t|>T_1\end{cases}$。

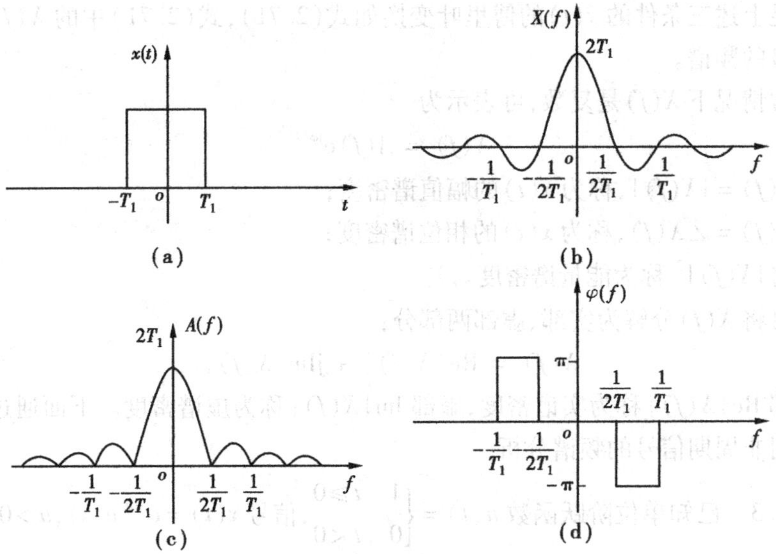

图 2.27　矩形脉冲信号的频谱密度

解　根据式(2.71)，信号的傅里叶变换为

$$X(f)=\int_{-\infty}^{+\infty}x(t)\mathrm{e}^{-\mathrm{j}2\pi ft}\mathrm{d}t=\int_{-T_1}^{T_1}\mathrm{e}^{-\mathrm{j}2\pi ft}\mathrm{d}t=$$

$$-\frac{1}{\mathrm{j}2\pi f}\mathrm{e}^{-\mathrm{j}2\pi ft}\Big|_{-T_1}^{T_1}=2\frac{\sin(2\pi fT_1)}{2\pi f}=2T_1\frac{\sin(2\pi fT_1)}{2\pi fT_1}$$

$$X(f)=2T_1\operatorname{sinc}(2\pi fT_1)$$

$$A(f)=|X(f)|=2T_1|\operatorname{sinc}(2\pi fT_1)|$$

$$\varphi(f)=\begin{cases}0 & \left(\dfrac{n}{T_1}<|f|<\dfrac{n+\frac{1}{2}}{T_1}\right)\\ \pi & \left(\dfrac{n+\frac{1}{2}}{T_1}<|f|<\dfrac{n+1}{T_1}\right)\end{cases}\qquad n=0,1,2,\cdots$$

该矩形脉冲信号的频谱密度如图 2.27(b)所示，它是一个 sinc(t)型函数，并且是连续谱，包含了无穷多个频率成分，在 $f=\pm\dfrac{1}{2T_1},\pm\dfrac{1}{T_1},\cdots$处，幅值谱密度为零，与此相应，相位出现转折，这表明了幅值谱密度与相位谱密度之间的内在关系，在正频率处为负相位($-\pi$)，在负频率处为正相位(π)。

2.3.3　傅里叶变换的主要性质

式(2.70)和式(2.71)构成的傅里叶变换对说明了时间函数和频谱函数间的对应关系，进一步对其研究，还可得到若干重要性质。了解并熟练掌握这些性质可加深理解傅里叶变换对的物理概念，并为简化分析提供极大的帮助。这里用 FT 表示傅里叶变换。

(1)线性特性

若　$x_1(t)\overset{FT}{\longleftrightarrow}X_1(f)$

和　$x_2(t)\overset{FT}{\longleftrightarrow}X_2(f)$

则　$$[a_1x_1(t)+a_2x_2(t)]\overset{FT}{\longleftrightarrow}[a_1X_1(f)+a_2X_2(f)]\tag{2.78}$$

式中 a_1,a_2 为常数，该式说明一信号的幅值扩大若干倍，其对应的频谱函数幅值也扩大若干倍。线性特性还表明了任意数量信号的线性叠加性质：若干信号的时域叠加对应它们频域内频谱的矢量叠加。该性质可将一些复杂信号的傅里叶变换简化为计算参与叠加的简单信号的傅里叶变换，使求解简化。

(2)时移性

若　$$x(t)\overset{FT}{\longleftrightarrow}X(f)$$

则信号 $x(t)$ 在时间上超前或延时 t_0 形成的信号 $x(t\pm t_0)$ 频谱和原 $x(t)$ 的频谱有如下关系

$$x(t\pm t_0)\overset{FT}{\longleftrightarrow}e^{\pm j2\pi ft_0}X(f)\tag{2.79}$$

证明：

由于　$$x(t)=\int_{-\infty}^{+\infty}X(f)e^{j2\pi ft}df$$

用 $t\pm t_0$ 替代 t 可得：$x(t\pm t_0)=\int_{-\infty}^{+\infty}X(f)e^{j2\pi f(t\pm t_0)}df=\int_{-\infty}^{+\infty}\left(e^{\pm j2\pi ft_0}X(f)\right)e^{j2\pi ft}df$

所以

$$x(t \pm t_0) \overset{FT}{\longleftrightarrow} e^{\pm j2\pi f t_0} X(f)$$

证毕。

由式(2.79)有

$$F[x(t \pm t_0)] = e^{\pm j2\pi f t_0} X(f) = |X(f)| e^{j[\varphi(f) \pm 2\pi f t_0]} = A(f) e^{j[\varphi(f) \pm 2\pi f t_0]}$$

上式说明,信号的时移对其幅值谱密度无影响,而相位谱密度则叠加了一个与频率成线性关系的附加量,即时域中的时移对应频域中的相移。

(3)频移性

时域中的时移和频域中的相移相对应,那么频域中的频移会在时域中引起什么变化呢?经推导,有以下关系:若

$$x(t) \overset{FT}{\longleftrightarrow} X(f)$$

则

$$x(t) e^{\pm j2\pi f_0 t} \overset{FT}{\longleftrightarrow} X(f \mp f_0) \tag{2.80}$$

上式的证明较简单,这里从略。该式说明,信号 $x(t)$ 乘以复指数 $e^{\pm 2\pi f_0 t}$(复调制)后,其时域描述已大大改变,但其频谱的形状却无变化,只在频域作了一个位移。

(4)时间比例性

若

$$x(t) \overset{FT}{\longleftrightarrow} X(f)$$

则

$$x(at) \overset{FT}{\longleftrightarrow} \frac{1}{|a|} X\left(\frac{f}{a}\right) \tag{2.81}$$

式中 a 为非零实数。

证明:

由于

$$F[x(at)] = \int_{-\infty}^{+\infty} x(at) e^{-j2\pi f t} dt$$

令 $\tau = at$

可得

$$F[x(at)] = \begin{cases} \dfrac{1}{a}\displaystyle\int_{-\infty}^{+\infty} x(\tau) e^{-j(2\pi f/a)\tau} d\tau, a > 0 \\ -\dfrac{1}{a}\displaystyle\int_{-\infty}^{+\infty} x(\tau) e^{-j(2\pi f/a)\tau} d\tau, a < 0 \end{cases} =$$

$$\begin{cases} \dfrac{1}{a} X\left(\dfrac{f}{a}\right), a > 0 \\ -\dfrac{1}{a} X\left(\dfrac{f}{a}\right), a < 0 \end{cases} = \frac{1}{|a|} X\left(\frac{f}{a}\right)$$

证毕。

若令 $a = -1$,则可得

$$x(-t) \overset{FT}{\longleftrightarrow} X(-f)$$

上式表明若在时域将某一信号反转，则其对应的傅里叶变换也将反转。

其他性质详见表2.1。

表2.1 傅里叶变换的性质

性质	非周期信号	傅里叶变换
	$x(t)$ $x_1(t)$ $x_2(t)$	$X(f)$ $X_1(f)$ $X_2(f)$
线性性	$a_1x_1(t)+a_2x_2(t)$	$a_1X_1(f)+a_2X_2(f)$
时移性	$x(t\pm t_0)$	$e^{\pm j2\pi f t_0}X(f)$
频移性	$x(t)e^{\pm j2\pi f_0 t}$	$X(f\mp f_0)$
时间比例性	$x(at)$	$\frac{1}{\lvert a\rvert}X\left(\frac{f}{a}\right)$
共轭性	$\overline{x(t)}$	$\overline{X(-f)}$
互易性	$X(t)$	$x(-f)$
微分性	$\frac{d^n x(t)}{dt^n}$	$(j2\pi f)^n X(f)$
积分性	$\int_{-\infty}^{t}x(\tau)d\tau$	$\frac{1}{j2\pi f}X(f)+\pi X(0)\delta(f)$
卷积性	$x(t)*y(t)$ $x(t)y(t)$	$X(f)Y(f)$ $X(f)*Y(f)$
实信号	$x(t)$为实信号	$\begin{cases}X(f)=X^*(-f)\\ \mathrm{Re}\{X(f)\}=\mathrm{Re}\{X(-f)\}\\ \mathrm{Im}\{X(f)\}=-\mathrm{Im}\{X(-f)\}\\ \lvert X(f)\rvert=\lvert X(-f)\rvert\\ \angle X(f)=-\angle X(-f)\end{cases}$
实偶信号	$x(t)$为实偶信号	$X(f)$为实偶数
实奇信号	$x(f)$为奇实信号	$X(f)$虚奇数
非周期信号的帕斯瓦尔定理	$\int_{-\infty}^{+\infty}\lvert x(t)\rvert^2dt=\int_{-\infty}^{+\infty}\lvert X(f)\rvert^2df$	

2.3.4 几种典型信号的频谱

(1) $\delta(t)$的频谱密度

将$\delta(t)$进行傅里叶变换

$$\Delta(f)=\int_{-\infty}^{\infty}\delta(t)\mathrm{e}^{-\mathrm{j}2\pi ft}\mathrm{d}t=\mathrm{e}^{0}=1$$

其逆变换为

$$\delta(t)=\int_{-\infty}^{\infty}1\mathrm{e}^{\mathrm{j}2\pi ft}\mathrm{d}f=\int_{-\infty}^{\infty}\mathrm{e}^{\mathrm{j}2\pi ft}\mathrm{d}f$$

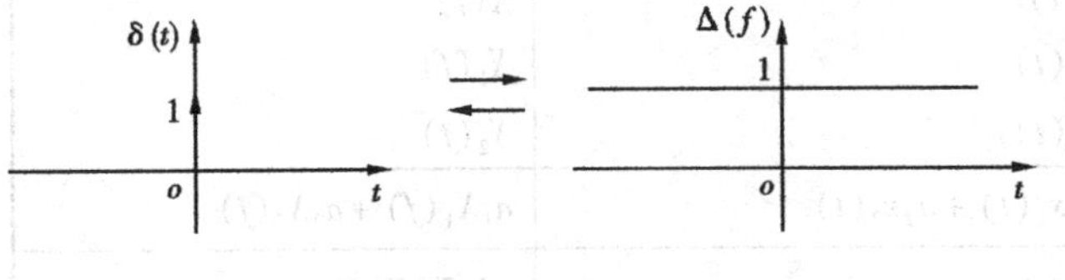

图 2.28　δ 函数及其频谱密度

故知单位冲击函数具有无限宽广的频谱密度，而且在整个频率范围内不衰减，处处强度相等，如图 2.28 所示。这种信号是理想的白噪声。

根据傅里叶变换的对称性质和时移、频移性质可以得到以下傅里叶变换对

$$\begin{array}{ccc}\text{时域} & & \text{频域}\\ \delta(t) & \Leftrightarrow & 1\\ 1 & \Leftrightarrow & \delta(f)\\ \delta(t-t_0) & \Leftrightarrow & \mathrm{e}^{-\mathrm{j}2\pi ft_0}\\ \mathrm{e}^{\mathrm{j}2\pi f_0t} & \Leftrightarrow & \delta(f-f_0)\end{array}\tag{2.82}$$

(2)正、余弦函数的频谱密度

由于正、余弦函数不满足绝对可积条件，故不能直接用式(2.71)对其进行傅里叶积分变换，而需要在傅里叶变换时引入 δ 函数。

根据欧拉公式，正、余弦函数可以写为

$$\sin2\pi f_0t=\mathrm{j}\frac{1}{2}(\mathrm{e}^{-\mathrm{j}2\pi f_0t}-\mathrm{e}^{\mathrm{j}2\pi f_0t})$$

$$\cos2\pi f_0t=\frac{1}{2}(\mathrm{e}^{-\mathrm{j}2\pi f_0t}+\mathrm{e}^{\mathrm{j}2\pi f_0t})$$

根据式(2.82)，可以求得正、余弦函数的傅里叶变换如下(图 2.29)：

$$\sin2\pi f_0t\quad\Leftrightarrow\quad\mathrm{j}\frac{1}{2}[\delta(f+f_0)-\delta(f-f_0)]\tag{2.83}$$

$$\cos2\pi f_0t\quad\Leftrightarrow\quad\frac{1}{2}[\delta(f+f_0)+\delta(f-f_0)]\tag{2.84}$$

(3)周期信号的频谱密度

和正、余弦函数类似，严格说来周期信号不满足绝对可积条件，也需借助 δ 函数来求其频谱密度，具体步骤如下：

设 $x(t)$ 为周期信号，将其展开为傅里叶级数有：

$$x(t)=\sum_{n=-\infty}^{+\infty}c_n\mathrm{e}^{\mathrm{j}2\pi f_0t}$$

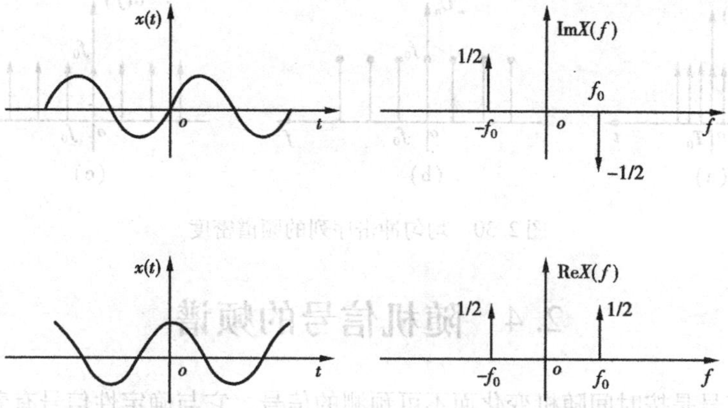

图 2.29 正、余弦函数及其频谱密度

式中 $$c_n = \frac{1}{T}\int_{-T/2}^{T/2} x(t)\mathrm{e}^{-\mathrm{j}n2\pi f_0 t}\mathrm{d}t$$

再由式(2.82)求得 $x(t)$ 的傅里叶变换为:

$$F[x(t)] = \sum_{n=-\infty}^{+\infty} c_n\delta(f - nf_0) = \sum_{n=-\infty}^{+\infty}\{\mathrm{Re}[c_n]\delta(f - nf_0) + \mathrm{jIm}[c_n]\delta(f - nf_0)\} \tag{2.85}$$

例 2.5 求均匀冲击序列的频谱密度。

均匀冲击序列是周期为 T_0 的单位冲击函数组成的无穷序列,如图 2.30(a)所示,其数学表达式为 $$g(t) = \sum_{n=-\infty}^{\infty}\delta(t - nT_0)$$

由于均匀冲击序列是周期函数,故可由式(2.85)写出其傅里叶变换为:

$$G(f) = \sum_{n=-\infty}^{+\infty} c_n\delta(f - nf_0)$$

式中 $$f_0 = \frac{1}{T_0}$$

$$c_n = \frac{1}{T_0}\int_{-T_0/2}^{T_0/2} g(t)\mathrm{e}^{-\mathrm{j}n2\pi f_0 t}\mathrm{d}t = f_0\int_{-T_0/2}^{T_0/2}\delta(t)\mathrm{e}^{-\mathrm{j}n2\pi f_0 t}\mathrm{d}t = f_0$$

$$G(f) = \sum_{n=-\infty}^{+\infty} f_0\delta(f - nf_0)$$

如图 2.30(b)所示,即时域均匀冲击序列的频谱对应强度和周期都为 f_0 的频域冲击序列。

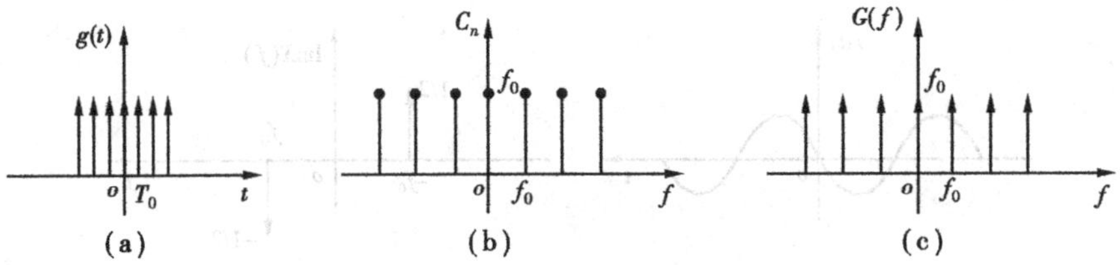

图 2.30　均匀冲击序列的频谱密度

2.4　随机信号的频谱

随机信号是按时间随机变化而不可预测的信号。它与确定性信号有着很大的不同,其瞬时值是一个随机变量,具有各种可能的取值,不能用确定的时间函数描述。由于工程实际中直接通过传感器得到的信号大多数可视为随机信号,因此对随机信号进行研究具有更普遍的意义。上一节在讨论傅里叶变换的应用时,其对象是确定性信号,现在,很自然地会提出这样的问题,傅里叶变换能否用于研究随机信号?以及随机信号的频谱特征又是什么?等等。简单的回答是:在研究随机信号时,仍然可以应用傅里叶变换,但必须根据随机信号的特点对它做某些限制。

2.4.1　随机信号的自功率谱密度函数

对于随机信号 $x(t)$ 来说,由于它的持续期为无限长,显然都不满足式(2.72)和式(2.73)的绝对可积与能量可积条件,因此,它的傅里叶变换不存在。但是,随机信号的平均功率却是有限的,即有

$$p_x = \lim_{T\to\infty}\frac{1}{T}\int_{-\infty}^{\infty} x^2(t)\,\mathrm{d}t < \infty \tag{2.86}$$

因此,研究随机信号的功率谱是有意义的。

为了将傅里叶变换方法应用于随机信号,必须对随机信号做某些限制,最简单的一种方法是先对随机信号进行截断,再进行傅里叶变换,这种方法称为随机信号的有限傅里叶变换。

设 $x(t)$ 为任一随机信号,如图 2.31 所示。现任意截取其中长度为 T(T 为有限值)的一段信号,记为$x_T(t)$,称作 $x(t)$ 的截取信号,即

$$x_T(t) = \begin{cases} x(t) & |t| < \dfrac{T}{2} \\ 0 & 其余 \end{cases} \tag{2.87}$$

显然,随机信号 $x(t)$ 的截取信号 $x_T(t)$ 满足绝对可积条件,$x_T(t)$ 的傅里叶变换存在,有

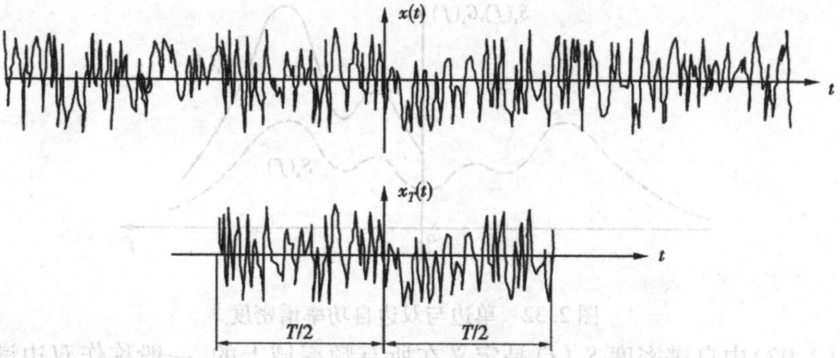

图 2.31 随机信号及其截断

$$X_T(f) = \int_{-\infty}^{\infty} x_T(t)\mathrm{e}^{-\mathrm{j}2\pi ft}\mathrm{d}t = \int_{-T/2}^{T/2} x_T(t)\mathrm{e}^{-\mathrm{j}2\pi ft}\mathrm{d}t \tag{2.88}$$

和

$$x_T(t) = \int_{-\infty}^{\infty} X_T(f)\mathrm{e}^{\mathrm{j}2\pi ft}\mathrm{d}f \tag{2.89}$$

随机信号 $x(t)$ 在时间区间 $(-T/2, T/2)$ 内的平均功率为

$$\frac{1}{T}\int_{-\frac{T}{2}}^{\frac{T}{2}} x^2(t)\mathrm{d}t = \frac{1}{T}\int_{-\frac{T}{2}}^{\frac{T}{2}} x_T^2(t)\mathrm{d}t = \frac{1}{T}\int_{-\frac{T}{2}}^{\frac{T}{2}} x_T(t)\left[\int_{-\infty}^{\infty} X_T(f)\mathrm{e}^{\mathrm{j}2\pi ft}\mathrm{d}f\right]\mathrm{d}t =$$

$$\frac{1}{T}\int_{-\infty}^{\infty} X_T(f)\left[\int_{-\frac{T}{2}}^{\frac{T}{2}} x_T(t)\mathrm{e}^{\mathrm{j}2\pi ft}\mathrm{d}t\right]\mathrm{d}f =$$

$$\frac{1}{T}\int_{-\infty}^{\infty} X_T(f)\cdot X_T(-f)\mathrm{d}f$$

因为 $x(t)$ 为实函数，则 $X_T(-f) = \overline{X_T(f)}$，所以

$$\frac{1}{T}\int_{-\frac{T}{2}}^{\frac{T}{2}} x^2(t)\mathrm{d}t = \frac{1}{T}\int_{-\infty}^{\infty} X_T(f)\cdot\overline{X_T(f)}\mathrm{d}f = \frac{1}{T}\int_{-\infty}^{\infty} |X_T(f)|^2\mathrm{d}f \tag{2.90}$$

令 $T\to\infty$，对式(2.90)两边取极限，便可得到随机信号的平均功率

$$P_x = \lim_{T\to\infty}\frac{1}{T}\int_{-\infty}^{\infty} x^2(t)\mathrm{d}t = \lim_{T\to\infty}\frac{1}{T}\int_{-\infty}^{\infty} |X_T(f)|^2\mathrm{d}f \tag{2.91}$$

令

$$S_x(f) = \lim_{T\to\infty}\frac{1}{T}|X_T(f)|^2 \tag{2.92}$$

则

$$P_x = \int_{-\infty}^{+\infty} S_x(f)\mathrm{d}f \tag{2.93}$$

由上式可看出 $S_x(f)$ 描述了随机信号的平均功率在各个不同频率上的分布，称为随机信号 $x(t)$ 的自功率谱密度函数，简称自谱密度。其量纲为 $\mathrm{EU}^2/\mathrm{Hz}$，EU 为随机信号的工程单位。式(2.92)对应的估计式是

$$\hat{S}_x(f) = \frac{1}{T}|X_T(f)|^2 \tag{2.94}$$

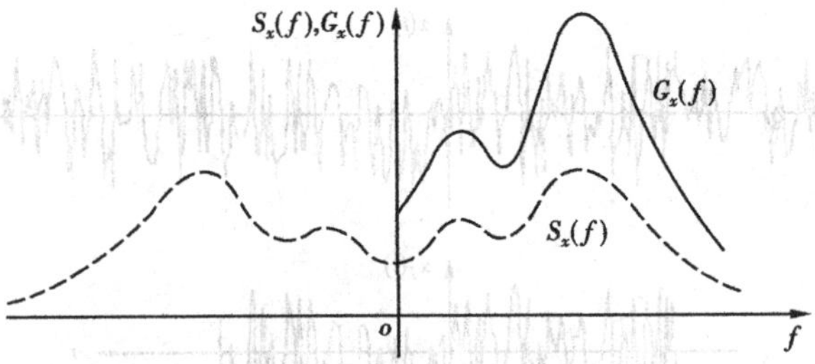

图 2.32　单边与双边自功率谱密度

式(2.92)中自谱密度 $S_x(f)$ 是定义在所有频率域上的，一般称作双边谱。在实际中，使用定义在非负频率上的谱更为方便，这种谱称为单边自功率谱密度函数 $G_x(f)$，如图 2.32 所示，其定义为

$$G_x(f) = \begin{cases} 2S_x(f) & f \geqslant 0 \\ 0 & f < 0 \end{cases} \tag{2.95}$$

2.4.2　两随机信号的互谱密度函数

和定义自功率谱密度函数一样，也可用两个随机信号 $x(t)$ 和 $y(t)$ 的有限傅里叶变换来定义 $x(t)$ 和 $y(t)$ 的互谱密度函数 $S_{xy}(f)$

$$S_{xy}(f) = \lim_{T\to\infty} \frac{1}{T} \overline{X_T(f)} \cdot Y_T(f) \tag{2.96}$$

实际分析中是采用估计式

$$\hat{S}_{xy}(f) = \frac{1}{T} \overline{X_T(f)} \cdot Y_T(f) \tag{2.97}$$

进行近似计算。

$S_{xy}(f)$ 为双边谱，其对应的单边谱 $G_{xy}(f)$ 定义如下

$$G_{xy}(f) = \begin{cases} 2S_{xy}(f) & f \geqslant 0 \\ 0 & f < 0 \end{cases} \tag{2.98}$$

互谱密度函数是一个复数，常用实部和虚部来表示。

$$G_{xy}(f) = C_{xy}(f) - \mathrm{j}Q_{xy}(f) \tag{2.99}$$

在实际中常用互谱密度函数的幅值和相位来表示，即

$$G_{xy}(f) = |G_{xy}(f)| \mathrm{e}^{-\mathrm{j}\theta_{xy}(f)} \tag{2.100}$$

$$|G_{xy}(f)| = \sqrt{C_{xy}^2(f) + Q_{xy}^2(f)} \tag{2.101}$$

$$\theta_{xy}(f) = \arctan \frac{Q_{xy}(f)}{C_{xy}(f)} \tag{2.102}$$

显然，互谱密度函数表示出了两信号之间的幅值和相位关系。需要指出，互谱密度函数不像自谱密度函数那样具有功率的物理含义，引入互谱这个概念是为了能在频率

域描述两个平稳随机过程的相关性。在工程实际中常利用测定线性系统的输出与输入的互谱密度函数来识别系统的动态特性。

2.4.3 相干函数与频率响应函数

利用互谱密度函数可以定义相干函数 $\gamma_{xy}^2(f)$ 及系统的频率响应函数 $H(f)$，即

$$\gamma_{xy}^2(f) = \frac{|G_{xy}(f)|^2}{G_x(f)G_y(f)} \tag{2.103}$$

$$H(f) = \frac{G_{xy}(f)}{G_x(f)} \tag{2.104}$$

相干函数（Coherence Function）又称凝聚函数，相干函数是谱相关分析的重要参数，特别是在系统辨识中相干函数可以判明输出 $y(t)$ 与输入 $x(t)$ 的关系。当 $\gamma_{xy}^2(f)=0$ 时，表明 $y(t)$ 与 $x(t)$ 不相干，即输出 $y(t)$ 不是由输入 $x(t)$ 引起；当 $\gamma_{xy}^2(f)=1$ 时，说明 $y(t)$ 与 $x(t)$ 完全相关；当 $0<\gamma_{xy}^2(f)<1$ 时，有如下三种可能：①测试中有外界噪声干扰；②输出 $y(t)$ 是输入 $x(t)$ 和其他输入的综合输出；③联系 $x(t)$ 和 $y(t)$ 的系统是非线性的。

频率响应函数 $H(f)$ 是由互谱与自谱的比值求得的。它是一个复矢量，保留了幅值大小与相位信息，描述了系统的频域特性。对 $H(f)$ 作逆傅里叶变换，即可求得系统时域特性的单位脉冲响应函数 $h(t)$。

2.5 信号的相关分析

在信号分析中，相关是一个非常重要的概念，它表述两个信号（或一个信号不同时刻）之间的线性关系或相似程度。相关分析广泛地应用于随机信号的分析中，也应用在确定性信号的分析中。

2.5.1 相关系数与相关函数

（1）相关系数

为了便于讨论，假定所研究的两个信号 $x(t)$ 和 $y(t)$ 都是均值为零的功率信号，若二者波形完全相同，则存在如下线性关系

$$x(t) = \alpha y(t) \tag{2.105}$$

式中，α 为常数。该式表示 $x(t)$ 和 $y(t)$ 线性相关，波形完全相似，相互间无时差。在一般情况下，式（2.105）是不可能满足的。为了判别 $x(t)$ 和 $y(t)$ 的波形相似程度，研究它们之间的差函数

$$d(t) = x(t) - \alpha y(t) \tag{2.106}$$

$d(t)$ 的平均功率，亦即误差功率 P_d，可写为

$$P_{\mathrm{d}} = \frac{1}{T}\int_{-\frac{T}{2}}^{\frac{T}{2}}[x(t) - \alpha y(t)]^2 \mathrm{d}t \tag{2.107}$$

P_{d} 的大小随 α 值变化，调整 α 可以得到最好的近似。如果要选择参数 α 使 P_{d} 最小，则应满足：

$$\frac{\mathrm{d}P_{\mathrm{d}}}{\mathrm{d}\alpha} = \frac{1}{T}\int_{-\frac{T}{2}}^{\frac{T}{2}} 2[x(t) - \alpha y(t)] \cdot [-y(t)]\mathrm{d}t = 0 \tag{2.108}$$

于是

$$\alpha = \frac{\frac{1}{T}\int_{-\frac{T}{2}}^{\frac{T}{2}} x(t)y(t)\mathrm{d}t}{\frac{1}{T}\int_{-\frac{T}{2}}^{\frac{T}{2}} y^2(t)\mathrm{d}t} \tag{2.109}$$

将式(2.109)代入式(2.107)，得出衡量 $x(t)$ 与 $y(t)$ 差异的指标 P_{d} 的极小值

$$P_{\min} = \frac{1}{T}\int_{-\frac{T}{2}}^{\frac{T}{2}} x^2(t)\mathrm{d}t \cdot (1 - \rho_{xy}^2) \tag{2.110}$$

式中

$$\rho_{xy} = \frac{\frac{1}{T}\int_{-\frac{T}{2}}^{\frac{T}{2}} x(t)y(t)\mathrm{d}t}{\sqrt{\frac{1}{T}\int_{-\frac{T}{2}}^{\frac{T}{2}} x^2(t)\mathrm{d}t \cdot \frac{1}{T}\int_{-\frac{T}{2}}^{\frac{T}{2}} y^2(t)\mathrm{d}t}} \tag{2.111}$$

从式(2.110)可知，ρ_{xy}的值决定了两信号差函数的功率的大小。若$|\rho_{xy}| = 1$，则误差功率等于零，信号 $x(t)$ 与 $y(t)$ 线性相关，波形相似。如果 $\rho_{xy} = 0$，那么误差功率将等于信号 $x(t)$ 的功率，信号完全不相关，通常 $0 \leqslant |\rho_{xy}| \leqslant 1$。从式(2.111)可知，等式右边的分母分别是 $x(t)$ 和 $y(t)$ 的均方根值，ρ_{xy}的大小取决于分子上的积分值。该积分表示信号 $x(t)$ 与 $y(t)$ 线性相关程度，称为 $x(t)$ 与 $y(t)$ 的相关值，而 ρ_{xy}称为相关系数值。

(2)相关函数

实际上，两个信号之间可能有时差，因而需要研究的是信号 $x(t)$ 与 $y(t)$ 的时延信号 $y(t-\tau)$ 的线性相关和波形相似程度。很显然，这种相关程度是时延 τ 的函数。τ 的量纲和 t 相同，均为 s。为描述方便，设 $x(t)$ 和 $y(t)$ 为能量信号，则它们的互相关函数定义为：

$$R_{yx}(\tau) = \int_{-\infty}^{\infty} x(t)\,\overline{y(t-\tau)}\,\mathrm{d}t = \int_{-\infty}^{\infty} x(t+\tau)\,\overline{y(t)}\,\mathrm{d}t \tag{2.112}$$

$$R_{xy}(\tau) = \int_{-\infty}^{\infty} y(t)\,\overline{x(t-\tau)}\,\mathrm{d}t = \int_{-\infty}^{\infty} y(t+\tau)\,\overline{x(t)}\,\mathrm{d}t \tag{2.113}$$

当 $x(t) = y(t)$ 时，上式称为自相关函数，简记为 $R_x(\tau)$

$$R_x(\tau) = \int_{-\infty}^{\infty} x(t)\,\overline{x(t-\tau)}\,\mathrm{d}t = \int_{-\infty}^{\infty} x(t+\tau)\,\overline{x(t)}\,\mathrm{d}t \tag{2.114}$$

在 $x(t)$ 和 $y(t)$ 均为实能量信号的情况下，有：

$$R_{yx}(\tau) = \int_{-\infty}^{\infty} x(t)\,y(t-\tau)\,\mathrm{d}t = \int_{-\infty}^{\infty} x(t+\tau)\,y(t)\,\mathrm{d}t \tag{2.115}$$

$$R_{xy}(\tau) = \int_{-\infty}^{\infty} y(t)\,x(t-\tau)\,\mathrm{d}t = \int_{-\infty}^{\infty} y(t+\tau)\,x(t)\,\mathrm{d}t \tag{2.116}$$

此时的自相关有

$$R_{x}(\tau) = \int_{-\infty}^{\infty} x(t)\,x(t-\tau)\,\mathrm{d}t = \int_{-\infty}^{\infty} x(t)x(t+\tau)\,\mathrm{d}t \tag{2.117}$$

如果信号不是能量信号，那么式(2.112)和式(2.113)中的积分将趋于无穷，因而这两个式子的定义将失去意义。但如果信号是功率信号，可以定义它们之间的相关函数。

设 $x(t)$ 和 $y(t)$ 均为实功率信号，则它们的互相关函数定义为：

$$R_{yx}(\tau) = \lim_{T\to\infty}\frac{1}{T}\int_{-T/2}^{T/2} x(t)y(t-\tau)\,\mathrm{d}t = \lim_{T\to\infty}\frac{1}{T}\int_{-T/2}^{T/2} x(t+\tau)y(t)\,\mathrm{d}t \tag{2.118}$$

$$R_{xy}(\tau) = \lim_{T\to\infty}\frac{1}{T}\int_{-T/2}^{T/2} y(t)x(t-\tau)\,\mathrm{d}t = \lim_{T\to\infty}\frac{1}{T}\int_{-T/2}^{T/2} y(t+\tau)x(t)\,\mathrm{d}t \tag{2.119}$$

此时的自相关函数有

$$R_{x}(\tau) = \lim_{T\to\infty}\frac{1}{T}\int_{-T/2}^{T/2} x(t)x(t-\tau)\,\mathrm{d}t = \lim_{T\to\infty}\frac{1}{T}\int_{-T/2}^{T/2} x(t)x(t+\tau)\,\mathrm{d}t \tag{2.120}$$

特别地，如果两个信号 $x(t)$ 和 $y(t)$ 为周期信号，它们的周期分别为 T_1 和 T_2，且一个周期是另外一个周期的整数倍，不妨设 $T_2 = mT_1\,(m \in N)$，那么它们之间的互相关函数可以求得为：

$$R_{yx}(\tau) = \frac{1}{T_2}\int_{T_2} x(t)y(t-\tau)\,\mathrm{d}t = \frac{1}{T_2}\int_{T_2} x(t+\tau)y(t)\,\mathrm{d}t \tag{2.121}$$

$$R_{xy}(\tau) = \frac{1}{T_2}\int_{T_2} y(t)x(t-\tau)\,\mathrm{d}t = \frac{1}{T_2}\int_{T_2} y(t+\tau)x(t)\,\mathrm{d}t \tag{2.122}$$

此时的自相关函数为

$$R_{x}(\tau) = \frac{1}{T_2}\int_{T_2} x(t)x(t-\tau)\,\mathrm{d}t = \frac{1}{T_2}\int_{T_2} x(t)x(t+\tau)\,\mathrm{d}t \tag{2.123}$$

在实际计算中，式(2.121)、式(2.122)和式(2.123)中的 $\int_{T_2}$ 可用积分区间 $\int_{-T_2/2}^{T_2/2}$ 或 $\int_{0}^{T_2}$ 代替。不难证明，上述三个公式计算的相关函数还是周期函数，且周期都是

T_1(较小者)。

随机信号可看成是周期 $T\to\infty$ 的功率信号。能量信号相关函数的量纲是能量,而周期性信号、随机信号的相关函数的量纲是功率。

2.5.2 相关函数的性质

根据定义,相关函数有如下性质。

1)自相关函数是 τ 的偶函数,即

$$R_x(\tau) = R_x(-\tau) \tag{2.124}$$

2)互相关函数为非奇非偶函数,但满足下式

$$R_{xy}(-\tau) = R_{yx}(\tau) \tag{2.125}$$

3)自相关函数在 $\tau=0$ 时为最大值,并等于该信号的均方值 ψ_x^2。

4)周期信号的自相关函数仍然是同频率的周期信号,但不具有原信号的相位信息。

5)两周期信号的互相关函数仍然是同频率的周期信号,但保留了原信号的相位差信息。

6)两个非同频的周期信号互不相关。

7)随机信号的自相关函数将随 $|\tau|$ 值增大而很快衰减至零。

例 2.6 求正弦信号 $x(t)=A\sin(\omega_0+\varphi)$ 的自相关函数。

解 该正弦信号为一周期信号,周期 $T_0=2\pi/\omega$。

$$R_x(\tau) = \frac{1}{T}\int_{-\frac{T}{2}}^{\frac{T}{2}} x(t)x(t-\tau)\mathrm{d}t =$$

$$\frac{1}{T_0}\int_{-\frac{T_0}{2}}^{\frac{T_0}{2}} A^2\sin(\omega_0 t+\varphi)\sin[\omega_0(t-\tau)+\varphi]\mathrm{d}t$$

根据三角公式

$$\sin\alpha\sin\beta = \frac{1}{2}\cos(\alpha-\beta) - \frac{1}{2}\cos(\alpha+\beta)$$

所以

$$R_x(\tau) = \frac{A^2}{2T_0}\int_{-T_0/2}^{T_0/2}[\cos(\omega_0\tau) - \cos(2\omega_0 t-\omega_0\tau+2\varphi)]\mathrm{d}t$$

又因为

$$\int_{-\frac{T_0}{2}}^{\frac{T_0}{2}}\cos(2\omega_0 t-\omega_0\tau+2\varphi)\mathrm{d}t = 0$$

最后得

$$R_x(\tau) = \frac{A^2}{2T_0}\int_{-\frac{T_0}{2}}^{\frac{T_0}{2}}\cos(\omega_0\tau)\mathrm{d}t = \frac{A^2}{2}\cos(\omega_0\tau)$$

可见正弦函数的自相关函数是一个余弦函数,在 $\tau=0$ 处具有最大值。它保留了

原正弦信号的幅值信息和频率信息,但丢失了原正弦信号的初始相位信息。

图 2.33 是 4 种典型信号的自相关函数,稍加对比就可以看到自相关函数是区别信号类型的一个非常有效的手段,只要信号中含有周期成分,其自相关函数在 τ 很大时都不衰减,并具有明显的周期性。不包含周期成分的随机信号,当 τ 稍大时其自相关函数就将趋于零。宽带随机噪声的自相关函数很快衰减到零,窄带随机噪声的自相关函数则有较慢的衰减特性。

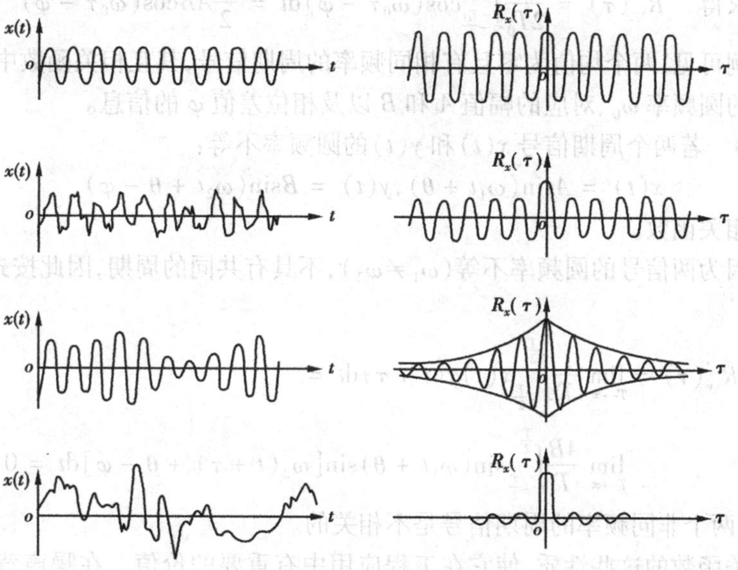

图 2.33　四种典型信号的自相关函数

例 2.7　设有两个周期信号 $x(t)$ 和 $y(t)$

$$x(t) = A\sin(\omega_0 t + \theta), y(t) = B\sin(\omega_0 t + \theta - \varphi)$$

式中　θ——$x(t)$ 相对于 $t=0$ 时刻的相位角;

φ——$x(t)$ 与 $y(t)$ 的相位差。

试求其互相关函数 $R_{xy}(\tau)$。

解　因为两信号是同频率的周期函数,其周期为 $T_0 = 2\pi/\omega_0$,有

$$R_{xy}(\tau) = \frac{1}{T}\int_{-\frac{T}{2}}^{\frac{T}{2}} x(t)y(t+\tau)\mathrm{d}t =$$

$$\frac{1}{T_0}\int_{-\frac{T_0}{2}}^{\frac{T_0}{2}} A\sin(\omega_0 t + \theta) B\sin[\omega_0(t+\tau) + \theta - \varphi]\mathrm{d}t$$

根据三角公式

$$\sin\alpha\sin\beta = \frac{1}{2}\cos(\alpha - \beta) - \frac{1}{2}\cos(\alpha + \beta)$$

所以

$$R_{xy}(\tau)=\frac{AB}{2T_0}\int_{-\frac{T_0}{2}}^{\frac{T_0}{2}}[\cos(\omega_0\tau-\varphi)-\cos(2\omega_0 t+\omega_0\tau+2\theta-\varphi)]\mathrm{d}t$$

又因为

$$\int_{-\frac{T_0}{2}}^{\frac{T_0}{2}}\cos(2\omega_0 t+\omega_0\tau+2\theta-\varphi)\mathrm{d}t=0$$

所以最后求得 $R_{xy}(\tau)=\frac{AB}{2T_0}\int_{-\frac{T_0}{2}}^{\frac{T_0}{2}}\cos(\omega_0\tau-\varphi)\mathrm{d}t=\frac{1}{2}AB\cos(\omega_0\tau-\varphi)$

由上例可见,两个均值为零且有相同频率的周期信号,其互相关函数中保留了这两个信号的圆频率 ω_0、对应的幅值 A 和 B 以及相位差值 φ 的信息。

例 2.8 若两个周期信号 $x(t)$ 和 $y(t)$ 的圆频率不等:

$$x(t)=A\sin(\omega_1 t+\theta),y(t)=B\sin(\omega_2 t+\theta-\varphi)$$

试求其互相关函数。

解 因为两信号的圆频率不等($\omega_1\neq\omega_2$),不具有共同的周期,因此按式(2.119)计算

$$R_{xy}(\tau)=\lim_{T\to\infty}\frac{1}{T}\int_{-\frac{T}{2}}^{\frac{T}{2}}x(t)y(t+\tau)\mathrm{d}t=$$

$$\lim_{T\to\infty}\frac{AB}{T}\int_{-\frac{T}{2}}^{\frac{T}{2}}\sin(\omega_1 t+\theta)\sin[\omega_2(t+\tau)+\theta-\varphi]\mathrm{d}t=0$$

由此可见,两个非同频率的周期信号是不相关的。

互相关函数的这些性质,使它在工程应用中有重要的价值。在噪声背景下提取有用信息的一个非常有效的方法叫做相关滤波,它是利用互相关函数同频相关、不同频不相关的性质来达到滤波效果的。互相关技术还广泛地应用于各种测试中,如工程中应用互相关技术通过两个间隔一定距离的传感器来不接触地测量运动物体的速度。

2.5.3 随机信号的相关函数与其频谱的关系

对于平稳随机信号,自相关函数 $R_x(\tau)$ 是时域描述的重要统计特征,而功率谱密度函数 $S_x(f)$ 则是频域描述的重要统计特征,可以证明 $R_x(\tau)$ 与 $S_x(f)$ 有着密切的关系:

$$F[R_x(\tau)]=\int_{-\infty}^{\infty}\left[\lim_{T\to\infty}\frac{1}{T}\int_{-\frac{T}{2}}^{\frac{T}{2}}x(t)x(t-\tau)\mathrm{d}t\right]\mathrm{e}^{-\mathrm{j}2\pi f\tau}\mathrm{d}\tau=$$

$$\lim_{T\to\infty}\frac{1}{T}\int_{-\infty}^{\infty}x(t)\left[\int_{-\infty}^{\infty}x(t-\tau)\mathrm{e}^{-\mathrm{j}2\pi f\tau}\mathrm{d}\tau\right]\mathrm{d}t=$$

$$\lim_{T\to\infty}\frac{1}{T}\int_{-\infty}^{\infty}x(t)\left[\int_{-\infty}^{\infty}x[-(\tau-t)]\mathrm{e}^{-\mathrm{j}2\pi f(\tau-t)}\mathrm{d}(\tau-t)\right]\mathrm{e}^{-\mathrm{j}2\pi ft}\mathrm{d}t=$$

$$\lim_{T\to\infty}\frac{1}{T}\left[\int_{-\infty}^{\infty}x(t)\mathrm{e}^{-\mathrm{j}2\pi ft}\mathrm{d}t\right]\cdot\left[\int_{-\infty}^{\infty}x(-t)\mathrm{e}^{-\mathrm{j}2\pi ft}\mathrm{d}t\right]=$$

$\left(\text{注:时间比例特性 } x(at)\Leftrightarrow\frac{1}{|a|}X\left(\frac{f}{a}\right)\right)$

$$\lim_{T\to\infty}\frac{1}{T}X(f)\cdot X(-f)=$$ （注:对于实信号 $x(t)$,有 $X(-f)=\overline{X(f)}$）

$$\lim_{T\to\infty}\frac{1}{T}X(f)\overline{X(f)}=$$

$$\lim_{T\to\infty}\frac{1}{T}|X(f)|^2=S_x(f)\tag{2.126}$$

同理可证明

$$F^{-1}[S_x(f)]=R_x(\tau)\tag{2.127}$$

由此可见,自相关函数 $R_x(\tau)$ 与自功率谱密度函数 $S_x(f)$ 构成了一对傅里叶变换对,即

正变换

$$S_x(f)=\int_{-\infty}^{+\infty}R_x(\tau)\mathrm{e}^{-\mathrm{j}2\pi f\tau}\mathrm{d}\tau\tag{2.128}$$

逆变换

$$R_x(\tau)=\int_{-\infty}^{+\infty}S_x(f)\mathrm{e}^{\mathrm{j}2\pi f\tau}\mathrm{d}f\tag{2.129}$$

式(2.128)和式(2.129)组成的傅里叶变换对被称为维纳-辛钦(Wiener-Хинчин)定理,维纳-辛钦定理揭示了平稳随机信号时域统计特征与其频域统计特征之间的内在联系,是分析随机信号的重要公式。$S_x(f)$ 和 $R_x(\tau)$ 之间是傅里叶变换对的关系,二者惟一对应,$S_x(f)$ 中包含着 $R_x(\tau)$ 的全部信息。$R_x(\tau)$ 为实偶函数,$S_x(f)$ 亦为实偶函数。

例2.9　已知,有限带宽白噪声信号的自功率谱密度函数

$$S_x(f)=\begin{cases}N_0 & -B\leqslant f\leqslant B\\0 & \text{其他}\end{cases}$$

试求其自相关函数。

解　根据维纳-辛钦定理,自相关函数与自功率谱密度函数互为傅里叶变换,故有

$$R_x(\tau)=\int_{-\infty}^{\infty}S_x(f)\mathrm{e}^{\mathrm{j}2\pi f\tau}\mathrm{d}f=\int_{-B}^{B}N_0\mathrm{e}^{\mathrm{j}2\pi f\tau}\mathrm{d}f=$$

$$2N_0B\frac{\sin(2\pi B\tau)}{2\pi B\tau}=2N_0B\mathrm{sinc}(2\pi B\tau)$$

可知，限带白噪声的自相关函数是一个 sinc(τ)型函数。此例亦可说明，随机信号的自相关函数在 $\tau=0$ 点附近有较大值，随 $|\tau|$ 值增大，$R_x(\tau)$ 衰减为零。

容易证明，互谱密度函数 $S_{xy}(f)$ 和互相关函数 $R_{xy}(\tau)$ 也构成一对傅立叶变换对，即

$$S_{xy}(f) = \int_{-\infty}^{+\infty} R_{xy}(\tau)\mathrm{e}^{-\mathrm{j}2\pi f\tau}\mathrm{d}\tau \tag{2.130}$$

$$R_{xy}(\tau) = \int_{-\infty}^{+\infty} S_{xy}(f)\mathrm{e}^{\mathrm{j}2\pi f\tau}\mathrm{d}f \tag{2.131}$$

式中

$$S_{xy}(f) = \overline{X(f)}Y(f)$$

2.6 卷 积

卷积(Convolution)是一种运算方法，它不仅是分析线性系统的重要工具，而且在计算离散傅里叶变换，导出许多重要的有关信号和系统的性质以及数字滤波等方面也经常采用。

函数 $x(t)$ 与 $h(t)$ 的卷积定义为：

$$y(t) = \int_{-\infty}^{\infty} x(\tau)h(t-\tau)\mathrm{d}\tau = x(t)*h(t) \tag{2.132}$$

或

$$y(t) = \int_{-\infty}^{\infty} h(\tau)x(t-\tau)\mathrm{d}\tau = h(t)*x(t) \tag{2.133}$$

利用卷积运算，可以描述线性时不变系统的输出与输入的关系，在物理概念上是十分清楚的，即系统的输出 $y(t)$ 是任意输入 $x(t)$ 与系统脉冲响应函数 $h(t)$ 的卷积。

根据卷积的定义式(2.132)，可以给出两个信号 $x(t)$ 与 $h(t)$ 卷积的几何解释。先把两个信号的自变量变为 τ，即两个信号变为 $x(\tau)$ 与 $h(\tau)$。任意给定某个 t_0，式(2.132)可以作如下解释：

1）将 $h(\tau)$ 关于 τ 进行反褶得到 $h(-\tau)$；

2）再平移至 t_0 得到 $h(-(\tau-t_0))=h(t_0-\tau)$；

3）与 $x(\tau)$ 相乘得到 $x(\tau)\cdot h(t_0-\tau)$；

4）对 τ 进行积分得到 $\int_{-\infty}^{\infty} x(\tau)h(t_0-\tau)\mathrm{d}\tau$，这就是 $y(t_0)$；

5）变化 t_0，就可以得到 $y(t)$。

2.6.1 含有单位脉冲函数 $\delta(t)$ 的卷积

如图 2.34 所示，设

$$h(t) = [\delta(t-T) + \delta(t+T)]$$

$$x(t) = \begin{cases} A, 0 \leqslant t \leqslant a \\ 0, \text{其他} \end{cases}$$

按式(2.133)计算；

$$y(t) = h(t) * x(t) = \int_{-\infty}^{\infty} h(\tau)x(t-\tau)\mathrm{d}\tau =$$

$$\int_{-\infty}^{\infty} [\delta(\tau - T) + \delta(\tau + T)]x(t-\tau)\mathrm{d}\tau$$

根据δ函数的积分筛选特性，得：

$$y(t) = x(t-T) + x(t+T)$$

可见，函数 $x(t)$ 与δ函数的卷积结果，就是发生在δ函数的坐标位置上（以此作为坐标原点）简单地将 $x(t)$ 重新构图。

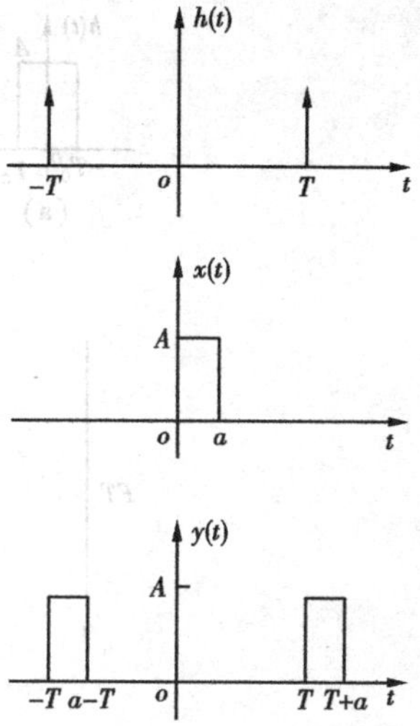

图2.34　含有脉冲函数的卷积

2.6.2　时域卷积定理

如果

$$h(t) \overset{FT}{\longleftrightarrow} H(f)$$

$$x(t) \overset{FT}{\longleftrightarrow} X(f)$$

则 $h(t) * x(t) \overset{FT}{\longleftrightarrow} H(f)X(f)$

证明：

$$F[h(t) * x(t)] = \int_{-\infty}^{\infty}\left[\int_{-\infty}^{\infty} h(\tau)x(t-\tau)\mathrm{d}\tau\right]\mathrm{e}^{-\mathrm{j}2\pi ft}\mathrm{d}t =$$

$$\int_{-\infty}^{\infty} h(\tau)\left[\int_{-\infty}^{\infty} x(t-\tau)\mathrm{e}^{-\mathrm{j}2\pi ft}\mathrm{d}t\right]\mathrm{d}\tau =$$

$$\int_{-\infty}^{\infty} h(\tau)X(f)\mathrm{e}^{-\mathrm{j}2\pi f\tau}\mathrm{d}\tau = X(f)H(f)$$

此称为时域卷积定理，它说明两个时间函数卷积的频谱等于各个时间函数频谱的乘积，即在时域中两信号的卷积，等效于在频域中频谱相乘。

例2.10　用时域卷积定理研究两个矩形脉冲信号 $h(t)$ 和 $x(t)$ 的卷积与傅里叶变换的关系。

如图2.35所示，两个矩形函数的卷积是图中(e)所示的三角形函数；单个矩形函数的傅里叶变换是图中(c)、(d)所示的 $\mathrm{sinc}(t)$ 型函数。根据时域卷积定理：时域中的卷积相应于频域中的乘积，可知图中三角形与 $[\mathrm{sinc}(t)]^2$ 型函数是一个傅里叶变换对。此例可以说明，时域卷积定理是分析其他傅里叶变换对的一个方便的工具。

例2.11　研究脉冲序列 $h(t)$ 与矩形脉冲 $x(t)$ 的卷积与傅里叶变换之间的关系，如图2.36所示。脉冲序列 $h(t)$ 与单个矩形脉冲的卷积为矩形脉冲序列，如图中

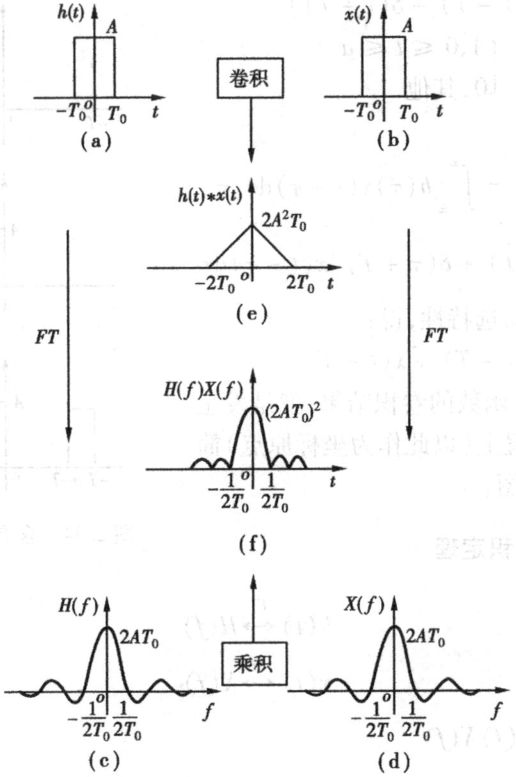

图 2.35　两矩形脉冲信号的卷积与傅里叶变换的关系

(e)；脉冲序列 $h(t)$ 的傅里叶变换仍为脉冲序列，如图中(c)；矩形脉冲函数的傅里叶变换为 $\mathrm{sinc}(t)$ 型函数，如图中(d)。由时域卷积定理，时域卷积的傅里叶变换相应于频域乘积，故而矩形脉冲序列的傅里叶变换，是幅度被 $\mathrm{sinc}(t)$ 型函数所加权的脉冲序列，如图中(f)。

从以上两例分析中，可以了解到信号的卷积与傅里叶变换之间的关系，并且也可以看出，非周期信号（如矩形脉冲、三角脉冲）的傅里叶变换是连续频谱，而周期信号（脉冲序列）的傅里叶变换是离散谱。

2.6.3　频域卷积定理

如果

$$F[h(t)] = H(f),\ F[x(t)] = X(f)$$

则

$$F[h(t)x(t)] = H(f) * X(f)$$

此称为频域卷积定理，它说明两时间函数的频谱的卷积等于时域两函数的乘积的傅里叶变换，即在时域中两信号的乘积，等效于在频域中频谱的卷积。

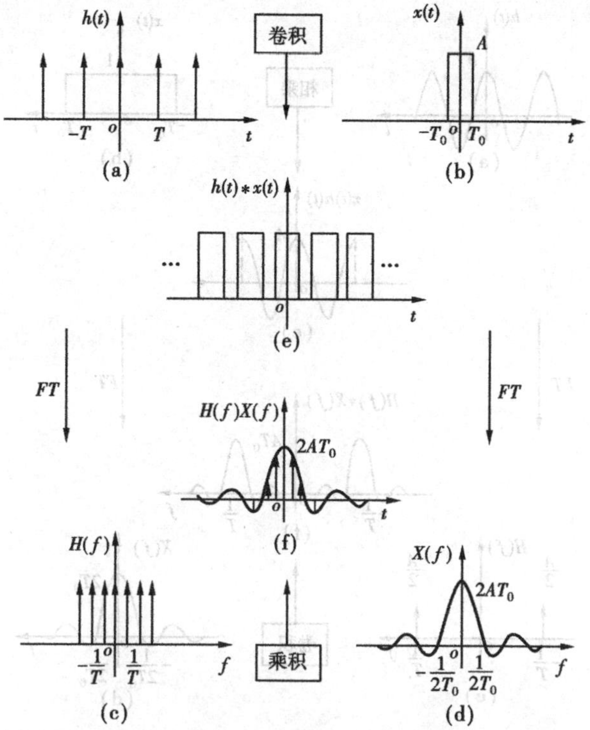

图 2.36 脉冲序列、矩形脉冲的卷积与傅里叶变换之间的关系

例 2.12 利用频域卷积定理来研究余弦信号截断后的频谱，如图 2.37 所示。

余弦信号 $h(t)$ 与矩形函数 $x(t)$ 相乘，得到余弦的截断信号，如图中(e)；余弦信号的傅里叶变换是 δ 函数，如图中(c)；矩形函数的傅里叶变换是 $\mathrm{sinc}(t)$ 型函数，如图中(d)；$H(f)$ 与 $X(f)$ 的卷积是 $\mathrm{sinc}(t)$ 型函数被移至 δ 函数点重新构图，如图中(f)，它是 $h(t)$ 与 $x(t)$ 乘积的傅里叶变换。

此例表明了无限长余弦信号的频域能量集中在 $-1/T$ 与 $1/T$ 点，而截断后的余弦信号的频域能量则在 $-1/T$ 与 $1/T$ 点附近分散。这一现象利用频域卷积定理是显而易见的。

2.6.4 卷积与相关之间的关系

$$R_{yx}(\tau) = \int_{-\infty}^{\infty} x(t)\,\overline{y(t-\tau)}\,\mathrm{d}t =$$

$$\int_{-\infty}^{\infty} x(t)\,\overline{y(-(\tau-t))}\,\mathrm{d}t =$$

$$\int_{-\infty}^{\infty} x(\tau)\,\overline{y(-t(-\tau))}\,\mathrm{d}\tau =$$

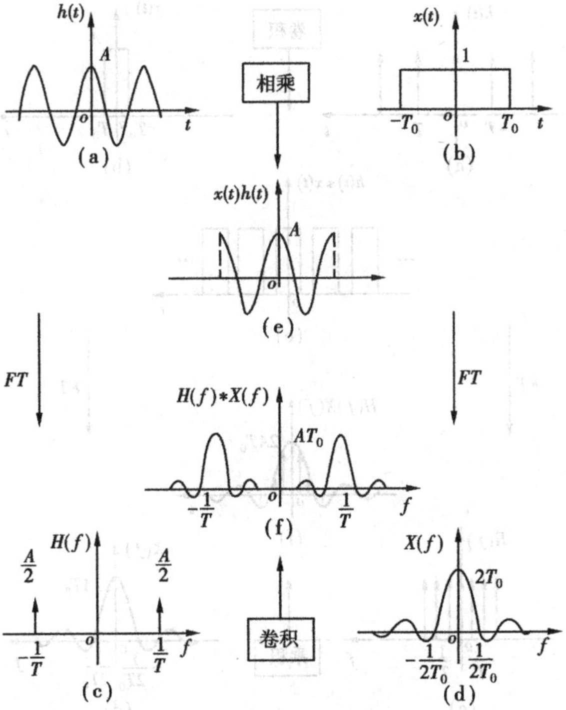

图 2. 37　截断余弦信号的傅里叶变换

$$x(t) * y(-t) \tag{2.134}$$

$$R_{xy}(\tau) = x(-t) * y(t) \tag{2.135}$$

上两式揭示了相关和卷积之间的内在关系,也为计算相关函数提供了一个方法。

2.7 时频分析

时频分析的基本任务是建立一个函数,要求这个函数不仅能够同时用时间和频率描述信号的能量分布密度,还能够以同样的方式来计算信号的其他特征量。本节简单介绍几种时频分析方法:短时傅里叶变换(Short Time Fourier Transform)、魏格纳分布(Wigner Distribution)、小波变换(Wavelet Transform)以及时频分析的一些应用。

2.7.1 短时傅里叶变换

(1)短时傅里叶变换原理

短时傅里叶变换是研究非平稳信号最广泛使用的方法。假定我们听一段持续时间为 1h 的音乐,在开始时有小提琴,而在结束时有鼓。如果用傅里叶变换分析整个 1h 的音乐,傅里叶频谱将表明对应小提琴和鼓的频率的峰值。频谱会告诉我们有小提琴和鼓,但不会给我们小提琴和鼓什么时候演奏的任何表示。最简单的做法是把这 1h 划分成每 5min 一个间隔,并用傅里叶变换分析每一个间隔。在分析每一个间隔时,就会看到小提琴和鼓出现在哪个 5min 间隔。如果要求更好的局部化,那就把这 1h 划分成每 1min 一个间隔,甚至更小的时间间隔,再用傅里叶变换分析每一个间隔。这就是短时傅里叶变换的基本思想:把信号划分成许多小的时间间隔,用傅里叶变换分析每一个时间间隔,以便确定在那个时间间隔存在的频率。这些频谱的总体就表示了频谱在时间上是怎样变化的。

为了研究信号在时刻 t 的特性,人们加强在那个时刻的信号而衰减在其他时刻的信号。这可以通过用中心在 t 的窗函数 $h(t)$ 乘信号来实现。产生改变的信号是

$$x_t(\tau) = x(\tau)h(\tau - t) \tag{2.136}$$

改变的信号是两个时间的函数,即所关心的固定时间 t 和执行时间 τ。窗函数决定留下的信号围绕着时间 t 大体上不变,而离开所关心时间的信号衰减了许多倍,也就是

$$x_t(\tau) \approx \begin{cases} x(\tau) & \text{对于 } \tau \text{ 接近于 } t \\ 0 & \text{对于 } \tau \text{ 远离 } t \end{cases} \tag{2.137}$$

因为改变的信号加强了围绕着时刻 t 的信号,而衰减了远离时刻 t 的信号,傅里叶变换将反映围绕着 t 时刻的频谱,即

$$X_t(f) = \int_{-\infty}^{+\infty} x_t(\tau)\mathrm{e}^{-\mathrm{j}2\pi ft}\mathrm{d}\tau = \int_{-\infty}^{+\infty} x(\tau)h(t-\tau)\mathrm{e}^{-\mathrm{j}2\pi f\tau}\mathrm{d}\tau \tag{2.138}$$

因此,在时刻 t 的能量分布密度是

$$P_{\mathrm{SP}}(t,f) = |X_t(f)|^2 = \left|\int_{-\infty}^{+\infty} x(\tau)h(\tau-t)\mathrm{e}^{-\mathrm{j}2\pi f\tau}\mathrm{d}\tau\right|^2 \tag{2.139}$$

对于每一个不同的时间,都可以得到一个不同的频谱,这些频谱的总体就是时频分布 $P_{\mathrm{SP}}(t,f)$。

我们关心的是分析围绕着时刻 t 的信号,所以选择一个围绕着 t 具有峰值的窗函数。这样就可以在 t 时刻附近得到一个短持续时间信号,其傅里叶变换方程(2.138)叫做短时傅里叶变换。由方程(2.139)确定的 $P_{\mathrm{SP}}(t,f)$ 函数曲面图叫时频分布图。

图 2.38 为鲸鱼发出的声音表示。画在主图左边的曲线是鲸鱼声信号的时域波形,它只清楚地告诉我们鲸鱼声强度或者响度怎样随时间而变化。在主图下面的曲线是能量谱密度,即傅里叶变换的绝对值平方。它表明哪些频率存在,以及它们的相对强度有多大。这个声音的频谱告诉我们频率范围大约从 175Hz 到 325Hz。这个信息是有意义而且重要的,但是根据这个频谱无法知道这些频率什么时候存在。例如,不可能通过观察频谱确切知道 300Hz 声音在什么时候产生,或者产生这个声音的总的持续时间,或者产生了多少次。主图反映了信号能量的时间频率联合分布密度,由此就可以确定频率作为时间进程的强度。这使我们能够了解各个时刻发生的情况:

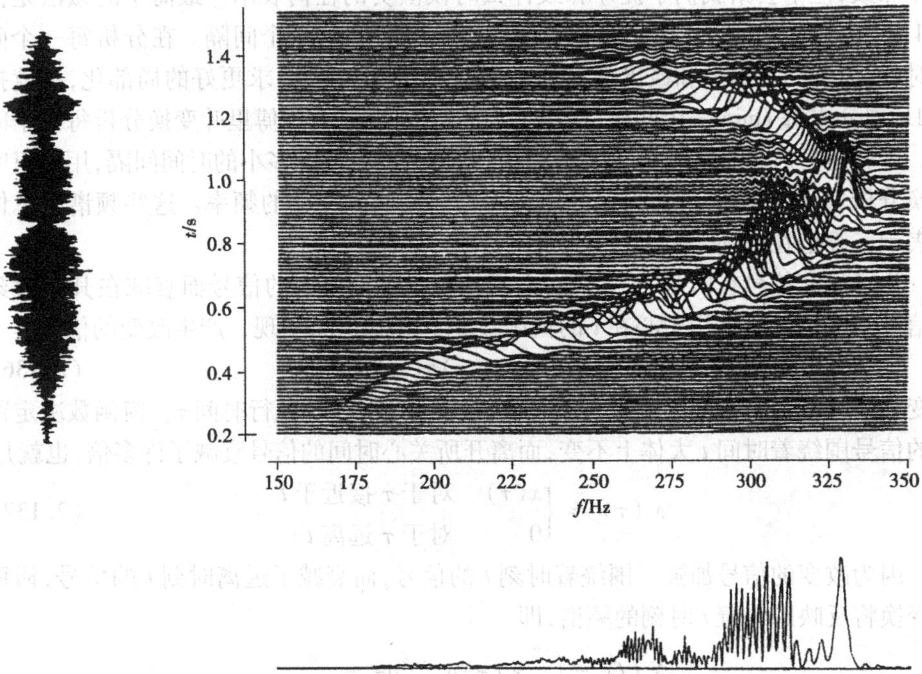

图 2.38　弓头鲸发出声音的时频曲线

频率大约从 175Hz 开始，大体上在 0.5s 左右的时间内线性地增加到大约 325Hz，然后停在那里约 0.1s 的时间，等等。作为对 300Hz 声音什么时候出现这个问题的回答：现在从图中可以知道在 0.6s 和 1.3s 出现过两次。

(2)测不准原理

时间-带宽乘积定理，即测不准原理，是傅里叶变换对之间互相制约的关系表述。它在联合时频分析的讨论、抽象及其他方面起着重要的作用。在信号分析中，测不准原理就是一个众所周知的数学事实：窄波形产生宽频谱，宽波形产生窄频谱，时间波形和频率频谱不可能同时使其任意窄。

信号的时间密度是 $|x(t)|^2$，频率密度是 $|X(f)|^2$，$x(t)$ 与 $X(f)$ 互为傅里叶变换对。信号的持续时间 σ_t 和频谱带宽 σ_f 定义如下：

$$\sigma_t^2 = \int_{-\infty}^{+\infty} (t - \langle t \rangle)^2 \,|\, x(t) \,|^2 \mathrm{d}t$$

$$\sigma_f^2 = \int_{-\infty}^{+\infty} (f - \langle f \rangle)^2 \,|\, X(f) \,|^2 \mathrm{d}f \tag{2.140}$$

其中

$$\langle t \rangle = \int_{-\infty}^{+\infty} t \,|\, x(t) \,|^2 \mathrm{d}t$$

$$\langle f \rangle = \int_{-\infty}^{+\infty} f |X(f)|^2 \mathrm{d}f$$

测不准原理就是信号持续时间和频谱带宽之间满足如下关系：

$$\sigma_t \sigma_f \geqslant \frac{1}{4\pi}\sqrt{1+4\mathrm{Cov}_{tf}^2} \tag{2.141}$$

其中表征时间与瞬时频率相关性大小的协方差 $\mathrm{Cov}_{tf} = \langle tf_t \rangle - \langle t \rangle \langle f \rangle$，$f_t$ 表示瞬时频率。

测不准原理经常被写成

$$\sigma_t \sigma_f \geqslant \frac{1}{4\pi} \tag{2.142}$$

因此，人们不可能有或者不可能构造一个 σ_t 和 σ_f 都是任意小的信号。

(3)短时傅里叶变换的特点

一方面，为了获取信号的短时傅里叶变换，把信号划分成许多小的时间间隔，但这种间隔是否越细越好？回答是否定的。因为在变窄到一定的程度之后，得到的频谱就变得没有意义，而且表明与原信号的频谱完全不相符。原因在于把一个完全好的信号划分成短持续时间信号。但是，短持续时间信号有固有的宽频带，而这样的短持续时间信号几乎与原信号的特性没有关系。

另一方面，为了获取高的频率分辨率，采用宽时窗做信号的短时傅里叶变换。但是，加大时窗宽度是与短时傅里叶变换的初衷相背的，因为它将丢失非平稳信号中小尺度短信号的时间局部信息。

由此可见，短时傅里叶变换由于采用固定窗，当非平稳信号中所含信号分量尺度范围很大时，采用多大的时窗宽度都无法正确揭示信号的时频谱，这是由于测不准原理对采用固定窗的短时傅里叶变换方法的制约。

尽管有上述困难，但短时傅里叶变换方法在许多方面是理想的。它的意义是明确的，基于合理的物理原理，而且对于许多信号和情况，它给出了与我们的直观感知相符的极好的时频构造。

以下是关于短时傅里叶变换的一般时频特性。

1)总能量

通过在全部时间和频率范围内积分，就可以得到总能量。

$$E_{\mathrm{SP}} = \iint_{R^2} P_{\mathrm{SP}}(t,f)\,\mathrm{d}t\mathrm{d}f = \int_R |x(t)|^2 \mathrm{d}t \times \int_R |h(t)|^2 \mathrm{d}t \tag{2.143}$$

因此，可以看到，如果窗的能量取为1，那么频谱图的能量就等于信号的能量。

2)边缘特性

通过在频率范围内积分，就可得到时间边缘密度，即

$$P(t) = \int_R |X_t(f)|^2 \mathrm{d}f = \int_R |x(\tau)|^2 |h(\tau - t)^2 \mathrm{d}\tau \tag{2.144}$$

同样地，频率边缘密度是

$$P(f) = \int_R |X_t(f)|^2 dt = \int_R |X(f')|^2 |H(f'-f)|^2 df' \tag{2.145}$$

根据短时傅里叶变换计算的边缘密度一般都得不到正确结果，即

$$P(t) \neq |x(t)|^2 \tag{2.146}$$

$$P(f) \neq |X(f)|^2 \tag{2.147}$$

原因在于，在短时傅里叶变换中，信号的能量分布因窗的能量分布而有所扰乱。这就会引入一些与原信号的特性不相关的作用。

3）时间和频率函数的平均值

因为短时傅里叶变换不满足正确边缘特性，所以时间和频率函数的平均值也得不到正确的结果。也就是

$$\langle g_1(t) + g_2(f) \rangle = \iint_{R^2} \{g_1(t) + g_2(f)\} P_{SP}(t,f) df dt \neq$$

$$\int_R g_1(t) |x(t)|^2 dt + \int_R g_2(f) |S(f)|^2 df$$

4）有限支持特性

对于一个有限持续时间的信号，要求信号在开始之前和结束以后的时频分布为零，这个特性叫做有限支持特性。对于短时傅里叶变换时频图，假定人们在信号开始之前就选择了时间 t，时频分布一般不为零，因为改变的信号作为时间 t 的函数不一定为零，这是由于窗可能得到了一些信号。也就是说，即使 $x(t)$ 对于时间 t 可以为零，但是 $x(\tau)h(\tau-t)$ 对于那个时间可能不为零，对于非时限的窗情况总是这样。但即使窗是时限的，对于接近信号开始或结束的时间值仍然有这样的作用。类似的考虑可以应用于频域，因此，短时傅里叶变换时频分布在时间和频率上不具有有限支持特性。

5）局部化特性

如果要求好的时间局部化，那么就必须在时域上选择一个窄窗 $h(t)$；如果要求好的频率局部化，那么就必须在频域选择一个窄窗 $H(f)$。但是 $h(t)$ 和 $H(f)$ 不可能都任意窄，因此，对于特定窗的短时傅里叶变换时频分布，在时间和频率局部化之间就需要做出一定的折中。

2.7.2 魏格纳分布

(1)魏格纳分布定义

时频表示的线性特性是一个所希望具有的重要性质，但是当欲用时频表示来描述时频能量分布（即“瞬时功率谱密度”）时，二次型（即平方）的时频表示却是一种更加直观和合理的信号表示方法，因为能量本身就是一种二次型表示。

许多二次型时频表示都可以粗略地表示能量。两个突出的例子是短时傅里叶变

换时频图和小波变换的时间尺度分布图。短时傅里叶变换的时频分析定义为短时傅里叶变换模值的平方，而小波变换的时间尺度分布定义为小波变换（WT）模值的平方。由于存在时宽和带宽分辨率的矛盾，而且一般信号尤其是时变特性明显的信号，只能取很短的时间窗宽，所以这两种分布对能量分布的描述是非常粗糙的，另外它们也不满足作为能量分布的某些更严格的要求。因此，它们只是二次型时频表示，还称不上时频分布。

为了更加准确地描述信号的时频分布，有必要研究其他性能更好的"能量化"二次型时频表示。由于这类时频表示能够描述信号的能量密度分布，所以将它们统称为时频分布。为了更好地理解各种时频分布，在研究具体的时频分布之前，有必要先讨论它们的基本概念和特性。

在傅里叶分析中，信号 $x(t)$ 的瞬时功率是信号模值的平方，即 $|x(t)|^2$，而在 t 时刻附近 Δt 时间间隔内的能量为 $|x(t)|^2\Delta t$。每单位频率的强度叫做能量谱密度，它是信号的傅里叶谱的模值平方即 $|X(f)|^2$，而在频率 f 附近 Δf 频率间隔内的能量为 $|X(f)|^2\Delta f$。为了方便，通常将信号能量作归一化处理，即令

$$\int_{-\infty}^{\infty}|x(t)|^2\mathrm{d}t=\int_{-\infty}^{\infty}|X(f)|^2\mathrm{d}f=1 \tag{2.148}$$

下面考虑非平稳信号 $x(t)$。对 $x(t)$ 进行时频分析的主要目的是要设计时间和频率的联合函数，用它表示每单位时间和每单位频率的能量。这种时间和频率的联合函数 $P(t,f)$ 称为信号的时频分布。时频分布有时也叫时变谱。

类似地有：$P(t,f)$ 为在时间 t 和频率 f 处的能量密度，而 $P(t,f)\Delta t\Delta f$ 为在 t、f 时频点处，时间频率网格 $\Delta t\Delta f$ 内的能量。

信号 $x(t)$ 的瞬时功率实质是一种二次型（双线性）变换 $x(t)\overline{x(t)}$。其实，我们对信号的双线性变换并不陌生，因为在平稳信号里就用它得到过相关函数和功率谱密度函数，即

$$R(\tau)=\int_{-\infty}^{+\infty}x(t)\,\overline{x(t-\tau)}\,\mathrm{d}t \tag{2.149}$$

$$X(f)=\int_{-\infty}^{+\infty}R(\tau)\mathrm{e}^{-\mathrm{j}2\pi f\tau}\mathrm{d}\tau \tag{2.150}$$

如果考虑用对称形式定义自相关函数：

$$R(\tau)=\int_{-\infty}^{+\infty}x(t+\tau/2)\,\overline{x(t-\tau/2)}\,\mathrm{d}t \tag{2.151}$$

那么这对定义非平稳连续随机过程 $\{x(t)\}$ 的时变自相关函数 $R(t,\tau)$ 是富有启发意义的，因为信号 $x(t)$ 的对称形式的双线性变换 $x(t+\tau/2)\overline{x(t-\tau/2)}$ 更能表现出非平稳信号的某些重要特性。于是，对非平稳信号采用类似式（2.151）的双线性变换时，应作类似于短时傅里叶变换中的滑窗处理，同时沿 τ 轴加权，则有

$$R(t,\tau)=\int_{-\infty}^{\infty}\phi(u-t,\tau)x(u+\tau/2)\,\overline{x(u-\tau/2)}\,\mathrm{d}u \tag{2.152}$$

式中 $\phi(t,\tau)$ 为窗函数，而 $R(t,\tau)$ 称为“局部相关函数”。对局部相关函数作傅里叶变换，又可得到时变功率谱密度，也就是信号能量的时频分布，即有

$$P(t,f) = \int_{-\infty}^{+\infty} R(t,\tau)\mathrm{e}^{-\mathrm{j}2\pi f t}\mathrm{d}\tau \tag{2.153}$$

这表明，时频分布 $P(t,f)$ 也可以利用局部相关函数 $R(t,\tau)$ 来定义。事实上，如果取不同的局部相关函数形式，就能够得到不同的时频分布。

取窗函数 $\phi(u-t,\tau)=\delta(u-t)$（对 τ 不加限制，而在时域取瞬时值），则有

$$R(t,\tau) = \int_{-\infty}^{+\infty} \delta(u-t)x(u+\tau/2)\overline{x(u-\tau/2)}\mathrm{d}u = x(t+\tau/2)\overline{x(t-\tau/2)} \tag{2.154}$$

称为瞬时相关函数。它的傅里叶变换就是著名的魏格纳分布：

$$W(t,f) = \int_R \overline{x\left(t-\frac{1}{2}\tau\right)}x\left(t+\frac{1}{2}\tau\right)\mathrm{e}^{-\mathrm{j}2\pi f\tau}\mathrm{d}\tau \tag{2.155}$$

魏格纳分布还可以表示成

$$W(t,f) = \int_R X\left(f+\frac{1}{2}\theta\right)\overline{X\left(f-\frac{1}{2}\theta\right)}\mathrm{e}^{-\mathrm{j}t\theta}\mathrm{d}\theta \tag{2.156}$$

式(2.156)可以通过将信号表示成傅里叶变换表达式代入式(2.155)而得到。魏格纳分布是作为信号的双线性表示的，因为信号在其计算中两次出现。

魏格纳分布在信号开始之前的所有时刻都为零。此外，对于一个有终止的信号，魏格纳分布在终止时刻之后将为零。对一个有限持续时间的信号，魏格纳分布在信号开始之前和结束以后都为零。在频域中，对于一个带限的信号，魏格纳分布在频带之外的频率处都为零。因此，魏格纳分布满足在时间上和频率上的有限支持特性，即

$W(t,f) = 0$　　对于 t 在 (t_1,t_2) 之外，如果 $x(t)$ 在 (t_1,t_2) 之外为零

$W(t,f) = 0$　　对于 f 在 (f_1,f_2) 之外，如果 $X(f)$ 在 (f_1,f_2) 之外为零

现在考虑一个断开一段有限时间的信号，然后再接通，现在把注意力集中在信号为零的那段时间。魏格纳分布将会为零吗？否，因为如果在这段时间内某时刻处将信号从左边向右边折叠时，由于总有非零信号段相重叠，因此魏格纳分布计算结果不为零。在频谱上也可以做类似的考虑。因此，一般地，魏格纳分布在信号为零的时间不一定为零，而且在频谱为零的地方它也不一定为零。这个现象叫干扰或交叉现象。魏格纳分布中本该为零而不为零的项叫交叉项。

(2)基本特性

1)实值性

魏格纳分布计算结果为实数，即使信号是复数形式也如此。这可以证明如下：

魏格纳分布的共轭为

$$\overline{W(t,f)} = \int_{-\infty}^{\infty} x\left(t-\frac{1}{2}\tau\right)\overline{x\left(t+\frac{1}{2}\tau\right)}\mathrm{e}^{\mathrm{j}2\pi f\tau}\mathrm{d}\tau$$

由数学上的对称性,用$(-\tau)$代替τ有:

$$\overline{W(t,f)} = -\int_{\infty}^{-\infty} x\left(t+\frac{1}{2}\tau\right)\overline{x\left(t-\frac{1}{2}\tau\right)}\mathrm{e}^{-\mathrm{j}2\pi f\tau}\mathrm{d}\tau =$$

$$\int_{-\infty}^{\infty} x\left(t+\frac{1}{2}\tau\right)\overline{x\left(t-\frac{1}{2}\tau\right)}\mathrm{e}^{-\mathrm{j}2\pi f\tau}\mathrm{d}\tau =$$

$$W(t,f)$$

2)对称性

由于实信号具有一个对称频谱,因此,对于实信号,魏格纳分布在频域也是对称的。同样地,对于实频谱,时间波形也是对称的,因为魏格纳分布在时间上也是对称的。即有

$$W(t,f) = W(t,-f)$$

$$W(t,f) = W(-t,f)$$

3)边缘特性

魏格纳分布满足正确的时间边缘特性,即

$$\int_R W(t,f)\mathrm{d}f = |x(t)|^2$$

证明如下:

$$P(t) = \int_R W(t,f)\mathrm{d}f = \iint_{R^2} x\left(t-\frac{1}{2}\tau\right)\overline{x\left(t+\frac{1}{2}\tau\right)}\mathrm{e}^{-\mathrm{j}2\pi f\tau}\mathrm{d}\tau\mathrm{d}f =$$

$$\int_R x\left(t-\frac{1}{2}\tau\right)\overline{x\left(t+\frac{1}{2}\tau\right)}\delta(\tau)\mathrm{d}\tau =$$

$$|x(t)|^2$$

类似地可证魏格纳分布满足频率边缘特性,即

$$\int_R W(t,f)\mathrm{d}t = |X(f)|^2$$

4)时间和频率位移

如果把信号时间位移t_0和(或)把频谱位移f_0,那么魏格纳分布也因此而位移,如果$x(t)\to \mathrm{e}^{\mathrm{j}2\pi f_0 t}x(t-t_0)$,那么$W(t,f)\to W(t-t_0,f-f_0)$,为此,在魏格纳分布中用$\mathrm{e}^{\mathrm{j}2\pi f_0 t}x(t-t_0)$代替信号,并用$W_{\mathrm{sh}}(t,f)$表示位移分布,即

$$W_{\mathrm{sh}}(t,f) = \int_R \mathrm{e}^{-\mathrm{j}2\pi f_0(t-\tau/2)}\,\overline{x\left(t-t_0-\frac{1}{2}\tau\right)}\times \mathrm{e}^{\mathrm{j}2\pi f_0(t+\tau/2)}x\left(t-t_0+\frac{1}{2}\tau\right)\mathrm{e}^{-\mathrm{j}2\pi f\tau}\mathrm{d}\tau =$$

$$\int_R \overline{x\left(t-t_0-\frac{1}{2}\tau\right)}x\left(t-t_0+\frac{1}{2}\tau\right)\mathrm{e}^{-\mathrm{j}2\pi(f-f_0)\tau}\mathrm{d}\tau =$$

$$W(t-t_0,f-f_0)$$

Wigner分布的交叉项在大多数情况下是有害的,应该加以抑制。目前,已研究了多种抑制交叉项的方法,其中较有效的方法是Choi-Williams方法,它实质上是通

过在时域与频域同时加窗获得时频局部化的结果，对 Choi-Williams 方法有兴趣的同学可以参考文献。

2.7.3 小波分析

小波分析是目前信号分析中一种十分有用的时频局部化分析方法。它的起源可以追溯到非常遥远的时代，其说法至少有 15 种以上。1910 年 Haar 提出了最早的小波规范正交基，但当时并没有出现“小波”这个词。首次提出“小波分析”概念，对小波分析真正起锤炼作用的是法国地球物理学家于 1984 年在分析地球物理信号时做出的。在随后的几年，兴起了小波热，小波分析取得了许多重大的成果。1986 年，Meyer 创造性地构造出了具有一定衰减性的光滑小波函数——Meyer 小波，其二进伸缩与平移构成 $L^2(R)$ 的规范正交基。1987 年，Mallat 巧妙地将计算机视觉领域内的多尺度分析思想引入到小波分析中的小波函数构造及信号按小波变换的分解和重构，从而成功地统一了在此之前 Stromberg、Meyer、Lemarie 和 Battle 等提出的具体小波函数的构造方法，并提出了著名的离散小波变换的快速算法——Mallat 算法，从而使人们能对信号进行有效的分解和重构。与此同时，Daubechies 构造了具有有限支集的正交小波基。这些成果使小波分析的系统理论初步得到了建立。在数学家们看来，小波分析是一个新的数学分支，它是范函分析、Fourier 分析、样条分析、调和分析、数值分析的最完美结晶。在应用领域，特别是在信号处理、图像处理、语音分析、模式识别、量子物理及众多非线性科学等领域，它被认为是在工具及方法上的重大突破。

(1) 连续小波变换

小波分析实现对信号时频局部化分析的方法是：把某一被称为基本小波（也叫母小波 Mother Wavelet）的函数 $\psi(t)$ 作位移 b 后，再在不同尺度 a 下与待分析信号 $x(t)$ 作内积：

$$WT_x(a,b) = |a|^{-1/2}\int_{-\infty}^{+\infty} x(t)\,\overline{\psi\left(\frac{t-b}{a}\right)}\mathrm{d}t = \langle x(t), \psi_{a,b}(t)\rangle \tag{2.157}$$

其中 $\overline{\psi\left(\frac{t-b}{a}\right)}$ 是 $\psi\left(\frac{t-b}{a}\right)$ 的共轭，$\langle x(t), \psi_{a,b}(t)\rangle$ 表示 $x(t)$ 与 $\psi_{a,b}(t)$ 的卷积，即

$$\psi_{a,b}(t) = |a|^{-1/2}\psi\left(\frac{t-b}{a}\right) \quad b \in R, a \in R - \{0\} \tag{2.158}$$

这样就可以得到信号在尺度 a 和位移 b 处的局部特征。后面将会明白，尺度 a 与频率是相关联的，可以认为尺度的倒数 $\frac{1}{a}$ 与频率具有正比关系，因而式(2.157)也就给出了信号的时频局部化信息。

式(2.157)通常称为连续小波变换，其对信号和基本小波的要求是 $x(t) \in L^2$，$\psi(t) \in L^2 \cap L^1$，且 $\hat{\psi}(f) = 0$（$\hat{\psi}(f)$ 是 $\psi(t)$ 的傅里叶变换（本节用在函数头上加^表示

对函数的傅里叶变换）。由 $\psi(t) \in L^2 \cap L^1$ 可知，$\psi(t)$ 必然是一个快速衰减的函数，由 $\hat{\psi}(t)=0$，或等价地

$$\int_{-\infty}^{+\infty} \psi(t) = 0 \tag{2.159}$$

可知 $\psi(t)$ 必然具有波动性，不可能是周期函数，这就是 $\psi(t)$ 被称为"小波"的原因。

式(2.158)中的 $\psi_{a,b}(t)$ 是由基本小波经时间平移和尺度伸缩所形成的小波，叫分析小波(Analyzing Wavelet)或连续小波，其中 b 称为平移参数，a 称为尺度参数。平移参数可以使人们对信号的各个时刻进行观察，尺度参数可以使人们对信号的各个尺度即对各个频率或频带进行观察，这就是小波变换能够对信号进行时频局部化分析的根本原因（如图 2.39 所示）。

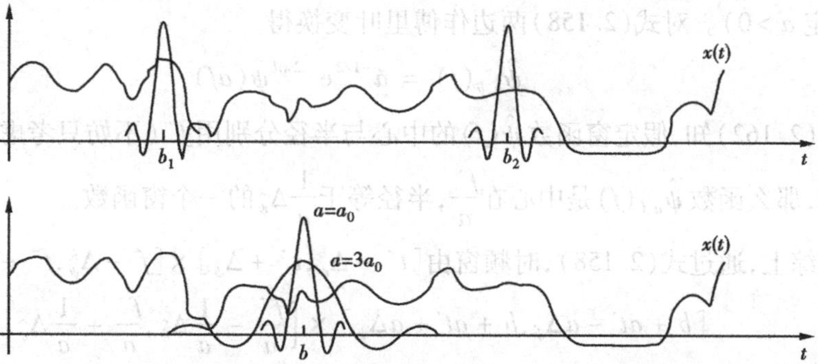

图 2.39 小波变换利用小波在不同的位移和尺度下对信号进行观察

利用连续小波变换的结果可以重构出原信号，但这时对基本小波具有更高的要求，即基本小波还应满足所谓的"允许"条件(Admissible Condition)：

$$C_\psi = \int_{-\infty}^{+\infty} \frac{|\hat{\psi}(f)|^2}{|f|} df < \infty \tag{2.160}$$

当 $\psi(t) \in L^2 \cap L^1$，且满足允许条件式(2.160)时，称 $\psi(t)$ 为允许小波。值得注意的是条件式(2.160)蕴涵着 $\hat{\psi}(f)=0$，因此允许小波一定是基本小波。

当 $x(t) \in L^2$，且 $\psi(t)$ 为允许小波时，连续小波变换的重构公式（或连续小波变换的逆变换）为

$$x(t) = \frac{1}{C_\psi}\int_{-\infty}^{+\infty}\int_{-\infty}^{+\infty} WT_x(a,b)\psi_{a,b}(t)\ \frac{da}{a^2}db \tag{2.161}$$

(2)小波变换与短时傅里叶变换

从前面可以看出，小波变换和短时傅里叶变换都是窗口变换，即通过窗函数实现对信号的时频局部化分析。但短时傅里叶变换的主要缺陷是：对所有的频率都用同一个窗，使得分析的分辨率在时间-频率平面的所有局域都相同，如图 2.40 所示。如果在信号内有短时（相对于时窗）、高频成分，那么短时傅里叶变换就不是非常有效

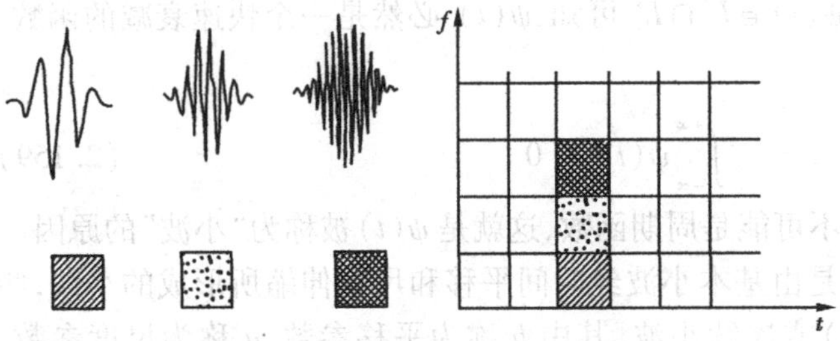

图 2.40　短时傅里叶变换的时频划分

了。缩小时窗(选取更集中的窗函数)、缩小采样步长固然可以获得更多的信息,但是受测不准原理的约束,在时间和频率上均有任意高分辨率是不可能的。而对于小波变换,由式(2.158)可知,假设基本小波 $\psi(t)$ 的时窗中心和时窗宽度半径分别为 t^* 和 Δ_ψ,那么函数 $\psi_{a,b}(t)$ 是中心在 $b+at^*$,半径等于 $a\Delta_\psi$ 的一个窗函数(假定 $a>0$)。对式(2.158)两边作傅里叶变换得

$$\hat{\psi}_{a,b}(f) = a^{-1/2}\mathrm{e}^{-\mathrm{j}2\pi fb}\hat{\psi}(af) \tag{2.162}$$

由式(2.162)知,假定窗函数 $\hat{\psi}(f)$ 的中心与半径分别用 f^*(不妨只考虑 $f^*>0$)与 $\Delta_{\hat{\psi}}$ 表示,那么函数 $\hat{\psi}_{a,b}(f)$ 是中心在 $\frac{f^*}{a}$,半径等于 $\frac{1}{a}\Delta_{\hat{\psi}}$ 的一个窗函数。

综上,通过式(2.158),时频窗由 $[t^*-\Delta_\psi, t^*+\Delta_\psi]\times[f^*-\Delta_{\hat{\psi}}, f^*+\Delta_{\hat{\psi}}]$ 变为

$$[b+at^*-a\Delta_\psi, b+at^*+a\Delta_\psi]\times\left[\frac{f^*}{a}-\frac{1}{a}\Delta_{\hat{\psi}}, \frac{f^*}{a}+\frac{1}{a}\Delta_{\hat{\psi}}\right]$$

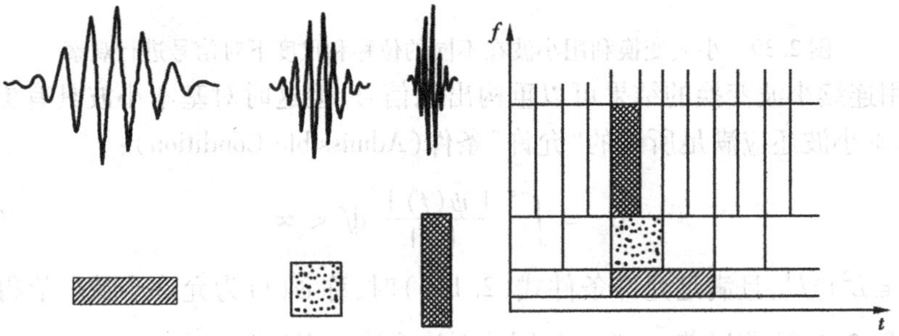

图 2.41　小波变换的时频划分

现固定 b,则当 a 逐步减小时,窗的时宽逐步变窄,频宽逐步变宽,频率中心逐步向高频移动,但窗口面积不变,如图 2.41 所示。图 2.41 表明,小波变换对低频信号(对应较大的 a)有很好的频率分辨率,而时域分辨率较差,对高频信号(对应较小的 a)有很好的时域分辨率,而频率分辨率较差,因此小波变换具有多分辨率特性或“变焦”特性。这种多分辨率特性或“变焦”特性乃是小波变换的基本特性。其目的是“既要看到森林(信号的全貌),又要看到树木(信号的细节)”。正是在这一意义上小波变换被誉为数学显微镜,它能将信号交织在一起的多种尺度成分分开,并能对大小不同的尺度成分采用相应粗细的时域或空域采样步长,从而能够不断地聚焦到对象的任

意小细节。这便是小波变换优于短时傅里叶变换的地方。

如果采用滤波器的观点,小波变换和短时傅里叶变换均可解释为用具有中心频率f的带通滤波器对信号$x(t)$进行滤波。但在小波变换中,滤波器的时间分辨率随中心频率的提高而提高,即

$$Q = \frac{\text{带宽 } \Delta f}{\text{中心频率 } f} = \text{常数}$$

而在短时傅里叶变换中,带通滤波器的带宽与分析频率或中心频率无关。因此小波变换是一种"恒Q"分析。如图2.42所示,短时傅里叶变换的带通滤波器的带宽在频率轴上均匀规则配置(即恒定的带宽),而小波变换的带通滤波器的带宽在频率轴上则是以对数标度规则扩展的(即恒定的相对带宽)。

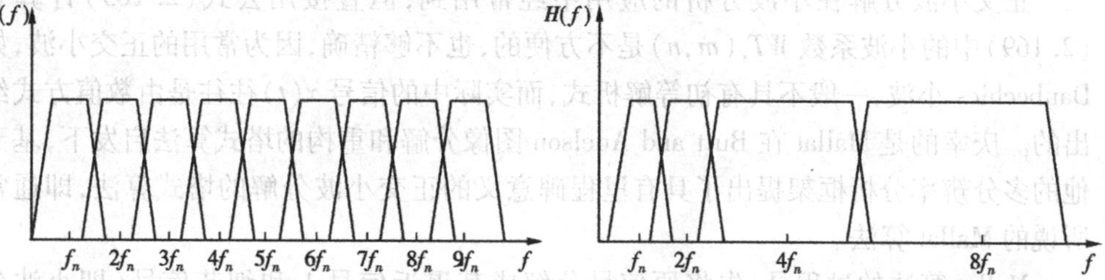

(a)短时傅里叶变换带通滤波器　　(b)小波变换带通滤波器

图2.42 带通滤波器的带宽

(3)离散小波变换和正交小波分解

将式(2.162)中小波的尺度参数和平移参数分别以$a = a_0^m$和$b = na_0^m b_0$离散化得

$$\psi_{m,n}(t) = a_0^{-m/2}\psi(a_0^{-m}t - nb_0) \qquad (m,n \in Z, a_0 > 1,\ b_0 \neq 0) \tag{2.163}$$

特别感兴趣的是$a_0 = 2, b_0 = 1$的二进离散网格,这时

$$\psi_{m,n}(t) = 2^{-m/2}\psi(2^{-m}t - n) \qquad (m,n \in Z) \tag{2.164}$$

于是在这些离散化的网格上,小波变换变为

$$WT_x(m,n) = 2^{-1/2}\int_{-\infty}^{+\infty} x(t)\,\overline{\psi(2^{-m/2}t - n)}\,\mathrm{d}t \qquad (m,n \in Z) \tag{2.165}$$

这就称为离散小波变换,并称$WT_x(m,n)$为小波系数,m为尺度参数,n为平移参数。

在二进离散网格上可以构造出正交小波函数$\psi(t)$,使$\psi_{m,n}(t) = 2^{-m/2}\psi(2^{-m}t - n)(m,n \in Z)$是正交的,即

$$\langle \psi_{m,n}(t), \psi_{k,l}(t) \rangle = \delta_{m,n}\delta_{k,l} \qquad (m,n,k,l \in Z) \tag{2.166}$$

Haar小波是历史上第一个小波,也是第一个正交小波,另外的正交小波有Littlewood-Paley小波、Y. Meyer小波等。这些小波都是Haar, Littlewood, Paley, Y. Meyer等学者独自构造出来的。后来Mallat提出了正交小波的统一构造方法,这就是有名的多分辨分析框架理论。Daubechies则利用多分辨分析,构造出了紧支的正交小波——Daubechies小波,使其在小波界一举成名。

当$\psi(t)$为正交小波时,对任意能量有限信号$x(t)$,有如下小波级数展开式

$$x(t) = \sum_{m}\sum_{n} WT_x(m,n)\psi_{m,n}(t) \tag{2.167}$$

可以将小波级数展开式改写为如下形式

$$x(t) = \sum_{m} x_m(t) \tag{2.168}$$

其中

$$x_m(t) = \sum_{n} WT_x(m,n)\psi_{m,n}(t) \tag{2.169}$$

式(2.168)称为信号的正交小波分解,它可以理解为让信号$x(t)$通过不同的带通滤波器所获得的结果,$x_m(t)$称为信号关于尺度m的小波分量。

正交小波分解在小波分析的应用中经常用到,但直接用公式(2.165)计算式(2.169)中的小波系数$WT_x(m,n)$是不方便的,也不够精确,因为常用的正交小波,如Daubechies小波,一般不具有初等解析式,而实际中的信号$x(t)$往往是由数值方式给出的。庆幸的是Mallat在Burt and Adelson图像分解和重构的塔式算法启发下,基于他的多分辨率分析框架提出了具有里程碑意义的正交小波分解的塔式算法,即通常所说的Mallat算法。

Mallat算法的过程是:先将原信号分解成其逼近信号1和细节信号(即小波分量)1,再将逼近信号1分解成其逼近信号2和细节信号2,再将逼近信号2分解……如此下去,即可得到原信号的所有小波分量,如图2.43(a)所示。其中逼近信号和细节信号分别对应被分解信号的低频成分和高频成分,低频和高频的划分采用等分形式,如图2.43(b)所示。以上过程是用迭代方法实现的。

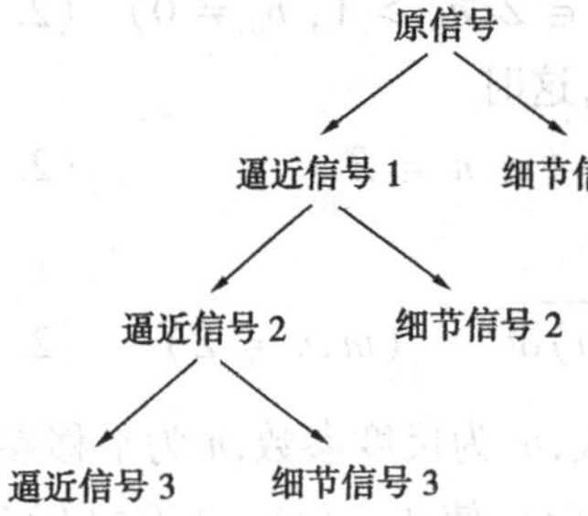

(a)Mallat算法分解过程

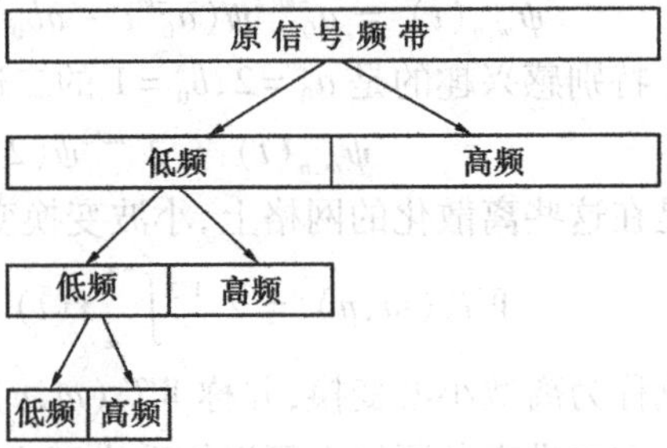

(b)Mallat算法的频带划分

图2.43 Mallat算法过程示意图

(4)正交小波包分解

在正交小波分解过程中,只对信号的低频成分进行了递推分解,信号的高频成分没有进行进一步分解,导致高频成分的分辨率较低,表现为频率越高,小波分量频带越宽。

小波包分解与正交分解非常类似,只是对信号的高频成分实施了与低频成分相

同的进一步分解。每次分解相当于进行低通滤波和高通滤波,进一步分解出低频和高频两部分,这样一直进行下去,使低频和高频成分都达到很精细的程度,如图2.44所示。

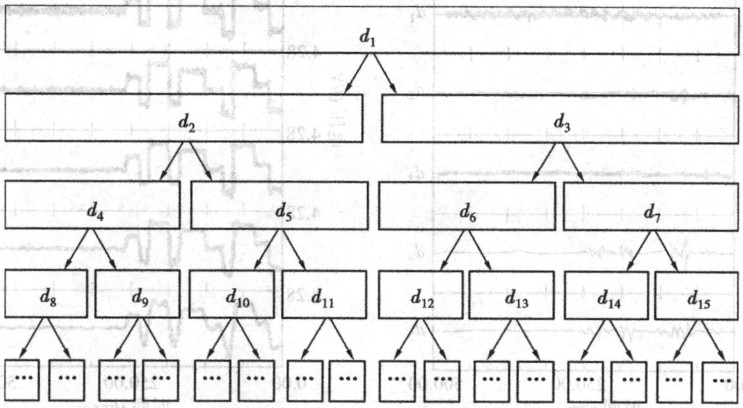

图2.44 小波包分解过程示意图

关于小波包函数和小波包分解的具体算法本书从略,有兴趣的同学可以参阅小波分析的有关书籍。

(5)小波分析的应用举例

例2.13 小波分析对微弱信号的识别。

利用小波分解能够将信号中的微弱信号分离和识别出来,如图2.45所示。

例2.14 小波去噪。

如果信号中混有白噪声,可以用小波变换去噪,依据是:用小波分解将信号分解成小波分量,其中主要成分为白噪声的小波分量与其他小波分量有明显不同的特征,将满足这些特征的小波分量去掉,然后重构信号,就能对原信号消噪,如图2.46所示,其中 s 是原信号,$d_1 \sim d_5$ 是小波分量,s^* 是除噪后的信号,d_1 可以认为是白噪声小波分量。

需要指出的是,本文只介绍了一维小波变换,还有二维小波变换、高维小波变换。利用二维小波变换可以对图像进行处理,如进行压缩、细化、提取特征等。

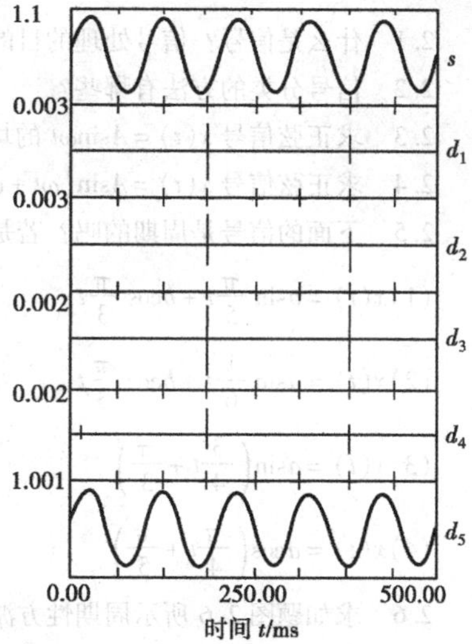

图2.45 小波分析对微弱信号的识别

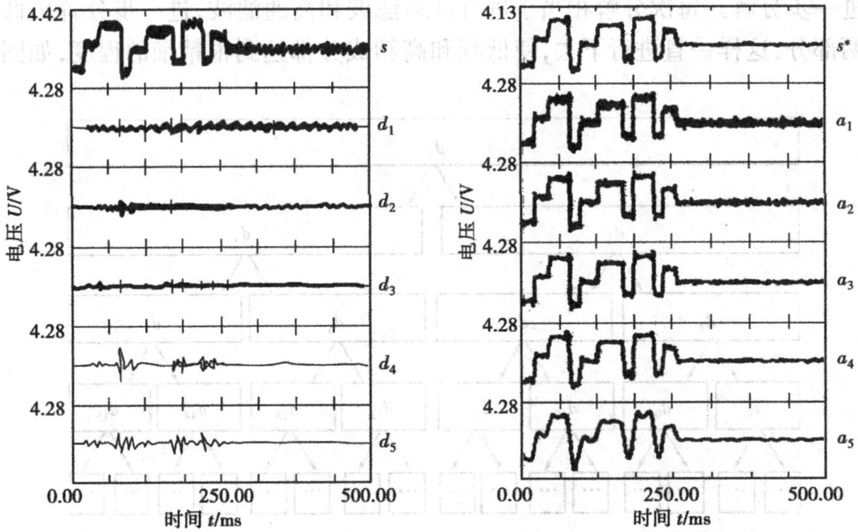

(a)加白噪声信号 s 与细节分量　　(b)除噪后的信号 s^* 和逼近分量

图 2.46　小波去噪

习　题

2.1　什么是信号？信号处理的目的是什么？

2.2　信号分类的方法有哪些？

2.3　求正弦信号 $x(t) = A\sin\omega t$ 的均方值 ψ_x^2。

2.4　求正弦信号 $x(t) = A\sin(\omega t + \varphi)$ 的概率密度函数 $p(x)$。

2.5　下面的信号是周期的吗？若是，请指明其周期。

(1) $x(t) = a\sin\frac{\pi}{5}t + b\cos\frac{\pi}{3}t$

(2) $x(t) = a\sin\frac{1}{6}t + b\cos\frac{\pi}{3}t$

(3) $x(t) = a\sin\left(\frac{3}{4}t + \frac{\pi}{3}\right)$

(4) $x(t) = a\cos\left(\frac{\pi}{4}t + \frac{\pi}{5}\right)$

2.6　求如题图 2.6 所示周期性方波的复指数形式的幅值谱和相位谱。

2.7　设 c_n 为周期信号 $x(t)$ 的傅里叶级数序列系数，证明傅里叶级数的时移特性。即：

若有
$$x(t) \overset{FS}{\longleftrightarrow} c_n$$
则
$$x(t \pm t_0) \overset{FS}{\longleftrightarrow} e^{\pm j\omega_0 t_0} c_n$$

2.8　求周期性方波的（题图 2.6）的幅值谱密度。

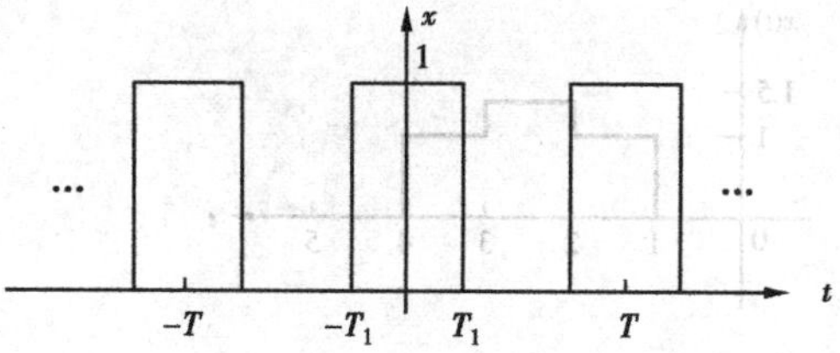

题图 2.6

2.9 已知信号 $x(t)=4\cos\left(2\pi f_0 t-\frac{\pi}{4}\right)$，试计算并绘图表示：

(1)傅里叶级数实数形式的幅值谱、相位谱；

(2)傅里叶级数复数形式的幅值谱、相位谱；

(3)幅值谱密度。

2.10 求指数衰减振荡信号 $x(t)=e^{-at}\sin\omega_0 t$ 的频谱。

2.11 设 $X(f)$ 为周期信号 $x(t)$ 的频谱，证明傅里叶变换的频移特性。即：

若

$$x(t)\overset{FT}{\longleftrightarrow}X(f)$$

则

$$x(t)e^{\pm j2\pi f_0 t}\overset{FT}{\longleftrightarrow}X(f\mp f_0)$$

2.12 设 $X(f)$ 为周期信号 $x(t)$ 的频谱，证明傅里叶变换的共轭和共轭对称特性。即：

若

$$x(t)\overset{FT}{\longleftrightarrow}X(f)$$

则

$$\overline{x(t)}\overset{FT}{\longleftrightarrow}\overline{X(-f)}$$

式中 $\overline{x(t)}$ 为 $x(t)$ 的共轭。

2.13 设 $X(f)$ 为周期信号 $x(t)$ 的频谱，证明傅里叶变换的互易性。即：

若

$$x(t)\overset{FT}{\longleftrightarrow}X(f)$$

则

$$X(t)\overset{FT}{\longleftrightarrow}x(-f)$$

2.14 用傅里叶变换的互易特性求信号 $g(t)$ 的傅里叶变换 $G(f)$，$g(t)$ 定义如下：

$$g(t)=\frac{2}{1+t^2}$$

且已知

$$x(t)=e^{-a|t|}\overset{FT}{\longleftrightarrow}X(f)=\frac{2a}{a^2+(2\pi f)^2}$$

2.15 求所示信号的频谱：

$$x(t)=\frac{1}{2}x_1(t-2.5)+x_2(t-2.5)$$

式中 $x_1(t)$，$x_2(t)$ 是如题图 2.15(a)、题图 2.15(b)所示矩形脉冲。

2.16 求信号 $x(t)$ 的傅里叶变换：

$$x(t)=e^{-a|t|}\qquad a>0$$

2.17 已知信号 $x(t)$，试求信号 $x(0.5t)$，$x(2t)$ 的傅里叶变换：

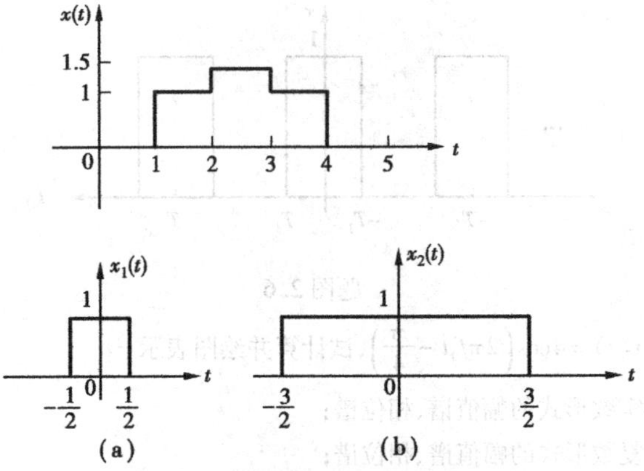

题图 2.15

$$x(t)=\begin{cases}1, & |t|<T_1\\ 0, & |t|>T_1\end{cases}$$

2.18　求信号 $x(t)=\mathrm{e}^{-at}u(t)$ 的自相关函数。

2.19　如题图 2.19 所示，有 $N=2n+1$ 个脉宽为 τ 的单位矩形脉冲等间隔(间隔为 $T>\tau$)地分布在原点两侧，设这个信号为 $x(t)$，求其 FT。

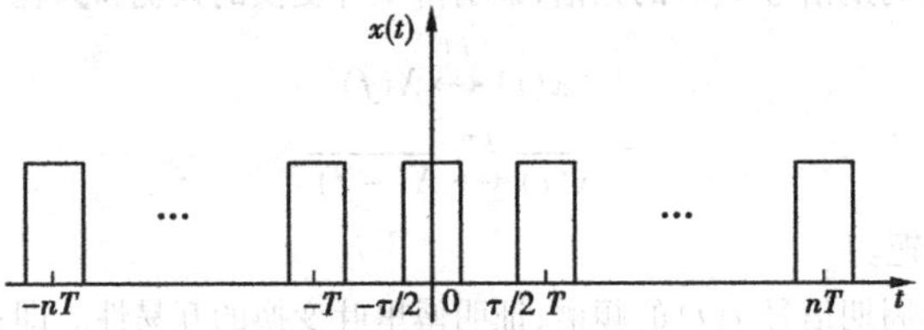

题图 2.19

2.20　“时域相关性定理”可描述如下：

$$F[R_{xy}(\tau)]=\overline{X(f)}\cdot Y(f)$$

2.21　帕斯瓦尔定理：

$$\int_{-\infty}^{\infty}|x(t)|^2\mathrm{d}t=\int_{-\infty}^{\infty}|X(f)|^2\mathrm{d}f$$

参 考 文 献

1. 黄长艺，卢文祥，熊诗波. 机械工程测量与试验技术. 北京：机械工业出版社，2000
2. 卢文祥，杜润生. 工程测试与信息处理. 武汉：华中理工大学出版社，1992
3. 郑方，徐明星. 信号处理原理. 北京：清华大学出版社，2000
4. [美]L. 科恩著. 白居宪译. 时频分析：理论与应用. 西安：西安交通大学出版社，1998
5. 张贤达，保铮著. 非平稳信号分析与处理. 北京：国防工业出版社，1998

第3章

测试系统的基本特性

3.1 测试系统概述

测试是通过对研究对象进行具有试验性质的测量以获取研究对象有关信息的认识过程。要实现这一认识过程,通常需要用试验装置使被测对象处于某种预定的状态下,将被测对象的内在联系充分地暴露出来以便进行有效的测量。然后,拾取被测对象所输出的特征信号,使其通过传感器被感受并转换成电信号,再经后续仪器进行变换、放大、运算等使之成为易于处理和记录的信号,这些变换器件和仪器总称为测量装置。经测量装置输出的信号需要进一步进行数据处理,以排除干扰、估计数据的可靠性以及抽取信号中各种特征信息等,最后将测试、分析处理的结果记录或显示,得到所需要的信息。

基于系统的观点,上述由被测对象、试验装置、测量装置、数据处理装置、显示记录装置所组成的具有测试功能的整体是最一般的测试系统。图 3.1 所示为测试系统的基本构成。

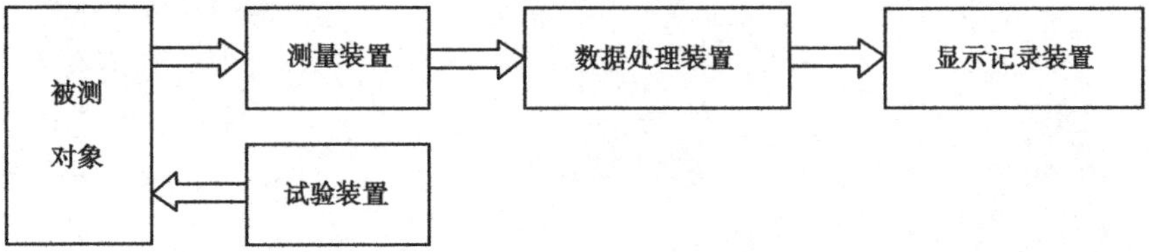

图 3.1　测试系统的基本构成框图

实际的测试系统,根据测试的目的和具体要求的不同,可能是很简单的系统,也可能是一个复杂的系统,如温度测试系统可以由被测对象和一个液柱式温度计构成,也可以组成复杂的自动测温系统。上述测试系统中的各装置,具有各自独立的功能,是构成测试系统的子系统。信号从发生到分析结果的显示,流经各子系统并受子系统特性的影响而发生改变。研究测试系统的基本特性,可以是测试系统中的某个子系统甚至是子系统中的某个组成环节的基本特性,例如测量装置或测量装置的组成部分如传感器、放大器、中间变换器、电器元件、芯片、集成电路等,都可以视为研究对象。因此,测试系统的概念是广义的,在信号流传输通道中,任意连接输入、输出并有特定功能的部分,均可视为测试系统。

3.1.1　线性系统及其微分方程描述

系统是连接输入、输出的某个功能块,尽管测试系统的组成各不相同,但我们可以将其抽象和简化。如果把该功能块简化为一个方框表示测试系统,并用 $x(t)$ 表示输入量,用 $y(t)$ 表示输出量,用 $h(t)$ 表示系统的传递特性,则输入、输出和测试系统之间的关系可用图 3.2 表示。$x(t)$、$y(t)$ 和 $h(t)$ 是三个彼此具有确定关系的量,当

已知其中任意两个量,便可以推断或估计第三个量,这便构成了工程测试中需要解决的三个方面的实际问题:

1)输入 $x(t)$、输出 $y(t)$ 能观测,推断系统的传递特性 $h(t)$。

2)输入 $x(t)$ 能观测,系统的传递特性 $h(t)$ 已知,估计输出 $y(t)$。

3)输出 $y(t)$ 能观测,系统的传递特性 $h(t)$ 已知,推断输入 $x(t)$。

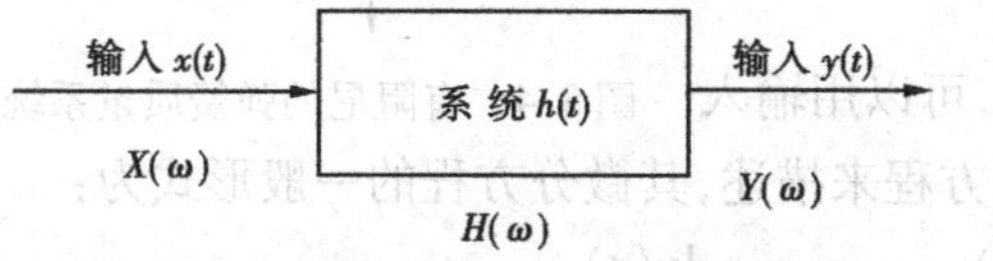

图 3.2　系统的输出

从输入到输出,系统对输入信号进行传输和变换,系统的特性将对输入信号产生影响,因此,要使输出信号真实地反映输入的状态,测试系统必须满足一定的性能要求。一个理想的测试系统应该具有单一的、确定的输入输出关系,而且,系统的特性不应随时间的推移发生改变。当系统的输入输出之间成线性关系时,分析处理最为简便,满足上述要求的系统,是线性时不变系统,具有线性时不变特性的测试系统为最佳测试系统。

在工程测试实践和科学实验活动中,经常遇到的测试系统大多数属于线性时不变系统。一些非线性系统或时变系统,在限定的范围与指定的条件下,也遵从线性时不变的规律。线性时不变系统的分析方法已经形成了完整严密的体系,日臻完善和成熟;而非线性系统与时变系统的研究还未能总结出令人满意的、具有普遍意义的分析方法,在动态测试中,要作非线性校正还存在一定的困难。基于以上几点原因,我们将讨论的重点和范围限定在线性时不变系统。

描述测试系统通常是通过对测试系统的数学建模,利用测试系统的物理特性建立系统输入输出的运动微分方程实现系统的描述。较复杂的系统,其数学模型可能是一个高阶微分方程,规定微分方程的阶数就是系统的阶数。下面通过对几个简单的测试系统分析,说明测试系统的描述和系统输入输出之间的联系。

图 3.3 是一个简单的 RC 低通滤波系统,其输入电压为 $x(t)$,输出电压为 $y(t)$,根据电路电压平衡关系

$$x(t)=R\cdot i(t)+y(t)$$

这个系统中,流经电阻和电容的电流为 $i(t)$

$$i(t)=C\frac{\mathrm{d}y(t)}{\mathrm{d}t}$$

据此,可以建立 $x(t)$ 和 $y(t)$ 之间的运动微分方程:

$$RC\cdot\frac{\mathrm{d}y(t)}{\mathrm{d}t}+y(t)=x(t)$$

这是一个一阶常系数线性微分方程,描述的系统是一阶线性时不变系统。

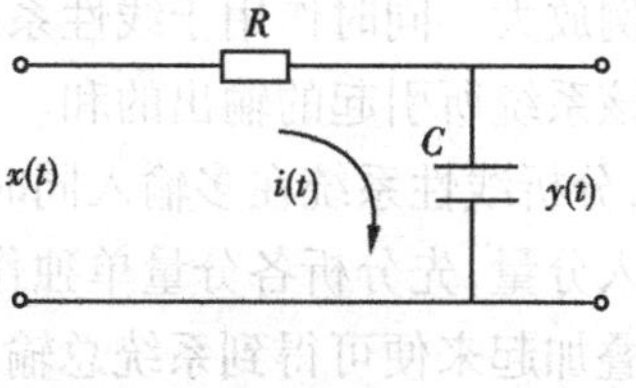

图 3.3　RC 低通滤波系统

图 3.4 所示为一个有阻尼的弹簧质量系统,输入 $x(t)$ 为施加于质量块的力,输

出 $y(t)$ 为质量块的位移，根据系统的动力学特性，可以建立系统的运动微分方程：

$$m\frac{d^2y(t)}{dt^2}+C\frac{dy(t)}{dt}+ky(t)=x(t)$$

这是一个二阶常系数线性微分方程，描述的系统是二阶线性时不变系统。

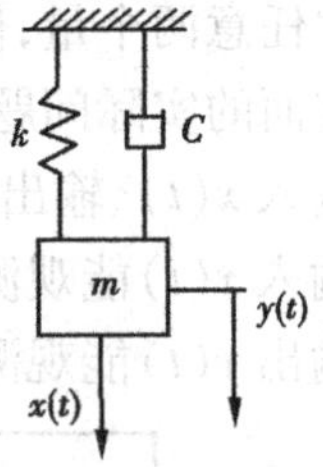

图 3.4　有阻尼的弹簧质量系统

更一般地讲，对于线性时不变系统，可以用输入 $x(t)$、输出 $y(t)$ 之间的常系数线性微分方程来描述，其微分方程的一般形式为：

$$a_n\frac{d^ny(t)}{dt^n}+a_{n-1}\frac{d^{n-1}y(t)}{dt^{n-1}}+\cdots+a_1\frac{dy(t)}{dt}+a_0y(t)=b_m\frac{d^mx(t)}{dt^m}+b_{m-1}\frac{d^{m-1}x(t)}{dt^{m-1}}+\cdots+b_1\frac{dx(t)}{dt}+b_0x(t) \tag{3.1}$$

式中，$a_n,a_{n-1},a_{n-2},\cdots,a_0$ 和 $b_m,b_{m-1},b_{m-2},\cdots,b_0$ 是与测试系统的物理特性、结构参数和输入状态有关的常数；n 和 m 为正整数，表示微分的阶，一般 $n\geqslant m$ 并称 n 值为线性系统的阶数。式(3.1)中只有 $x(t)$、$y(t)$ 和它们对时间的各阶导数的一次幂，而没有它们的高次幂以及它们的乘积。

3.1.2　线性系统的特性

对于(3.1)式所确定的线性时不变系统，用 $x(t)\to y(t)$ 表示输入为 $x(t)$，输出为 $y(t)$ 的输入—输出对应关系，则线性时不变系统具有以下主要特性：

(1)线性特性(比例性与叠加性)

若

$$x_1(t)\to y_1(t)$$

$$x_2(t)\to y_2(t)$$

$$ax_1(t)\to ay_1(t)$$

则

$$[a_1x_1(t)\pm a_2x_2(t)]\to[a_1y_1(t)\pm a_2y_2(t)] \tag{3.2}$$

式中 a,a_1,a_2 为任意常数。该特性表明，对于线性系统，如果输入放大，则输出将成比例放大。同时作用于线性系统的两个输入所引起的输出，等于两个输入分别作用于该系统所引起的输出的和。当多个输入作用于线性系统时，也有类似的关系。因此，分析线性系统在多输入同时作用下的总输出时，可以将多输入分解成许多单独的输入分量，先分析各分量单独作用于系统所引起的输出，然后将各分量单独作用的输出叠加起来便可得到系统总输出。

(2)时不变特性

若

$$x(t)\to y(t)$$

则

$$x(t\pm t_0)\to y(t\pm t_0) \tag{3.3}$$

对于线性时不变系统，由于系统参数不随时间改变，因此，系统对输入的影响也不会随时间而改变，它表明当输入提前或延迟一段时间 t_0时，其输出也相应提前或延迟 t_0并保持原有的输出波形不变。

(3)微分特性

线性系统对输入微分的响应，等同于对原输入响应的微分，即

若 $$x(t) \to y(t)$$

则 $$\frac{dx(t)}{dt} \to \frac{dy(t)}{dt} \tag{3.4}$$

此结论容易根据线性时不变系统的线性特性与时不变特性得到证明。

(4)积分特性

线性系统对输入积分的响应，等同于对原输入响应的积分，即

若 $$x(t) \to y(t)$$

则 $$\int_0^t x(t)\,dt \to \int_0^t y(t)\,dt \tag{3.5}$$

此结论根据线性特性的叠加关系和积分的求和特征立即得证。

(5)频率保持特性

线性系统的稳态输出 $y(t)$，将只有和输入频率相同的频率成分，即

若 $$x(t) = \sum_{i=1}^{n} X_i \cdot e^{j\omega_i t}$$

则 $$y(t) = \sum_{i=1}^{n} Y_i \cdot e^{j(\omega_i t+\varphi_i)} \tag{3.6}$$

该性质说明：一个系统如果处于线性工作范围内，当其输入是正弦信号时，它的稳态输出一定是与输入信号同频率的正弦信号，只是幅值和相位有所变化。若系统的输出信号中含有其他频率成分时，可以认为是外界干扰的影响或系统内部的噪声等原因所致，应采用滤波等方法进行处理，予以排除。

3.2 测试系统的静态传递特性

传递特性是测试系统的输入—输出之间存在的某些联系，掌握测试系统的传递特性，对于提高测量的准确性和正确选用测试系统或校准测试系统十分重要。在测量过程中，被测量不随时间的改变而发生变化，或者虽随时间变化但变化缓慢以致可以忽略的测量，称为静态测量。描述测试系统静态测量时的输入、输出关系的方程、图形、参数等称为测试系统的静态传递特性。测试系统的准确度在很大程度上与静态传递特性有关。最常用的静态传递特性有静态传递方程、定度曲线和灵敏度、线性度、回程误差、灵敏度阀、漂移等表征测试系统静态特性的主要参数。根据定度曲线便可以进一步研究测试系统的静态特性参数。

3.2.1 静态传递方程与定度曲线

测试系统处于静态测量时,输入量和输出量不随时间而变化,因而输入和输出的各阶导数均为零,式(3.1)给出的微分方程将演变为代数方程:

$$y(t) = \frac{b_0}{a_0}x(t) \tag{3.7}$$

该式是常系数线性微分方程的特例,称为测试系统的静态传递方程,简称静态方程。描述静态方程的曲线称为测试系统的静态特性曲线或定度曲线。习惯上,定度曲线是以输入量 x 为自变量,与之对应的输出 y 为因变量,在直角坐标系中描绘出的图形。

3.2.2 灵敏度

灵敏度是指测试系统在静态测量时,输出量的增量与输入量的增量之比的极限值,即

$$S = \lim_{\Delta x \to 0} \frac{\Delta y}{\Delta x} = \frac{dy}{dx} \tag{3.8}$$

一般情况下,灵敏度 S 将随输入 x 的变化而改变,是系统输入—输出特性曲线的斜率,反映测试系统对输入信号变化的反应能力。

对于线性系统来说:

$$S = \frac{y}{x} = \frac{b_0}{a_0} = \tan\theta = 常数 \tag{3.9}$$

灵敏度的量纲是输出的量纲与输入的量纲之比,例如,某位移传感器在输入位移变化0.1mm时,输出电压的变化为9mV,则灵敏度 S=90mV/mm,灵敏度的量纲是mV/mm。当测试系统的输出与输入的量纲相同时,灵敏度将呈现量纲一的形式,常用“增益”或“放大倍数”来替代灵敏度。

在技术数据中,经常出现“灵敏度阀”这一技术参数,它是指最小单位输出量所对应的输入量,与灵敏度有密切的关系,是灵敏度的倒数,表示测试系统对引起输出的有可察觉变化的输入量的最小变化值,也称为测试系统的分辨率。

3.2.3 线性度

实际的测试系统输出与输入之间,并非是严格的线性关系。为了使用简便,约定用直线关系代替实际关系,用某种拟合直线代替定度曲线(校准曲线或标定曲线)来作为测试系统的静态特性曲线。定度曲线接近拟合直线的程度称为测试系统的线性度。在系统标称输出范围内,以实际输出对拟合直线的最大偏差 ΔL_{max} 与满量程输出 A 的比值的百分率为线性度的指标,即

$$线性度 = \pm \frac{\Delta L_{max}}{A} \times 100\% \tag{3.10}$$

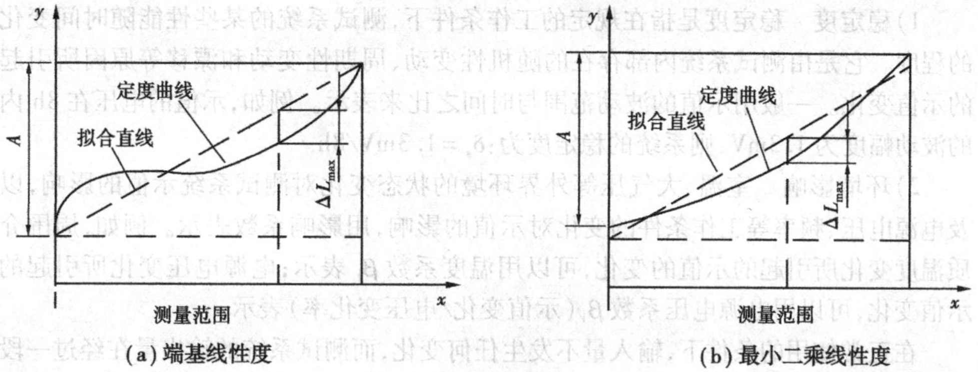

图3.5　线性度

确定拟合直线的方法较多,目前国内尚无统一的标准,较为常用的方法有两种:端基直线和最小二乘拟合直线。端基直线是一条通过测量范围的上下极限点的直线,这种拟合直线的方法简单易行,但因与数据的分布无关,其拟合精度很低。最小二乘拟合直线是在以测试系统校准数据与拟合直线的偏差的平方和为最小的条件下所确定的直线,它是保证所有测量值最接近拟合直线、拟合精度很高的方法,参见图3.5。

3.2.4　回程误差

实际的测试系统,由于内部的弹性元件的弹性滞后、磁性元件的磁滞现象以及机械摩擦、材料受力变形、间隙等原因,使得相同的测试条件下,在输入量由小增大和由大减小的测试过程中,对应于同一输入量所得到的输出量往往存在差值,这种现象称为迟滞。对于测试系统的迟滞的程度,用回程误差来描述。定义测试系统的回程误差是在相同的测试条件下,全量程范围内的最大迟滞差值 h_{max} 与标称满量程输出 A 的比值的百分率,如图3.6所示。

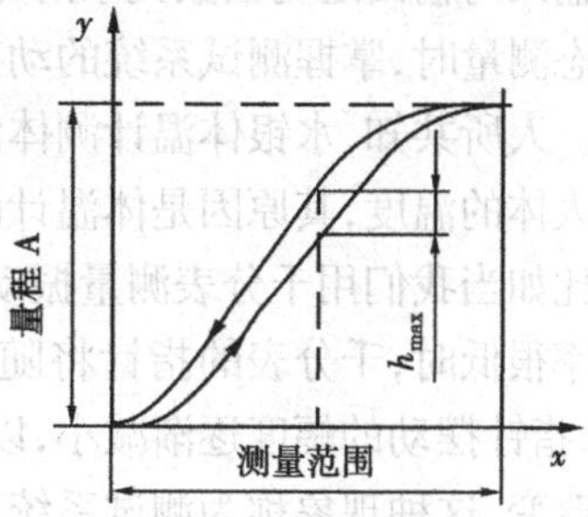

图3.6　回程误差

$$\text{回程误差} = \frac{h_{max}}{A} \times 100\% \tag{3.11}$$

3.2.5　稳定性

稳定性是指在一定的工作条件下,保持输入信号不变时,输出信号随时间或温度的变化而出现的缓慢变化程度。测试系统的稳定性有两种指标:一是时间上的稳定性,以稳定度表示;二是测试仪器外部环境和工作条件变化所引起的示值的不稳定性,以各种影响系数表示。

1)稳定度　稳定度是指在规定的工作条件下,测试系统的某些性能随时间变化的程度。它是由测试系统内部存在的随机性变动、周期性变动和漂移等原因所引起的示值变化。一般用示值的波动范围与时间之比来表示。例如,示值的电压在8h内的波动幅度为1.3mV,则系统的稳定度为:$\delta_s=1.3\text{mV}/8\text{h}$。

2)环境影响　室温、大气压等外界环境的状态变化对测试系统示值的影响,以及电源电压、频率等工作条件的变化对示值的影响,用影响系数表示。例如,周围介质温度变化所引起的示值的变化,可以用温度系数 β_t 表示;电源电压变化所引起的示值变化,可以用电源电压系数 β_V(示值变化/电压变化率)表示。

在正常使用的条件下,输入量不发生任何变化,而测试系统的输出量在经过一段时间后却发生了改变,这种现象称为漂移,以输出量的变化表示。输入量为零时,测试系统也会有一定的输出,习惯上称其为零漂。零漂中既含有直流成分,也含有交流成分,环境条件的影响较为突出,特别是湿度和温度的影响,其变化趋势较为缓慢。工程上常在零输入时,对漂移进行观测和度量。测量时,只需将输入端对地短接,再测其输出,即可得到零漂值,并以此修正测试系统的输出零点,减小漂移对测试精度的影响。

3.3　测试系统的动态传递特性

被测物理量随时间变化的测量称为动态测量。与此相应,描述测试系统动态测量时输入与输出之间函数关系的方程、图形、参数称为测试系统的动态传递特性。在进行动态测量时,掌握测试系统的动态传递特性非常必要,尤其是在测试系统工作的频率范围。人所共知,水银体温计测体温时,必须与人体有足够的接触时间,它的读数才能反映人体的温度,其原因是体温计的示值输出滞后于温度输入,这种现象称为时间响应。又比如当我们用千分表测量振动物体的振幅,如果振动体的振幅一定,当振动体的振动频率很低时,千分表的指针将随其摆动,指示出各个时刻的幅值。随着振动频率的增加,指针摆动的幅度逐渐减小,以至近乎于不动,表明指针的示值在随振动频率的变化而改变,这种现象称为测试系统对输入的频率响应。时间响应和频率响应是动态测试过程中表现出的重要特征,是我们研究测试系统动态特性的主要内容。

3.3.1　测试系统动态传递特性的频域描述

(1)测试系统的频率响应函数

当某一单一频率的简谐激励 $x(t)=X_0e^{j(\omega t+\varphi_x)}$ 作为输入作用于测试系统,根据线性系统的频率保持特性,输出应该只有与输入频率相同的频率成分,而幅值和相位却可能存在差别,因此,输出信号一定有以下的函数形式

$$y(t)=Y_0e^{j(\omega t+\varphi_y)} \tag{3.12}$$

显然,如果以选定的频率为参变量,这对特定条件下的输入、输出的频域描述分别为

$$X(\omega) = X_0(\omega)e^{j(\omega t+\varphi_x)} \tag{3.13}$$

$$Y(\omega) = Y_0(\omega)e^{j(\omega t+\varphi_y)} \tag{3.14}$$

所以,频率响应函数可定义为

$$H(\omega) = \frac{F[y(t)]}{F[x(t)]} = \frac{Y(\omega)}{X(\omega)} = \frac{Y_0(\omega)}{X_0(\omega)}e^{j(\varphi_y-\varphi_x)} \tag{3.15}$$

如前所述,线性时不变系统可以用式(3.1)所给出的常系数线性微分方程来描述,注意到对于形如$x(t)=X_0e^{j(\omega t+\varphi_x)}$的函数,其$n$阶微分为$\frac{d^n x(t)}{dt^n}=(j\omega)^n x(t)$,其傅氏变换为$(j\omega)^n X(\omega)$。所以,当输入信号为$x(t)=X_0e^{j(\omega t+\varphi_x)}$时,并达到稳态输出的时候,式(3.1)有如下形式的方程:

$$[a_n(j\omega)^n + a_{n-1}(j\omega)^{n-1} + \cdots + a_0]y(t) = [b_m(j\omega)^m + b_{m-1}(j\omega)^{m-1} + \cdots + b_0]x(t)$$

可得

$$H(\omega) = \frac{F[y(t)]}{F[x(t)]} = \frac{Y(\omega)}{X(\omega)} = \frac{b_m(j\omega)^m + b_{m-1}(j\omega)^{m-1} + \cdots + b_0}{a_n(j\omega)^n + a_{n-1}(j\omega)^{n-1} + \cdots + a_0} \tag{3.16}$$

由此可见,频率响应函数也是等于输出和输入的傅氏变换之比的。另外,测试系统的阶数,可以由式中分母ω的幂的次数n确定。从式(3.16)还可以看到:决定$H(\omega)$的是由系统结构参数和测试系统的布置情况所确定的微分方程的常系数,与输入输出本身没有关系,因此,$H(\omega)$反映系统本身所具备的特性。对于任一具体的输入$x(t)$,由于$Y(\omega)=X(\omega)H(\omega)$,都可以由系统的频率响应函数确定相应的输出$y(t)$,它反映测试系统的传输特性。另外,对于完全不同的物理系统,由于建立的描述系统的微分方程的形式不外乎一阶微分方程、二阶微分方程等,因此可能有传递特性和形式完全相同的频率响应函数,这对分类研究$H(\omega)$的传递特性带来了方便。微分方程的各系数具有不同的量纲,对应于不同的物理系统,有特定的输入和输出。

控制工程技术中,常采用传递函数来描述系统的传递特性,它是定义在系统的初始条件为零的前提下,输出量的拉氏变换与输入量的拉氏变换之比,记为$H(s)$。根据拉普拉斯变换的微分性质,如果以下拉普拉斯变换存在

$$L[f(t)] = \int_0^\infty f(t)e^{-st}dt = F(s) \qquad (s=\sigma+j\omega)$$

则当系统的初始条件为零时,有

$$L[f^n(t)] = s^n F(s)$$

利用这一性质,对式(3.1)两边作拉普拉斯变换

$$(a_n s^n + a_{n-1}s^{n-1} + \cdots + a_0)Y(s) = (b_m s^m + b_{m-1}s^{m-1} + \cdots + b_0)X(s)$$

可得

$$H(s) = \frac{Y(s)}{X(s)} = \frac{b_m s^m + b_{m-1} s^{m-1} + \cdots + b_0}{a_n s^n + a_{n-1} s^{n-1} + \cdots + a_0} \tag{3.17}$$

比较式(3.16),频率响应函数只不过是传递函数的一种特例,是 $s = j\omega$ 时的传递函数,因此,频率响应函数可以通过传递函数的求解后,取 $s = j\omega$ 即可。

(2)幅频特性与相频特性

一般情况下 $H(\omega)$ 是复函数,可以将其写成如下形式:

$$H(\omega) = A(\omega) e^{j\varphi(\omega)}$$

式中

$$A(\omega) = |H(\omega)| = \frac{|Y(\omega)|}{|X(\omega)|} = \frac{Y_0(\omega)}{X_0(\omega)} \tag{3.18}$$

$$\varphi(\omega) = \varphi_y(\omega) - \varphi_x(\omega) \tag{3.19}$$

可见 $A(\omega)$ 是 $H(\omega)$ 的模,是给定频点输出信号幅值与输入信号幅值之比。换句话说,给定频点的输出信号的幅值可以由该频点输入信号的幅值 $X_0(\omega)A(\omega)$ 求得。因此,$A(\omega)$ 相当于一个比例系数,反映测试系统对输入信号的 ω 频率分量的幅值的缩放能力,称 $A(\omega)$ 为系统的幅频特性。

$\varphi(\omega)$ 是给定频率的输出信号与该频率输入信号的相位差,反映出测试系统对输入信号的 ω 频率分量的初相位的移动程度,称为测试系统的相频特性。

一般的信号多数情况下都是由多个频率成分构成的,当其通过测试系统,受系统幅频特性的影响,各频率成分的幅值将会被相应频率点的系统幅频特性所缩放;受系统相频特性的影响,各频率成分的相位将发生相应的移动。测试系统幅频特性和相频特性对输入信号的影响,如图 3.7 所示。

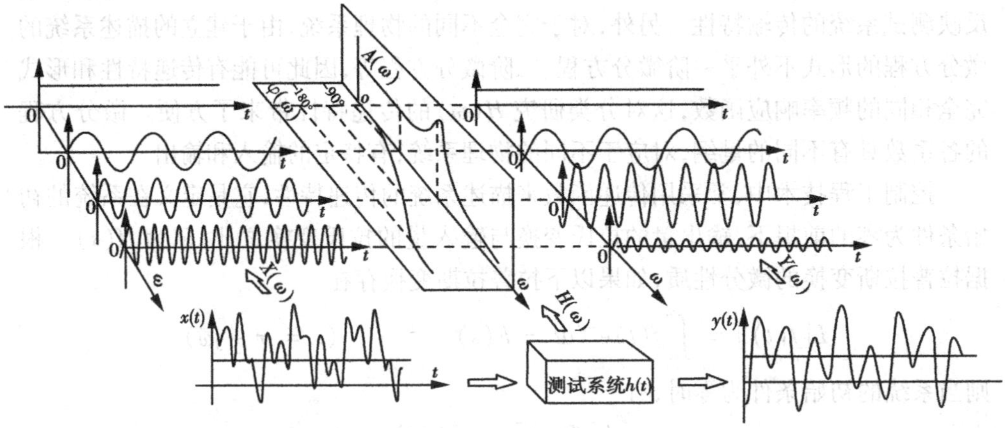

图 3.7 测试系统幅频特性、相频特性对输入信号的影响

如果将 $H(\omega)$ 表示为实部 $P(\omega)$ 与虚部 $Q(\omega)$ 之和的形式,则 $H(\omega)$ 又可以表示为

$$H(\omega) = P(\omega) + jQ(\omega) \tag{3.20}$$

其幅频特性和相频特性分别为

$$A(\omega) = \sqrt{P^2(\omega) + Q^2(\omega)} \tag{3.21}$$

$$\varphi(\omega) = \arctan \frac{Q(\omega)}{P(\omega)} \tag{3.22}$$

$A(\omega)$、$\varphi(\omega)$、$P(\omega)$和$Q(\omega)$为纵坐标，ω为横坐标，绘出的$A(\omega)$—ω、$\varphi(\omega)$—ω、$P(\omega)$—ω、$Q(\omega)$—ω曲线，分别称为幅频特性曲线、相频特性曲线、实频特性曲线、虚频特性曲线。

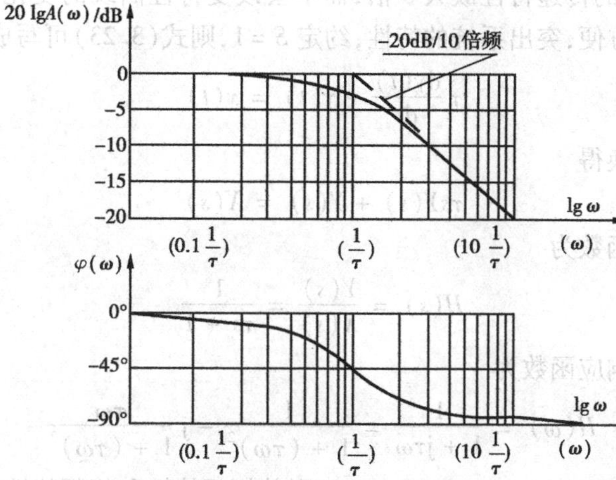

图3.8 一阶系统的伯德图

在工程应用技术中，对于幅频特性曲线和相频特性曲线的纵坐标、横坐标除了取线性标尺外，还常对自变量ω取对数标尺，幅值取分贝数，画出的20 lg$A(\omega)$—lgω曲线和$\varphi(\omega)$—lgω曲线，分别称为对数幅频特性曲线和对数相频特性曲线，两种曲线总称为伯德(Bode)图，如图3.8所示。

如果以$H(\omega)$的实部和虚部分别作为横坐标和纵坐标，在此复平面画出$Q(\omega)$—$P(\omega)$曲线并在曲线对应点上标注相应的频率，则所得曲线图称为奈魁斯特图(Nyquist 图)。图中自原点到$Q(\omega)$—$P(\omega)$曲线的矢量的矢径，即为$A(\omega)$，该矢量与实轴的夹角即为$\varphi(\omega)$，如图3.9所示。

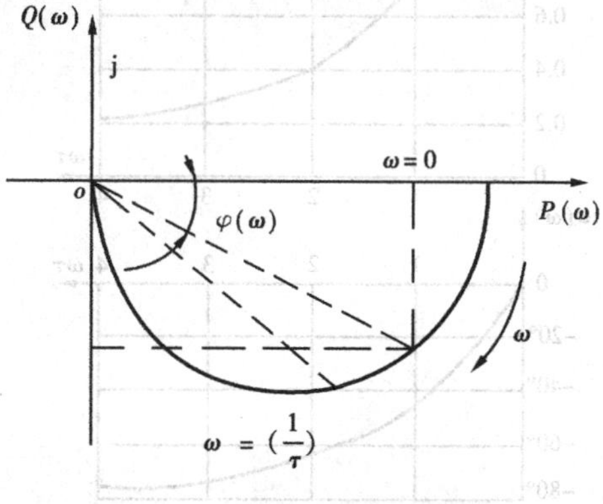

图3.9 一阶系统的奈魁斯特图

(3)一阶系统和二阶系统的传递函数及频率相应特性

对于前面所列举的一阶系统，如无质量的弹簧质量系统、RC积分变换电路等，其运动微分方程的一般形式为

$$a_1 \frac{dy(t)}{dt} + a_0 y(t) = b_0 x(t)$$

对于以上的微分方程,总可以将其改写成标准归一化的形式

$$\tau \frac{dy(t)}{dt} + y(t) = Sx(t) \tag{3.23}$$

式中 $\tau = a_1/a_0$ 具有时间的量纲,称为时间常数。$S = b_0/a_0$ 是一阶系统的静态灵敏度常数,由具体的系统参数决定,在线性系统中 S 为常数,在对系统的特性作动态分析时,它仅仅使系统的传递特性放大 S 倍,而不会改变特性曲线的变化规律。因此,为了讨论和分析的方便,突出系统的特性,约定 $S=1$,则式(3.23)可写成

$$\tau \frac{dy(t)}{dt} + y(t) = x(t) \tag{3.24}$$

对上式作拉氏变换得

$$\tau s Y(s) + Y(s) = X(s)$$

一阶系统的传递函数为

$$H(s) = \frac{Y(s)}{X(s)} = \frac{1}{\tau s + 1} \tag{3.25}$$

令 $s = j\omega$,其频率响应函数为

$$H(\omega) = \frac{1}{1 + j\tau\omega} = \frac{1}{1 + (\tau\omega)^2} - j\frac{\tau\omega}{1 + (\tau\omega)^2} \tag{3.26}$$

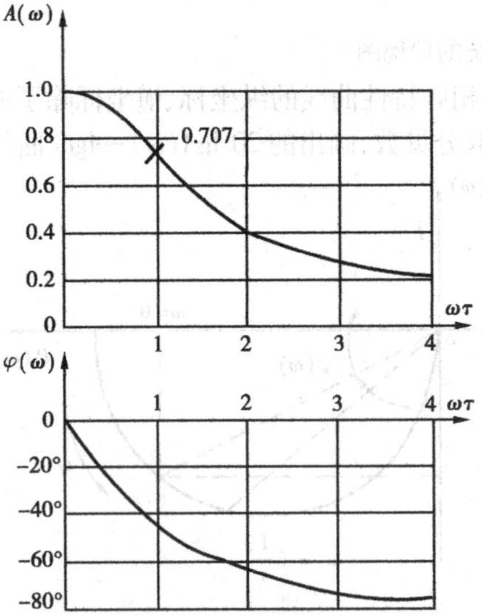

图 3.10　一阶系统的幅频曲线和相频曲线

则其幅频特性和相频特性函数分别为

$$A(\omega) = |H(\omega)| = \frac{1}{\sqrt{1 + (\tau\omega)^2}} \tag{3.27}$$

$$\varphi(\omega) = \angle H(\omega) = -\arctan(\omega\tau) \tag{3.28}$$

根据式(3.27)和式(3.28)绘出幅频曲线和相频曲线如图 3.10 所示,其伯德图和奈魁斯特图如图 3.8 和图 3.9 所示。

从频率响应特性图上可以看出,一阶系统有以下几个特点:

1)一阶系统是一个低通环节,只有 ω 远小于 $1/\tau$ 时,幅频特性 $A(\omega)$ 才近似为 1,且相差沿近似斜直线趋近于 0,信号通过系统后,各频率成分的幅值基本保持不变。在高频段,幅频特性与 ω 成反比,其水平渐近线为 $A(\omega)=0$,此时的一阶系统,演变成为积分环节。从图 3.10 可以看出,当 $\omega > 4/\tau$ 时,$A(\omega) < 0.25$,且存在较大的相差,信号通过系统,各频率成分的幅值将

有很大的衰减。因此，一阶装置只适用于测量缓变或低频信号。

2）时间常数τ，决定了一阶系统适用的频率范围，从幅频特性图和相频特性曲线可以看到，当$\omega = 1/\tau$时，输出输入的幅值比$A(\omega)$降为0.707（-3dB），此点对应着输出信号的功率衰减到输入信号的半功率的频率点，此点被视为系统信号通过的截止点。因此，τ是反映一阶系统动态特性的重要参数。

3）伯德图中的幅频特性曲线，可以用一条折线近似描述：以$\omega = 1/\tau$为转折频率，左侧以$A(\omega) = 0$的直线代替，其右侧的特性曲线用“-20dB/10倍频”的斜直线代替，经简化后的幅频特性曲线与实际幅频特性曲线之间的最大误差出现在转折频率点，其误差为-3dB。

4）一阶系统的奈魁斯特图是一个单位直径的半圆，当$\omega = 0$时，只有实部且$P(\omega) = 1$，过原点到特性曲线的矢量的模，对应着某一频率成分的$A(\omega)$，频率坐标在半圆上非均匀分布。

对于一般的二阶系统

$$a_2 \frac{d^2 y(t)}{dt^2} + a_1 \frac{dy(t)}{dt} + a_0 y(t) = b_0 x(t)$$

同样可以通过数学处理使其变为以下标准化归一的形式

$$\frac{d^2 y(t)}{dt^2} + 2\zeta\omega_n \frac{dy(t)}{dt} + \omega_n^2 y(t) = S\omega_n^2 x(t) \tag{3.29}$$

式中　$\omega_n = \sqrt{a_0/a_2}$是系统的固有频率；

$\zeta = \dfrac{a_1}{2\sqrt{a_0 a_2}}$是系统的阻尼比；

$S = b_0/a_0$为系统的灵敏度系数。

S是取决于输出与输入量纲的比值的常数因子，不同的S对动态特性的影响，对于幅频特性而言，只不过是乘上了一个比例因子，不会改变特性曲线的变化规律，对相频特性没有影响，因此，约定取$S = 1$，则二阶系统的频率响应函数

$$H(\omega) = \frac{\omega_n^2}{(\omega j)^2 + 2\zeta\omega_n\omega j + \omega_n^2} \tag{3.30}$$

分子分母同除以ω_n^2并令$\eta = \omega/\omega_n$，则

$$H(\omega) = H(\eta) = \frac{1}{(1-\eta^2) + 2\zeta\eta j} \tag{3.31}$$

其幅频特性和相频特性分别为

$$A(\omega) = A(\eta) = |H(\eta)| = \frac{1}{\sqrt{(1-\eta^2)^2 + 4\zeta^2\eta^2}} \tag{3.32}$$

$$\varphi(\omega) = \varphi(\eta) = \angle H(\eta) = -\arctan\frac{2\zeta\eta}{1-\eta^2} \tag{3.33}$$

相应的幅频、相频特性曲线如图3.11所示。

从幅频特性曲线、相频特性曲线上可以看到，当η远小于1时，$A(\omega)\approx 1$，而$\varphi(\omega)\approx 0$，表明该频率段的信号通过系统后，其幅值将会以1的比率输出，相位基本上不受影响；当η远大于1时，$A(\omega)\approx 0$，系统将仅有微弱的信号输出，输出信号与输入信号的相差约为180°，所以，二阶系统也是一个低通环节。

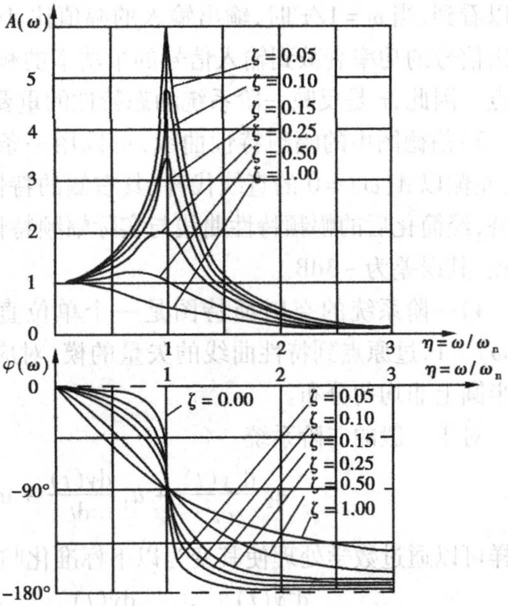

图3.11　二阶系统的幅频特性曲线和相频特性曲线

当$\eta=1$也即是$\omega=\omega_n$的时候，幅频特性曲线出现了一个很大的峰值，$A(\omega)\approx\frac{1}{2\zeta}$，随$\zeta$的减小而增大。该频率成分的信号通过系统后，其输出信号将可能成倍放大，此即所谓的“共振”现象。测试系统是不宜在共振区域工作的，但可以短时快速越过共振区，因为要形成共振，需要一定的时间才能积聚共振能量。

综上所述，一阶系统的参数S、τ，二阶系统参数S、ω_n、ζ是由系统的结构参数决定的，当测试系统制造、调试完毕后，以上参数也就随之确定。它们决定了测试系统的动态传递特性。

3.3.2　测试系统动态传递特性的时域描述

测试系统动态传递特性的时域描述，指的是用时域函数或时域特征参数来描述测试系统的输出量与变化的输入量之间的内在联系。通常是以一些典型信号如脉冲信号、阶跃信号、斜坡信号、正弦信号等作为输入加载到测试系统，以特定输入下的时域响应或时域响应的特征参数如响应速度、峰值时间、稳态输出、超调量等来描述系统的动态传递特性。

(1)输入为单位脉冲信号的响应

若输入信号为单位脉冲信号$x(t)=\delta(t)$，根据$\delta(t)$函数的筛选性质有

$$X(\omega)=\int_0^{\infty}\delta(t)e^{-j\omega t}dt=1$$

根据测试系统的传递关系，则

$$Y(\omega) = H(\omega)X(\omega) = H(\omega)$$

对上式两边求傅氏逆变换可得

$$y(t) = F^{-1}[H(\omega)] = h(t) \tag{3.34}$$

$h(t)$常被称为单位脉冲响应函数或权函数。

从以上推导可以看出，在单位脉冲信号输入的时候，时域响应函数$y(t)$就是脉冲响应函数$h(t)$，而系统输出的频域函数$Y(\omega)$就是系统的频率响应函数$H(\omega)$。同样道理可知：系统输出的拉氏变换，就是系统的传递函数，所以，脉冲响应函数是测试系统动态传递特性的时域描述。实际上理想的单位脉冲函数是不存在的，当输入信号的作用时间小于0.1τ（τ为一阶系统的时间常数或二阶系统的振荡周期）时，则可以近似地认为输入信号是脉冲信号，其响应则可视为脉冲响应函数。

(2)输入为单位阶跃信号的时域响应

当单位阶跃信号输入一阶系统时，其稳态输出的理论误差为零，系统的初始响应速率为$1/\tau$，若初始响应的速率不变，则经过时间τ后，其输出应等于输入。但实际上响应的上升速率随时间t的增加而减慢。当$t=\tau$时，其输出仅达到输入量的63%，当$t=4\tau$时，其输出才为输入量的98.2%，所以τ越小，响应越快，动态性能越好。通常采用输入量的95%～98%所需要的时间作为衡量响应速度的指标。

单位阶跃信号输入二阶系统时，其稳态输出的理论误差也为零。响应在很大程度上取决于系统的固有频率ω_n和阻尼比ζ。ω_n越高，系统的响应越快。阻尼比将影响超调量和振荡周期。$\zeta \geq 1$时，其阶跃输出将不会产生振荡，但需要经过较长时间才能达到稳态输出，ζ越大，输出接近稳态输出的时间越长；$\zeta < 1$时，系统的输出将产生振荡，ζ越小，超调量会越大，也会因振荡而使输出达到稳态输出的时间加长。显然，ζ存在一个比较合理的取值，ζ一般取值为0.6～0.7。

(3)单位斜坡信号输入时的响应

对系统输入随时间而成线性增大的信号，即为斜坡信号输入。由于输入量的不断增大，一、二阶系统的输出总是滞后于输入一段时间，存在一定的误差。随时间常数τ、阻尼比ζ的增大和固有频率ω_n的减小，其稳态误差增大，反之亦然。

(4)单位正弦信号输入时的响应

当输入为正弦信号时，一、二阶系统的稳态输出是与输入信号同频率的正弦信号，只是输出的幅值发生了变化，相位产生了滞后。由于标准正弦信号容易获得，用不同的正弦信号激励系统，观察稳态时响应的幅值和相位，就可以较为正确地测得幅频和相频特性，这一方法准确可靠，但需要花费较长的时间。

(5)任意输入作用下的响应

对于任意输入$x(t)$，如果系统的脉冲响应函数为$h(t)$，则响应$y(t)$为

$$y(t) = \int_0^t x(\tau) \cdot h(t-\tau)\mathrm{d}\tau = x(t) * h(t) \tag{3.35}$$

这表明测试系统的时域响应，等于输入信号 $x(t)$ 与系统的脉冲响应函数的卷积。

3.3.3 测试系统动态特性的识别

在通常情况下，测试系统动态特性的识别，是通过试验的方法实现的，最常用的方法有频率响应法、阶跃响应法和脉冲响应法。这里，主要介绍频率响应法和阶跃响应法。如前所述，一阶系统的主要动态特性参数是时间常数 τ，而二阶系统的主要动态特性参数是固有频率 ω_n 和阻尼比 ζ。对测试系统的动态特性识别，是测试系统可靠性和准确度保证的前提，一方面，新的测试系统的动态特性参数，除了理论计算外，必须通过试验验证以最终确定；另一方面，任何测试系统的动态特性都会发生变化，为了确保测试的可靠性，也应该定期或在测试之前校准测试系统。另外，对于未知特性的系统，有必要通过试验以了解系统的动态特性。

(1)频率响应法

图 3.12 所示是系统动态特性识别试验原理框图。基于正弦信号通过线性系统的理论，对系统施加某一频率的正弦激励，对于电路系统施加正弦电压信号，对于机械系统则施以正弦力，测出稳态时相应的正弦输出与输入的幅值比和相位差，便是该激励频率下测试装置的传递特性。在一定的频率范围内作离散的或连续的频率扫描，就可以得出系统的幅频特性曲线和相频特性曲线。

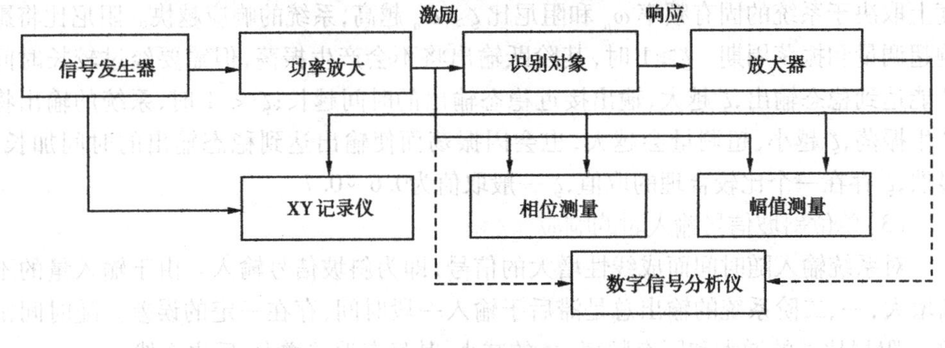

图 3.12 系统特性识别试验原理框图

对于一阶系统，根据系统幅频特性与相频特性的关系，可以直接由试验得到幅频特性曲线和相频特性曲线的对应点确定 τ 值，由式(3.27)，$A(\omega)$ 为 0.707 时，对应的 $1/\omega=\tau$ 即为所求。

对于二阶系统，理论上根据试验所得到的相频特性曲线，就可以直接估计其动态特性参数 ω_n 和 ζ，因为输出相位角滞后于输入相位角 90° 时，频率比 $\omega/\omega_n=1$，即 $\omega=\omega_n$，特性曲线上对应点的斜率为阻尼比 ζ。但是该点曲线陡峭，准确的相位角测试比较困难，所以，通常利用幅频特性曲线来估计系统的动态特性参数：对于 $\zeta<1$ 的欠阻尼二阶系统，其幅频特性曲线的峰值处于稍微偏离 ω_n 的 ω_r 处（参见图 3.11），两

者之间的关系式为

$$\omega_r = \omega_n \sqrt{1-2\zeta^2} \tag{3.36}$$

欠阻尼二阶系统固有频率 ω_r 处的输出和0频率处的输出的幅频特性比为：

$$\frac{A(\omega_r)}{A(0)} = \frac{1}{2\zeta\sqrt{1-2\zeta^2}} \tag{3.37}$$

由式(3.36)和式(3.37)可以解出 ω_n 和 ζ。

另外，ζ 的估计常采用以下方法：由试验得到的幅频特性曲线如图3.13所示，在峰值的 $1/\sqrt{2}$ 处，作一根水平线交幅频特性曲线于 a、b 两点，其对应的频率为 ω_1，ω_2，则阻尼比的估计值为

$$\zeta = \frac{\omega_2-\omega_1}{2\omega_n} \tag{3.38}$$

此法称为半功率点法。根据式(3.32)，峰值的 $1/\sqrt{2}$ 处对应的频率可以由以下两个方程确定

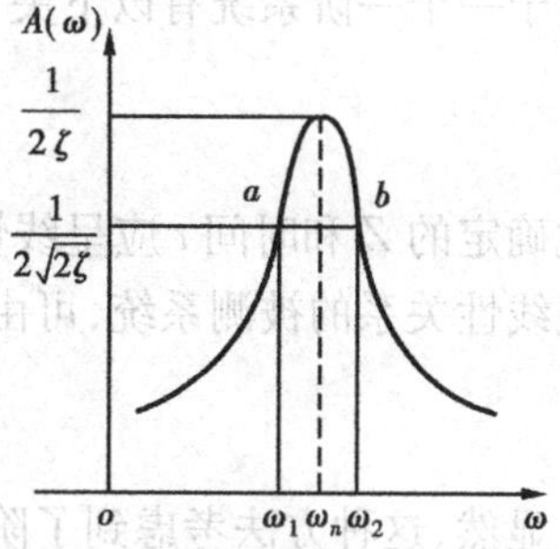

图3.13 二阶系统的阻尼比的估计

$$\left(\frac{\omega_1}{\omega_n}\right)^2 = 1-2\zeta^2-2\zeta\sqrt{2-\zeta^2} \tag{3.39}$$

$$\left(\frac{\omega_2}{\omega_n}\right)^2 = 1-2\zeta^2+2\zeta\sqrt{2-\zeta^2} \tag{3.40}$$

式(3.40)与式(3.39)相减并化简得：

$$\frac{\omega_2^{\ 2}-\omega_1^{\ 2}}{\omega_n^{\ 2}} = 4\zeta\sqrt{1-\zeta^2}$$

当 ζ 很小时，峰值频率 $\omega_r=\omega_n$，$A(\omega_n)=1/(2\zeta)$，$\omega_1+\omega_2\approx 2\omega_n$，略去 ζ 的高阶小量即得

$$\frac{\omega_2-\omega_1}{2\omega_n} = \zeta$$

此即式(3.38)的估值依据。

(2)阶跃响应法

阶跃响应法是给被测系统输入一阶跃信号，再根据所测得的阶跃响应曲线求取测试系统的 τ、ω_n 和 ζ 的一种试验方法。

1)一阶系统特性参数的确定　确定一阶系统时间常数 τ 的最简单的方法，是在输入阶跃信号后，测其阶跃响应，取输出值达到稳态值的63.2%所需的时间即为系统的时间常数。此法是根据一阶系统的单位阶跃响应的特点，在 $t=\tau$ 时，$y(t)=0.632$。但是，如此求取的 τ 值，一方面没有事先检查被测系统是否真为一阶系统，另一方面测试仅仅依赖于起点和终点两个瞬时值，而没有涉及到阶跃响应的全过程，因此，其可靠性不高。

下面介绍另一种确定一阶系统时间常数 τ 的方法：一阶系统的阶跃响应函数为

$$y_u(t) = 1 - e^{\frac{t}{\tau}}$$

如果被测系统是一阶系统，其阶跃响应必将满足该方程。因此，如果构造线性的函数：

$$Z = -\frac{t}{\tau}$$

则对于一个一阶系统有以下关系存在：

$$1 - y_u(t) = e^z \tag{3.41}$$

即
$$Z = \ln[1 - y_u(t)] \tag{3.42}$$

据此确定的 Z 和时间 t 应呈线性关系，否则被测系统将不属于一阶系统。由此，对于满足线性关系的被测系统，可由下式确定 τ 值

$$\tau = -\frac{\Delta t}{\Delta Z} \tag{3.43}$$

显然，这种方法考虑到了阶跃响应的全过程。如果各数据点的分布近似地在一条直线上，我们将确信该系统为一阶系统，由于利用的是通过各数据点的最佳直线，因此得到的 τ 值有较高的精度。

2）二阶系统特性参数的确定　二阶系统的阻尼比，通常取值范围在 $\zeta = 0.6 \sim 0.8$，这种典型的欠阻尼二阶系统，其阶跃响应是以 $\omega_d = \omega_n\sqrt{1-\zeta^2}$ 为圆频率的衰减振荡，如图 3.14 所示，ω_d 称为有阻尼固有频率。

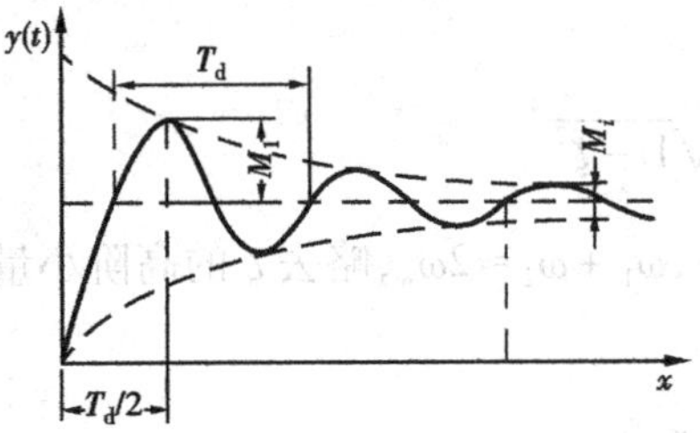

图 3.14　欠阻尼二阶系统的阶跃响应

欠阻尼二阶系统的阶跃响应函数为

$$y_u = 1 - \frac{e^{-\zeta\omega_n t}}{\sqrt{1-\zeta^2}}\sin(\omega_d t + \varphi) \tag{3.44}$$

式中　$\varphi = \arctan\frac{\sqrt{1-\zeta^2}}{\zeta}$。

分析阶跃响应曲线可知，曲线的极值发生在 $t = t_p = 0, \pi/\omega_d, 2\pi/\omega_d, \cdots$；最大超调量 M_1 出现在 $t_p = T_d/2 = \pi/\omega_d$。将 t_p 代入式（3.44），可以求得最大超调量和阻尼比之间的关系

$$M_1 = e^{-\left(\frac{\zeta\pi}{\sqrt{1-\zeta^2}}\right)} \tag{3.45}$$

即
$$\zeta = \sqrt{\frac{1}{\left(\frac{\pi}{\ln M_1}\right)^2 + 1}} \tag{3.46}$$

$$\omega_n = \frac{\omega_d}{\sqrt{1-\zeta^2}} \tag{3.47}$$

如果测得的阶跃响应是较长的瞬变过程，即记录的阶跃响应曲线有若干个超调量出现时，则可以利用任意两个超调量 M_i 和 M_{i+n} 来求取被测系统的阻尼比。

设相隔周期数为 n 的任意两个超调量 M_i和 M_{i+n}，其对应的时间分别是 t_i和 t_{i+n}，则

$$t_{i+n} = t_i + \frac{2n\pi}{\omega_d} \tag{3.48}$$

注意到二阶系统阶跃响应的任一波峰所对应的超调量 M_i 为

$$M_i = e^{-\zeta\omega_n t_i} \tag{3.49}$$

所以

$$\frac{M_i}{M_{i+n}} = e^{-\zeta\omega_n(t_i - t_{i+n})} = e^{\zeta\omega_n 2n\pi/\omega_d} \tag{3.50}$$

令

$$\delta_n = \ln\frac{M_i}{M_{i+n}} \tag{3.51}$$

则化简可得

$$\delta_n = \frac{2n\pi\zeta}{\sqrt{1-\zeta^2}} \tag{3.52}$$

整理后可得

$$\zeta = \sqrt{\frac{{\delta_n}^2}{{\delta_n}^2 + 4\pi^2 n^2}} \tag{3.53}$$

根据式(3.51)和式(3.53)，即可求得 ζ。

(3)脉冲响应法

脉冲响应法是给被测系统施以脉冲激励，然后通过计算输入输出的互谱和输入的自谱，即可得到系统的频率响应函数。图 3.15 所示为脉冲激振试验原理框图，被测系统是机械系统，用脉冲锤敲击被测对象，给系统以脉冲输入，然后通过对输入、输出信号的频谱分析，得到系统的频率响应函数。由于脉冲输入信号具有很宽的频带，因此，识别的频带宽度宽，有很高的识别效率。

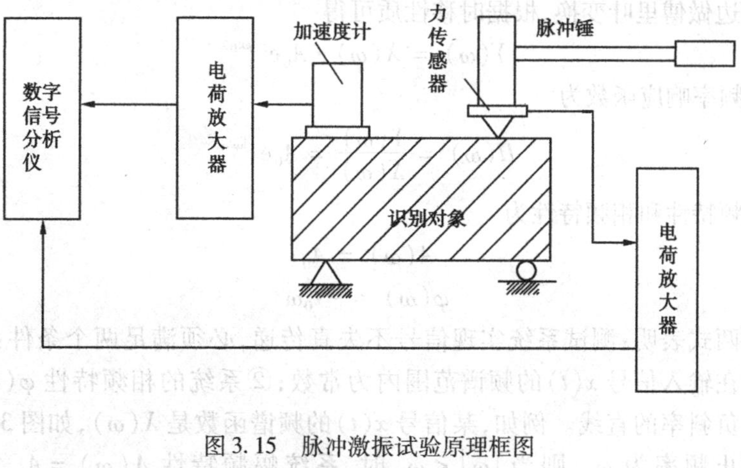

图 3.15　脉冲激振试验原理框图

3.4 测试系统不失真传递信号的条件

信号通过测试系统后，仍然保持信号原形，这种传递状态只是一种理想的传递状态，实际测试是不可能的，同时也是不必要的。比如对微弱信号的测量，需要先放大，有时还需要对其进行变换等等，系统特性不可避免会对信号产生影响。根据测试技术的要求，经测试系统传递后的信号，只要能够准确地、更有效地反映原信号的运动与变化状态并保留原信号的特征和全部有用信息，则测试系统对信号的传递是不失真的传递。通常意义下，如果输入信号 $x(t)$ 通过测试系统后，输出信号 $y(t)$ 仅仅是信号波形的幅值被线性放大或者除信号波形被线性放大外，在时间上还有一定的滞后，这两种结果均属于不失真传递的范畴，并被称为波形相似，图 3.16 给出了符合上述两个条件的输入输出波形关系。这种不失真传递的输入一输出关系，可以由以下数学关系式描述

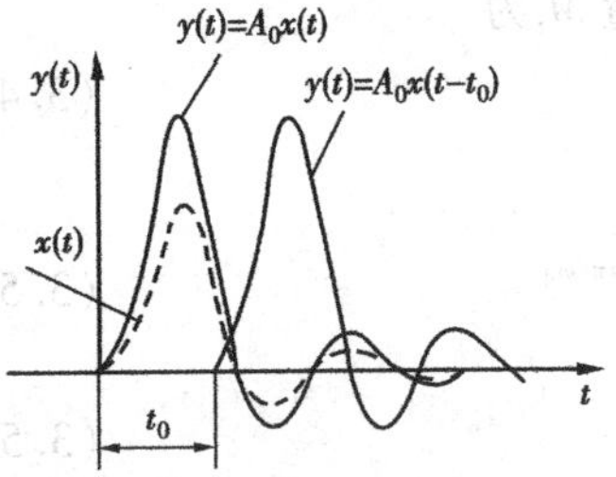

图 3.16　波形不失真复现

$$y(t) = A_0 x(t) \tag{3.54}$$

$$y(t) = A_0 x(t - t_0) \tag{3.55}$$

式中 A_0、t_0 为常数。

下面考察能够满足上述形式，不失真传递输入—输出关系的测试系统应该具有什么系统特性，亦即研究系统应有什么样的频率响应特性、幅频特性和相频特性。

对于式(3.54)所描述的关系，输出波形相对于输入波形，没有时间滞后，是式(3.55)描述关系式中 $t_0 = 0$ 时的一种特殊情况，因此，以式(3.55)为研究对象。对式(3.55)两边做傅里叶变换，根据时移性质可得

$$Y(\omega) = X(\omega) \cdot A_0 e^{-j\omega t_0} \tag{3.56}$$

则系统的频率响应函数为

$$H(\omega) = \frac{Y(\omega)}{X(\omega)} = A_0 e^{-j\omega t_0} \tag{3.57}$$

系统的幅频特性和相频特性为

$$A(\omega) = A_0 \tag{3.58}$$

$$\varphi(\omega) = -t_0 \omega \tag{3.59}$$

以上两式表明：测试系统实现信号不失真传递，必须满足两个条件：①系统的幅频特性在输入信号 $x(t)$ 的频谱范围内为常数；②系统的相频特性 $\varphi(\omega)$ 是过原点且具有负斜率的直线。例如，某信号 $x(t)$ 的频谱函数是 $X(\omega)$，如图 3.17 所示，其最高截止频率为 ω_c，则当 $|\omega| < \omega_c$ 时，系统幅频特性 $A(\omega) = A_0$，相频特性

$\varphi(\omega)=-t_0\omega$ 的测试系统，对 $x(t)$ 来说，就是信号的不失真传递系统。

当 $t_0=0$ 时，$\varphi(\omega)=-t_0\omega=0$。

系统输出如果要用作反馈控制的信号时，为了实现实时控制和减小因输出对输入的滞后所造成的系统不稳定，输出信号除波形相似外，还不应有时间滞后，亦即 $t_0=0$，测试系统理想的频响特性应满足：

$$A(\omega)=A_0 \tag{3.60}$$

$$\varphi(\omega)=0 \tag{3.61}$$

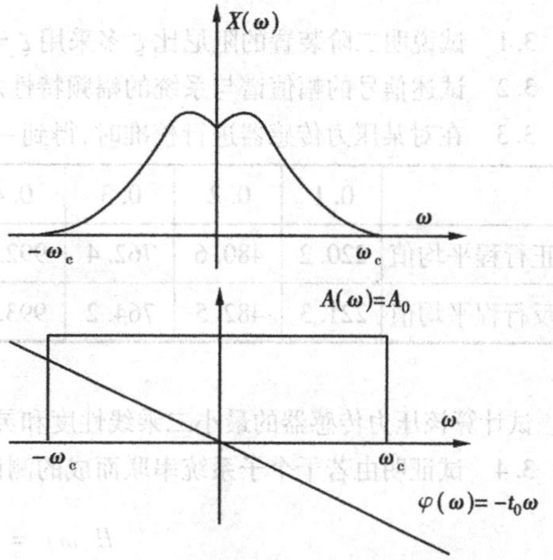

图 3.17 不失真传递的测试系统的幅、相频特性

实际的测试系统不可能在很宽的频带范围内满足不失真传递的两个条件，一般情况下，通过测试系统传递的信号既有幅值失真又有相位失真，即使只在某一段频带范围内，也难以完全理想地实现不失真传递信号。为此，在实际测试时，首先应根据被测对象的特征，选择适当特性的测试系统，使其幅频特性和相频特性尽可能接近不失真传递的条件并限制幅值失真和相位失真在一定的误差范围内；其次，应对输入信号做必要的前置处理，及时滤除非信号频带的噪声，以避免噪声进入测试系统的共振区，造成信噪比降低。

从系统不失真传递信号的条件和其他工作性能要求综合考虑，对于一阶系统来说，时间常数 τ 愈小愈好。τ 越小，系统对输入的响应就越快，如对于斜坡输入的响应，τ 越小，其时间滞后和稳态误差就越小。一阶系统的时间常数 $\tau=a_1/a_0$，一般来说，a_0 取决于灵敏度，所以只能调节 a_1 来满足时间常数的要求。

对于二阶系统，动态特性的参数有两个，即 ω_n 和 ζ。在特性曲线中，$\omega<0.3\omega_n$ 范围内的值较小，且 $\varphi(\omega)$—ω 曲线接近于直线，$A(\omega)$ 在该范围内的变化不超过 10%，可作为不失真的波形输出；在 $\omega>(2.5\sim3.0)\omega_n$ 的范围内 $\varphi(\omega)$ 接近 180°，且差值甚小，若在实际测量或数据处理中用减去固定相位差的方法，则可以接近不失真地恢复被测输入信号波形；若输入信号的频率范围在上述两者之间，则由于系统的频率特性受 ζ 的影响较大，因而须作具体分析。分析表明，当 $\zeta=0.6\sim0.7$ 时，在 $\omega=(0\sim0.58)\omega_n$ 的频率范围中，幅频特性 $A(\omega)$ 的变化不超过 5%，此时的相频特性曲线也接近于直线，所产生的相位失真很小，通常将上述数值作为实际测试系统工作范围的依据。分析可知，ζ 愈小，对斜坡输入响应的稳态误差 $2\zeta/\omega_n$ 也愈小，但随着 ζ 的减小，超调量增大，回调时间加长。只有 $\zeta=0.6\sim0.7$ 时，才可以获得最佳的综合特性。系统的 ω_n 与 a_0、a_2 有关，而 a_0 与灵敏度有关，在设计中应该考虑其综合性能。

习　题

3.1　试说明二阶装置的阻尼比 ζ 多采用 $\zeta=(0.6\sim0.7)$ 的原因。

3.2　试述信号的幅值谱与系统的幅频特性之间的区别。

3.3　在对某压力传感器进行校准时，得到一组输入输出的数据如下：

	0.1	0.2	0.3	0.4	0.5	0.6	0.7	0.8	0.9
正行程平均值	220.2	480.6	762.4	992.3	1 264.5	1 532.8	1 782.5	2 012.4	2 211.6
反行程平均值	221.3	482.5	764.2	993.9	1 266.1	1 534.1	1 784.1	2 013.6	2 212.1

试计算该压力传感器的最小二乘线性度和灵敏度。

3.4　试证明由若干个子系统串联而成的测试系统的频率响应函数为

$$H(\omega)=\prod_{i=1}^{n}H_i(\omega)$$

3.5　某一阶温度传感器，其时间常数 $\tau=3.5\text{s}$，试求：(1) 将其快速放入某液体中测得温度误差在2%范围内所需的近似时间。(2)如果液体的温度每 min 升高 5℃，测温时传感器的稳态误差。

3.6　试述线性系统最主要的特性及其应用。

3.7　试求由两个传递函数分别为 $\dfrac{2.4}{3.6s+0.4}$ 和 $\dfrac{28\omega_n^2}{s^2+1.3\omega_n s+\omega_n^2}$ 的两个子系统串联而成的测试系统的总灵敏度(不考虑负载效应)。

3.8　对某静态增益为3.0的二阶系统输入一单位阶跃信号后，测得其响应的第一个峰值的超调量为1.35，同时测得其振荡周期为6.28s，试求该测试系统的传递函数和系统在无阻尼固有频率处的频率响应。

3.9　试述脉冲响应函数与频率响应函数、传递函数之间的联系。

参考文献

1. 黄长艺，严普强. 机械工程测试技术基础(第二版). 北京：机械工业出版社，1995
2. 杨仁逖，黄惟公，杨明伦. 机械工程测试技术. 重庆：重庆大学出版社，1997
3. 周泽存，刘馨媛. 检测技术. 北京：机械工业出版社，1993
4. 郑君里，杨为理，应启珩. 信号与系统. 北京：高等教育出版社，1990
5. 卢文祥，杜润生. 机械工程测试、信息、信号分析. 武汉：华中理工大学出版社，1990
6. 王化祥，张淑英. 传感器原理与应用. 天津：天津大学出版社，1997
7. 廖效果，朱启逑. 数字控制机床. 武汉：华中理工大学出版社，1999
8. 刘广玉，陈明等. 新型传感器技术及应用. 北京：北京航空航天大学出版社，1995

第4章

模拟信号分析

模拟信号分析是直接对连续时间信号进行分析处理的过程,利用一定的数学模型所组成的运算网络来实现的。从广义讲,它包括了调制与解调、滤波、放大、微积分、乘方、开方、除法运算等。模拟信号分析的目的是便于信号的传输与处理。例如,信号调制后的放大与远距离传输,利用信号滤波实现剔除噪声与频率分析等。本章主要介绍模拟信号分析处理中的调制与解调、滤波、微分、积分以及积分平均等问题。

4.1 调制与解调

在测试技术中，许多情况下需要对信号进行调制。例如有些被测物理量，如温度、位移、力等参数，经过传感器变换以后，多为低频缓变的微弱信号，当采用交流放大时，需要予以调幅；电容、电感等传感器采用了调频电路，这时是将被测物理量转换为频率的变化；在信号分析中，信号的截断、窗函数加权等，亦是一种振幅调制；对于混响信号，所谓由于回声效应引起的信号的叠加、乘积、卷积等，其中乘积即为调幅现象。而解调，则是调制的逆过程，其作用是从调制后的信号中恢复原信号。

4.1.1 幅值调制与解调原理

幅值调制(AM)是将一个高频简谐信号(或称载波)与测试信号相乘，使载波信号幅值随测试信号的变化而变化。现以频率为f_z 的余弦信号 $z(t)$ 作为载波进行讨论。

由傅里叶变换的性质知，在时域中两个信号相乘，则对应在频域中对这两个信号进行卷积，即

$$x(t)\cdot z(t)\Leftrightarrow X(f)*Z(f) \tag{4.1}$$

余弦函数的频谱图形是一对脉冲谱线，即

$$\cos 2\pi f_z t\Leftrightarrow \frac{1}{2}\delta(f-f_z)+\frac{1}{2}\delta(f+f_z) \tag{4.2}$$

一个函数与单位脉冲函数卷积的结果，就是将其图形由坐标原点平移至该脉冲函数处。所以，若以高频余弦信号作载波，把信号 $x(t)$ 和载波信号 $z(t)$ 相乘，其结果就相当于把原信号频谱图形由原点平移至载波频率 f_z 处，其幅值减半，如图 4.1 所示，即

$$x(t)\cos 2\pi f_z t\Leftrightarrow \frac{1}{2}X(f)*\delta(f+f_z)+\frac{1}{2}X(f)*\delta(f-f_z) \tag{4.3}$$

这一过程就是幅值调制，所以幅值调制过程就相当于频率“搬移”过程。为避免调幅波 $x_m(t)$ 的重叠失真，要求载波频率 f_z 必须大于测试信号 $x(t)$ 中的最高频率，即 $f_z>f_m$。实际应用中，往往选择载波频率至少数倍甚至数十倍于信号中的最高频率。若把调幅波 $x_m(t)$ 再次与载波 $z(t)$ 信号相乘，则频域图形将再一次进行“搬移”，即 $x_m(t)$ 与 $z(t)$ 相乘积的傅里叶变换为：

$$F[x_m(t)z(t)]=\frac{1}{2}X(f)+\frac{1}{4}X(f+2f_z)+\frac{1}{4}X(f-2f_z) \tag{4.4}$$

这一结果如图4.2 所示。若用一个低通滤波器滤除中心频率为 $2f_z$ 的高频成分，那么将可以复现原信号的频谱(只是其幅值减少了一半，这可用放大处理来补偿)，这一过程为同步解调(或称相敏检波)。“同步”指解调时所乘的信号与调制时的载波信

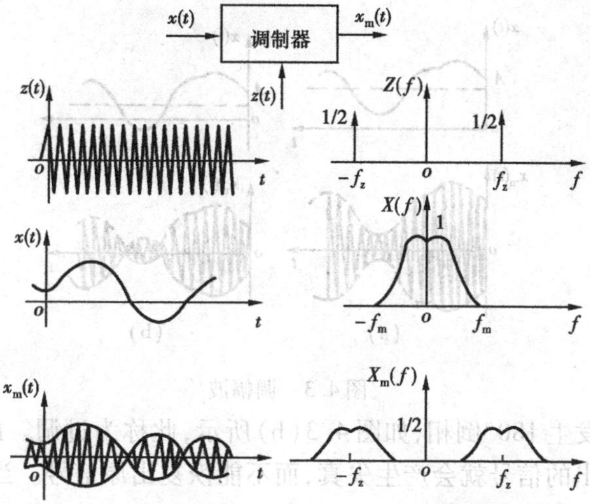

(a)时域波形　　(b)频域谱图

图4.1　幅值调制

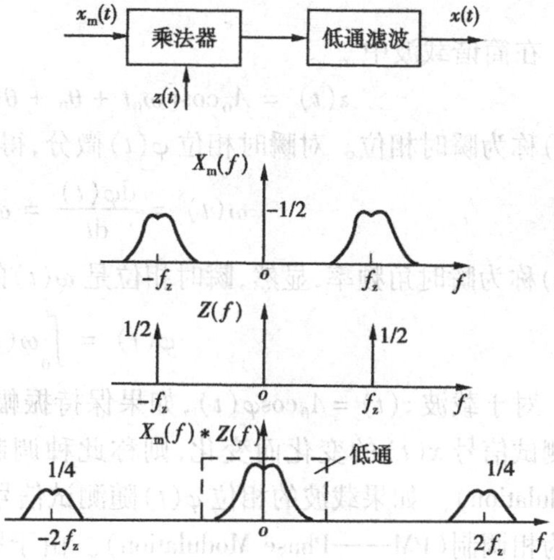

图4.2　同频解调

号具有相同的频率和相位。

上述的调制方法，是将测试信号 $x(t)$ 直接与载波信号 $z(t)$ 相乘。这种调幅波具有极性变化，即在信号过零线时，其幅值发生由正到负（或由负到正）的突然变化，此时的调幅波的相位（相对于载波）也相应地发生180°的相位变化。此种调制方法称为抑制幅值调制。抑制调幅波须采用同步解调，方能反映出原信号的幅值和极性。

若把测试信号 $x(t)$ 进行偏置，叠加一个直流分量 A，使偏置后的信号都具有正电压，此时调幅波表达式为：

$$x_m(t) = [A + x(t)]\cos 2\pi f_z t$$
$$x_m(t) = A[1 + mx(t)]\cos 2\pi f_z t \tag{4.5}$$

式中 $m \leqslant 1$，称为幅值调制指数。这种调制方法称为非抑制幅值调制，或偏置幅值调制。其调幅波的包络线具有原信号形状，如图4.3(a)所示。对于非抑制调幅波，一般采用整流、滤波（或称包络法检波）以后，就可以恢复原信号。

对于非抑制调幅，其直流偏置必须足够大。设 $-X_{m1}$ 为 $x(t)$ 取值区间下限。当 $X_{m1} > 0$ 时，要求调幅指数 $m \leqslant 1/X_{m1}$，否则，可能使 $A[1 + mx(t)] < 0$，这意味着

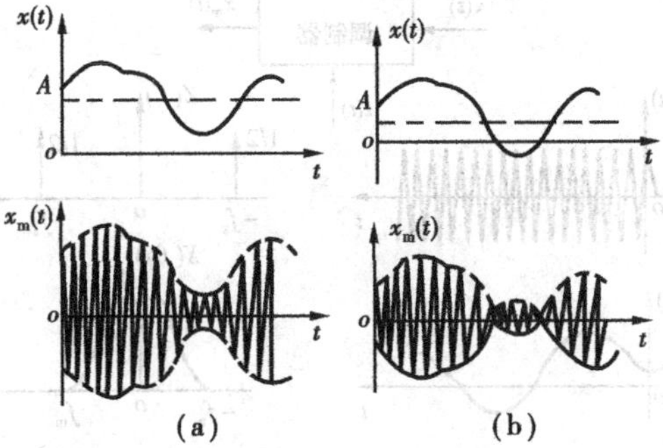

图 4.3　调幅波

$x_m(t)$的相位将发生180°倒相，如图4.3(b)所示，此称为过调。此时，如果采用包络法检波，则检出的信号就会产生失真，而不能恢复出原信号。当$X_{m1}\leqslant 0$时，则无须直流偏置。

4.1.2　角度调制与解调原理

在简谐载波中

$$z(t)=A_0\cos[\omega_0 t+\theta_0+\theta(t)]=A_0\cos\varphi(t) \tag{4.6}$$

$\varphi(t)$称为瞬时相位。对瞬时相位$\varphi(t)$微分，得

$$\omega(t)=\frac{\mathrm{d}\varphi(t)}{\mathrm{d}t}=\omega_0+\frac{\mathrm{d}\theta(t)}{\mathrm{d}t} \tag{4.7}$$

$\omega(t)$称为瞬时角频率，显然，瞬时相位是$\omega(t)$的积分

$$\varphi(t)=\int_0^t\omega(\tau)\mathrm{d}\tau \tag{4.8}$$

对于载波$z(t)=A_0\cos\varphi(t)$，如果保持振幅A_0为常数，让载波瞬时角频率$\omega(t)$随测试信号$x(t)$的变化而变化，则称此种调制方式为频率调制（FM——Frequency Modulation）。如果载波的相位$\varphi(t)$随测试信号$x(t)$的变化而变化，则称这种调制方式为相调制（PM——Phase Modulation）。由于频率或相位的变化最终都使载波的相位角发生变化，故统称FM和PM为角度调制。在角度调制中，角度调制信号和测试信号的频谱都发生了变化，所以，角度调制是一种非线性调制。

1）调相波（PM）　如果载波的瞬时相位与测试信号$x(t)$成线性函数关系，就称调制波为相位调制波，调相波的瞬时相位可写为：

$$\varphi(t)=\varphi_0+K_{PM}x(t) \tag{4.9}$$

式中　K_{PM}——相位调制指数，或称为相位调制灵敏度。

调相波的瞬时频率可写成

$$\omega(t)=\omega_0+K_{PM}\frac{\mathrm{d}x(t)}{\mathrm{d}t} \tag{4.10}$$

2）调频波（FM） 如果载波的瞬时频率与测试信号 $x(t)$ 成线性关系，就称该调制波为调频波，调频波的瞬时频率可写为：

$$\omega(t) = \omega_0 + K_{FM}x(t) \tag{4.11}$$

式中 K_{FM}——频率调制指数，或称频率调制灵敏度。

调频波的瞬时相位可写成

$$\varphi(t) = \omega_0 t + \theta_0 + K_{FM}\int x(t)\,dt \tag{4.12}$$

调频波为：

$$x_{FM}(t) = A_0\cos\left[\omega_0 t + \theta_0 + K_{FM}\int x(t)\,dt\right] \tag{4.13}$$

比较调相波式(4.10)与调频波式(4.11)不难看出，对调相波而言，如果把 $\frac{dx(t)}{dt}$ 看成测试信号，那么就可把调相波看成是对 $\frac{dx(t)}{dt}$ 的调频波，同理，比较式(4.9)和式(4.12)，亦可把调频信号看成是对信号 $\int x(t)\,dt$ 的调相波。调频和调相只是角度调制的不同形式，无本质差别。若预先不知道调制信号的调制方式，仅从已调波上是无法分辨调频波或调相波的。

3）调频信号的解调 调频信号的解调大多采用非相干解调。非相干解调一般有两种方式：鉴频器和锁相环解调器。前者结构简单，大多用于广播及电视中，后者解调性能优良，但结构复杂，一般用于要求较高的场合，如通讯机等。此处只讨论鉴频器解调的原理。

一般而言，鉴频器的种类虽多，但都可等效为一个微分器及一个包络检波器，如图4.4所示。只要对一般FM信号表达式微分，就可证明这一点。

$$\frac{dx_{FM}(t)}{dt} = \frac{d}{dt}\left\{A_0\cos\left[\omega_0 t + \theta_0 + K_{FM}\int x(t)\,dt\right]\right\} =$$

$$-A_0\left[\omega_0 + K_{FM}x(t)\right]\sin\left[\omega_0 t + \theta_0 + K_{FM}\int x(t)\,dt\right] \tag{4.14}$$

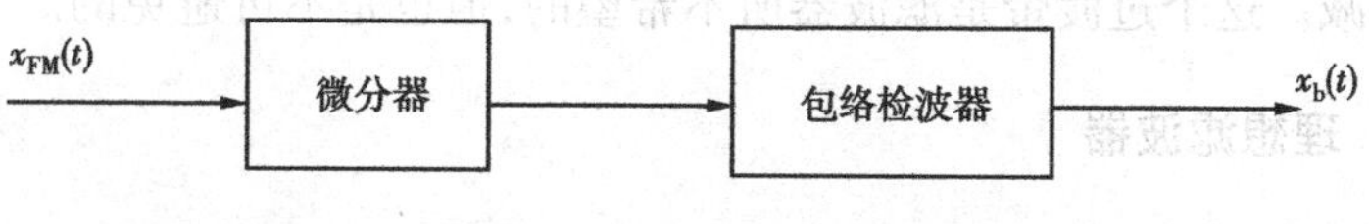

图4.4 鉴频器等效框图

上式表明，经过微分后，其幅度和频率都携带了信息。所以可以用包络检波器检出测试信号 $x(t)$，输出信号为：

$$x_b(t) = A_0\left[\omega_0 + K_{FM}x(t)\right]$$

隔去直流分量就可得到解调结果 $x_d(t)$，它正比于测试信号 $x(t)$。

4.2 滤波器

滤波器是一种选频装置,可以使信号中特定的频率成分通过,而极大地衰减其他频率成分。在测试装置中,利用滤波器的这种选频作用,可以滤除干扰噪声或进行频谱分析。

4.2.1 滤波器分类

根据滤波器的选频作用,滤波器一般分为低通、高通、带通和带阻滤波器。图4.5表示了这4种滤波器的幅频特性,图中(a)是低通滤波器,在$0\sim f_2$频率之间,幅频特性平直,它可以使信号中低于f_2的频率成分几乎不受衰减地通过,而高于f_2的频率成分受到极大地衰减;图中(b)表示高通滤波器,与低通滤波器相反,从频率$f_1\sim\infty$,其幅频特性平直。它使信号中高于f_1的频率成分几乎不受衰减地通过,而低于f_1的频率成分将受到极大地衰减;图中(c)表示带通滤波器,它的通频带在$f_1\sim f_2$之间,它使信号中高于f_1和低于f_2的频率成分可以不受衰减地通过,而其他成分受到衰减;图中(d)表示带阻滤波器,与带通滤波器相反,阻带在频率$f_1\sim f_2$之间,它使信号中高于f_1和低于f_2的频率成分受到衰减,其余频率成分几乎不受衰减地通过。

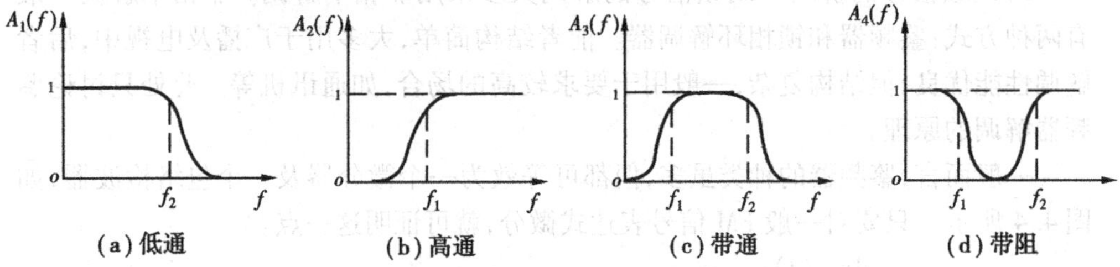

图4.5 滤波器的幅频特性

上述4种滤波器中,在通带与阻带之间存在一个过渡带。在此带内,信号受到不同程度的衰减。这个过渡带是滤波器所不希望的,但也是不可避免的。

4.2.2 理想滤波器

(1)理想低通滤波器模型

理想滤波器是一个理想化的模型,是根据滤波网络的某些特性理想化而定义的,是一种物理不可实现的系统。但对它的研究,有助于理解滤波器的传输特性,并且由此导出的一些结论,可作为实际滤波器传输特性分析的基础。

理想滤波器具有矩形幅值特性和线性相移特性,如图4.6所示的理想低通滤波器,其频率响应函数、幅频特性、相频特性分别为

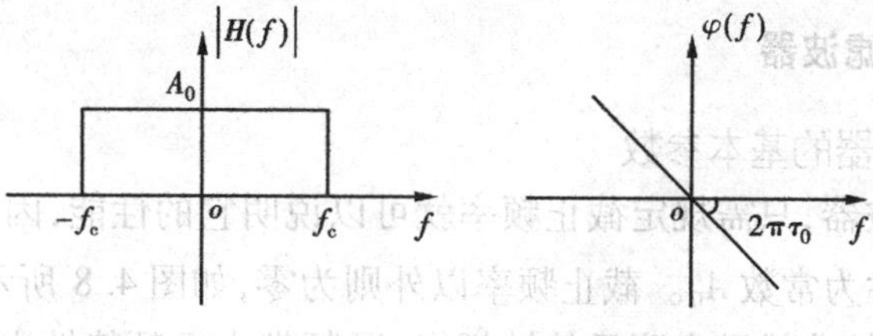

图4.6 理想低通滤波器的幅、相频特性

$$H(f) = A_0 e^{-j2\pi f\tau_0} \tag{4.15}$$

$$|H(f)| = \begin{cases} A_0 & -f_c < f < f_c \\ 0 & \text{其他} \end{cases} \tag{4.16}$$

$$\varphi(f) = -2\pi f\tau_0 \tag{4.17}$$

这种理想低通滤波器,将信号中低于截止频率 f_c 的频率成分予以传输,而无任何失真;将高于 f_c 的频率成分完全衰减掉。

(2)理想低通滤波器的脉冲响应

根据线性系统的传输特性,当 δ 函数通过理想低通滤波器时,其脉冲响应函数 $h(t)$ 应是频率响应函数 $H(f)$ 的逆傅里叶变换,由此有

$$h(t) = \int_{-\infty}^{\infty} H(f) e^{j2\pi ft} df = \int_{-f_c}^{f_c} A_0 e^{-j2\pi f\tau_0} e^{j2\pi ft} df =$$

$$2A_0 f_c \frac{\sin 2\pi f_c(t-\tau_0)}{2\pi f_c(t-\tau_0)} = 2A_0 f_c \operatorname{sinc} 2\pi f_c(t-\tau_0) \tag{4.18}$$

脉冲响应函数 $h(t)$ 的波形如图4.7所示,这是一个峰值位于 τ_0 时刻的 $\operatorname{sinc}(t)$ 型函数。

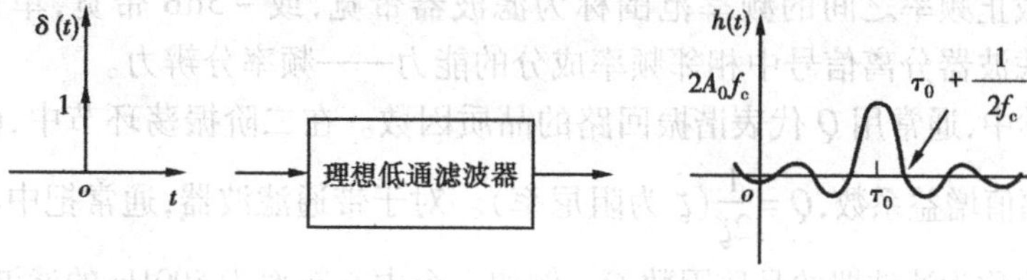

图4.7 理想低通滤波器的脉冲响应

这种理想滤波器是不可能实现的。因为 $h(t)$ 的波形表明,在输入 $\delta(t)$ 到来之前,滤波器就应该早有与该输入相对应的输出,显然,任何滤波器都不可能有这种"先知",所以,理想滤波器是不可能存在的。可以推论,理想的高通、带通、带阻滤波器都是不存在的。实际滤波器的频域图形不可能出现直角锐变,也不会在有限频率上完全截止。原则地讲,实际滤波器的频域图形将延伸到 $|f| \to \infty$,所以一个滤波器对信号中通带以外的频率成分只能极大地衰减,却不能完全阻止。

4.2.3 实际滤波器

(1)实际滤波器的基本参数

对于理想滤波器,只需规定截止频率就可以说明它的性能,因为在截止频率f_{c1}、f_{c2}之间的幅频特性为常数A_0。截止频率以外则为零,如图4.8所示。而对于实际滤波器,由于它的特性曲线没有明显的转折点,通频带中幅频特性也并非常数,因此需要用更多的参数来描述实际滤波器的性能,主要参数有纹波幅度、截止频率、带宽、品质因数、倍频程选择性等。

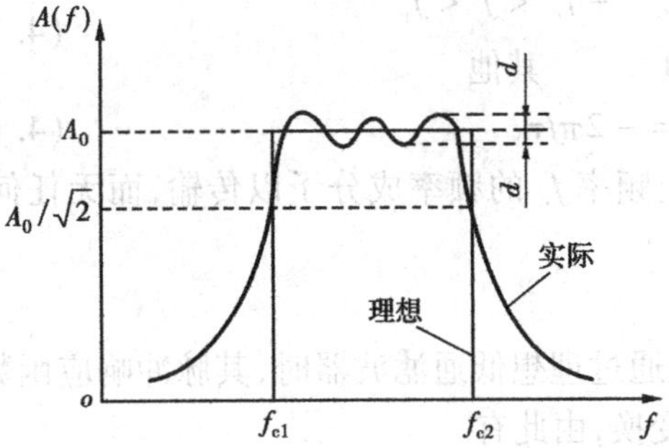

图4.8 理想带通与实际带通滤波器的幅频特性

1)纹波幅度d

在一定频率范围内,实际滤波器的幅频特性可能呈波纹变化。其波动幅度d与幅频特性的平均值A_0相比,越小越好,一般应远小于-3dB,即$d \ll A_0/\sqrt{2}$。

2)截止频率f_c

幅频特性值等于$A_0/\sqrt{2}$所对应的频率称为滤波器的截止频率。以A_0为参考值,$A_0/\sqrt{2}$对应于-3dB点,即相对于A_0衰减3dB。若以信号的幅值平方表示信号功率,则所对应的点正好是半功率点。

3)带宽B和品质因数Q值

上下两截止频率之间的频率范围称为滤波器带宽,或-3dB带宽,单位为Hz。带宽决定着滤波器分离信号中相邻频率成分的能力——频率分辨力。

在电工学中,通常用Q代表谐振回路的品质因数。在二阶振荡环节中,Q值相当于谐振点的幅值增益系数,$Q=\frac{1}{2\zeta}$(ζ为阻尼率)。对于带通滤波器,通常把中心频率f_0和带宽B之比称为滤波器的品质因数Q。例如一个中心频率为500Hz的滤波器,若其中-3dB带宽为10Hz,则称其Q值为50。Q值越大,表明滤波器分辨力越高。

4)倍频程选择性W

在两截止频率外侧,实际滤波器有一个过渡带,这个过渡带的幅频曲线倾斜程度表明了幅频特性衰减的快慢,它决定着滤波器对带宽外频率成分衰阻的能力。通常用倍频程选择性来表征。所谓倍频程选择性,是指在上截止频率f_{c2}与$2f_{c2}$之间,或者在下截止频率f_{c1}与$f_{c1}/2$之间幅频特性的衰减值,即频率变化一个倍频程时的衰减量,

$$W=-20\lg\frac{A(2f_{c2})}{A(f_{c2})}$$

或

$$W = -20\lg \frac{A(\frac{f_{c1}}{2})}{A(f_{c1})}$$

倍频程衰减量以 dB/oct 表示(oct,倍频程)。显然,衰减越快(即 W 值越大),滤波器选择性越好。

对于远离截止频率的衰减率也可用10倍频程衰减数表示之,即[dB/10oct]。

5)滤波器因数(或矩形系数)λ

滤波器选择性的另一种表示方法,是用滤波器幅频特性的 -60dB 带宽与 -3dB 带宽的比值

$$\lambda = \frac{B_{-60\text{dB}}}{B_{-3\text{dB}}}$$

来表示。理想滤波器 $\lambda=1$,通常使用的滤波器 $\lambda=(1\sim5)$。有些滤波器因器件影响(例如电容漏阻等),阻带衰减倍数达不到 -60dB,则以标明的衰减倍数(如 -40dB 或 -30dB)带宽与 -3dB 带宽之比来表示其选择性。

(2)*RC* 调谐式滤波器的基本特性

在测试系统中,常用 *RC* 滤波器,因为在这一领域中,信号频率相对来讲是不高的,而 *RC* 滤波电路简单,抗干扰性强,有较好的低频性能,并且选用标准阻容元件也容易实现。

1)一阶 *RC* 低通滤波器

RC 低通滤波器的典型电路及其幅频、相频特性如图4.9所示。设滤波器的输入电压信号为 $x(t)$,输出为 $y(t)$,电路的微分方程式为

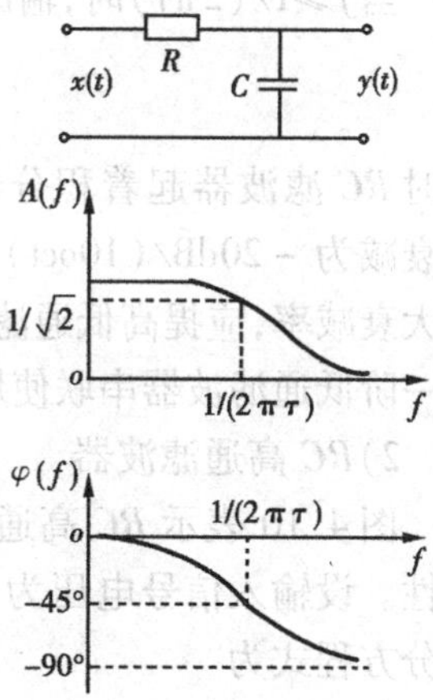

图4.9 *RC* 低通滤波器及其幅频、相频特性

$$RC\frac{dy(t)}{dt} + y(t) = x(t)$$

令 $\tau = RC$,称时间常数。对上式取拉氏变换,可得传递函数、频率响应函数、幅频特性及相频特性如下:

$$H(s) = \frac{1}{\tau s + 1}$$

$$H(\omega) = \frac{1}{\tau j\omega + 1}$$

$$A(\omega) = |H(\omega)| = \frac{1}{\sqrt{1 + (\tau\omega)^2}} \tag{4.19}$$

$$\varphi(\omega) = -\arctan\omega\tau \tag{4.20}$$

或

$$A(f) = |H(f)| = \frac{1}{\sqrt{1+(\tau 2\pi f)^2}} \tag{4.21}$$

$$\varphi(f) = -\arctan 2\pi f\tau \tag{4.22}$$

分析可知,当$f \ll 1/(2\pi\tau)$,$A(f)=1$,此时信号几乎不受衰减地通过,并且$\varphi(f)$—f也近似于线性关系。因此,可认为在此情况下,*RC* 低通滤波器近似为一个不失真传输系统。

当$f=1/(2\pi\tau)$时,$A(f)=1/\sqrt{2}$此即滤波器的 -3dB 点,此时对应的频率即为上截止频率,可知,*RC* 值决定着上截止频率,因此,适当改变 *RC* 参数时,就可以改变滤波器截止频率。

当$f \gg 1/(2\pi\tau)$时,输出$y(t)$与输入$x(t)$的积分成正比,即

$$y(t) = \frac{1}{RC}\int x(t)\,\mathrm{d}t \tag{4.23}$$

此时 *RC* 滤波器起着积分器的作用,对高频成分的衰减为 -20dB/(10oct)(或 -6dB/oct)。如要加大衰减率,应提高低通滤波器的阶数,可以将几个一阶低通滤波器串联使用。

2) *RC* 高通滤波器

图 4.10 表示 *RC* 高通滤波器及其幅频、相频特性。设输入信号电压为$x(t)$,输出为$y(t)$,则微分方程式为

$$y(t) + \frac{1}{RC}\int y(t)\,\mathrm{d}t = x(t) \tag{4.24}$$

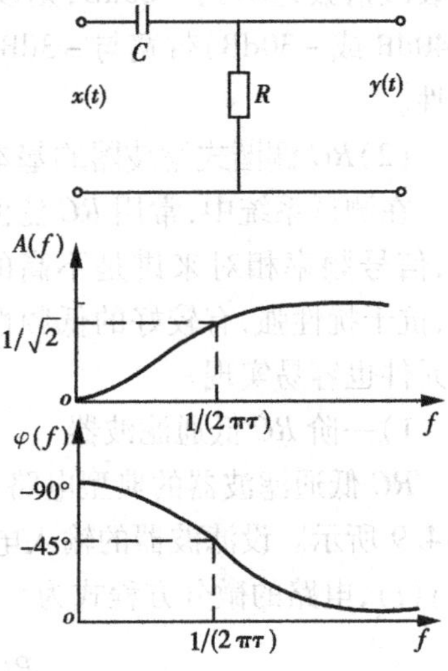

图 4.10 *RC* 高温滤波器及其幅频、相频特性

同理,令$RC=\tau$,则 *RC* 高通滤波器的传递函数、频率响应函数、幅频特性、相频特性如下:

$$H(s) = \frac{\tau s}{\tau s + 1}$$

$$H(\omega) = \frac{\mathrm{j}\omega\tau}{\mathrm{j}\omega\tau + 1}$$

$$A(\omega) = \frac{\omega\tau}{\sqrt{1+(\omega\tau)^2}} \tag{4.25}$$

$$\varphi(\omega) = \arctan\frac{1}{\omega\tau} \tag{4.26}$$

或

$$A(f) = \frac{2\pi f\tau}{\sqrt{1+(2\pi f\tau)^2}} \tag{4.27}$$

$$\varphi(f) = \arctan\frac{1}{2\pi f\tau} \tag{4.28}$$

$f=1/(2\pi\tau)$时，$A(f)=1/\sqrt{2}$，滤波器的-3dB截止频率为$f=1/(2\pi\tau)$，当$f\gg 1/(2\pi\tau)$时，$A(f)\approx 1, \varphi(f)\approx 0$，即当$f$相当大时，幅频特性接近于1，相移趋于零，此时$RC$高通滤波器可视为不失真传输系统；当$f\ll 1/(2\pi\tau)$时，$RC$高通滤波器的输出与输入的微分成正比，起着微分器的作用，即

$$y(t) = \tau\cdot\frac{\mathrm{d}x(t)}{\mathrm{d}t} \tag{4.29}$$

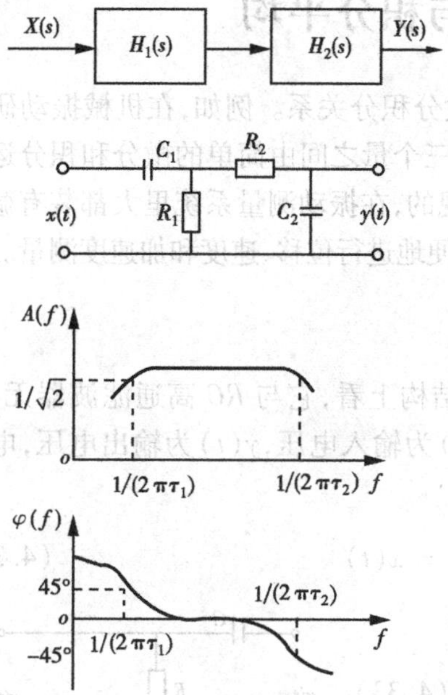

图4.11 RC带通滤波器及其幅频、相频特性

3)RC带通滤波器

带通滤波器可以看成是低通滤波器和高通滤波的串联组合，如图4.11所示。串联后的传递函数、频率响应函数、幅频特性、相频特性如下：

$$H(s) = H_1(s)\cdot H_2(s) = \frac{\tau_1 s}{\tau_1 s+1}\cdot\frac{1}{1+\tau_2 s}$$

$$H(f) = \frac{\mathrm{j}2\pi f\tau_1}{1+\mathrm{j}2\pi f\tau_1}\cdot\frac{1}{1+\mathrm{j}2\pi f\tau_2}$$

$$A(f) = \frac{2\pi f\tau_1}{\sqrt{1+(2\pi f\tau_1)^2}}\cdot\frac{1}{\sqrt{1+(2\pi f\tau_2)^2}} \tag{4.30}$$

$$\varphi(f) = \varphi_1(f)+\varphi_2(f) = \arctan\frac{1}{2\pi f\tau_1} - \arctan 2\pi f\tau_2 \tag{4.31}$$

分析可知，当$f=1/(2\pi\tau_1)$时，$A(f)=1/\sqrt{2}$，此时对应的频率$f_{c1}=1/(2\pi\tau_1)$，即原高通滤波器的截止频率，此时为带通滤波器的下截止频率；当$f=1/(2\pi\tau_1)$时，$A(f)=1/\sqrt{2}$，可认为是$f\gg 1/(2\pi\tau_1)$，对应于原低通滤波器的截止频率，此时为带通滤波器的上截止频率。分别调节高、低通滤波器的时间常数τ_1、τ_2，就可以得到不同的上、下截止频率和带宽的带通滤波器。但是应注意，当高、低通两级串联时，应消除两级耦合时的相互影响，因为后一级成为前一级的“负载”，而前一级又是后一级的信号源内阻。实际上两级间常用射极输出器或者用运算放大器进行隔离。所以实际的带通滤波器常常是有源的。有源滤波器由RC调谐网络和运算放大器组成。运算放大器既可起级间隔离作用，又可起信号幅值的放大作用。

4.3 微分、积分与积分平均

在工程信号分析中,不少物理量之间存在微分积分关系。例如,在机械振动研究中,常需测量位移、速度和加速度这三个量,而这三个量之间由简单的微分和积分运算联系着。电量的微分和积分运算是比较容易实现的,在振动测量系统里大都装有微分和积分运算电路,这样就可以用一个测量系统方便地进行位移、速度和加速度测量。

4.3.1 微分器

图4.12所示为 RC 无源微分器。从物理结构上看,它与 RC 高通滤波器无异。但由于工作频率范围不同,功能也不一样。$x(t)$ 为输入电压,$y(t)$ 为输出电压,电路的微分方程为

$$y(t)+\frac{1}{RC}\int y(t)\,\mathrm{d}t=x(t) \tag{4.32}$$

令 $\tau=RC$,则 RC 无源微分器的频率响应函数为

$$H(f)=\frac{\mathrm{j}2\pi f\tau}{\mathrm{j}2\pi f\tau+1} \tag{4.33}$$

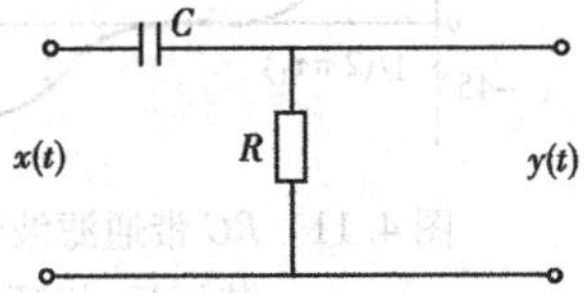

图4.12 RC 无源微分器

当 $f\gg\frac{1}{2\pi\tau}$ 时,$|H(f)|=1$,系统可视为高通滤波器。

当 $f\ll\frac{1}{2\pi\tau}$ 时

$$H(f)\approx\mathrm{j}2\pi f\tau=\tau\cdot\mathrm{j}2\pi f \tag{4.34}$$

所以

$$Y(f)=\tau\cdot\mathrm{j}2\pi fX(f)$$

根据傅里叶变换的微分性,可得

$$y(t)=\tau\cdot\frac{\mathrm{d}x(t)}{\mathrm{d}t} \tag{4.35}$$

此时,输出是输入的微分。

4.3.2 积分器

图4.13所示为 RC 无源积分电路。从物理结构上看,它和 RC 低通滤波器无异。但由于工作频率范围不同,功能也不一样。在 $x(t)$ 为输入电压,$y(t)$ 为输出电压时,电路的微分方程为

$$RC\frac{\mathrm{d}y(t)}{\mathrm{d}t}+y(t)=x(t) \tag{4.36}$$

令 $RC=\tau$,则该系统的频率响应函数为

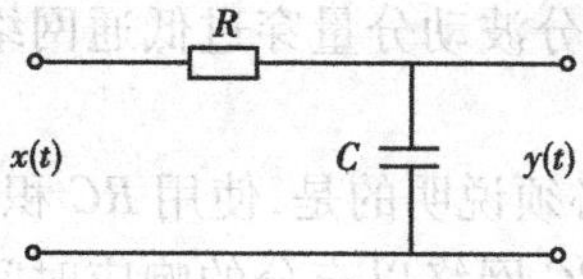

图4.13　RC 无源积分器

$$H(f)=\frac{1}{1+\mathrm{j}2\pi f\tau} \tag{4.37}$$

当 $f \ll \frac{1}{2\pi\tau}$ 时，$|H(f)|=1$，此时系统是一低通滤波器。

当 $f \gg \frac{1}{2\pi\tau}$ 时

$$H(f)\approx\frac{1}{\mathrm{j}2\pi f\tau}=\frac{1}{\tau}\cdot\frac{1}{\mathrm{j}2\pi f} \tag{4.38}$$

所以

$$Y(f)=\frac{1}{\tau}\cdot\frac{1}{\mathrm{j}2\pi f}\cdot X(f)$$

根据傅里叶变换的积分特性，可得

$$y(t)=\frac{1}{\tau}\int_{-\infty}^{t}x(t)\,\mathrm{d}t \tag{4.39}$$

此时，输出是输入的积分。

RC 无源微积分器结构简单，性能稳定。因此，在测量系统中广泛地采用这种微积分电路（常与运算放大器组合使用以改善性能）。但是，RC 无源积分器，在 $f \ll \frac{1}{2\pi\tau}$ 时又是低通滤波器，因而容易受到低频噪声的干扰；RC 无源微分器，在 $f \gg \frac{1}{2\pi\tau}$ 时，是高通滤波器，所以易受高频噪声的干扰，使用时要特别注意。

4.3.3　积分平均

在信号分析中，形为 $\frac{1}{T}\int_0^T x(t)\,\mathrm{d}t$ 的积分十分重要，被称为积分平均，它实际是求函数 $x(t)$ 在区间 $(0,\mathrm{T})$ 的平均值。若 $x(t)$ 是某时间函数，此积分表示求信号的均值；如果 $x(t)$ 是某函数的平方，则表示求信号的平均功率；当 $x(t)$ 是某两个时间函数的乘积，那么可以代表相关或卷积运算等。在数字信号分析中，积分平均可以很容易地用数值计算方法获得，这样的积分平均是真平均。这里要讨论的是如何用模拟方法完成上述积分平均。

积分平均实际上是求被分析信号 $x(t)$ 的直流分量，即零频分量。如果将信号通过一测试系统，只让零频分量通过，极大地衰减和阻挡它的所有波动分量，那么输出的直流信号就是积分平均的结果。这一过程可以用低通滤波器来实现。实际使用的模拟信号分析系统中，通常使用前述的 RC 无源低通滤波器。RC 无源低通滤波器的上截止频率 $f_c=\frac{1}{2\pi\tau}$，只要 τ 足够大，可以认为低通滤波器的通带为极小，信号通过此低通网络后，只有零频（直流）输出，从而完成积分平均。事实上，由于 RC 无源低通滤波器具有一定的带宽，且过渡带也比较平缓，总有一部分波动分量穿过低通网络，使输出产生波动，造成测量误差。

和真平均相比，*RC* 积分网络的平均时间 $T=2RC$。必须说明的是，使用 *RC* 积分平均网络，要使它能真实地给出 $x(t)$ 的平均值，必须给 *RC* 网络以充分的响应时间。分析证明，只有当信号进入 *RC* 网络后至少 4 倍时间常数 $\tau=RC$，积分平均电路电容器上的电压才可认为等于 $T=2RC$ 时的 $x(t)$ 的平均值。否则，*RC* 平均会出现明显的偏度误差。这就要求被处理信号具有足够的长度，若信号样本较短，可以延拓为周期信号后再来处理。

应当指出，对信号的积分和积分平均在形式上相似，且都可以用 *RC* 低通网络来实现，但二者是有区别的。信号积分是求信号中波动分量（非零频分量）的原函数，结果仍然是波动分量，直流分量不能进行积分。此时，作为积分器的 *RC* 低通网络的有效工作范围是 $f\gg\frac{1}{2\pi\tau}$。而积分平均是求信号的直流分量的值，是定积分运算，可用窄带低通滤波来实现。这时，*RC* 低通网络的有效工作范围是 $f\approx0$。

4.4 模拟信号分析技术应用举例

4.4.1 幅值调制在测试仪器中的应用

图 4.14 表示动态电阻应变仪方框图。图中，贴于试件上的电阻应变片在外力 $x(t)$ 的作用下产生相应的电阻变化，并接于电桥。振荡器产生高频正弦信号 $z(t)$，作为电桥的工作电压。根据电桥的工作原理可知，它相当于一个乘法器，其输出应是信号 $x(t)$ 与载波信号 $z(t)$ 的乘积，所以电桥的输出即为调制信号 $x_m(t)$。经过交流放

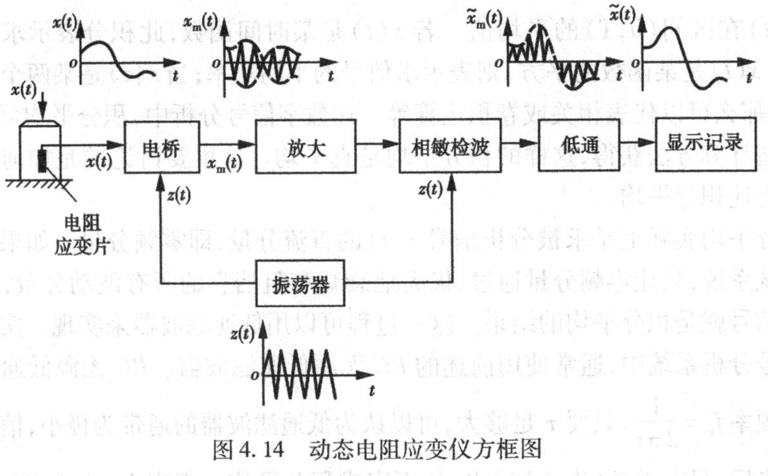

图 4.14 动态电阻应变仪方框图

大以后，为了得到信号的原来波形，需要相敏检波，即同步解调。此时由振荡器供给相敏检波器的电压信号 $z(t)$ 与电桥工作电压同频、同相位。经过相敏检波和低通滤波以后，可以得到与原来极性相同，但经过放大处理的信号 $\tilde{x}(t)$。该信号可以驱动仪表或输入后续仪器。

4.4.2　频率调制在工程测试中的应用

在应用电容、电涡流或电感传感器测量位移、力等参数时，常常把电容 C 或电感 L 作为自激振荡器的谐振回路的一个调谐参数，此时振荡器的谐振频率为

$$\omega = \frac{1}{\sqrt{LC}}$$

例如，在电容传感器中以电容 C 作为调谐参数时，则对上式微分

$$\frac{\partial\omega}{\partial C} = -\frac{1}{2}(LC)^{-\frac{3}{2}}L = \left(-\frac{1}{2}\right)\frac{\omega}{C}$$

所以，当参数 C 发生变化时，谐振回路的瞬时频率

$$\omega = \omega_0 \pm \Delta\omega = \omega_0\left(1 \mp \frac{\Delta C}{2C_0}\right)$$

此式表明，回路的振荡频率与调谐参数呈线性关系。即在一定范围内，它与被测参数的变化存在线性关系。它是一个频率调制式，ω_0 相当于中心频率，而 ΔC 则相当于调制部分。这种把被测参数变化直接转换为振荡频率的变化的电路，称为直接调频式测量电路。

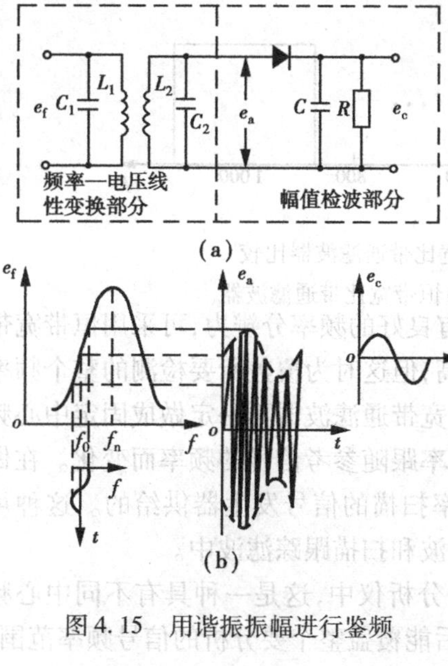

图 4.15　用谐振振幅进行鉴频

调频波的解调，或称鉴频，就是把频率变化变换为电压幅值的变化过程，在一些测试仪器中，常常采用变压器耦合的谐振回路方法，如图 4.15 所示。图中 L_1、L_2 是变压器耦合的原、副线圈，它们和 C_1、C_2 组成并联谐振回路。将等幅调频波 e_f 输入，在回路的谐振频率 f_n 处，线圈 L_1、L_2 中的耦合电流最大，副边输出电压 e_a 也最大。e_f 频率离开 f_n，e_a 也随之下降。e_a 的频率虽然和 e_f 保持一致，但幅值 e_a 却随频率而变化，如图中(b)所示。通常用 e_a—f 特性曲线的亚谐振区近似直线的一段实现频率—电压变换。测量参数(如位移)为零值时，调频回路的振荡频率 f_0 对应特性曲线上升部分近

似直线段的中点。

随着测量参数的变化，幅值 e_a 随调频波频率而近似线性变化，调频波 e_f 的频率却和测量参数保持近似线性关系。因此，把 e_a 进行幅值检波就能获得测量参数变化的信息，且保持近似线性关系。

4.4.3 模拟滤波器的应用

模拟滤波器在测试系统或专用仪器仪表中是一种常用的变换装置。例如：带通滤波器用作频谱分析仪中的选频装置；低通滤波器用作数字信号分析系统中的抗频混滤波；高通滤波器被用于声发射检测仪中的剔除低频干扰噪声；带阻滤波器用作电涡流测振仪中的陷波器，等等。

用于频谱分析装置中的带通滤波器，可根据中心频率与带宽之间的数值关系，分为两种：一种是带宽 B 不随中心频率 f_0 而变化，称为恒带宽带通滤波器，如图 4.16(a)所示，其中心频率处在任何频段上时，带宽都相同；另一种是带宽 B 与中心频率 f_0 的比值是不变的，称为恒带宽比带通滤波器，如图 4.16(b)所示，其中心频率越高，带宽也越宽。

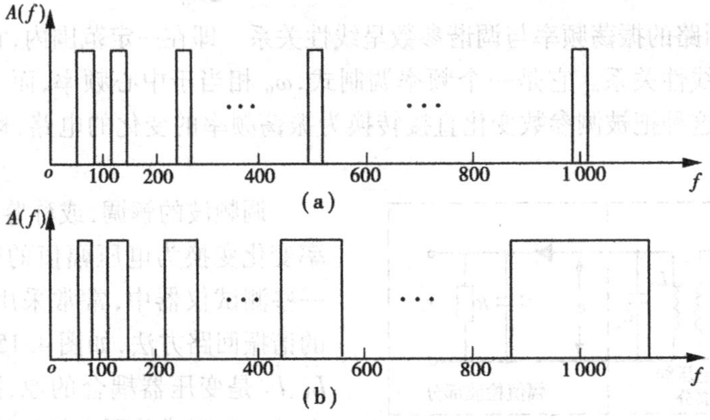

图 4.16　恒带宽与恒带宽比带通滤波器比较
(a)恒带宽带通滤波器；(b)恒带宽比带通滤波器

一般情况下，为使滤波器在任意频段都有良好的频率分辨力，可采用恒带宽带通滤波器。所选择带宽越窄，则频率分辨力越高，但这时为覆盖所要检测的整个频率范围，所需要的滤波器数量就很大。因此，恒带宽带通滤波器不一定做成固定中心频率的，而是利用一个参考信号，使滤波器中心频率跟随参考信号的频率而变化。在做信号频谱分析的过程中，参考信号是由可作频率扫描的信号发生器供给的。这种可变中心频率的恒带宽带通滤波器被用于相关滤波和扫描跟踪滤波中。

恒带宽比带通滤波器被用于倍频程频谱分析仪中，这是一种具有不同中心频率的滤波器组，为使各个带通滤波器组合起来后能覆盖整个要分析的信号频率范围，其中心频率与带宽是按一定规律配置的。

假若任一个带通滤波器的下截止频率为f_{c1}，上截止频率为f_{c2}，令与f_{c2}与f_{c1}之间的关系为

$$f_{c2} = 2^n f_{c1}$$

式中n值称为倍频程数，若$n=1$，称为倍频程滤波器；$n=1/3$，则称为1/3倍频程滤波器。滤波器的中心频率f_0取为几何平均值，即

$$f_0 = \sqrt{f_{c1} f_{c2}}$$

根据上述两式，可以得到

$$f_{c1} = 2^{-\frac{n}{2}} f_0$$

$$f_{c2} = 2^{\frac{n}{2}} f_0$$

则滤波器带宽

$$B = f_{c2} - f_{c1} = (2^{\frac{n}{2}} - 2^{-\frac{n}{2}}) f_0$$

或者用滤波器的品质因数Q值来表示，即

$$\frac{1}{Q} = \frac{B}{f_0} = 2^{\frac{n}{2}} - 2^{-\frac{n}{2}}$$

故若倍频程滤波器$n=1$，$Q=1.41$；$n=1/3$，$Q=4.38$；$n=1/5$，$Q=7.2$。倍频数n值越小，则Q值越大，表明滤波器分辨力越高。

为了使被分析信号的频率成分不致丢失，带通滤波器组的中心频率是倍频程关系，同时带宽又需是邻接式的，通常的做法是使前一个滤波器的-3dB上截止频率与后一个滤波器的-3dB下截止频率相一致，如图4.17所示。这样的一组滤波器将覆盖整个频率范围，称之为“邻接式”的。

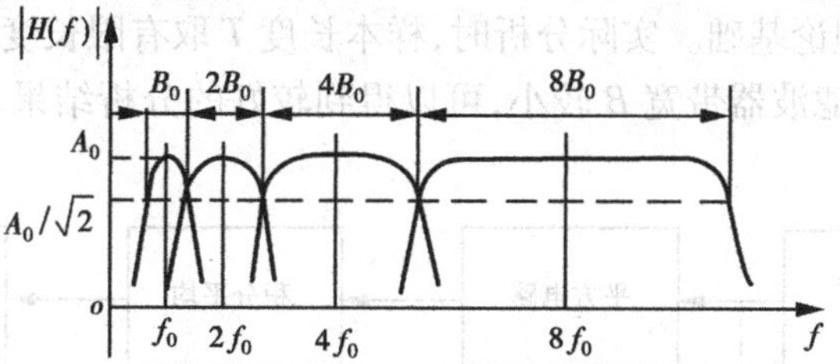

图4.17 带通滤波器的邻接

图4.18表示了邻接式倍频程滤波器，方框内数字表示各个带通滤波器的中心频率，被分析信号输入后，输入、输出波段开关顺序接通各滤波器，如果信号中有某带通滤波器通频带成分，那么就可以在显示、记录仪器上观测到这一频率成分。

4.4.4 模拟频谱分析

以随机信号的功率谱分析为例。若将信号$x(t)$通过一个中心频率为f_0，带宽为

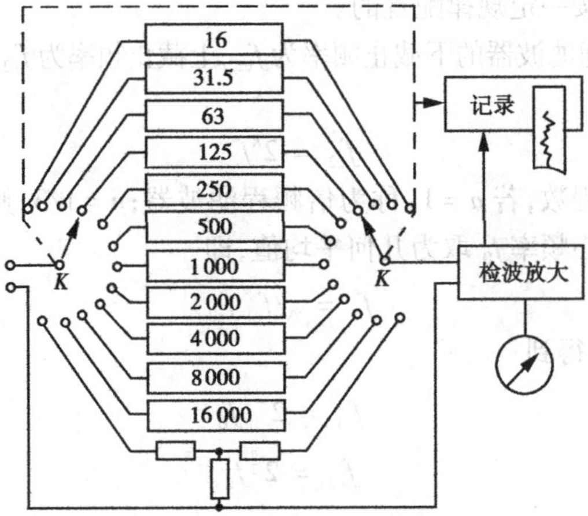

图 4.18 邻接式倍频程滤波器

B 的带通滤波器后的输出为 $x(f_0,B,t)$，则输出信号在样本长度 T 区的平均功率是

$$\frac{1}{T}\int_0^T x^2(f_0,B,T)\,\mathrm{d}t$$

那么随机信号 $x(t)$ 在 $f=f_0$ 点的自功率谱密度可写为

$$G_x(f_0) = \lim_{T\to\infty,B\to 0}\frac{\frac{1}{T}\int_0^T x^2(f_0,B,t)\,\mathrm{d}t}{B} \tag{4.40}$$

改变滤波器的中心频率，在给定的频率范围内扫描（频率扫描），就可以得出被分析信号的频谱。

式(4.40)与第2章中介绍的随机信号的自谱定义式(2.92)是等价的，是随机信号模拟谱分析的理论基础。实际分析时，样本长度 T 取有限长度，B 为有限带宽。在信号比较平稳时，滤波器带宽 B 较小，可以得到较好的分析结果。图4.19所示为分析系统框图。

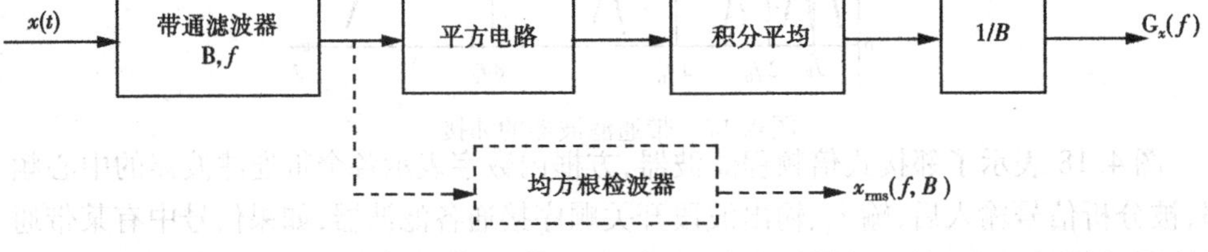

图 4.19 模拟谱分析框图

当使用恒带宽中心频率连续可调带通滤波器时，最后一个除以恒带宽的过程只是一个比例变换和幅值标定的问题。如果使用等比例带宽中心频率连续可调带通滤波器，随着滤波器中心频率的增加，带宽呈比例增加，就必须进行带宽补偿。使用中

心频率连续可调带通滤波器可以得出连续的自谱。

在大多数测试仪器中，带通滤波器的输出是进入一个称为均方根检波器的电路，如图 4.19 中虚线所示。均方根检波器的功能相当于信号的平方、积分平均及平方根运算。在连续的频率扫描过程中，系统输出电压随频率的变换即为滤波器输出的窄带信号的均方根幅值谱。在经带宽补偿后就是随机性号的有限傅里叶变换，它相当于自功率谱。

对于周期信号，频率扫描得出的频谱就是信号的幅值谱（均方根幅值谱）。为了区分频率相邻近的频谱线，带通滤波器的带宽应当很小。

瞬变信号的模拟分析常用的方法是所谓重复脉冲分析法。其基本原理是将瞬变信号按一周期延拓为周期信号，这个周期信号的离散频谱的包络线就表示原始瞬变信号的连续频谱。即离散谱的幅值除以延拓频率就是瞬变信号的该频率点的幅值谱密度值。在信号分析实践中常常使用环形磁带记录瞬变信号，回放时，瞬变信号循环输出就成了周期延拓信号，其延拓周期是循环回放周期 T。为了使所得离散谱有足够的分辨率，要求滤波器的带宽 $B<1/T$。

由于滤波器的响应时间与它的带宽成反比，选用窄带宽的滤波器能得到比较精细的频谱，同时需要较长的分析时间，也就需要信号是长而稳定的；反之，若要进行快速分析，只能选用带宽较宽的滤波器，得到较为概略的频谱。实际分析中往往必须在分析精度和分析时间之间进行权衡。

习　题

4.1　余弦信号被矩形脉冲调幅，其数学表达式为

$$x_s(t)=\begin{cases}\cos 2\pi f_0 t & |t|\leqslant T\\ 0 & |t|>T\end{cases}$$

试求其频谱。

4.2　已知余弦信号 $x(t)=\cos 2\pi f_0 t$，载波 $z(t)=\cos 2\pi f_z t$，求调幅信号 $x_m(t)=x(t)\cdot z(t)$ 的频谱。

4.3　求余弦偏置调制信号 $x_m(t)=(1+\cos 2\pi f_0 t)\cos 2\pi f_z t$ 的频谱。

4.4　已知理想低通滤波器

$$H(f)=\begin{cases}A_0 e^{-j2\pi f\tau_0} & |f|<f_c\\ 0 & 其他\end{cases}$$

试求当 δ 函数通过此滤波器以后的时域波形。

参考文献

1. 黄长艺，卢文祥，熊诗波. 机械工程测量与试验技术. 北京：机械工业出版社，2000

2. 卢文祥，杜润生. 工程测试与信息处理. 武汉：华中理工大学出版社，1992

第5章
信号采集与数字分析原理及技术

信号数字分析是研究如何用数字计算的方法实现信号分析中的各种运算的一门学科。它是20世纪60年代随计算机技术的发展而兴起的一门新技术。和信号模拟分析方法相比,信号数字分析不但具有精度高、工作稳定、速度快和动态范围宽等一系列优越性,而且还能完成很多模拟分析方法无法实现的运算分析。特别是近20年来,随着数字信号分析理论和算法的不断创新与发展,高速、高精度、大容量微型计算机以及专用信号处理芯片的不断开发和完善,给信号数字分析提供了坚实的理论基础和强有力的装备手段,使信号数字分析技术得到了飞速的发展,并获得了极其广泛的应用,成为当今信号分析技术的主流。

5.1　信号数字分析的基本步骤

在以傅里叶变换为基础的信号分析技术中,计算形式为

$$\int_{-\infty}^{\infty} x(t)\mathrm{e}^{-\mathrm{j}2\pi ft}\mathrm{d}t \text{ 和} \int_{-\infty}^{\infty} X(f)\mathrm{e}^{\mathrm{j}2\pi ft}\mathrm{d}f$$

的傅里叶积分有着十分普遍的意义。周期信号的离散频谱、瞬变信号的连续频谱、随机信号的有限傅里叶变换及其功率谱以及相关分析等,均涉及上述积分运算。可以说,如何计算这两个积分是信号分析中的最基本和最重要的问题。但遗憾的是,只有为数不多的一些函数可以得到精确的解析解的傅里叶积分,这些典型的傅里叶变换对可以在很多有关积分变换的数学书中找到。在目前机械工程测试领域的大多数场合,模拟式的信号拾取装置仍然是主要采取的形式。这些装置通常将各种工程信号不失真地转换为电压信号,通常这种电压信号是无法用解析方法求得它们的傅里叶变换的,而只能采用数值计算方法。

图5.1所示为一随机信号样本,我们试图用数值计算的方法来计算它的傅里叶变换。由于计算机的容量是有限的,因而只能从无限长的样本中截取一段有限区间$(0,T)$的记录,以有限傅里叶变换为基础进行分析。同时,为了能进行数值计算,还要把该区间均匀分为N等分,每等分的时间间隔$\Delta = T/N$。

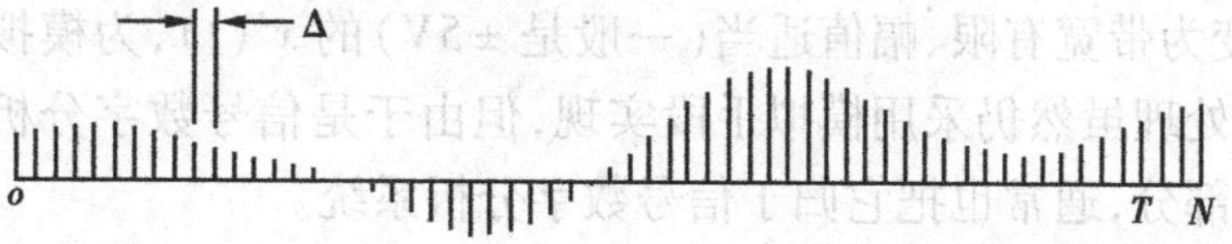

图5.1　随机信号样本

这样,就可以利用定积分近似计算的矩形法将信号$x(t)$的有限傅里叶变换写为

$$X(f,T) = \int_0^T x(t)\mathrm{e}^{-\mathrm{j}2\pi ft}\mathrm{d}t \approx \sum_{n=0}^{N-1} x(n\Delta)\mathrm{e}^{-\mathrm{j}2\pi fn\Delta}\Delta \tag{5.1}$$

式中,$x(n\Delta)$ $(n=0,1,2,\cdots,N-1)$就是$x(t)$在各等分点的值,称为$x(t)$的采样值;时间步长Δ称为采样间隔或采样周期。

在式(5.1)中,有几点需要说明:首先,它的近似等号右边的离散求和与左边的连续积分是不同的,这是由于采样间隔Δ非无穷小而引起的。其次,参与求和运算的$x(n\Delta)$ $(n=0,1,2,\cdots N-1)$只能是数字量,而非模拟电压量。再则,由近似等号左边的有限傅里叶变换而得出的自功率谱估计

$$\frac{1}{T}|X(f,T)|^2$$

与定义式

$$\lim_{T\to\infty}\frac{1}{T}|X(f,T)|^2$$

是有区别的，原因是对无限长样本作了有限截断。信号数字分析对原信号所做的这些处理和近似而引入的问题，随后将逐一讨论。

由上述分析可知，信号拾取装置输出的模拟电压信号 $x(t)$ 需经过离散采样、幅值量化和编码及时域有限截断三个步骤，才能转换为一串由 N 个数码组成的数组参与运算。图 5.2 所示为一个典型的信号数字处理过程框图，整个系统由三部分组成。

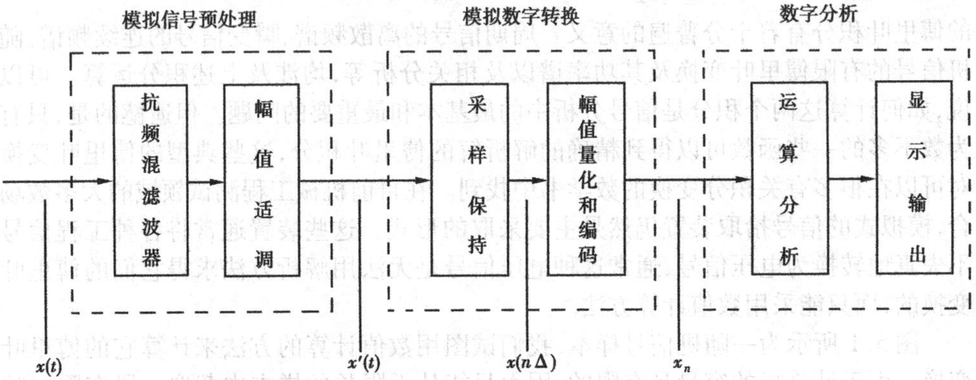

图 5.2　信号数字分析框图

1）模拟信号预处理　模拟电压信号 $x(t)$ 经抗频混滤波（下一节解释）和幅值调节等预处理，变为带宽有限、幅值适当（一般是 ±5V）的 $x'(t)$，为模拟数字转换做好准备。这一预处理虽然仍采用模拟手段实现，但由于是信号数字分析系统中特有的和不可缺少的部分，通常也把它归于信号数字分析系统。

2）模拟/数字转换　该部分完成模拟电压离散采样和幅值量化及编码，将模拟电压信号转换为数字码。首先，采样保持器把 $x'(t)$ 按人为选定的采样间隔 Δ 采样为离散序列 $x(n\Delta)$，这样的时间轴上离散而幅值连续的信号通常称为采样信号。而后，量化编码装置将每一个采样信号的电压幅值转换为数字码，最终把电压信号 $x'(t)$ 变为数字序列 x_n。通常在不引起混淆的情况下，也将量化及编码过程叫做模/数转换（A/D）。

3）数字分析　该部分接收 x_n，将其分为点数固定的一系列数据块，实现信号的时域截断，进而完成各种分析运算，显示、输出分析结果。

5.2　模拟—数字转换原理与采样定理

5.2.1　信号的离散采样与量化

为简明起见，用 $x(t)$ 表示待数字化的模拟电压信号。

（1）采样保持

采样保持电路对模拟电压信号 $x(t)$ 以采样间隔 Δ 进行离散采样，得到采样信号 $x(n\Delta)$。图5.3为一种常用的采样保持电路的原理图。图中 K 为低阻抗模拟电子开关，受采样脉冲 p 的控制。采样时，p 为高电平，开关 k 导通，$x(t)$ 通过输入跟随器向电容 C 充电，经过一短暂的时刻，C 上的电压即达到 $x(t)$ 在此瞬时的电压 $x(n\Delta)$。当 p 为低电平时，开关 K 断开。由于电容 C 的泄漏极小，输出跟随器的输入阻抗极大且增益等于1，跟随器输出电压保持 $x(n\Delta)$ 并被后续量化装置量化。脉冲 p 转为高电平时，开始下一次采样保持，采样脉冲 p 的频率就是采样频率。

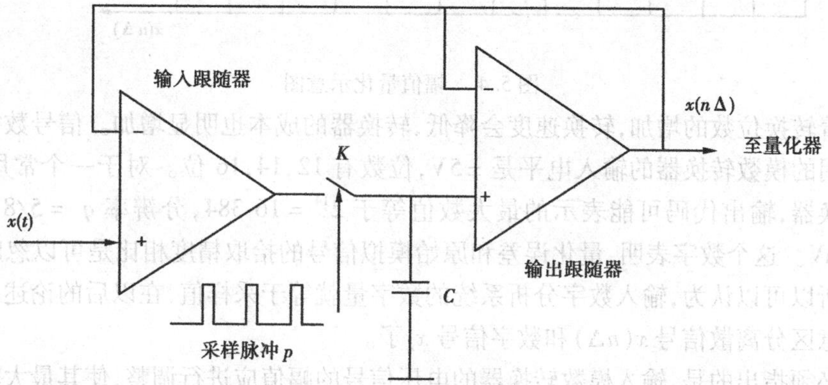

图5.3 采样保持电路

在采样保持过程中有两个重要参数，即采集时间和孔径时间。采集时间是自电子开关闭合至电容器被充电到输入电压所需的时间。孔径时间是指保持的电压达到输入电压后，到电子开关完全断开的时间。输入信号 $x(t)$ 是随时间变化的，为了减少采样过程中信号的变化，满足高频率采样的要求，采集时间和孔径时间应越短越好。

(2)幅值量化

采样保持器的输出是时域离散、幅值连续的信号，各采样点的电压值要经量化过程才能最终变换成数字信号。

数字信号的数值大小不可能像模拟信号那样是连续的，而只能是某个最小数量单位的整数倍，这个最小单位叫量化增量，用 q 表示。$x(t)$ 在某一时刻的采样值 $x(n\Delta)$ 可以近似表示为量化增量 q 与某个整数 z 的乘积，即

$$x(n\Delta) \approx z \cdot q \tag{5.2}$$

这如同用尺子来量线段长度一样，见图5.4。在 q 为定值时(如直尺上的1mm)，z(正负整数)则代表了 $x(n\Delta)$，模拟电压量转变成了数字量。量化的结果是整数 z 用二进制代码表示，这些代码就是量化器的输出。

如果A/D转换位数为 m，电压满标度值为 V_0，则量化增量 $q = V_0/2^m$。

显然，A/D转换器的位数 m 值越大，q 就越小，分辨率就越高，量化误差也越小。

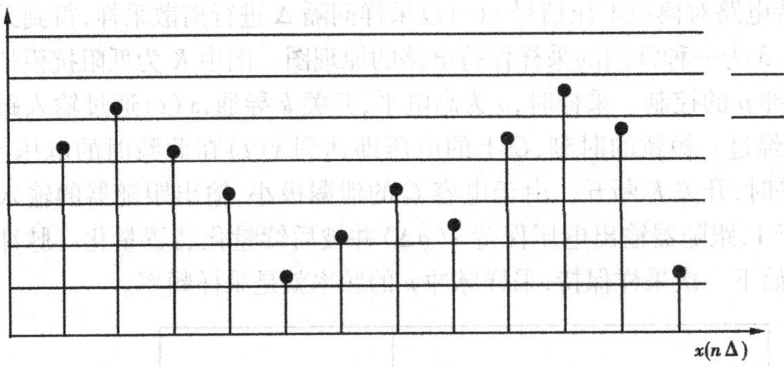

图 5.4　幅值量化示意图

但随着转换位数的增加，转换速度会降低，转换器的成本也明显增加。信号数字分析中常用的模数转换器的输入电平是 ±5V，位数有 12，14，16 位。对于一个常用的 14 位转换器，输出代码可能表示的最大数值等于 $2^{14}=16\ 384$，分辨率 $q=5/8\ 192=0.61\text{mV}$。这个数字表明，量化误差和原始模拟信号的拾取精度相比是可以忽略不计的。所以可以认为，输入数字分析系统的数字量就等于采样值，在以后的论述中就不再刻意区分离散信号 $x(n\Delta)$ 和数字信号 x_n 了。

必须指出的是，输入模数转换器的电压信号的幅值应进行调整，使其最大峰值接近转换器的最大输入电平（略小于，而不能超过），以便充分利用 A/D 转换的量化位数，尽可能地减小量化误差，提高转换的信噪比。图 5.2 中模拟信号预处理部分的幅值适调环节就是为此目的而设置的，有的模拟数字转换器中就包括了程控放大器或自适应放大器，能在采样保持前调节模拟信号电压使之与 A/D 转换器输入电平相适应。

5.2.2　采样定理

离散采样把连续信号 $x(t)$ $(0\leqslant t\leqslant T)$ 变为离散序列 $x(n\Delta)$ $(n=0,1,2,\cdots N-1)$。那么，如何选择采样间隔 Δ，就是一个十分重要的问题。从直觉上看，Δ 当然越小越好，但 Δ 越小，在相同样本长度 T 下，数据点数 N 会越大，使分析运算量加大；况且，“小”是没有下限的。另一方面，过大的 Δ 会丢失信号的细节，也同样是不可取的。本节重点介绍的时域采样定理将给出选择采样间隔 Δ，即采样频率的准则。

离散信号 $x(n\Delta)$ 是从 $x(t)$ 上取出的部分值，二者是局部与整体的关系。采样所得的局部能否反映整体，它是否包括了整体的全部信息，它又引入了一些什么原连续信号所没有的新因素，能否通过对 $x(n\Delta)$ 的分析来代替对 $x(t)$ 的分析呢？这些都是在讨论离散采样时要回答的问题。

在下面的论述中，先给出两个预备命题，即正弦波采样定理和频域采样定理，再讨论一般连续波采样定理——时域采样定理。

(1)正弦波采样定理

由傅里叶分析的基本原理知道,一个连续信号可以表示为一系列正弦信号的叠加。因此,要讨论一般连续信号的采样问题,可以从简单而又特殊的正弦波采样谈起。由此可以给我们以启发,进而解决一般连续信号的采样问题。设一正弦信号为

$$s(t) = A\sin(2\pi ft + \phi) \tag{5.3}$$

对此正弦波以间隔Δ采样,得离散信号

$$s(n\Delta) = A\sin(2\pi fn\Delta + \phi) \tag{5.4}$$

如果能用离散信号$s(n\Delta)$惟一地确定连续信号$s(t)$的三要素A、f、ϕ,就可以认为,离散信号能表示连续信号,由离散值能恢复出整个连续正弦波。下面来讨论按什么样的准则选择Δ能满足上述要求。

如果采样间隔Δ小于正弦波$s(t)$的二分之一个周期,即

$$\Delta < T/2 \text{ 或 } f_s > 2f$$

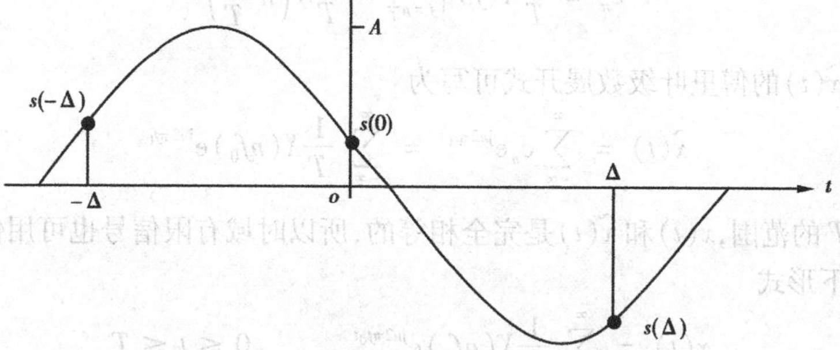

图5.5　正弦波的采样

式中,$f_s=1/\Delta$称为采样频率,而$T=1/f$是正弦信号的周期。那么在正弦波的一个周期内,至少有三个样值$s(0)$,$s(\Delta)$和$s(-\Delta)$,见图5.5。将这三个采样值代入式(5.4)得

$$s(0) = A\sin\phi$$

$$s(\Delta) = A\sin 2\pi f\Delta \cdot \cos\phi + A\sin\phi \cdot \cos 2\pi f\Delta$$

$$s(-\Delta) = -A\sin 2\pi f\Delta \cdot \cos\phi + A\sin\phi \cdot \cos 2\pi f\Delta$$

这组方程有三个未知数A、f、ϕ。在$\Delta < T/2$,即$0 < 2\pi f\Delta < \pi$的条件下,可以惟一地求解出A、f、ϕ,从而由正弦波$s(t)$一个周期内的三个采样值可恢复出连续信号自身。反之,如果条件$\Delta < T/2$或$f_s > 2f$得不到满足,则方程无确定解,由采样值无法恢复原信号$s(t)$。

上述分析可以归纳成如下正弦波采样定理:

对于正弦波$s(t) = A\sin(2\pi ft + \phi)$,其中$f \geqslant 0$,按采样间隔Δ采样得到离散信号$s(n\Delta)$,则:

1）当 $\Delta < T/2$ 时，由离散信号 $s(n\Delta)$ 可以惟一地确定正弦波 $s(t)$；

2）当 $\Delta \geqslant T/2$ 时，由离散信号 $s(n\Delta)$ 不能惟一地确定正弦波 $s(t)$，亦即不能确切地恢复原始正弦波 $s(t)$。

（2）频域采样定理

在第 2 章中，论述信号的傅里叶级数与傅里叶积分的关系时说过，对于时域有限信号 $x(t)$，$0 \leqslant t \leqslant T$，它的连续频谱是

$$X(f) = \int_{-\infty}^{\infty} x(t)\mathrm{e}^{-\mathrm{j}2\pi ft}\mathrm{d}t = \int_{0}^{T} x(t)\mathrm{e}^{-\mathrm{j}2\pi ft}\mathrm{d}t \tag{5.5}$$

将 $x(t)$ 以周期 T 延拓为周期信号 $\tilde{x}(t)$，其离散频谱为

$$c_n = \frac{1}{T}\int_{-T/2}^{T/2} \tilde{x}(t)\mathrm{e}^{-\mathrm{j}2\pi f_0 t}\mathrm{d}t = \frac{1}{T}\int_{0}^{T} x(t)\mathrm{e}^{-\mathrm{j}n2\pi f_0 t}\mathrm{d}t \tag{5.6}$$

对比式(5.5)和式(5.6)，并注意到 $f_0 = 1/T$，得

$$c_n = \frac{1}{T}X(f)\Big|_{f=n\frac{1}{T}} = \frac{1}{T}X\left(n\frac{1}{T}\right) \tag{5.7}$$

周期信号 $\tilde{x}(t)$ 的傅里叶级数展开式可写为

$$\tilde{x}(t) = \sum_{-\infty}^{\infty} c_n \mathrm{e}^{\mathrm{j}n2\pi f_0 t} = \sum_{-\infty}^{\infty} \frac{1}{T}X(nf_0)\mathrm{e}^{\mathrm{j}n2\pi f_0 t} \tag{5.8}$$

在 $0 \leqslant t \leqslant T$ 的范围，$x(t)$ 和 $\tilde{x}(t)$ 是完全相等的，所以时域有限信号也可用傅里叶级数表示为如下形式

$$x(t) = \sum_{-\infty}^{\infty} \frac{1}{T}X(nf_0)\mathrm{e}^{\mathrm{j}n2\pi f_0 t} \qquad 0 \leqslant t \leqslant T \tag{5.9}$$

再考虑其傅里叶逆变换

$$x(t) = \int_{-\infty}^{\infty} X(f)\mathrm{e}^{\mathrm{j}2\pi ft}\mathrm{d}f \tag{5.10}$$

可见，时域有限信号 $x(t)$ 不但可以由它的连续频谱 $X(f)$ 通过积分变换恢复（见式(5.10)），而且还可以由其连续频谱的离散采样序列 $X(nf_0)$（$f_0 = 1/T$）以级数形式叠加而得（见式(5.9)）。前一种情况，连续频谱 $X(f)$ 的值缺一不可；在后一种情况下，连续频谱 $X(f)$ 中，只有以 $f_0 = 1/T$ 为频率间隔采样所得的离散值是必须的，其他数据是冗余的。

如果把式(5.9)代入式(5.5)，可以得出

$$X(f) = \int_{0}^{T} \sum_{-\infty}^{\infty} \frac{1}{T}X(nf_0)\mathrm{e}^{\mathrm{j}n2\pi f_0 t} \cdot \mathrm{e}^{-\mathrm{j}2\pi ft}\mathrm{d}t$$

此积分结果为

$$X(f) = \frac{1}{T}\sum_{n=-\infty}^{\infty} X\left(n\frac{1}{T}\right)\frac{\mathrm{e}^{\mathrm{j}2\pi\left(n\frac{1}{T}-f\right)T} - 1}{\mathrm{j}2\pi\left(n\frac{1}{T}-f\right)} \tag{5.11}$$

把上面的分析结果总结起来，就得到如下频域采样定理：

设时域有限信号 $x(t)$ $(0\leqslant t\leqslant T)$ 的连续频谱为 $X(f)$，则以 $1/T$ 为频率间隔对 $X(f)$ 采样得 $X\left(n\dfrac{1}{T}\right)$，$n=\pm1,\pm2\cdots$，由这些离散值 $X\left(n\dfrac{1}{T}\right)$ 不仅可以恢复出在 $(0,T)$ 上的信号 $x(t)$，(见式(5.9))，而且还可以恢复出连续频谱 $X(f)$ (见式(5.11))。

频域采样定理反映了连续谱和离散谱的关系。这个定理之所以成立，关键在于时间信号是有限长度的。时域有限信号可以表示为傅里叶级数，因而可以用离散频谱来表示，连续谱也就可以由其离散采样序列来恢复。

我们知道，时间信号和它的频谱是一一对应的，既然对频谱而言，连续谱和离散谱有密切关系，那么对时间信号而言，连续信号和离散信号也必然有密切的关系，这就是下面要介绍的时域采样定理。

(3)时域采样定理

由上面的讨论可知，对于一个正弦信号，要由离散采样值恢复连续波，采样间隔 Δ 与信号频率 f 之间必须满足 $\Delta<T/2\,(f_s>2f)$ 的关系。对一般的连续信号 $x(t)$，可以表示为无穷多个谐波分量的叠加，其中频率为 f 的谐波分量的幅值和初相位由其频谱 $X(f)$ 表示。对于某一频率 f，只要 $|X(f)|\neq0$，则采样频率 f_s 都必须满足 $f_s>2f$ 的条件。如果 $x(t)$ 的频率范围无限宽，也就是 $|X(f)|_{f\to\infty}\neq0$，那么就只能取 $f_s=\infty$，亦即，$\Delta=0$。在这种条件下，离散采样是不可能实现的，更谈不上由离散信号恢复出连续信号了。因此，要由 $x(n\Delta)$ 恢复出 $x(t)$，信号的频谱 $X(f)$ 和采样间隔 Δ 必须同时满足以下两个条件：

1) $X(f)$ 是频域有限信号，其截频为 f_c，即当 $|f|\geqslant f_c$ 时

$$X(f)=0 \tag{5.12}$$

2)
$$f_s\geqslant 2f_c \text{ 或 } \Delta\leqslant 1/2f_c \tag{5.13}$$

式(5.12)的物理意义是，信号 $x(t)$ 是频域有限信号，它只包含低于 f_c 的频率分量。式(5.13)表示采样频率应大于至少等于信号最高频率的两倍。这两个条件的直观表示见图5.6。式(5.13)中的不等号加上了等号，这与前面介绍的正弦波采样定理并不矛盾。因为 $X(f)$ 的幅值在 f_c 处等于零。而且，对于连续频谱，能否恢复截频点 f_c 的个别幅值无穷小谐波分量，对整个信号的恢复是没有影响的。而只要是小于 f_c 的谐波分量，式(5.13)都表示和正弦波采样定理有同样的条件。

在满足式 (5.12)、式(5.13)的条件下，由傅里叶逆变换得

$$x(t)=\int_{-\frac{1}{2\Delta}}^{\frac{1}{2\Delta}}X(f)\,\mathrm{e}^{\mathrm{j}2\pi ft}\,\mathrm{d}f \tag{5.14}$$

式中，设采样频率等于信号截频的两倍，即 $f_s=2f_c$，$f_c=\dfrac{1}{2\Delta}$。连续信号 $x(t)$ 的采样信

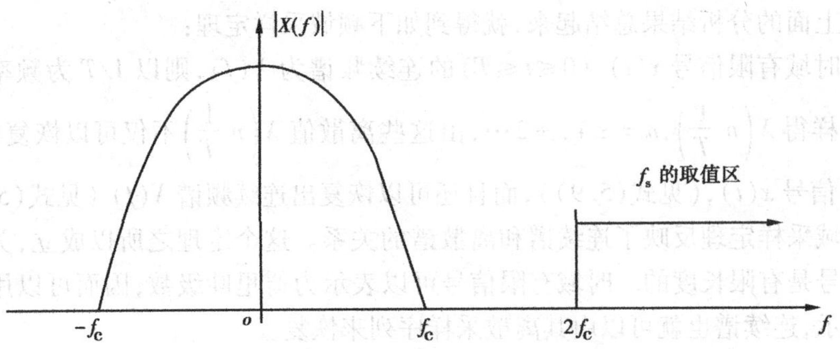

图 5.6　有限带宽信号的截频与采样频率范围

号 $x(n\Delta)$ 可表示为

$$x(n\Delta) = \int_{-\frac{1}{2\Delta}}^{\frac{1}{2\Delta}} X(f) e^{j2\pi fn\Delta} df \tag{5.15}$$

再来看 $X(f)$，根据第 2 章中的关于傅里叶级数的说明，以及前述的频域采样定理中时域有限长度信号可以展为傅里叶级数的原理（见式(5.9)），在有限频率范围 $(-\frac{1}{2\Delta}, \frac{1}{2\Delta})$ 内，可将 $X(f)$ 用傅里叶级数表示为

$$X(f) = \sum_{n=-\infty}^{\infty} c'_n e^{-jn2\pi\Delta f} \qquad -\frac{1}{2\Delta} \leqslant f \leqslant \frac{1}{2\Delta}$$

$$c'_n = \Delta \int_{-\frac{1}{2\Delta}}^{\frac{1}{2\Delta}} X(f) e^{jn2\pi\Delta f} df$$

为避免与时间信号的傅里叶级数混淆，上述展开式中的傅里叶系数用 c'_n 而不是 c_n 表示。

将上式与式(5.15)对比可得

$$c'_n = \Delta x(n\Delta)$$

所以有

$$X(f) = \Delta \sum_{n=-\infty}^{\infty} x(n\Delta) e^{-jn2\pi f\Delta} \qquad -\frac{1}{2\Delta} \leqslant f \leqslant \frac{1}{2\Delta} \tag{5.16}$$

式(5.16)表明一个重要的事实，如果式(5.12)、式(5.13)的条件得到满足，由连续信号 $x(t)$ 的离散采样序列 $x(n\Delta)$ 可以惟一地确定连续频谱 $X(f)$。

将式(5.16)代入式(5.14)得

$$x(t) = \int_{-\frac{1}{2\Delta}}^{\frac{1}{2\Delta}} \left[\Delta \sum_{n=-\infty}^{\infty} x(n\Delta) e^{-jn2\pi f\Delta} \right] e^{j2\pi ft} df$$

这个积分不难计算，结果是

$$x(t)=\sum_{n=-\infty}^{\infty}x(n\Delta)\frac{\sin\frac{\pi}{\Delta}(t-n\Delta)}{\frac{\pi}{\Delta}(t-n\Delta)} \tag{5.17}$$

即由离散序列 $x(n\Delta)$ 可以恢复原连续信号 $x(t)$。

把上面的分析结果归纳为如下定理:

一个在频率 f_c 以上没有频率分量的有限带宽信号,可以由它小于或等于 $\frac{1}{2f_c}$ 的均匀间隔($\Delta\leqslant\frac{1}{2f_c}, f_s\geqslant 2f_c$)上的采样值惟一确定。

这个定理称为时域采样定理。它说明,如果在某一频率以上,信号 $x(t)$ 的频谱 $X(f)$ 等于零,即满足式(5.12);以大于或等于 $2f_c$ 的采样频率 f_s 对 $x(t)$ 采样,即满足式(5.13),所得离散信号 $x(n\Delta)$ 包含了关于 $x(t)$ 的全部信息,如式(5.16),式(5.17)所示。

时域采样定理和频域采样定理清楚地表明了信号在时域和频域内的对应关系。一个在$(0,T)$区间的时域有限信号,可以由频率采样间隔 $\Delta f\leqslant 1/T$ 的频谱离散采样序列确定。同样,一个在$(-f_c, f_c)$区间的频域有限信号,可以由时间采样间隔 $\Delta\leqslant\frac{1}{2f_c}$ 的时间信号离散采样序列确定。采样定理说明了,在一定条件下,连续信号中只需取一序列离散点,就能包含连续信号的全部数据这样一个重要原理。

5.2.3 离散信号的频谱

$x(t)$ 的频谱 $X(f)$ 可以由傅里叶变换得出。在满足采样定理条件的情况下,也可以由 $x(t)$ 的采样信号 $x(n\Delta)$ 按式(5.16)离散求和得出。我们限制其频率范围为 $-\frac{1}{2\Delta}\leqslant f\leqslant\frac{1}{2\Delta}$(在此区间外令其等于零),在这个频率范围内,两种方式计算出的 $X(f)$ 是相等的。如果取消这个频率范围的限制,让 f 的取值范围向两侧延伸,那么式(5.16)求出的频谱将是有别于 $x(t)$ 的频谱 $X(f)$ 的,称它为离散信号 $x(n\Delta)$ 的频谱,并用 $X_\Delta(f)$ 表示,即

$$X_\Delta(f)=\Delta\sum_{n=-\infty}^{\infty}x(n\Delta)\mathrm{e}^{-\mathrm{j}n2\pi f\Delta} \tag{5.18}$$

$x(t)$ 的频谱 $X(f)$ 是频域有限的,而 $x(n\Delta)$ 的频谱 $X_\Delta(f)$ 却是周期等于 f_s 的频域周期函数,是将 $X(f)$ 以 f_s 为周期在频域内延拓的结果,见图 5.7。

将 $f=f_0$ 和 $f=f_0+m\frac{1}{\Delta}$,m 是整数,代入式(5.18),得

$$X_\Delta(f_0)=\Delta\sum_{n=-\infty}^{\infty}x(n\Delta)\mathrm{e}^{-\mathrm{j}n2\pi f_0\Delta}$$

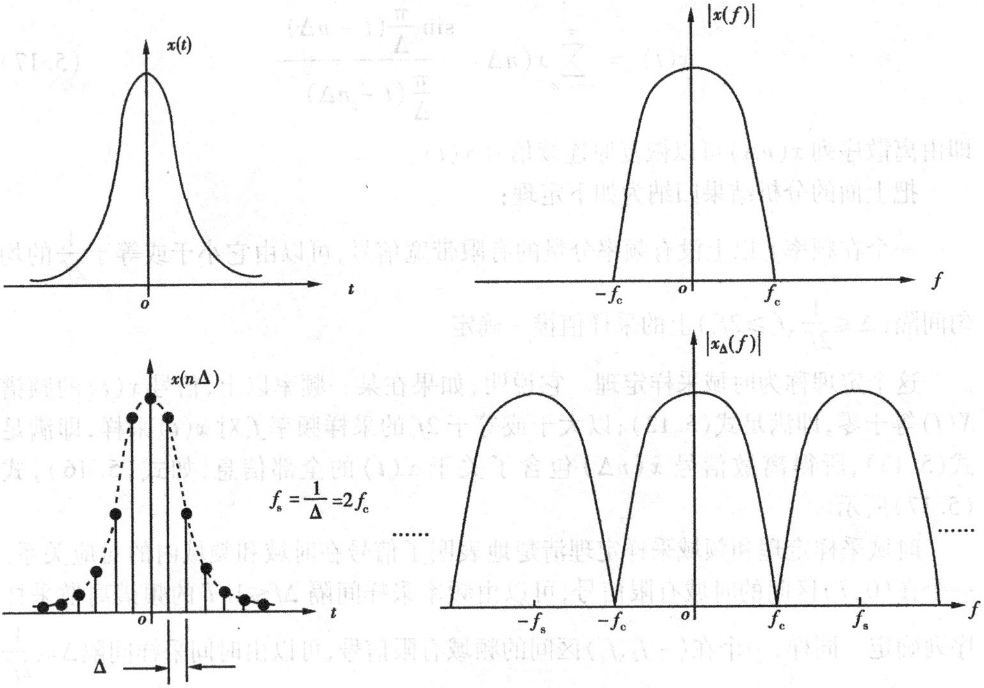

图 5.7　连续信号和离散信号及其频谱

$$X_\Delta(f_0 + m\frac{1}{\Delta}) = \Delta\sum_{n=-\infty}^{\infty} x(n\Delta)\,e^{-jn2\pi(f_0+m\cdot\frac{1}{\Delta})\Delta} =$$

$$\Delta\sum_{n=-\infty}^{\infty} x(n\Delta)\,e^{-jn2\pi f_0\Delta}\cdot e^{-j2\pi mn}$$

因为 m,n 都是整数，所以 $e^{-j2\pi mn}=1$，于是有

$$X_\Delta(f_0 + m\frac{1}{\Delta}) = \Delta\sum_{n=-\infty}^{\infty} x(n\Delta)\,e^{-jn2\pi f_0\Delta} = X_\Delta(f_0) \tag{5.19}$$

由于 $X_\Delta(f)$ 是以 $f_s=1/\Delta$ 为周期的周期频谱，它的有意义的范围是它的主周期，即 $-f_s/2\leqslant f\leqslant f_s/2$ 的范围，对应的单边频谱，是 $0\sim f_s/2$ 的范围。所以，对于离散信号的频谱，采样频率的二分之一是一个重要的参数，称它为奈魁斯特(Nyquist)频率，记为 f_N

$$f_N = \frac{1}{2\Delta} = f_s/2 \tag{5.20}$$

离散信号的频谱所能表达的最高频率就是奈魁斯特频率。如果时间信号有频率上限 f_c，且 $f_N\geqslant f_c$，那么在 $\pm f_N$ 的频率范围内，离散信号的频谱与连续信号的频谱是完全相等的，可以用对离散信号的分析来代替对连续信号的分析。这就是时域采样

定理所表达的原则。

还要指出的是，由于 $X_\Delta(f)$ 是以 $f_s = 1/\Delta$ 为周期的周期函数，式(5.18)实际就是 $X_\Delta(f)$ 的傅里叶级数展开式，$\Delta x(n\Delta)$ 相当于它的傅里叶系数，即前面提到的 c'_n。所以

$$\Delta x(n\Delta) = \Delta\int_{-\frac{1}{2\Delta}}^{\frac{1}{2\Delta}} X_\Delta(f)\mathrm{e}^{\mathrm{j}2\pi fn\Delta}\mathrm{d}f$$

$$x(n\Delta) = \int_{-\frac{1}{2\Delta}}^{\frac{1}{2\Delta}} X_\Delta(f)\mathrm{e}^{\mathrm{j}2\pi fn\Delta}\mathrm{d}f \tag{5.21}$$

式(5.21)和式(5.18)两式说明：离散信号 $x(n\Delta)$ 和它的频谱 $X_\Delta(f)$ 是一一对应的，由其中的一个可以惟一地确定另一个。这一对式子还可以写为

$$X_\Delta(f) = \sum_{n=-\infty}^{\infty} x(n\Delta)\mathrm{e}^{-\mathrm{j}n2\pi f\Delta} \tag{5.22}$$

$$x(n\Delta) = \Delta\int_{-\frac{1}{2\Delta}}^{\frac{1}{2\Delta}} X_\Delta(f)\mathrm{e}^{\mathrm{j}2\pi fn\Delta}\mathrm{d}f \tag{5.23}$$

表达离散信号及其频谱的关系，可以用式(5.18)和式(5.21)，也可以用式(5.22)和式(5.23)，它们的差别只是因子 Δ 的位置不同而已。但在讨论离散信号的频谱和连续信号的频谱的关系时，应当用式(5.18)。在后面讨论离散傅里叶变换时，为方便起见，用式(5.22)和式(5.23)。

5.2.4　频率混叠现象及其防止

若连续信号 $x(t)$ 不满足式(5.12)的条件，即它不存在截频时，这种信号叫做非限带信号，不论取多小的 Δ，式(5.13)都无法满足。或者虽存在截频 f_c，但 $f_s < 2f_c$。在这两种情况下，仍然可以由 $x(t)$ 得到 $x(n\Delta)$ 并按式(5.18)计算此离散信号的频谱。它的频谱 $X_\Delta(f)$ 与连续信号 $x(t)$ 的频谱 $X(f)$ 有如下关系

$$X_\Delta(f) = \sum_{m=-\infty}^{\infty} X\left(f + m\frac{1}{\Delta}\right) \tag{5.24}$$

上式的直观解释是：$X_\Delta(f)$ 是一个频域周期函数，它是由无穷多个 $X(f)$ 以 f_s 为间隔，在频率轴上叠加而成的。由于 Δ 的不同，同一个 $X(f)$ 可以叠加出不同的 $X_\Delta(f)$。换句话说，同一个连续信号 $x(t)$，由于采样间隔不同而得到的 $x(n\Delta)$ 具有不同的频谱，见图5.8。

从图中可以清楚地看出，当信号存在截频 f_c，且 $f_N \geqslant f_c$ 时，$X_\Delta(f)$ 在 $(-f_N, f_N)$ 的频率范围内和 $X(f)$ 是完全相等的，此时由 $x(n\Delta)$ 求出的 $X_\Delta(f)$ 可以表示 $X(f)$，也可以精确地恢复 $x(t)$。这就是时域采样定理描述的情况。而当频谱 $X(f)$ 无限延伸，或 $f_N < f_c$ 时，$X(f)$ 的周期延拓会发生重叠，频谱主周期的右侧边沿与下一个周期的左侧

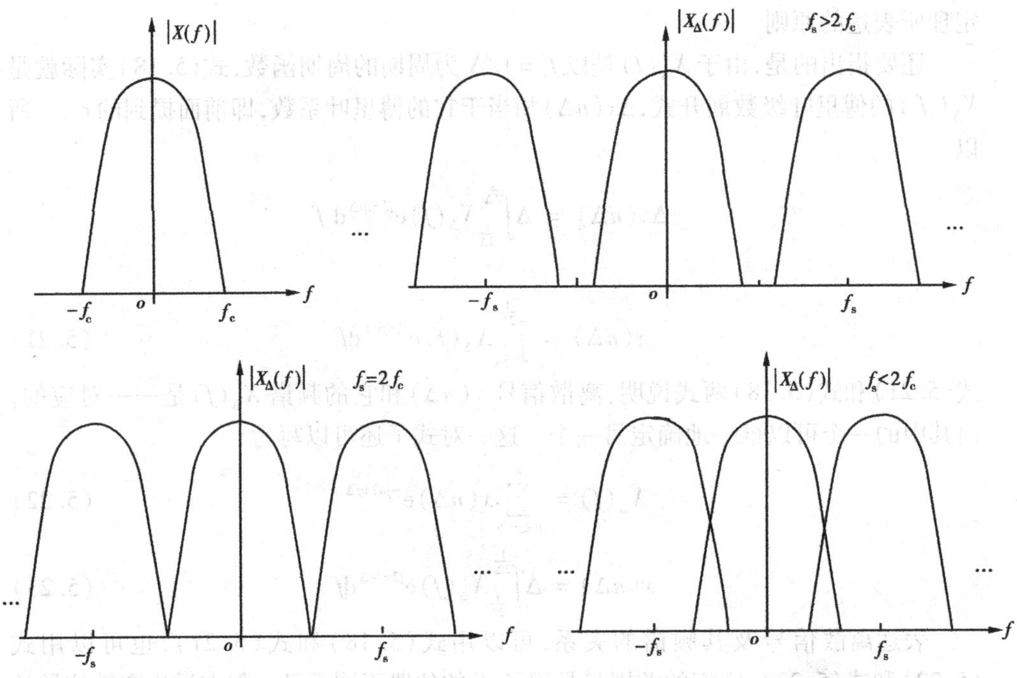

图 5.8 不同采样频率时 $X_\Delta(f)$ 与 $X(f)$ 的关系

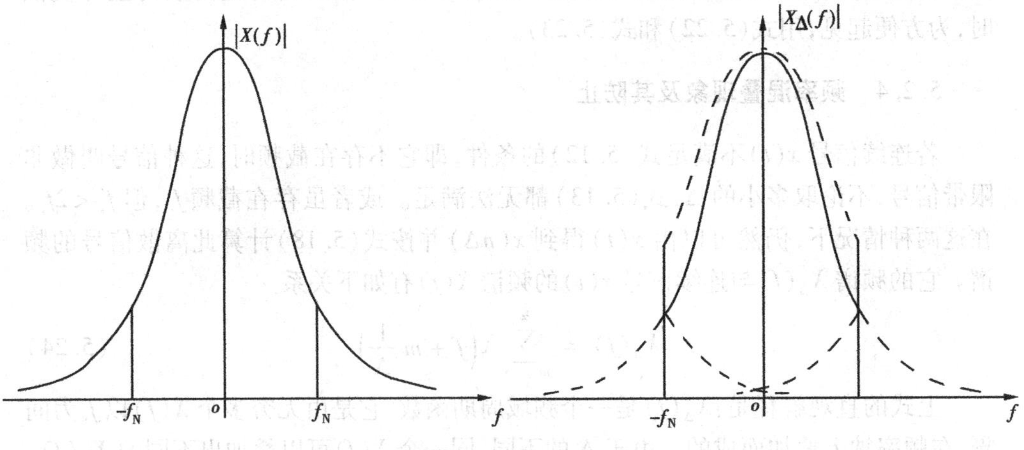

图 5.9 频谱的折叠

边沿部分混叠，这种现象称为频率混叠，是数字信号分析中的一个特殊的问题。

由于 $X_\Delta(f)$ 的周期性，频谱下一个周期的左侧等于主周期的左侧；而主周期的左、右侧均表示信号频谱的高频部分，因此频率混叠实质上是把 $X(f)$ 的高于 f_N 的成分以 f_N 为分界折叠到低于 f_N 的低频部分。故频率混叠也称为频率折叠，见图 5.9。频混导致在计算离散信号的频谱时会把原连续信号的高频分量误认为是低频分量，造成信号谱分析和识别的错误。

由于频率的折叠，在离散信号的频谱 $X_\Delta(f)$ 的主值区 $(-f_N, f_N)$ 中，混入了连续信号频谱 $X(f)$ 中 $f > f_N$ 的频率成分。频混的结果，使我们不能用 $x(n\Delta)$ 求出 $X(f)$，也无法恢复 $x(t)$。

下面用具体的数字来说明频混现象。设有一频率为 1 000Hz 的正弦波，用 2 400Hz的采样频率对其进行离散采样，并计算频谱。这时奈魁斯特频率，即分析频率范围是1 200Hz，大于信号的频率，满足采样定理，分析结果表示为在 1 000Hz 处的谱线是正确的。若用 1 800Hz 的频率采样，奈魁斯特频率是 900Hz，不满足采样定理，信号频率超出奈魁斯特频率 100Hz，被折叠到 800Hz 处，分析结果显示为 800Hz 的谱线，把信号的频率 1 000Hz 的误认为是 800Hz，造成频率识别的错误，这就是频混。

离散采样的目的，在于把连续信号数字化，以便用数值计算的方法对信号作分析处理。如果频混误差过大，信号数字化处理的结果将失去意义。所以如何避免和减少频混误差，是模拟数字转换时的一个必须解决的重要问题。解决这个问题有以下两条途径：

1）选用尽可能高的采样频率　理论上信号的频率范围可能会无限延伸，但实际的工程信号，是事实上的有限带宽。随着 f 的增加，$|X(f)|$ 是衰减的。当采样频率 f_s 足够大时，奈魁斯特频率以外的频谱幅值 $|X(f)|_{f>f_N}$ 小到可以忽略不计。这时，折叠到 $(-f_N, f_N)$ 范围内的高频分量可以忽略不计，从而减小了频混误差。

由于 $T = N \cdot \Delta$，过高的采样频率即太小的采样间隔，在模拟信号长度 T 一定时，会使数据量 N 增加，数值计算工作量加大；而在数据块点数 N 一定时，又会使样本长度 T 减小，导致信号数字谱分析的频率分辨力下降（这个问题将在 5.4 节中专门讨论）。

在实际分析时，开始可以选用分析系统所具有的最高采样频率采样，对信号做宽频带低分辨力的粗略分析。在确定信号的频率范围后，再选用合适的采样频率进行分析，以改善频率分辨力。

2）在离散采样前对被分析的模拟信号进行有限带宽处理　在分析实际工程信号时，往往只对其中一定频率范围内的频谱感兴趣。这时可用低通滤波器对模拟信号进行预处理，滤除高频成分和干扰，人为地使信号带宽限制在一定的范围内。这种预处理称为抗频混滤波（参看 5.1 节和图 5.2）。信号经抗频混滤波后，带宽为已知，可根据采样定理合理地选择采样频率。由于实际使用的抗频混低通滤波器不具有理想的截止特性，阻带内的频率分量只是受到极大的衰减并没有被完全滤除，特别是在过渡带。所以，一般选择采样频率为抗频混低通滤波器名义上截止频率的 2.5 ~ 4 倍，视滤波器的截止特性而定。

抗频混滤波器的通带幅频特性有一定的不平直度，相频特性也非理想线性，可能造成波形失真。特别是在双通道分析时,存在两个通道的抗频混滤波器的幅频、相频特性是否一致的问题,因此,在选用抗频混滤波器时应当充分考虑这些因素。专用信号数字处理系统中使用的抗频混滤波器往往是专门设计的精密高阶有源滤波器。

5.2.5 离散采样的一般解释

上面讨论连续信号的离散采样、离散信号的频谱等问题时,用的是系统论证的方法,这有助于对问题本质的理解。这里借助广义 δ 函数,再对这些问题作一个直观的说明。

对连续信号 $x(t)$ 以采样间隔 Δ 采样,相当于 $x(t)$ 与周期为 Δ、强度为 1 的均匀脉冲序列 $g(t)$ 相乘(关于 $g(t)$ 和它的频谱 $G(f)$,参看第 2 章)。

$$x(t)\cdot g(t)=x(t)\cdot\sum_{n=-\infty}^{\infty}\delta(t-n\Delta)=\sum_{n=-\infty}^{\infty}x(n\Delta)\delta(t-n\Delta) \tag{5.25}$$

相乘的结果仍然是一个按 Δ 间隔均匀分布的脉冲序列,但其强度被 $x(t)$ 调制了。这个被调制的脉冲序列相当于 $x(n\Delta)$。根据傅里叶变换的卷积定理,序列 $x(n\Delta)$ 的频谱应等于 $x(t)$ 的频谱 $X(f)$ 与 $g(t)$ 的频谱 $G(f)$ 的卷积,即

$$x(t)\cdot g(t)\Leftrightarrow X(f)*G(f) \tag{5.26}$$

采样脉冲的傅里叶变换 $G(f)$ 是周期和强度均为 $1/\Delta$ 的频域脉冲序列

$$G(f)=\frac{1}{\Delta}\sum_{n=-\infty}^{\infty}\delta\left(f-n\frac{1}{\Delta}\right) \tag{5.27}$$

$X(f)$ 与 $G(f)$ 的卷积就是把 $X(f)$ 乘以 $1/\Delta$ 后依次移至 $G(f)$ 的每一个脉冲存在的位置上,这样就形成一个周期为 $1/\Delta$ 的频域周期函数,即离散信号 $x(n\Delta)$ 的频谱 $X_\Delta(f)$,如图 5.10 所示。

$$x(t)\cdot g(t)\Leftrightarrow\frac{1}{\Delta}\sum_{n=-\infty}^{\infty}X\left(f-n\frac{1}{\Delta}\right) \tag{5.28}$$

这表明,时域离散化的结果是使得频谱周期化。

从图 5.10 中可以清楚地看出,如果 $x(t)$ 有截频 f_c,且 $f_s=1/\Delta\geq 2f_c$,则 $X_\Delta(f)$ 在 $(-f_N,f_N)$ 的范围内与 $X(f)$ 完全相同。这时,可以由离散信号 $x(n\Delta)$ 的频谱 $X_\Delta(f)$ 表示连续信号 $x(t)$ 的频谱 $X(f)$,而且还可以精确地恢复连续信号自身的 $x(t)$。若 $x(t)$ 无截频,或者 $f_s<2f_c$,则不可避免地要产生频混,既无法用离散信号 $x(n\Delta)$ 的频谱 $X_\Delta(f)$ 表示 $X(f)$,也不可能恢复 $x(t)$。

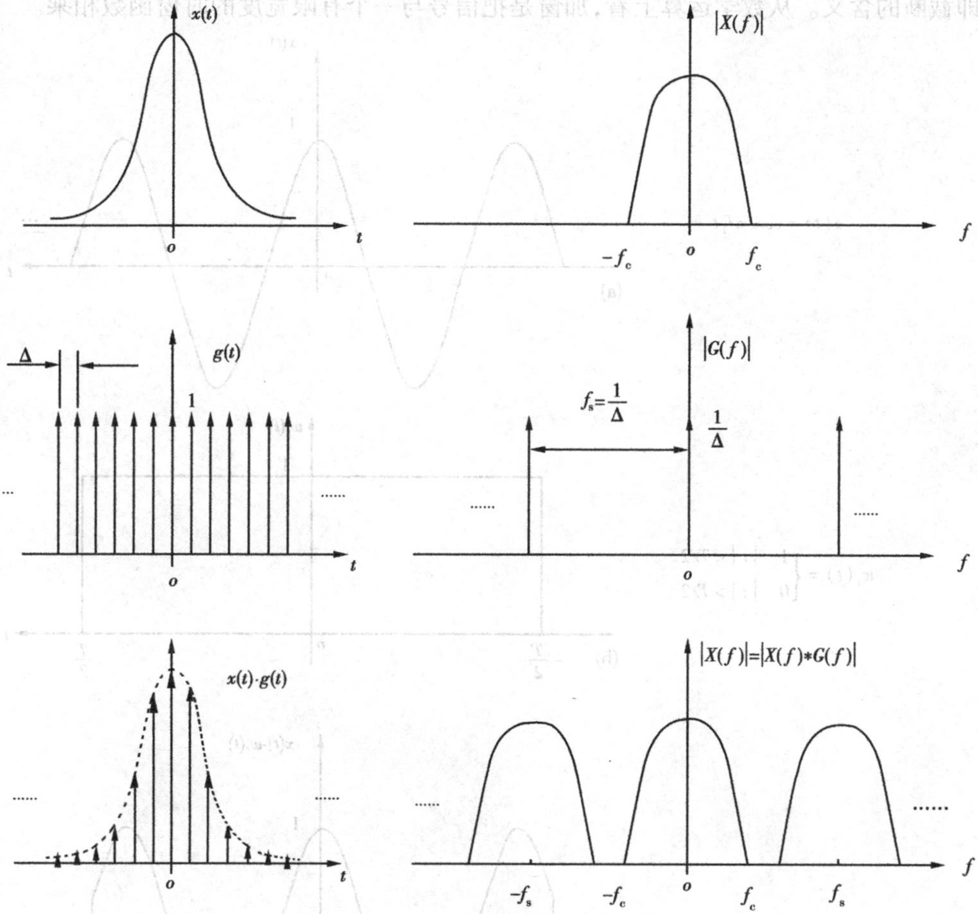

图 5.10　采样及采样信号的频谱图解说明

5.3　信号的时域截断与泄漏

5.3.1　截断与泄漏

和模拟分析的连续处理过程不同,数字分析和处理是针对数据块进行的。模数转换输出的数字串 x_n 先要被分为一序列的点数相等的数据块,而后再一块一块地参与运算。设每个数据块的数据点数为 N,在采样频率一经确定后,每个数据块所表示的实际信号长度 $T=N\Delta$ 是一个有限的确定值。这个截取有限长度段信号的过程称为对信号的时域截断,它相当于通过一个长度有限的时间窗口去观察信号,因而又叫做加(时)窗。图 5.11 以余弦函数 $x(t)=\cos 2\pi f_1 t$ 和矩形时窗 $w_r(t)$ 为例表明了加窗即截断的含义。从数学运算上看,加窗是把信号与一个有限宽度的时窗函数相乘。

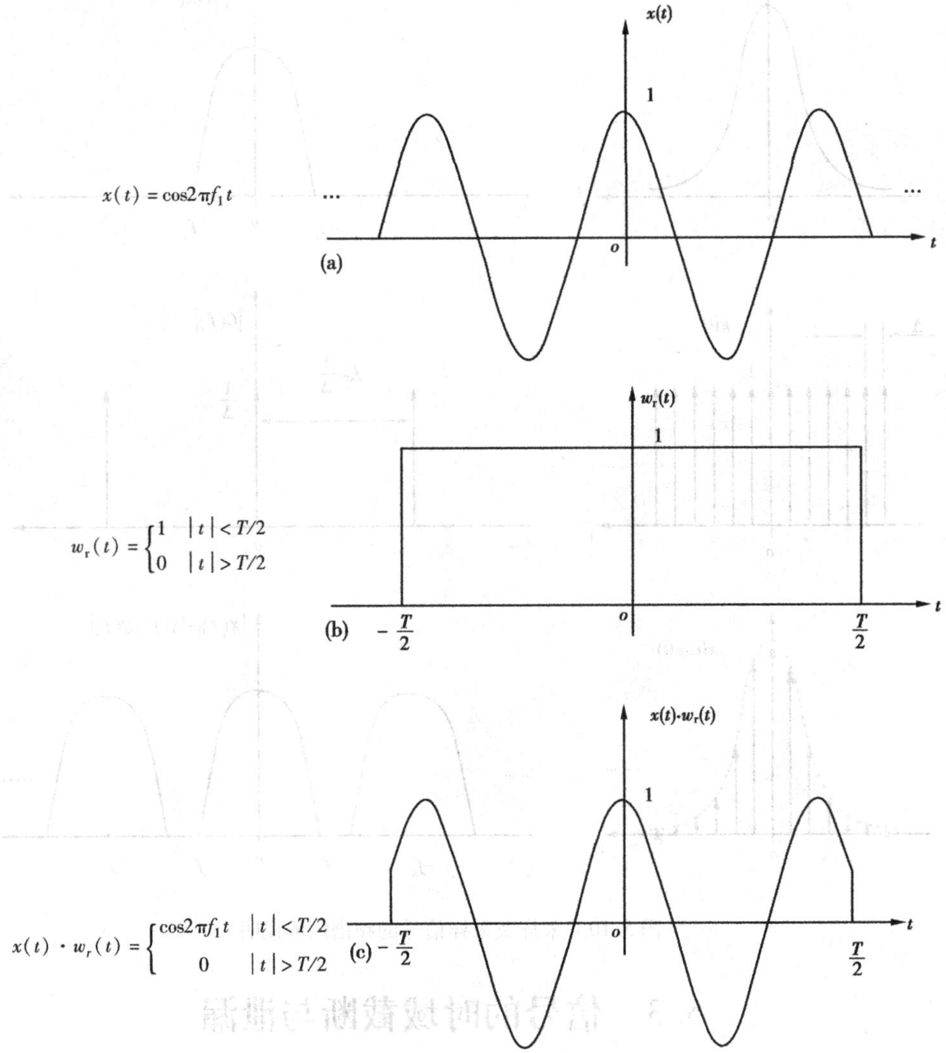

图 5.11　余弦信号被矩形窗截断

(a) 无限长余弦信号；　(b) 宽度为 T 的矩形时窗；　(c) 时域截断后的余弦信号

信号经加窗后,窗外数据全部置零,波形发生畸变,其频谱自然也有所变化,这就产生了截断误差。为了减少这种误差,必须研究时域加窗对信号频谱的影响。

在信号加窗前,有

$$x(t) \Leftrightarrow X(f),\ w(t) \Leftrightarrow W(f)$$

加窗后,信号和时窗函数相乘。根据傅里叶变换的卷积特性,截断加窗信号的频谱等于原信号的频谱与时窗频谱(称为谱窗)的卷积,亦即

$$x(t)\cdot w(t)\Leftrightarrow X(f)*W(f)$$

显然，$X(f)*W(f)$一般是不等于$X(f)$的。

下面仍以存在于无穷时间域的余弦信号为例，它的频谱为

$$\cos2\pi f_1t\Leftrightarrow\frac{1}{2}\delta(f-f_1)+\frac{1}{2}\delta(f+f_1)$$

这是一对位于$\pm f_1$处的强度为$\frac{1}{2}$的频域脉冲函数，见图 5.12(a)。

矩形窗函数$w_r(t)$的频谱$W_r(f)$为

$$w_r(t)\Leftrightarrow T\frac{\sin\pi Tf}{\pi Tf}\tag{5.29}$$

它的分子是频域内周期为$2/T$的正弦函数，分母是反比例双曲线；在$f=0$时，谱窗的值等于T，参看图 5.12 (b)。$W_r(f)$在$(-1/T,1/T)$之间的部分叫做谱窗的主瓣，两侧波动无限延伸的部分称为旁瓣。将主瓣视为带通滤波器，它的带宽为$1/T$。

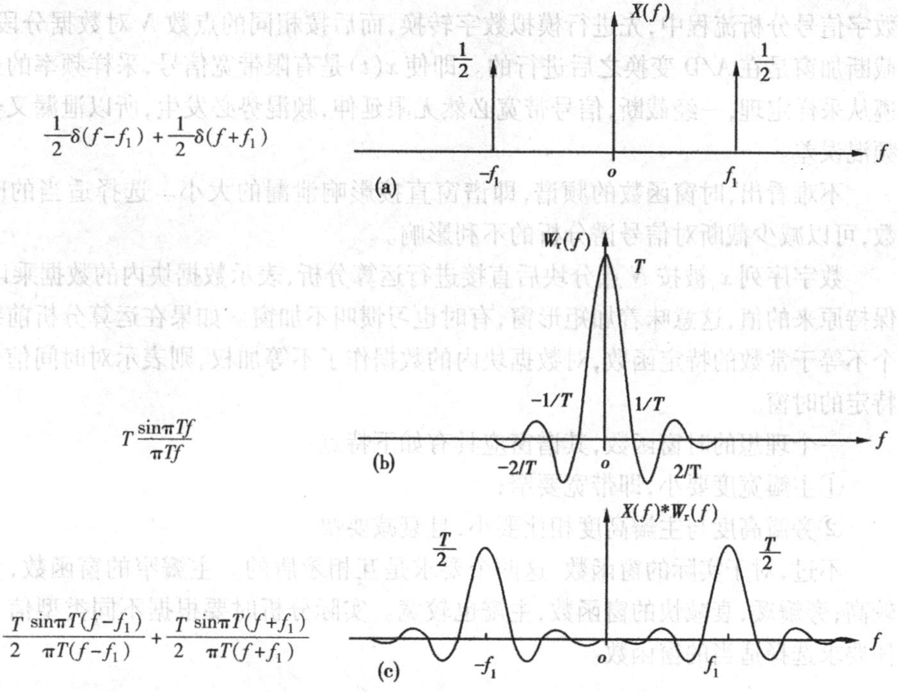

图 5.12　余弦及其截断信号的频谱

(a)余弦信号的频谱；　(b)矩形窗的频谱；　(c)矩形加窗后的余弦信号的频谱

加窗后的余弦信号的频谱等于其原始频谱与矩形谱窗函数的卷积。结果是将矩形谱窗乘以二分之一后，分别移至$\pm f_1$，见图 5.12(c)。

原余弦信号的能量仅存在于$\pm f_1$的孤立点上，而经截断后，在$\pm f_1$的两侧出现了

频率分量。截断信号的能量扩散到了理论上无穷宽的频带中去，这种现象被形象地称为泄漏。

如果增大截断长度 T，则谱窗的主瓣的宽度将变窄，虽在理论上其频谱范围仍为无穷，但实际泄漏误差将减小。当窗宽 T 趋于无穷大时，$W_r(f)$ 将变为频域脉冲函数 $\delta(f)$，它与余弦函数的频谱的卷积仍为余弦函数的频谱。这就说明，如果不截断就没有泄漏误差。

实际被分析信号是由无穷多谐波分量组成的，一经截断，所有谐波都将产生泄漏，情况要比单一余弦信号复杂得多。

泄漏导致谱分析时出现两个主要问题：

①降低了谱分析的频率分辨力。由于谱窗的主瓣有一定的宽度，当被分析信号中的两个频率分量靠得很近，频率差小于主瓣带宽时，从截断信号的频谱中就难以将它们区别开来。

②由于谱窗具有无限延伸的旁瓣，就等于在频谱中引入了虚假的频率分量。在数字信号分析流程中，先进行模拟数字转换，而后按相同的点数 N 对数据分段，亦即截断加窗是在 A/D 变换之后进行的。即使 $x(t)$ 是有限带宽信号，采样频率的选择也遵从采样定理，一经截断，信号带宽必然无限延伸，频混势必发生，所以泄漏又会加大频混误差。

不难看出，时窗函数的频谱，即谱窗直接影响泄漏的大小。选择适当的时窗函数，可以减少截断对信号谱分析的不利影响。

数字序列 x_n 被按 N 点分块后直接进行运算分析，表示数据块内的数据乘以 1，均保持原来的值，这意味着加矩形窗，有时也习惯叫不加窗。如果在运算分析前乘以一个不等于常数的特定函数，对数据块内的数据作了不等加权，则表示对时间信号加了特定的时窗。

一个理想的时窗函数，其谱窗应具有如下特点：

①主瓣宽度要小，即带宽要窄；

②旁瓣高度与主瓣高度相比要小，且衰减要快。

不过，对于实际的窗函数，这两个要求是互相矛盾的。主瓣窄的窗函数，旁瓣也较高；旁瓣矮，衰减快的窗函数，主瓣也较宽。实际分析时要根据不同类型信号和具体要求选择适当的窗函数。

5.3.2 常用窗函数及其特性

(1)矩形窗

如前所述，矩形加窗即不加窗，信号截断后直接进行分析运算。它的时域和对应的谱窗特性上面已作过讨论（见式(5.29)），是一种广泛使用的时窗。矩形窗的优点是主瓣宽度窄；缺点是旁瓣较高，泄漏较为严重，第一旁瓣相对主瓣衰减 -13dB，旁

瓣衰减率 -6dB/倍频程。

矩形窗可用于脉冲信号的加窗。调节其窗宽,使之等于或稍大于脉冲的宽度(也称为脉冲窗),不仅不会产生泄漏,而且可以排除脉冲宽度外的噪声干扰,提高分析信噪比。在特定条件下,矩形窗也可用于周期信号的加窗,如果矩形窗的宽度能正好等于周期信号的整数个周期时,泄漏可以完全避免。

(2)汉宁窗

汉宁窗是一个高度为$\frac{1}{2}$的矩形窗与一个幅值为$\frac{1}{2}$的余弦窗叠加而成,它的时、频域表达式是

$$w_{\mathrm{h}}(t)=\begin{cases}\dfrac{1}{2}+\dfrac{1}{2}\cos\dfrac{2\pi}{T}t & |t|<T/2\\ 0 & |t|>T/2\end{cases} \tag{5.30}$$

$$W_{\mathrm{h}}(f)=\frac{1}{2}W_{\mathrm{r}}(f)+\frac{1}{4}W_{\mathrm{r}}(f-f_0)+\frac{1}{4}W_{\mathrm{r}}(f+f_0)\quad f_0=\frac{1}{T} \tag{5.31}$$

式(5.31)中的 $W_{\mathrm{r}}(f)$ 是式(5.29)所示的矩形谱窗。该式表明,汉宁窗的谱窗是由三个矩形谱窗叠加组成。由于 $\pm f_0$ 的频移,这三个谱窗的正负旁瓣相互抵消,合成的汉宁谱窗的旁瓣很小,衰减也较快。它的第一旁瓣比主瓣衰减 -32dB,旁瓣衰减率 -18dB/倍频程,但它的主瓣宽度是矩形窗的 1.5 倍。图 5.13 为汉宁窗的时域函数图形和经汉宁加窗后的正弦信号,正弦信号经汉宁加窗后,在窗宽(也就是数据段的长度)内,其幅值被不等加权。

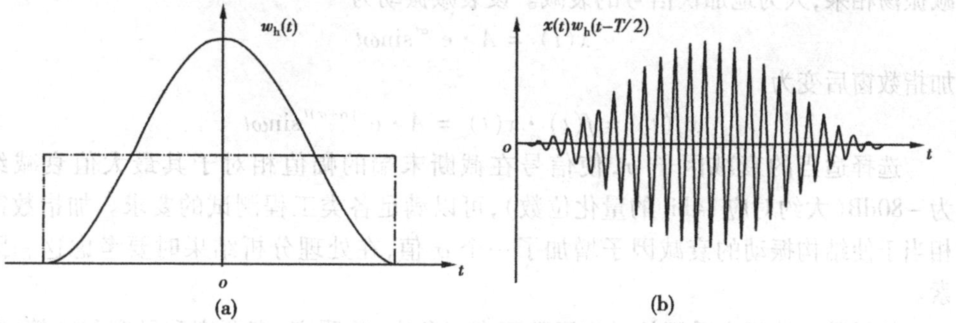

图 5.13　汉宁窗与经汉宁加窗后的正弦信号

(a)汉宁窗的函数图形；　(b)汉宁加窗后的正弦信号

汉宁窗具有较好的综合特性,它的旁瓣小而且衰减快,适用于功率信号(如随机信号和周期信号)的截断与加窗。这种两端为零的平滑窗函数可以消除截断时信号始末点的不连续性,大大减少截断对谱分析的干扰。但这是以降低频率分辨力为代价而得到的。图 5.14 所示为同一正弦信号分别加汉宁窗和矩形窗后计算出的频谱(窗宽不是正弦信号周期的整数倍),该图清楚地显示汉宁窗减少泄漏误差的效果

(幅值以对数坐标显示)。正弦信号截断后直接做谱分析(加矩形窗)泄漏十分明显,理论上的单一谱线向两端无限扩散。加汉宁窗后泄漏明显受到抑制,频谱底部的杂乱噪声谱线幅值很小。

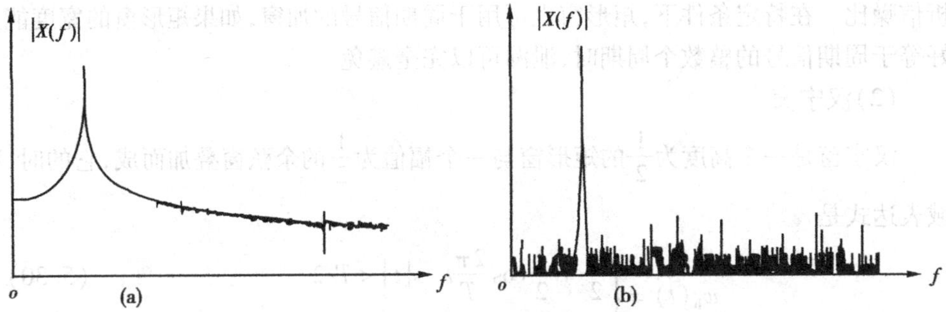

图 5.14　加窗的效果

(a) 矩形加窗正弦信号的频谱;　(b)汉宁加窗正弦信号的频谱

(3)指数窗

理论分析和实验表明,很多系统受到瞬态脉冲激励时,会产生一种确定性的、并最终衰减为零的振荡,衰减的快慢取决于系统的阻尼。

如果用矩形窗截取衰减振荡信号,由于时窗宽 T 受各种因素影响不能太长,信号末端的代表小阻尼模态的信号段会被丢失。汉宁窗起始处为零和很小,会破坏信号重要的始端数据。这种情况比较合适的是采用指数衰减窗 $f(t)=e^{-\sigma t}$,将其与衰减振荡相乘,人为地加快信号的衰减。设衰减振动为

$$x(t) = A\cdot e^{-\alpha t}\sin\omega t$$

加指数窗后变为

$$x_{\sigma}(t) = f(t)\cdot x(t) = A\cdot e^{-(\alpha+\sigma)t}\sin\omega t$$

选择适当的衰减因子 σ,使信号在截断末端的幅值相对于其最大值衰减约为 -80dB(大约对应 14bit 的量化位数),可以满足各类工程测试的要求。加指数窗相当于使结构振动的衰减因子增加了一个 σ 值,在处理分析结果时要考虑这一因素。

信号数字分析中采用的时窗函数还有三角窗、哈明窗、高斯窗和贝塞尔窗等,它们各有其特点,对泄漏误差都有一定的抑制作用。

5.4　离散傅里叶变换 DFT 及其快速算法 FFT

5.4.1　离散傅里叶变换原理

5.2 节的式(5.22)和式(5.23)给出了在满足采样定理的条件下,离散信号

$x(n\Delta)$与它的频谱$X_{\Delta}(f)$的关系如下

$$X_{\Delta}(f) = \sum_{n=-\infty}^{\infty} x(n\Delta)\mathrm{e}^{-\mathrm{j}n2\pi f\Delta}$$

$$x(n\Delta) = \Delta\int_{-\frac{1}{2\Delta}}^{\frac{1}{2\Delta}} X_{\Delta}(f)\mathrm{e}^{\mathrm{j}2\pi fn\Delta}\mathrm{d}f$$

用x_n表示$x(n\Delta)$经截断加窗后的N点有限长度数据,其频谱可以写为

$$X_{\Delta}(f) = \sum_{n=0}^{N-1} x_n\mathrm{e}^{-\mathrm{j}n2\pi f\Delta} \tag{5.32}$$

称为$x(t)$的有限离散傅里叶变换,它在物理上有意义的范围是$(-\frac{1}{2\Delta},\frac{1}{2\Delta})$。因为$X_{\Delta}(f)$是以$1/\Delta$为周期的频域函数,它在$(-\frac{1}{2\Delta},0)$的频率范围内和在$(\frac{1}{2\Delta},1/\Delta)$频率范围内是相等的,所以也可以在$(0,1/\Delta)$的频率范围内去研究$X_{\Delta}(f)$,见图5.15。同时考虑到周期函数在一个周期内的定积分结果与积分的起始点是无关的,逆变换式又可以写为

$$x_n = \Delta\int_{-\frac{1}{2\Delta}}^{\frac{1}{2\Delta}} X_{\Delta}(f)\mathrm{e}^{\mathrm{j}2\pi fn\Delta}\mathrm{d}f = \Delta\int_{0}^{1/\Delta} X_{\Delta}(f)\mathrm{e}^{\mathrm{j}2\pi fn\Delta}\mathrm{d}f \tag{5.33}$$

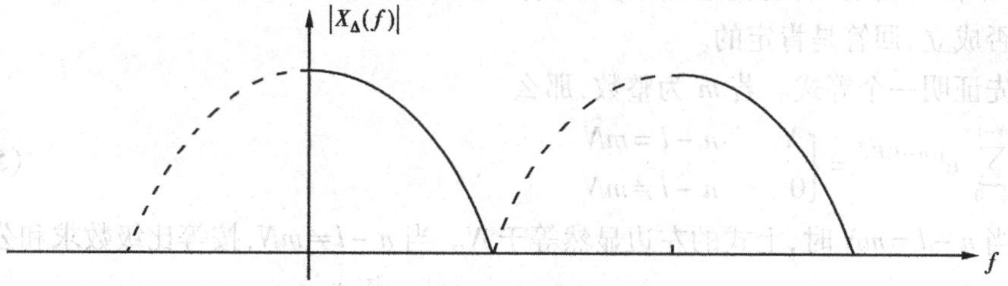

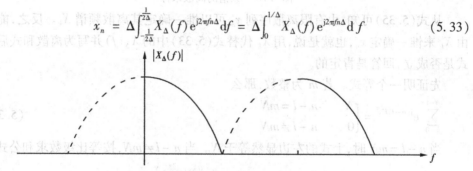

图5.15 离散信号频谱的周期性

由式(5.32)所表示的频谱仍然是f的连续函数,在$(0,1/\Delta)$内有无穷多个值,不适合计算机处理。要用数值计算方法作傅里叶分析,不仅要对时间信号作离散采样,而且还要对信号的频谱作频域离散采样。

离散信号x_n是一个长度$T=N\Delta$的时域有限信号,由5.2节给出的频域采样定理可知,在它的连续频谱中,只有按$\Delta f=1/T$频率间隔采样的一序列离散值$X_{\Delta}\left(k\frac{1}{T}\right)$ $(k=0,1,2,3,\cdots)$,是独立和必须的,由这些离散值可以恢复$X_{\Delta}(f)$和$x(t)$。现在,在$(0,1/\Delta)$的频率范围内,以频率间隔$\Delta f=1/T=\frac{1}{N\Delta}$对$X_{\Delta}(f)$进行离散采样,设第$k$个采样点的频率为$f_k$

$$f_k = k\frac{1}{N\Delta} = k \cdot \Delta f \tag{5.34}$$

将上式代入式(5.32)，用 X_k 表示频谱在离散频率点 f_k 处的值 $X_\Delta(k \cdot \Delta f)$，那么

$$X_k = \sum_{n=0}^{N-1} x_n e^{-j2\pi\frac{kn}{N}} \qquad k = 0,1,2,\cdots,N-1 \tag{5.35}$$

X_k 称为 x_n 的有限离散傅里叶变换，简称离散傅里叶变换，记为 DFT。在 $(0,1/\Delta)$ 的频率范围内，离散谱线数是 $\frac{1/\Delta}{1/N\Delta}=N, k=0,1,2,\cdots,N-1$，见图 5.16。

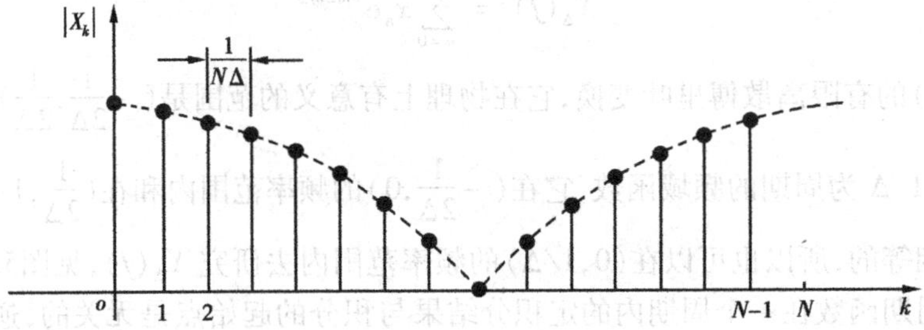

图 5.16　频谱的离散采样

从式(5.35)可知，由有限离散序列 x_n 可以惟一确定其离散频谱 X_k。反之，能否由 X_k 来惟一确定 x_n，也就是说，用 X_k 代替式(5.33)中的 $X_\Delta(f)$ 并写为离散和式后该式是否成立，回答是肯定的。

先证明一个等式。若 m 为整数，那么

$$\sum_{k=0}^{N-1} e^{j(n-l)k\frac{2\pi}{N}} = \begin{cases} N & n-l=mN \\ 0 & n-l \neq mN \end{cases} \tag{5.36}$$

当 $n-l=mN$ 时，上式的左边显然等于 N。当 $n-l \neq mN$，按等比级数求和公式

$$\sum_{k=0}^{N-1} e^{j(n-1)k\frac{2\pi}{N}} = \frac{1-\left(e^{j(n-l)k\frac{2\pi}{N}}\right)^N}{1-e^{j(n-l)k\frac{2\pi}{N}}} = 0 \tag{5.37}$$

下面计算

$$\sum_{k=0}^{N-1} X_k e^{jkn\frac{2\pi}{N}} = \sum_{k=0}^{N-1}\left(\sum_{l=0}^{N-1} x_l e^{-jkl\frac{2\pi}{N}}\right) \cdot e^{jkn\frac{2\pi}{N}} =$$

$$\sum_{l=0}^{N-1} x_l \left(\sum_{k=0}^{N-1} e^{j(n-l)k\frac{2\pi}{N}}\right)$$

根据式(5.36)，可得

$$\sum_{k=0}^{N-1} X_k e^{jkn\frac{2\pi}{N}} = x_n N, \quad x_n = \frac{1}{N}\sum_{n=0}^{N-1} X_k e^{jkn\frac{2\pi}{N}}$$

即由 X_k 可以惟一确定 x_n。把上式和式(5.35)写在一起就得到离散傅里叶变换对如

下

$$X_k = \sum_{n=0}^{N-1} x_n \mathrm{e}^{-\mathrm{j}2\pi\frac{kn}{N}} \qquad k = 0,1,2,\cdots,N-1 \tag{5.38}$$

$$x_n = \frac{1}{N}\sum_{n=0}^{N-1} X_k \mathrm{e}^{\mathrm{j}kn\frac{2\pi}{N}} \qquad n = 0,1,2,\cdots,N-1 \tag{5.39}$$

离散傅里叶变换对表示有限离散时间信号 x_n 和有限离散频谱 X_k 的一一对应的关系。式(5.38)称为正变换,简记为 DFT;式(5.39)称为逆变换,简记为 IDFT。式(5.39)也就是式(5.33)的离散形式。

在这里有必要再一次指出,如同 x_n 是表示原始信号 $x(t)$ 在 $t=n\Delta$ 时的值一样,X_k 表示的是 $x(t)$ 的频谱 $X(f)$ 在 $f=k\cdot\Delta f$ 处的值(差一个因子,见后面的式(5.45)),它是具有明确的物理意义的。

5.4.2　DFT 的周期性和共轭性

DFT 具有一系列的特性和内在规律,这里介绍两个最重要的特性:周期性和共轭性。前者是 DFT 所特有的,后者则与连续傅里叶变换的共轭特性相似。

离散频谱 X_k 是以 k 为自变量的频域函数,它的周期是 N,即

$$X_{mN+k} = X_k \tag{5.40}$$

式中,m 为整数。

由式(5.38)

$$X_{mN+k} = \sum_{n=0}^{N-1} x_n \mathrm{e}^{-\mathrm{j}2\pi\frac{(mN+k)n}{N}} = \sum_{n=0}^{N-1} x_n \mathrm{e}^{-\mathrm{j}2\pi\frac{kn}{N}} \cdot \mathrm{e}^{-\mathrm{j}2\pi mn}$$

因为 $\mathrm{e}^{-\mathrm{j}2\pi mn}=1$,所以

$$X_{mN+k} = \sum_{n=0}^{N-1} x_n \mathrm{e}^{-\mathrm{j}2\pi\frac{kn}{N}} = X_k$$

X_k 是由 $X_\Delta(f)$ 按频率间隔 $\frac{1}{N\Delta}$ 离散采样而得。$X_\Delta(f)$ 的周期是 $1/\Delta$,X_k 的周期是 N 是很自然的。

若 x_n 是实信号,则其离散频谱 X_k 在 $k=0,1,2,\cdots,N-1$ 的一个周期内,还存在某种规律性。前面已讨论过,$X_\Delta(f)$ 在 $(\frac{1}{2\Delta},1/\Delta)$ 的频率范围内和在 $(-\frac{1}{2\Delta},0)$ 的频率范围内是相等的;又根据实信号的傅里叶变换特性,$X(-f)=\overline{X}(f)$,所以对于相应的离散频谱,可以得出

$$X_{N-l} = \overline{X}_l \quad l = 0,1,2,\cdots,N/2-1 \tag{5.41}$$

这就是说，X_k 在 $0,\cdots,N-1$ 内，以 $N/2$ 为中点，左右相对是共轭的。

等式(5.41)的左边为

$$X_{N-l} = \sum_{n=0}^{N-1} x_n e^{-j2\pi\frac{(N-l)n}{N}} = \sum_{n=0}^{N-1} x_n e^{j2\pi\frac{ln}{N}} \cdot e^{-j2\pi n}$$

因为 $e^{-j2\pi n}=1$，所以

$$X_{N-l} = \sum_{n=0}^{N-1} x_n e^{j2\pi\frac{ln}{N}} = \overline{X}_l$$

以 $N=16$ 为例，有 $X_{15}=\overline{X}_1, X_{14}=\overline{X}_2,\cdots$ 在图 5.17 中，用虚线连接的 X_k 就是这样的共轭对。

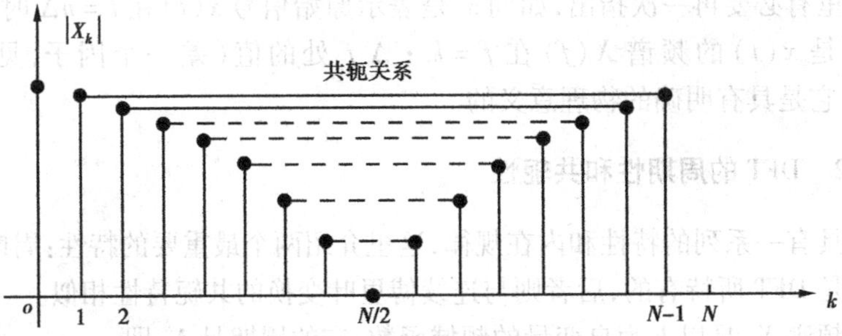

图 5.17　离散傅里叶变换的共轭特性

共轭特性表明，对于实信号 x_n，由于其频谱 X_k 在 $0\sim N-1$ 内，以 $N/2$ 为中点，是左右共轭的，所以 X_k 只有在 $k=0,1,2,\cdots,N/2-1$ 处的值是独立的。在进行频谱分析时，离散傅里叶变换的结果只需显示 $k=0,1,2,\cdots,N/2-1$ 条谱线，亦即，N 个时域数据可得出 $N/2$ 条复谱线，它们相当于 $X(f)$ 从零到 f_N 的有意义的频率范围。但在信号数字分析系统中，为了傅里叶逆变换的需要，全部 N 点 X_k 值仍然保留。

对于一个与离散频谱序列 X_k 对应的离散时间序列 x_n 而言，若 n 不受 $0,\cdots,N-1$ 的限制而延伸，它也是以 N 为周期的时域离散信号，即

$$x_{mN+n} = x_n \tag{5.42}$$

由式(5.39)

$$x_{mN+n} = \frac{1}{N}\sum_{n=0}^{N-1} X_k e^{jk(mN+n)\frac{2\pi}{N}} = \frac{1}{N}\sum_{n=0}^{N-1} X_k e^{jkn\frac{2\pi}{N}} \cdot e^{jkm2\pi}$$

因为 $e^{jkm2\pi}=1$，所以有

$$x_{mN+n} = \frac{1}{N}\sum_{n=0}^{N-1} X_k e^{jkn\frac{2\pi}{N}} = x_n$$

式(5.42)和式(5.40)在形式上是相似的，它们表示离散时间信号 x_n 和离散频谱 X_k 分别是时域和频域内的以 N 为周期的周期序列。时域离散采样导致频谱周期化。同理，频域离散采样将导致时域信号周期化，这与时域周期信号对应离散频谱是相符的。

5.4.3　离散傅里叶变换对的说明

经过前面的讨论分析可知，离散信号在时间轴上按间隔Δ采样后得到离散信号 x_n，其频谱 $X_\Delta(f)$ 是以 $1/\Delta$ 为周期的频域周期函数，参看图 5.18 第 2 行。从式(5.32)

$$X_\Delta(f) = \sum_{n=0}^{N-1} x_n \mathrm{e}^{-\mathrm{j}n2\pi f\Delta}$$

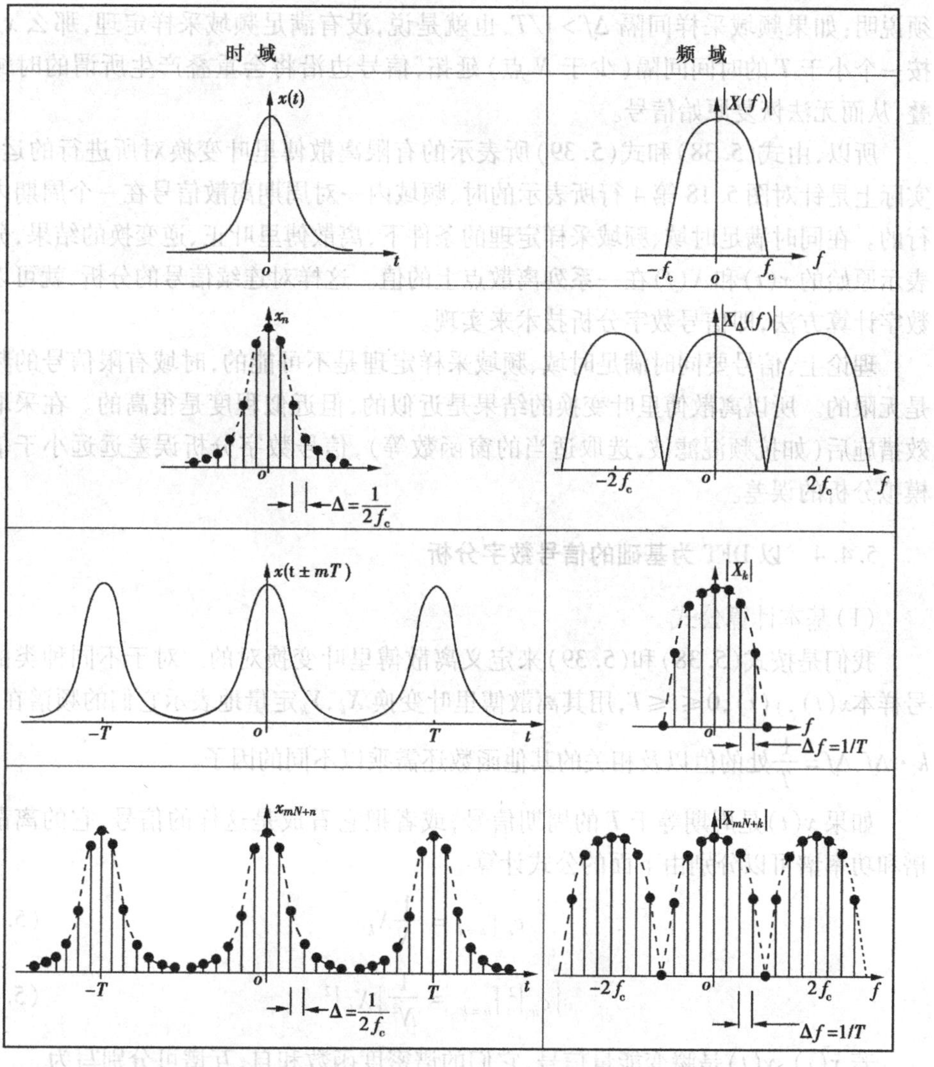

图 5.18　信号在时、频域内特性的对比

可以清楚地看出，正是由于Δ为非零值，才产生了 $X_\Delta(f)$ 的周期性。当 $\Delta\to 0$ 时，x_n

变为 $x(t)$；频谱周期趋于无穷大，$X_{\Delta}(f)$ 失去了周期性而变成了 $X(f)$。这正是第2章里傅里叶积分变换所描述的情况，参看图5.18第1行。

时间域内的周期信号，对应着频率域内的离散频谱，这是傅里叶级数描述的情况，见图5.18第3行。当离散频谱的间隔为 $1/T$ 时，表示所有的谐波分量都有公共周期 T，合成的时域函数必然是周期为 T 的周期信号。因此，对连续频谱 $X_{\Delta}(f)$ 进行频率间隔 $\Delta f=1/T$ 的离散采样而得到 X_k，也就意味着将对应的 x_n 按数据块长度 T（即 N 点）在时间轴上周期延拓，参看图5.18第4行，并对照式(5.42)。这里，有一点必须说明：如果频域采样间隔 $\Delta f>1/T$，也就是说，没有满足频域采样定理，那么 x_n 将按一个小于 T 的时间间隔（少于 N 点）延拓，信号边沿将会重叠产生所谓的时域混叠，从而无法恢复原始信号。

所以，由式(5.38)和式(5.39)所表示的有限离散傅里叶变换对所进行的运算，实际上是针对图5.18第4行所表示的时、频域内一对周期离散信号在一个周期内进行的。在同时满足时域、频域采样定理的条件下，离散傅里叶正、逆变换的结果，分别表示原始的 $x(t)$ 和 $X(f)$ 在一系列离散点上的值。这样对连续信号的分析，就可以用数字计算方法，即信号数字分析技术来实现。

理论上，信号要同时满足时域、频域采样定理是不可能的，时域有限信号的频谱是无限的。所以离散傅里叶变换的结果是近似的，但近似程度是很高的。在采取有效措施后（如抗频混滤波，选取适当的窗函数等），信号数字分析误差远远小于信号模拟分析的误差。

5.4.4 以DFT为基础的信号数字分析

(1)基本计算公式

我们是按式(5.38)和(5.39)来定义离散傅里叶变换对的。对于不同种类的信号样本 $x(t)$，$y(t)$，$0\leqslant t\leqslant T$，用其离散傅里叶变换 X_k，Y_k 定量地表示它们的频谱在 $f=k\cdot\Delta f, \Delta f=\dfrac{1}{T}$ 处的值以及相关的其他函数还需乘以不同的因子。

如果 $x(t)$ 是周期等于 T 的周期信号，或者把它看成是这样的信号，它的离散频谱和功率谱可以分别由下面的公式计算

$$c_n\big|_{n=k}=\frac{1}{N}X_k \tag{5.43}$$

$$|c_n|^2\big|_{n=k}=\frac{1}{N^2}|X_k|^2 \tag{5.44}$$

若 $x(t)$，$y(t)$ 是瞬变能量信号，它们的谱密度函数和自、互谱可分别写为

$$X(f)\big|_{f=k\Delta f}=\Delta X_k,\qquad Y(f)\big|_{f=k\Delta f}=\Delta Y_k \tag{5.45}$$

$$S_x(f)|_{f=k\Delta f} = S_x(k) = \Delta^2 |X_k|^2, S_y(f)|_{f=k\Delta f} = S_y(k) = \Delta^2 |Y_k|^2 \tag{5.46}$$

$$S_{xy}(f)|_{f=k\Delta f} = S_{xy}(k) = \Delta^2 \overline{X}_k \cdot Y_k$$

$$S_{yx}(f)|_{f=k\Delta f} = S_{yx}(k) = \Delta^2 \overline{Y}_k \cdot X_k \tag{5.47}$$

若 $x(t)$，$y(t)$ 是随机信号，它们的自谱和互谱分别为

$$S_x(f)|_{f=k\Delta f} = S_x(k) = \frac{\Delta}{N}|X_k|^2, S_y(f)|_{f=k\Delta f} = S_y(k) = \frac{\Delta}{N}|Y_k|^2 \tag{5.48}$$

$$S_{xy}(f)|_{f=k\Delta f} = S_{xy}(k) = \frac{\Delta}{N}\overline{X}_k \cdot Y_k$$

$$S_{yx}(f)|_{f=k\Delta f} = S_{yx}(k) = \frac{\Delta}{N}\overline{Y}_k \cdot X_k \tag{5.49}$$

若 $y(t)$ 是某线性系统在 $x(t)$ 输入下的输出，则系统的频率响应函数可写为

$$H_1(f)|_{f=k\Delta f} = H_1(k) = \frac{S_{xy}(k)}{S_x(k)}$$

或

$$H_2(f)|_{f=k\Delta f} = H_2(k) = \frac{S_y(k)}{S_{yx}(k)} \tag{5.50}$$

(2)谱的平均

参与 DFT 的 x_n $(n=0,1,2,\cdots,N-1)$ 只是信号一个有限长度段，由它得出的频谱 X_k 具有随机性。理论分析证明，用 X_k 按上述公式得出的功率谱的标准差等于其均值，这意味着分析精度很差。为了提高信号数字谱分析的精度，需要作谱平均处理。

把待分析计算的数字序列 x_n，y_n 各分为 q 段，每段 N 点。对每一段分别作 DFT，并计算它们的自、互谱，则经平均后的自、互谱估计为

$$\hat{S}_x(k) = \frac{1}{q}\sum_{r=1}^{q} S_x^r(k) \tag{5.51}$$

$$\hat{S}_{xy}(k) = \frac{1}{q}\sum_{r=1}^{q} S_{xy}^r(k)$$

式中，$S_x^r(k)$ 和 $S_{xy}^r(k)$ 分别表示第 r 段数据块的自、互谱。平均后的自、互谱的标准差降为平均前的 $1/\sqrt{q}$，大大提高了频谱分析精度。频率响应函数估计可由经平均后的自、互谱计算出。

实际信号数字分析处理中，这一过程是必不可少的，称为谱平均。平均次数 q 的

实际取值通常是在十数次到数十上百次之间。

(3) DFT 的谱分析极限

由于信号在时域、频域离散化的结果，离散傅里叶变换的分析范围和频率分辨力均有一定的限制，主要是：

1) 频率分析上限，即频率分析范围 f_{max}

离散傅里叶变换的频率分析上限理论上等于奈魁斯特频率 f_N，由采样频率 f_s 决定

$$f_{max} = f_N = \frac{1}{2}f_s \tag{5.52}$$

实际上，由于频混误差不可能完全避免，在 k 值接近 $N/2-1$（f 接近 f_N）时，频混误差可能较大。故在解释频谱中接近分析上限的高端分量时必须谨慎，特别是当这些高端分量值较大时。一种通常采用的措施是，删去 k 值接近 $N/2-1$ 处若干高端谱线。例如当 $N=1\,024$ 时，理论上 k 的取值范围为 $0 \sim 511$（$0 \sim f_N$），而实际只显示 $k=0,1,2,\cdots,400$ 共 401 条谱线（约为 $0 \sim 0.8f_N$），余下的高端 100 余条谱线被删除。

2) 频率分辨力 Δf

频率分辨力是指离散谱线之间的频率间隔 Δf，也就是频域采样的采样间隔。它由数据块的长度 $T=N\Delta$ 决定，即

$$\Delta f = \frac{1}{N\Delta} \tag{5.53}$$

由于谱窗的带宽大于 $1/T$，再加上旁瓣的影响，实际的频率分辨力低于 Δf。

频谱经离散化后，只能获得在 $f_k = k \cdot \Delta f$ 处的各频率成分，其余部分被舍去，这个现象称为栅栏效应。这犹如通过栅栏观察外界景物时只能看到部分景物而不能看到其他部分一样。栅栏效应和频混、泄漏一样，也是信号数字分析中的特殊问题。显然，感兴趣的频率成分和频谱细节有可能出现在非 f_k 点即谱线之间的被舍去处，而使信号数字谱分析出现偏差和较大的分散性。要减少栅栏效应，就需要提高频率分辨力。但提高频率分辨力和扩宽频率分析范围是矛盾的，这个问题随后就要讨论。较好地减少栅栏效应不利影响的途径是采用频率细化技术，这将在 5.6 节中介绍。

3) 频率分析下限 f_{min}

频率分析下限 f_{min} 理论上为 $k=1$ 时对应的频率值，及等于频率分辨力。故有

$$f_{min} = \Delta f = \frac{1}{N\Delta} \tag{5.54}$$

影响 f_{min} 的原因，除了同影响频率分辨力的原因相同外，还由于传感器和前置放大器的低频特性通常不理想，或直流放大器的零飘等原因，原始模拟信号中的低频成分往往有较大的误差。故在解释 k 接近 1 的若干低端谱线时，亦应当谨慎。特别是在频域内将各谐波分量的幅值除以其角频率来进行信号的积分时要特别注意，因为

这时低端谱分量的误差将会被极大地放大。

4)频率分析范围和分辨力之间的关系

离散傅里叶变换的频率分析范围和频率分辨力之间的关系为

$$f_{max} = \frac{N}{2}\Delta f \tag{5.55}$$

由于计算机容量及计算工作量的限制,各数据块的点数 N 是有限的,N 的典型取值为1 024($1K$)或 2 048($2K$)。式(5.55)清楚地表明,当 N 值一定时,分析范围宽,谱线之间的频率间隔加大,频率分辨力必然下降;要有高的频率分辨力,频率分析范围必然较窄。在进行数字信号分析时,有时需仔细权衡,作出两项指标都可以接受的折中。

下面给出某专用数字信号分析设备的一组标准分析参数,读者可用来验证上面的分析论述(实际频率分析上限 f_{max} 小于 f_N,理论上的 1 024 条谱线只显示 800 条,200 多条高端谱线被删除)。

时域	$N = 2\ 048$	$\Delta = 61\mu s$　$T = 125ms$
频域	$k = 0 \sim 800$	$\Delta f = 8Hz$　$f_{max} = 6.4kHz$。

5.4.5　快速傅里叶变换 FFT 简介

式(5.38)和式(5.39)所示的离散傅里叶变换对,提供了用数值计算的方法对信号进行傅里叶变换的依据。但是,仔细观察后就会发现,若用常规方法进行计算,工作量是十分惊人的。以正变换为例,计算一个 X_k 值,要作 N 次复数乘法和($N-1$)次复数加法。而计算全部 N 个 X_k 值,则需作 N^2 次乘法和 $N(N-1)$ 次加法。若点数 $N = 1\ 024$,乘法次数高达 $1\ 024^2 = 1\ 048\ 678$次,如此浩大的计算工作量,就是对计算机而言也是过于冗长和耗时了。

所以,尽管 DFT 理论提出了多年,在一段时期内,其应用只限于某些数据的事后处理,在速度和成本上都赶不上模拟系统,其应用价值相当有限。多年来,人们一直在寻找一种快速简便的算法,使 DFT 不仅在原理上成立,而且能付诸实施。1965 年,Cooley J. W. 和 Tukey J. W. 提出了一种快速通用的 DFT 计算方法,编出了使用这个方法的第一个程序。此算法称为快速傅里叶变换,即 FFT。它的出现极大地提高了 DFT 的计算速度,被广泛地应用于各个技术领域,使科学分析的许多面貌完全改观。

FFT 的基本原理是充分利用已有的计算结果,避免常规 DFT 运算中的大量重复计算,提高计算效率,缩短运算时间。

设有一 N 点离散序列 x_n,根据式(5.38),它的 DFT 为

$$X_k = \sum_{n=0}^{N-1} x_n e^{-j2\pi\frac{kn}{N}} \qquad k = 0,1,2,\cdots,N-1$$

在此 DFT 计算式中,存在着大量的重复计算。为便于讨论,引入记号

$$W_N^1 = e^{-j2\pi\frac{1}{N}} \tag{5.56}$$

于是 x_n 的 DFT 可简写为

$$X_k = \sum_{n=0}^{N-1} x_n W_N^{kn} \tag{5.57}$$

式中的相位因子 $W_N^{nk} = e^{-j2\pi\frac{nk}{N}}$ 有三个重要性质：

1)周期性：$W_N^{k+mN} = W_N^k$；

2)对称性：$W_N^{k+N/2} = -W_N^k$；

3)换底公式：$W_N^{mk} = W_{N/m}^k$。

利用 W_N^k 的这些性质，可以避免 DFT 计算式(5.57)中的很多不必要的重复运算，减少计算量，加快 DFT 的运算速度。现以 $N=4=2^2$ 为例来说明这个问题，将式(5.57)写为矩阵形式

$$\begin{bmatrix} X_0 \\ X_1 \\ X_2 \\ X_3 \end{bmatrix} = \begin{bmatrix} W_4^0 & W_4^0 & W_4^0 & W_4^0 \\ W_4^0 & W_4^1 & W_4^2 & W_4^3 \\ W_4^0 & W_4^2 & W_4^4 & W_4^6 \\ W_4^0 & W_4^3 & W_4^6 & W_4^9 \end{bmatrix} \begin{bmatrix} x_0 \\ x_1 \\ x_2 \\ x_3 \end{bmatrix}$$

根据 W_N^{kn} 的周期性和对称性，上式中的 W_N^{kn} 矩阵可简化为

$$\begin{vmatrix} W_4^0 & W_4^0 & W_4^0 & W_4^0 \\ W_4^0 & W_4^1 & W_4^2 & W_4^3 \\ W_4^0 & W_4^2 & W_4^4 & W_4^6 \\ W_4^0 & W_4^3 & W_4^6 & W_4^9 \end{vmatrix} = \begin{vmatrix} W_4^0 & W_4^0 & W_4^0 & W_4^0 \\ W_4^0 & W_4^1 & W_4^2 & W_4^3 \\ W_4^0 & W_4^2 & W_4^0 & W_4^2 \\ W_4^0 & W_4^3 & W_4^2 & W_4^1 \end{vmatrix} = \begin{vmatrix} W_4^0 & W_4^0 & W_4^0 & W_4^0 \\ W_4^0 & W_4^1 & -W_4^0 & -W_4^1 \\ W_4^0 & -W_4^0 & W_4^0 & -W_4^0 \\ W_4^0 & -W_4^1 & -W_4^0 & W_4^1 \end{vmatrix}$$

经简化后的 W_N^{kn} 矩阵中，若干数量的元素相同，由此可见，DFT 运算是可以大大简化的。

FFT 提高运算速度的效果随点数 N 的增加而增加，当 $N=1\ 024$(1K FFT)时，FFT 的运算量仅为不到常规运算的百分之一，可见 FFT 的效率是相当惊人的。

快速傅里叶变换 FFT 是计算有限离散傅里叶变换 DFT 的一种快速算法，在变换理论上仍然属于 DFT 的范畴。它不仅可以计算离散傅里叶正变换，而且可以计算离散傅里叶逆变换。由于实际上的 DFT 和 IDFT 无一不是采用 FFT 算法，所以人们习惯上把它们通称为 FFT。FFT 自问世以来，已经出现了多种具体算法，速度也越来越快。标准的 FFT 程序可以在各种算法手册和信号分析程序库中查到。

5.5 FFT 分析仪简介

以下对典型的双通道 FFT 分析系统的工作原理作一简介。该系统不仅能对单个信号进行频谱分析和自相关分析，而且能对被测试系统的输入、输出信号并行进行

分析,计算互谱、互相关函数、识别系统特性等,图5.19为分析系统工作原理简图。

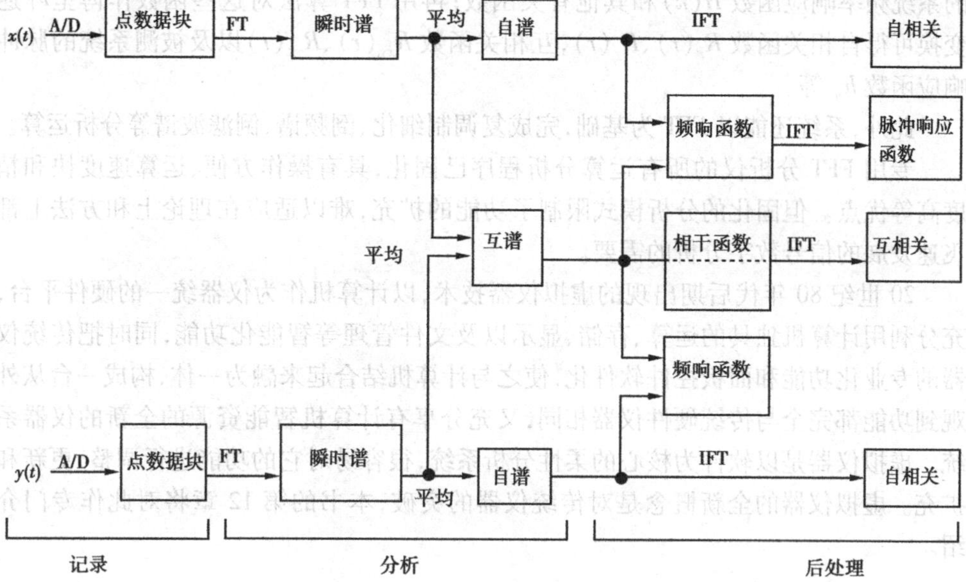

图5.19 双通道FFT分析系统框图

此FFT分析系统的信号处理过程可以分为三个部分:记录、分析和后处理。

1)记录部分 完成对输入信号的抗频混滤波、幅值调节和采样等操作,为FFT做准备。抗频混滤波器的截止频率、模拟数字转换时的采样频率在选定分析带宽后自动设定。FFT分析系统的点数N是一个定数,一般不可以改变,常用的是1 024(1K FFT)或2 048(2K FFT)。转换后的数字序列按每段N点分块存于数据缓冲器内,可以实时显示。双通道FFT分析系统的数据记录是两个通道同步进行的,以保证数字信号x_n和y_n之间无时差。

2)分析部分 从数据缓冲器内分段读出数据并加窗,时窗函数有多种形式供选择,并可自行定义。对经加窗后的各段数据段作FFT运算,得出信号的频谱X_k和Y_k,并计算它们的自谱、$S_x(k)$,$S_y(k)$和互谱$S_{xy}(k)$,$S_{yx}(k)$。每段信号的频谱通常称为瞬时谱,可以实时显示以观察信号频谱随时间的变化。为减少分析误差,自、互谱要作平均处理,平均次数q根据需要设定,在分析过程中可随时修改。选定q后,分析部分将根据连续的q段数据的瞬时谱,算出它们的自谱和互谱(双通道同时进行)并进行平均。如果谱分析的目的是为了作快速相关,记录部分每段只采集$N/2$点有效数据,后$N/2$点置零。分析部分对"零补"数据作FFT,再求自谱并做平均,使快速相关算法可以得出线性相关结果。

3)后处理 谱平均后得出的自谱$S_x(k)$,$S_y(k)$和互谱$S_{xy}(k)$、$S_{yx}(k)$是最基本和最重要的三组函数,我们所讨论的信号分析中的所有时、频域函数都可以由它们导出。后处理部分通过对这三组函数的相互运算，可得出由输出 $y(t)$ 和输入 $x(t)$ 估计的系统频率响应函数 $H(k)$ 和其他有关函数；再用 FFT 算法对这些函数作傅里叶逆变换可得自相关函数 $R_x(\tau)$、$R_y(\tau)$，互相关函数 $R_{xy}(\tau)$、$R_{yx}(\tau)$ 以及被测系统的脉冲响应函数 h_n 等。

此外，系统还能以 FFT 为基础，完成复调制细化、倒频谱、倒滤波谱等分析运算。

专用 FFT 分析仪的所有运算分析程序已固化，具有操作方便、运算速度快和精度高等优点。但固化的分析模式限制了功能的扩充，难以适应在理论上和方法上都飞速发展的信号数字分析的需要。

20 世纪 80 年代后期出现的虚拟仪器技术，以计算机作为仪器统一的硬件平台，充分利用计算机独具的运算、存储、显示以及文件管理等智能化功能，同时把传统仪器的专业化功能和面板控件软件化，使之与计算机结合起来融为一体，构成一台从外观到功能都完全与传统硬件仪器相同，又充分享有计算机智能资源的全新的仪器系统。虚拟仪器是以软件为核心的柔性分析系统，很容易对它的功能进行调整、更新和扩充。虚拟仪器的全新概念是对传统仪器的突破，本书的第 12 章将对此作专门介绍。

习　题

5.1　画出信号数字分析流程框图，简述各部分的功能。

5.2　模数转换器的输入电压为 0 ~ 10V。为了能识别 2mV 的微小信号，量化器的位数应当是多少？若要能识别 1mV 的信号，量化器的位数又应当是多少？

5.3　模数转换时，采样间隔 Δ 分别取 1ms，0.5ms，0.25ms 和 0.125ms。按照采样定理，要求抗频混滤波器的上截止频率分别设定为多少 Hz（设滤波器为理想低通）？

5.4　连续信号 $x(t)$ 的频谱如题图 5.4 所示。取采样间隔 $\Delta = 2.5$ms，求离散信号 $x(n\Delta)$ 的频谱 $X_\Delta(f)$。

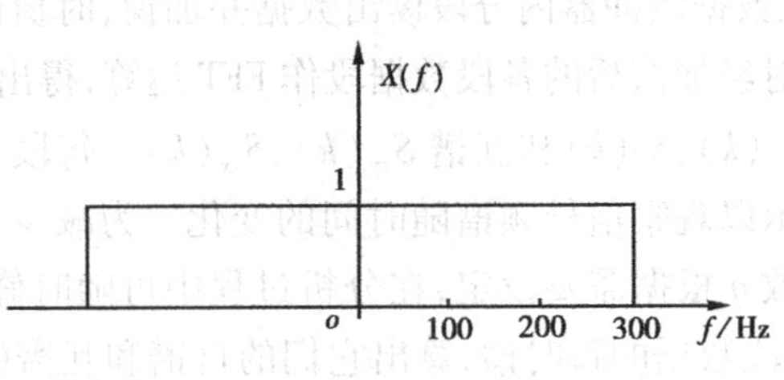

题图 5.4

5.5　某信号 $x(t)$ 的幅值频谱如题图 5.5 所示。试画出当采样频率 f_s 分别为 1）2 500Hz，2）2 200Hz，3）1 500Hz 时离散信号 $x(n\Delta)$ 在 $0 \sim f_N$ 之间的幅值频谱。

5.6　已知某信号的截频 $f_c = 125$Hz，现要对其作数字频谱分析，频率分辨间隔 $\Delta f = 1$Hz。问：1）采样间隔和采样频率应满足什么条件？2）数据块点数 N 应满足什么条件？3）原模拟信号的记录长度 $T = ?$

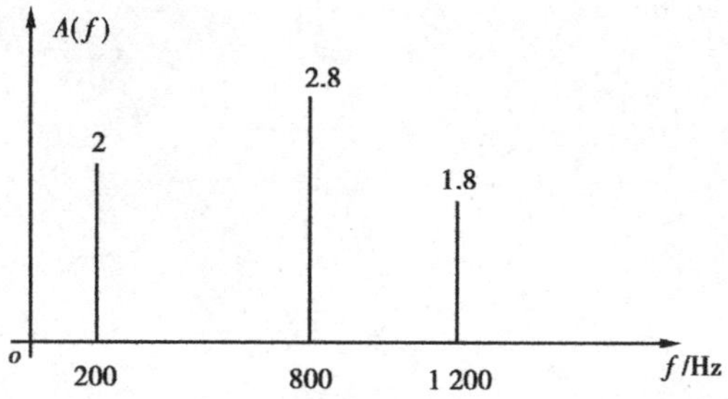

题图 5.5

参考文献

1. 程乾生. 信号数字处理的数学原理(第二版). 北京：石油工业出版社,1993
2. J.S. 贝达特, A.G. 皮尔索著. 凌福根译. 随机数据分析方法. 北京：国防工业出版社,1976
3. J.S. 贝达特, A.G. 皮尔索著. 凌福根译. 相关分析和谱分析的工程应用. 北京：国防工业出版社,1984
4. D.E. 纽兰著. 方同等译. 随机振动与谱分析概论. 北京：机械工业出版社,1980
5. E.O. 布赖恩著. 柳群译. 快速傅里叶变换. 上海：上海科技出版社,1979
6. 塞缪尔 D. 斯特恩斯著. 高顺泉等译. 数字信号分析. 北京：人民邮电出版社,1983
7. 屈维德主编. 机械振动手册(第二版). 北京：机械工业出版社,2000
8. R.B. Randall . Frequency Analysis. Denmark：Brüel & Kjcer,1986
9. Digital Signal Analysis. Denmark：Brüel & Kjcer,1985
10. 黄长艺，卢文详. 机械制造中的测试技术. 北京：机械工业出版社,1981
11. 吴正毅,测试技术与测试信号处理. 北京:清华大学出版社,1989
12. 蒋洪明,张庆主编. 动态测试理论与应用. 南京：东南大学出版社,1998

第6章

传感器原理与测量电路

6.1 概 述

机械工程中的被测量是各式各样的，它们具有不同的物理特性和量纲。例如机器在运行过程中，会产生振动、噪声，构件内部的应力应变及管道容器内的流体压力等各种各样的信号。现代机械工程测试中广泛采用的机械量电测原理和技术，就是首先使用各种转换装置——传感器将这些不同物理特性的信号转换为电信号。如果电信号随时间的变化规律与物理量随时间的变化规律相同，即波形不失真，那么，对电信号的分析处理就等同于对原工程信号的分析处理。

在机械测试中，传感器一般由转换机构和敏感元件两部分组成，前者将一种机械量转变为另一种机械量，后者则将机械量转换为电量，有些结构简单的传感器则只有敏感元件部分。传感器输出的电信号分为两类，一类是电压、电荷及电流，另一类是电阻、电容和电感等电参数，它们通常比较微弱和不适合直接分析处理。因此传感器往往与配套的前置放大器连接或者与其他电子元件组成专用的测量电路，最终输出幅值适当、便于分析处理的电压信号。正因为传感器和前置放大器或测量电路的这种不可分性，在这一章里，有些传感器将和配套的前置放大器或相关测量电路一起介绍。

机械工程中使用的传感器种类繁多。同一种物理量可以用多种不同转换原理（敏感元件不同）的传感器来检测，如加速度计按其敏感元件不同就有压电式、应变式和压阻式等多种。同一转换原理可以用于不同测量对象的传感器中，如应变式位移传感器、应变式加速度计和应变式拉压力传感器等。在这些传感器中，位移、加速度和拉压力等先由不同原理的转换机构转变为应变量，再被应变敏感元件——应变计转换为电信号。

传感器是测量装置与被测量之间的接口，处于测量系统的输入端，其性能直接影响着整个测量系统，对测量精确度起着主要的作用。

作为一个重要的测试单元，传感器首先必须在它的工作频率范围内满足不失真测试的条件，即幅频特性是常数，相频特性呈线性，最好等于零（参看第3章）。此外，在选择和使用传感器时还应该注意以下几点：

1）适当的灵敏度 灵敏度高意味着传感器能检测微小的信号。当被测量稍有变化，传感器就有较大的输出。但高灵敏度的传感器测量范围也较窄，较容易受噪声的干扰。所以同一种传感器常常做成一个序列，有高灵敏度测量范围较小的，也有测量范围宽灵敏度较低的，在使用时要根据被测量的变化范围（动态范围）并留有足够的余量来选择灵敏度适当的传感器。

2）足够的精确度 传感器的精确度表示其输出电量与被测量的真值的一致程度。前已述及，传感器位于测量系统的输入端，它能否真实地反映被测量，对整个测试系统是至关重要的。然而精确度越高，其价格也越高，对测量环境的要求也越高。

因此应当从实际出发,选择能满足测量需要的足够精确度的传感器,不应一味地追求高精度。

3)高度的可靠性　可靠性是传感器和一切测量仪器的生命,可靠性高的传感器能长期完成它的功能并保持其性能参数。为了保证传感器使用中的高度可靠性,除了选用设计合理、制作精良的产品外,还应该了解工作环境对传感器的影响。在机械工程中,传感器有时是在相当恶劣的条件下工作,包括灰尘、高温、潮湿、油污、辐射和振动等条件,这时传感器的稳定性和可靠性就显得特别重要。

4)对被测对象的影响小　传感器的工作方式有接触和非接触两种。接触式传感器工作时必须可靠地与被测对象接触或固定在被测对象上,这时要求传感器与被测物之间的相互作用要小,其质量要尽可能地小,以减少传感器对被测对象运行状态的影响。非接触式传感器则无此缺点,特别适用于旋转和往复机件的在线检测。

6.2 电阻应变式传感器

电阻应变式传感器是利用电阻应变片将机械应变转换为应变片电阻值变化的传感器。传感器由在弹性元件上粘贴电阻应变敏感元件构成。当被测量作用在弹性元件上,弹性元件的变形引起应变值的变化,通过转换电路转换成电量输出,则电量变化的大小反映了被测量的大小。

6.2.1 金属应变片式传感器

金属应变片式传感器的核心元件是金属电阻应变片(电阻应变计),它能将被测试件的应变变化转换成电阻应变片电阻的变化。

(1)工作原理

电阻应变片的工作原理基于电阻的应变效应,即导体材料产生机械变形时,它的电阻值产生相应改变的现象。设有一长度为 L,截面积为 A,电阻率为 ρ 的金属丝,电阻为 $R=\rho\dfrac{L}{A}$。当每一可变因素分别有一变化量 dL, dA 和 $d\rho$ 时,电阻的相对变化量可用全微分表示

$$\frac{dR}{R}=\frac{dL}{L}-\frac{dA}{A}+\frac{d\rho}{\rho} \tag{6.1}$$

式中$\dfrac{dL}{L}$为长度相对变化量,用应变 ε 表示,即 $\varepsilon=\dfrac{dL}{L}$,称为纵向应变;$\dfrac{dA}{A}$为截面积相对变化量,$\dfrac{dA}{A}=\dfrac{2dr}{r}$,$\dfrac{dr}{r}$称为横向应变。

由材料力学知,在弹性范围内,横向应变和纵向应变之比为材料的泊松比 μ,且横向应变与纵向应变方向相反,即:

$$\frac{dr}{r} = -\mu\frac{dL}{L} = -\mu\varepsilon$$

所以

$$\frac{dA}{A} = -2\mu\frac{dL}{L} = -2\mu\varepsilon$$

$\frac{d\rho}{\rho}$为材料的电阻率相对变化量,其值与材料在轴向所受的应力 σ 有关。

$$\frac{d\rho}{\rho} = \pi_L\sigma = \pi_L E\varepsilon \tag{6.2}$$

式中 π_L——材料的压阻系数;

E——材料的弹性模量。因此,式(6.1)又可写为

$$\frac{dR}{R} = (1 + 2\mu + \pi_L E)\varepsilon = K_0\varepsilon \tag{6.3}$$

式中$(1+2\mu)\varepsilon$项表示由于材料几何变形引起的电阻相对变化量,可称为形变效应部分;$\pi_L E\varepsilon$项是由于材料的电阻率随应变的改变而引起的电阻相对变化量,称为压阻效应部分;上式表明材料电阻的变化是应力引起形状变化和电阻率变化的综合结果。比例常数 K_0 称为金属丝的应变灵敏系数,表示单位应变引起的电阻相对变化量。一般常用金属电阻应变片的灵敏系数 K_0 值为1.7~3.6。

用应变片测量应变或应力时,在外力作用下,被测试件产生微小的机械变形,粘贴在被测试件上的应变片随着发生相同的变化,同时应变片的电阻值也发生相应的变化。当测得应变片电阻值的变化量 ΔR 时,便可得到被测试件的应变值。根据应力与应变的关系,$\sigma = E\varepsilon$,即应力 σ 正比于应变 ε,而试件应变正比于电阻值的变化,所以应力正比于电阻值的变化,这就是利用应变片测量应变的基本原理。

(2)应变片的结构与材料

常见的金属电阻应变片有丝式、膜式两种,其典型结构如图6.1所示。它由敏感栅、引线、基底和覆盖层组成。

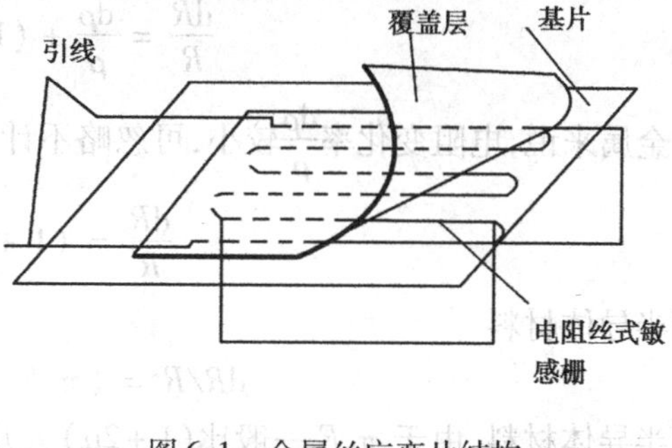

图6.1 金属丝应变片结构

1)敏感栅

敏感栅是应变片的转换元件,粘贴在绝缘的基底上,其上再粘贴起保护作用的覆盖层,两端焊接引出导线。

2)基底和盖片

基底用于保持敏感栅、引线的几何形状和相对位置,盖片既保持敏感栅和引线的形状和相对位置,还可保护敏感栅。基底厚度一般为0.02~0.04mm,常用的基底材

料有纸基、布基和玻璃纤维布基等。

3)粘接剂

用于将敏感栅固定于基底上,并将盖片与基底粘贴在一起。使用应变片时,也需要粘接剂将应变片基底粘贴在试件表面的某个方向和位置上,以便将试件受力后的表面应变传递给应变计的基底和敏感栅。常用的粘接剂分为有机和无机两大类,有机粘接剂用于低温、常温和中温。常用的有聚丙烯酸脂、酚醛树脂、有机硅树脂、聚酰亚胺等。无机粘接剂用于高温,常用的有磷酸盐、硅酸盐、硼酸盐等。

4)引线

它是从应变片的敏感栅引出的细金属线。常用直径约0.1~0.15mm的镀锡铜线或扁带形的其他金属材料制成。对引线材料的性能要求为:电阻率低,电阻温度系数小,抗氧化性能好,易于焊接。大多数敏感栅材料都可制作引线。

6.2.2 压阻式传感器

利用硅的压阻效应和微电子技术制成的压阻式传感器,具有灵敏度高、动态响应好、精度高、易于微型化和集成化等特点,是获得广泛应用,而且发展非常迅速的一种新的物性型传感器。早期的压阻传感器是利用半导体应变片制成的粘贴型压阻传感器。20世纪70年代以后,研制出周边固支的力敏电阻与硅膜片一体化的扩散型压阻传感器。它易于批量生产,能够方便地实现微型化、集成化和智能化,因而它成为受到人们普遍重视并重点开发的具有代表性的新型传感器。

(1)压阻效应

单晶硅材料在受到应力作用后,其电阻率发生明显变化,这种现象被称为压阻效应。对于一条形半导体材料,其电阻相对变化量由式(6.1)得出

$$\frac{dR}{R}=\frac{d\rho}{\rho}+(1+2\mu)\varepsilon$$

对金属来说,电阻变化率$\frac{d\rho}{\rho}$较小,可忽略不计。因此,主要起作用的是形变效应,即:

$$\frac{dR}{R}=(1+2\mu)\varepsilon$$

而半导体材料

$$dR/R=(\pi_L E+1+2\mu)\varepsilon \tag{6.4}$$

对半导体材料,由于$\pi_L E$一般比$(1+2\mu)$大几十倍甚至上百倍,因此引起半导体材料电阻相对变化的主要因素是压阻效应,所以上式也可以近似写成

$$\frac{dR}{R}=\pi_L E\varepsilon \tag{6.5}$$

上式表明压阻传感器的工作原理是基于压阻效应的。

(2)半导体式应变片

制造半导体应变片的敏感栅材料有锗、硅、锑化铟、磷化铟等,常见的半导体式应变片的敏感栅多为锗或硅。

图6.2所示为最典型的体型半导体应变片的构成。单晶硅或单晶锗条作为敏感栅,连同引线端子一起粘贴在有机胶膜或其他材料制成的基底上,栅条与引线端子用引线连接。

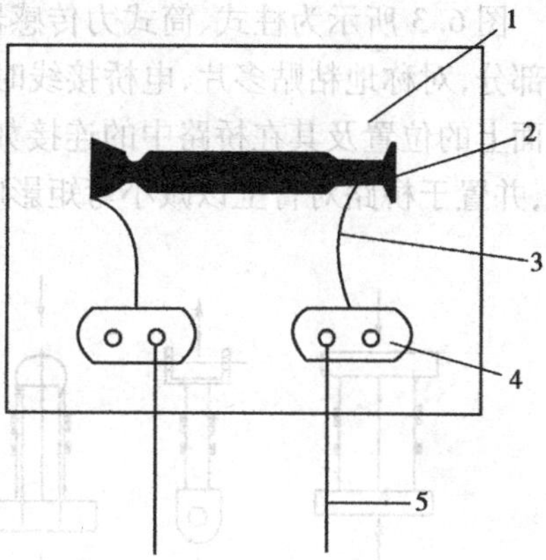

图6.2 半导体应变片

1—胶膜衬底;2—P-Si;3—内引线;4—焊接板;5—外引线

半导体式应变片的工作原理是基于电阻的应变效应,对于半导体敏感栅来说,由于形变效应影响甚微,其应变效应主要为压阻效应。

令 $$K = \frac{\mathrm{d}R}{R} \Big/ \frac{\mathrm{d}L}{L} = \pi_L E$$

称 K 为半导体式应变片灵敏系数。不同材料的半导体,灵敏系数是不同的。

半导体材料的突出优点是灵敏系数高,最大的 K 值是 $(1+2\mu)$ 的50~70倍,机械滞后小,横向效应小,体积小。缺点是温度稳定性差,大应变时非线性较严重,灵敏系数离散性大,随着半导体集成电路工艺的迅速发展,上述缺点相应得到了克服。

半导体应变片有体型、薄膜型和扩散型三种。

体型半导体应变片的敏感栅,是用单晶硅或单晶锗等材料,按照特定的晶轴方向切成薄片,经过掺杂、抛光、光刻腐蚀等方法而制成。应变片的栅长一般为1~5mm,每根栅条宽度为0.2~0.3mm,厚度为0.01~0.05mm。

薄膜型半导体应变片的敏感栅是用真空蒸镀、沉积等方法,在表面覆盖有绝缘层的金属箔片上形成半导体电阻并加上引线而构成的。

扩散型半导体应变片的敏感栅是用固体扩散技术,将某种杂质元素扩散到半导体材料上制成的。

6.2.3 应变式力传感器的应用

(1)应变式力传感器

被测物理量为荷重或力的应变式传感器,统称为应变式力传感器。它主要用作各种电子秤与材料试验机的测力元件、发动机的推力测试、水坝坝体承载状况监测等。

应变式力传感器要求有较高的灵敏度和稳定性,当传感器在受到侧向作用力或力的作用点发生轻微变化时,不应对输出有明显的影响。

1)圆柱(筒)式力传感器

图 6.3 所示为柱式、筒式力传感器，应变片粘贴在弹性体外壁应力分布均匀的中间部分，对称地粘贴多片，电桥接线时应尽量减小载荷偏心和弯矩的影响，贴片在圆柱面上的位置及其在桥路中的连接如图 6.3(c)、(d) 所示，R_1 和 R_3 串接，R_2 和 R_4 串接，并置于桥路对臂上以减小弯矩影响，横向贴片作温度补偿用。

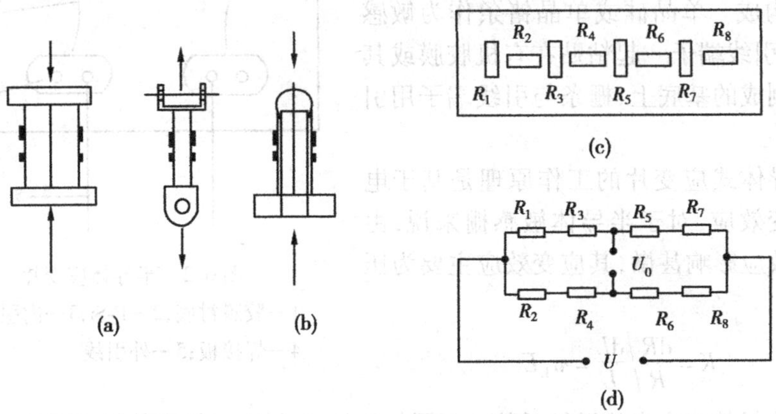

图 6.3　圆筒(柱)式力传感器

2) 环式力传感器

图 6.4 所示为环式力传感器结构图及应力分布图。与柱式相比，应力分布变化较大，且有正有负。

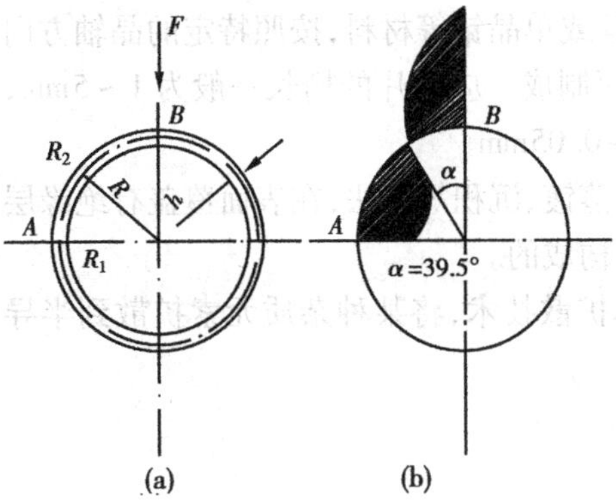

图 6.4　环式力传感器

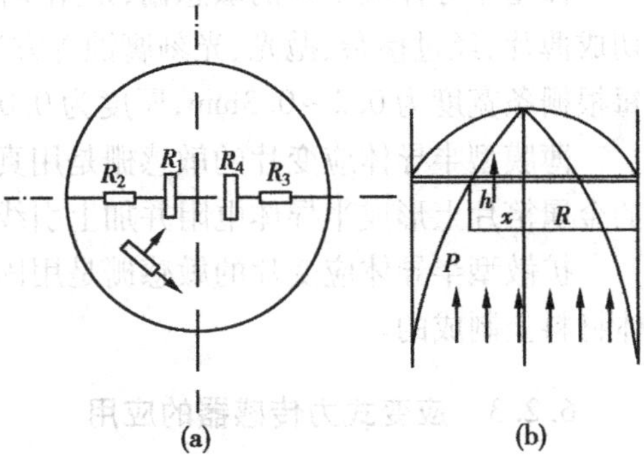

图 6.5　膜片式压力传感器

由图 6.4(b) 的应力分布可以看出，R_2 应变片所在位置应变为零，故 R_2 应变片起温度补偿作用。

(2) 应变式压力传感器

应变式压力传感器主要用来测量流动介质的动态或静态压力，如动力管道设备的进出口气体或液体的压力、发动机内部的压力变化、枪管及炮管内部的压力、内燃机管道压力等。

应变片压力传感器大多采用膜片式或筒式弹性元件。

图6.5所示为膜片式压力传感器，应变片贴在膜片内壁，在压力P作用下，膜片产生径向应变ε_r和切向应变ε_t。

由应力分布图可知，膜片弹性元件承受压力P时，其应变变化曲线的特点为：当$x=0$时，$\varepsilon_{r\max}=\varepsilon_{t\max}$；当$x=R$时，$\varepsilon_t=0$，$\varepsilon_r=-2\varepsilon_{r\max}$。

根据以上特点，一般在平膜片圆心处切向贴R_1、R_4两个应变片，在边缘处沿径向贴R_2、R_3两个应变片，然后接成全桥测量电路。

(3)应变式容器内液体重量传感器

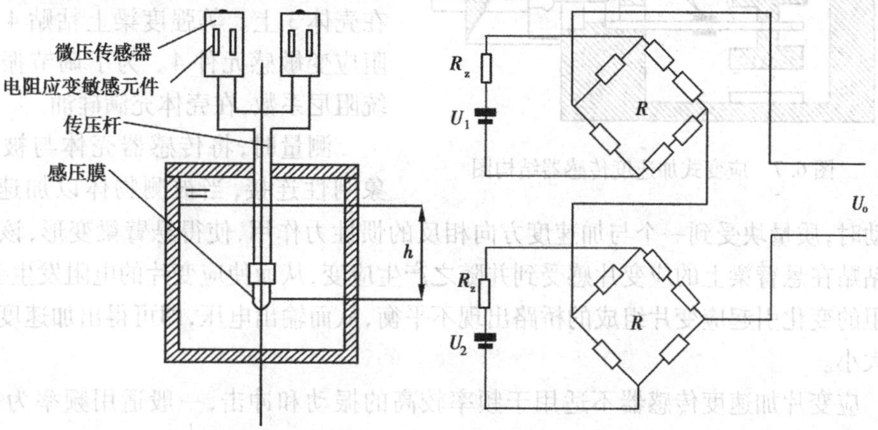

图6.6　应变片容器内液体重量传感器

图6.6是插入式测量容器内液体重量传感器示意图。该传感器有一根传压杆，上端安装微压传感器，为了提高灵敏度，共安装了两只；下端安装感压膜，感压膜感受上面液体的压力。当容器中溶液增多时，感压膜感受的压力就增大。将其上两个传感器R_t的电桥接成正向串接的双电桥电路，则输出电压为

$$U_0 = U_1 - U_2 = (A_1 - A_2)h\rho g \tag{6.6}$$

式中　A_1，A_2——传感器传输系数。

由于$h\rho g$表征着感压膜上面液体的重量，对于等截面的柱形容器，有

$$h\rho g = \frac{Q}{D} \tag{6.7}$$

式中　Q——容器内感压膜上面溶液的重量；

D——柱形容器的截面积。

将上两式联立，得到容器内感压膜上面溶液重量与电桥输出电压之间的关系式为

$$U_0 = \frac{(A_1 + A_2)Q}{D}$$

上式表明，电桥输出电压与柱形容器内感压膜上面溶液的重量呈线性关系，因此用此种方法可以测量容器内储存的溶液重量。

(4)应变式加速度传感器

应变式加速度传感器主要用于物体加速度的测量。其基本工作原理是：物体运动的加速度与作用在它上面的力成正比，与物体的质量成反比，即 $a = F/m$。

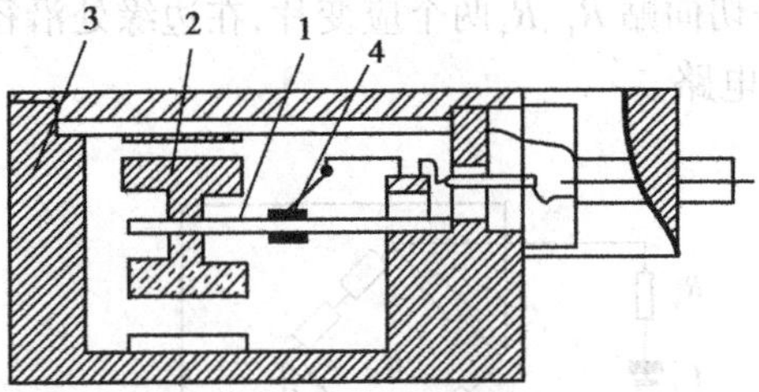

图 6.7 应变式加速度传感器结构图

图6.7所示是应变片式加速度传感器的结构示意图，图中1是等强度梁，自由端安装质量块2，另一端固定在壳体3上。等强度梁上粘贴4个电阻应变敏感元件4。为了调节振动系统阻尼系数，在壳体充满硅油。

测量时，将传感器壳体与被测对象刚性连接，当被测物体以加速度 a 运动时，质量块受到一个与加速度方向相反的惯性力作用，使得悬臂梁变形，该变形被粘贴在悬臂梁上的应变片感受到并随之产生应变，从而使应变片的电阻发生变化。电阻的变化引起应变片组成的桥路出现不平衡，从而输出电压，即可得出加速度 a 值的大小。

应变片加速度传感器不适用于频率较高的振动和冲击，一般适用频率为10～60Hz。

6.3 电感式传感器

利用电磁感应原理将被测量如位移、压力、流量、振动等转换为线圈自感系数 L 或互感系数 M 的变化，再由测量电路转换成电压或电流的变化量输出，这种将被测非电量转换为电感变化的装置称为电感式传感器。

电感式传感器是将被测量的变化转化成电感量的变化。按照电感的类型，电感传感器可分为自感系数变化型和互感系数变化型两类。

6.3.1 自感式传感器

由一个匝数为 W 的线圈所载电流 I 产生的磁通数称为自感磁通链 Ψ。自感磁通链与线圈电流之比称为自感系数，简称自感 L：

$$L = \frac{\Psi}{I} = \frac{W\Phi}{I} \tag{6.8}$$

式中 Φ——穿过每匝线圈的磁通。

线圈的自感 L 是线圈中流过单位电流产生的全部磁链，线圈自感系数的大小，反映了该线圈通过电流以后产生磁通链能力的强弱。

由磁路欧姆定律可得

$$\Phi = \frac{WI}{R_m} \tag{6.9}$$

式中　R_m——磁路的总磁阻。将式(6.9)代入式(6.8)得

$$L = \frac{W^2}{R_m} \tag{6.10}$$

由上式知，要将被测非电量的变化转化为自感的变化，在线圈形状不变的情况下可以通过改变线圈匝数 W 使得线圈的自感系数产生改变，相应地就可制成线圈匝数变化型自感式传感器。要将被测量的变化转变为使线圈匝数变化是很不方便的，实际极少用。当线圈的匝数一定时，被测量可以通过改变磁路的磁阻的变化来改变自感系数。因此这类传感器又称为可变磁阻型自感式传感器。

根据结构形式不同，可变磁阻式传感器可分为变气隙型和螺管型。

(1)变气隙型自感传感器

图 6.8 是变气隙型自感传感器的结构原理图。传感器主要由线圈、铁心和衔铁组成。线圈套在铁心上，在铁心和衔铁之间有一气隙，气隙总长度为 g。衔铁为传感器的运动部分。工作时衔铁与被测体相接触或相连，被测体的位移引起气隙磁阻的变化，从而使线圈电感变化，当传感器线圈与测量电路连接后，可将电感的变化转化为电压、电流或频率的变化，完成从非电量到电量的转换。

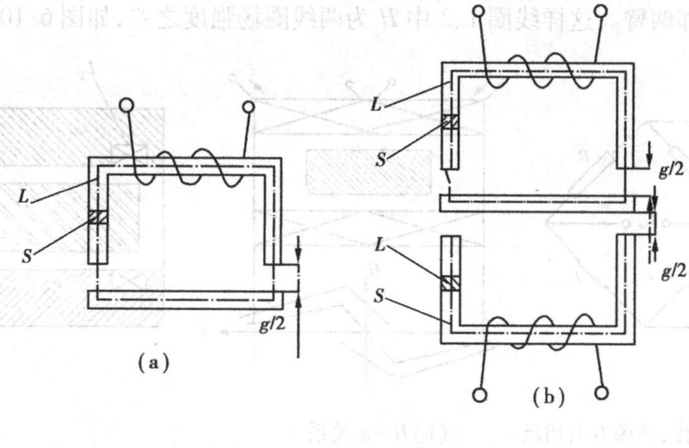

图 6.8　变气隙式电感传感器

(a)单个工作方式；　(b)差动工作方式

它有两种工作方式：单个工作和差动工作方式。单个工作方式原理如图 6.8(a)所示，被测量使衔铁产生位移，使气隙产生改变，则自感 L 产生变化，自感的变化表征被测量的变化。差动工作方式原理如图 6.8(b)所示，由两个传感器构成差动工作方

式，开始衔铁居中，两侧气隙均为 g_0，故 $L_1=L_2=L_0$，后因被测量作用使衔铁上移 $\Delta g/2$。

对比两种工作方式不难看出：差动工作方式就电感的变化而言其非线性误差 r 比单个工作方式小，相对灵敏度要高一倍。

（2）螺管型自感传感器

螺管型自感传感器分为单线圈和差动式两种结构形式。

1）单线圈工作

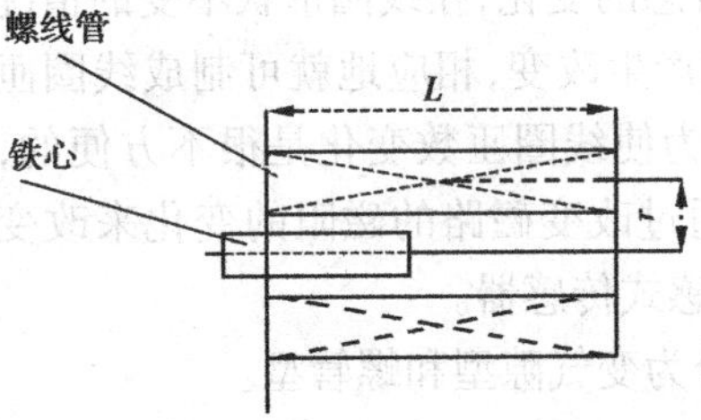

图 6.9　单线圈螺管型传感器结构

图 6.9 为单线圈管型传感器结构图，主要元件为一只螺管线圈和一根圆柱形铁心。传感器工作时，因铁心在线圈中伸入长度的变化，引起螺管线圈电感值的变化。当用恒流源激励时，则线圈的输出电压与铁心的位移量有关。

2）差动工作

如图 6.10 所示，铁心棒在两个线圈中间移动，使两个线圈的电感产生相反方向的增减，然后求两电感之差以获得比单个工作方式更高的灵敏度和更好的线性度，但这里必须注意的是应防止两线圈间发生互感，为此可采用图 6.11 的方式，两个线圈有各自独立的磁回路，若采用图 6.10(b)方式则必须使两线圈产生的磁场方向相反，因此常将图 6.10(a)中的两个电感接入电桥作为桥的相邻两臂。这样线圈 1、2 中 H 为两线圈场强度之差，如图 6.10(b)示。

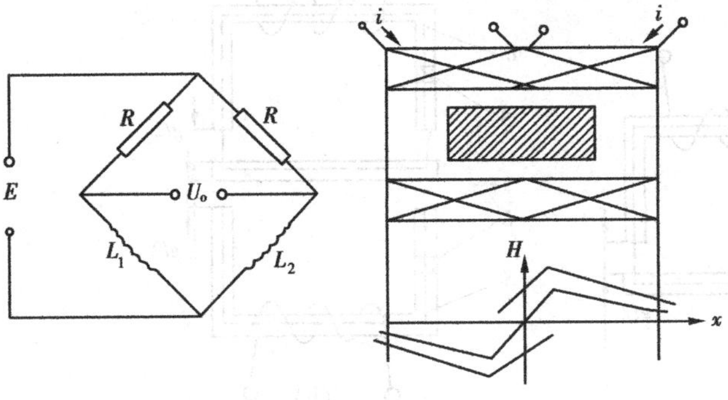

(a)差动工作，磁场方向相反　　(b)$H\sim x$ 关系

图 6.10　差动螺管式电感传感器

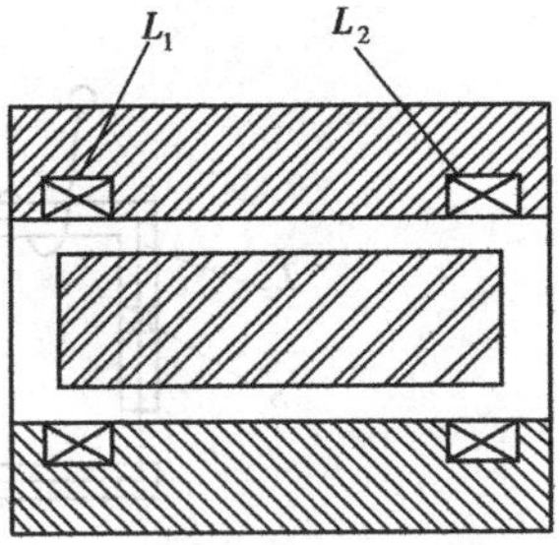

图 6.11　独立磁路的差动螺管型

6.3.2　差动变压器式传感器

差动变压器实质上是一个变压器，原边线圈 W_p 加电源激励，副边线圈 W_s 感应电势输出，输出大小由原、副边的互感 M 决定，和普通变压器不同的是由于原、副边间

耦合磁通路径的铁心可移动，从而使 M 可以变化。通常有两个副边线圈 W_{s1}、W_{s2}，铁心移动时使 W_p 和 W_{s1} 及 W_p 和 W_{s2} 间互感 M_1、M_2 向相反方向变化，以 W_{s1}、W_{s2} 中感应电势之差来输出，由它来反映铁心的移动，因此常称为差动变压器。

差动变压器结构形式较多，有变隙式、变面积式和螺线管式等，但其工作原理基本一样。在非电量测量中，应用最多的是螺线管式差动变压器，它可测量 1～100mm 范围内的机械位移，并具有测量精度高，灵敏度高，结构简单，性能可靠等优点。

螺线管式差动变压器结构如图 6.12 所示，它由初级线圈、两个次级线圈和插入线圈中央的圆柱形铁心等组成。

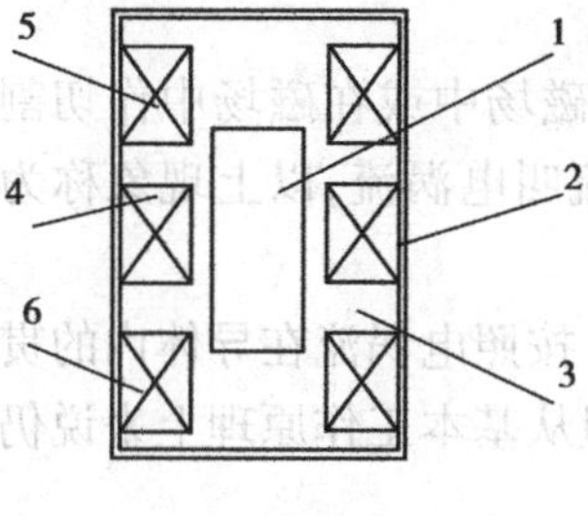

图 6.12 螺线管式差动变压器结构

1—活动衔铁；2—导磁外壳；3—骨架；4—匝数为 W_1 的初级绕组；5—匝数为 W_{2a} 的次级绕组；6—匝数为 W_{2b} 的次级绕组

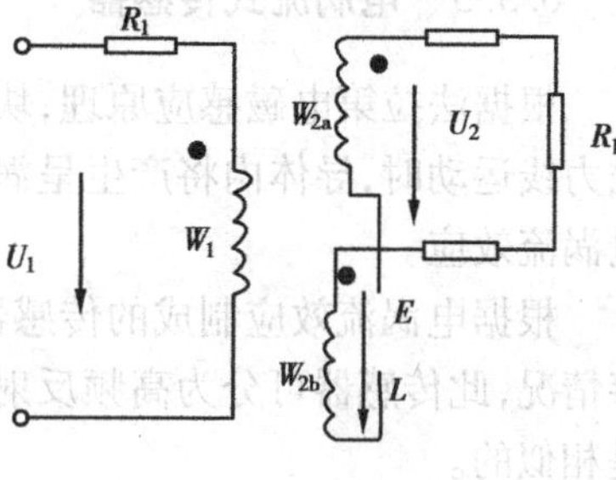

图 6.13 差动变压器等效电路

差动变压器式传感器中两个次级线圈反向串联，并且在忽略铁损、导磁体磁阻和线圈分布电容的理想条件下，其等效电路如图 6.13 所示。当初级绕组 W_1 加以激励电压 U_1 时，根据变压器的工作原理，在两个次级绕阻 W_{2a} 和 W_{2b} 中便会产生感应电势 E_{2a} 和 E_{2b}。如果工艺上保证变压器结构完全对称，则当活动衔铁处于初始平衡位置时，必然会使两互感系数 $M_1 = M_2$。根据电磁感应原理，将有 $E_{2a} = E_{2b}$。由于变压器两次级绕组反向串联，因而 $U_2 = E_{2a} - E_{2b} = 0$，即差动变压器输出电压为零。

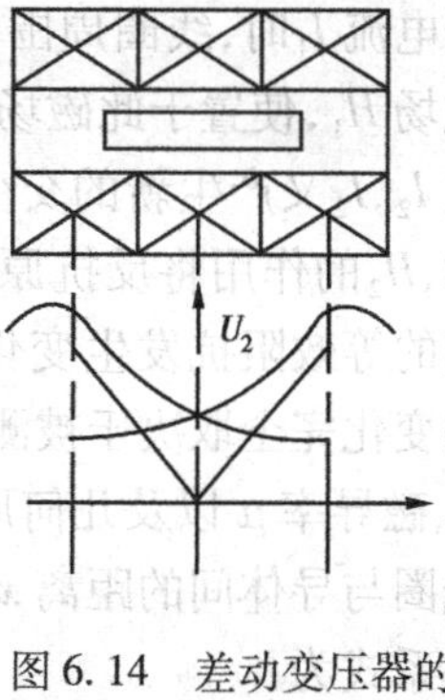

图 6.14 差动变压器的输出电压特性曲线

当活动衔铁向上移动时，由于磁阻的影响，W_{2a} 中磁通将大于 W_{2b}，使 $M_1 > M_2$，因而 E_{2a} 增加，而 E_{2b} 减小。反之，E_{2b} 增加，E_{2a} 减少。因为 $U_2 = E_{2a} - E_{2b}$，所以当 E_{2a}、E_{2b} 随着衔铁位移 x 时，U_2 也必将随 x 变化。图 6.14 给出了变压器输出电压 U_2 与活动衔铁位移 x 的关系曲线。实际上，当衔铁位于中心位置时，差动变压器输出电压 U_2 并不等于零，把差动变压器在零位移时的输出电压称为零点残余电压，记作 U_x，它的存在使传感器的输出特性不过零点，造成实际特性与理论特性不完全一致。零点残余电压产生的原因主要是传感器的两次级绕组的电气参数与几何尺寸不对称，以及磁性材料的非线性等问题引起的。零点残余电压的波形十分复杂，主要由基波和高次谐波组成。基波的产生主要是传感器的两次级绕组的电器参数、几何尺寸不对称，导致它们产生的感应电势幅值不等、相位不同，因此不论怎样调整衔铁位置，两线圈中感应电势都不能完全抵消。高次谐波中起主要作用的是三次谐波，产生的原因是由于磁性材料磁化曲线的非线性（磁饱和、磁滞）。零点残余电压一般在几十毫伏以下，在实际使用时，应设法减小 U_x，否则将会影响传感器的测量结果。

6.3.3 电涡流式传感器

根据法拉第电磁感应原理，块状金属导体置于变化的磁场中或在磁场中作切割磁力线运动时，导体内将产生呈涡旋状的感应电流，此电流叫电涡流，以上现象称为电涡流效应。

根据电涡流效应制成的传感器称为电涡流式传感器。按照电涡流在导体内的贯穿情况，此传感器可分为高频反射式和低频透射式两类，但从基本工作原理上来说仍是相似的。

电涡流式传感器最大的特点是能对位移、厚度、表面温度、速度、应力、材料损伤等进行非接触式连续测量，另外还具有体积小，灵敏度高，频率响应宽等特点，应用极其广泛。

(1)工作原理

图 6.15 为电涡流式传感器的原理图，该图由传感器线圈和被测导体组成线圈-导体系统。

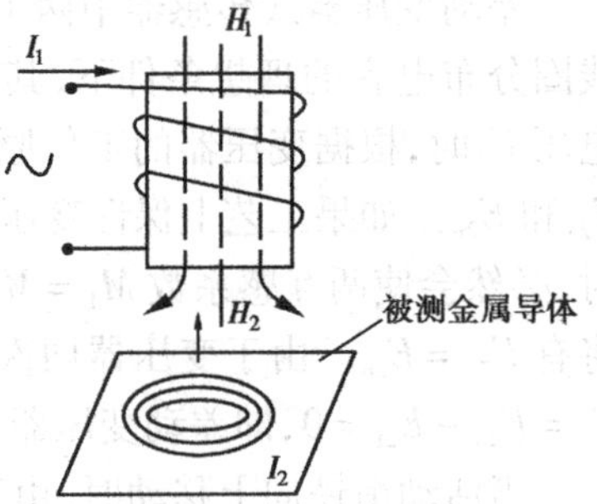

图 6.15　电涡流式传感器原理

根据法拉第定律，当传感器线圈通以正弦交变电流 I_1 时，线圈周围空间必然产生正弦交变磁场 H_1，使置于此磁场中的金属导体感应电涡流 I_2，I_2 又产生新的交变磁场 H_2。根据愣次定律，H_2 的作用将反抗原磁场 H_1，导致传感器线圈的等效阻抗发生变化。由上可知，线圈阻抗的变化完全取决于被测金属导体的电涡流效应。而电涡流效应既与被测体的电阻率 ρ、磁导率 μ 以及几何形状有关，又与线圈几何参数、线圈中激磁电流频率有关，还与线圈与导体间的距离 x 有关。因此，传感器线圈受涡流影响时的等效阻抗 Z 的函数关系式为：

$$Z = F(\rho, \mu, r, f, x) \tag{6.11}$$

式中　r——线圈与被测体的尺寸因子。

如果保持上式中其他参数不变，而只改变其中一个参数，传感器线圈阻抗 Z 就仅仅是这个参数的单值函数。通过与传感器配用的测量电路测出阻抗 Z 的变化量，即可实现对该参数的测量。

(2)电涡流强度与距离的关系

理论分析和实验都已证明，当 x 改变时，电涡流密度发生变化，即电涡流强度随距离 x 的变化而变化。根据线圈-导体系统的电磁作用，可以得到金属导体表面的电涡流强度为：

$$I_2 = I_1\left[\frac{1-x}{(x^2+r_{as}^2)^{1/2}}\right] \tag{6.12}$$

式中 I_1——线圈激励电流；

I_2——金属导体中等效电流；

x——线圈到金属导体表面距离；

r_{as}——线圈外径。

分析表明：

1)电涡强度与距离 x 呈非线性关系，且随着 x/r_{as}的增加而迅速减小。

2)当利用电涡流式传感器测量位移时，只有在$x/r_{as} \ll 1$(一般取 0.05～0.15)的范围才能得到较好的线性和较高的灵敏度。

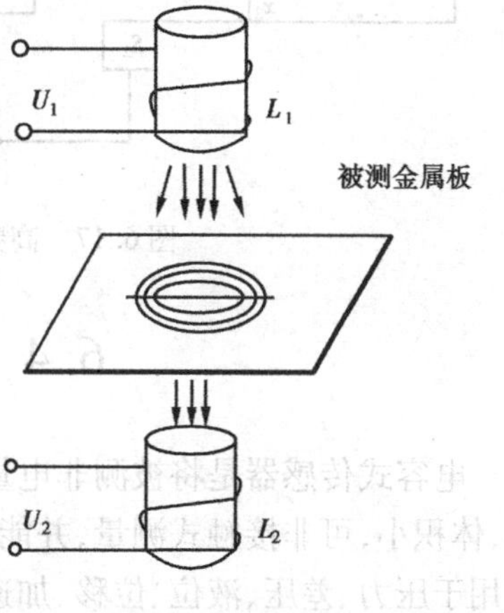

图 6.16 透射式涡流厚度传感器结构原理

(3)电涡流式传感器的应用

1)低频透射式涡流厚度传感器

图 6.16 所示为透射式涡流厚度传感器结构原理图。在被测金属的上方设有发射传感器线圈 L_1，在被测金属板下方设有接收传感器线圈 L_2。当在 L_1上加低频电压 U_1时，则 L_1上产生交变磁场 Φ_1，若两线圈间无金属板，则交变磁场直接耦合至 L_2中，L_2产生感应电压 U_2。如果将被测金属板放入两线圈之间，则 L_1线圈产生的磁场将导致在金属板中产生电涡流。此时磁场能量受到损耗，到达 L_2的磁场将减弱为 Φ_1'，从而使 L_2产生的感应电压 U_2下降。金属板越厚，涡流损失就越大，U_2电压就越小。因此，可根据 U_2电压的大小得知被测金属板的厚度，透射式涡流厚度传感器检测范围可达 1～100mm，分辨率为 0.1μm，线性度为 1%。

2)高频反射式涡流厚度传感器

图 6.17 所示是高频反射式涡流测厚仪测试系统原理图。为了克服带材不够平整或运行过程中上下波动的影响，在带材的上、下两侧对称地设置了两个特性完全相同的涡流传感器 S_1、S_2对。S_1、S_2与被测带材表面之间的距离分别为 x_1和 x_2。若带材厚度不变，则被测带材上、下表面之间的距离总有 x_1+x_2=常数的关系存在。两传感器的输出电压之和为 $2U_0$数值不变。如果被测带材厚度改变量为 $\Delta\delta$，则两传感器与带材之间的距离也改变了一个 $\Delta\delta$，两传感器输出电压此时为 $2U_0+\Delta U$，ΔU 经放大

器放大后,通过指示仪表电路即可指示出带材的厚度变化值。带材厚度给定值与偏差指示值的代数和就是被测带材的厚度。

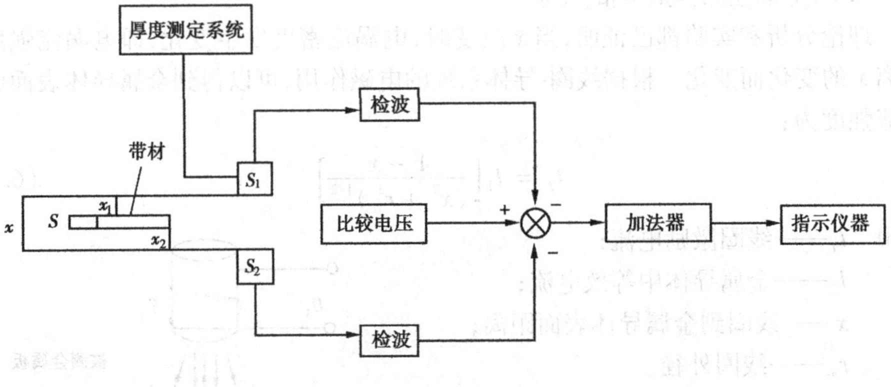

图 6.17　高频反射式涡流测厚仪测量系统图

6.4　电容式传感器

电容式传感器是将被测非电量的变化转换为电容量变化的传感装置。它结构简单,体积小,可非接触式测量,并能在高温、辐射和强烈振动等恶劣条件下工作,广泛应用于压力、差压、液位、位移、加速度等多方面的测量。

6.4.1　工作原理与特性

电容式传感器的结构极为简单,由绝缘介质分开的两个平行金属板作为极板,中间隔以绝缘介质。实际上,它就是一个可变参量的电容器。对于平板电容器,如果不考虑边缘效应,其电容量为:

$$C = \frac{\varepsilon_0 \varepsilon_r A}{d} \tag{6.13}$$

式中　ε_0——真空介电常数 $\varepsilon_0 = 8.85 \times 10^{-12}$ F/m;

ε_r——极板间相对介电常数,空气介质 $\varepsilon_r = 1$;

A——两平行极板相互覆盖面积(m^2);

d——极板间距离(m)。

当被测量使式(6.13)中的任一个参数变化时,都能使电容量产生改变。如果固定其中两个参数,被测量的变化使得其中一个参数发生改变,可把该参数的变化转换为电容的变化,通过测量电路就可转换为电量输出。因此,电容式传感器有三种类型,即极距变化型、面积变化型和介电常数变化型。

(1)极距变化型

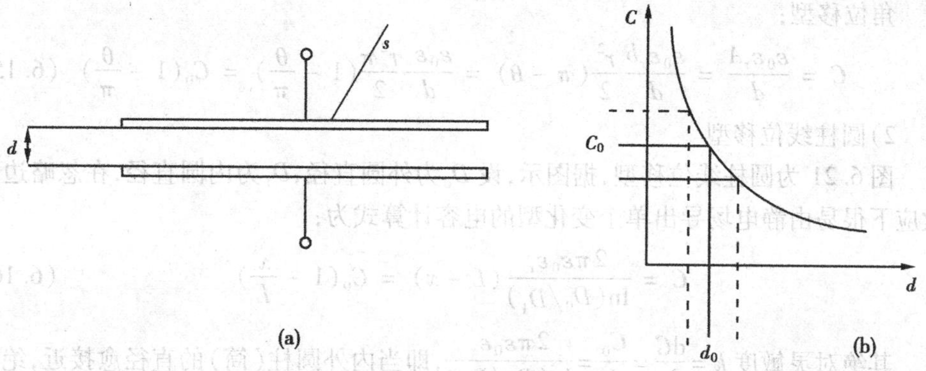

图 6.18 极距变化型传感器

此类型传感器工作原理和特性如图 6.18 所示。两极板中一为固定电极,另一为可动电极,当可动电极随被测量变化而移动时,使两极板间距 d 变化,从而使电容量发生变化。

电容量 C 随 d 变化的函数关系为一双曲线,设动板未动时极距为 d_0,初始电容为 C_0。

(2)面积变化型

由原理可知,$C=f(A)$ 可呈线性,常用的结构形式有平板型(线位移型和角位移型)和圆柱型(圆柱体线位移型)。

1)平板型

图 6.19 为线位移型,可用以检测厘米级的直线位移。图 6.20 为角位移型,可用于检测几十度内的转角。实际使用中,仍然常常采用差动方式。在忽略电场的边缘效应时很易得出电容计算式:

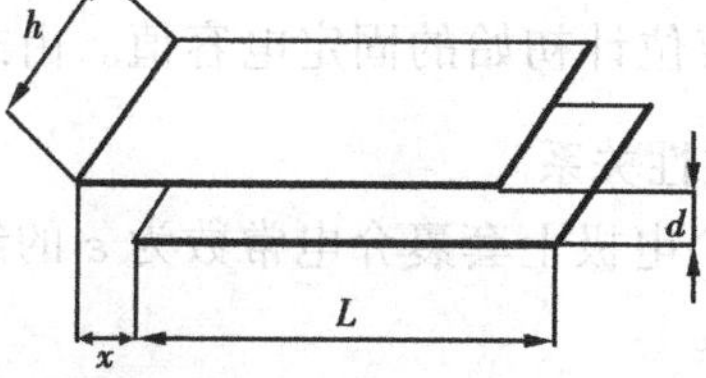

图 6.19 平面线位移型

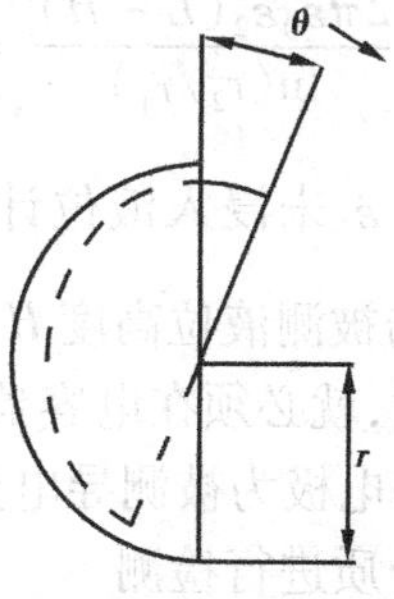

图 6.20 平面角位移型

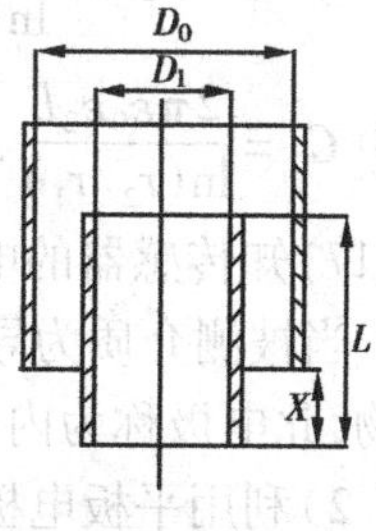

图 6.21 圆柱线位移型

线位移型:

$$C = \frac{\varepsilon_0 \varepsilon_r A}{d} = \frac{\varepsilon_0 \varepsilon_r b}{d}(L - x) = \frac{\varepsilon_0 \varepsilon_r bL}{d}(1 - \frac{x}{L}) = C_0(1 - \frac{x}{L}) \quad (6.14)$$

角位移型：

$$C=\frac{\varepsilon_0\varepsilon_r A}{d}=\frac{\varepsilon_0\varepsilon_r b}{d}\frac{r^2}{2}(\pi-\theta)=\frac{\varepsilon_0\varepsilon_r}{d}\frac{r^2\pi}{2}\left(1-\frac{\theta}{\pi}\right)=C_0\left(1-\frac{\theta}{\pi}\right) \quad (6.15)$$

2)圆柱线位移型

图 6.21 为圆柱线位移型，据图示，设 D_0 为外圆直径，D_1 为内圆直径，在忽略边缘效应下很易由静电场导出单个变化型的电容计算式为：

$$C=\frac{2\pi\varepsilon_0\varepsilon_r}{\ln(D_0/D_1)}(L-x)=C_0\left(1-\frac{x}{L}\right) \quad (6.16)$$

其绝对灵敏度 $k=\frac{\mathrm{d}C}{\mathrm{d}x}=\frac{C_0}{L}=\frac{2\pi\varepsilon_0\varepsilon_r}{\ln(D_0/D_1)}$，即当内外圆柱（筒）的直径愈接近，绝对灵敏度将愈高，从上式亦可见，当此二极板稍有径向位移时对电容的影响远比平板型要小。

(3)介电常数变化型

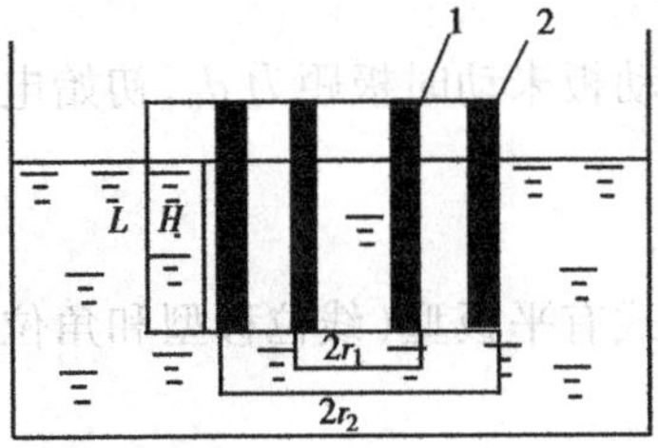

图 6.22　电容液面计原理图

由原理知 $C=f(\varepsilon_r)$ 呈线性关系，这种特点适用于对介质的检测，如直接检测介质的几何尺寸（如厚度），或介质的内在质量（有无缺陷等）或通过检测 ε_r 间接检测影响 ε_r 的其他因素（温度、湿度等），在电容式液（料）位计中则是检测作为介质的被测物进入极板的程度。

1)电容式液位计

如图 6.22 所示，它是由两个同心圆筒作为极板，插入被测液位的非导电介质 ε_r 中，由图很易得出电容 C 随液位 H 而变化的计算式：

$$C=\frac{2\pi\varepsilon_0\varepsilon_1 H}{\ln(r_2/r_1)}+\frac{2\pi\varepsilon_0\varepsilon_2(L-H)}{\ln(r_2/r_1)}=C_0+\frac{2\pi(\varepsilon_1-\varepsilon_2)\varepsilon_0 H}{\ln(r_2/r_1)} \quad (6.17)$$

式中 $C_0=\frac{2\pi\varepsilon_0\varepsilon_2 L}{\ln(r_2/r_1)}$，表示介质 ε_1 未浸入液位计时液位计初始的固定电容值。由式(6.17)知传感器的电容增量与被测液位高度 H 成线性关系。

当被测介质为导电介质时，就必须在电容器一个电极上套裹介电常数为 ε 的绝缘物，此电极称为内电极，另一电极为被测导电介质。

2)利用平板电极对被测介质进行检测

图 6.23 是一种常用的结构形式。图中两平行电极固定不动，极距为 d，相对介电常数为 ε_{r2} 的电介质以不同深度插入电容器中，从而改变两种介质的极板覆盖面积。传感器总电容量 C 为：

$$C=C_1+C_2=\varepsilon_0 b\frac{\varepsilon_{r1}(L-x)+\varepsilon_{r2}x}{d}=\frac{\varepsilon_0\varepsilon_{r1}bL}{d}+\frac{\varepsilon_0(\varepsilon_{r2}-\varepsilon_{r1})bx}{d} \quad (6.18)$$

式中 L,b——极板长度和宽度；

x——第二种介质进入极板间的长度。

若电介质 $\varepsilon_{r1}=1$，当 $x=0$ 时，传感器初始电容 $C_0=\varepsilon_0\varepsilon_{r1}Lb/d$。当介质 ε_{r2} 进入极间 x 后，引起电容的相对变化为

$$\frac{\Delta C}{C_0}=\frac{C-C_0}{C_0}=\frac{(\varepsilon_{r2}-1)x}{L} \tag{6.19}$$

可见，电容的变化与电介质 ε_{r2} 的移动量 x 呈线性关系。

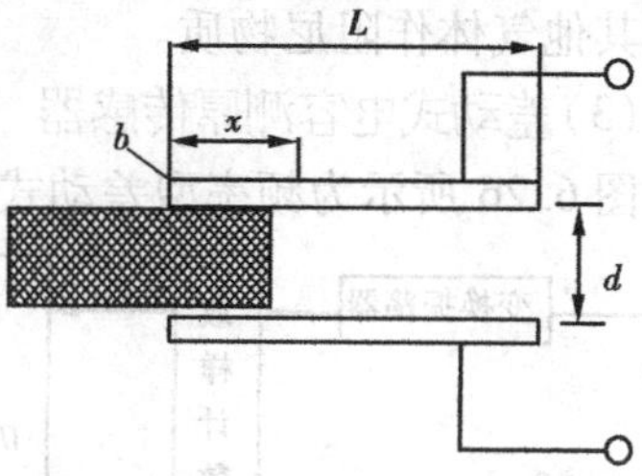

图6.23 平板变介质电容传感器原理图

6.4.2 电容式传感器的应用

(1)电容式压力传感器

图6.24所示为差动电容式压力传感器的结构图，图中所示为一个膜式动电极和两个在凹形玻璃上电镀成的固定电极组成的差动电容器。

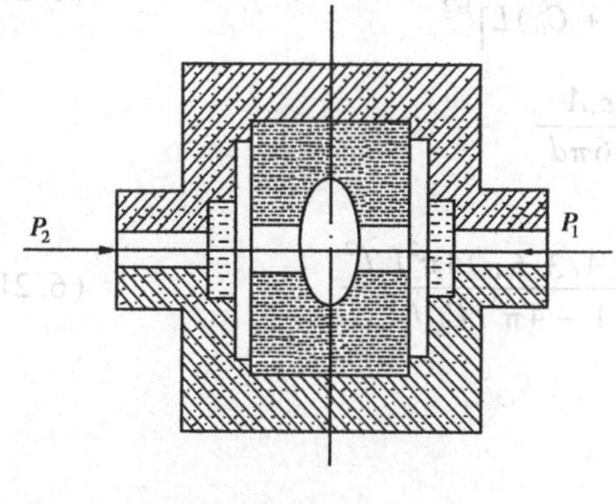

图6.24 差动式电容式压力传感器结构图

当被测压力或压力差作用于膜片并使之产生位移时，形成的两个电容器的电容量，一个增大，一个减小。该电容值的变化经测量电路转换成与压力或压力差相对应的电流或电压的变化。

(2)电容式加速度传感器

图6.25所示为差动式电容加速度传感器结构图。它有两个固定极板（与壳体绝缘），中间有一用弹簧片支撑的质量块，此质量块的两个端面经过磨平抛光后作为可动极板（与壳体电连接）。

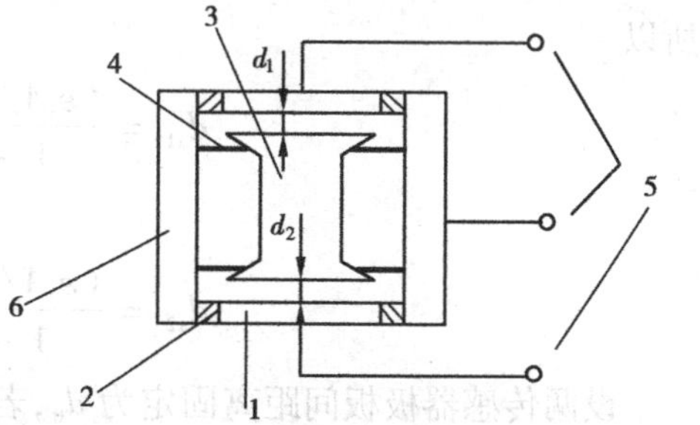

图6.25 差动式电容加速度传感器结构图

1—固定电极；2—绝缘垫；3—质量块；4—弹簧；5—输出端；6—壳体

当传感器壳体随被测对象在垂直方向上作直线加速运动时，质量块在惯性空间中相对静止，而两个固定电极将相对质量块在垂直方向上产生大小正比于被测加速度的位移。此位移使两电容的间隙发生变化，一个增加，一个减小，从而使 C_1、C_2 产生大小相等、符号相反的增量，此增量正比于被测加速度。

电容式加速度传感器的主要特点是频率响应快和量程范围大，大多采用空

气或其他气体作阻尼物质。

(3)差动式电容测厚传感器

图6.26所示为频率型差动式电容测厚传感器系统组成框图。

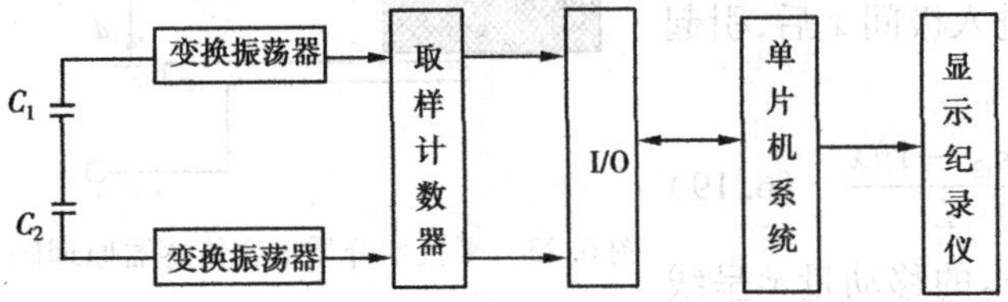

(a)系统组成框图

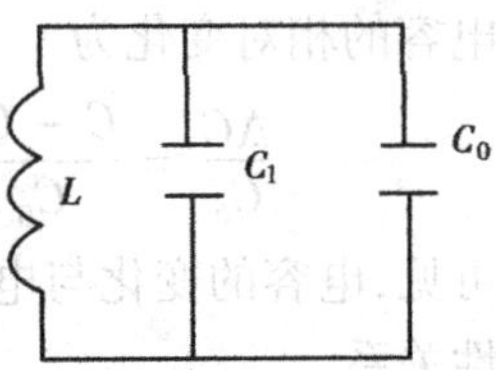

(b)等效电路图

图6.26　频率型差动式电容测厚传感器原理框图

将被测电容 C_1、C_2 作为各变换振荡器的回路电容，振荡器的其他参数为固定值，等效电路如图6.26所示，图中 C_0 为耦合和寄生电容，振荡频率 f 为

$$f_0 = \frac{1}{2\pi[(C_x + C_0)L]^{1/2}} \tag{6.20}$$

式中
$$C_x = \frac{\varepsilon_r A}{3.6\pi d_x}$$

则

$$d_x = \frac{\varepsilon_r A}{3.6\pi C_x} = \frac{(\varepsilon_r A/3.6\pi)4\pi^2 L f^2}{1 - 4\pi^2 L C_0 f^2} \tag{6.21}$$

式中　ε_r——极板间介质的相对介电常数；

A——极板面积；

d_x——极板间距离；

C_x——待测容器的电容量。

所以

$$d_{x1} = \frac{(\varepsilon_r A/3.6\pi)4\pi^2 L f_1^2}{1 - 4\pi^2 L C_0 f_1^2} \tag{6.22}$$

$$d_{x2} = \frac{(\varepsilon_r A/3.6\pi)4\pi^2 L f_2^2}{1 - 4\pi^2 L C_0 f_2^2} \tag{6.23}$$

设两传感器极板间距离固定为 d_0，若在同一时间分别测得上、下极板与金属板材上、下表面距离为 d_{x1}、d_{x2}，则被测金属板材厚度 $\delta = d_0 - (d_{x1} + d_{x2})$。由此可见，振荡频率包含了电容传感器的间距 d_x 的信息。各频率值通过取样计数器获得数字量，然后由微机进行处理以消除非线性频率变换产生的误差，即可获得板材厚度。

(4)电容式料位传感器

图6.27是电容式料位传感器结构示意图。测定电极安装在罐的顶部,罐壁和测定电极之间就形成了一个电容器。

当罐内放入被测物料时,由于被测物料介电常数的影响,传感器的电容量将发生变化,电容量变化的大小与被测物料在罐内的高度有关,且成比例变化。检测出电容量的变化就可测定物料在罐内的高度。

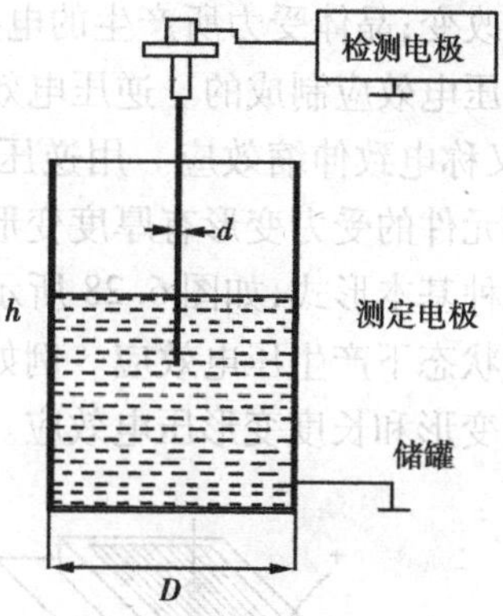

图6.27　电容式传感器结构示意图

传感器的静电电容可由下式表示,即

$$C = \frac{k(\varepsilon - \varepsilon_0)h}{\ln(D/d)} \tag{6.24}$$

式中　k ——比例常数;

ε ——被测物料的相对介电常数;

ε_0——空气的相对介电常数;

D ——储罐的内径;

d ——测定电极的直径;

h ——被测物料的高度。

假设罐内没有物料时的传感器静电电容为 C_0,放入物料后传感器静电电容为 C_1,则两者电容差为

$$\Delta C = C_1 - C_0 \tag{6.25}$$

由式(6.25)可见,两种介质常数差别越大,极径 D 与 d 相差愈小,传感器灵敏度就愈高。

6.5　压电式传感器

压电式传感器是一种基于某些电介质压电效应的无源传感器,是一种自发电式和机电转换式传感器,它的敏感元件由压电材料制成。压电材料受力后表面产生电荷,此电荷经电荷放大器和测量电路放大和变换阻抗后就成为正比于所受外力的电量输出,从而实现非电量电测的目的。

6.5.1　压电效应及压电元件的结构

(1)压电效应

压电效应可分为正压电效应和逆压电效应。正压电效应是指:当晶体受到某固定方向外力的作用时,内部就产生电极化现象,同时在某两个表面上产生符号相反的电荷;当外力撤去后,晶体又恢复到不带电的状态;当外力作用方向改变时,电荷的极性也随之改变;晶体受力所产生的电荷量与外力的大小成正比。压电式传感器大多是利用正压电效应制成的。逆压电效应是指对晶体施加交变电场引起晶体机械变形的现象,又称电致伸缩效应。用逆压电效应制造的变送器可用于电声和超声工程。压电敏感元件的受力变形有厚度变形型、长度变形型、体积变形型、厚度切变型、平面切变型5种基本形式,如图6.28所示。压电晶体是各向异性的,并非所有晶体都能在这5种状态下产生压电效应。例如石英晶体就没有体积变形压电效应,但具有良好的厚度变形和长度变形压电效应。

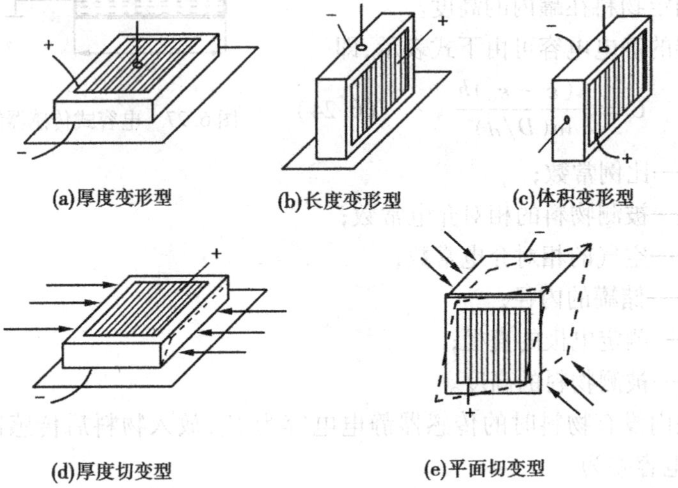

图6.28 压电敏感元件受力变形的几种基本形式

(2)压电元件常用的结构形式

在压电式传感器中,压电材料一般采用两片或两片以上压电元件组合在一起使用。由于压电元件是有极性的,因此连接方式有两种:并联连接和串联连接,如图6.29所示。在图6.29(a)中,两压电元件的负极集中在中间电极上,正极在左右两边并连接在一起,这种连接方法称为并联。其输出电容C_o、输出电压U_o和极板上的电荷量Q_o与单片各值的关系为:

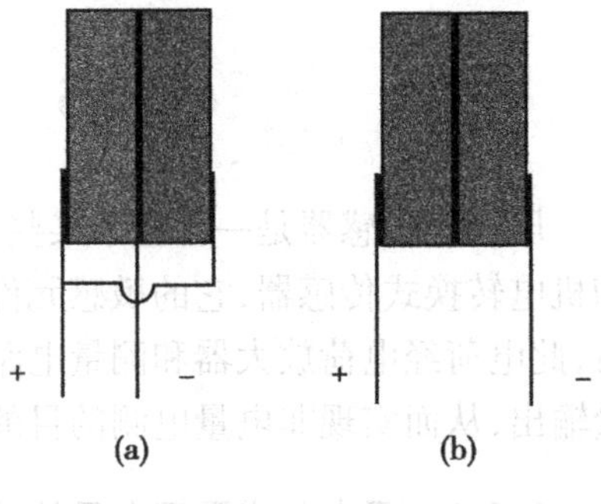

图6.29 压电元件常用的结构形式

$$Q_o = 2Q, U_o = U, C_o = 2C$$

在图6.29(b)中,两压电元件的连接方法是左极板为正极,右极板为负极,在中间是一元件的负极与另一元件的正极相连接,这种连接方法称为串联。它的输出关系为:

$$Q_o = Q \quad U_o = 2U \quad C_o = C/2$$

上式中 C、Q、U 分别为单片元件的电容、电荷、电压。这两种接法中，并联适用于测量慢变信号和以电荷为输出量的场合；串联适用于要求以电压为输出量的场合，并要求测量电路有高的输入阻抗。压电元件在传感器中必须有一定的预应力，以保证在作用力变化时，压电元件始终受到压力。其次是保证压电元件与作用力之间的全面接触，获得输出电压(电荷)与作用力的线性关系。但作用力也不能太大，否则将会影响压电式传感器的灵敏度。

6.5.2 电荷放大器

电荷放大器常作为压电式传感器测量系统中的输入电路，也可以用于电容式传感器等变电容参数的测量中。它能将高内阻的电荷源转换为低内阻的电压源，而且输出电压正比于输入电荷，因此，电荷放大器同样也起着阻抗变换的作用，其输入阻抗高达 $10^{10} \sim 10^{12}\Omega$，输出阻抗小于 100Ω。使用电荷放大器突出的一个优点是，在一定条件下传感器的灵敏度与电缆长度无关。

电荷放大器实际上是一个具有深度电容负反馈的增益放大器。它的等效电路如图6.30所示。图中各符号的意义是：

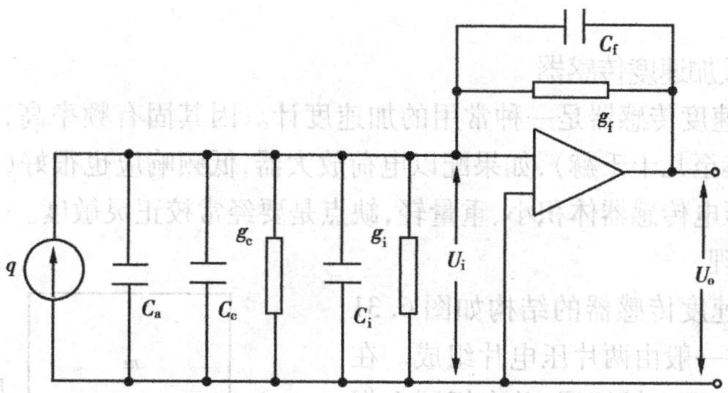

图6.30 电荷放大器的等效电路

q——传感器产生的电荷；

g_c、g_i、g_f——电缆的漏电导、放大器的输入电导、放大器的反馈电导；

U_i、U_o——电路的输入电压、输出电压；

C_a、C_c、C_i、C_f——压电传感器的电容、连接电缆电容、输入电容和放大器的负反馈电容。

事实上 g_c、g_i 和 g_f 都是很小的。略去漏电导等的影响，由图6.30的电路可得：

$$U_o = \frac{-qA}{C_a + C_c + C_i - C_f(A-1)} \tag{6.26}$$

当运算放大器的开环增益很大时，即 $A \gg 1$，有

$$AC_f \gg C_a + C_c + C_i$$

于是,式(6.26)可近似为

$$U_o \approx -q/C_f \tag{6.27}$$

式(6.27)表明,电荷放大器的输出电压与压电传感器的电荷成正比,与电荷放大器的负反馈电容成反比,而与放大器的放大倍数的变化或电缆电容等均无关系。这是电荷放大器的特点和名称的由来。此外,它又表明放大器的输出与频率无关。因此,只要保持反馈电容的数值不变,就可以得到与电荷量变化成线性关系的输出电压。还可以看出,反馈电容越小,输出就大,因此要达到一定的输出灵敏度要求,必须选择适当的反馈电容。

6.5.3 压电式传感器的应用

压电式传感器用于测量力和能变换为力的非电物理量,如压力、加速度等。它的优点是频带宽、灵敏度高、信噪比高、结构简单、工作可靠和重量轻等。缺点是某些压电材料需要采取防潮措施,而且输出的直流响应差,需要采用高输入阻抗电路或电荷放大器来克服这一缺陷。配套仪表和低噪声、小电容、高绝缘电阻电缆的出现,使压电式传感器的使用更为方便。它广泛应用于工程力学、生物医学、电声学等技术领域。

(1)压电式加速度传感器

压电式加速度传感器是一种常用的加速度计。因其固有频率高,有较好的高频响应(十几千赫至几十千赫),如果配以电荷放大器,低频响应也很好(可低至零点几赫兹)。另外压电传感器体积小、重量轻,缺点是要经常校正灵敏度。

1)工作原理

压电式加速度传感器的结构如图6.31所示,压电元件一般由两片压电片组成。在压电片的两个表面上镀银层,并在银层上焊接输出引线,或在两个压电片之间夹一片金属,引线就焊接在金属片上,输出端的另一根引线直接与传感器基座相连。在压电片上放置比重较大的质量块,然后用硬弹簧或螺栓、螺帽对质量块预加载荷。整个组件装在一个厚基座的金属壳体中,为了隔离试件的任何应变传递到压电元件上去,避免产生假信号输出,一般要加厚基座或选用刚度较大的材料制造。

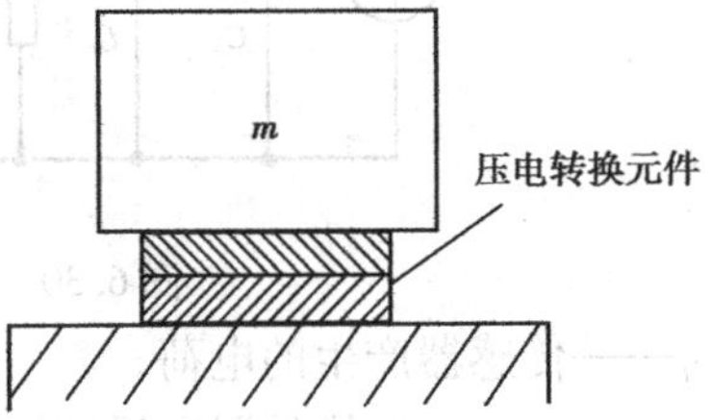

图6.31 压电式加速度传感器原理图

测量时,将传感器基座与试件刚性固定在一起,当传感器感受振动时,由于弹簧的刚性相当大,而质量块的质量相对较小,可以认为质量块的惯性很小。因此质量块感受与传感器基座相同的振动,并受到与加速度方向相反的惯性力的作用。这样,质量块就有一正比于加速度的交变力作用在压电片上。由于压电片具有压电效应,因此在它的两个表面上就产生交变电荷(电压),当振动频率远低于传感器的固有频率时,传感器的输出电荷(电压)与作用力成正比,亦即与试件的加速度成正比。输出电量由传感器输出端引出,输入到前置放大器后就可以用普通的测量仪器测出时间和加速度,如在放大器中加进适当的积分电路,就可以测出试件的振动速度或位移。

2)灵敏度

压电式加速度传感器的灵敏度有两种表示法:当它与电荷放大器配合使用时,用电荷灵敏度 S_q 表示;当与电压放大器配合使用时,用电压灵敏度 S_V 表示,其一般表达式如下:

$$S_q = \frac{Q}{a} \quad (Cs^2m^{-1}) \tag{6.28}$$

和

$$S_V = \frac{U_a}{a} \quad (Vs^2m^{-1}) \tag{6.29}$$

式中 Q——压电传感器输出电荷量(C);

U_a——传感器的开路电压(V);

a——被测加速度(ms^{-2})。

因为 $U_a = Q/C_a$,所以有

$$S_q = S_V C_a \tag{6.30}$$

下面以常用的压电陶瓷加速度传感器为例讨论一下影响灵敏度的原因。

压电陶瓷元件受外力 F 后表面上产生的电荷为 $Q = dF$,式中 d 为压电陶瓷材料的压电系数,根据惯性力定律,传感器质量块 m 的加速度 a 与作用在质量块上的力 F 有如下关系:

$$F = ma \quad (N)$$

这样,压电式加速度传感器的电荷灵敏度与电压灵敏度就可以用下式表示:

$$S_q = d \cdot m \quad (Cs^2m^{-1}) \tag{6.31}$$

和

$$S_V = \frac{d \cdot m}{C_a} \quad (Vs^2m^{-1}) \tag{6.32}$$

由式(6.31)和式(6.32)可知,压电式加速度传感器的灵敏度与压电材料的压电系数成正比,也与质量块的质量成正比。为了提高传感器的灵敏度,应当选用压电系数大的压电材料做压电元件,在一般精度要求的测量中,大多采用压电陶瓷为压电敏感元件的传感器。

增加质量块的质量(在一定程度上也就是增加传感器的重量),虽然可以增加传感器的灵敏度,但不是一个好方法。因为,在测量振动加速度时,传感器是安装在试件上的,它是试件的一个附加载荷,相当于增加了试件的质量,势必影响试件的振动,

尤其当试件本身是轻型构件时影响更大。因此,为提高测量的精确性,传感器的重量要轻,不能为了提高灵敏度而增加质量块的质量。而且,增加质量对传感器的高频响应也是不利的。另外,还可以用增加压电片的数目和采用合理的连接方法来提高传感器的灵敏度。

(2)压电式压力传感器

压电式压力传感器是基于压电效应的压力传感器。它的种类和型号繁多,按弹性敏感元件和受力机构的形式可分为膜片式和活塞式两类。膜片式主要由本体、膜片和压电元件组成,图 6.32 所示为压电式压力传感器原理图。压电元件支撑于本体上,由膜片将被测压力传递给压电元件,再由压电元件输出与被测压力成一定关系的电信号。这种传感器的特点是体积小、动态特性好、耐高温等。现代测量技术对传感器的性能提出了越来越高的要求。例如用压力传感器测量绘制内燃机示功图,在测量中不允许用水冷却,并要求传感器能耐高温和体积小。压电材料最适合于研制这种压力传感器。目前比较有效的办法是选择适合高温条件的石英晶体切割方法,例如 XYδ(+20° ~ +30°)割型的石英晶体可耐 350℃的高温。而 $LiNbO_3$ 单晶的居里点高达 1 210℃,是制造高温传感器的理想压电材料。

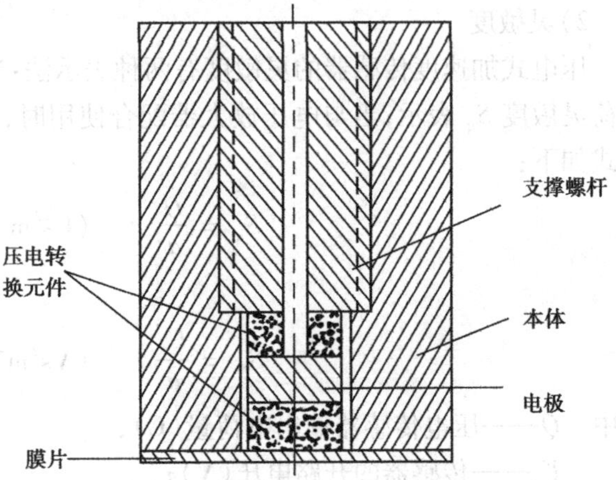

图 6.32　压电压力传感器原理图

(3)压电式测力传感器

压电元件直接成为力—电转换元件是很自然的。关键是选取合适的压电材料、变形方式,机械上串联和并连的晶片数,晶片的几何尺寸和合理的传力方式。而压电材料的选择则取决于所测力的量值大小、对测量误差提出的要求、工作环境温度等各种因素。晶片数目通常是使用机械串联而电气并联的两片。因为机械上串联的晶片数目增加会导致传感器抗侧向干扰能力的降低,而机械上并联的晶片数增加会导致对传感器加工精度的过高要求,同时传感器的电压输出灵敏度并不增大。

6.6　磁电式传感器

磁电式传感器是把被测物理量转换成感应电动势的一种传感器,又称电磁感应式或电动力式传感器。从电工学可知,它是利用电磁感应原理工作的。

6.6.1 磁电式速度传感器

磁电式速度传感器灵敏度高，性能稳定，中频响应好（约10~500Hz），不需要外加电源，输出为电压，可直接与通用电子放大器连接，使用方便，但尺寸、质量较大。

（1）工作原理

如图6.33所示，当线圈作切割磁力线运动时，产生感应电动势e，由电磁感应定律确定

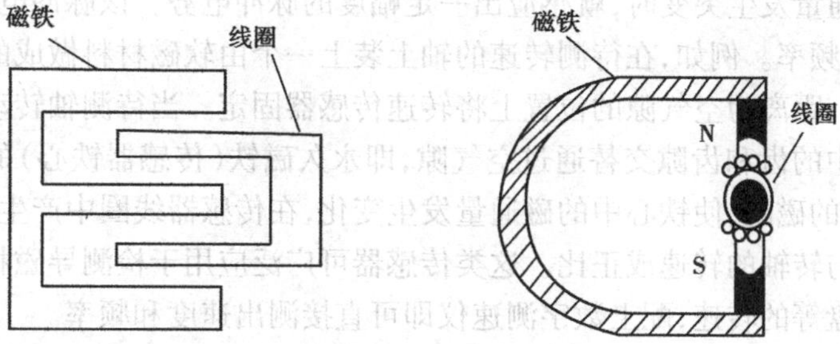

图6.33 磁电式速度传感器工作原理

$$e = NBlv\sin\theta \tag{6.33}$$

或

$$e = NBA\omega \tag{6.34}$$

式中 B——气隙中的磁感应强度（T）；

N——线圈的匝数；

l——每匝线圈的有效长度（m）；

v——线圈相对磁场的运动速度（m/s）；

ω——线圈相对磁场的运动角速度（rad/s）；

θ——线圈运动方向与磁场方向的夹角；

A——每匝线圈的平均截面积（m^2）。

当$\theta=90°$时，式（6.33）可写为

$$e = NBlv \tag{6.35}$$

式（6.33）、式（6.34）表明，当传感器结构选定后，B、N、l、A均为常量，感应电动势e的大小与线圈运动的线速度v（或角速度ω）成正比。当速度反向，输出电动势的极性也将变号。

（2）磁电式传感器的应用

磁电式传感器应用广泛。其结构有两种，若线圈动，磁铁不动，称之为动圈式，如图6.33所示；若线圈固定，磁铁活动，则称之为动铁式。这类结构统称为恒定磁通

式，它广泛应用于振动速度的测量。一般通过增加线圈匝数来提高其灵敏度，因而导致线圈电阻增加，为了阻抗匹配，需接入高阻抗的放大器，把高阻变换为低阻输出，减少负载的作用。如一台典型的动圈式传感器，电阻约为500Ω，灵敏度为0.006V/(mm/s)，非线性度为±1%，满刻度位移为3.8mm；若更换更加灵敏的线圈，以适应测震需要，其电阻为500 000Ω，其灵敏度为4.5V/(mm/s)。

对于角速度的测量，也可采用变磁阻式转速传感器。其原理是在永久磁铁组成的磁路中，若改变磁阻（如空气隙）的大小，则磁通量随之改变。在磁路通过的感应线圈，当磁通量发生突变时，就感应出一定幅度的脉冲电势。该脉冲电势的频率等于磁阻变化的频率。例如，在待测转速的轴上装上一个由软磁材料做成的齿盘，然后在与齿盘相对、距离为空气隙的位置上将转速传感器固定。当待测轴转动时，齿盘也跟随转动，盘中的齿和齿隙交替通过空气隙，即永久磁铁（传感器铁心）的磁场，从而不断改变磁路的磁阻，使铁心中的磁通量发生变化，在传感器线圈中产生一个脉冲电动势，其频率与转轴的转速成正比。这类传感器可广泛应用于检测导磁材料的齿轮、叶轮、带孔圆盘等的转速，配上数字测速仪即可直接测出速度和频率。

6.6.2 感应同步器

感应同步器是利用两个平面展开绕组的互感量随位置变化的原理制成的测量位移元件。测量直线位移的称直线式感应同步器，测量角位移的称圆感应同步器。下面以直线式感应同步器为例，说明感应同步器的结构和工作原理。

(1)感应同步器的工作原理

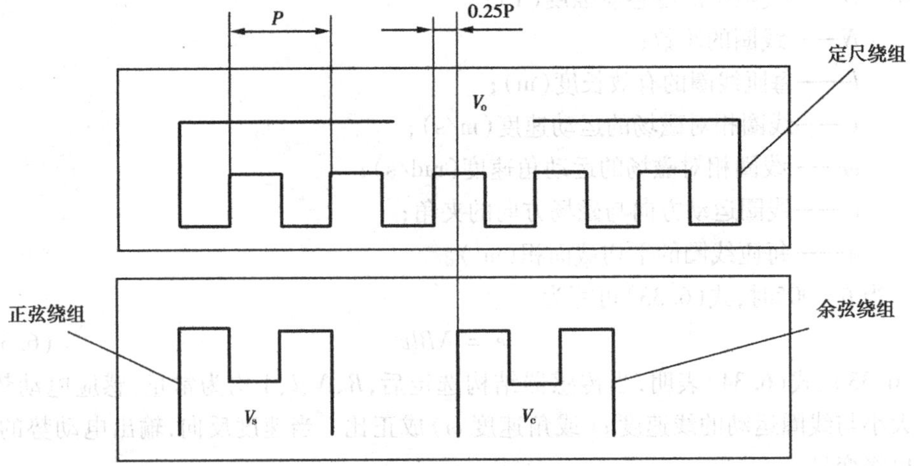

图6.34　直线式感应同步器

直线式感应同步器由定尺和滑尺组成，其结构如图6.34所示。其制造工艺为用绝缘粘合剂把铜箔粘牢在金属或玻璃基板上，然后按设计要求腐蚀成不同曲折形的平面绕组。直线式感应同步器的定尺上的绕组是连续绕组，滑尺上的绕组是分段绕组，又称正、余弦绕组。这两个绕组在空间上相互错开 1/4 节距 P（或称齿距）。一个节距对应 2π 电角度，这样两线圈绕组相差 $2\pi/4=90°$ 电角度。使用时，滑尺和定尺重叠放置，其间保持均匀气隙（0.25 ±0.05mm）。

感应同步器的基本工作原理就是电磁感应原理。当滑尺绕组加上激磁电压时，滑尺上的激磁电流 I_1 产生耦合磁通 Φ，从而在定尺绕组中产生感应电流 I_2。滑尺相对定尺不同位置时，定尺绕组中的感应电势也不同。直线式感应同步器就是利用这个感应电动势的变化进行位置检测的。根据激磁方式的不同，感应同步器工作状态可分为鉴相式和鉴幅式。

1）鉴相式　若供给滑尺的两个绕组的激磁电压的幅值和频率均相同，但相位相差 90°，即

$$V_s = V_m \cdot \sin\omega t \qquad V_c = V_m \cdot \cos\omega t$$

则定尺绕组中产生的感生电势随着定尺相对滑尺的位置不同而产生超前或滞后的相位差 θ。设起始时，正弦绕组单独供电且正弦绕组与定尺绕组重合，当滑尺移动时，定尺绕组的感应电势

$$V_{os} = K \cdot V_m \cdot \cos\theta \cdot \sin\omega t \tag{6.36}$$

式中　K——电磁耦合系数；

θ——滑尺绕组相对定尺绕组的空间相位角。

而

$$\theta = \frac{2\pi X}{P}$$

式中　X——滑尺与定尺之间的相对位移；

P——绕组的节距。

当余弦绕组单独供电时，在定尺上的感应电势

$$V_{oc} = K \cdot V_m \cdot \cos\left(\theta + \frac{\pi}{2}\right) \cdot \cos\omega t = -K \cdot V_m \cdot \sin\theta \cdot \cos\omega t \tag{6.37}$$

当正、余弦绕组同时供电时，定尺上的输出电压 V_o 为上述两种情况的叠加。即

$$V_o = V_{oc} + V_{os} = K \cdot V_m \cdot \cos\theta \cdot \sin\omega t - K \cdot V_m \cdot \sin\theta \cdot \cos\omega t = K \cdot V_m \cdot \sin(\omega t - \theta) \tag{6.38}$$

从上式可见，定尺感应总电压 V_o 的相位角 θ 与滑尺相对定尺的位移值 X 有严格关系，所以可通过鉴别定尺感应电压的相位即可测得滑尺与定尺间的相对位移。把定尺感应电压 V_o 的相移 θ 与滑尺相对定尺的位移值 X 之比称为位移-相位转换系数 β，即

$$\beta = \frac{\theta}{X} = \frac{2\pi}{P}$$

2）鉴幅式　若供给滑尺的两个绕组的激磁电压的频率和相位均相同，而幅值不

同且具有如下关系

$$V_s = V_{ms} \cdot \sin\omega t = V_m \cdot \sin\theta_e \cdot \sin\omega t$$

$$V_c = V_{mc} \cdot \sin\omega t = V_m \cdot \cos\theta_e \cdot \sin\omega t$$

式中　θ_e——激磁电压电角度,由它来确定激磁电压幅值。

当对滑尺的正、余弦绕组同时供电时,在定尺上的感应电压为

$$V_o = V_{oc} + V_{os} = K \cdot V_m \cdot \sin(\theta_e - \theta) \cdot \sin\omega t \tag{6.39}$$

在滑尺移动过程中,在一个节距的任一点上使 $\theta_e = \theta$,从而 $V_o = 0$ 的点称为节距零点,若改变滑尺位置 θ,使 $\theta \neq \theta_e$,则在定尺上出现感应电压

$$V_o = K \cdot V_m \cdot \sin\Delta\theta \cdot \sin\omega t \tag{6.40}$$

当 $\Delta\theta$ 很小时,则

$$V_o = K \cdot V_m \cdot \Delta\theta \cdot \sin\omega t \tag{6.41}$$

因为

$$\Delta\theta = \Delta X \cdot \frac{2\pi}{P}$$

所以

$$V_o = K \cdot V_m \cdot \Delta X \cdot \frac{2\pi}{P} \cdot \sin\omega t \tag{6.42}$$

从上式可见,通过测量 V_o 的幅值就可以测量位移量 ΔX 的大小。

(2)检测电路

感应同步器的检测电路依据前面所述的鉴相式和鉴幅式的工作原理的不同而分为鉴相式和鉴幅式检测电路。同种工作方式的具体电路实现形式也因检测目的、精度要求等原因而不同。一般来讲,由振荡电路、时基电路、移相和波形变换电路组成激励电路,放大后产生鉴相或鉴幅所需的激励信号激励滑尺线圈绕组,定尺绕组输出的移相或调幅信号经功放、滤波、整形电路后,根据鉴相或鉴幅的不同,进入鉴相或鉴幅跟踪电路,最后得到所要检测的位移量。

感应同步器测量精度较高,具有误差平均效应,工作可靠,抗干扰性强,对空间电磁干扰、电源波动、环境温度变化不敏感,使用寿命长,易维护,可接长,是实践中最常用的大位移、高精度检测方法之一。

6.6.3　磁栅式传感器

磁栅是用电磁方法计算磁波数目的一种位置检测元件。磁栅位置检测装置是由磁尺、读取磁头和检测电路组成。它利用磁录音原理,将一定波长的矩形波或正弦波的电信号用录磁磁头记录在磁性标尺(磁尺)上,作为测量的基准尺。检测时用拾磁磁头将磁尺上的磁信号读出,并通过检测电路将位移量用数字显示出来或转化为控制信号输出。

(1)磁性标尺

磁尺是在非导磁材料的基体上,涂敷或镀上一层磁性材料,形成一层均匀的磁性膜。然后敷上一层薄的耐磨塑料保护层,然后用录磁方法将镀层磁化成相等节距、周期变化的磁化信号。磁化信号可以是脉冲,也可以是正弦波或饱和磁波。磁尺按照其基体形状的不同,可以分为直线型和回转型。

(2)磁头

磁头是进行磁电转换的部件,它把反映空间位置的磁化信号检测出来转换成电信号送给检测电路。图 6.35 为磁通响应型磁头的结构,它是一个利用饱和铁心的二次谐波调制器,采用软磁材料制成。上面有两个产生磁通方向相反的激磁线圈,两个串联的读取线圈。当激磁线圈上通入高频激磁电源后在读取线圈上就输出载波频率为高频激磁电源频率两倍的调制信号。它是由磁性标尺上进入读取线圈铁心的漏磁通所调制的信号。其输出电压为

$$e = E_0 \cdot \sin\frac{2\pi X}{p} \cdot \sin 2\omega t \tag{6.43}$$

式中 E_0——常数;

X——磁头在磁性标尺上的位移量;

p——磁性标尺上磁化信号的节距;

ω——激磁电源的频率。

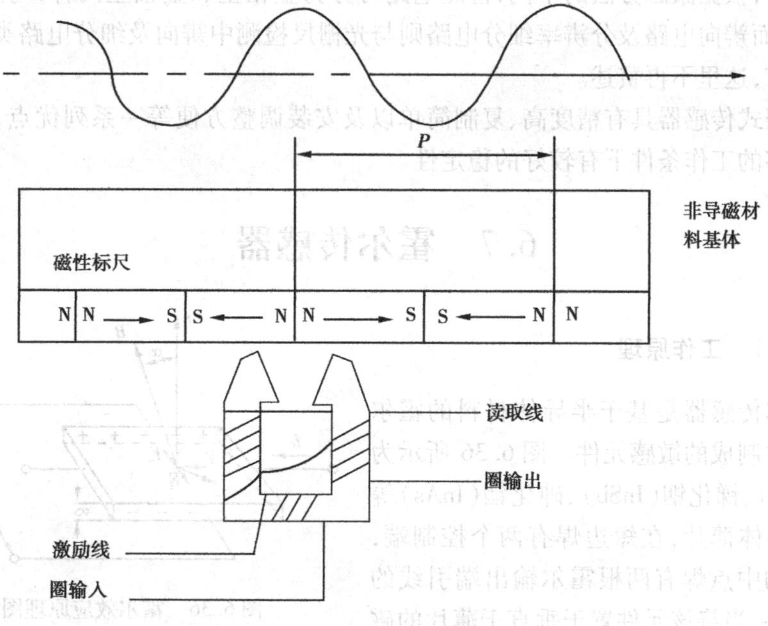

图 6.35 磁通响应型磁头

从上式可知,e 和磁性标尺的相对速度无关,而是由磁头在磁尺上的位置所决定

的。只要计算出振幅变化的次数,并以 p 波长为单位,就可计算出位移量。

使用单个磁头输出的信号小,而且对磁尺上磁化信号的节距和波形要求高,不能用饱和录磁。这样既减小了输出信号,又降低了抗外界电磁场干扰的能力。实用中将几个到几十个磁头,以一定的方式串接起来组成多间隙磁通响应型磁头使用。这样可以提高灵敏度,均化节距误差并使读出幅值均匀。

为了辨别磁头在磁尺上的移动方向,通常采用间距为 $m \pm 1/4p$ 的两组磁头,其中 m 为任意整数。从两个磁头得到的输出信号为

$$e_1 = E_0 \cdot \sin \frac{2\pi X}{p} \cdot \sin\omega t \tag{6.44}$$

$$e_2 = E_0 \cdot \cos \frac{2\pi X}{p} \cdot \sin\omega t \tag{6.45}$$

然后对 e_1 移相 $90°$,使之成为相位差为 $\pi/2$ 的两相正弦波,相位的超前或滞后给出了运动方向的信息。这样,移动方向便可以用与光栅辨向原理相同的方法进行。

(3)检测电路

检测电路包括:磁通响应磁头的激磁电路,读取信号的放大、滤波电路,辨别移动方向和为了提高分辨率而设计制造的辨向内插细分电路,以及显示、控制电路等。

其中,根据激磁方法的不同,检测电路可分为鉴相型和鉴幅型两种,与感应同步器相似;而辨向电路及分辨率细分电路则与光栅尺检测中辨向及细分电路类似,参见相关章节,这里不再赘述。

磁栅式传感器具有精度高、复制简单以及安装调整方便等一系列优点,在油污、粉尘较多的工作条件下有较好的稳定性。

6.7 霍尔传感器

6.7.1 工作原理

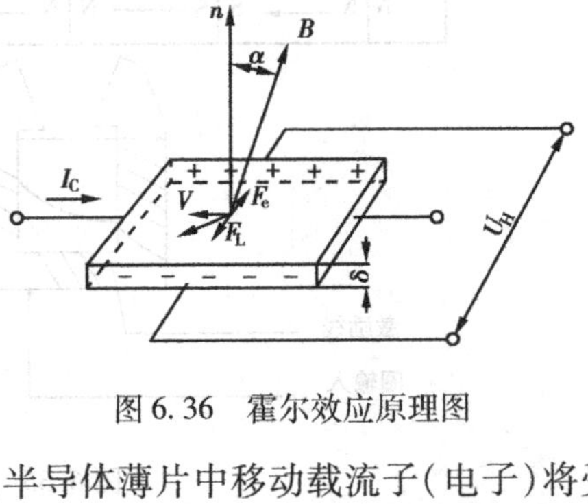

图 6.36 霍尔效应原理图

霍尔传感器是基于半导体材料的霍尔效应特性制成的敏感元件。图 6.36 所示为由锗(Ge)、锑化铟(InSb)、砷化铟(InAs)等 N 型半导体薄片,在短边焊有两个控制端,在长边的中点焊有两根霍尔输出端引线的霍尔元件,当将该元件置于垂直于薄片的磁场 B 中,并在两个控制端通以控制电流 I_C 时,半导体薄片中移动载流子(电子)将受到磁场洛伦兹力 F_L 的作用,一方面载流子沿电流相反的方向运动,同时,载流子将因

洛伦兹力作用而发生偏移，使得霍尔薄片（元件）的一侧由于电荷的堆积而形成电场，电场力将阻止载流子的继续偏移，当作用于载流子的电场力和洛伦兹力相等时，电子的积累达到动态平衡，这时在霍尔元件的两个输出端之间建立的电场称为霍尔电场，相应的电势 U_H 称为霍尔电势，这种现象，称为霍尔效应。霍尔电势的大小为

$$U_H = K_H I_C B \tag{6.46}$$

式中，I_C 为控制电流（A），B 为垂直霍尔片平面的磁感应强度（T），K_H 为霍尔元件的灵敏度系数。其中 K_H 与霍尔片的厚度 δ（mm）和反映材料霍尔效应强弱的霍尔系数 R_H 有关，$K_H = R_H/\delta$，如果磁场与霍尔元件平面的法线方向的夹角为 α，则霍尔电势为

$$U_H = K_H I_C B\cos\alpha \tag{6.47}$$

由于霍尔电势与控制电流和磁感应强度的关系，可以将被测量的变化与控制电流变化或磁感应强度的变化联系起来，实现被测量的感知。

6.7.2 测量电路

霍尔传感器的基本测量电路如图 6.37 所示，电源 E 和可调电阻 R 构成控制回路，为霍尔元件提供可以调节的控制电流 I_C，霍尔元件的输出回路接负载电阻 R_L，通常 R_L 是放大器的输入电阻或测量仪表的表头内阻。

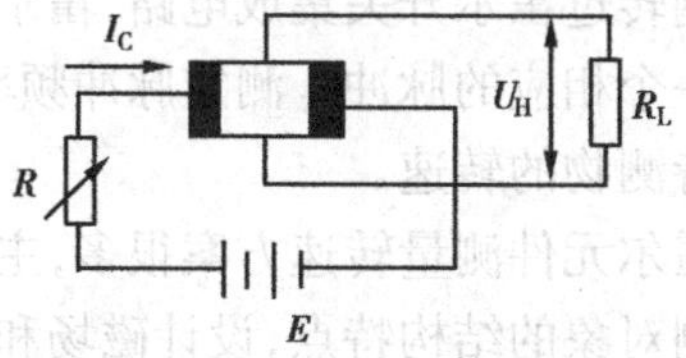

图 6.37 霍尔元件的基本测量电路

由于半导体材料对温度比较敏感，霍尔传感器的内阻和霍尔系数将随工作温度而发生变化，从而导致控制电流 I_c 的变化和霍尔电势的误差。

另外，当外磁场强度为零时，在控制端通以一定的控制电流，输出霍尔电势的理论值应该为零，但是由于制造工艺的原因，霍尔元件的两个输出端不可能位于霍尔片两端的对称中点以及霍尔片的电阻率和厚薄的不均匀等，使得两输出端之间产生不等电势，常采用补偿电路消除其影响。

6.7.3 传感器的应用

（1）霍尔传感器测量位移、压力、流量

图 6.38 所示是霍尔传感器测量位移的工作原理图，霍尔元件放置在极性相反、磁场强度相同的两个磁钢的气隙中，当霍尔元件加恒定的控制电流时，霍尔元件输出电势与磁场强度 B 成正比。若改变霍尔元件与磁钢的相对位置，由于气隙磁场分布的变化，霍尔元件感受的磁场强度也随之发生变化，输出的霍尔电势的变化为

$$\frac{dU_H}{dx} = K_u I \frac{dB}{dx} \tag{6.48}$$

式中 K_u 为霍尔常数，决定于材质、温度、元件尺寸。

如果磁场在一定的范围内沿 x 方向的变化梯度 dB/dx 为常数 K，则将式(6.48)积分可得

$$U_H = K_u IKx \tag{6.49}$$

其霍尔电势与相对位移 x 成线性关系。实验表明，当霍尔元件位于磁钢中间位置时，霍尔电势为0，这是由于此元件收到方向相反、大小相等的磁通作用的结果，此位置即是 $x=0$ 的位置，霍尔电势的极性，反映了元件相对位移的方向，磁场梯度越均匀，输出的线性度就越好。

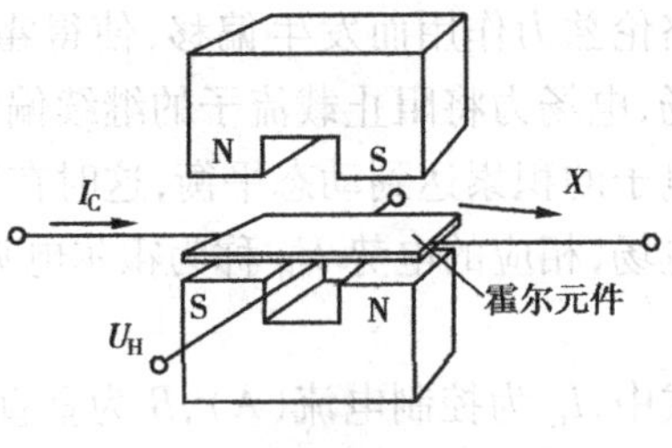

图 6.38　霍尔传感器测量位移原理图

利用这一原理，可以测量压力、压差、液位、流量等，只需将被测量的变化转换成霍尔元件与磁钢的相对位移，就能够由输出的霍尔电势指示相应的被测量。一般其位移测量范围为1～2mm，具有惯性小、响应速度快的特点。

(2)霍尔传感器测量转速

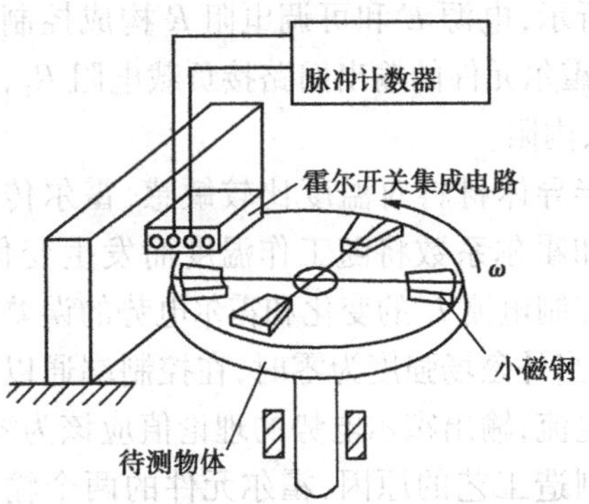

图 6.39　霍尔传感器转速测量系统

图6.39所示是一种霍尔传感器测量转速的工作原理图，待测转盘上粘贴一对或多对小磁钢，当待测物以角速度 ω 旋转时，每一个小磁钢转过霍尔开关集成电路，霍尔开关便产生一个相应的脉冲。测定脉冲频率，即可确定待测物的转速。

利用霍尔元件测量转速方案很多，主要是根据待测对象的结构特点，设计磁场和霍尔元件的布置，有的将永久磁铁装在旋转体上，将霍尔元件装在永久磁铁旁；有的将永久磁铁装在靠近带齿旋转体的侧面，将霍尔元件装在永久磁铁旁，实质上都是利用霍尔开关在外磁场发生变化时，霍尔传感器输出的脉冲信号，通过测定脉冲的频率，进而可以确定待测物体的转速。

概括地讲，霍尔传感器的实际应用大致可以分为三种类型：

1)保持控制电流 I_C 不变而使传感器处于变化的磁场之中，传感器的输出正比于磁感应强度。这方面的应用有磁场测量，磁场中微位移测量，转速、加速度、力的测量以及无接触信号发生器、函数发生器等。

2)磁感应强度不变而使控制电流随被测量变化，传感器的输出电势与控制电流成正比，这方面的应用有测量交、直流的电流表，电压表等。

3)当霍尔元件的控制电流和磁感应强度都发生变化时，元件的输出与两者的乘积成正比。这方面的应用有乘法器、功率测量等，此外，也可以用于混频、斩波、调制、解调等。

6.8　光栅传感器

6.8.1　光栅与光栅传感器

光栅是在一种基体上刻制有等间距均匀分布条纹的光学元件。根据制造方法和光学原理的不同，光栅可以分为透射光栅和反射光栅。透射光栅是在一块长方形光学玻璃上均匀地刻上光栅线纹，形成规则排列的明暗线条，光源可以采用垂直入射光直接穿透光栅并透射到光电元件上；反射光栅是用不锈钢带经照相腐蚀或直接刻制而成。光栅的线纹是光栅的光学结构，如图6.40中光栅局部放大图所示，a 为刻线宽度，b 为刻线间的缝隙宽度，W 为光栅栅距或称为光栅常数。通常情况下，$a=b=W/2$，有时也采用 $a:b=1.1:0.9$ 的比例刻制光栅，线纹的密度一般为每毫米200、100、50、25、10线。

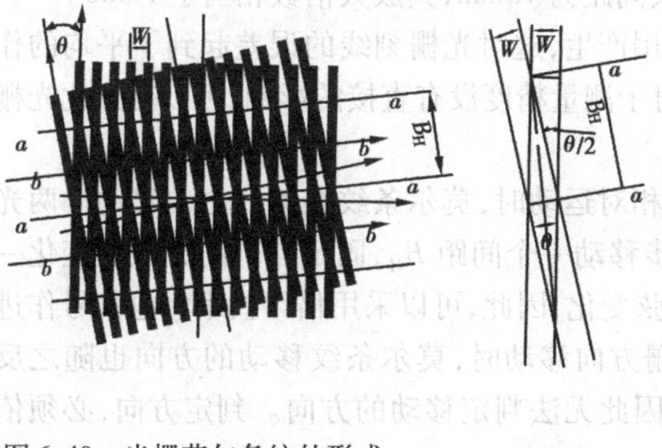

图6.40　光栅莫尔条纹的形成

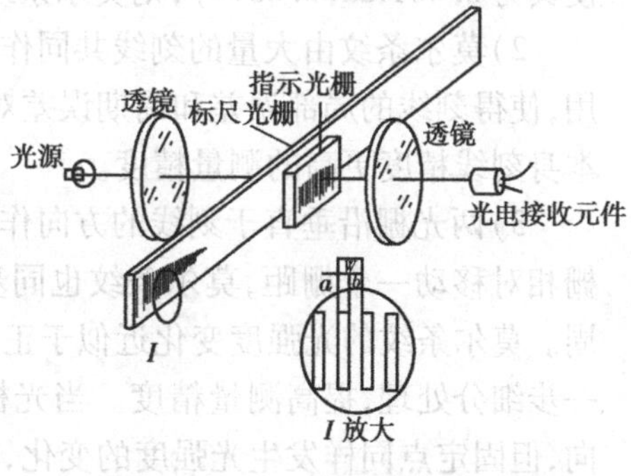

图6.41　透射光栅传感器结构原理图

光栅传感器由光路系统、标尺光栅、指示光栅和光电接收元件等组成。图6.41所示为透射光栅传感器。标尺光栅的有效长度即为传感器的测量范围，必要时，标尺光栅可以加长以扩大测量范围，指示光栅刻有与标尺光栅同样栅距的条纹，但其长度比标尺光栅短得多，当标尺光栅相对于指示光栅移动时，将形成明暗交替变化的莫尔条纹，利用光电接收元件将莫尔条纹明暗变化的光信号，转换成脉冲电信号，通过脉冲计数可以测量出标尺光栅移动的距离，实现位移的测量。

6.8.2　莫尔条纹

当光栅常数相等的指示光栅与标尺光栅的线纹相交一个微小的夹角时，灯光通过聚光镜呈平行光线垂直照射在标尺光栅上，由于遮光积分效应或光的衍射作用，在指示光栅上与两块光栅线纹相交的钝角平分线方向，出现较粗的明暗交替的条纹，如图6.40所示，在 a-a 上两光栅的栅线彼此重合，光线从缝隙中通过，形成亮带；在 b-b

线上，两光栅的栅线彼此错开，形成暗带。这种明暗相间的条纹，在与光栅线纹大致垂直的方向上，故称为横向莫尔条纹。由图 6.40 可以看出，莫尔条纹之间的距离为

$$B_{\mathrm{H}} = \frac{W}{2\sin(\theta/2)} \approx \frac{W}{\theta} \tag{6.50}$$

式中 B_{H}——莫尔条纹间距；

W——光栅栅距；

θ——两光栅刻线间的夹角。

由此可见，莫尔条纹的宽度 B_{H} 由光栅常数与光栅夹角决定，对于给定的光栅，其光栅常数恒定，可以通过调整夹角 θ，改变莫尔条纹的间距。

莫尔条纹具有以下技术特点：

1）通过调整夹角 θ，可以使莫尔条纹具有任意的宽度而起到光栅栅距放大的作用。这样，就把一个微小的移动量的测量转换成一个较大的移动量的测量，可以提高测量的灵敏度和测量的精度。例如，对于光栅常数为 0.01 的光栅传感器，若调整 θ 使其为 0.001rad(0.057°)，则莫尔条纹间距为 10mm，其放大倍数相当于 1 000。

2）莫尔条纹由大量的刻线共同作用产生，这对光栅刻线的误差起到了平均的作用，使得刻线的局部误差和周期误差对于测量精度没有直接的影响，可以得到比光栅本身刻线精度更高的测量精度。

3）两光栅沿垂直于刻线的方向作相对运动时，莫尔条纹在刻线方向移动。两光栅相对移动一个栅距，莫尔条纹也同步移动一个间距 B_{H}，固定点上的光强度变化一周。莫尔条纹的光强度变化近似于正弦变化，因此，可以采用倍频技术将电信号作进一步细分处理，提高测量精度。当光栅方向移动时，莫尔条纹移动的方向也随之反向，但固定点同样发生光强度的变化，因此无法判定移动的方向。判定方向，必须依靠辨向电路来实现。

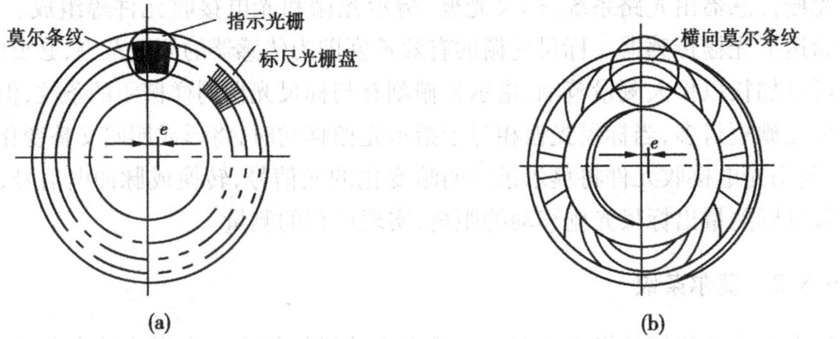

图 6.42 径向光栅及其莫尔条纹

光栅传感器除了进行位移测量外，还可以用径向光栅（圆光栅）测量角位移，径向光栅是在玻璃圆盘上刻有由圆心向外辐射的等角间距的辐射状线纹，如图 6.42

(a)所示，当两块栅距相同的径向光栅以微小的偏心重叠置放时，因偏心而使两光栅的线纹交叉，由于在整个线纹区各部分线纹的交角不同，因此，形成的莫尔条纹具有不同的曲率半径，如图6.42(b)所示。当标尺光栅相对于指示光栅转动时，条纹即沿径向移动，测出移动的条纹的数目，即可得到标尺光栅相对于指示光栅转动的角度。

6.8.3 辨向原理与辨向电路

光栅测量系统，通常由光栅传感器、细分电路、辨向电路、数字记录和数字显示装置构成，将光栅传感器的标尺光栅与被测运动对象相连，指示光栅固定于相对静止的部件上，由于两光栅的相对移动，光电接收器将光信号转换为电信号，将此电压信号经过放大、整形变为方波，经微分电路转换为脉冲信号，再经辨向电路和可逆计数器计数，则可以在显示器件上以数字的形式，实时地显示出位移量的大小。

如前所述，单个光电接收元件在固定点只能接收和判明莫尔条纹明暗的变化而不能判明莫尔条纹移动的方向。如果能在被测物体正向移动时，将移动的脉冲数累加，而在物体反向移动时，则从已经累加的脉冲数中减去反向移动的脉冲数，就能正确地反映物体移动的大小和方向。完成这种任务的电路就是辨向电路，图6.43所示为辨向电路原理图。

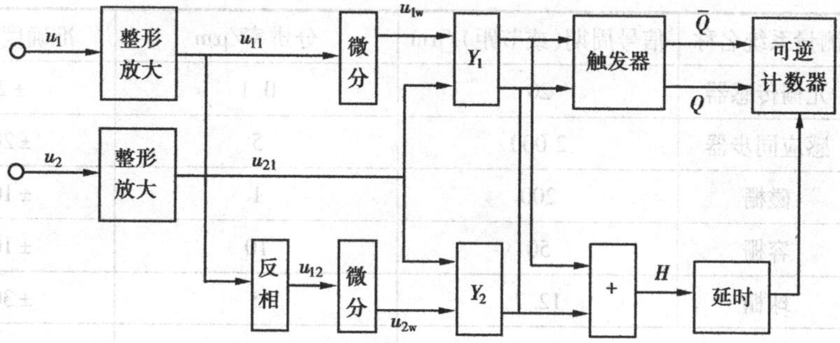

图6.43 辨向电路原理图

6.8.4 细分技术

通过以上分析可知，运动物体移动一个栅距，对应的计数电路输出一个计数脉冲，因此计数器能够反映的移动距离的最小单位为一个栅距，称为脉冲当量或分辨率。提高分辨率当然可以通过提高光栅线纹的刻线密度来实现，但要受到工艺水平的限制而且也不经济。因此，人们提出对栅距测微细分，就是在莫尔条纹变化一个周期中，设法使其输出若干个脉冲，以减小脉冲当量，提高分辨率。细分方法有机械细分和电子细分两类。在此介绍较常用的电子四倍频细分法。

根据前面的分析，如果在指示光栅前，每隔 $B_H/4$ 设置一个光电接收元件，则可

以获得依次相差 π/2 的 4 个正弦交流信号。用鉴零器分别在每个信号由负到正过零点时发出一个计数脉冲,即可实现在一个莫尔条纹周期内,产生 4 个计数脉冲,达到四细分的目的。

四细分也可以用在 $B_H/4$ 间隔上,设置两个光电接收元件来实现。由光电元件可以得到两个相差 π/2 的正弦交流信号,若将其反相,就可以得到 4 个依次相差 π/2 的 4 个正弦交流信号,从而可以在移动一个栅距的周期内得到 4 个计数脉冲,实现四倍频细分。

6.8.5 光栅传感器的应用

光栅式传感器有很高的分辨率和准确度。到目前为止,人们公认并得到广泛应用的位置检测技术有光栅传感器、感应同步器、磁栅、容栅、球栅和激光,其检测精度如表 6.1 所示。

可见,光栅传感器的分辨率和准确度,高于除激光外的其他 4 种测量系统,而在系统的稳定性、可靠性、经济性方面,又明显优于激光测量系统,从而被广泛地应用于高精度的位置检测和控制环节,20 世纪 90 年代,80% 的闭环控制的数控机床、三坐标测量机和数显机床的测量系统都使用光栅传感器测量系统。

表 6.1 位置测量系统的检测精度表

序号	测量系统名称	信号周期(或节距)/μm	分辨率/μm	准确度/μm
1	光栅传感器	20	0.1	±2
2	感应同步器	2 000	5	±20
3	磁栅	200	1	±10
4	容栅	50	10	±10
5	球栅	12.7	5	±30
6	激光	λ = 0.632 8	λ/16	

图 6.44 所示是德国海登汉因生产的用于实时控制的光栅位置检测系统,由栅尺部分和 EXE(脉冲放大整形及细分)两大部分构成。栅尺(或径向光栅旋转编码器)检测机床位移,并将与位移量和位移方向相关的两路信号送入 EXE 进行放大、整形和电子细分,最后经驱动后送入 CNC,形成全闭环控制系统。

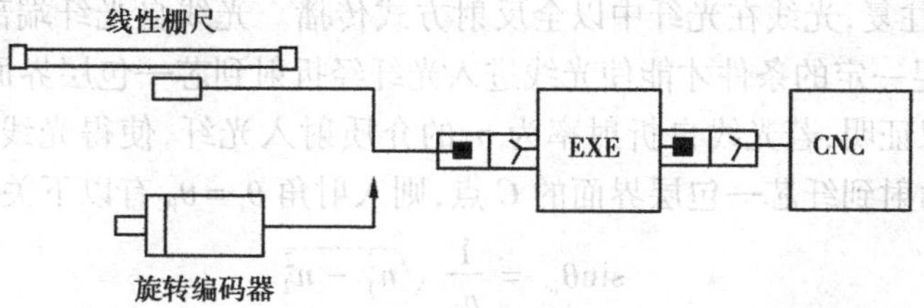

图 6.44 光栅位置检测系统

6.9 光纤传感器

光纤传感器是20世纪70年代发展起来的新型传感器,它以光学量变换为基础,把被测量的状态转换为可测的光信号,如光波的强度、频率、相位、偏振态,实现被测量感知。使光波的参数随被测量的状态而变化,称为对光波进行调制。根据改变的光参数的不同,光纤传感器有强度调制、频率调制、相位调制和偏振调制4种形式。由于光纤传感器具有灵敏度高,抗电磁干扰能力强,几何形状适应性强,体积小,重量轻,频带宽,动态范围大等许多优点,因而在各个领域获得广泛的应用。

6.9.1 光导纤维结构与传输原理

光纤是由具有大折射率 n_1 的玻璃纤维芯和较小折射率 n_2 的玻璃包层的两个同心圆所构成的双层圆柱形结构,总直径为 100~200μm,如图 6.45 所示。根据光学斯乃尔定理(Snell' Law),当光由大折射率的介质射入小折射率的介质时,光将发生折射,其折射角大于入射角。随入射角的增大,折射角将随之增大,折射角为90°时对应的入射角称为临界角。此时,光沿界面传播,如果入射角大于临界角,在两种物质的界面上将发生光的全反射现象,光线将不进入小折射率介质。

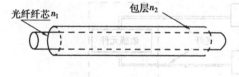

图 6.45 光纤结构

如图 6.46 所示,光纤中的光线,如果入射角 α 大于临界角,光线将在界面产生全反射,且入射角与反射角相等,光线反射到另一侧的界面时,其入射角仍为 α,再次产生

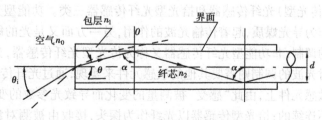

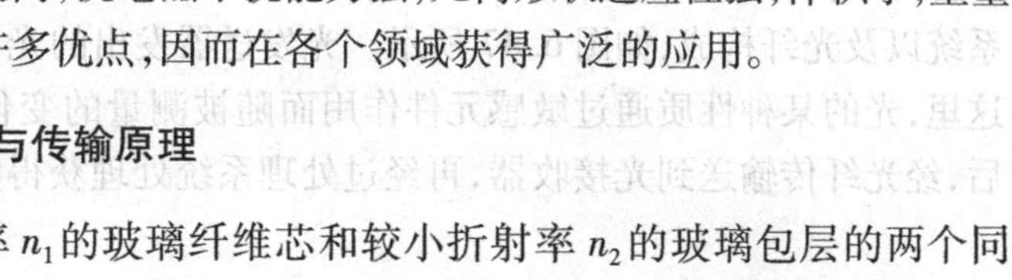

图 6.46 光纤导光示意图

全反射，如此往复，光线在光纤中以全反射方式传播。光线自光纤端部射入，其入射角 θ_i 必须满足一定的条件才能使光线进入光纤经折射到芯—包层界面 C 点后，产生全反射。可以证明，若光线自折射率为 n_0 的介质射入光纤，使得光线在玻璃纤维芯以临界入射角射到纤芯—包层界面的 C 点，则入射角 $\theta_i = \theta_{ic}$ 有以下关系式

$$\sin\theta_{ic} = \frac{1}{n_0}\sqrt{n_1^2 - n_2^2} \tag{6.51}$$

显然，只有入射角 $\theta_i < \theta_{ic}$ 的那部分光线，才能在进入光纤后以全反射方式向前传播，通常入射光线所在空间为空气，其折射率 $n_0 \approx 1$，则上式为

$$\sin\theta_{ic} = \sqrt{n_1^2 - n_2^2} \tag{6.52}$$

纤维光学中，定义 $\sin\theta_{ic}$ 为数值孔径 NA（Numerical Aperture），亦即只有 $\theta_i < \arcsin(\mathrm{NA})$ 的入射光可以在光纤以全反射方式向前传播，其余部分光线，进入光纤后都不能传播而将在包层中散失。

6.9.2 光纤传感器及其分类

光纤传感器一般由光发送器、敏感元件（光纤或非光纤的）、光接收器、信号处理系统以及光纤构成，如图 6.47 所示。光发送器发出的光，经光纤引导到光调制区，在这里，光的某种性质通过敏感元件作用而随被测量的变化发生改变，形成已调光，然后，经光纤传输送到光接收器，再经过处理系统处理获得测量结果。

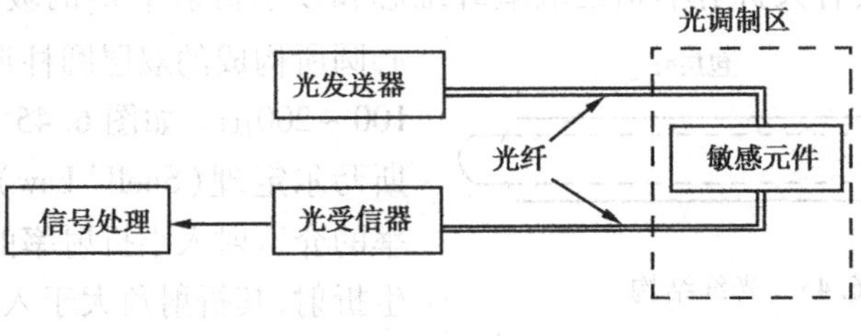

图 6.47 光纤传感器示意图

根据光纤在传感器中的作用，光纤传感器可以分为功能型光纤传感器、非功能型（传光型）光纤传感器和拾光型光纤传感器三类。功能型光纤传感器的光纤，一方面作为导光媒质，起着传输光波的作用，另一方面又是光的敏感元件，实现被测量对光的调制；非功能型光纤传感器又称为传光型光纤传感器，光纤仅作为光的传播介质，对光波的调制则需要其他的敏感元件来实现，通过光纤传导的光波，照射在非光纤型敏感元件上，由此“感受”被测量的变化而导致光参数的变化，因此，传感器中光纤是不连续的；拾光型传感器以光纤作为探头，接收由被测对象辐射的光或被其反射、散射的光，其典型的例子有辐射式光纤温度传感器、光纤激光多普勒速度计等。表 6.2 列出了部分光纤的种类、调制方式及测量对象。

表6.2 光纤传感器的种类及应用

调制方式	光学现象	被测对象	种类
强度调制	遮光板遮断光路	温度、振动、压力、加速度、位移	传光型
	半导体透射率变化	温度	传光型
	荧光辐射、黑体辐射	温度	传光型
	光纤微弯损耗	振动、压力、加速度、位移	传光型
	振动膜或液晶的反射	振动、压力、位移	传光型
	气体分子吸收	气体浓度	传光型
	光纤漏泄模	液位	拾光型
偏振调制	法拉第效应	电流、磁场	传光型
	泡克尔斯效应	电场、电压	传光型
	双折射变化	温度	传光型
	光弹效应	振动、压力、加速度、位移	传光型
频率调制	多普勒效应	速度、流量、振动、加速度	拾光型
	受激喇曼散射	气体浓度	传光型
	光致发光	温度	传光型
相位调制	磁致伸缩	电流、磁场	功能型
	电致伸缩	电场、电压	功能型
	Sagnac 效应	角速度	功能型
	光弹效应	振动、压力、加速度、位移	功能型
	干涉	温度	功能型

6.9.3 光纤传感器的应用

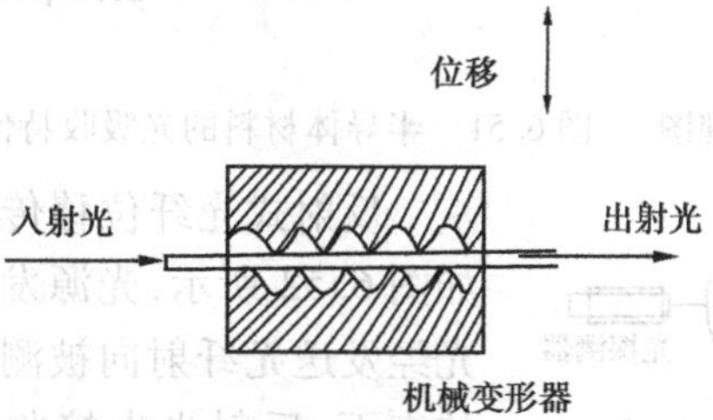

图6.48 光纤微弯传感器

光纤传感技术，其应用领域极为广泛，形式多样。目前，各种类型的光纤传感器多达数百种，正在成为极其重要的传感技术。下面介绍几种典型的光纤传感器结构原理及其应用。

图6.48所示为光纤微弯传感器，它是利用光纤的微弯损耗来检测被测物理量的变化。一根多模光纤从机械变形器中间通过，当变形器随被测量发生位移的时候，光纤沿轴线产生微弯曲，从而引起光纤折射率不连续变化，导致传播光的一部分泄漏到包层中。通过检测光纤纤芯中传导的光功率或包层中辐射光的功率变化，就能测量出被测物理量。

这种传感器对低频压力变化特别灵敏，可检测 100μPa 的微小压力。另外还可以将此类传感器布置成阵列系统，如图 6.49 所示，实现对大型建筑工程如桥梁、水坝、坑道等的结构变形进行长时间监测。

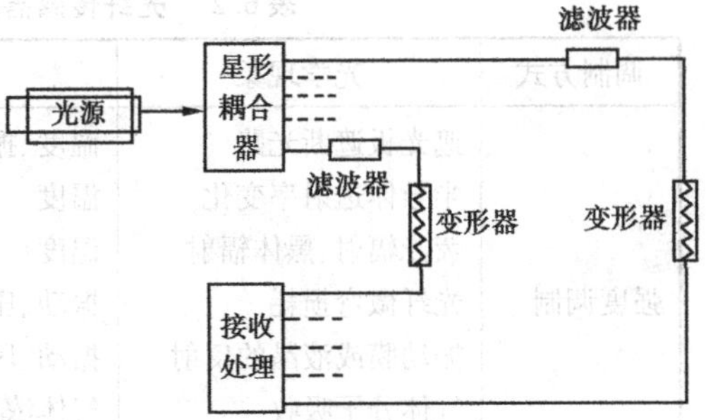

图 6.49　光纤微弯传感器并联阵列

利用半导体材料的光吸收与温度的关系，可以构成透射式光纤温度传感器，如图 6.50 所示。半导体的禁带宽度 E_g 随温度 T 的增加近似线性地减小，因此半导体吸收边波长 λ_g 随温度的增加而向长波长方向移动。如图 6.51 所示，选择适当的半导体发光二极管，使其光谱范围正好落在吸收边的区域，半导体材料的光吸收随吸收边波长变短而急剧增加，光透过率降低，反之光透过率升高。当在输入光纤和输出光纤之间夹一块半导体感温薄片，半导体感温薄片透射光的强度随温度而发生变化，用光电探测器检测出透射光强的变化并转换成相应的电信号，便能测量出温度。

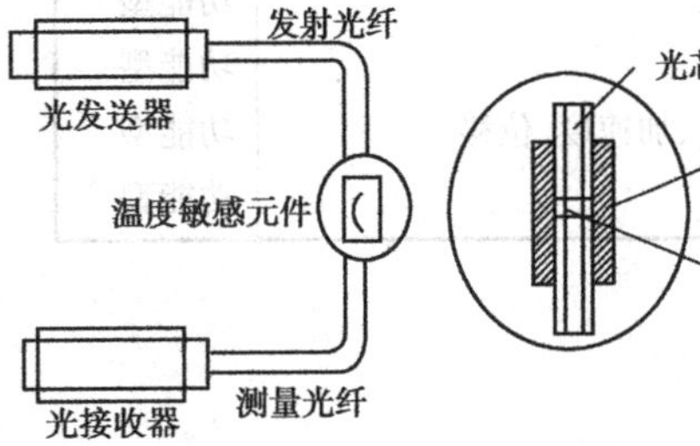

图 6.50　半导体吸光式干球温度传感器测温原理图

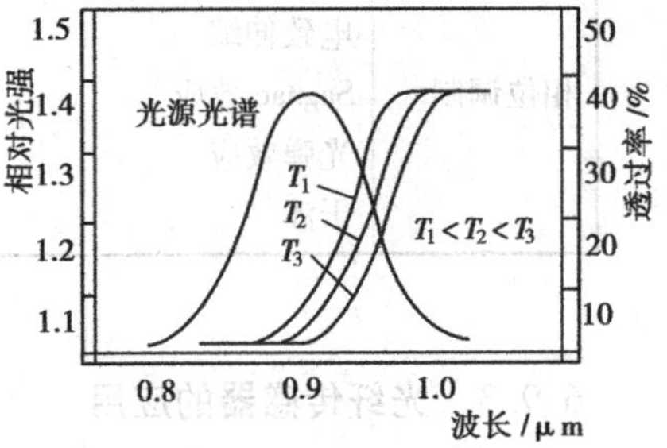

图 6.51　半导体材料的光吸收特性

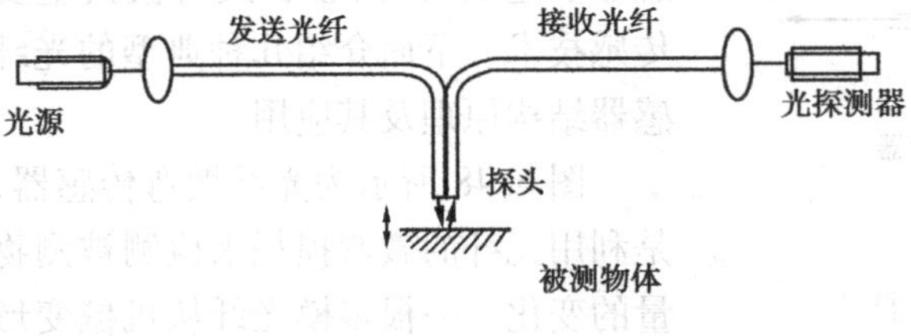

图 6.52　反射式光纤位移传感器原理图

反射式光纤位移传感器如图 6.52 所示，光源发出的光经发送光纤射向被测物体的表面，反射光由接收光纤收集，并传送到光探测器转换成电信号输出，从而测量出物体的位移。

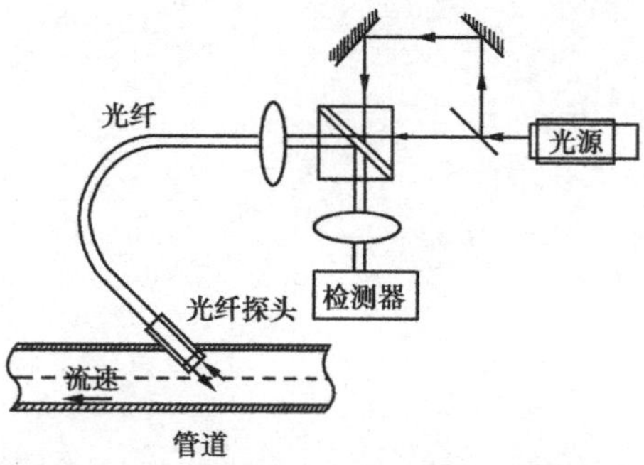

图6.53 激光多普勒测速传感器原理图

图6.53为激光多普勒测速传感器原理图。激光源发出的频率为f_0的线偏振光束,被分为两束:一束作为参考光束;另一束经偏振分束器,被一显微物镜聚焦后进入光纤,并经光纤探头插入被测物体运动的管道中,光纤探头与管道中心线夹角为φ,探头端面射出的激光照射到运动液体微粒上,经过微粒散射产生多普勒移频的散射光,在右光纤探头耦合传回。基于光学多普勒效应,当频率为f的光以入射角φ(相对入射运动物体方向)照射到运动物体时,从物体上散射回来的光的频率将发生Δf的变化

$$\Delta f = \frac{2nv\cos\varphi}{\lambda} \qquad (6.53)$$

式中 n—运动物质的折射率;

v—微粒运动速度;

φ—光的入射角,亦可为光纤插入角;

λ—激光的波长。

据此,通过检测器拾取f_0与$(f_0+\Delta f)$的混频信号并对其进行频谱分析,确定多普勒频移,从而得到管道内被测物的速度。

参考文献

1. 黄长艺,严普强. 机械工程测试技术基础(第二版). 北京:机械工业出版社,1995
2. 杨仁逖,黄惟公,杨明伦. 机械工程测试技术. 重庆:重庆大学出版社, 1997
3. 周泽存,刘馨媛. 检测技术. 北京:机械工业出版社, 1993
4. 郑君里,杨为理,应启珩. 信号与系统. 北京:高等教育出版社, 1990
5. 卢文祥,杜润生:机械工程测试、信息、信号分析. 武汉:华中理工大学出版社,1990
6. 王化祥,张淑英. 传感器原理与应用. 天津:天津大学出版社,1997
7. 廖效果,朱启逑. 数字控制机床. 武汉:华中理工大学出版社,1999
8. 刘广玉,陈明等. 新型传感器技术及应用. 北京:北京航空航天大学出版社,1995

第7章

机械工程几何量测量

7.1 几何量测量技术概况

7.1.1 几何量测量的概念

几何量测量,主要是指各种机械零部件表面几何尺寸、形状的参数测量。它包括零部件具有的长度尺寸,角度参数,坐标尺寸,表面几何形状与位置参数,表面粗糙度以及由二维、三维表示的曲线或曲面等。

任何一个机械零部件不论其大小及几何形状如何复杂,均可以视为由上述参数所构成。例如一个齿轮,表现其性能的有关参数达数十项,但可以将其分解成两类参数,一类是每个齿在分度圆上分布不均匀的角度参数,例如基节偏差,周节偏差;一类是表现每个齿齿面是否是标准的轮廓曲线。对渐开线齿轮,在一定的基圆半径 r 下,其渐开线展开长度 ρ 和展开角 Ψ 满足

$$\rho = r \cdot \Psi \tag{7.1}$$

这样渐开线的曲线可以用角度 Ψ 和长度 r 的尺寸参数和误差决定。又例如空间的丝杆螺旋线曲线,根据其形成原理:

$$l = (\theta/2\pi)T \tag{7.2}$$

式中 T——丝杆导程;

θ——丝杆转过的角度;

l——丝杆转过 θ 角时螺旋线理论轴向位移。

由长度 T 和角度 θ 的参数及误差就可确定 l 的参数及误差。因此不管是平面的或空间的复杂工件的表面均可以用相应的几何量参数去描述它,这些参数的精度就组成了每个机械零件的精度,并在很大程度上决定了整个机构或设备的精度和使用性能。因此几何量测量技术对产品质量及制造业起着极其重要的作用,是机械工程技术极其重要的组成部分,是测量方法设计和产品设计不可缺少的基本组成技术。

7.1.2 几何量测量的四大要素

对任何一个被测量对象和被测量,其测量过程都是将被测量和一个作为测量单位的标准量进行比较的过程。即采用能满足精度要求的测量器具,以相应的测量方法,将被测量与标准量进行比较,从而得到被测量的测量结果。因而任何一种测量都包括以下四大要素:

(1)测量对象和被测量

几何量测量对象十分复杂,不同的对象其测量参数各不相同。例如孔、轴的测量参数主要是直径;螺纹的被测参数有螺距、中径、螺牙半角、螺旋线等;对齿轮传动起主要影响的共有14项参数。对几何量的各种参数,国家或部颁标准往往规定有严格

的定义,一般情况下应按照定义去确定相应的测量方法,并同时考虑被测对象的结构尺寸、重量、大小、形状、材料、批量等作为设计测量方法的主要依据。

(2)测量单位和标准量

几何量测量的单位为国际基本单位“米”。1983 年第 17 届国际计量大会批准“米”的新定义为:“1 米是光在真空中于(1/299 792 458)s 的时间间隔内所经路径的长度”。并规定了量值传递系统,以保证在全国乃至全世界长度量值的统一和准确。其传递系统如图 7.1 所示。

米的导出单位如表 7.1 所示:

表 7.1　米的导出单位

单　位	米	分　米	厘　米	毫　米	微米
代　号	m	dm	cm	mm	μm

各单位之间采用十进制:

$$1\text{m}=10\text{dm}\ ,\quad 1\text{dm}=10\text{cm}\ ,\quad 1\text{cm}=10\text{mm}\ ,\quad 1\text{mm}=1\,000\mu\text{m}$$

可平行使用的单位有:

1 埃(Å) $=1\times10^{-10}$米,　　1 纳米 $=10^{-9}$米,　　1 Å　=0.1 纳米。

角度的计量单位我国规定采用度(°)、分(′)、秒(″),以及辅助单位弧度(rad)两种,并采用 60 进制。1 圆周 =360°,1° =60′,1′ =60″,1rad =360°/(2π),当某中心角 θ 所对应的弧长 l 等于该半径 r 时,其中心角即为 1rad。

$$d\theta = l/r \tag{7.3}$$

几何量测量标准量也是多种多样的,它们具有不同的工作原理和特点,不同的精度与适用场合。一般分为:

1)机械式标准量　如量块、多面棱体、多齿分度盘、微分丝杆、螺纹塞规、环规、标准齿轮、标准蜗轮和蜗杆、标准芯轴、表面粗糙度样板、角尺、形成标准渐开线或螺旋线的机械传动装置等等。

2)光学式标准量　如测长、工具显微镜上的标准光学玻璃刻线尺、光学分度头、分度盘、测角仪中光学度盘、长光栅、圆点栅、光学编码器、码尺、激光波长、精密测角的环形激光、双频激光拍频激光波长和光波衍射式干涉条纹等。

3)电磁式标准量　如可接长的感应同步器、圆感应同步器、长磁栅和圆磁栅。

(3)测量方法

指完成测量任务所用的方法、量具或仪器以及测量条件的总和。

基本的测量方法有:直接测量和间接测量,绝对测量和相对测量,接触测量和非接触测量,单项测量和综合测量,手工测量和自动测量,工序测量和终结测量,主动测量和被动测量,自动测量和非自动测量,静态测量和动态测量,组合测量以及在线检

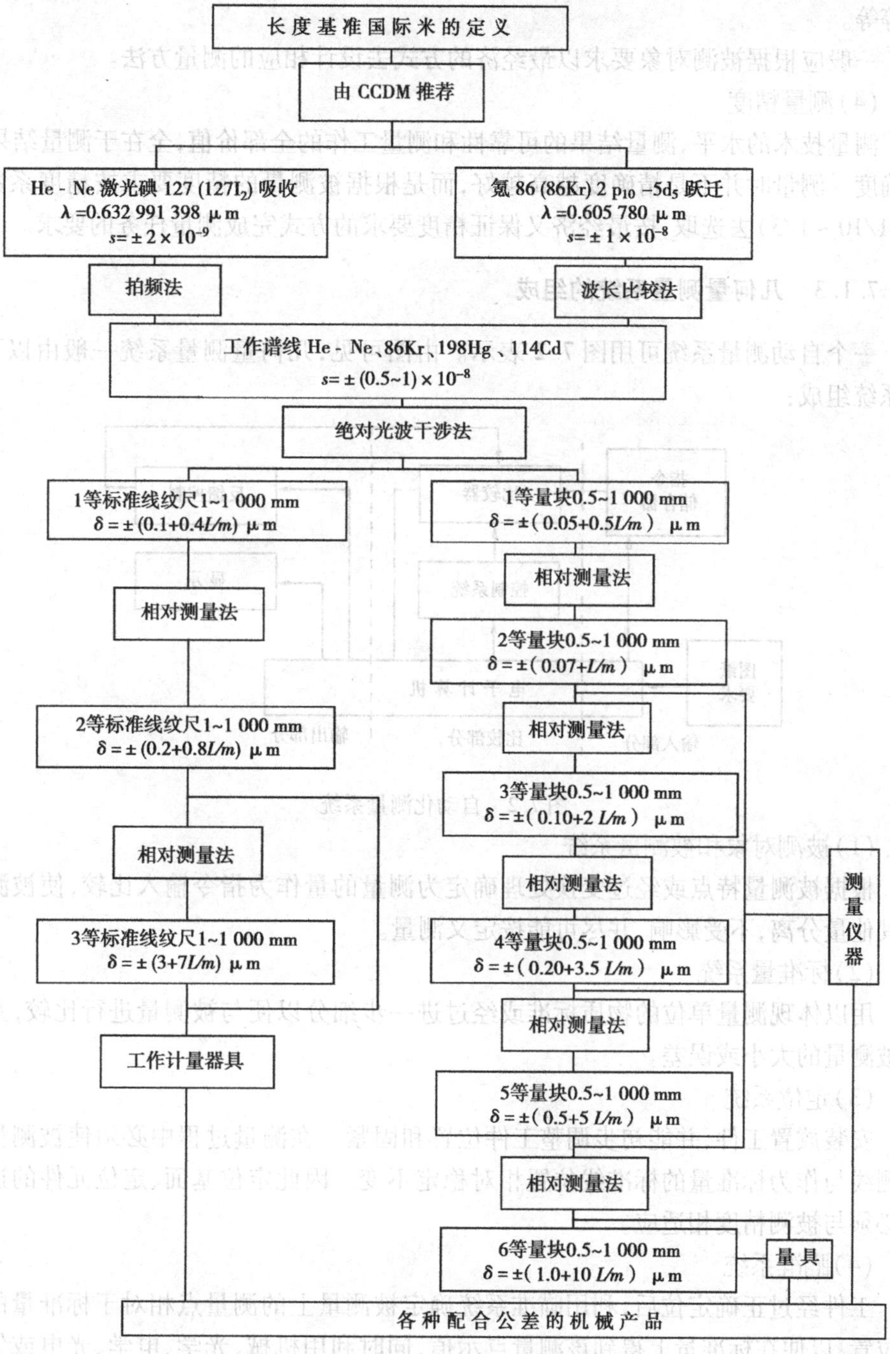
长度基准国际米的定义
由CCDM推荐
He - Ne 激光碘 127 (127I2) 吸收
λ =0.632 991 398 μm
s= ± 2 × 10⁻⁹
氪 86 (86Kr) 2 p10 -5d5 跃迁
λ =0.605 780 μm
s= ± 1 × 10⁻⁸
拍频法
波长比较法
工作谱线 He - Ne、86Kr、198Hg 、114Cd
s= ± (0.5~1) × 10⁻⁸
绝对光波干涉法
1等标准线纹尺1~1 000 mm
δ = ± (0.1+0.4L/m) μm
1等量块0.5~1 000 mm
δ = ±（0.05+0.5L/m） μm
相对测量法
2等量块0.5~1 000 mm
δ = ±（0.07+L/m） μm
2等标准线纹尺1~1 000 mm
δ = ± (0.2+0.8L/m) μm
3等量块0.5~1 000 mm
δ = ±（0.10+2 L/m） μm
3等标准线纹尺1~1 000 mm
δ = ± (3+7L/m) μm
4等量块0.5~1 000 mm
δ = ±（0.20+3.5 L/m） μm
测量仪器
工作计量器具
5等量块0.5~1 000 mm
δ = ±（0.5+5 L/m） μm
6等量块0.5~1 000 mm
δ = ±（1.0+10 L/m） μm
量具
各种配合公差的机械产品

图7.1　长度传递系统

测等等。

一般应根据被测对象要求以最经济的方式去设计相应的测量方法。

(4)测量精度

测量技术的水平,测量结果的可靠性和测量工作的全部价值,全在于测量结果的精确度。测量时并不是精确度越高越好,而是根据被测量的精度要求按精度系数 $A=(1/10\sim1/3)$ 去选取,按最经济又保证精度要求的方式完成测量任务的要求。

7.1.3 几何量测量系统的组成

一个自动测量系统可用图 7.2 表示。由图可见,几何量测量系统一般由以下 6 个系统组成:

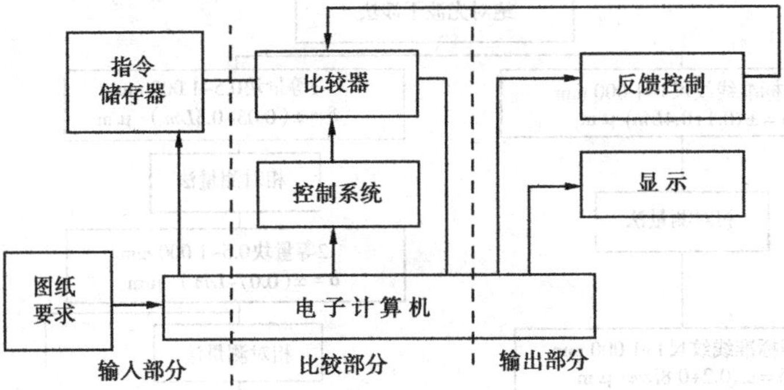

图 7.2 自动化测量系统

(1)被测对象和被测量系统

根据被测量特点或经过变换处理确定为测量的量作为指令输入比较,使被测量与其他量分离,不受影响,并尽可能按定义测量。

(2)标准量系统

用以体现测量单位的物质标准或经过进一步细分以便与被测量进行比较,并决定被测量的大小或误差。

(3)定位系统

安装放置工件,并能初步调整工件位置和固紧。在测量过程中必须使被测量的被测线与作为标准量的标准线位置相对稳定不变。因此定位基面、定位元件的选择都必须与被测精度相适应。

(4)瞄准系统

工件经过正确定位后,利用瞄准系统确定被测量上的测量点相对于标准量的确切位置,以便在标准量上得到该测量点示值,同时利用机械、光学、电学、光电或气动原理对被测量信息进行转换放大,以提高瞄准精度。

(5)显示系统

将被测量的测量结果进行运算处理得到被测量示值。根据测量要求可采用信号显示、数码指示显示、打印显示、记录显示及图形显示等不同的显示形式。

(6)外界环境系统

测量时外界条件如温度、湿度、气压、振动、气流、环境净化程度在偏离标准条件时,均对测量产生影响,并产生测量附加误差。特别在高精度测量时,必须对其附加误差进行修正,并采取各种措施减少其对测量的影响。

总的来说,几何量精密测量已成为先进制造技术发展的基础和先决条件,随着科学技术的进步,几何量测量技术正向着高精度、高效率、自动化、数字化和智能化的方向发展。我国的几何量测量技术水平在许多方面已达到世界先进水平,如我国自行研制的激光干涉比长仪和激光量块干涉仪,其极限误差分别是 ±0.2μm 和 ±(0.03+0.2L/m)μm;我国独创的齿轮截面整体误差测量仪,其测量原理和技术目前跃居世界领先水平。但在某些高精度、大型、重型、微小尺寸测量技术及自动化在线检测技术和工业应用测量技术方面与世界先进水平相比还存在不小的差距,亟待我们迅速迎头赶上。下面对几何量测量中最典型的测量技术分别予以介绍和讨论。

7.2　激光量块干涉仪计数法测量

量块是一种高精度的单值量具,可用来检定和校准量具或量仪,调整仪器零位,调整精密机床,检验零件尺寸,在制造业中有广泛的用途。量块主要精度指标是两工作面之间的中心长度、平面平行性和研合性。

我国自行研制的 JLG—1 型激光量块干涉仪,其综合误差为 ±(0.03+0.2*L*/*m*)μm。1mm 以下的量块可用绝对光波干涉法直接测量,100mm 以下的量块可同时安装 12 块作快速自动测量,其技术水平处于世界先进行列。仪器主要由白光干涉瞄准系统、激光干涉测长系统、投影系统及大小量块工作台组成,其原理如图 7.3 所示。

(1)白光干涉瞄准系统

直流稳压电源供给 6V,15W 白炽灯光源 1 经透镜 2,光缝 3,自准直平行光管 4 扩束成平行光束,经反射镜 5 转向至分光镜 6,被分成两束,一束为透射光经立体空心棱镜 7,转向至平面参考反射镜 8 反射后沿原方向回到分光镜 6;另一束反射光经补偿镜 9,反射镜 10 至被测量块 11,经量块上表面和下表面研合的平晶表面反射,沿原光路回到 6,二路相干光相遇产生稳定的干涉图像。此图像经透镜 14,反射镜 16,光阑 17,接收光缝 18,棱镜 19、20 分配至光电倍增管 21,当光程 6—7—8 与光程 6—9—10—11 上表面严格相等时,干涉图像中产生黑色零级干涉条纹,21 接受后产生开门信号,控制计数和计算机系统开始工作。当立体棱镜 7 和 29 沿导轨向左移动至光程 6—7—8 和 6—9—11 下表面光程严格相等时,再次产生零级干涉条纹,控制计数

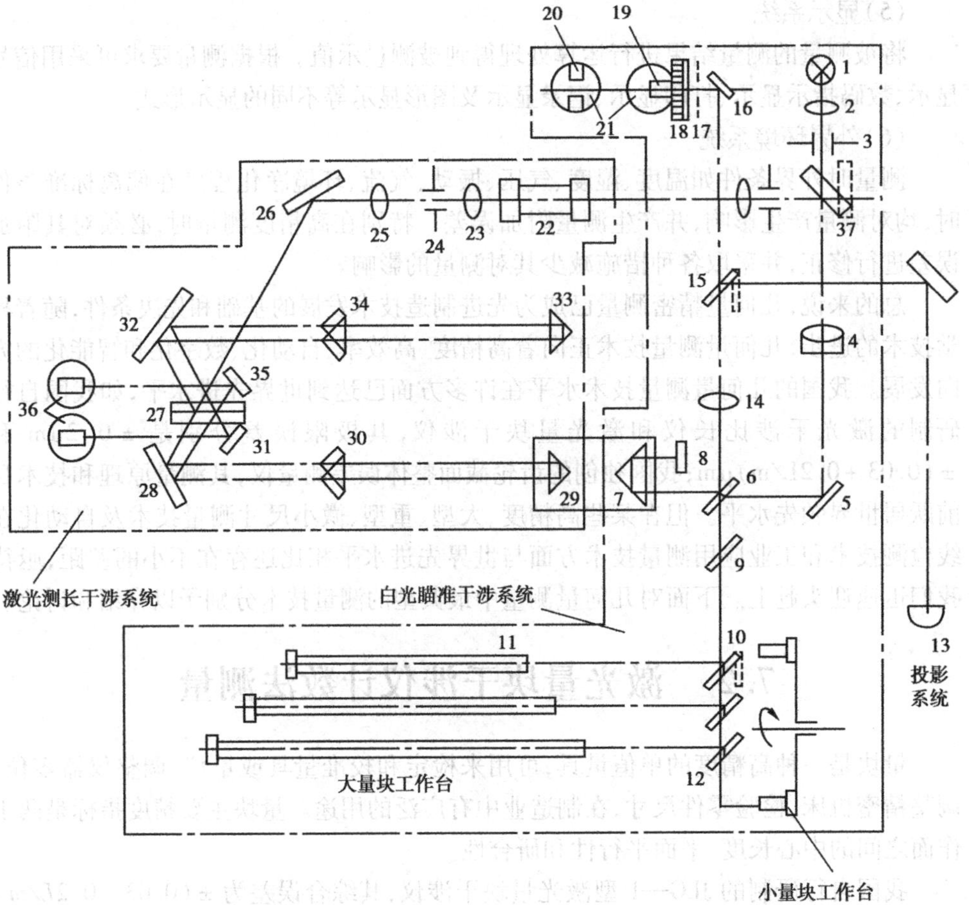

图 7.3 激光量块干涉仪系统组成

和计算机系统停止工作。

白光干涉端面瞄准精度，理论上为$\frac{\lambda}{2}/100$，目前可达$\frac{\lambda}{2}/10$（$\lambda=0.632\ 8\mu m$），故瞄准精度很高。

(2)激光干涉测长系统

由激光管 22 发出稳频激光，经透镜 23，光缝 24，透镜 25 扩束为平行光束，经 26 反射至移相膜分光镜 27 的分光面被分成两路，如图 7.4 所示，一路由分光镜 27 反射至反射镜 32，空心立体棱镜 34 至直角三棱镜 33，平行地沿原路回到分光镜 27 被透射与反射；而另一路透射光经分光镜 27，反射镜 28，空心棱镜 30 至直角三棱镜 29，平行地沿原路回到分光镜 27，也被透射反射。分光镜 27 能使反射光与透射光相差 90°相位，每两束光相遇产生干涉，得到两组相位差 90°的干涉光束，分别经反射镜 35、31

反射至光电倍增管36,输出电信号,经4倍频细分,得一系列脉冲,脉冲当量为 $e=(\lambda/2)\times(1/4)=0.0791\mu m$。这样在白光干涉系统两次零级条纹出现时先后发出开启和关闭计数器门期间,可将对应量块中心长度的脉冲数累加到计数器上去。由于量块精度高,把干涉信号4倍频的 $\lambda/8$ 作为大数脉冲,把32倍频的 $\lambda/64$ 作为小数脉冲,计数时采用大小脉冲分别计数方法,如图7.5所示,量块中心长度为

$$L=N\cdot\frac{\lambda}{2}\cdot\frac{1}{4}+(n_1+n_2)\frac{\lambda}{2}\cdot\frac{1}{32} \tag{7.4}$$

式中 N——大数脉冲数;

n_1,n_2——小数脉冲数;

λ——激光波长,$\lambda=0.6328\mu m$。

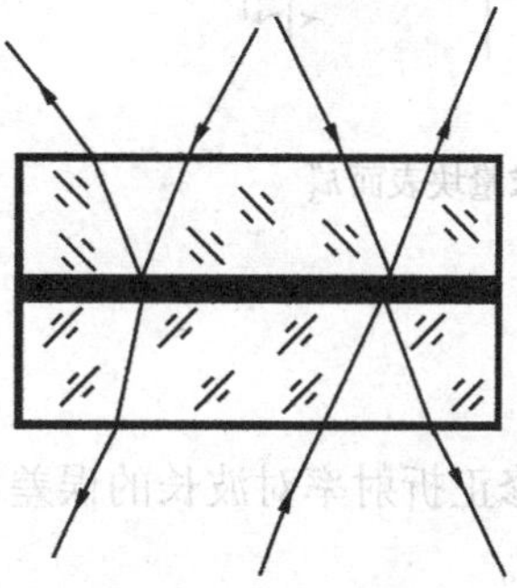

图7.4 移相膜分光镜干涉示意图

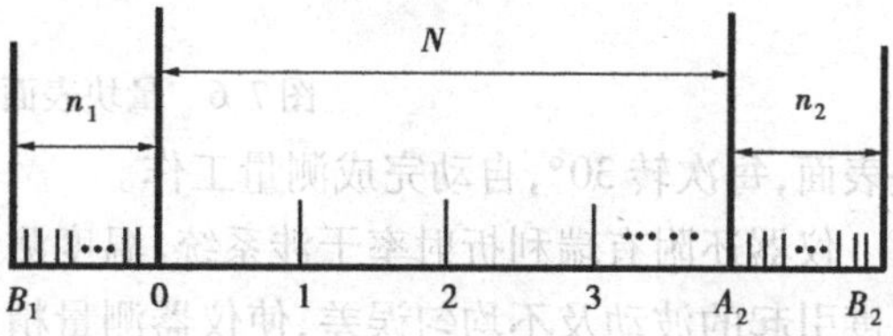

图7.5 大小脉冲计数示意图

(3)投影观察系统

为测量量块平面平行性,转动反射镜37将白光隔断,引入激光至白光干涉系统,由于激光单色性好,相关长度大,可同时在量块和平晶表面与参考平面镜8经镜6形成虚像,产生等厚干涉,转动反射镜15,使等厚干涉图像成像于投影屏13,得到量块与平晶上表面干涉图像,量块的平面平行性偏差干涉图像如图7.6所示,其计算如下:

$$h=\left(\frac{h_1+h_2}{2}+h_3\right)\frac{\lambda}{2} \tag{7.5}$$

式中 h_1——垂直方向干涉条纹倾斜度;

h_2——水平方向干涉条纹倾斜度;

h_3——量块表面干涉条纹弯曲度,以 h_3' 和 h_3'' 中最大者为 h_3 值。

(4)大小量块工作台系统

用于0.1~1m量块卧式定位,工作台上有可调支架,以便将量块支承在艾利点上。每次安装3块,由反射镜10移动3个位置,分别将白光或激光干涉光束对准其表面。小量块12块为立式安装,反射镜10移出光路,反射镜12工作,使光束射至量

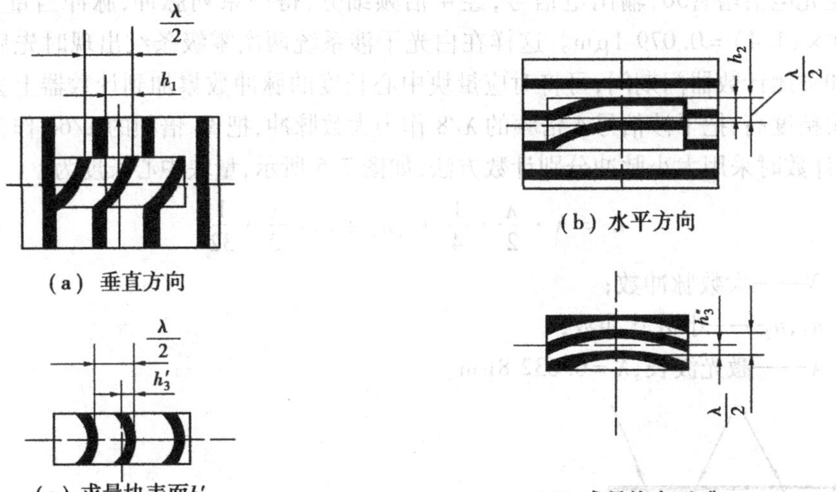

(a) 垂直方向　(b) 水平方向

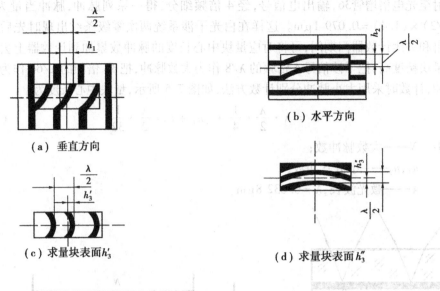

(c) 求量块表面h'_3　(d) 求量块表面h''_3

图 7.6　量块表面干涉图像

块表面,每次转 30°,自动完成测量工作。

仪器还附有瑞利折射率干涉系统、温度测量系统,以修正折射率对波长的误差和温度引起的波动及不均匀误差,使仪器测量精度得到保证。

7.3　激光光电光波比长仪线纹测量

线纹尺按其精度和用途的不同可以分为基准线纹尺,一、二、三等金属线纹尺,一、二等标准玻璃线纹尺,标准钢卷尺等。线纹尺的主要精度指标是刻线间距误差,我国最高精度的线纹尺检定方法是用自行研制的光电光波比长仪用激光波长经细分后作测量标准,用绝对测量法检定一等线纹尺。仪器工作原理如图 7.7(a)所示。

由激光器 1 发出的单模稳频激光束,经准直光管 2 成平行光束,经反射镜 3 到分光镜 4 后分成两路:一路透射至反射镜 6 到紧固于仪器底座上的不动参考反射镜 7,然后沿原路回到分光镜 4,这一路具有固定光程,另一路经折射过移相板 8 至固定在工作台上的可动三角直角棱镜 5,反射后回到分光镜 4,这一路随着工作台的移动而发生变化,两路相干光在分光镜 4 汇合后产生干涉。由于是相干干涉,根据干涉原理知两路光程差为激光半波长的偶数倍时出现亮条纹,为半波长奇数倍时出现暗干涉条纹,随着工作台连续移动,将出现明暗相间的干涉条纹。光度式双管差动光电显微镜 9 发出瞄准刻线中心电讯号,指令计数器计出瞄准相邻两条线纹刻线之间距离为:

$$L = N \cdot \frac{\lambda}{2} \tag{7.6}$$

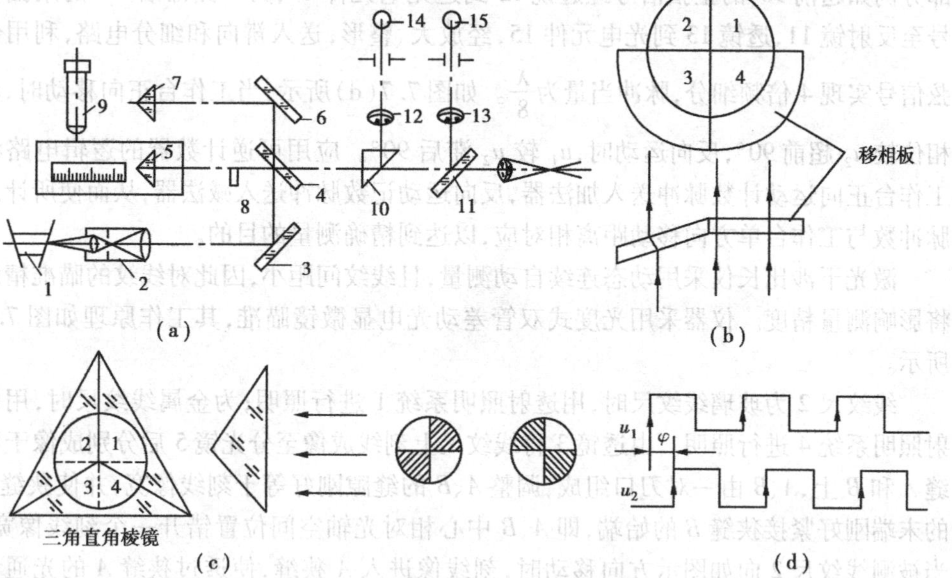

图 7.7 激光光电光波比长仪原理图

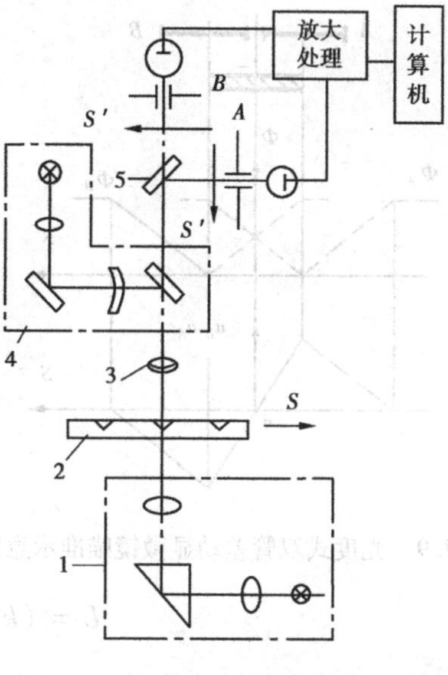

图 7.8 光度式双管差动光电显微镜原理图

以激光半波长$\frac{\lambda}{2}=0.316\ 4\mu m$作为标准量，对高精度线纹尺来说仍不能满足要求，同时在测量中由于振动、传动不平稳可能导致工作台的微量反向运动，因此要求计数器能根据工作台移动方向分别作加法和减法计数，即能辨向。实现仪器细分和辨向的方法是利用移相板8。如图7.7(a)、(b)所示，由分光镜4来的ϕ50mm圆光束仅一半通过移相板8。按直角坐标将光束分成4个象限，调整移相板角度，使通过3、4象限的光束具有90°相位差，即机械移相法。此光束射至三角直角棱镜(参见图7.7(c))，其特点是反射光和入射光保持平行，并以点对称形式反射。这样1象限入射光从3象限反射出去，3象限入射光从1象限反射。同理，2、4象限也交换反射。于是，1、3象限同相，2、4象限同相的两部分光相位差为90°，与反射镜7返回光相遇时就得到相位差为90°的两组干涉亮斑，此干涉图像经转向棱镜10将其分成两部分：一部分例如超前90°的正弦信号经透镜12到达光电元件14;另一路滞后90°的余弦信号至反射镜11,透镜13到光电元件15,经放大、整形,送入辨向和细分电路,利用余弦信号实现4倍频细分,脉冲当量为$\frac{\lambda}{8}$。如图7.7(d)所示,当工作台正向移动时,u_1相位较u_2超前90°,反向运动时,u_1较u_2滞后90°。应用可逆计数器的逻辑电路将工作台正向运动计数脉冲送入加法器,反向运动记数脉冲送入减法器,从而使所计总脉冲数与工作台单方向移动距离相对应,以达到精确测量的目的。

激光干涉比长仪采用动态连续自动测量,且线纹间距小,因此对线纹的瞄准精度将影响测量精度。仪器采用光度式双管差动光电显微镜瞄准,其工作原理如图7.8所示。

线纹尺2为玻璃线纹尺时,用透射照明系统1进行照明;为金属线纹尺时,用反射照明系统4进行照明。由透镜3将线纹尺上刻线成像至分光镜5后分别成像于狭缝A和B上,A、B由一对刀口组成,调整A、B的缝隙刚好等于刻线像宽,并使狭缝A的末端刚好紧接狭缝B的始端,即A、B中心相对光轴空间位置错开一个刻线像宽。当被测线纹尺2向如图示方向移动时,刻线像进入A狭缝,使透过狭缝A的光通量Φ_A减少,刻线完全进入A时,Φ_A达到最小(接近零)。然后刻线离开A进入B,Φ_A逐渐增大,Φ_B逐渐减少,其变化波形如图7.9所示。狭缝A、B光通量Φ_A、Φ_B的变化被后面光电倍增管接收并转换为相应的电信号u_A、u_B,当刻线正好处于光缝A、B的中间位置时,$\Phi_A=\Phi_B$,则$u_A=u_B$,将此信号差动输出,此时$u_A-u_B=0$,即此时正好瞄准线纹尺上刻度中心,给计数器控制门发出指令,开始计数,每当工作台移动到刻线中心时,将此时计数器所记之位移量值送入寄存器,由打印机打印刻线序号和量值,也可由显示系统用数字形式显示出来。

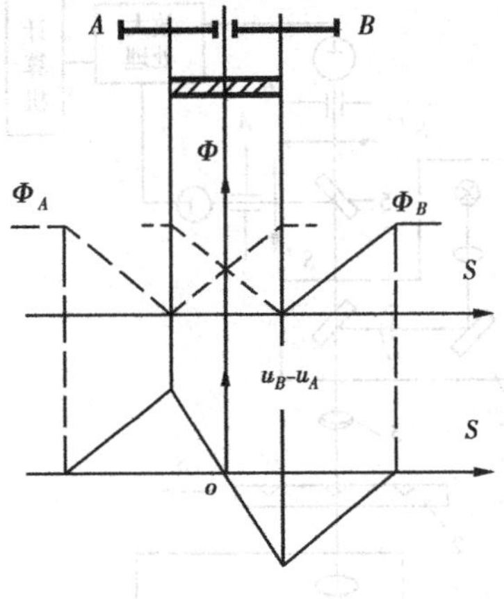

图7.9　光度式双管差动显微镜瞄准示意图

被检线纹尺刻线间距

$$L=(k+\varepsilon)\frac{\lambda}{2\cdot n}\cdot\frac{1}{4} \tag{7.7}$$

式中　k——干涉条纹整数级;

ε——干涉条纹小数级;

n——空气折射率;

λ——激光波长。

由于采用差动输出零点作为瞄准信号,用电压放大,使瞄准精度可达到±0.01~

±0.02μm,仪器测量1m以下线纹尺,测量精度可达到±0.2μm/m。

7.4 DY—1光栅式测量仪大尺寸测量

在重型机械工业当中,大尺寸测量从0.5m到几米、数十米,甚至上百米。测长机可测量1m,2m,3m,4m,6m,12m的工件,用大型量具由于受力和变形以及温度误差致使测量精度不高,因此开发高精度、自动化的大尺寸测量装置尤显必要。DY—1型光栅式大直径测量仪,采用圆光栅作标准实现在加工状态下的动态在线测量,保证了一定精度,其原理如图7.10所示。

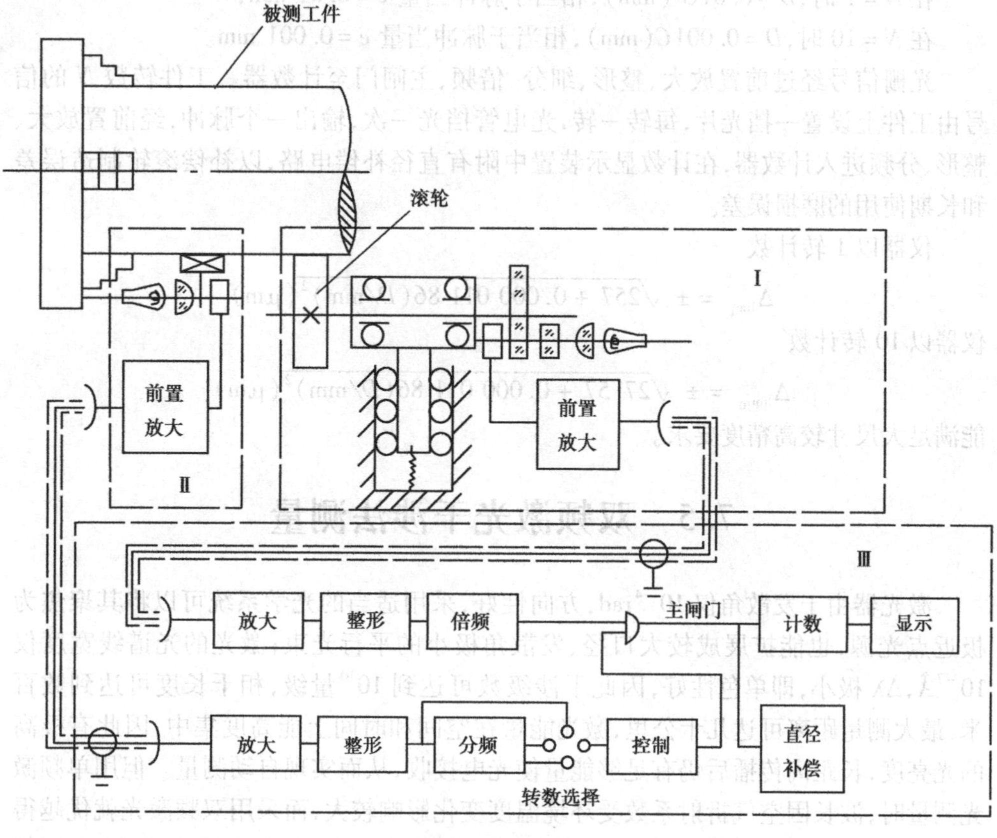

图7.10 光栅式DY—1型测径仪工作原理

仪器由测量装置Ⅰ、转数信号装置Ⅱ和计数显示装置Ⅲ组成,测量时被测工件转动,滚轮以一定压力随工件圆周作无滑动的滚动,被测工件直径D与滚轮直径d的关系为:

$$D = \frac{n}{N} \cdot d \tag{7.8}$$

式中　n—— 滚轮转数;

　　N——工件转数。

当工件转过一周时 $N=1$,则 $D=nd$,若滚轮直径 d 已知,且精度较高,$\Delta D=d\Delta n$,所以滚轮转数精度 Δn 决定了大尺寸精度 ΔD。与滚轮同轴的光栅测量头中,光栅盘刻有 5 400 条刻线,经 2 倍频后,每周发出 $5\ 400\times2=10\ 800$ 个脉冲,取滚轮直径 $d=108mm$,令 C 为测量总脉冲数,则滚轮转数 $n=\frac{C}{10\ 800}$,代入式(7.8)式得

$$D=\frac{1}{N}\cdot\frac{C}{10\ 800}\times108\text{mm}=\frac{1}{N}\times0.01C\text{mm}$$

在 $N=1$ 时,$D=0.01C$ (mm),相当于脉冲当量 $e=0.01$ mm;

在 $N=10$ 时,$D=0.001C$(mm),相当于脉冲当量 $e=0.001$ mm。

光栅信号经过前置放大、整形、细分、倍频、主闸门至计数器。工件转数 N 的信号由工件上设置一挡光片,每转一转,光电管挡光一次,输出一个脉冲,经前置放大、整形、分频进入计数器,在计数显示装置中附有直径补偿电路,以补偿滚轮制造误差和长期使用的磨损误差。

仪器以 1 转计数

$$\Delta_{\lim_1}=\pm\sqrt{257+0.000\ 011\ 86(D/\text{mm})^2}(\mu\text{m})$$

仪器以 10 转计数

$$\Delta_{\lim_{10}}=\pm\sqrt{27.57+0.000\ 011\ 86(D/\text{mm})^2}(\mu\text{m})$$

能满足大尺寸较高精度要求。

7.5　双频激光干涉法测量

激光器由于发散角仅 10^{-4}rad,方向性好,采用适当的光学系统可以将其聚焦为极近点光源,也能扩展成较大口径、发散角极小的平行光束;激光的光谱线宽度仅 10^{-7}Å,$\Delta\lambda$ 极小,即单色性好,因此干涉级数可达到 10^{10} 量级,相干长度可达到数百米,最大测量距离可达几十公里,激光能量在空间和时间上能高度集中,因此有极高的光亮度,长距离传播后仍有足够能量使光电接收,从而实现自动测量。但用单频激光测量时,波长因空气折射系数受环境温度变化影响较大,而采用双频激光就优越得多。与单频激光相比,双频激光可测距离大,测量速度高,抗干扰能力强,为大型机床、精密机械、飞机、船舶制造提供了测量大尺寸的良好方法。

单频激光干涉是将激光器发出的光分成频率相同的两束光产生干涉,而双频激光是同一激光器发出的光分成频率不同的两束光(即拍频信号)产生干涉,由于激光相干性能好,有一定差频仍能产生干涉。其测量干涉原理如图 7.11 所示。

将 He-Ne 激光器置于轴向磁场当中,由于塞曼效应,使发出的激光谱线分成两

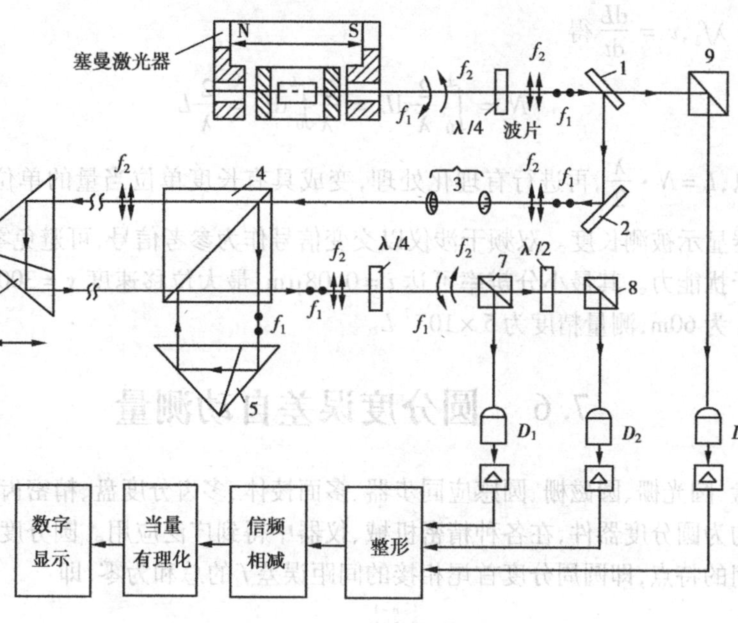

图 7.11 双频激光干涉仪原理图

个旋转方向相反的左右圆偏振光，且有各自的振荡频率。如左旋圆偏振光频率为f_1，右旋圆偏振光频率为f_2，则频差(f_1-f_2)约为 1.5～1.8MHz，当f_1、f_2通过$\frac{\lambda}{4}$波片后，成为正交的线偏振光，分别在水平和垂直方向振动，频率分别为f_1、f_2，经反射镜 1、2，透镜组 3 至偏振光分光镜 4 进行分光。偏振光分光镜的特点是对垂直方向振动的f_2全透射，对水平方向振动的f_1全反射。因而f_1经反射后至参考立体棱镜 5 再折回到 4，f_2透射后至可动棱镜 6 再折回 4。棱镜 6 与被测位移物体相连，当其移动距离为 l 时，由于多普勒效应使f_2反射后变为$f_2\pm\Delta f$（$\Delta f=\frac{2v}{c}f_2$，c 为光速，v 为棱镜 6 移动速度），二路光汇合后经$\frac{\lambda}{4}$波片得到不同频率偏振光的光混频，使两个线偏振光又成为圆偏振光。混频后得到的是频差信号$f_1-(f_2\pm\Delta f)$，经过检偏器 7，约 50% 的信号受检通过，50% 信号直接通过且经$\frac{\lambda}{2}$波片，使两路信号相位差为 90°，分别折射至光电元件 D_1和 D_2上，输出参考信号 $\sin[2\pi(f_1-f_2\pm\Delta f)t]$和 $\cos[2\pi(f_1-f_2\pm\Delta f)t]$。

为了调频信号解调需要，反射镜 1 能少量透射光束（约 2%），经检偏器 9 至光电元件 D_3，得到频差为(f_1-f_2)的调频信号 $\cos[2\pi(f_1-f_2)t]$。将调频信号与参考信号同步相减，得出多普勒差频。当被测距离为 L 时，累积脉冲数 $N=\int_0^L\Delta f\mathrm{d}t=\int_0^L\frac{2v}{c}f_2\mathrm{d}t$，

代入 $c=\lambda f_2, v=\frac{\mathrm{d}L}{\mathrm{d}t}$ 得

$$N=\int_0^L \frac{2}{\lambda}\mathrm{d}L=\frac{2}{\lambda}\int_0^L \mathrm{d}L=\frac{2}{\lambda}L$$

所以，$L=N\cdot\frac{\lambda}{2}$，再进行有理化处理，变成具有长度单位当量的单位脉冲，用可逆计数器显示被测长度。双频干涉仪以交变信号作为参考信号，可避免零点漂移，有较强抗干扰能力。其最小分辨率可达 $i=0.08\mu\mathrm{m}$，最大位移速度 $\mathrm{v}=300\mathrm{mm/s}$，可测量距离 L 为60m，测量精度为 $5\times10^{-7}L$。

7.6 圆分度误差自动测量

度盘、圆光栅、圆磁栅、圆感应同步器、多面棱体、多齿分度盘、精密齿轮、蜗轮、分度板等均为圆分度器件，在各种精密机械、仪器中得到广泛应用。圆分度器件都具有圆周封闭的特点，即圆周分度首尾相接的间距误差 f_i 的总和为零，即

$$\sum_{i=0}^{n-1} f_i=0 \tag{7.9}$$

式中 n——度盘上的刻线总数。

这样不需要任何相应的标准量系统就可以实现本身的自检，获得较高的准确度。

7.6.1 圆分度误差的评定指标

(1)刻线误差 θ_i 与零起刻线误差 $\overline{\theta}_i$(以圆度盘为例)

刻线误差指圆度盘上实际刻线位置对其理论应有位置的偏差，用 θ_i 表示。实际刻线在应有位置序号增加一侧为正，反之为负。其应有位置即是使全部刻线误差之和为零，即 $\sum\limits_{i=0}^{n-1}\theta_i=0$。以零号刻线误差为零来确定全部刻线误差的应有位置从而测算出的刻线误差称为零起刻线误差，用 $\overline{\theta}_i$ 表示。因此，$\overline{\theta}_i=\theta_i-\theta_0$，有

$$\sum_{i=0}^{n-1}\theta_i=\sum_{i=0}^{n-1}\overline{\theta}_i+n\theta_0 \tag{7.10}$$

式中 $\theta_0=-(\sum\limits_{i=0}^{n-1}\overline{\theta}_i)/n, \theta_i=-(\sum\limits_{i=0}^{n-1}\overline{\theta}_i)/n$

(2)间距误差 f_i

两条刻线间实际角度与其公称角度之差称间距误差。

$$f_i=\theta_{i+1}-\theta_i=\overline{\theta}_{i+1}-\overline{\theta}_i$$

任意间距差

$$f_{ij}=\theta_j-\theta_i=\overline{\theta}_j-\overline{\theta}_i$$

可以证明 $\overline{\theta}_i = \sum_{k=0}^{i-1} f_k$，且 $\sum_{i=0}^{n-1} f_i = 0$。

(3)直径误差 φ

在直径方向上实际刻线位置与其应有位置之差用 φ 表示

$$\varphi = \frac{1}{2}(\theta_{\varphi} + \theta_{\varphi+180^\circ}) \tag{7.11}$$

直径标准误差为

$$\tau = \pm\sqrt{\frac{\sum_{i=0}^{n-1}(\varphi_i)^2}{n}} \tag{7.12}$$

式中 n——度盘上的刻线总数。

7.6.2 标准度盘平均瞄准法原理

由于度盘刻线误差是以 2π 为周期的以刻线位置 α 为变量的周期性误差函数，按傅氏级数展开

$$f(\alpha) = A_0 + A_1\sin(\alpha + \varphi_1) + A_2\sin(2\alpha + \varphi_2) + \cdots + A_i\sin(i\alpha + \varphi_i) + \cdots =$$

$$A_0 + \sum_{i=1}^{\infty} A_i\sin(i\alpha + \varphi_i) \tag{7.13}$$

设 n 为实际刻线总数。由于 $A_0 = 0$，则

$$f(\alpha) = \sum_{i=1}^{n} A_i\sin(i\alpha + \varphi_i) \tag{7.14}$$

在度盘上均匀分布 m 个读数装置，其间夹角为 $\beta = \frac{2\pi}{m}$，分别从上面读得数据：

第一读数装置瞄准 α_1 刻线，带入误差为

$$f(\alpha_1) = \sum_{i=1}^{n} A_i\sin(i\alpha_1 + \varphi_i)$$

第二个读数装置瞄准 $\alpha_1 + \beta$ 刻线，带入误差为

$$f(\alpha_1 + \beta) = \sum_{i=1}^{n} A_i\sin[i(\alpha_1 + \beta) + \varphi_i]$$

直到第 m 个读数装置瞄准 $[\alpha_1 + (m-1)\beta]$ 刻线带入误差为

$$f[\alpha_1 + (m-1)\beta] = \sum_{i=1}^{n} A_i\sin\{i[\alpha_1 + (m-1)\beta] + \varphi_i\}$$

取上述 m 个读数的平均值为度盘读数时所具有误差为

$$\Delta = \frac{1}{m}\sum_{j=0}^{m-1} f(\alpha_1 + j\beta) = \frac{1}{m}\sum_{j=0}^{m-1}\sum_{i=1}^{n} A_i\sin[i(\alpha_1 + j\beta) + \varphi_i] =$$

$$\frac{1}{m}\sum_{j=0}^{m-1}\sum_{i=1}^{n}[A_i\sin i(\alpha_1 + j\beta)\cos\varphi_i + A_i\cos i(\alpha_1 + j\beta)\sin\varphi_i]$$

令 $A_i\cos\varphi_i = a_i, A_i\sin\varphi_i = b_i$

$$\Delta = \frac{1}{m}\sum_{j=0}^{m-1}\sum_{i=1}^{n}[a_i\sin i(\alpha_1 + j\beta) + b_i\cos i(\alpha_1 + j\beta)]$$

$$\Delta = \frac{1}{m}\sum_{i=1}^{n}a_i\sin i\alpha_1\sum_{j=0}^{m-1}\cos ij\beta + \frac{1}{m}\sum_{i=1}^{n}a_i\cos i\alpha_1\sum_{j=0}^{m-1}\sin ij\beta + \frac{1}{m}\sum_{i=1}^{n}b_i\cos i\alpha_1\sum_{j=0}^{m-1}\cos ij\beta - \frac{1}{m}\sum_{i=1}^{n}b_i\sin i\alpha_1\sum_{j=0}^{m-1}\sin ij\beta$$

由于 $\beta = \frac{2\pi}{m}$，$\sum_{j=0}^{m-1}\sin ij\beta = 0$

$$\sum_{j=0}^{m-1}\cos ij\beta = \begin{cases} m & i\text{ 是 } m \text{ 正整数倍} \\ 0 & \text{其他} \end{cases}$$

则

$$\begin{aligned}\Delta &= a_{1m}\sin m\alpha_1 + a_{2m}\sin 2m\alpha_1 + \cdots + \alpha_n\sin n\alpha_1 + \\ &\quad b_{1m}\cos m\alpha_1 + b_{2m}\cos 2m\alpha_1 + \cdots + b_n\cos n\alpha_1 = \\ &\quad A_{1m}\sin(m\alpha_1 + \varphi_{1m}) + A_{2m}\sin(2m\alpha_1 + \varphi_{2m}) + \cdots + \\ &\quad A_m\sin(n\alpha_1 + \varphi_n) = \sum_{k=1}^{n/m}A_{km}\sin(km\alpha_1 + \varphi_{km})\end{aligned} \tag{7.15}$$

比较式(7.14)与式(7.15)可见，在标准度盘上均匀分布 m 个读数装置并取其平均值作为度盘读数时，可将度盘中除 m 及其正整数倍以外的各次谐波分量予以消除，从而在相当程度上减少了标准度盘刻线系统误差对测量结果的影响。例如 $m=5$，在10次谐波时其幅值已相当小，故在精密的分度误差测量中常采用对径读数，不仅能消除度盘偏心误差和刻线误差中基波对测量的影响，也能消除度盘刻线误差中其他奇次谐波分量的影响。

7.6.3 光电式度盘自动测量仪

根据上述原理设计的光电式度盘自动测量仪，其工作原理如图7.12所示。光电式度盘自动测量仪的标准度盘1和被测度盘2安装在轴套9上，轴套用钢球10支承在不动的主轴11上，轴套下部装有相隔120°的夹具12，以保证轴套回转时不晃动。在标准度盘上装有6个光电瞄准显微镜，其中1个光度式显微镜3用于粗瞄准，另外相互间隔72°的5个相位脉冲式光电显微镜4用于度盘1的精确瞄准与定位。粗动电机6通过蜗轮蜗杆传动系统13带动度盘快速转动。按测量间隔大小调整延时继电器控制显微镜3的工作，待其对准一条刻度线后发出信号。自动控制系统便令粗动电机停转，同时开启照明灯8，使显微镜4开始工作。按照5个光电显微镜合成信号电压的大小和符号使电路控制伺服电机7按指定方向运转，并带动度盘微动，直至合成信号为零来确定度盘精确位置。这种方法可消除标准度盘刻线误差中除5和5

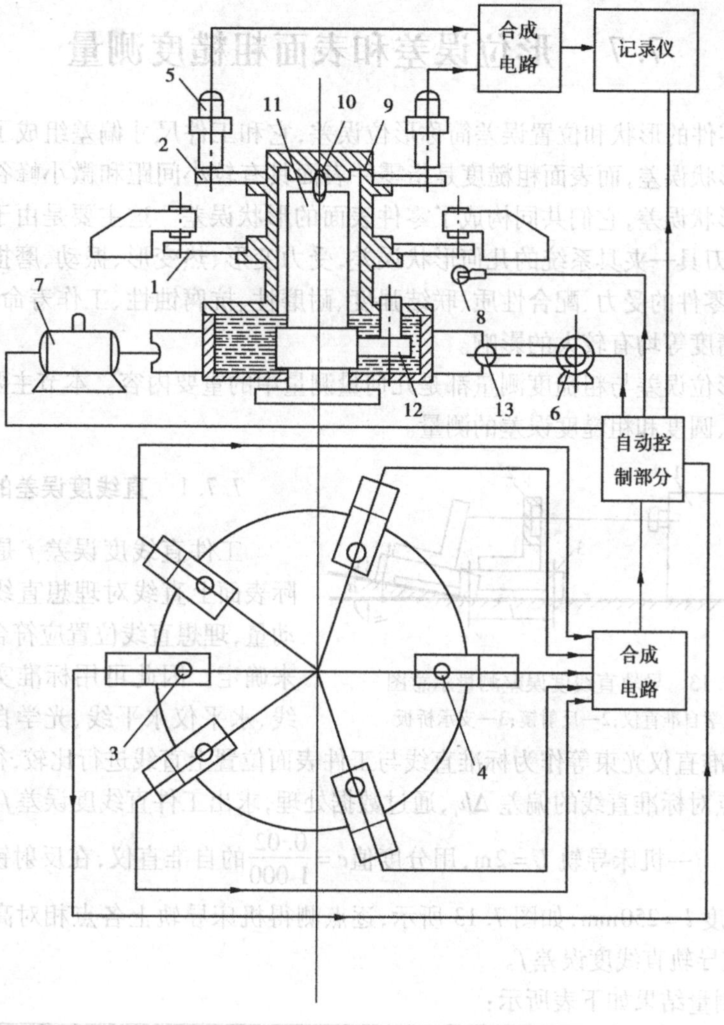

图7.12 光电式度盘自动测量仪

的倍数以外的其他各次谐波分量，这就大大减小了标准度盘分度误差对测量结果的影响。同时在被测度盘的对径方向上装有两个相位脉冲式光电显微镜5，此时便可工作，将合成信号输出，并在自动记录仪上记录下该直径误差值。这样，标准度盘上刻线误差中5和5的奇数倍谐波分量进一步被消除。光电式度盘自动测量仪的测量极限误差仅为±0.5″。而高精度圆光栅检测仪的标准圆光栅上，沿圆周均匀分布了14个信号接收头，用平均效应原理，取它们的合成信号为标准信号，大大提高了标准圆光栅的工作精度。

7.7 形位误差和表面粗糙度测量

机械零件的形状和位置误差简称形位误差，它和工件尺寸偏差组成了工件表面宏观几何形状误差，而表面粗糙度是指零件表面具有较小间距和微小峰谷不平度的微观几何形状误差，它们共同构成了零件表面的形状误差。这主要是由于零件加工中，机床—刀具—夹具系统的几何形状误差，受力变形、热变形、振动、磨损等因素形成，它们对零件的受力、配合性质、联结强度、耐磨性、抗腐蚀性、工作寿命、工作可靠性和工作精度等均有较大的影响。

因而形位误差与粗糙度测量都是几何量测量中的重要内容。本节主要讨论直线度、平面度、圆度和粗糙度误差的测量。

7.7.1 直线度误差的测量

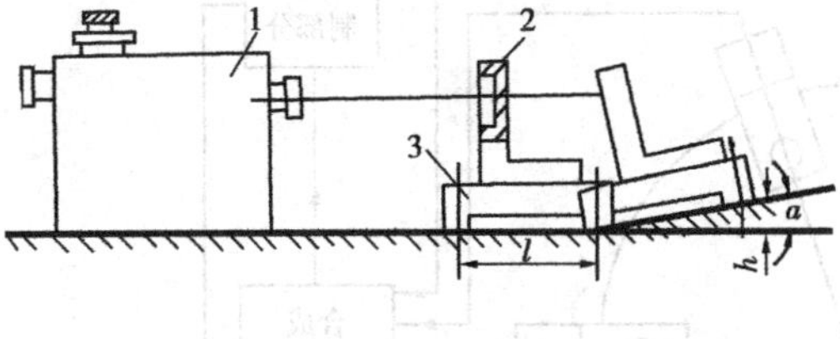

图 7.13 导轨直线度误差测量示意图

1—光学自准直仪；2—反射镜；3—支承桥板

工件直线度误差 f 是指工件实际表面上直线对理想直线的最大变动量，理想直线位置应符合最小条件来确定。因此可用标准实物上的直线、水平仪水平线、光学自准直仪的光束、激光准直仪光束等作为标准直线与工件表面位置上直线进行比较，得到工件表面上各测点对标准直线的偏差 Δh_i，通过数据处理，求出工件直线度误差 f。

例 7.1 一机床导轨 $L=2\text{m}$，用分度值 $c=\dfrac{0.02}{1\,000}$ 的自准直仪，在反射镜下置一桥板，桥板长度 $l=250\text{mm}$，如图 7.13 所示，逐点测得机床导轨上各点相对高度变化 a_i（格），求该导轨直线度误差 f。

导轨测量结果如下表所示：

分段数	1	2	3	4	5	6	7	8
每段读数值 a_i	+1	+1.25	0	−0.25	−0.2	+1	+0.5	+1.5

（1）计算仪器每格代表直线度误差线值量 A

自准直仪格值 $c=\dfrac{0.02}{1\,000}\times 2\times 10^5\text{s}=4\text{s}$

每格所对应高度差线值量为：

$$A = c/(2\times 10^5)\times l\times 1\,000\ \mu\text{m/格} = 5\ \mu\text{m/格}$$

（2）各测点相对自准直仪水平直线高度线值量为 Δh_i（绝对高度）

$$\Delta h_i = 0.005c \cdot l \sum_{i=1}^{l} a_i (\mu m) \tag{7.16}$$

式中　Δh_i——各点绝对高度值(μm)；

c——仪器格值(s)；

l——桥板跨距(μm)；

a_i——各点相对测值(格)。

导轨各测点相对线值量如下表所示：

分段数 l	1	2	3	4	5	6	7	8
每段读数 a_i	+1	+1.25	0	−0.25	−0.2	+1	+0.5	+1.5
每段线值 A_i	+5	+6.25	0	−1.25	−1	+5	+2.5	+7.5
各测量点绝对高度 Δh_i	+5	+11.25	+11.25	+10	+9	+14	+16.5	+24

(3)直线度误差评定

1)最小包容条件法

按一定比例代表 $l = 250$mm 和各 Δh_i(μm),作出导轨的直线度误差曲线图,用两平行包容线 l_1,l_2 与曲线相切,一包容线至少与曲线一最高点(或最低点)相切,另一包容线至少与两个最低点(或最高点)相切,且最高点(或最低点)位于两个最低点(或最高点)之中,则此包容线为符合最小包容条件,包容线间距离为工件直线度误差 f,如图 7.14 所示。简称低—高—低或高—低—高法则。

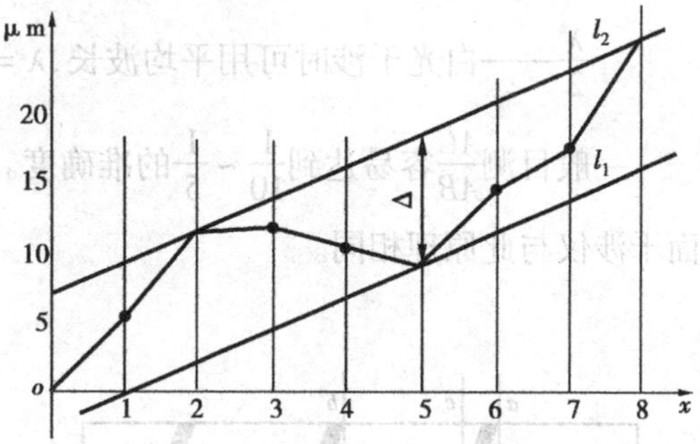

图 7.14　导轨直线度误差曲线图

由图上比例测得导轨直线度误差 $f_i = \Delta \approx 1.7 \times 5\mu m = 8.5\mu m$。

2)两端点连线法

用测量数据,按图 7.14 作出工件直线度误差曲线图,用被测导轨首末两端点连线为理想评定直线的位置,各点对该直线偏差 Δh_i,

$$f = (\Delta h_{max} - \Delta h_{min})$$

图 7.15 为两端点连线法评定方法示意图,由图上可见:

$$f = (\Delta h_{max} - \Delta h_{min}) =$$
$$5\mu m - (-6\mu m) = 11\mu m$$

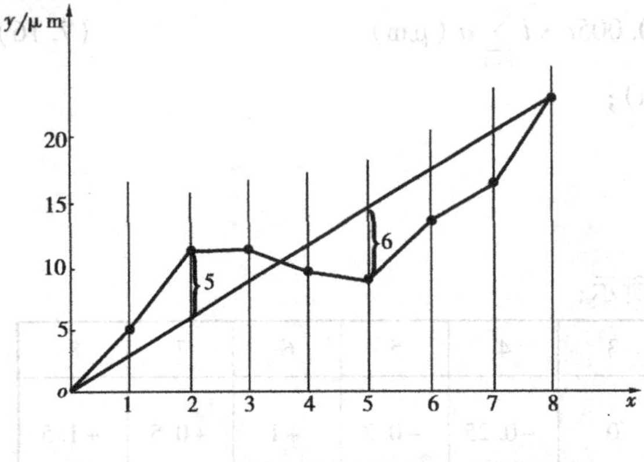

图 7.15　为两端点连线作图法评定直线度误差

7.7.2　平面度误差的测量

(1)标准平面法

平面度误差 f 是指被测表面对理想平面的最大变动量，而理想平面位置应符合最小包容条件。因此可用标准平面与被测表面直接比较。例如量块、千分尺测头表面的平面度误差，可用标准平晶表面与之形成等厚干涉图像如图 7.16 所示。

C 点的平面度误差：

$$f = \frac{AC}{AB} \cdot \frac{\lambda}{2} \tag{7.17}$$

式中　AC——被测点干涉条纹弯曲度；

AB——等厚干涉时干涉条纹间距；

$\frac{\lambda}{2}$——白光干涉时可用平均波长，$\lambda = 0.55\mu m$。

一般目测 $\frac{AC}{AB}$ 容易达到 $\frac{1}{10} \sim \frac{1}{5}$ 的准确度。现在所设计的等厚平面干涉仪、激光平面干涉仪与此原理相同。

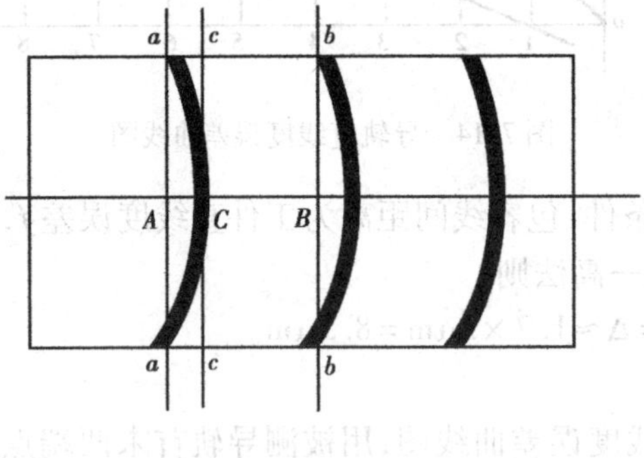

图 7.16　平晶等原子干涉测量

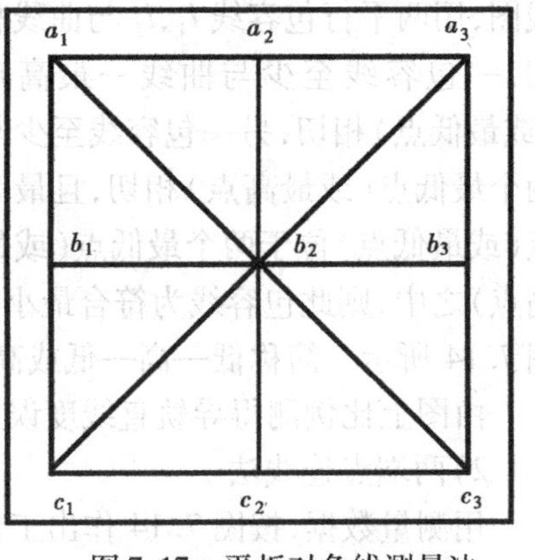

图 7.17　平板对角线测量法

(2)间接测量法

当平面较大时，一般是在被测表面上选取若干规定的截面，用两端点连线法测出各截面直线度误差，再将各截面上测量点的误差经数据处理，转化成对某一标准平面的偏差，并用选定方法评定工件平面度误差值 f。

例7.2　已知一平板，其尺寸为400mm×400mm，按平板检定规程应测量6个截面9个点，来确定其平面度误差，如图7.17所示。

a_1—a_3，a_1—c_1，c_1—c_3，a_3—c_3 四个截面桥板跨距 $l_1 = 200\text{mm}$。

对角线 a_1—c_3，a_3—c_1 两个截面桥板跨距 $l_2 = \sqrt{2}\times 200 \approx 283\text{mm}$。

若选用 $c = (\frac{0.01}{1\,000})$ 合像水平仪，测量4个截面与二个对角线截面时，仪器每格线值量：

$$A_1 = 0.005\cdot l\cdot c = 0.005\times 200\times\frac{0.01}{1\,000}\times 2\times 10^5\ \mu\text{m/格} = 2\mu\text{m/格}$$

$$A_2 = 0.005\cdot l\cdot c = 0.005\times 283\times\frac{0.01}{1\,000}\times 2\times 10^5\ \mu\text{m/格} = 2.83\mu\text{m/格}$$

1）各截面直线度误差测得值

截　面	a_1—b_2—c_3	a_3—b_2—c_1	a_1—a_2—a_3	c_1—c_2—c_3	a_1—b_1—c_1	a_3—b_3—c_3
读数/格	0，+1	+1，−1	−0.5，+1.5	−1.5，0	−1，0	+0.5，−0.5

2）计算各截面上各测量点相对两端点连线的偏差

截　面	a_1—b_2—c_3	a_3—b_2—c_1	a_1—a_2—a_3	c_1—c_2—c_3	a_1—b_1—c_1	a_3—b_3—c_3
读数 $= a_i$/格	0，+1	+1，−1	−0.5，+1.5	−1.5，0	−1，0	+0.5，−0.5
$\sum_{i=1}^{l} a_i$/格	0，+1	+1，0	−0.5，+1	−1.5，−1.5	−1，−1	+0.5，0
$(a_i - \frac{1}{n}\sum_{i=1}^{n} a_i)$/格	−0.5，+0.5	+1，−1	−1，+1	−0.75，+0.75	−0.5，+0.5	+0.5，−0.5
$\sum_{i=0}^{l}(a_i - \frac{1}{n}\sum_{i=1}^{n} a_i)$/格	0，−0.5，0	0，+1，0	0，−1，0	0，−0.75，0	0，−0.5，0	0，+0.5，0
线值偏差 h_i	0，−1.4，0	0，+2.8，0	0，−2，0	0，−1.5，0	0，−1，0	0，+1，0
$\frac{1}{n}\sum_{i=1}^{n} a_i$	$\frac{+1}{2} = +0.5$	$\frac{0}{2} = 0$	$\frac{+1}{2} = 0.5$	$\frac{-1.5}{2} = -0.75$	$\frac{-1}{2} = -0.5$	$\frac{0}{2} = 0$

注：　$h_i = 0.005\cdot l\cdot c\cdot a_i = A_i a_i$。

3）取过渡基准平面 A_0，A_0 通过对角线 a_1—b_2—c_3，且平行于另一对角线 c_1—b_2—a_3，将各截面内相对两端点连线的偏差统一为对 A_0 的偏差。用作图计算法得下图及计算值（首先计算两对角线截面，再计算其余截面）：

$a_1—b_2—c_3$截面：

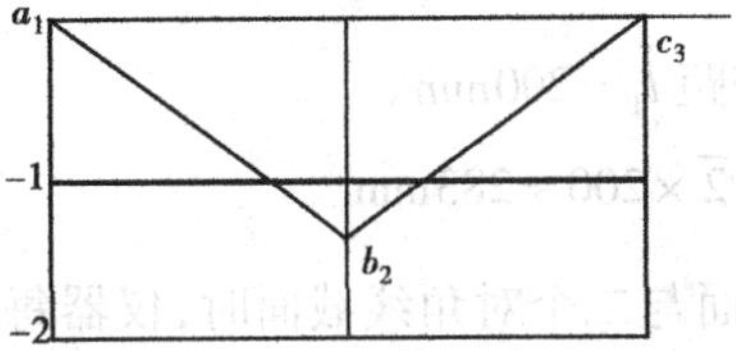

因 a_1，c_3两点过基准平面 A_0上，b_2点对 $a_1—c_3$连线偏差 $\Delta h_{b_2}=-1.4$，故各点相对 A_0偏差为：

$$\Delta a_1=\Delta c_3=0$$

$$\Delta b_2=-1.4\mu\text{m}$$

$a_3-b_2-c_1$截面：

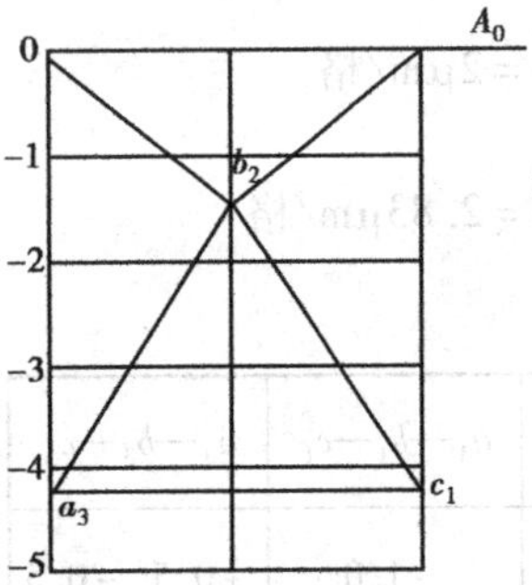

由上表知，b_2点相对于 $a_3—b_2—c_1$连线偏差 $\Delta h_{b_2}=+2.8\mu\text{m}$，且相对 A_0偏差 $\Delta b_2=-1.4$，A_0平行于 $a_3—b_2—c_1$截面，故 $a_3—b_2—c_1$各点相对 A_0偏差为：

$$\Delta a_3=\Delta c_1=-1.4\mu\text{m}-2.8\mu\text{m}=-4.2\mu\text{m}$$

$a_1—a_2—a_3$截面：

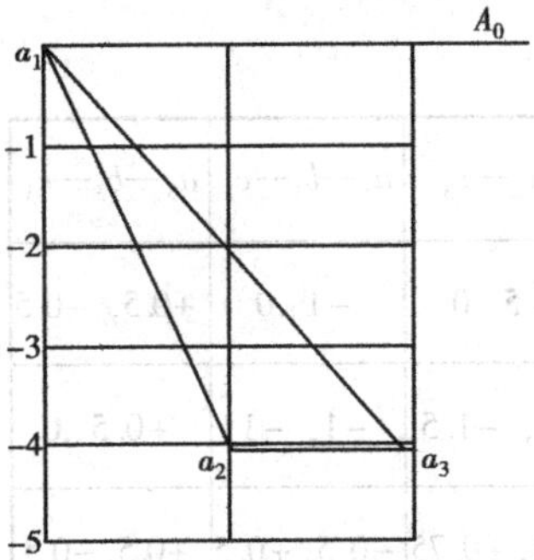

已知 $\Delta a_1=0$，$\Delta a_3=-4.2\mu\text{m}$，由表知 a_2点相对于 $a_1—a_3$连线偏差

$$\Delta h_{a_2}=-2\mu\text{m}$$

故 a_2点相对 A_0偏差为：

$$\Delta a_2=\frac{-4.2}{2}\mu\text{m}-2\mu\text{m}=-4.1\mu\text{m}$$

$c_1—c_2—c_3$截面：

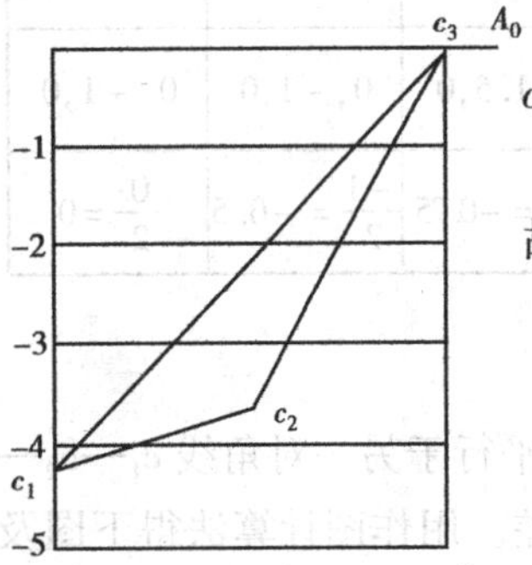

已知 $\Delta c_1=-4.2\mu\text{m}$，$\Delta c_3=0$，由表知 c_2点相对于 $c_1—c_3$连线偏差

$$\Delta h_{c_2}=-1.5\mu\text{m}$$

故 c_2点相对 A_0偏差为：

$$\Delta c_2=\frac{-4.2}{2}\mu\text{m}-1.5\mu\text{m}=-3.6\mu\text{m}$$

a_1—b_1—c_1截面：

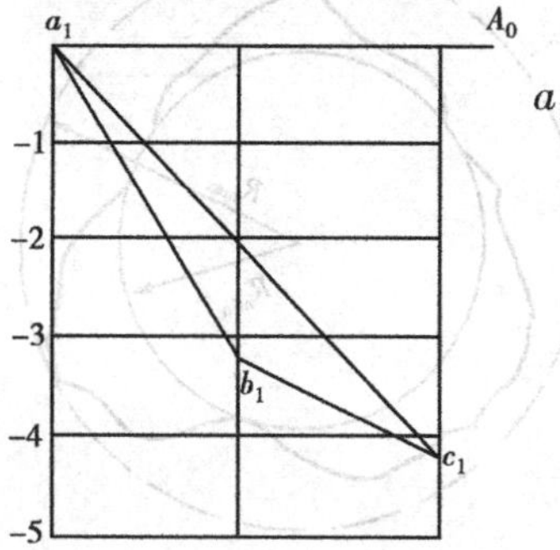

已知 $\Delta a_1 = 0$，$\Delta c_1 = -4.2\mu m$，由表知 b_1 点相对于 a_1—c_1 连线偏差

$$\Delta h_{c_1} = -1\mu m$$

故 b_1 点相对 A_0 偏差为：

$$\Delta b_1 = \frac{-4.2}{2}\mu m - 1\mu m = -3.1\mu m$$

a_3—b_3—c_3截面：

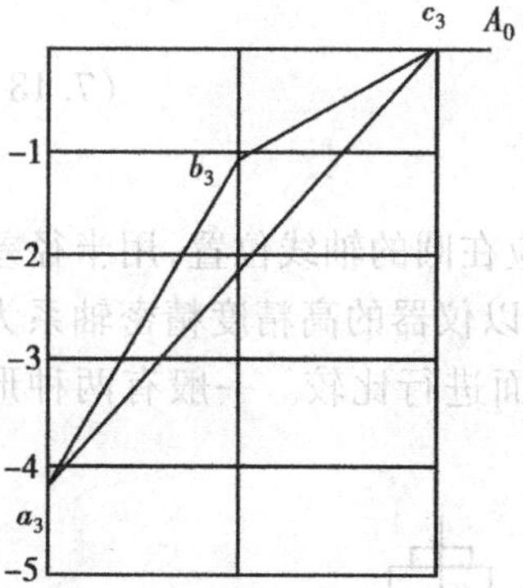

已知 $\Delta a_3 = -4.2\mu m$，$\Delta c_3 = 0$，由表知 b_3 点相对于 a_3—c_3 连线偏差

$$\Delta h_{b_3} = +1\mu m$$

故 b_3 点相对 A_0 偏差为：

$$\Delta b_3 = \frac{-4.2}{2}\mu m + 1\mu m = -1.1\mu m$$

4）将被测表面各点相对基准平面 A_0 偏差列于表7.2。

表7.2 对角线法测定平面度误差值/μm

0	-4.1	-4.2
-3.1	-1.4	-1.1
-4.2	-3.6	0

7.7.3 圆度误差的测量

工件圆度误差对各种精密机械、精密仪器轴系的回转精度影响极大，且圆度形位公差较尺寸公差小，因此高精度回转工件测量圆度误差特别重要。

（1）圆度误差及几何特征

工件圆度误差 f 是指包容同一正截面实际轮廓且半径差为最小的两同心圆间距离，如图7.18所示。

$$f = R_{max} - R_{min}$$

由于实际轮廓 R_i 随中心角 θ 变化而呈周期性变化,故

$$\rho(\theta) = r_0 + \sum_{i=1}^{\infty} c_i \sin(i\theta + a_i)$$

其中 r_0 表示工件平均圆半径,一次谐波 $c_i\sin(\theta + a_i)$ 反映工件安装偏心,它决定了平均圆圆心在极坐标系中的位置,其圆心位于 (a_1, b_1) 点,偏心量 $e = c_1 = \sqrt{a_1^2 + b_1^2}$, $a_1 = \frac{1}{\pi}\int_0^{2\pi} f(\theta)\cos\theta d\theta$, $b_1 = \frac{1}{\pi}\int_0^{2\pi} f(\theta)\sin\theta d\theta$, $r_0 = \frac{1}{2\pi}\int_0^{2\pi} f(\theta) d\theta$。

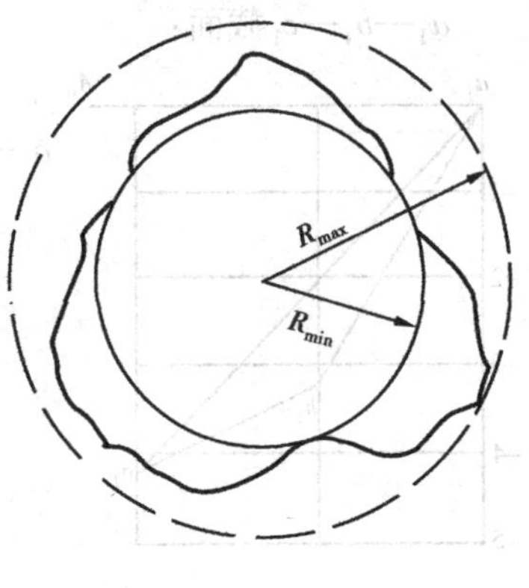

图 7.18 工作圆度误差示意图

故圆度误差可用函数表示为

$$\Delta r(\theta) = \sum_{i=2}^{n} c_i \sin(i\theta + a_i) \tag{7.18}$$

(2)圆度误差的测量

1)测量方法 按照圆度误差的定义,其测量基准应在圆的轴线位置,用半径差法进行测量,实现按定义测量的专用仪器即圆度仪。它以仪器的高精度精密轴系为基准,以一动点(传感器测头)产生的标准圆与被测表面进行比较。一般有两种形式,一为转台式,一为转轴式,如图 7.19 所示。

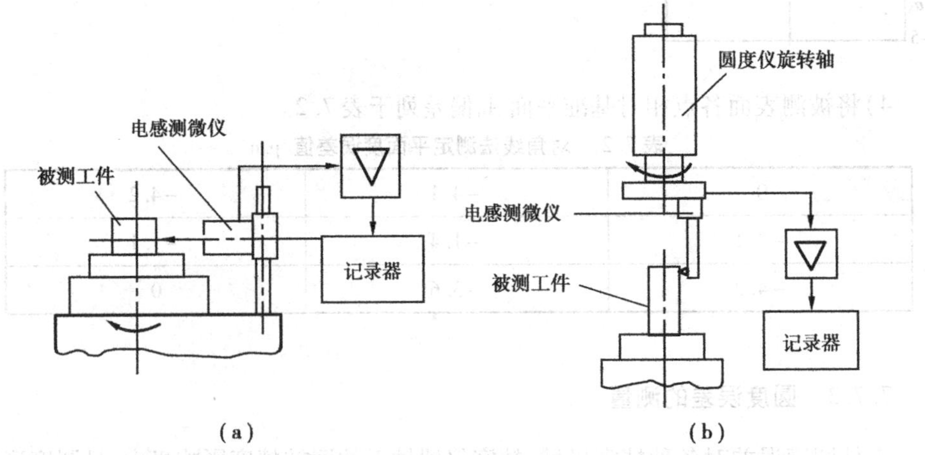

图 7.19 圆度仪测量示意图

圆度仪主轴回转精度是仪器的关键,一般在 0.1 ~ 0.025 μm 之间,可用仪器所附标准的玻璃半球校对。半球检定精度为 ±0.005 μm。

2)测量误差分析

①主轴回转误差：由于精度高达0.1～0.025μm，对普通工件可忽略。

②工件安装误差

(a)工件安装偏心 e：工件轴心线与圆度仪主轴轴线不重合即偏心，当用等角度采样数值形式表示时，偏心 e 对采样数值数据影响不大，当用圆记录图形时，传感器获取信号为半径差高倍（M 倍）放大，而记录图形上工件半径不能按上述倍数放大，为 K 倍，偏心 e 放大倍数也为 $M(M \gg K)$，记录图形径向变化量之差为 ΔR

$$\Delta R = \frac{E^2 \sin\varphi}{2R}\left(1 - \frac{R}{Mr}\right)$$

式中　$E = M \cdot e$；r——工件半径；$R = K \cdot r$；M——传感器放大倍数。

当 $K = M$ 时，$\Delta R \to 0$。

当 $M \gg K$ 时，$\frac{R}{Mr} \to 0$，$\Delta R = \frac{E^2 \sin\varphi}{2R}$，$\varphi = 90°$ 和 $270°$ 时

$$\Delta R_{max} = \frac{E}{2R} = \frac{Me}{2K \cdot r} \quad e\text{ 越小}，\Delta R\text{ 越小} \tag{7.19}$$

安装偏心后，记录图形变为心脏形，如图7.20所示。

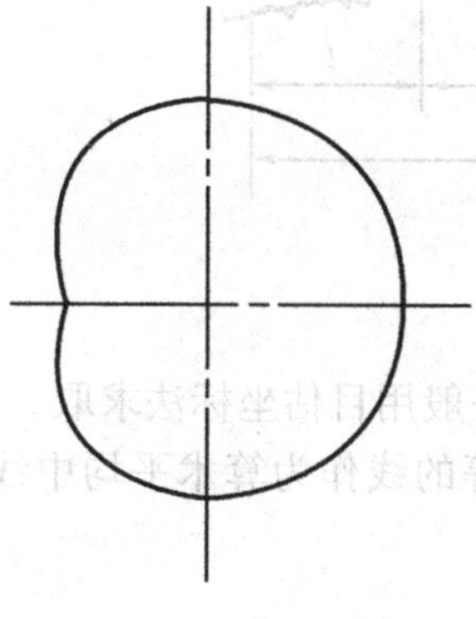

图7.20　安装偏心后的记录图形

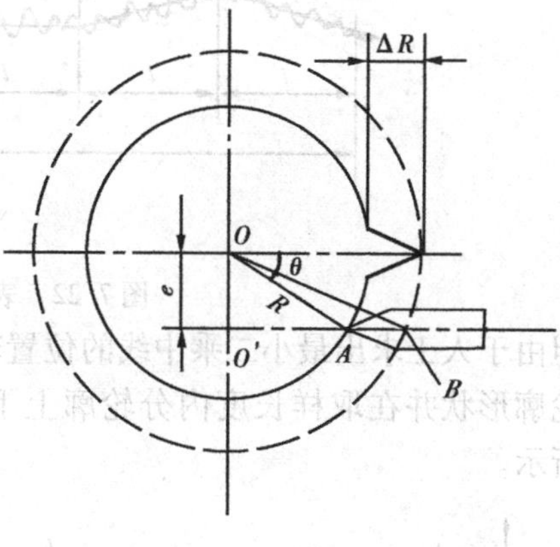

图7.21　测头安装图

可证明最大畸变圆度误差

$$\Delta R_{max} = \frac{rM^2 e^2}{2K}$$

因而工件安装偏心带来两方面影响，可见减少偏心 e 极为重要。

(b)工件安装倾斜：当工件轴线与仪器主轴倾斜 θ 角时，正圆轮廓变为椭圆形，从而引起附加圆度误差

用点测头时：$\Delta d = 2r(\sec\beta\theta - 1) = r\theta^2$

用斧形测头时：$\Delta d = (r \pm s)\theta^2$

式中　r——被测工件半径；

s——斧形测头半径。

③测头安装误差:如图 7.21 所示。

测量附加误差 $\Delta = \frac{\theta}{2}\Delta R$。

④表面粗糙度的影响:测量时,表面粗糙度和形状误差同时被放大,因此应排除粗糙度的影响。可用大半径测头,如斧形测头,进行机械滤波可排除某些粗糙度的影响。由于一般粗糙度波距≤1mm,形状误差波距≥10mm,因而其振动频率 f 各不相同,采用低通滤波器可有效地分离粗糙度的信号对圆度误差的影响。

7.7.4 表面粗糙度的测量

(1)表面粗糙度的评定基准

1)评定基准: 国家标准规定以表面轮廓的最小二乘中线作为基准线,轮廓上各点至该线偏距的平方和等于最小,如图 7.22 所示。

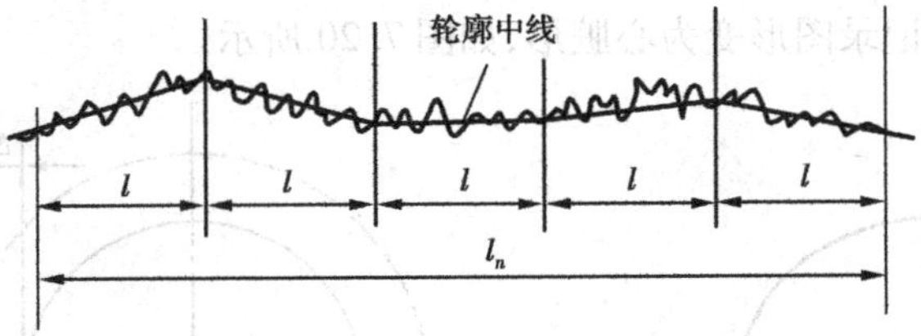

图 7.22 表面轮廓线

但由于人工求出最小二乘中线的位置较困难,一般用目估坐标法求取。以具有几何轮廓形状并在取样长度内分轮廓上下面积相等的线作为算术平均中线,如图 7.23所示。

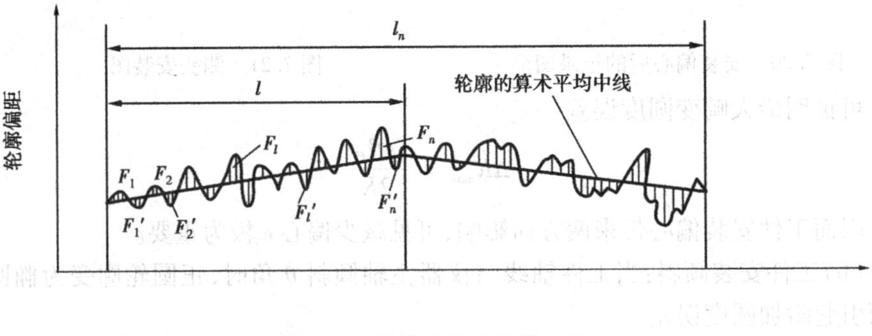

图 7.23 目估坐标法求其中线

2)取样长度 l 和评定长度 L l 为限制和削弱波度对粗糙度测量的影响而规定的长度,L 为充分反映各处粗糙度不均匀性而规定的包含几个取样长度的评定长度。

一般：

$$5\lambda \leqslant l \leqslant \frac{\lambda_p}{3} \qquad L = (2 \sim 17)l$$

式中　λ——粗糙度波距；

λ_p——波度波距。

λ 和 λ_p 都与加工方法有关。

l 和 L 与各参数关系如下表所示：

$R_a/\mu m$	$R_z,R_y/\mu m$	l/mm	l_n/mm
≥0.008 ~ 0.02	≥0.025 ~ 0.10	0.08	0.4
>0.02 ~ 0.10	>0.10 ~ 0.50	0.25	1.25
>0.10 ~ 2.0	>0.50 ~ 10.0	0.8	4.0
>2.0 ~ 10.0	>10.0 ~ 50.0	2.5	12.5
>10.0 ~ 80	>50.0 ~ 320	8.0	40.0

(2)工件表面粗糙度的测量

根据国家标准，工件表面粗糙度即微观不平度高度参数 R_a 是基本评定参数，R_a 称轮廓算术平均偏差，定义为，在取样长度 l 内轮廓偏距绝对值的算术平均值，如图 7.24 所示。

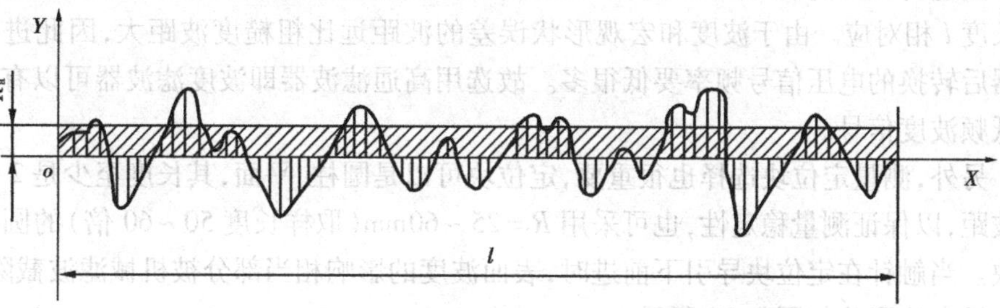

图 7.24　轮廓算术平均偏差示意图

$$R_a = \frac{1}{l}\int_0^l |y(x)| \mathrm{d}x \tag{7.20}$$

按此原理设计的专用测量仪器为电感式电动轮廓仪，其工作原理如图 7.25 所示。

测量触针半径 r 很小，一般为 2.5 ~ 12.5μm，它以一定测力与工件表面接触，在驱动装置驱动下，触针和定位块以一定的速度均匀地沿工件表面滑行，工件微观不平度峰谷使触针作上下移动，使电感传感器测头上铁心也在电感线圈内相应地移动，使

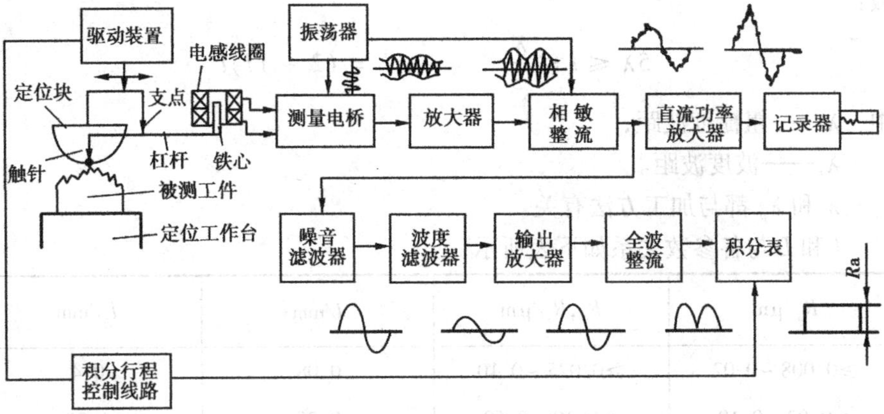

图 7.25 电感式电动轮廓仪原理图

电桥两臂电感差动输出一信号，测量电桥输出与触针位移成正比的调幅信号，经载波放大器放大，相敏整流后，可将位移信号从调幅信号中解调出来，得到放大的与触针位移成正比的缓变信号。当需要记录轮廓曲线时，将相敏整流后信号经功率放大后，推动记录笔画出其放大轮廓曲线，则可评价 R_a 的大小，当需以 R_a 值显示时，将相敏整流后的信号经噪音滤波器、波度滤波器进一步滤去调制频率与外界高频干扰信号和波度的影响，经线形放大和全波整流后，可得到与轮廓曲线上各点到中线距离（绝对值）成正比的信号，进入积分平均表，输出 R_a 之值。

测量时，必须使积分长度行程与工件规定的评定长度 L 相对应，切除长度要与取样长度 l 相对应。由于波度和宏观形状误差的波距远比粗糙度波距大，因此进入传感器后转换的电压信号频率要低很多。故选用高通滤波器即波度滤波器可以有效截除低频波度信号。

另外，测量定位块选择也很重要，定位块可以是圆柱、平面，其长度至少是 2 倍波度波距，以保证测量稳定性，也可采用 $R=25\sim60$mm（取样长度 50 ~ 60 倍）的圆弧定位块。当触针在定位块导引下前进时，表面波度的影响相当部分被机械滤波截除。

导向块形状如图 7.26 所示。

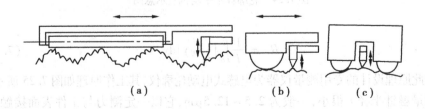

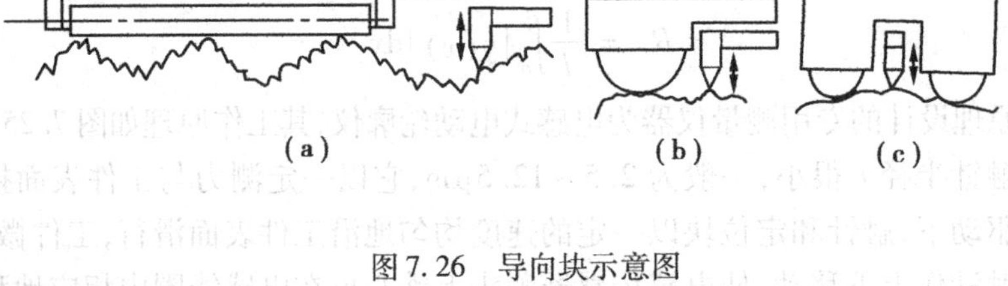

图 7.26 导向块示意图

此外,必须注意测头运动速度的影响。测头运动速度过小会影响效率,速度过大,会使测头产生附加动测力,还可能使测头与被测表面脱离接触。因此测头运动速度应受临界频率的限制,此频率和工件 R_a 对应的粗糙度波距的频率有关,因此触针的频率f、滑行速度 v 和波距 λ 应满足:

$$f = v/\lambda \tag{7.21}$$

例 7.3 滑行速度 $v=1\text{mm/s}$, 仪器临界频率为 $f=400\text{Hz}$, $\lambda=2.5\mu\text{m}$。

用指示表显示时,测头滑行速度上限受其临界频率限制,下限受切除波长滤波器截止频率限制,用记录图形显示时,测头运动速度受记录器最高工作频率限制,超过此相应频率的信号就不是粗糙度信号而是各种干扰信号。因此噪声滤波器将允许低于此频率的信号通过,高于此频率信号被截除,为低通滤波器。一般轮廓仪测头滑行速度在指示显示时为 $v=(0.1\sim1)\text{mm/s}$,记显图形时 $v=(0.15\sim0.7)\text{mm/s}$,相当于指示表显示的$\frac{1}{10}\sim\frac{1}{5}$。

影响轮廓仪测量精度的因素主要是触针形状和测量力,如图 7.27 所示。

由于触针半径 r 存在,造成测量误差为:

$$\Delta h = r\left(\frac{1}{\sin\theta} - 1\right) \tag{7.22}$$

式中 θ——粗糙度峰谷夹角,与加工方法有关。

例如:$r=10\mu\text{m}$,$\theta=75°$时,$\Delta h=0.35\mu\text{m}$;

$r=1\mu\text{m}$,$\theta=75°$时, $\Delta h=0.035\mu\text{m}$。

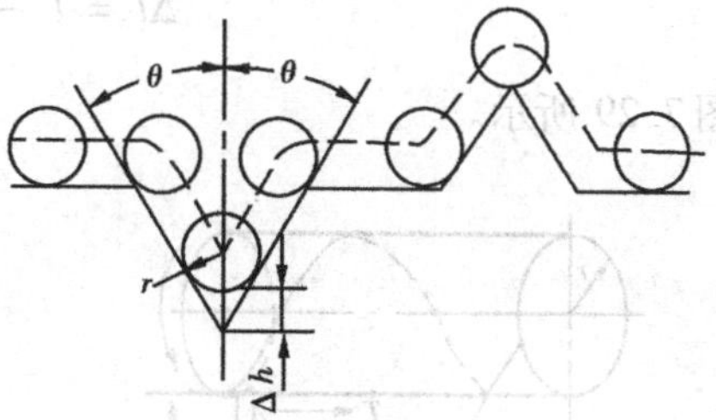

图 7.27 触针形状示意图

因此,触针法测量一般只能测量 $R_a=5\sim0.025\mu\text{m}$的值,不可能测量最高精度的粗糙度级别工件,同时在测力作用下 r 较小,对高精度工作表面形成划痕,也使仪器使用受限。此外,测量结果只是工件二维表面轮廓,因此发展用光纤传感器、激光干涉的非接触测量,或根据表面粗糙度是一个随机过程函数,用随机过程理论进行动态在线测量是粗糙度测量的研究发展方向。

7.8 丝杆螺旋线误差的测量

丝杆是各种精密仪器设备中最常用的高精度传递位移和转角的传动元件,反映其运动精度的参数主要是螺距误差 Δp 和螺旋线误差 ΔL。螺距误差主要反映截面上轴向位移精度,而螺旋线误差能全面反映丝杆空间运动的精度,故对 4 ~6 级高精度丝杆主要测量其螺旋线误差。

7.8.1 螺旋线误差形成原理

当一个半径为 r 的圆柱体绕轴线作均匀回转时，刀具上一点 A 沿圆柱母线方向作等速直线运动，A 点在圆柱表面所走轨迹，即形成一条螺旋线，如图 7.28 所示。

其特点是：圆柱旋转一周，A 点沿轴向移动一个螺纹丝杆导程 T，此时螺旋线即是圆柱表面展开图中三角形斜边。其关系是：

$$\tan\lambda = \frac{T}{2\pi r} = \frac{T}{\pi d} \tag{7.23}$$

其中：λ——螺旋线升角；

r——工件半径；

T——丝杆导程。

螺旋线误差定义为：被测丝杆旋转 θ 角时，中径 d_2 上的螺旋线实际轴向位移 l' 与理论相应位移 $l = \frac{\theta}{2\pi}T$ 之差，用 Δl 表示：

$$\Delta l = l' - l = l' - \frac{\theta}{2\pi}T \tag{7.24}$$

如图 7.29 所示。

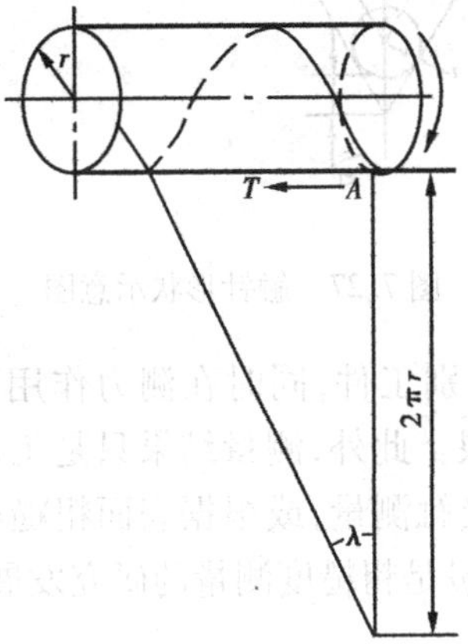

图 7.28 螺旋线形成示意图

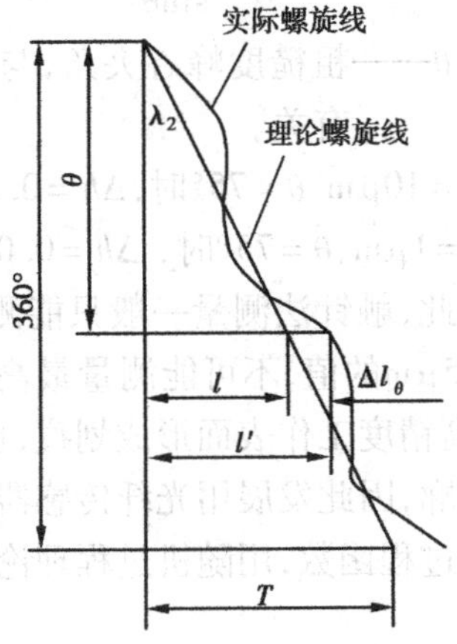

图 7.29 螺旋线误差定义

7.8.2 螺旋线误差的光栅激光动态测量

以圆光栅作角度标准反映丝杆转角 θ，可得出其理论轴向位移 l，再用激光干涉测长系统反映在 θ 角时实际的轴向位移 l'，则 Δl 可求。其原理如图 7.30 所示。

被测丝杆 1 以固定顶尖定位，以防轴向窜动，并在同轴上安装有圆光栅盘 17 与之同步旋转，当丝杆转过 θ 角时，指示光栅 18 与 17 间由于相对位移产生莫尔条纹，

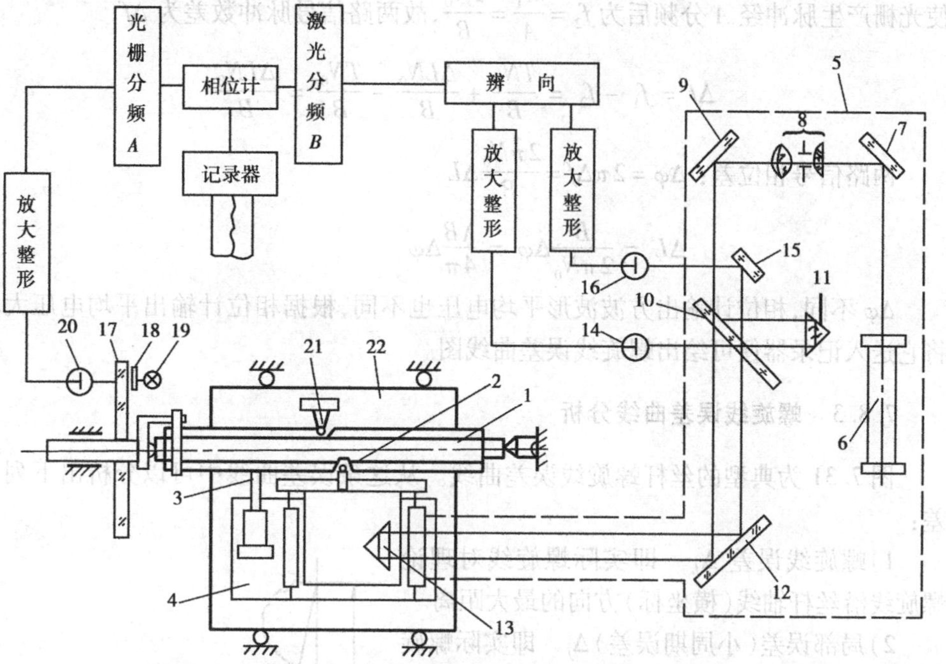

图7.30 光栅激光螺旋线测量示意图

光电元件20接收莫尔条纹产生的相应的光栅信号脉冲数即反映θ角大小。此信号经放大整形，送入光栅分频器A，由He-Ne激光器6产生的稳频激光经镀膜移相分光镜10，分成相位差90°的两束光，一束至固定参考直角棱镜11，反射后回到10，一束至测量直角棱镜13，反射后回到10，两束光汇合由于光程差产生干涉，经光电元件14、16接收，经放大整形送入方向辨别和激光分频器B，两路信号同频后送入比相计，两路信号相位差反映螺旋线误差大小。

丝杆1旋转时，带动测头21及工作台22作同步轴向位移，使测头2作相应的轴向位移。测头2和直角棱镜13用平行簧片刚性连接，故测量光路10—13与参考光路10—11产生光程差，测头2每移动$\lambda/2$，出现一个干涉条纹，光电元件14、16接收的干涉条纹数反映轴向实际位移。测头3的作用是以丝杆外圆定位，保证测量架只作轴向移动，使测头2与丝杆分度圆接触位置不变。

当激光波数经有理化后，每mm脉冲数为N_0时，丝杆旋转一周，轴向位移T经B分频后的脉冲数为$f_1=\dfrac{TN_0}{B}$，由于有螺旋线误差ΔL存在，相应测量镜13实际的位移为$T+\Delta L$，实际脉冲数为$f_1=\dfrac{(T+\Delta L)N_0}{B}=\dfrac{TN_0}{B}+\dfrac{\Delta LN_0}{B}$，丝杆转一周，圆光栅发出的脉冲数因为比相经分频后，应与激光测长的脉冲数频率相同，故选择适当的刻线M

使光栅产生脉冲经 A 分频后为 $f_2=\frac{M_1}{A}=\frac{TN_0}{B}$,故两路信号脉冲数差为 Δf,

$$\Delta f=f_1-f_2=\frac{TN_0}{B}+\frac{\Delta LN_0}{B}-\frac{TN_0}{B}=\frac{\Delta LN_0}{B}$$

两路信号相位差：$\Delta\varphi=2\pi\Delta f=\frac{2\pi N_0}{B}\Delta L$

$$\Delta L=\frac{B}{2\pi N_0}\Delta\varphi=\frac{\lambda B}{4\pi}\Delta\varphi$$

$\Delta\varphi$ 不同,相位计输出方波波形平均电压也不同,根据相位计输出平均电压大小将它送入记录器便可绘出螺旋线误差曲线图。

7.8.3 螺旋线误差曲线分析

图7.31为典型的丝杆螺旋线误差曲线。从这条误差曲线中可以分析出下列误差:

1)螺旋线误差 Δ_L 即实际螺旋线对理论螺旋线沿丝杆轴线(横坐标)方向的最大距离。

2)局部误差(小周期误差)Δ_j 即实际螺旋线的许多高频小周期微小波纹中,沿横坐标方向的一个最大的波高。

这项误差是由局部的误差、加工机床或外界振动等因素引起的。

3)周期误差(大周期误差)$\Delta_{2\pi}$ 即实际螺旋线的低频大周期波纹中,沿横坐标的一个最大的波高。

这项误差是由机床传动链各环节周期误差的综合影响引起的。

4)渐进(累积)误差 Δ_Σ 即实际螺旋线中线对理论螺旋线的沿横坐标的最大距离。

这项误差由机床挂轮传动比误差、母丝杆螺距累积误差或因温度变化造成的热变形引起。

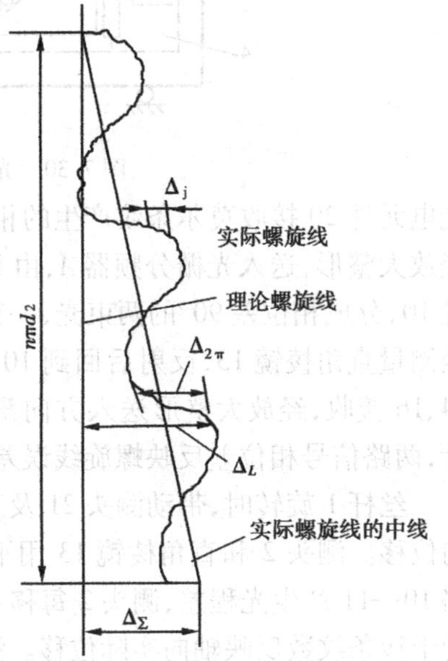

图7.31 典型的丝杆螺旋线误差曲线

这种测量方法的主要特点是,它可以从误差曲线中分析出丝杆的各种误差,不仅可作评定用,而且可作工艺分析用。它的测量精度较高,可测量6级以上精度的丝杆,而且测量效率也较高。

7.9 三坐标测量机及其应用

三坐标测量机目前已广泛用于机械制造、仪器制造、电子工业、航天与国防工业，由于有空间三个方向的标准量，可对空间任意处的点、线、面及其相互位置进行测量。特别是用于测量各类箱体、零件的孔距、面距、模具、精密铸件、电子线路板、汽车发动机零件、凸轮、滑轮和泵的叶片等各种复杂而又有高精度的空间曲面、曲线工件。与“数控加工中心”配合，形成“测量中心”，具有高精度、高效率、测量范围大的优点，是几何量测量的代表性仪器。

7.9.1 三坐标测量机类型和组成

(1)类型

按三坐标测量机的技术水平可将其分为三类：

1)数显及打字型(N)

主要用于几何尺寸的测量，采用数字显示与打印。一般为手动操作，但有电机驱动和微动装置，这类测量机技术水平不高，记录下来的数据需人工运算，对复杂零件尺寸计算效率低。

2)计算机进行数据处理型(N. C)

在第一类的基础上加上计算机进行数据处理，其原理如图 7.32 所示。

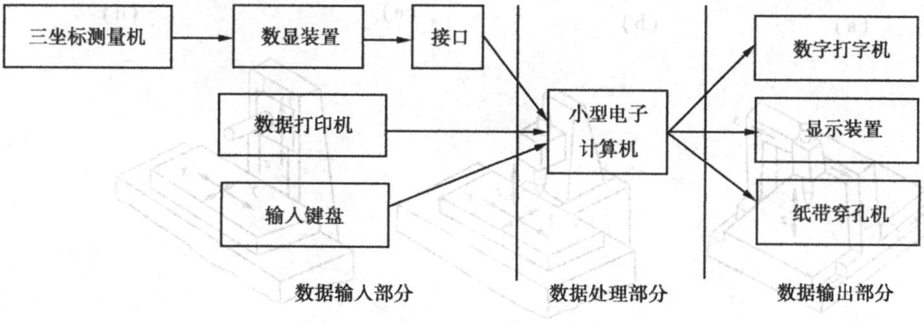

图 7.32 计算机数据处理原理

由于有计算机处理，功能上可进行工件安装倾斜、自动校正计算、坐标变换、孔心距计算及自动补偿等工作，并能预先储备一定量的数据，通过软件储存所需的测量件的数学模型，对曲线表面轮廓进行扫描测量。

3)计算机数字控制型(C. N. C)

这类水平较高，可像数控机床一样，按照编制的程序自动测量，其原理如图 7.33 所示。

根据工件图纸要求编好穿孔带或磁卡，通过读取装置输入到计算机和信息处理

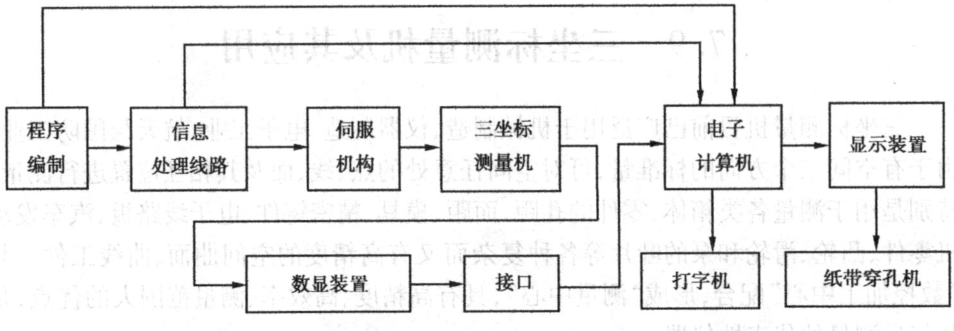

图 7.33　计算机数字控制原理

线路，用数控伺服机构控制测量机按程序自动测量，并将结果输入到计算机，按程序要求自动打印数据以及以纸带等形式输出。由于数控机床加工用的程序穿孔带可以和测量机的穿孔带相互通用，测量即可按被测量实物进行编程。可根据测量结果直接做出数控加工用的纸带。

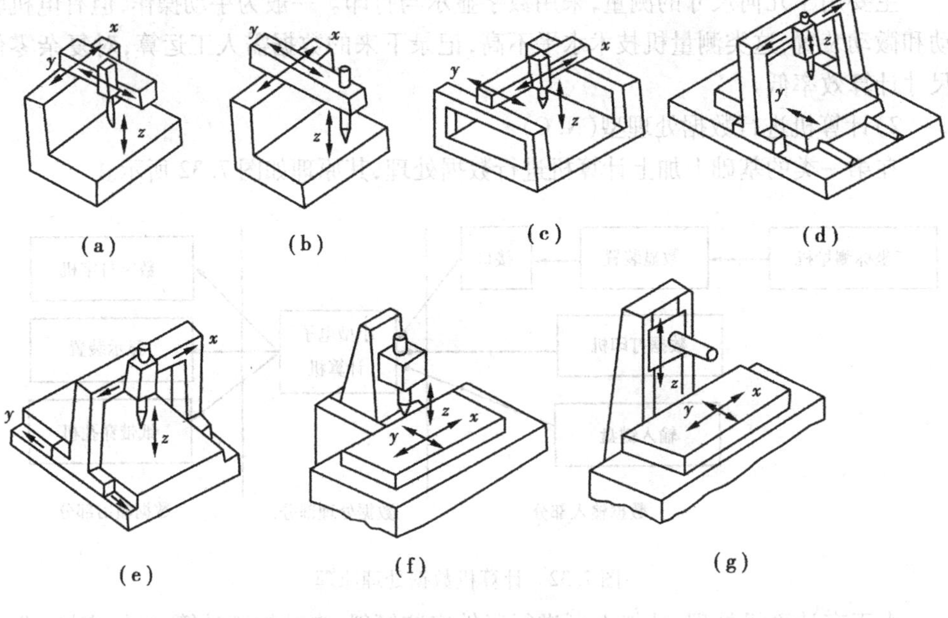

图 7.34　三坐标测量机结构类型

(2)三坐标测量机的结构和组成

三坐标测量机是一台以精密机械为基础，综合应用电子技术、计算机技术、光栅、激光等先进技术的测试设备。其主要组成部分有：底座、测量工作台、x,y 向支承梁及导轨、z 轴、x,y 和 z 向测量系统、测量头及操作系统等。外围设备有计算机、快速打印机和绘图仪、软件等。

1）以 x，y 和 z 轴的布局方式不同，而形成不同结构。其总体结构如图7.34所示。

（a），（b）——悬臂式：结构小巧，紧凑，工作面宽，装卸工件方便。但悬臂结构易产生挠度变形，必须有补偿变形的设计，从而限制了仪器的测量范围和精度。

（c）——桥框式：y 滑鞍由一主梁改为一桥框，y 轴刚性增强，变形影响大为减小，增大了 x，y，z 行程，使仪器的测量范围增大。

（d）——龙门架固定式：龙门架刚度大，结构稳定性好。但工件装卸测量受到固定门框尺寸的限制，因 y 向工作台与工件同步移动，不利于测量重型工件。

（e）——龙门架移动式：便于测量大型工件，操作性好。

（f），（g）——坐标镗式：结构刚度大，测量精度高。

2）导轨及支承

一般三坐标测量机都用直流伺服马达通过丝杆螺母、齿轮齿条或摩擦轮传动，除传统的滑动及滚动导轨外，目前广泛采用气浮导轨结构。由于三坐标测量机不可能在三个方向上满足阿贝原则，导轨形状误差将直接影响测量精度，故导轨精度较高。一般直线度误差为2″～4″，气浮导轨进气压力一般为300～600kPa，空气经过滤和稳压，保证气垫在工作状态下与床身导轨间隙约10μm，形成高压空气层，浮起移动件，使运动平稳、轻快。

3）测量系统

在 x，y，z 坐标方向上都有一个长度精密测量系统，以便给出任意坐标值。测量系统多数为：精密丝杆和微分鼓轮，精密齿轮和齿条，光学刻尺，各种长光栅尺，编码器，感应同步器，磁尺，激光干涉器等等，其特点比较如表7.3所示。

表7.3 三坐标测量机中测量系统的特性综合比较

测量系统名称	原理	元件精度/（μm.m^{-1}）	精度/（μm.m^{-1}）	特征	适用范围
精密丝杆加微分鼓轮	机械	0.7～1	1～2	适于手动，拖动力大，与控制电机配合可实现自动控制	坐标镗床式测量机
精密齿轮与齿条	机械+光电			可靠性好，维护简便，成本低	中等精密大型机
光学读数刻度尺	光学	2～5	3～7	可靠性高，维护简便，成本低，由于手动，效率低	手动测量样机
光电显微镜和金属刻线尺	光电	2～5	3～6	精度较高，但系统比较复杂，由于自动，效率高	仪器台式样机

续

测量系统名称	原理	元件精度/(μm.m^{-1})	精 度/(μm.m^{-1})	特征	适用范围
光 栅	光电	1～3	2～4	精度高,体积小,易制造,安装方便,但怕油污,灰尘	各种测量机
直线编码器、旋转编码器	光电	3～5(直) ——(圆)	5～10(直) ——(圆)	抗干扰能力强,但制造麻烦,成本高	需要绝对码的测量机
激 光	光电		1	精度很高,但使用要求高,成本高	高精度测量机
感应同步器	电气	2～5/250mm	～10	元件易制造,可接长,价格低,不怕油污	中等精度,中等及大型测量机
磁 尺	电气		−0.01～+0.01/200～600 −0.015～+0.015/800～1 200	易于生产,安装,但易受外界干扰	中等精度测量机

4)测量头

三坐标测量机的测量精度和效率与测量头密切相关,一般有以下几类:

①机械接触式测头:此类测头无传感系统,无量程,不发信号,只是纯机械式与工件接触,主要用于手工测量,只适于作一般精度测量,其形状如图 7.35 所示。

②光学非接触式测头:对薄形、脆性、软性工件,接触测量时变形太大,只能用光学非接触式测头,常有两大类:

(a)光学点位测头:如图 7.36 所示。光源 4 发出的光经聚焦镜 5 照亮十字线分划板 6,经反射镜 8、透镜 7 将十字刻线像投射到工件表面,经表面漫反射,通过合像棱镜 9,10 进入透镜 11,由直角屋脊棱镜 3 反射,成像于分划板 2 上,通过目镜 1 进行瞄准观测。当显微镜与工件表面调焦准确时,在目镜分划板 2 上只出现一个十字线像;调焦不准时,会出现模糊双像。此种方法瞄准精度一般在 ±1～3μm,被测表面可倾斜 70°,适合测量不规则空间曲面如涡轮叶片、软质工件等。

(b)电视扫描头:如图 7.37 所示。曲线由两个圆弧及一直线段组成,但尺寸未定。首先定点,一般圆弧定三点,直线定两点,点的位置和多少由曲线形状和精度决定,用电视摄像管定点扫描其上各点坐标尺寸,电视监控屏上显示曲线放大图,计算

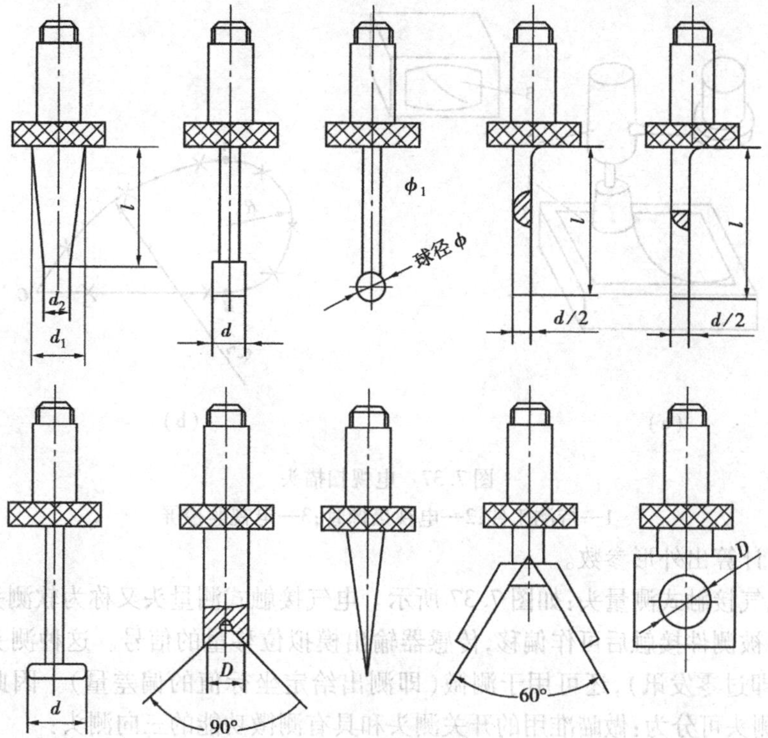

图 7.35 机械测头形状

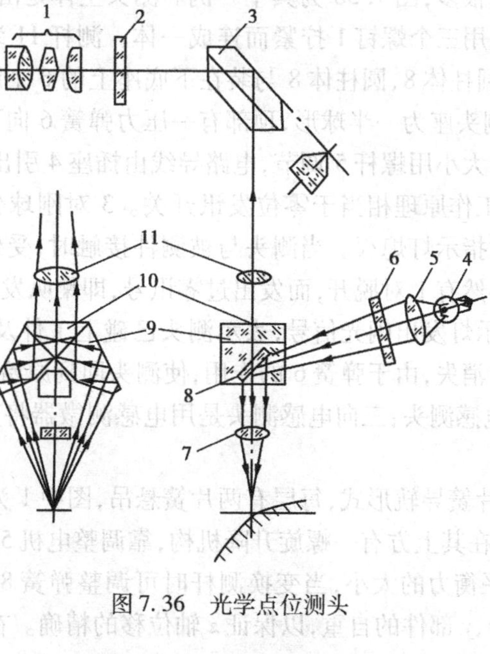

图 7.36 光学点位测头

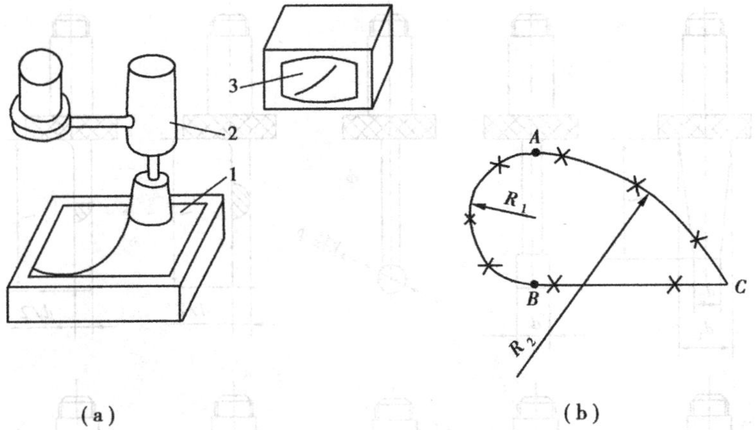

图 7.37　电视扫描头

1—待测工件;2—电视摄像管;3—电视监控屏

机就可以计算出外形参数。

③电气接触式测量头:如图 7.37 所示。电气接触式测量头又称为软测头。测头的测端与被测件接触后可作偏移,传感器输出模拟位移量的信号。这种测头不但用于瞄准(即过零发讯),还可用于测微(即测出给定坐标值的偏差量)。因此按其功能,电气测头可分为:做瞄准用的开关测头和具有测微功能的三向测头:

(a)瞄准用的电触式开关测头:电触式测头是利用电触头的开合触点进行单一瞄准的,其结构形式很多,图 7.38 为其中一例。测头主体是由上主体 3 与下底座 10 及三根防转杆组成,用三个螺钉 1 拧紧而连成一体。测杆 11 装在测头座 7 上,其底面装有均布的 3 个圆柱体 8,圆柱体 8 与装在下底座上的 6 个刚球 9 两两相配,组成 3 对刚球接触副。测头座为一半球形,顶部有一压力弹簧 6 向下压紧,使 3 对接触副自位、接触。弹簧力大小用螺杆 5 调节,电路导线由插座 4 引出。

电触式测头的工作原理相当于零位发讯开关。3 对刚球分别与底座 10 上的印刷线路相接触,这时指示灯熄灭。当测头与被测件接触时,受外力作用,测头发生偏移,此时 3 对刚球必然有 1 对脱开,而发出过零讯号,即喇叭发出短暂的一声警报,表示已计数。同时指示灯发出闪光信号,表示测头已碰上工件及偏离原位。当测头与被测件脱离后,外力消失,由于弹簧 6 的作用,使测头回到原始位置。

(b)三向测微电感测头:三向电感测头是用电感测微器将其位移量测出,其原理如图 7.39 所示。

它采用了 3 层片簧导轨形式,每层有两片簧悬吊,图中 1 为 x 向,2 为 y 向,3 为 z 向。8 为可调弹簧,在其上方有一螺旋升降机构,靠调整电机 5 转动螺杆 6,使螺母套 7 升降来自动调整平衡力的大小,当变换测杆时可调整弹簧 8 以平衡其重量。弹簧 4、9 用以平衡测头 x、y 部件的自重,以保证 z 轴位移的精确。在每层导轨的中间设置了电感传感器，用以测出位移量的大小。如图7.40所示，将电感线圈2固定在固定板的支架1上，而磁心3固定在可动板4上，当触头移动时，带动可动板移动，从而使磁心移动，引起线圈中电感量的变化，它以电压形式输出，从而使马达驱动工作台，直至到达零位，即无信号输出时，马达即停止。此即所谓的“电气零点”。手动测量时，则有喇叭发出一声音表示瞄准。若用于测微时，可调整测头上部的各轴位移预置机构。即在测量某一方向时触头向该方向预先伸出一段距离，到与工件接触后，测头先发出降速信号，然后进行微动，待测头过零时，即发出过零讯号，测头的微量变化通过接口输入到计算机存储。

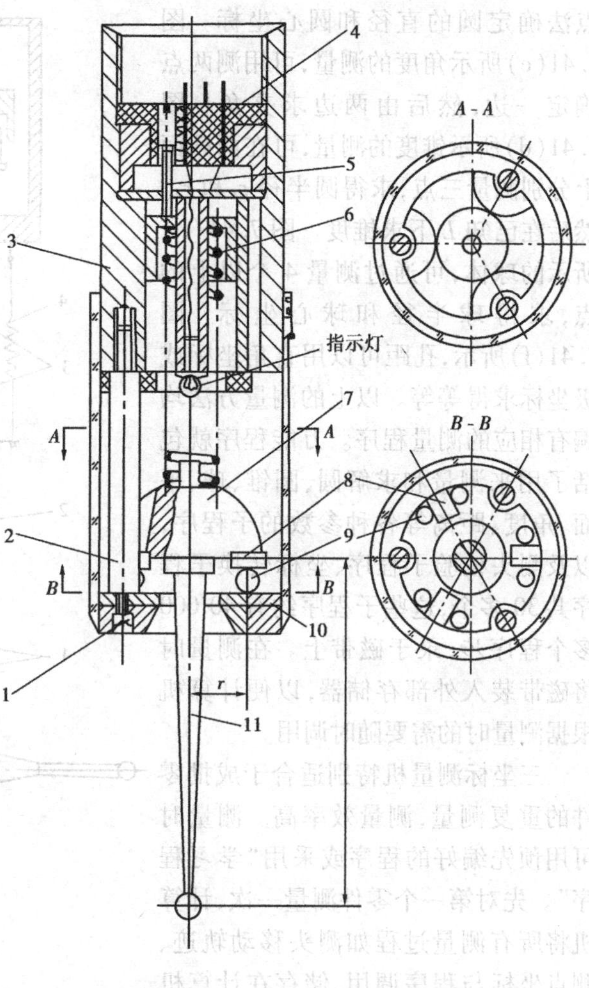

图7.38　电气接触式测量头原理

三向电感测头座上装有5个触杆，即x、y向各两个，z向一个。每个触头都有编号，并用同一标准刚球进行检定，然后将其触头直径值输入计算机，并换算成公共零点，存于存储器中，测量时根据所用的触头进行计算。

7.9.2　三坐标测量机的测量与应用

三坐标测量机提供了测量任何形状的零件的万能程序，除一些特殊曲线（如渐开线，阿基米德螺旋线等）外，任何形状零件可认为是由一些基本的圆柱、孔、圆锥、平面、球或是其断面，如圆、椭圆、直线和角度等单元组成。根据零件的几何特点，就可以确定相应的测量方法及数学表达式。

如图7.41(a)所示的零件，先测出A平面上的1,2,3三点，然后测出B面上的4点，即可确定两平面间的距离。图7.41(b)所示圆的测量，可用三点法、四点法或N

点法确定圆的直径和圆心坐标。图7.41(c)所示角度的测量，可用测两点确定一边，然后由两边求夹角。图7.41(d)所示锥度的测量，可在两截面上分别测量三点，求得圆半径 r_1 和 r_2，然后在已知 L 下求锥度。图7.41(e)所示的球体，可通过测量4个以上的点，求得球半径和球心坐标。图7.41(f)所示，孔距可以用直角坐标或极坐标求得等等。以上的测量方法均编有相应的测量程序。万能程序就包括了用来测量和求解圆、圆锥、球、平面、角度、距离等各种参数的子程序，以及测头校验子程序、坐标转换子程序共30多个，这些子程序约有40 000多个程序步，录于磁带上。在测量时将磁带装入外部存储器，以便计算机根据测量时的需要随时调用。

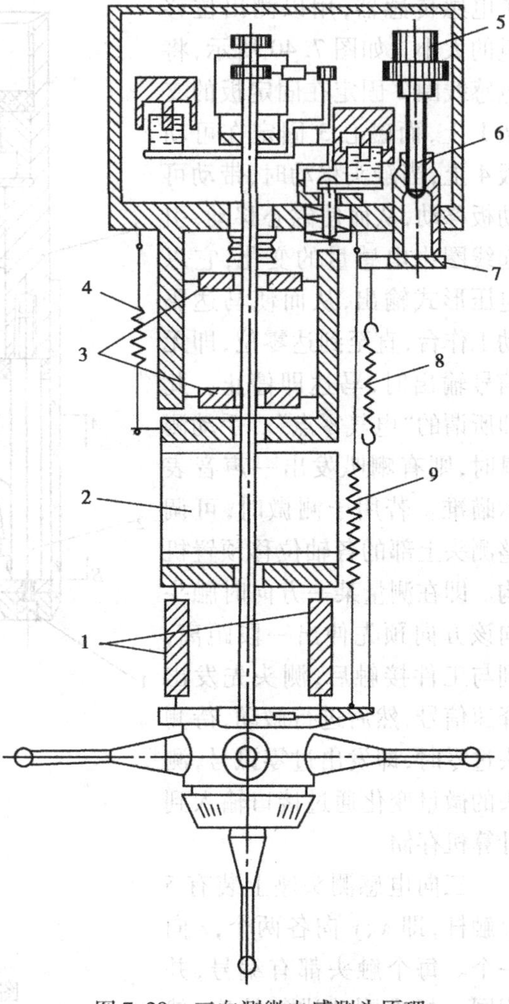

图7.39　三向测微电感测头原理

三坐标测量机特别适合于成批零件的重复测量，测量效率高。测量时可用预先编好的程序或采用“学习程序”。先对第一个零件测量一次，计算机将所有测量过程如测头移动轨迹、测点坐标与程序调用，储存在计算机中，作为测量该批零件的程序。在对其余零件测量时重复使用，并通过数控伺服机构控制测量机按程序自动测量，并将测点坐标值输入计算机，计算机根据程序计算得到有关结果。下面仅简单介绍一下三坐标测量机的测量方法与应用。

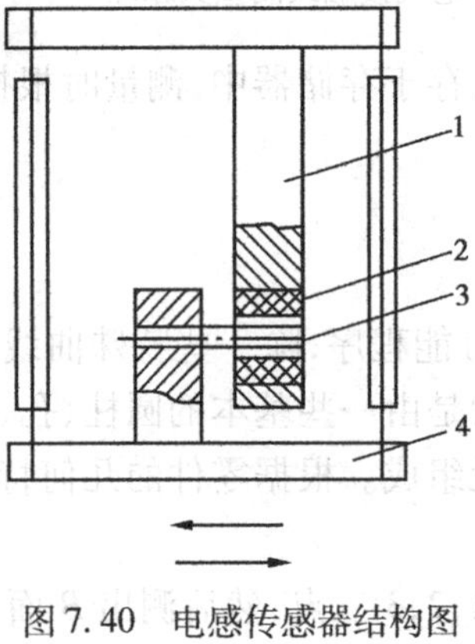

图7.40　电感传感器结构图

(1)点位测量法

点位测量法是从点到点的重复测量方法。多用于孔的中心位置、孔心距、加工面的

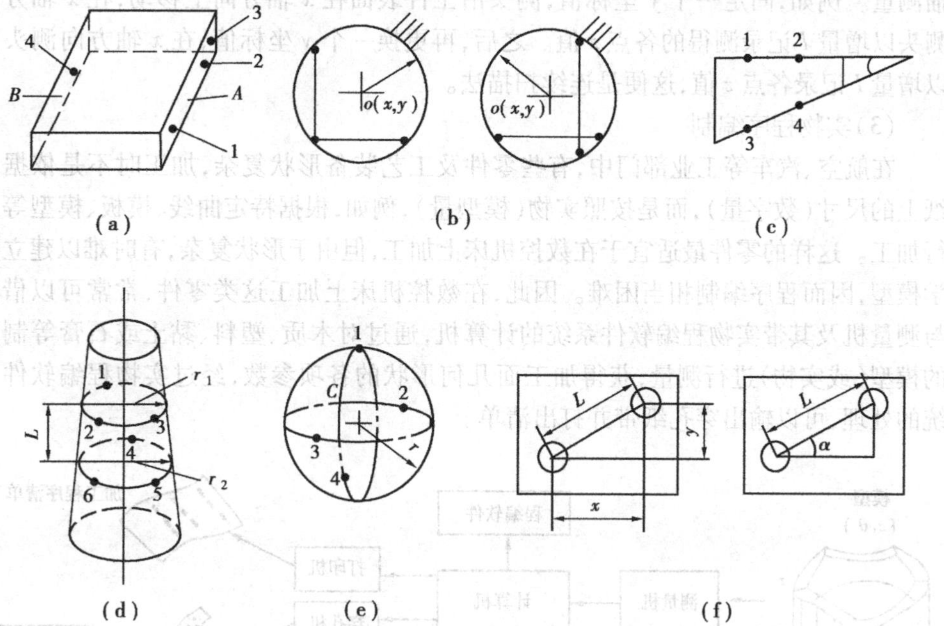

图 7.41　由零件几何特点确定测量方法示意图

位置以及曲线、曲面轮廓上基准点的坐标检验与测量。图 7.42(a)是点位测量法的示意图，测头趋近 A 点后垂直向下，直到接触被测工件的 B 点，此时发讯，使存储器将 B 点的坐标值存储起来。然后，测头上升退回到 C 点，再按程序的规定距离进到 D 点，测头再垂直向下触测 E 点，并存储 E 点的坐标值。重复以上步骤直至测完所需的点。

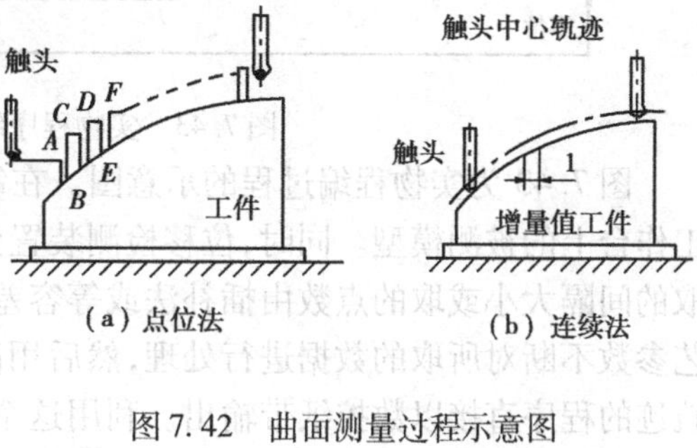

图 7.42　曲面测量过程示意图

前面已测得的被测点坐标值自动地与输入的标准数据进行比较，得出被测对象的误差值及超差值等。当测量点的数目很多、操作又用手工进行时，则需花费很多时间。

若将手动点位测量改为自动点位测量，则需根据测量对象的图纸和已知测量点的两坐标值(如 x、y 坐标，y、z 坐标或 z、x 坐标值)，按照程序加以数控化，送入计算机中，测量机可自动移动到被测点的各 x、y 坐标值点。对于另一轴可给以伺服驱动，这样就达到了自动测量的目的。如果另一轴(如 z 值)理论值也给定了，还可直接打印出误差值以及超差值。

(2)连续扫描法

图 7.42(b)为仿形连续扫描法示意图，测量头在被测工件的外形轮廓上进行扫

描测量。例如,固定一个 y 坐标值,测头沿工件表面在 x 轴方向上移动,在 x 轴方向测头以增量 I 记录测得的各点 z 值。之后,再更换一个 y 坐标值,在 x 轴方向测头又以增量 I 记录各点 z 值,这便是连续扫描法。

(3)实物程序编制

在航空、汽车等工业部门中,有些零件及工艺装备形状复杂,加工时不是依据图纸上的尺寸(数字量),而是按照实物(模型量),例如,根据特定曲线、模板、模型等进行加工。这样的零件最适宜于在数控机床上加工,但由于形状复杂,有时难以建立数学模型,因而程序编制相当困难。因此,在数控机床上加工这类零件,常常可以借助与测量机及其带实物程编软件系统的计算机,通过对木质、塑料、黏土或石膏等制成的模型(或实物)进行测量,获得加工面几何形状的各项参数,经过实物程编软件系统的处理,可以输出穿孔纸带并打出清单。

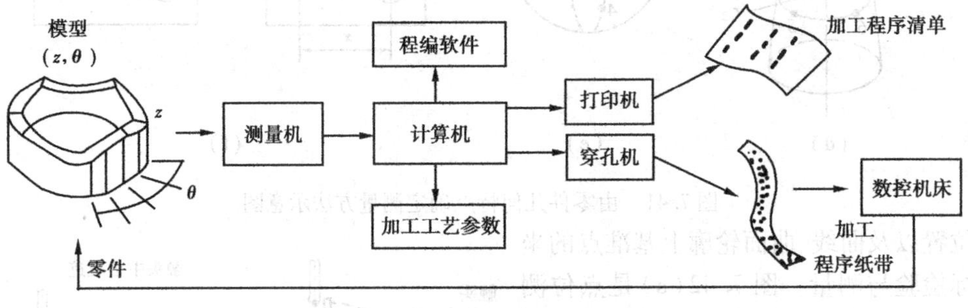

图 7.43 实物程序编制过程示意图

图 7.43 为实物程编过程的示意图。在制作数控纸带时,一般要以仿形动作跟踪工作台上的被测模型。同时,位移检测装置分别独立地检测 x,y,z 轴的机械运动,所取的间隔大小或取的点数由插补法或等容差法确定。计算机根据编程软件及加工工艺参数不断对所取的数据进行处理,然后用高速纸带穿孔机把被测模型的测量运动轨迹的程序直接以数控纸带输出。利用这个纸带可加工成原模型一样的工件,也可以将此数控纸带仍用于测量机上,去测量一样的工件。

(4)设计自动化

三坐标测量机不仅可对复杂型面零件进行实物程序编制,甚至还可以对整机绘制出设计图。例如,新型飞机设计模型经风洞试验等合格后,需由人工绘制成图,工作量大,难度高,从反复定型到出图要间隔相当长的时间。三坐标测量机配以带有绘图设备及软件的计算机,则可通过测量机对模型的测量得到整体外形的设计图纸。图 7.44 为设计过程的示意图。

除上述各项应用外,三坐标测量机还可作为轻型加工的动力头对软质材料进行画线、打冲眼、钻孔、微量铣削加工或对金属制件进行最后一道工序的精加工。在大型测量机上还可用于重型机械的装配、安装等。

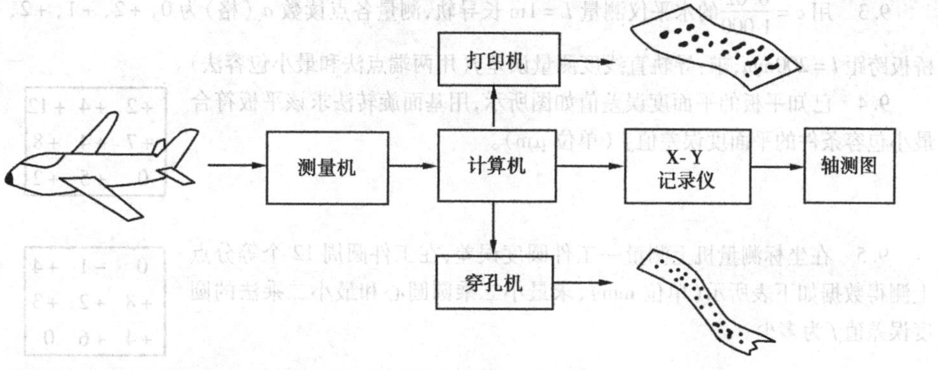

图7.44　设计过程示意图

三坐标测量机的出现使得测量工作有了飞跃的发展，不仅节省了人力和时间，提高了测量精度，尤其是使得一些大型或复杂型面的测量成为可能。同时，既适合于大批量生产的检测，又适合于中小批量生产的测量。目前各先进工业国都对三坐标测量机的生产与发展给予高度重视。三坐标测量机的关键技术是：测量头、气垫导轨、长导轨的制造工艺，长标准器、蠕动现象、卸荷及补偿结构、计算机软件的开发应用，动态精度的研究等。

目前，三坐标测量机的设计、功能等各方面都在朝着扩大实用性能、提高自动化程度、扩大软件、提高机器精度和减小误差方向发展。

习　题

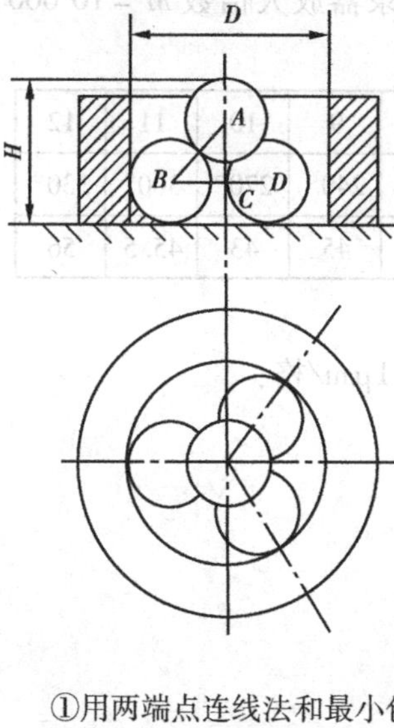

9.1　如图所示，用4个相同钢球测工件孔直径 D，钢球直径 $d=19.05\text{mm}$，三个钢球边缘刚好与工件孔 D 相切，用高度千分尺测得 $H=34.395$，其误差分别是：

$$\delta\lim d = \pm 0.5\mu\text{m}, \delta\lim H = \pm 1\mu\text{m}$$

求：工件 D 的测量结果。

9.2　用分度值 $c=\dfrac{0.02}{1\,000}$ 的合像水平仪测量一机床导轨的直线度误差 f。

已知：导轨长 $L=2\text{m}$，桥板跨距 $l=200\text{mm}$，各测点读数 a_i（格）为：

$$0,\ +1,\ +1,\ +2,\ +2,\ +3,\ +2,\ +2,\ +1,\ 0$$

①用两端点连线法和最小包容法，求该导轨直线度误差 f 为多少。

②若导轨公差 $\Delta=12\mu\text{m}$，测量时单项测量的方法误差 $\text{d}\alpha=\pm1.35$ 格，问，该测量方法精度是否满足要求？

9.3 用$c=\frac{0.02}{1\ 000}$的水平仪测量$L=1$m长导轨，测量各点读数a_i（格）为0，+2，+1，+2，-2。桥板跨距$l=200$mm，求：导轨直线度测量误差f（用两端点法和最小包容法）。

9.4 已知平板的平面度误差值如图所示，用基面旋转法求该平板符合最小包容条件的平面度误差值f（单位μm）。

+2	+4	+12
+7	+4	+8
0	+5	+2

9.5 在坐标测量机上测量一工件圆度误差，在工件圆周12个等分点上测得数据如下表所示（单位mm），求最小二乘圆圆心和最小二乘法的圆度误差值f为多少。

0	-1	+4
+8	+2	+3
+4	+6	0

$p(x_i,y_i)$	1	2	3	4	5	6	7	8	9	10	11	12
x_i	10.005	8.661	5.000	0.003	-5.001	-8.662	-10.004	-8.659	-5.003	-0.002	4.998	8.663
y_i	0.002	4.997	8.666	9.998	8.659	5.002	0	-5.003	-8.662	-10.003	-8.664	-5.000

9.6 已知一度盘上8个等分刻线的零起刻线误差$\bar{\theta}_i$为：0，0.4，1.6，2.1，0.9，-0.3，-1.5，-0.8（单位：秒）。列表计算该度盘的：(1)刻线误差$\bar{\theta}_i$；(2)间距误差f_i；(3)直径误差(φ)；(4)直径间距误差$f(\varphi)$。并求：

(1)最大刻线间距误差f_{max}；(2)最大直径间距误差$f(\varphi)_{max}$。

9.7 在圆度仪上测得工件极坐标记录图形，已知记录器放大倍数$M=10\ 000$，试用12等分法求平均圆坐标，并求工件圆度误差f。

i	1	2	3	4	5	6	7	8	9	10	11	12
φ_i	0°	30°	60°	90°	120°	150°	180°	210°	240°	270°	300°	330°
r_i/mm	67.5	80	87	88.5	83.5	75	61.5	51	45	43	45.5	56

已知：仪器放大$M=10\ 000$倍时，记录纸格值为$i=0.1$μm/格：

(1)用作图法求f(μm)。

(2)用计算法求f(μm)。

参考文献

1. 黄清渠. 几何量测量. 北京：机械工业出版社，1981

2. 童竸. 几何量测量. 北京：机械工业出版社，1987

3. 花国梁. 精密测量技术. 北京：中国计量出版社，1981

4. J. S. 贝达特. 随机数据分析方法. 北京：国防工业出版社，1978

5. 廖念钊等. 互换性与技术测量. 北京：中国计量出版社，1981

6. 廖念钊等. 平板检定参考资料. 北京:技术标准出版社,1989
7. 成都工具研究所. 齿轮动态全误差测量新技术.
8. 徐家骅. 计量工程光学. 北京:机械工业出版业,1980
9. 韦恩. *R.* 穆尔. 机械精度基础. 北京:国防工业出版社,1977
10. 张锡富. 电动量仪. 北京:机械工业出版社,1984
11. 天津大学精密仪器系. 三坐标测量机译文集.

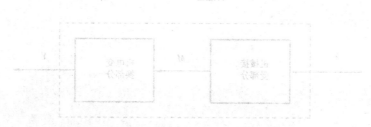

第8章
振动测试

工程振动问题的解决,理论分析计算固然很重要,但与其相辅相成的实验振动测试也是必不可少的。在某些情况下甚至更为重要。振动测试技术已成为工程实际中,为解决结构设计和产品试制中有关振动问题必不可少的手段。随着生产的发展和科学技术水平的提高,现代振动测试多采用电测法,但机械式测振法仍是振动传感器的理论基础。

振动传感器的作用是接收被测的振动量(振动位移、速度、加速度等),将其转换为与之有确定关系的电量,并将这些电量提供给后续测试仪器。因此,传感器是振动电测法的核心环节。测振传感器有两个主要任务,一是把被测振动物体的振动转换为传感器内某一部分构件的振动,二是把该构件的振动再转换为某种电信号。振动传感器的作用原理如图8.1所示。其分类方法有多种,若按所选参考坐标系的不同来区分,则可分为相对式和绝对式(惯性式)两大类。

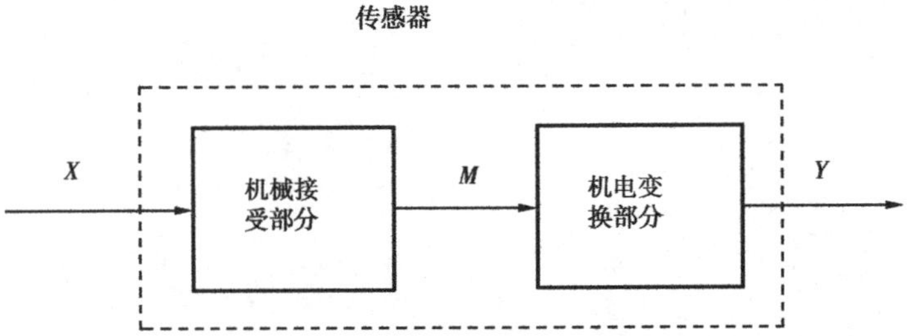

图8.1　振动传感器的作用原理

图中 X 为待测机械量,作为振动传感器的输入量,M 为适合于变换的机械量,Y 为机电变换后的输出量。

8.1 测振传感器

8.1.1 相对式测振传感器

相对式测振传感器原理如图 8.2 所示。相对式测振传感器测出的是被测振动件相对于某一参考坐标的运动。如电感式位移传感器、磁电式速度传感器、电涡流式位移传感器等都属于相对式测振传感器。

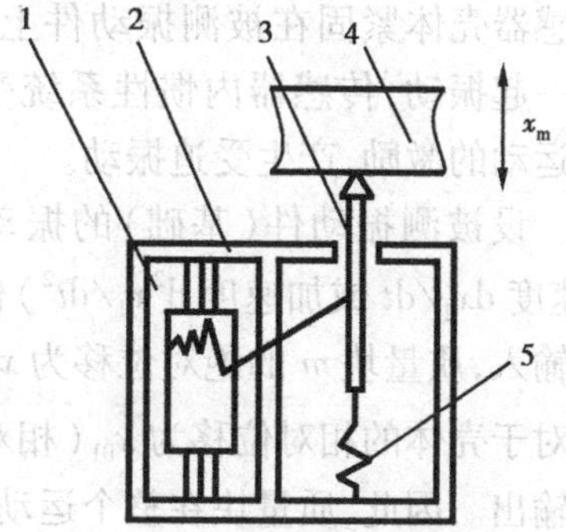

图 8.2 相对式测振传感器

1—变换器;2—壳体;3—活动部分;4—被测部分;5—弹簧

相对式测振传感器具有两个可作相对运动的部分。壳体 2 固定在相对静止的物体上,作为参考点。活动的顶杆 3 用弹簧以一定的初压力压紧在振动物体上,在被测物体振动力和弹簧恢复力的作用下,顶杆跟随被测振动件一起运动,因而和测杆相连的变换器 l 将此振动量变为电信号。测杆的跟随条件是决定该类传感器测量精度的重要条件,其跟随条件简要推导如下:

设测杆和有关部分的质量为 m,弹簧的刚度为 k,当弹簧被预压 Δx 时,则弹簧的恢复力 $F = k\Delta x$,该恢复力使测杆产生的回复加速度 $a = F/m$,为了使测杆具有良好的跟随条件,它必须大于被测振动件的加速度,即

$$F/m > a_{max}$$

式中 a_{max}——被测振动件的最大加速度(如果是简谐振动,$a_{max} = \omega^2 x_m$,x_m 为简谐振动的振幅值)。

考虑到 $F = k\Delta x$,则

$$k\Delta x/m > \omega^2 x_m$$

因而可得

$$\Delta x > \frac{m}{k}\omega^2 x_m = \left(\frac{\omega}{\omega_n}\right)^2 x_m = \left(\frac{f}{f_n}\right)^2 x_m \tag{8.1}$$

式中 f_n——被测振动件固有频率($f_n = \omega_n/2\pi$,$\omega_n = \sqrt{k/m}$)。

如果在使用中弹簧的压缩量 Δx 不够大,或者被测物体的振动频率 f 过高,不能满足上述跟随条件,顶杆与被测物体就会发生撞击。因此相对式传感器只能在一定的频率和振幅范围内工作。

8.1.2 绝对式测振传感器

绝对式测振传感器原理如图 8.3 所示。

(1)力学模型和运动方程式

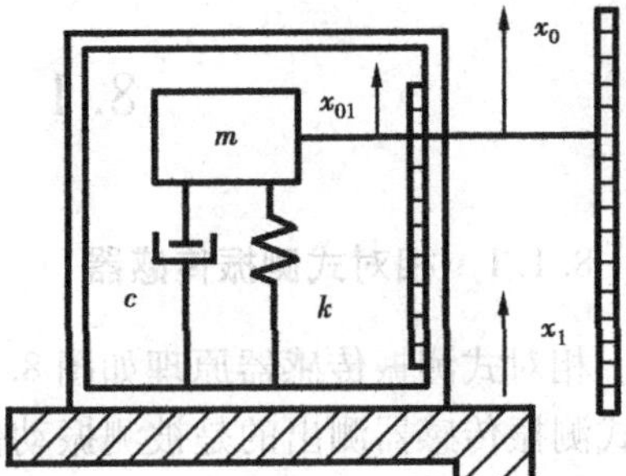

图 8.3 惯性式测振传感器力学模型

绝对式(惯性式)测振传感器可简化为图 8.3 所示的力学模型。图中 m 为惯性质量块的质量,k 为弹簧刚度,c 为粘性阻尼系数。传感器壳体紧固在被测振动件上,并同被测件一起振动,传感器内惯性系统受被测振动件运动的激励,产生受迫振动。

设被测振动件(基础)的振动位移为 x_1(速度 $\mathrm{d}x_1/\mathrm{d}t$ 或加速度 $\mathrm{d}^2x_1/\mathrm{d}t^2$)作为传感器的输入,质量块 m 的绝对位移为 x_0,质量块 m 相对于壳体的相对位移为 x_{01}(相对速度 $\mathrm{d}x_{01}/\mathrm{d}t$ 或相对加速度 $\mathrm{d}^2x_{01}/\mathrm{d}t^2$)作为传感器的输出。因此,质量块在整个运动中的力学表达式为

$$m\frac{\mathrm{d}^2x_0}{\mathrm{d}t^2}+c\left(\frac{\mathrm{d}x_0}{\mathrm{d}t}-\frac{\mathrm{d}x_1}{\mathrm{d}t}\right)+k(x_0-x_1)=0 \tag{8.2}$$

如果考察质量块 m 相对于壳体的相对运动,则 m 的相对位移为

$$x_{01}=x_0-x_1 \tag{8.3}$$

式(8.2)可改写成

$$m\frac{\mathrm{d}^2x_{01}}{\mathrm{d}t^2}+c\frac{\mathrm{d}x_{01}}{\mathrm{d}t}+kx_{01}=-m\frac{\mathrm{d}^2x_1}{\mathrm{d}t^2} \tag{8.4}$$

假设被测振动为谐振动,即以 $x_1(t)=X_1\sin\omega t$,则$\frac{\mathrm{d}^2x_1}{\mathrm{d}t^2}=-X_1\omega^2\sin\omega t$,故式(8.4)又可改写成

$$m\frac{\mathrm{d}^2x_{01}}{\mathrm{d}t^2}+c\frac{\mathrm{d}x_{01}}{\mathrm{d}t}+kx_{01}=m\omega^2X_1\sin\omega t \tag{8.5}$$

式(8.5)是一个二阶常系数线性非齐次微分方程。从系统特性可知,它的解由通解和特解两部分组成。通解即传感器的固有振动,与初始条件和被测振动有关,但在有阻尼的情况下很快衰减消失;特解即强迫振动,全由被测振动决定。在固有振动消失后剩下的便是稳态响应。惯性式位移传感器的幅频特性 $A_x(\omega)$ 和相频特性 $\varphi(\omega)$ 的表达式为

$$A_x(\omega)=\frac{X_{01}}{X_1}=\frac{(\omega/\omega_n)}{\sqrt{[1-(\omega/\omega_n)^2]^2+[2\zeta(\omega/\omega_n)]^2}}$$

$$\varphi(\omega)=-\arctan\frac{2\zeta(\omega/\omega_n)}{1-(\omega/\omega_n)^2} \tag{8.6}$$

式中 ζ——惯性系统的阻尼比，$\zeta=\dfrac{c}{2\sqrt{km}}$；

ω_n——惯性系统的固有频率，$\omega_n=\sqrt{\dfrac{k}{m}}$。

按式(8.5)和式(8.6)绘制的幅频曲线和相频曲线见图8.4和图8.5。

显然，质量块 m 相对于壳体的位移 $x_{01}(t)$ 也是谐振动，即 $x_{01}(t)=X_{01}\sin(\omega t-\varphi)$，但与被测振动的波形相差一个相位角 φ。其振幅与相位差的大小取决于 ζ 及 ω/ω_n。

(2)惯性式位移传感器的正确响应条件

要使惯性式位移传感器输出位移 X_{01} 能正确地反映被测振动的位移量 X_1，则必须满足下列条件：

1) $\omega/\omega_n \gg 1$，一般取 $\omega/\omega_n \gg (3\sim5)$，即传感器惯性系统的固有频率远低于被测振动下限频率。此时 $A_x(\omega)\approx1$，不产生振幅畸变，$\varphi(\omega)\approx180°$。

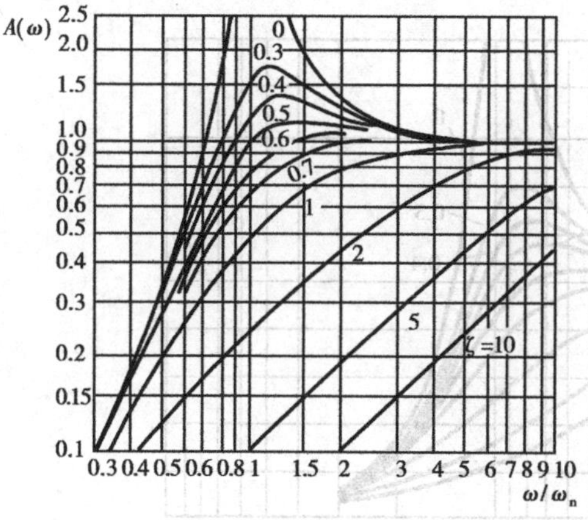

图8.4 惯性式位移传感器幅频曲线

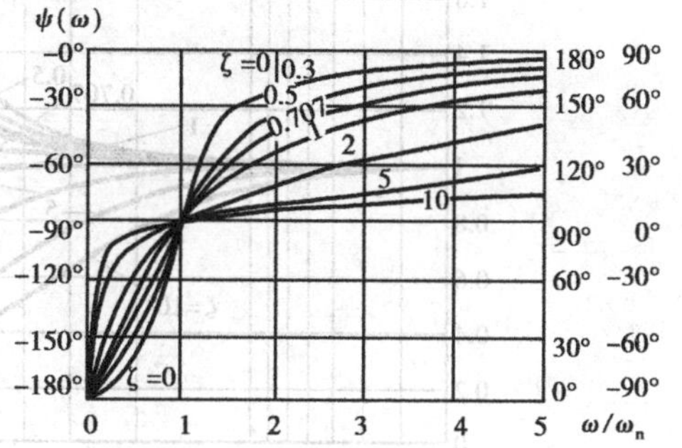

图8.5 惯性式传感器相频曲线

2) 选择适当阻尼，可抑制 $\omega/\omega_n=1$ 处的共振峰，使幅频特性平坦部分扩展，从而扩大下限的频率。例如，当取 $\zeta=0.7$ 时，若允许误差为 ±2%，下限频率可为 $2.13\omega_n$；若允许误差为 ±5%，下限频率则可扩展到 $1.68\omega_n$。增大阻尼，能迅速衰减固有振动，对测量冲击和瞬态过程较为重要，但不适当地选择阻尼会使相频特性恶化，引起波形失真。当 $\zeta=0.6\sim0.7$ 时，相频曲线 $\omega/\omega_n=1$ 附近接近直线，称为最佳阻尼。

位移传感器的测量上限频率在理论上是无限的，但实际上受具体仪器结构和元件的限制，不能太高。下限频率则受弹性元件的强度和惯性块尺寸、重量的限制，使 ω_n 不能过小。因此位移传感器的频率范围是有限的。

(3)惯性式加速度传感器的正确响应条件

惯性式加速度传感器质量块的相对位移 X_{01} 与被测振动的加速度 d^2x_1/dt^2 成正比，因而可用质量块的位移量来反映被测振动加速度的大小。加速度传感器幅频特性 $A_a(\omega)$ 的表达式为

$$A_a(\omega)=\frac{X_{01}}{\frac{d^2x_1}{dt^2}}=\frac{X_{01}}{X_1\cdot\omega^2}=\frac{1}{\omega_n^2\sqrt{[1-(\omega/\omega_n)^2]^2+[2\zeta(\omega/\omega_n)]^2}} \tag{8.7}$$

要使惯性式加速度传感器的输出量能正确地反映被测振动的加速度，则必须满足如下条件：

1) $\omega/\omega_n \ll 1$，一般取 $\omega/\omega_n \ll (\frac{1}{5}\sim\frac{1}{3})$，即传感器的 ω_n 应远小于 ω，此时，$A_a(\omega)\approx 1/\omega_n^2=$ 常数，因而，一般加速度传感器的固有频率 ω_n 均很高，在 20kHz 以上，这可使用轻质量块及“硬”弹簧系统来达到。随着 ω_n 的增大，可测上限频率也提高，但灵敏度减小。

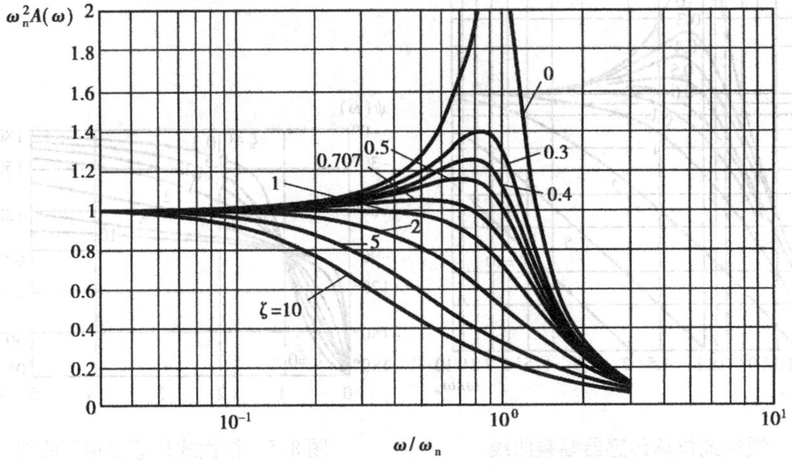

图 8.6　惯性式加速度传感器幅频曲线

2)选择适当阻尼，可改善 $\omega=\omega_n$ 的共振峰处的幅频特性，以扩大测量上限频率，一般取 $\zeta<1$。若取 $\zeta=0.65\sim0.7$，则保证幅值误差不超过 5% 的工作频率可达 $0.58\omega_n$。其相频曲线与位移传感器的相频曲线类似，见图 8.5。当 $\omega/\omega_n \ll 1$ 和 $\zeta=0.7$时，在 $\omega/\omega_n=1$ 附近的相频曲线接近直线，是最佳工作状态。在复合振动测量中，不会产生因相位畸变而造成的误差，惯性式加速度传感器的最大优点是它具有零频特性，即理论上它的可测下限频率为零，实际上是可测频率极低。由于 ω_n 远高于被测振动频率 ω，因此它可用于测量冲击、瞬态和随机振动等具有宽带频谱的振动，也可用来测量如地震等甚低频率的振动。此外，加速度传感器的尺寸、重量可做得很

小(小于1克),对被测物体的影响小,故它能适应多种测量场合,是目前广泛使用的传感器。

由于惯性式速度传感器的有用频率范围十分小,因此,在工程实践中很少使用,在此不再详述。

传感器是振动测试中的一种仪表,除了要求它具有较高的灵敏度和在测量的频率范围内有平坦的幅频特性,以及与频率呈线性的相频特性外,质量应小。因为固定到试件上的传感器要作为附加质量使被测件的振动特性发生变化,这些变化可近似地用下列两式表示。

$$a' = \frac{am}{m + m_i} \tag{8.8}$$

$$f_n = f_n \sqrt{\frac{m}{m + m_i}} \tag{8.9}$$

式中　m、a 和 f_n——被测件原来的质量、振动加速度和固有频率;

m_i——传感器质量;

a'和 f'_n——装上传感器后整个系统的振动加速度和固有频率。

由上二式知,只有当 $m_i \ll m$ 时,附加质量的影响才可以忽略。

8.2　典型测振传感器

测振传感器种类繁多,应用范围极广。现将工程实际中常用的测振传感器介绍如下。

8.2.1　磁电式速度传感器

磁电式速度传感器是利用电磁感应原理将传感器的质量块与壳体的相对速度转换成电压输出。图8.7为磁电式相对速度传感器的结构图,它用于测量两个试件之间的相对速度。壳体6固定在一个试件上,顶杆1顶住另一个试件,磁铁3通过壳体构成磁回路,线圈4置于回路的缝隙中,两试件之间的相对振动速度通过顶杆使线圈在磁场气隙中运动,线圈因切割磁力线而产生感应电动势 e,其大小与线圈运动的线速度 v 成正比。如果顶杆运动符合前述的跟随条件,则线圈的运动速度就是被测物体的相对振动速度,因而输

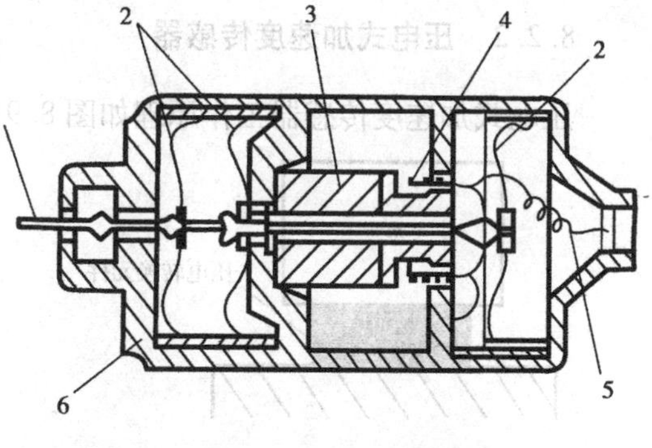

图8.7　磁电式相对速度传感器

1—顶杆;2—弹簧片;3—磁铁;4—线圈;

5—引出线;6—壳体

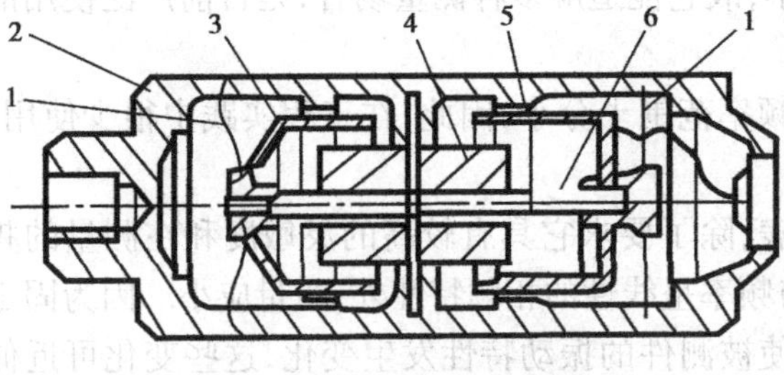

图 8.8 磁电式绝对速度传感器
1—弹簧;2—壳体;3—阻尼环;4—磁铁;
5—线圈;6—芯轴

出电压与被测物体的相对振动速度成正比关系。

图 8.8 为磁电式绝对速度传感器的结构图。磁铁 4 与壳体 2 形成磁回路，装在芯轴 6 上的线圈 5 和阻尼环 3 组成惯性系统的质量块在磁场中运动。弹簧片 1 径向刚度很大，轴向刚度很小，使惯性系统既可得到可靠的径向支承，又保证有很低的轴向固有频率。铜制的阻尼环 3 一方面可增加惯性系统质量、降低固有频率，另一方面又利用闭合铜环在磁场中运动产生的磁阻尼力使振动系统具有适当的阻尼，以减小共振对测量精度的影响，并能扩大速度传感器的工作频率范围，有助于衰减干扰引起的自由振动和冲击。

当速度传感器承受沿其轴向的振动时，包括线圈在内的质量块与壳体发生相对运动，线圈在壳体与磁铁之间的气隙中切割磁力线，产生磁感应电势 e，e 的大小与相对速度 dx_{01}/dt 成正比。

当 $\omega/\omega_n \gg 1$ 时，相对速度 dx_{01}/dt 可以看成是壳体的绝对速度 dx_1/dt，因此输出电压也就与壳体的绝对速度 dx_1/dt 成正比。当在 $\zeta=0.5\sim0.7$，$f_n=(10\sim15)$ Hz 时，用这类传感器来测量低频（$1.7\omega_n<\omega<6\omega_n$）振动，就只能保证幅值精度，无法保证相位精度。因为在低频范围内绝对速度传感器的相频特性很差，在涉及相位测量的情况下（如机械阻抗试验）要特别注意。

8.2.2 压电式加速度传感器

压电式加速度传感器工作原理如图 8.9 所示。

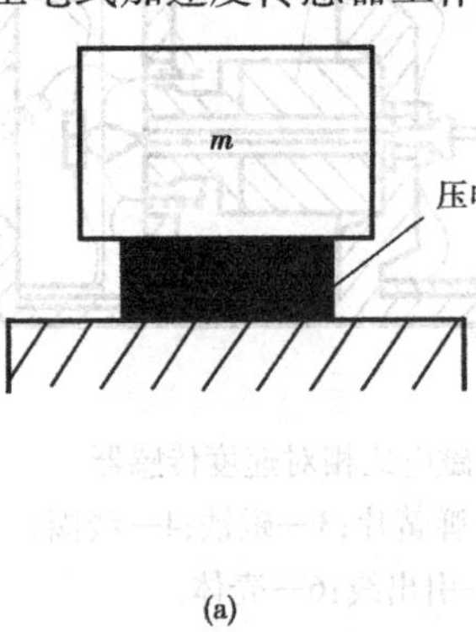

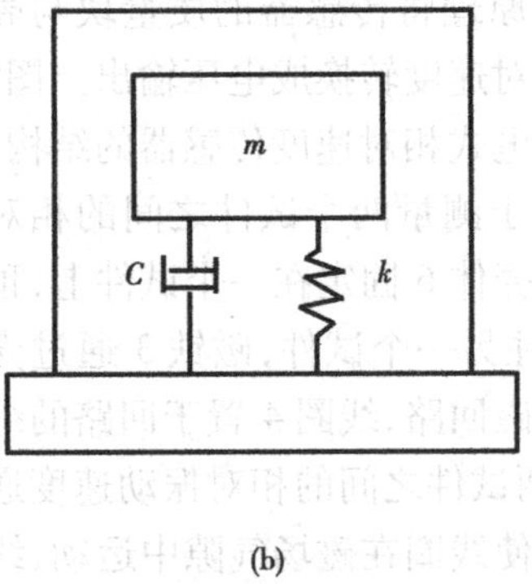

图 8.9 压电式加速度传感器工作原理

在压电转换元件上,以一定的预紧力安装一惯性质量块 m,惯性质量块上有一预紧螺母(或弹簧片),就可组成一个简单的压电加速度传感器,图 8.9 是它的力学模型图。

压电转换元件在惯性质量块 m 的惯性力作用下,产生的电荷量为

$$q = d_{ij} m \, \mathrm{d}^2 y/\mathrm{d}t^2 \tag{8.10}$$

对每只加速度传感器而言,d_{ij}、m 均为常数。式(8.10)说明压电加速度传感器输出的电荷量 q 与物体振动加速度成正比。用适当的测试系统检测出电荷量 q,就实现了对振动加速度的测量。

压电片的结构阻尼很小,压电加速度计的等效惯性振动系统的阻尼比 $\zeta \approx 0$。所以压电加速度计在 0 ~ 0.2 f_n的频率范围内具有常数的幅频特性和零相移,满足不失真转换条件。传感器输出的电荷信号不仅与被测加速度波形相同,而且无时移,这是压电加速度计的一大优点。

在工作频率范围内,压电加速度计的输出电荷 $q(t)$ 与被测加速度 $a(t)$ 成正比

$$q(t) = s_q \cdot a(t) \tag{8.11}$$

式中 s_q——电荷灵敏度,单位为微微库仑/单位加速度(pC/ms^{-2}或 pC/g)。

为了扩宽压电加速度计的工作频率范围,必须提高传感器的固有频率,但随着固有频率的提高,传感器的灵敏度会下降。为满足各个领域振动测量的需要,压电加速度计常做成一个序列,从高固频、低灵敏度的宽频带加速度计,到高灵敏度、低固频的低频加速度计。灵敏度越高,压电加速度计的质量也越大。机械工程振动测试通常使用的压电加速度计的工作频率上限为 4 000 ~ 6 000Hz,电荷灵敏度为 2 ~ 10pC/ms^{-2},质量为 10 ~ 50g。

压电加速度计的内阻可视为无穷大,测振时,压电片产生的电荷量极其微弱。要将此电荷信号不失真地转换为电压信号,就要求后续的放大器有极高的输入阻抗和灵敏度以及很低的电噪声。在当代工程振动测试中,常采用电荷放大器作为压电式传感器的前置放大器,它能很好地满足上述要求,将电荷信号转换为电压信号。其输出电压幅值适当(为 10^0V 级),输出阻抗低,并有一定的功率负载能力,便于连接后续测试仪器。有些电荷放大器还具有模拟积分功能,可将代表振动加速度的电压信号积分为代表振动速度或位移的电压信号。

由于电荷放大器具有高通特性,所以和压电加速度计配套使用时,测振系统的测量频率下限受电荷放大器的下截止频率 f_1限制,一般为 0.1 ~ 1Hz,特殊设计的超低频电荷放大器的下截止频率可低达 0.1mHz,可以测量准直流信号。上限频率如前述,为加速度计的上截止频率的 0.2 倍。图 8.10 是压电加速度计和电荷放大器组合系统的幅频特性曲线,图中的 f_1 ~ 0.2f_n 的频率范围为测振系统的工作频率范围。在对相频特性要求严格的场合,测振系统的下限频率比电荷放大器的名义下截止频率

f_1要高。在使用内置积分功能时，测振系统的工作频率下限由积分网络下限频率决定，具体数值可参看电荷放大器的特性说明。

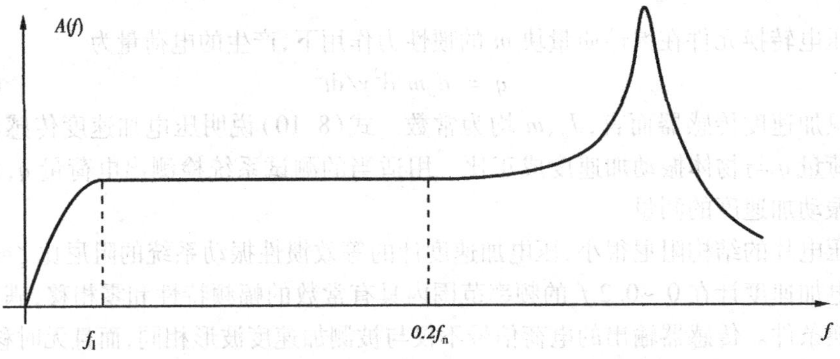

图 8.10　压电加速度计和电荷放大器系统的工作频率范围

8.2.3　电阻应变式、压阻式加速度传感器

电阻应变式加速度传感器和压阻式加速度传感器由于具有低频特性好和较高的性能价格比，因而也广泛应用在振动测量领域内。

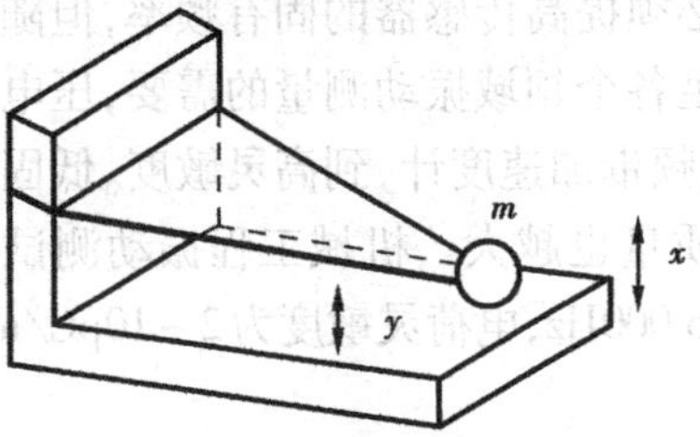

图 8.11　振动测量传感器原理

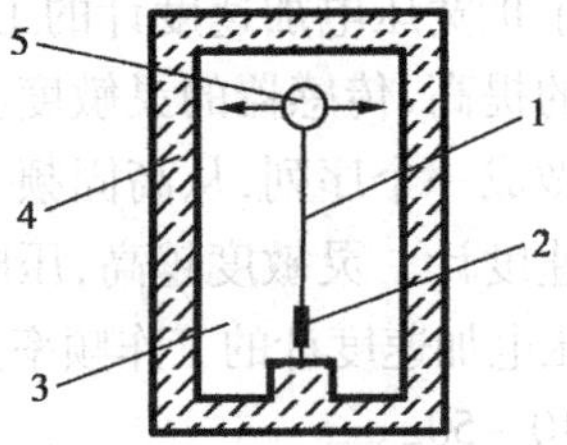

图 8.12　板簧结构加速度传感器

1—板簧；2—应变片；3—硅油；

4—外壳；5—惯性质量

电阻应变式加速度传感器的原理如图 8.11 所示。图中三角形弹性板的端部装有一个质量为 m 的惯性锤。传感器安装在被测振动物体上，受到一个上下方向的振动。设物体的振幅位移为 x、惯性锤上下振动幅度为 y，且振动物体的振动频率为 f，系统的固有频率为 f_0，则当 $f_0 \ll f$ 时，y 与 x 成正比；当 $f_0 \gg f$ 时，y 与 $\mathrm{d}^2x/\mathrm{d}t^2$（即振动加速度）成正比；当 $f_0 \approx f$ 时，y 与 $\mathrm{d}x/\mathrm{d}t$（即振动速度）成正比。因为 y 是弹性板受振动力作用而产生应变的函数，可以通过应变电桥的输出信号进行测量。所以，针对振动频率 f，适当设定系统的固有频率 f_0 并分别满足上述关系时，即可知道物体振动的幅度 x、振动速度 $\mathrm{d}x/\mathrm{d}t$ 和振动加速度 $\mathrm{d}^2x/\mathrm{d}t^2$。

图 8.12 为一种板簧式结构电阻应变式加速度传感器。这是一种简单结构的加速度传感器。它是基于悬臂梁在振动力作用下产生应变的原理。应变计可以粘贴在

板簧的根部,那里具有最大灵敏度。全部结构被密封在一个充有硅油的外壳内。传感器可以工作在上下或左右振动状态下。

目前,压阻式加速度传感器的机械结构,绝大多数都采用悬臂梁,如图 8.13 所示。

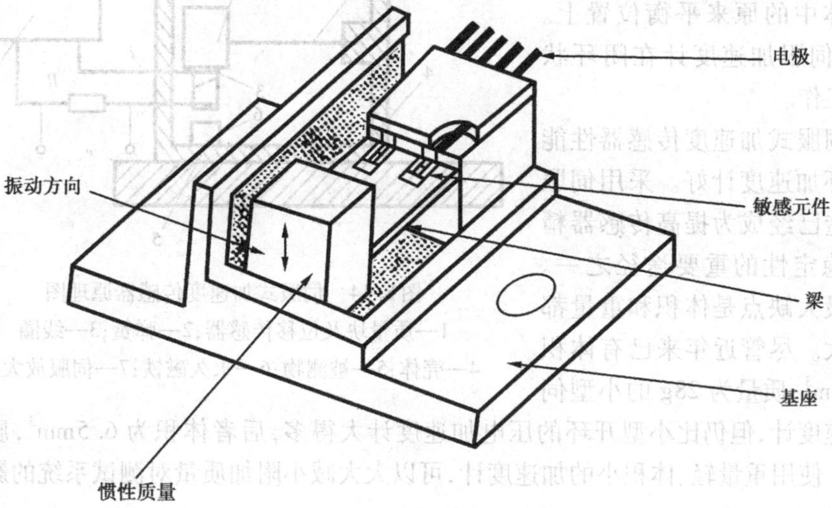

图 8.13　压阻加速度计结构原理

悬臂梁可用金属材料,也可用单晶硅。前者在其根部的上下两对称面上各粘贴两对半导体应变计。如果用单晶硅作应变梁,就必须在根部扩充 4 个电阻组成全桥。当悬臂梁自由端的惯性质量受到振动产生加速度时,梁受弯曲而产生应力,使 4 个电阻阻值发生变化。其应力大小为:

$$\sigma_L = 6mLa/bh^2 \tag{8.12}$$

式中　m——惯性质量;

b、h——梁的宽度和厚度;

L——质量中心至梁根部的距离;

a——加速度。

8.2.4　伺服式加速度传感器

上面所讨论的加速度传感器在开环状态下工作,传感器把振动参数直接转变成电量输出。开环型的拾振器结构简单,但其特性参数和灵敏度依赖于系统的动态特性,动态范围有限,有较大的非线性。采用伺服式加速度传感器可有效地克服上述缺点。

图 8.14 为伺服加速度传感器的工作原理图。传感器的振动系统由 m-k 系统组成,与一般加速度计相同,但质量块 m 上还接着一个电磁线圈 3,当基座有加速度输入时,质量块偏离平衡位置,由位移传感器检测,并经伺服放大器放大后输出电流 i,

此电流流过电磁线圈3。在永久磁铁6的磁场中产生电磁恢复力,力图使质量块保持在仪表壳体中的原来平衡位置上。所以,伺服加速度计在闭环状态下工作。

伺服式加速度传感器性能比开环加速度计好。采用伺服型构造已经成为提高传感器精度和稳定性的重要途径之一。但其最大缺点是体积和重量都比较大。尽管近年来已有体积为16cm^3、质量为28g的小型伺服加速度计,但仍比小型开环的压电加速度计大得多,后者体积为6.5mm^3,质量仅0.5g。使用重量轻、体积小的加速度计,可以大大减小附加质量对测试系统的影响。

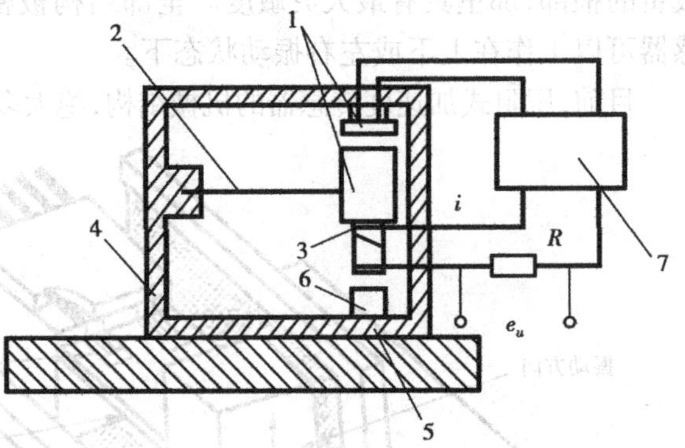

图8.14 伺服式加速度传感器原理图

1—质量块及位移传感器;2—弹簧;3—线圈

4—壳体;5—被测物;6—永久磁铁;7—伺服放大器

8.2.5 光导纤维传感器

光导纤维传感器是一种新型传感器,它是光导纤维技术在传感器上的应用。目前已开始应用或正在进行深入研究的相对式光导纤维测振传感器有下列几种:

(1)敏感元件型振动传感器

这是一种功能型传感器,当光导纤维由于振动而导致变形时,其传输特性会发生变化。例如将光纤制成一个U形结构,如图8.15所示。光纤两端固定,中部可感受振动运动量,当振动发生时,输入光将受到振幅调制而在输出光中反映出来。

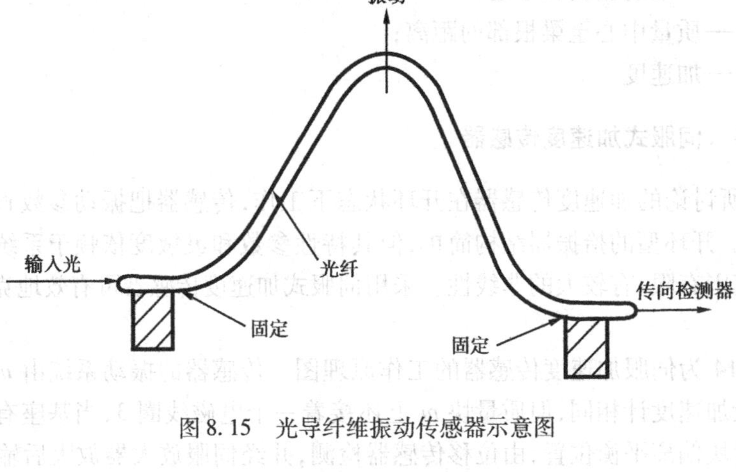

图8.15 光导纤维振动传感器示意图

(2)多普勒效应型振动传感器

振动物体反射光的频率变化幅度与物体的速度成正比,这便是多普勒效应。当光纤出入光方向置于振动物体的振动方向上时,测知反射光的频率变化,即可测知振动速度。其光路如图 8.16 所示。

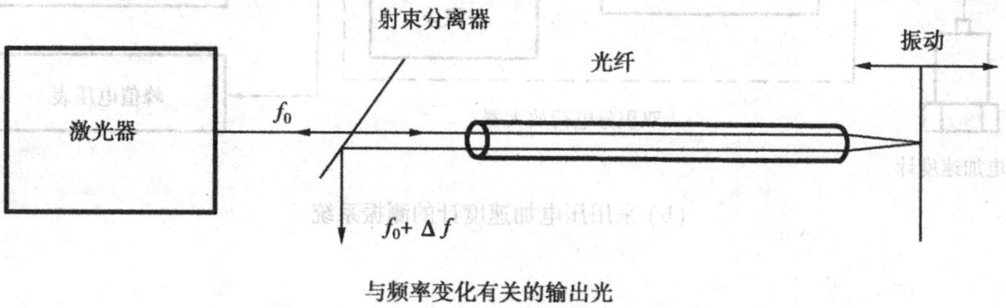

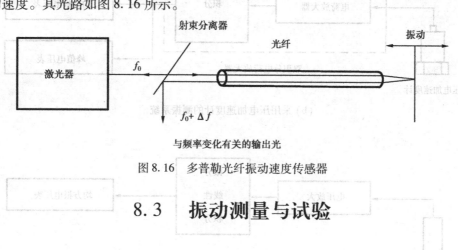

图 8.16 多普勒光纤振动速度传感器

8.3 振动测量与试验

8.3.1 振动测量的基本方法

机械(或结构)的振动测量主要是指测定振动体(或振动体上某一点)的位移、速度、加速度大小,以及振动频率、周期、相位、衰减系数、振型、频谱等等。在工程实践中,有时还需要通过试验来测定(或确定)振动系统的动态特性参数,如固有频率、阻尼、动刚度、动质量等等。振动测量的方法多种多样,这里简要介绍如下。

(1)振幅的测量

机械振动测量中,通常不需要测量振动信号的时间历程曲线,而只需要测量振动信号的幅值,即对振动位移、速度和加速度信号的有效值,有时也包括峰值的测量。它们的物理单位分别为米(m),米/秒(m/s)和米/秒^2(m/s^2)。

机械工程中最常采用压电式加速度计和磁电式速度计作为测振传感器来测量机械振动。图 8.17 为采用这两种传感器的测振系统原理框图。

在采用压电加速度计的测振系统中,压电加速度计将振动加速度转换为电荷信号,再经电荷放大器变为电压信号。直接测量这个代表振动加速度的电压信号的有效值和峰值,就可以得到振动加速度的幅值大小。如果经过一次积分,就可以测得振动速度的幅值,若经过两次积分,测出的就是振动位移幅值。表示振动加速度、速度或位移的模拟电压信号可以输入显示记录仪观察和记录振动信号,还可接入信号分析系统对振动做全面分析处理。

在采用磁电式速度计的测振系统中,磁电式速度计将振动速度转换为电压信号,经过放大后,直接测量这个代表振动速度的电压信号的有效值和峰值,就可以得到振

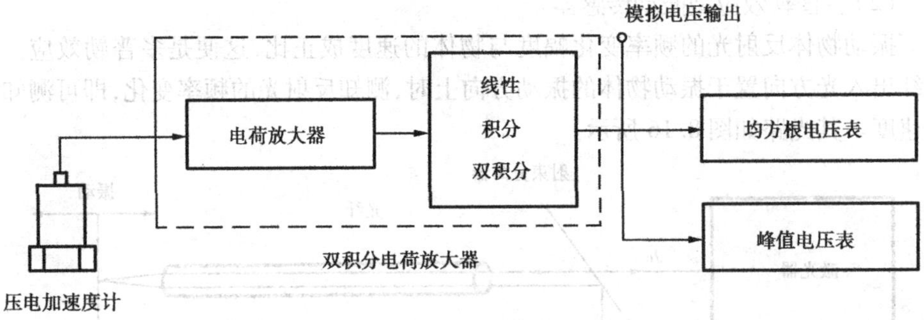

(b) 采用压电加速度计的测振系统

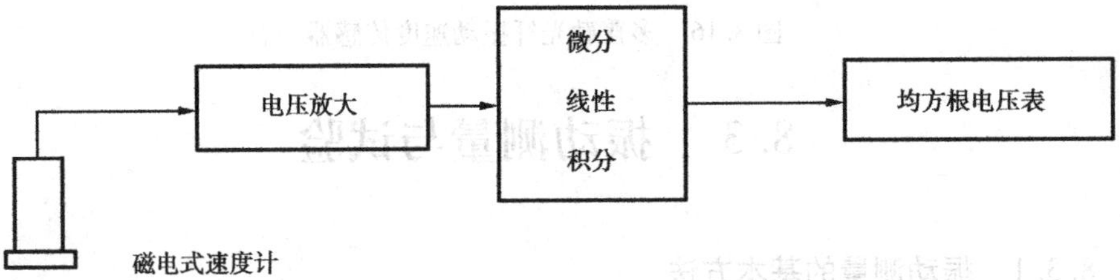

(b) 采用磁电式速度计的测振系统

图 8.17　机械振动幅值测量框图

动速度的幅值大小。如果经过一次微分,就可以测得振动加速度的幅值,若经过积分运算,测出的就是振动位移幅值。

工程实际中的机械振动一般不会是纯正弦振动。为保证测量结果的准确性,信号有效值的测量必须使用所谓真均方根电压表,而不能用一般的毫伏表。因为一般的毫伏表是针对正弦信号设计的,以简单的绝对均值测量代替有效值测量,这种电压表在测量非正弦复杂信号时会产生大的测量误差。

若所测的振动信号是典型的简谐信号,只要测出振动位移、速度、加速度幅值中的任何一个,就可以根据位移、速度、加速度三者的关系求出其余的两个。

设振动位移、速度、加速度分别为 x、v、a,其幅值分别为 X、V、A:

$$x = B\sin(\omega t - \varphi)$$

$$v = \frac{dx}{dt} = \omega B\cos(\omega t - \varphi) \tag{8.13}$$

$$a = \frac{d^2x}{dt^2} = -\omega^2 B\sin(\omega t - \varphi)$$

式中　B——位移振动幅值;

ω——振动角频率;

φ——初相位。

$$
\begin{aligned}
X &= B \\
V &= \omega B = 2\pi f B \\
A &= \omega^2 B = (2\pi f)^2 B
\end{aligned} \tag{8.14}
$$

振动信号的幅值可根据式(8.14)中位移、速度、加速度的关系,分别用位移传感器、速度传感器和加速度传感器来测量。也可利用信号分析仪和测振仪中的微分、积分功能来测量。

对于一般复杂振动信号幅值的测量,当用电测法进行测量时,可将记录(或显示)的振动波形幅值大小乘以相应的灵敏度(可由系统定度得到),即可得到振动体振动的幅值。在实际振动波形的记录(或显示)图中,通常波形基线不易确定,故常读取波形的峰-峰值,再折算为振动峰值或有效值。测量值是位移、速度、加速度均可。

(2)振动频率和相位的测量

1)简谐振动频率的测量

简谐振动频率的测量是频率测量中最简单、最基本的,但它又是复杂振动频率测量的基础。简谐振动频率的测量方法有李萨如图形比较法、录波比较法、直读法、频谱分析法等。

用李萨如图形比较法测量简谐振动的频率:互相垂直、频率不同的两振动的合成,其合成振动波形比较复杂,在一般情况下,图形是不稳定的。但当两个振动的频率为整数比时,即可合成稳定的图形,称为李萨如图形。李萨如图形的形成如图8.18(a)所示,在图8.18(a)中,沿 x、y 两个方向对两振动信号做两对边框,每对边框各有 n_x 和 n_y 两个切点,n_x 与 n_y 之比就等于两个振动周期 T_x、T_y 之比,即:

$$
n_y/n_x = T_y/T_x = f_x/f_y \tag{8.15}
$$

所以,只要示波器荧屏上出现了稳定图形,就可根据李萨如图形的规律求出待测频率 f。

① $f_x/f_y = 1$ 时

振动方程:

$$
x = A_1\cos(2\pi f_1 t + \varphi_1)
$$

$$
y = A_2\cos(2\pi f_2 t + \varphi_2)
$$

当 $\varphi_1 = \varphi_2$,则 $\dfrac{x}{A_1} = \dfrac{y}{A_2}$,图形为过原点的直线;

当 $\varphi_1 = \varphi_2 + \pi$,则 $\dfrac{x}{A_1} = -\dfrac{y}{A_2}$,图形为过原点的直线;

当 $\varphi_1 - \varphi_2 = \pm\dfrac{\pi}{2}$,则 $\dfrac{x^2}{A_1^2} + \dfrac{y^2}{A_2^2} = 1$,图形为以 x、y 轴为对称轴的椭圆;

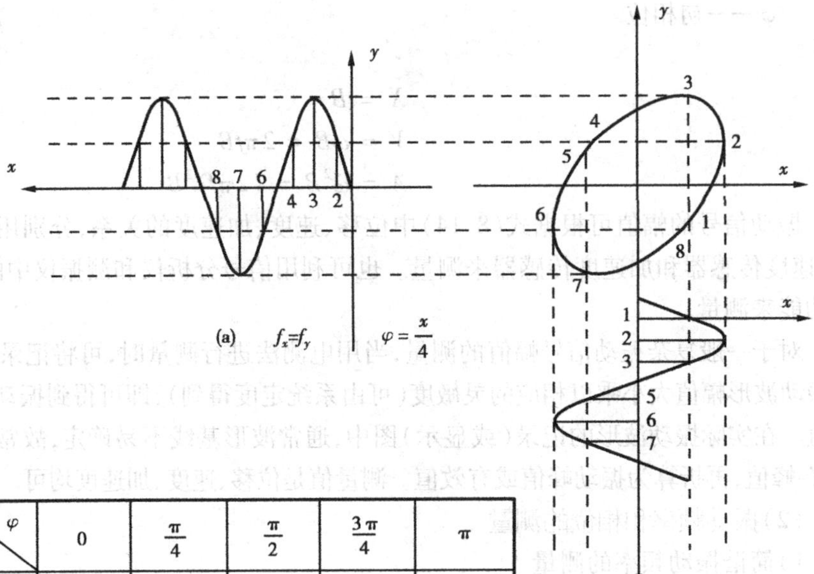

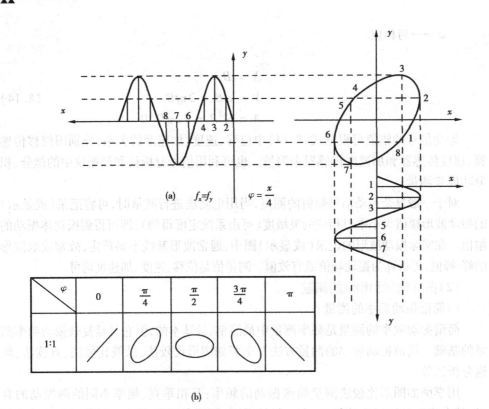

φ	0	$\frac{\pi}{4}$	$\frac{\pi}{2}$	$\frac{3\pi}{4}$	π
1:1					

(b)

图 8.18　李萨如图形

当 $\varphi_1-\varphi_2$ 为其他任意值时，得到的图形是形状各不相同的椭圆。

②$f_x/f_y\neq1$ 时

合成振动波形不再是椭圆，而是更为复杂的图形。但是，只要 f_x/f_y 是一个有理数，总能形成一个稳定的图形。例如，$f_x/f_y=2$ 时，图为"8"形，这表明，当 y 轴变化了一个正峰一个负峰，则 x 轴变化了两个正峰和两个负峰。当 $f_x/f_y=1/2$ 时，图形为"∞"形，这表明，当 y 轴变化了两个正峰和两个负峰，则 x 轴变化了一个正峰和一个负峰。

李萨如图形的原理可以直观地用图解法来证明。由图 8.18(a)可以看出：当 $\varphi=\varphi_1-\varphi_2=\pi/4$ 时，示波器上的图形是一个斜椭圆；当 φ 由 0 变到 $\pi/2$ 时，图形则有一根斜直线经斜椭圆变为正椭圆；当 φ 继续增加，则又变为斜椭圆，但椭圆的长轴所在象限由Ⅰ、Ⅲ象限变为Ⅱ、Ⅳ象限；当 φ 增至 π 时，图形又变为斜椭圆。

用傅里叶频谱法测量简谐振动的频率：傅里叶频谱法，就是用快速傅里叶变换(FFT)的方法，将振动的时域信号变换为频域中的频谱，从而从频谱的谱线测得振动频率的方法。

一般地，傅里叶变换可由下列积分表示：

$$X(f) = \int_{-\infty}^{+\infty} x(t)\mathrm{e}^{-j2\pi ft}\mathrm{d}t \tag{8.16}$$

式(8.16)中频率的函数 $X(f)$ 便是振动时间函数 $x(t)$ 经傅里叶变换(在实际工作中便是 FFT)后得到的频域函数或称频谱。

2)同频简谐振动相位差的测量

同频简谐振动相位差的测量方法也有多种,如线性扫描法、椭圆法、相位计直接测量法、频谱分析法等,现在应用最多的是频谱分析法。直接利用互谱或互相关分析即可方便地测读出两个同频简谐振动信号之间的相位差。

3)机械系统固有频率的测量

固有频率是机械系统最基本、最重要的动态特性参数之一。在机械系统的振动测量中,固有频率测量往往首当其冲。

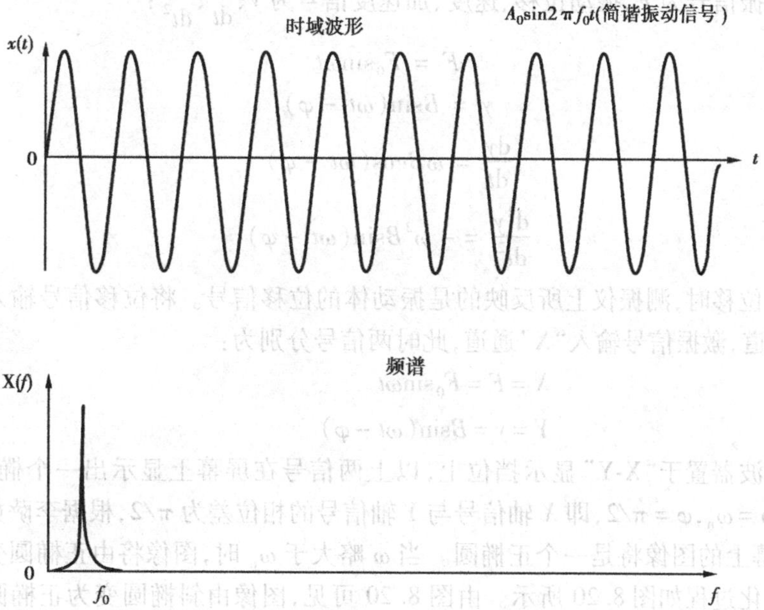

图 8.19 用傅里叶频谱法求简谐振动的频率

这里,有两个必须明确区分的基本概念,即固有频率和共振频率。

固有频率是当机械系统作自由振动时的振动频率(也称自然频率),它与系统的初始条件无关,只由系统本身的参数所决定,与系统本身的质量(或转动惯量)、刚度有关。

在系统作受迫激励振动过程中,当激振频率达到某一特定值时,振动量的振幅值达到极大值的现象称为共振。共振时的激励频率就称为共振频率。但要注意,振动的位移幅值、速度幅值、加速度幅值其各自达到极大值(对单自由度系统,极大值就是最大值)时的共振频率是各不相同的。

这里介绍一种测量机械系统固有频率的李萨如图形共振相位判别法。

用简谐力激振，激发系统共振，以寻找系统的固有频率，是一种常用的方法。这种方法可以根据振动量的幅值共振来判定共振频率。但在阻尼较大的情况下，用不同的幅值共振方法测得的共振频率略有差别，而且用幅值变化来判定共振频率有时不够敏感。

相位判别法是根据共振时的特殊相位值以及共振前后的相位变化规律所提出来的一种共振判别法。在简谐力激振的情况下，用相位法来判定共振是一种较为敏感的方法。

以下对这两种方法分别加以说明：

①位移判别共振

设激振信号为 F，振动位移、速度、加速度信号为 y、$\frac{dy}{dt}$、$\frac{d^2y}{dt^2}$：

$$F = F_0 \sin\omega t$$

$$y = B\sin(\omega t - \varphi)$$

$$\frac{dy}{dt} = \omega B\cos(\omega t - \varphi)$$

$$\frac{d^2y}{dt^2} = -\omega^2 B\sin(\omega t - \varphi)$$

测量位移时，测振仪上所反映的是振动体的位移信号。将位移信号输入示波器的“Y”通道，激振信号输入“X”通道，此时两信号分别为：

$$\begin{aligned} X &= F = F_0\sin\omega t \\ Y &= y = B\sin(\omega t - \varphi) \end{aligned} \tag{8.17}$$

将示波器置于“X-Y”显示挡位上，以上两信号在屏幕上显示出一个椭圆图像。共振时，$\omega = \omega_n$，$\varphi = \pi/2$，即 X 轴信号与 Y 轴信号的相位差为 $\pi/2$，根据李萨如图形原理知，屏幕上的图像将是一个正椭圆。当 ω 略大于 ω_n 时，图像将由正椭圆变为斜椭圆。其变化过程如图 8.20 所示。由图 8.20 可见，图像由斜椭圆变为正椭圆时的频率就是振动体的固有频率。

②速度判别共振

测量速度时，测振仪所反映的是振动体的速度信号。将速度信号输入示波器 Y 轴，激振信号输入示波器 X 轴，此时，示波器的 X 轴与 Y 轴的信号分别为：

$$X = F = F_0\sin\omega t$$

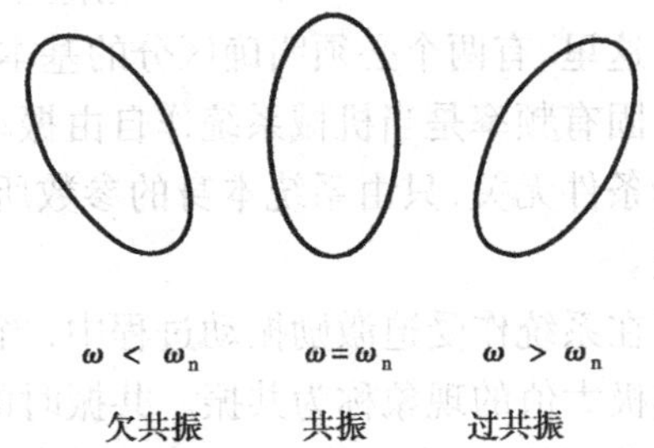

图 8.20　用位移判别共振的李萨如图形

$$Y = \frac{dy}{dt} = \omega B\cos(\omega t - \varphi) = \omega B\sin(\omega t + \frac{\pi}{2} - \varphi) \quad (8.18)$$

上述信号使示波器的屏幕上显示一椭圆现象。共振时，$\omega = \omega_n$，$\varphi = \pi/2$，因此，X 轴信号与 Y 轴信号的相位差为零。根据李萨如图形原理知，屏幕上的图像应是一条直线。当 ω 略大于 ω_n 时或略小于 ω_n 时，图像将由直线变为椭圆，其变化过程如图 8.21 所示。因此，图像由椭圆变为直线时的频率就是振动体的固有频率。

③加速度判别共振

测量加速度时，测振仪上所反映的是振动体的加速度信号。将振动加速度信号输入示波器 Y 轴，激振信号输入示波器 X 轴，此时，示波器的 X 轴与 Y 轴的信号分别为：

$$X = F = F_0\sin\omega t$$

$$Y = \frac{d^2y}{dt^2} = -\omega^2 B\sin(\omega t - \varphi) =$$

$$\omega^2 B\sin(\omega t + \pi - \varphi) \quad (8.19)$$

上述信号使示波器的屏幕上显示一椭圆现象。共振时，$\omega = \omega_n$，$\varphi = \pi/2$，因此，X 轴信号与 Y 轴信号的相位差为 $\pi/2$。根据李萨如图形原理知，屏幕上的图像应是一个正椭圆。当 ω 略大于 ω_n 时或略小于 ω_n 时，图像将由正椭圆变为斜椭圆，并且轴所在的象限也将发生变化。其变化过程如图 8.22 所示。因此，图像变为正椭圆时的频率就是振动体的固有频率。

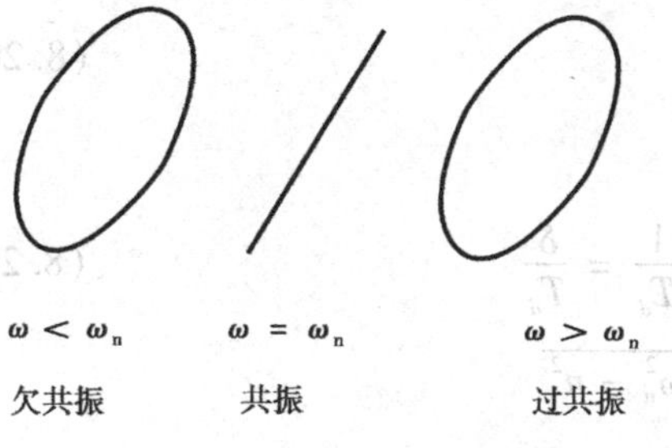

图 8.21 用速度判别共振的李萨如图形

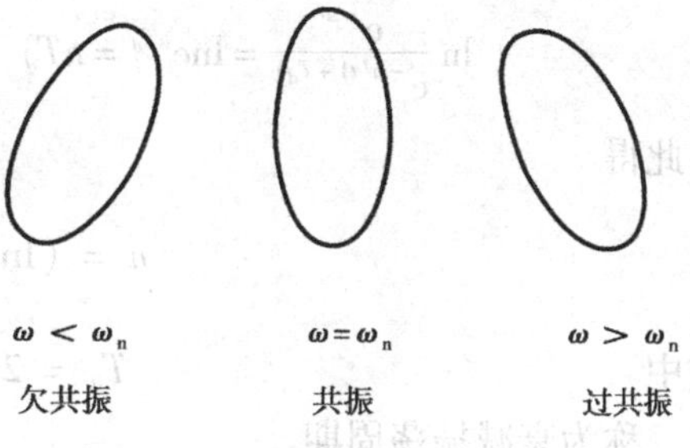

图 8.22 用加速度判别共振的李萨如图形

在现代工程振动测试中，还广泛采用瞬态激振中的锤击法测量机械系统的低阶固有频率，方便快捷，但测量精度稍差。

(3)衰减系数及相对阻尼系数的测定

衰减系数及相对阻尼系数是通过振动系统的某些其他参数进行间接测量的。通常，可用如下三种方法。这些方法，对于多自由度系统也是适用的。

(a)自由振动衰减法

对于一个有阻尼的单自由度系统，其自由振动可用下式来描述：

$$x = Ae^{-nt}\sin(\sqrt{\omega_n^2 - n^2}\, t + a)$$

它的图像如图 8.23 所示。这是一个逐渐衰减的振动，其振幅按指数规律衰减，衰减系数为 n。

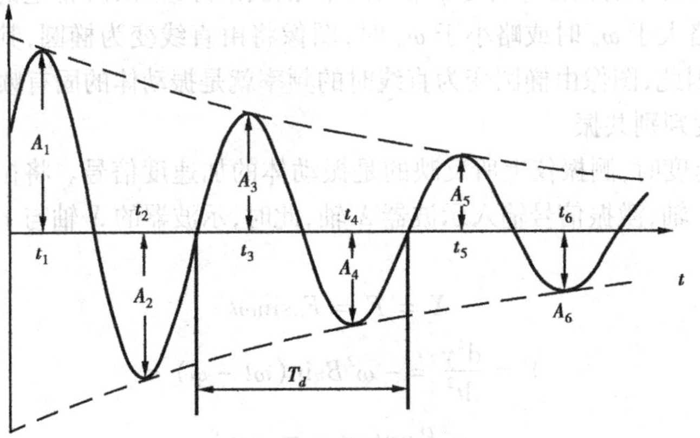

图 8.23　自由振动衰减曲线

在振动理论中，常常用"对数衰减比"来描述其衰减性能，它的定义是两个相邻正波峰幅值比的自然对数值。按照图 8.23 所示的图像，其对数衰减比为

$$\delta = \ln\frac{A_1}{A_3} = \ln\frac{e^{-nt}\sin\sqrt{\omega_n^2 - n^2 t_1 + a)}}{e^{-n(t_1+T_d)}\sin[\sqrt{\omega_n^2 - n^2}(t_1 + T_d) + a]} =$$

$$\ln\frac{e^{-nt}}{e^{-n(t1+T_d)}} = \ln e^{nT_d} = nT_d \tag{8.20a}$$

由此得

$$n = (\ln\frac{A_1}{A_3})\frac{1}{T_d} = \frac{\delta}{T_d} \tag{8.20b}$$

式中
$$T_d = 2\pi\sqrt{\omega_n^2 - n^2}$$

称为衰减振荡周期。

将 T_d 的表达式代入式(8.20a)后得

$$\delta = \frac{2\pi n}{\sqrt{\omega_n^2 - n^2}} = \frac{2\pi n}{\sqrt{1-\zeta^2}} = \frac{2\pi\zeta}{\sqrt{1-\zeta^2}} \tag{8.21a}$$

在 δ 比较小时($\zeta \ll 1$)，$\sqrt{1-\zeta^2} \approx 1$。

因此上式的近似方程可表达为

$$\delta = 2\pi\zeta \tag{8.21b}$$

式(8.21a)和式(8.21b)的关系如图 8.24 所示。由图中可以看出，当相对阻尼系数在 0.3 以下时，可以用式(8.21b)来代替式(8.21a)。这时，$\zeta = \zeta/2\pi$。式(8.20a)表

达了ζ与ζ之间的关系。另外，还有ζ，n和ω_n之间的关系

$$\delta = \frac{n}{\omega_n} \tag{8.22}$$

上述 3 个方程中共有 5 个参数，其中δ和T_d可以通过测量得到，从而其他 3 个参数n，ζ和固有频率ω_n也就可以确定了。

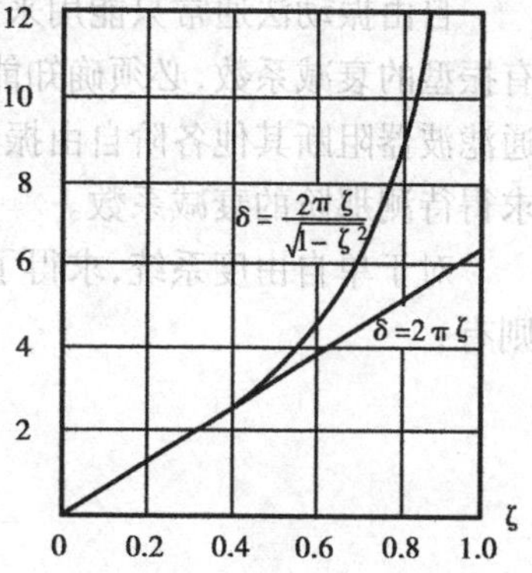

图 8.24　δ与ζ的关系

根据以上分析，我们应这样来进行实验：给予待测系统一个外界干扰，然后立即将干扰撤去，系统便做自由振动，用示波器记录振动衰减过程的波形，便可用上述方法确定衰减系数。

a）由相邻的正峰（或相邻的负峰）幅值比求衰减系数

设实验中记录的波形如图 8.23 所示，有关峰值和时间的符号也在图上作了注明。根据式(8.20a)，n可按下式计算

$$n = \frac{l}{T_d}\ln\frac{A_1}{A_3} = \frac{2}{T_d}\ln\left|\frac{A_1}{A_2}\right| = \frac{2}{T_d}\ln\left|\frac{A_2}{A_3}\right| = \frac{2}{T_d}\ln\left|\frac{A_3}{A_4}\right| = \cdots \tag{8.23}$$

式中　$T_d = t_3 - t_1 = t_1 - t_2 = \cdots$。

b）由相邻的峰-峰之比来计算衰减系数

根据记录曲线要确定波形的中线往往很不容易。为避免这一困难，可用峰-峰值来计算衰减系数，其公式为

$$n = \frac{2}{T_d}\ln\frac{|A_1| + |A_2|}{|A_2| + |A_3|} = \frac{2}{T_d}\ln\frac{|A_2| + |A_3|}{|A_3| + |A_4|} = \cdots \tag{8.24}$$

c）小阻尼情况的使用公式

在阻尼很小时，相邻波峰相差很小，应用式(8.23)或式(8.24)将有很大误差，可用以下公式，即

$$n = \frac{2}{T_d}\ln\frac{|A_1|}{|A_{N+1}|} = \frac{2}{T_d}\ln\frac{|A_K|}{|A_{K+N+1}|} \tag{8.25a}$$

$$n = \frac{2}{T_d}\ln\frac{|A_1| + |A_2|}{|A_{N+1}| + |A_{N+2}|} = \frac{2}{T_d}\ln\frac{|A_K| + |A_{K+1}|}{|A_{K+N}| + |A_{K+N+1}|} \tag{8.25b}$$

在实验中，记录下的无论是位移波形、速度波形或是加速度波形，上述计算方法同样有效。

自由振动法通常只能用来测量第一阶固有振型的衰减系数。如果要测量高阶固有振型的衰减系数,必须确知能激出高阶振型,并确知要测的某阶固有频率。利用带通滤波器阻断其他各阶自由振动信号,只容待测的那一阶通过,然后可用以上方法来求得待测那阶的衰减系数。

对于单自由度系统,求得了衰减系数,就可以用来计算阻尼系数。对于直线振动则有

$$2n = \frac{c}{m} = \frac{cg}{w}$$

$$c = \frac{2w}{g}n$$

式中 w 为质量块的重量;g 为当地的重力加速度。

对于单自由度扭振系统:

$$2n = \frac{c}{I}$$

$$c = 2nI$$

式中 I 为扭振系统对扭转轴的转动惯量。

(b)半功率点法

半功率点法是根据振动系统简谐振动的振幅放大因子来推算衰减系数。仍以单自由度系统为例,来说明这一方法。

在单自由度系统对于简谐力激振的响应关系式中,令

$$\beta\left(\frac{\omega}{\omega_n}\right) = \frac{B}{B_0} = \frac{B}{F_0/k}$$

式中 $B_0 = F_0/k$ 为 $\omega = 0$ 时系统的静位移。β 称为系统的简谐振动振幅放大因子。

放大因子与激振力频率 ω 的关系为

$$\beta\left(\frac{\omega}{\omega_n}\right) = \frac{B}{B_0} = \frac{1}{\sqrt{[1-(\omega/\omega_n)^2]^2 + (2\zeta\omega/\omega_n)^2}} \tag{8.26}$$

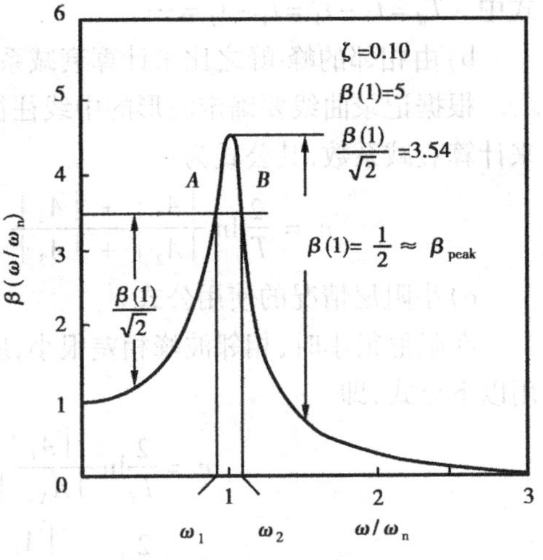

图 8.25 位移放大因子曲线

上式可表为图 8.25 所示的曲线。该曲线上 $\omega/\omega_n = 1$ 处的值为 $\beta(1) = 1/2\zeta$;$\omega/\omega_n = \sqrt{1-2\zeta^2}$,此处的 β 值为

$$\beta_{peak} = \frac{1}{2\zeta\sqrt{1-\zeta^2}}$$

在该曲线上，作一水平线，使其纵坐标为

$$\frac{1}{\sqrt{2}}\beta_{\text{peak}} = \frac{1}{\sqrt{2}}\frac{1}{2\zeta\sqrt{1-\zeta^2}}$$

该水平线与曲线交于 A，B 两点，这两点之间的距离为

$$\frac{\omega_2}{\omega_n} - \frac{\omega_1}{\omega_n} = \frac{\Delta\omega}{\omega_n}$$

则衰减系数可由下式求得

$$n = \frac{1}{2}\Delta\omega \tag{8.27}$$

上式表明，A，B 两点之间的距离等于 2ζ。这样得到的 A，B 两点称为半功率点。利用 A，B 两点的距离来求衰减系数的方法，称为半功率点法。

在实际工作中，可以通过实测得到的位移幅频响应曲线来求取。其方法是：保持激振力幅值不变，由低到高改变激振力的频率，测量结构上某一点在每一频率时的位移幅值，最后由所得数据画出位移幅值频率图。这样得的曲线与图 8.4 完全相似，只是纵坐标的比例因子不同，因此，可以直接用位移响应的幅频曲线按半功率点法求衰减系数 n。

可以证明，当 $\zeta \ll 1$ 的情况下，用速度响应的幅频特性曲线或加速度响应的幅频特性曲线同样可以按半功率点法求衰减系数 n。

需说明的是，在小阻尼情况下，$\Delta\omega$ 的精度很难提高。

(c)共振法

发生速度共振时，位移响应和激振力之间的相位差为 $\pi/2$，此时激振力恰好与阻尼力平衡。这可简单证明如下：

设激振力为 $f = F_0\sin\omega t$，当激振力的频率 ω 与被测振动体的固有频率 ω_n 相等时，力和位移响应分别为

$$f = F_0\sin\omega_n t \tag{8.28}$$

$$x = \frac{F_0}{k}\frac{1}{2\zeta}\sin\left(\omega_n t - \frac{\pi}{2}\right) \tag{8.29}$$

代入微分方程

$$m\ddot{x} + c\dot{x} + kx = f$$

可得

$$m\ddot{x} + kx = \left[-m - \frac{F_0}{k} - \frac{1}{2\zeta}\omega_n^2 + k\frac{F_0}{k}\frac{1}{2\zeta}\right]\sin\left(\omega_n t - \frac{1}{2\pi}\right) = 0$$

$$c\dot{x} = c\omega_n\frac{F_0}{k}\frac{1}{2\zeta}\sin\omega_n t$$

$$c = \sqrt{k/m}\frac{F_0}{k}\frac{1}{2c/c_0}\sin\omega_n t = F_0\sin\omega_n t \tag{8.30}$$

上述结论也可解释为：发生速度共振时，激振力所做的功全部被阻尼所消耗。由式(8.30)可见，发生速度共振时

$$c = \frac{F_0\sin\omega_n t}{\dot{x}} = \frac{F_0\sin\omega_n t}{\omega_n B\sin\omega_n t} = \frac{F_0}{\omega_n B} \tag{8.31}$$

式中 B 为位移响应幅值。因此，只要测量发生速度共振时的速度幅值和激振力幅值，即可通过式(8.31)计算出阻尼 c。

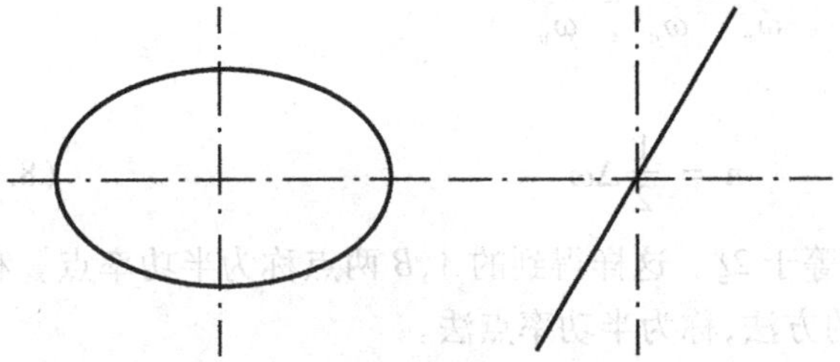

(a)力-位移图像　(b)力-速度图像

图 8.26　用共振法测阻尼的图像

也可以利用示波器显示力-位移椭圆来进行阻尼测量。将力的信号接到示波器的纵轴，而将位移响应接到横轴，速度共振时，将显示正椭圆，如图 8.26(a)所示。该椭圆与纵轴的交点坐标即为 F_0，与横轴交点的坐标即为位移幅值。若接入横轴的是速度信号，则示波器上显示斜直线，如图 8.26(b)所示。阻尼 c 则等于该直线的斜率。

用上述方法测出阻尼 c，仍然是一种有前提的推算结果，这一前提即为粘滞阻尼假设。实际测量时，有时不能得到很好的正椭圆，这就说明粘性阻尼的假设不完全符合实际。假如这时得到了如图 8.27 所示的曲线，可以用如下的方法来确定其等效粘滞阻尼：使待确定的等效粘滞阻尼 c_e 所引起的每一振动周期的能量损失与测量得到的力-位移图所确定的每周能量损失相等。换句话说，可以作一个正椭圆，如图中虚线所示，并使此虚线椭圆，所包含的面积与实际测量所得的力-位移曲线所包围的面积相等。注意使虚线椭圆的长半轴与实际曲线的最大位移 B 相等。此时，等效作用力幅值由下式给出

$$F_0 = S_D/\pi B \tag{8.32}$$

式中 S_D 为实际力-位移曲线所围的面积，即每周的能量损失。

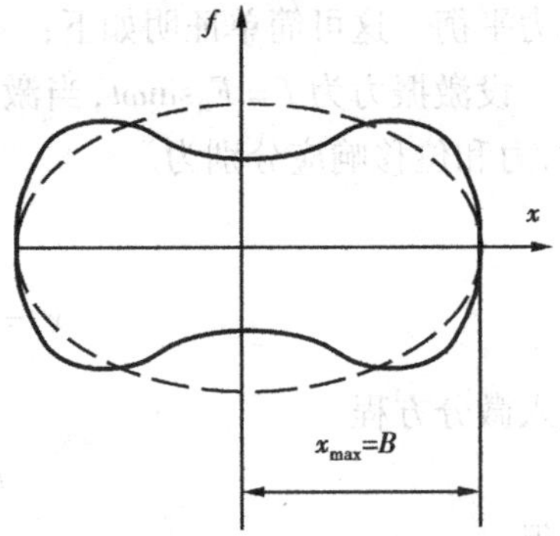

图 8.27　等效粘滞阻尼的求法

将该式代入式(8.31)即得等效粘滞阻尼为

$$c_e = \frac{S_D}{\pi\omega_n B^2} \tag{8.33}$$

8.3.2 机械阻抗的测量

机械阻抗的测量,要求测出在一定频率范围之内的激振力与响应两组数据(包括幅值和相位差)。可以设想,把这一频率范围分为 n 个离散点,如果用其中的某一个频率 ω_i 给一个激振力 $f_i = Fi\sin\omega_i t$,测得系统的稳态响应 $x_i = X_i\sin(\omega_i t - \phi_i)$,那么,就可算得该频率的阻抗 $Z(\omega_i)$,包括它的幅值——$|F_i/X_i|$和它的相角——ϕ_i。改变频率重复这种测量直到求得所有的 $Z(\omega_i)$,则可得到一组机械阻抗的离散值。当分点无限增加时,由这些离散点数据就可画出幅频曲线和相频曲线。

但是,上述测量方法存在两个问题:一是测量速度太慢,为了提高测量速度,要求激振和测量都能自动化。而且,由于机械系统的动态特性在很大范围内变化,所有的测量仪器及设备都应具有很宽的频响特性。二是如何排除信号干扰问题。为了使响应信号真正是由激励信号产生的,要求有很好的滤波技术。

随着电子技术、计算机技术的发展和快速傅里叶分析技术的应用,现在已发展了许多测量机械阻抗的方法。下面介绍最基本的一种。

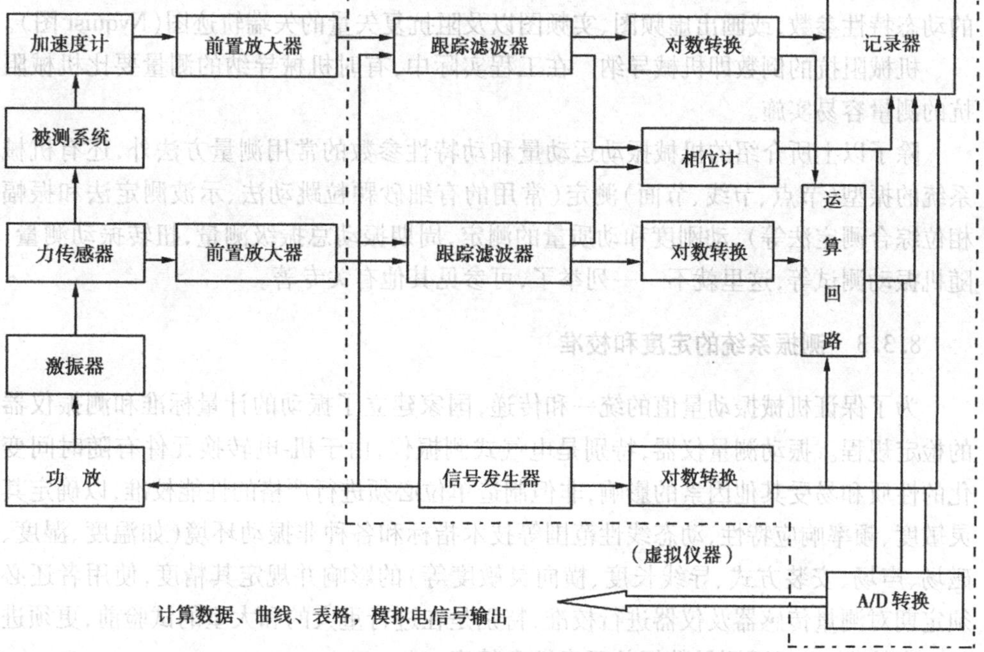

图 8.28 机械阻抗测量系统框图

图 8.28 是测量系统及其工作过程方框图,系统的工作过程大致如下:

扫描信号发生器产生正弦信号,经过功率放大器、激振器后激励被测系统。利用装在激振器顶部的力传感器及被测系统上的加速度计,获得力和加速度信号,经过前置放大后送入跟踪滤波器，滤去信号中的噪声分量，仅仅取出同激振频率一致的信号。经滤波后的两个信号，再经过对数转化器、运算回路，就可得到机械阻抗的幅值。如果要得到加速度阻抗，在运算器中只要进行一次减法运算就可以了，因为

$$\lg\left|\frac{F}{A}\right| = \lg|F| - \lg|A|$$

要得到速度阻抗时，应做以下运算

$$\lg\left|\frac{F}{V}\right| = \lg|F| - \lg|V| = \lg|F| - (\lg|A| - \lg\omega) = \lg|F| - \lg|A| + \lg\omega$$

要得到位移阻抗，也只需要做加减运算

$$\lg\left|\frac{F}{X}\right| = \lg|F| - \lg|X| = \lg|F| - (\lg|A| - 2\lg\omega) = \lg|F| - \lg|A| + 2\lg\omega$$

减量滤波后同一频率的两个信号的相位差，便得到阻抗的幅角 ϕ。

阻抗的幅值与幅角可以通过记录器记录或直接画成幅频图（采用双对数坐标标尺）及相频图（ω 采用对数标尺，ϕ 采用线性标尺）。

上述测量值经模数转换后可送入计算机或直接由虚拟仪器进行分析，得到系统的动态特性参数，或画出虚频图、实频图以及阻抗复矢量的矢端轨迹图（Nyquist 图）。

机械阻抗的倒数即机械导纳。在工程实际中，有时机械导纳的测量要比机械阻抗的测量容易实施。

除了以上所介绍的机械振动运动量和动特性参数的常用测量方法外，还有机械系统的振型（节点、节线、节面）测定（常用的有细砂颗粒跳动法、示波测定法和振幅相位综合测定法等），动刚度和动质量的测定，周期振动总振级测量，扭转振动测量，随机振动测试等，这里就不一一列举了，可参见其他有关专著。

8.3.3 测振系统的定度和校准

为了保证机械振动量值的统一和传递，国家建立了振动的计量标准和测振仪器的检定规程。振动测量仪器，特别是电气式测振仪，由于机-电转换元件有随时间变化的性质和易受其他因素的影响，非但制造单位必须进行严格的性能校准，以确定其灵敏度、频率响应特性、动态线性范围等技术指标和各种非振动环境（如温度、湿度、磁场、声场、安装方式、导线长度、横向灵敏度等）的影响并规定其精度，使用者还必须定期对测量传感器及仪器进行校准，特别是在进行重大的和大型的试验前，更须进行一次校准，以保证测量数据的可靠性和精度。

对于由许多通用电子放大、记录、分析仪器组成的测振系统，校准主要是对测振传感器及其匹配的前置放大器而言，所用电子仪器则可按电子仪器的检定方法进行校准。

测振仪性能的全面校准只在制造单位或研究部门进行，使用单位一般只校准其

灵敏度、频率特性和动态线性范围。

由许多测试仪器组成的一套测试装置,可用两种方法来确定整个装置的灵敏度。其一,根据各个组成部分灵敏度计算总灵敏度,其二,直接校准总灵敏度。进行重要试验时,采用后一种方法较好。

校准测振仪的方法很多,但从计量标准和基准传递的角度来看,可分成两类,一类是复现振动量值最高基准的绝对法,另一类是以绝对法校准的标准测振仪作为二等标准,用比较法校准工作测振仪和传感器。

(1)绝对校准法

绝对校准法是将被校准的传感器置于精密的振动台上承受振动,通过直接测量振动的振幅、频率和传感器的输出电量来确定传感器的特性参数。

绝对校准法有两种,即振动标准装置法和互易法。目前振动标准装置法运用得最多。振动标准装置法又有激光干涉校准法、重力加速度法和共振梁法等多种。

1)激光干涉校准法

激光干涉校准法的原理是将被校准的测振装置安装在一个能产生正弦振动的标准振动台上,用激光干涉仪等手段测出振动台的振动频率和振幅,此法用于校准测振装置的机械输入量。被校测振装置的输出量可通过相应的电气测量系统获得,从而可计算出其灵敏度或其他特性参数。如校准一只加速度传感器的灵敏度,它的机械输入量是加速度 a

$$a = (2\pi f)^2 A\sin(2\pi ft) \tag{8.34}$$

式中 f 和 A 分别为振动台的振动频率和振幅。传感器的电压输出量为

$$e = \sin(2\pi ft + \varphi) \tag{8.35}$$

式中 e——电压幅值(mV);

φ——输出与输入之间的相位差(通常在计算灵敏度时不予考虑)。

这时加速度传感器的灵敏度为

$$S_a = \frac{e}{(2\pi f)^2 A}[\text{mV}/(\text{mm/s}^2)] = \frac{e \times 980}{(2\pi f)^2 A}(\text{mV/g}) \tag{8.36}$$

激光干涉校准装置如图8.29所示,它由激光测振仪、标准振动台与测试仪器等部分组成。被校传感器安装在振动台面上,测量镜贴在它的旁边。振动台由信号发生器和功率放大器驱动,振动频率由频率计数器读出。振动台的振幅 A 由激光干涉仪测出,条纹计数器显示。被校传感器的输出电压经前置放大器放大后由精密数字电压表读出。双线示波器用来监视振动波形和调整光信号的幅度。

由于激光干涉仪是一种非常灵敏的仪器,它不但能测出微小的振幅,而且能感受极微弱的外界干扰。因此振动台、干涉仪与地面均须采取良好的隔振措施。

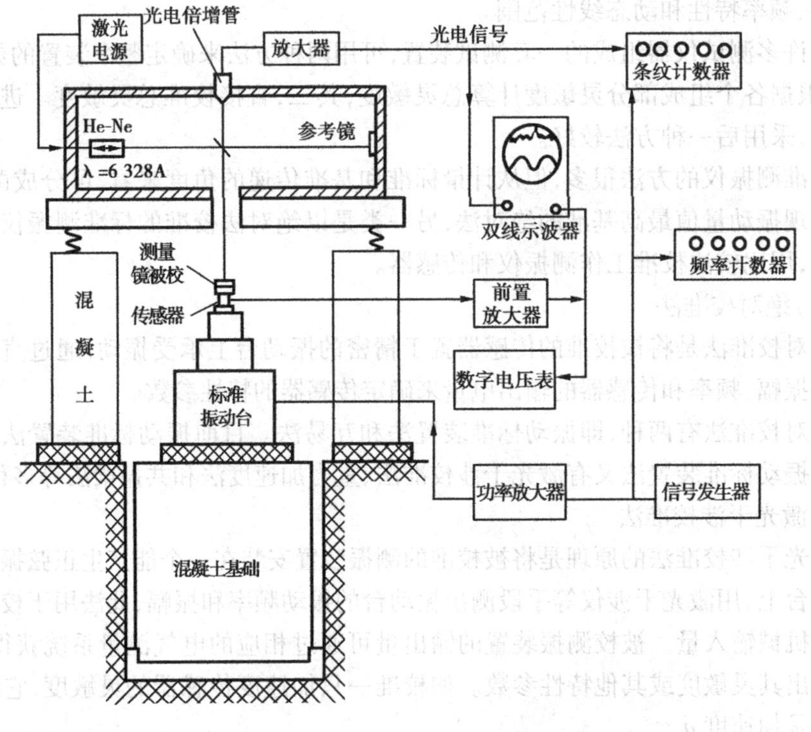

图 8.29　激光干涉校准装置框图

2)重力加速度校准法

这是利用重力加速度 g 作基准量校准加速度计灵敏度的方法。其原理是把物体放在振动台面上,当台面的振动加速度稍超过重力加速度时,则在振动台向下半周振动时,物体就会与振动台脱离,因而引起撞击,使加速度传感器输出信号的波形上,叠加有高次谐波的毛刺现象,如图 8.30(a)所示。当波形显示有微小毛刺时,加速度值约为 1.01 ~1.04g,它可以作为台面加速度峰值达到一个 g 值的识别标志。

这种方法常用的装置有两种。一种如图 8.30(b)所示。它是专用的具有一个 g 的振动台。台面内放着一个可以上下自由活动的钢球 2,标准台由电磁激振器 6 激振,通过弹簧刚度调节器 5 调节钢带弹簧 1 的张紧度,同时调整激振电流,则可使台面达到加速度为一个 g 的振动。另一种是如图 8.30(c)所示的专用的具有一个 g 的传感器,其内腔中放置着一个可以自由活动的圆球,当它达到一个 g 的振动时,圆球就开始发生撞击,可由示波器上的波形所显示出的微小毛刺来识别。

这种方法装置简单,使用方便,精度在 5% ~10%,但仅限于一个 g 值的标准,常做成小型携带式装置,供现场测试校准用。

3)共振梁校准法

在校准测量大加速度的加速度传感器时,为得到大的加速度值,需要大功率的激

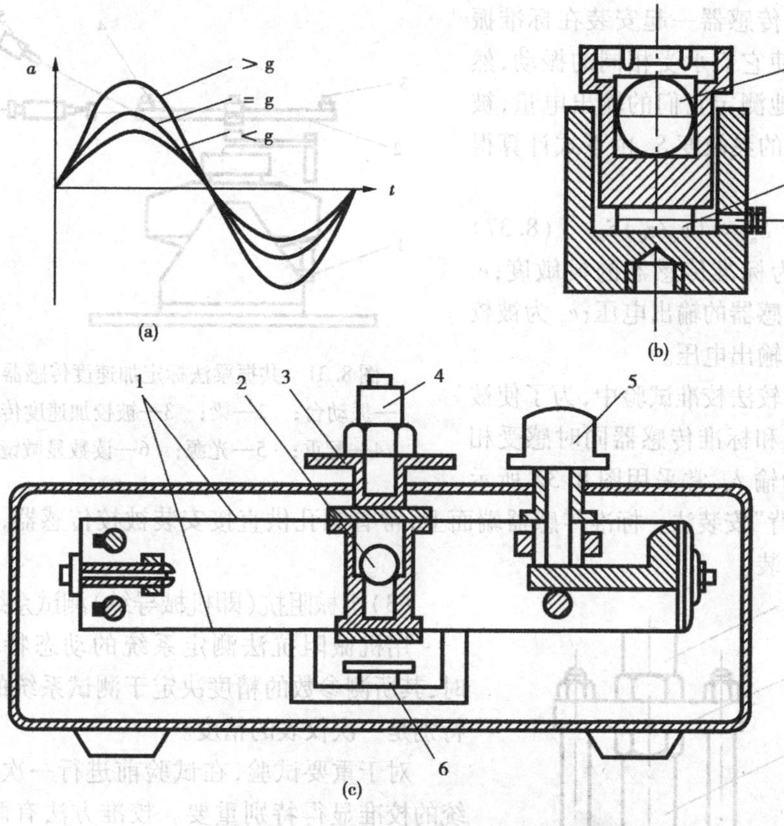

图 8.30　重力加速度校准法

(a)达到一个 g 值的波形标志;(b)专用一个 g 振动台;(c)专用一个 g 传感器;

1—带弹簧;2—钢球;3—台面;4—被校加速度传感器;5—弹簧刚度调节器;

6—电磁激振器;7—青铜球或不锈钢球;8—压电片

振系统。若利用这种激振系统是不经济或不可能时,可采用共振梁激振系统(图 8.31)。被校加速度传感器 3 装在梁 2 的一端,梁的另一端加上相应的配重 4,组成一个质量-阻尼-弹簧振动系统。将此系统用一般振动台 1 激振。当激振频率与梁的系统的固有振动频率重合时,梁便产生大幅度的共振,这时振动台所耗的能量仅为供给系统阻尼所消耗的能量。采用优质弹簧钢制成的梁可以达到数千 g 的加速度。

这种方法仅限于某一频率,如需在不同频率下标定时,则可采用尺寸不同或固有频率可调节的共振梁,其频率用频率计测量。

由于这种方法产生的振幅很大,因此可用光学读数显微镜 6 进行振幅测量。为防止振动台的重心偏移而影响正常运行,故采用了对称配重装置。

(2)比较校准法

比较校准法,是将被校准的传感器与标准传感器相比较。校准时,将被校准传感器和标准传感器一起安装在标准振动台上，使它们承受相同的振动，然后，精确地测定它们的输出电量，被校传感器的灵敏度 S_a 由下式计算得到：

$$S_a = (e_a/e_0)S_{a0} \quad (8.37)$$

式中 S_{a0} 为标准传感器的灵敏度；e_0 为标准传感器的输出电压；e_a 为被校传感器的输出电压。

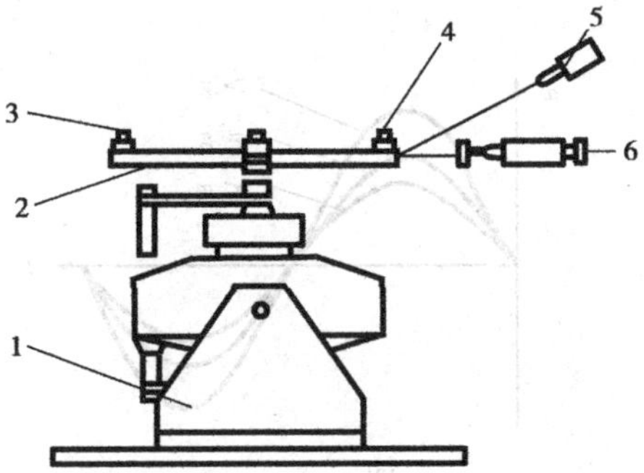

图 8.31　共振梁法标定加速度传感器

1—振动台；　2—梁；　3—被校加速度传感器；　4—配重；　5—光源；　6—读数显微镜

在比较法校准试验中，为了使被校传感器和标准传感器同时感受相同的振动输入，常采用图 8.32 所示的“背靠背”安装法。标准传感器端面上，常有螺孔供直接安装被校传感器，或用刚性支架安装。

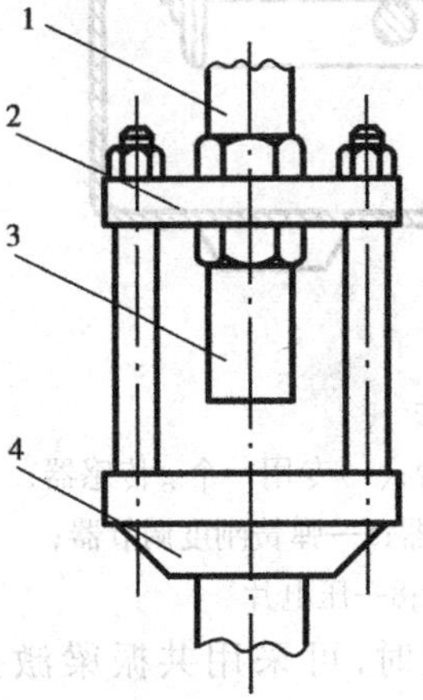

图 8.32　“背靠背”比较法校准装置

1—被校传感器；2—支架；

3—标准传感器；4—标准振动

(3)机械阻抗(即机械导纳)测试系统的校准

用机械阻抗法测定系统的动态特性参数时，其所测参数的精度决定于测试系统的精度，特别是一次仪表的精度。

对于重要试验，在试验前进行一次测量系统的校准显得特别重要。校准方法有两种，一是对测量系统分段校准，二是对整个测量分析系统校准。

如果分析仪的精度已经确定，常采用分段校准法。机械阻抗试验中，我们最关心的是两个量之比——加速度和力之比。加速度传感器的性能参数由上述方法确定。然后将激振器 1、柔性杆 3、含有力传感器和加速传感器的阻抗头 5、标准质量块 6 以及连接螺母 2 和 4 构成如图 8.33 所示的校准系统，将标准质量块作为标准试件，用激振器激振质量块，测量其加速度值。再根据激振力 $F=ma$ 的关系式确定测力传感器的性能参数。

为了避免校准时其他外来干扰，一般将质量块和激振器用软弹簧悬挂起来，如图 8.33 所示。如果是校准阻抗头，还要对阻抗头进行质量消除。此种校准方法，不仅校准了传感器，而且也校准了放大器，整个系统的校准法应以分段校准法为前提条件来进行。否则，传感器及其测振仪部分的精度也无法确定。

8.3.4 测试方案制定和测试系统的选择

(1)测试方案的制定

为了保证测试任务顺利而有秩序地进行,每次测试之前必须详细地制定测试方案。制定测试方案的主要内容及大致步骤如下:

1)根据所要研究、解决问题的性质与要求,确定测试的详细内容和测试方法,选定测试条件:是现场实测(监测),还是在实验室做实物或模型模拟试验。如做模型模拟试验,还要进一步合理地设计模型,以及有关的辅助装置。

2)根据所测对象的情况(如尺寸、质量和频率等)选择合适的激振设备及其配套的仪器,选定激振点的位置,并考虑试件或激振器安装的方式(弹性支承或刚性固紧)、夹具和激振推力杆的传递特性等,最后确定激振方案(单点或多点激振)。

3)根据测量的要求,确定测点数目和位置分布。估计各测点上的振动类型、频率范围、振级和环境条件。选用合适的传感器及配套的电子仪器。考虑传感器的安装方式及其质量对振动的影响。

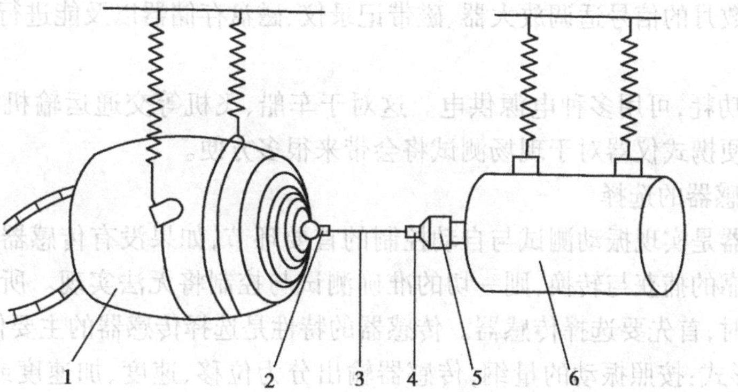

图 8.33 机械阻抗测量系统校准

1—激振器;2—连接螺母;3—柔性杆;

4—连接螺母;5—阻抗头;6—质量块

4)根据分析研究或监测的要求,确定测试系统,选用合适的分析记录仪器,做好测量记录准备工作。如对环境温度、电源参数、仪器型号、通道号、衰减挡等都必须进行详细的记录,否则将影响对测试结果的分析。因为有些现场实测由于条件限制,若记录不全则很难补测,做好全面记录是顺利完成测试工作的重要一环。

5)最后确定整个测试方案及绘制框图,标明仪器型号和规格;对整个测量系统(包括电缆)进行校准和标定。

(2)测试系统的选择

要完成测试(或监测)任务,就应该对包括传感器、放大器、显示、记录、分析仪在内的整套系统作全面、综合的考虑。

对测试(或监测)系统的要求将因任务不同而不同,但从总体方面考虑应注意下述几点:

1)性能稳定可靠,若性能不稳定,就失去了使用价值。所以一定要求测试系统各个环节都具有时间稳定性。

2)足够的测试精度,能适应恶劣环境。如耐高温、低温;抗振动、冲击;防有害气体、灰尘、水汽侵蚀等。

3)足够的动态特性,这是对某些单次快速变化信号测量时非常必要的条件。抗干扰能力强,如抗电磁场干扰,抗外界电火花干扰等。

4)多功能。除了只用于某种监测的专用系统外,对一般测试系统最好只要作部分更换就可适应不同的测量目的要求。

5)实际处理功能。大量的数据,有时需要在现场进行处理,以便及时判断被研究过程的性能。这要由专用或通用的虚拟式仪器和微机来实现。

6)能长期存储被测数据,如配备软盘驱动器、磁带记录器、打印机等;具有较大的记录容量,如对系统的监测信号需连续长时间地观测、记录。这就需配置可长时间连续工作数月的信号适调放大器、磁带记录仪、磁盘存储器以及能进行长期监测的记录仪表。

7)低功耗,可用多种电源供电。这对于车船、飞机等交通运输机械是非常重要的。当然便携式仪器对于现场测试将会带来很多方便。

A. 传感器的选择

传感器是实现振动测试与自动控制的首要环节,如果没有传感器对原始信号进行准确可靠的捕获与转换,则一切的准确测试与控制将无法实现。所以在制定一项测试方案时,首先要选择传感器。传感器的特性是选择传感器的主要依据。

(a)形式:按照振动的量纲,传感器输出分为位移、速度、加速度或角位移、角速度、角加速度以及力等。

(b)方向:按照响应运动的种类,传感器分为一个方向的直线运动、三个方向的直线运动或角运动等。而对于无阻尼或阻尼很小且固有频率很低的传感器(通常在10Hz以下),因重力引起的质量块的下垂量较大,往往仅用于某种特定的安装状态。在这种情况下,要弄清垂直、水平等以及可能使用的方向。

(c)安装方法:分为用螺丝、粘贴或手持压紧等方式。

(d)传感器的尺寸和质量:传感的外形尺寸通过简图可知,而质量是评价传感器给予测量对象的负荷效应的重要因素。

(e)电缆:弄清所用电缆的种类、长度、质量、屏蔽、连接方式等。必要时,须弄清电缆的电容、阻抗以及受机械冲击时的影响等。

(f)辅助装置:除了电特性之外,还要弄清辅助装置的大小、质量。尤其是安放在飞机、车辆等设备上的装置。辅助装置要小型轻量。

(g)最大运动的界限:传感器能安全工作时的最大运动,即按指定精度可能测量的界限,或超过限幅装置给定值(运动范围)的界限,以及传感器损伤的界限等。

(h)最小运动界限:传感器可能测量的最小运动。

(i)灵敏度、横向灵敏度、频率范围、相位特性、使用温度限制、抗电磁干扰的特性等都需作详细的了解,才能正确地选择应用。

B. 信号放大器的选择

这里只从基本方面对信号放大(调节)器提出总的要求。因信号放大器种类繁多,使用条件差别甚大,对不同使用条件还有许多特殊的要求,需要时可查阅专门资料,这里不再赘述。

信号放大器的基本选择主要应注意以下几点:

(a)输入特性:信号输入方式有单端输入和差动输入两种方式,单端输入为一端输入传感器信号而另一端接地。差动方式为两端均接传感器信号,而无接地输入方式。信号输入藕合方式分直流藕合和交流藕合两种,输入阻抗亦有高阻和低阻两种。最大允许输入值、输入电压均受上限限制,以免损坏前置输入级或使仪器过载。

(b)放大特性:增益范围通常以电压放大倍数或以分贝值表示。带宽一般以幅频特性的平稳段或 ±3dB 点的频率点来表示。线性度是看放大器输入信号与输出信号间所呈线性关系如何。增益的稳定性要求放大器长时间工作时,能够保持固有增益。

(c)输出特性:信号放大器额定输出电压应能满足显示、记录设备的要求。额定输出电流,反映了仪器带负载的能力。推动光线示波器振子,则要求配接的放大器输出电流不小于 10mA。信号放大(调节)器的输出阻抗,应能与显示、记录设备匹配。输出的稳定性,常以多次输入同一信号测量输出值,计算输出值的标准偏差,以表征仪器的精度。

(d)其他特性:信噪比,通常以 dB 表示,或换算折合到输入端允许的噪声电压。增益的温度系数,是指放大器增益受温度影响面变化的程度。在电荷放大器中,则为放大器灵敏度温度系数。

C. 记录器的选择

选择记录器的目的在于准确可靠地记录被测信号。因此,必须根据被记录信号的特点来选择记录、显示仪表。即:

(a)频率:冲击波压力变化前沿为微秒级,这时就应选择高速瞬态波形记录仪或带扫描变换器的波形记录器(存储示波器)、记忆示波器。低频振动的测量,则可选用盒式磁带模拟数据记录仪;如果在车船、飞机等移动物体上测量,还应综合考虑,如配置直流电源等。

(b)信号持续时间:瞬变信号持续时间短。超低频信号持续时间长。若信号持续时间长而变化又较快时,则应选用大容量的瞬态记录仪、DR 方式磁带记录器等。

(c)信号的幅度、内阻及输出功率:对微弱信号,要求记录仪具有足够的分辨率。

电子示波器瞬态记录仪、磁带记录仪、记忆示波器等具有高输入阻抗，对信号适应能力较强，既可记录具有一定输出电平的微弱信号，也可记录较大的信号。光线示波器，要求被记录信号输出内阻小，能提供一定的功率输出以驱动振子，因此，它不宜用来与只有电压输出而电流输出甚小的信号放大器连用。

(d)信号通道数：在进行大型结构试验或多点监测时，测量点数有时上百点。这时应考虑多点记录仪，如多线光线示波器、多点磁带机、多路瞬态记录仪等。在许多情况下需选用多台数据记录仪器联合记录，也可采用自动巡检装置将信号直接输入虚拟仪器或计算机。

(e)记录精度：用瞬态记录仪和磁带数据记录仪，所记录的信号可以重放，可以送入数据处理设备进行数据处理，其精度高、使用方便，在现代测试技术中被广泛应用。

8.3.5 振动测试应用实例

作为动态测试技术中最基本、最重要之一的振动测试，广泛应用在有关工程和机械行业的现代设计、产品质量检测、设备现代化管理等方面。

下面简要介绍一个振动测试技术在机械产品研制开发中所起重要作用的典型实例——GW 型振动筛的成功开发，如图 8.34 所示。

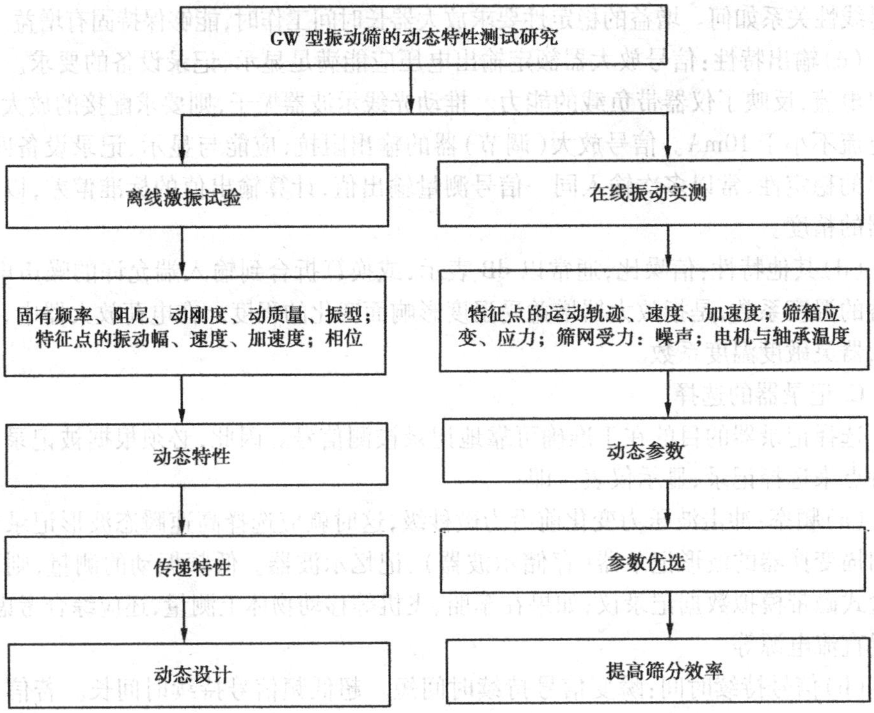

图 8.34　GW 型振动筛动态测试

“GW”型振动筛的研制开发采用了现代动态分析设计方法。其中振动测试技术起了极为重要的作用。除了在GW型振动筛现代动态分析设计各部件和总体的建模过程中，需要对模拟筛和样机进行振动测试外，还需要通过对样机或实型机的振动测试，取得必要的有关数据，以便给产品的设计提供试验依据。同时，通过实测以验证理论分析的准确性，以便进一步修改提高设计的精确度和可靠性。只有通过二者紧密结合，相互补充，才能研制设计出高质量、高水平的新产品。

8.4 振动实验装置简介

掌握振动测试技术，除了要有必要的理论知识作为基础外，更需要通过实践学习一些必要的基本振动量测量分析方法，以便在今后工程实际中能进行正确的振动测量与试验工作。为此，这里以ZK—3VIC型虚拟测试振动与控制实验装置为例介绍有关的振动实验装置，以利于学习巩固和深化本章的理论知识和测试技术。

8.4.1 实验装置的目的

这里介绍的ZK—3VIC型虚拟测试振动与控制实验装置是根据“理论力学”、“机械振动学”“机床动力学”、“结构力学”、“振动与噪声控制”、“测试技术”等课程教学大纲的要求研制而成的。主要适用于大专院校上述课程和其他相关课程中有关机械振动及振动控制的教学实验。该装置已被大专院校广泛采用。

本实验装置主要可以完成以下21个教学实验：

1）ZK—3VIC型虚拟测试振动与控制实验装置的组成与使用方法；

2）用“李萨如图形法”测量简谐振动的频率；

3）用“傅里叶变换法”测量简谐振动的频率；

4）简谐振动幅值测量；

5）机械振动系统固有频率的测量；

6）单自由度系统模型参数的测定；

7）用“李萨如图形法”测量单自由度系统的固有频率；

8）单自由度系统强迫振动的幅频特性、固有频率及阻尼比的测量；

9）单自由度系统自由衰减振动及固有频率、阻尼比的测量；

10）二自由度系统各阶固有频率及主振型的测量；

11）多自由度系统各阶固有频率及主振型的测量；

12）简支梁各阶固有频率及主振型的测量；

13）连续弹性体悬臂梁各阶固有频率及主振型的测量；

14）圆板各阶固有频率及主振型的测量；

15）拍振实验；

16)主动隔振实验;

17)被动隔振实验;

18)油阻尼减振器减振实验;

19)单式动力吸振器吸振实验;

20)复式动力吸振器吸振实验;

21)振动信号的 FFT 分析(时域、幅值域和频域分析)

8.4.2 实验装置的组成

本实验装置(图 8.35)主要包括以下 4 个部分:

(1)振动系统模型

有 5 种振动系统模型:

①单自由度系统模型:将弹簧钢板的两端分别用固定铰和活动铰联接于左、右支座顶部,成为一简支梁(作为弹簧),简支梁的中部固定一集中质量(或一台电机),构成一个近似的单自由度系统模型。装配时要保证弹簧钢板两端平行,各联接螺钉必须拧紧。

②二(三)自由度系统模型:在张紧的钢丝上固定二(三)个金属质量块而形成。钢丝左端固定于左圆支柱,右端跨过右圆支柱上的滑轮与质量相连以保持张力不变。

③悬臂梁模型:将矩形等截面弹簧钢片的一端固定于右支座而成。

④简支梁模型:将单自由度系统模型上的集中质量(或偏心电机)取下,便可得到简支梁模型。

⑤薄壁圆板模型:用螺帽将一薄壁圆形钢板的圆心紧固于左支座顶部,作为中心固定、周边自由的薄壁圆板模型。

(2)激振系统

激振系统包括电动式激振器、非接触式激振器、偏心电机、调压器和 SJF—3 型激振信号源。

电动式激振器和非接触式激振器与激振信号源的功率输出端相连。通过调整信号源的输出频率与输出功率来改变激振力的频率与幅值大小。

偏心电机与调压器输出端相连,调压器输入端与电源相连。偏心电机工作时,轴上偏心质量的惯性离心力在铅垂方向是一正弦激振力。通过改变调压器的输出电压来改变偏心电机的转速,从而改变激振频率。

单自由度系统和简支梁用电动式激振器激振。二(三)自由度系统、悬臂梁和薄壁圆板用非接触式激振器激振。拍振实验用电动式激振器与偏心电机激振。主动隔振实验用偏心电机激振。被动隔振实验用电动式激振器激振。

(3)振动测量系统

振动测量系统包括磁电式速度传感器和 SCZ2—3 型测振仪。

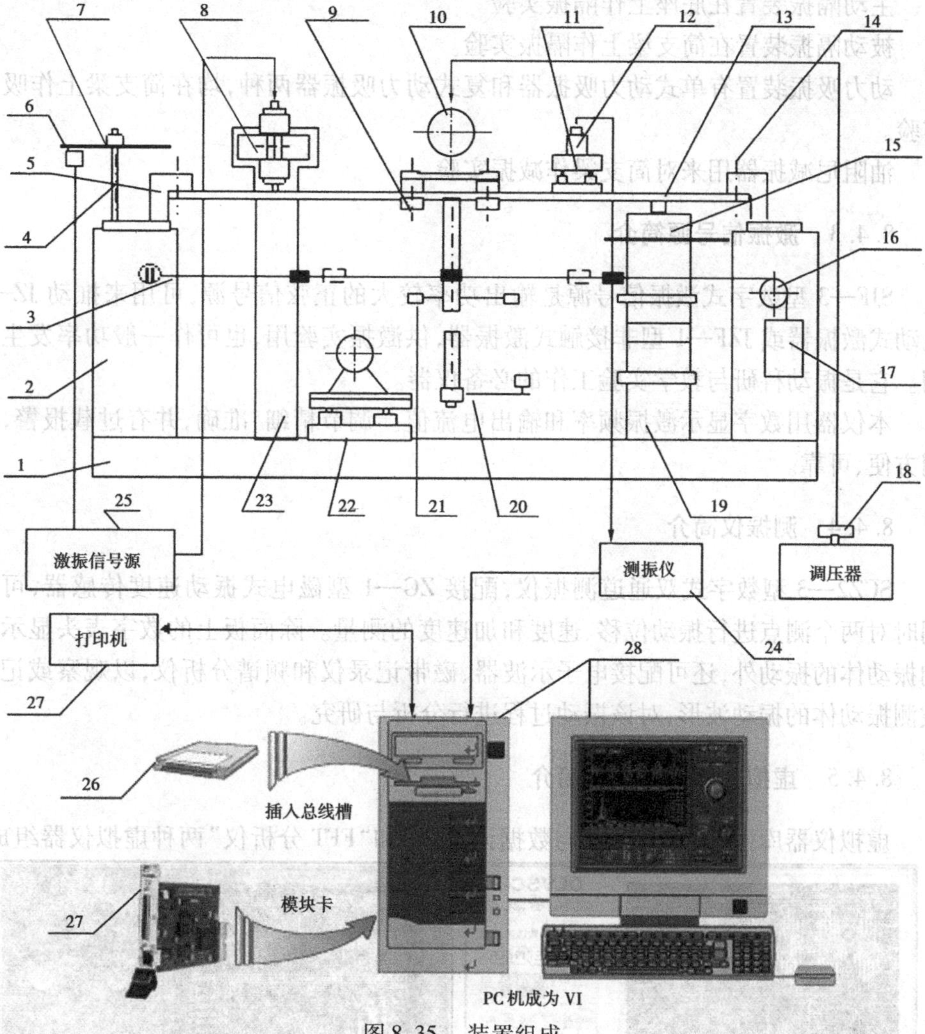

图8.35 装置组成

1—底座;2—支座;3—二(三)自由度系统;4—薄壁圆盘支承螺杆;5—固定铰;6—非接触式激振器;7—薄壁圆盘;8—电动式激振器;9—电机压板;10—偏心电机;11—被动隔振系统;12—磁电式速度传感器;13—简支梁;14—活动铰;15—悬臂梁;16—圆支柱;17—质量;18—调压器;19—油阻尼减振器;20—单式动力吸振器;21—复式动力吸振器;22—主动隔振系统;23—电动式激振器支座;24—SCZ2—3型测振仪;25—SJF—3型激振信号源;26—虚拟测试仪器库;27—数据采集(A/D)卡;28 —微计算机

传感器利用本身的磁性固定于测点,并与测振仪的输入端相连。SCZ2—3型测振仪用数字显示测点的振动位移 X、速度 V、加速度 A,其输出端可接示波器或分析仪。

(4)减振系统

减振系统包括主动隔振、被动隔振、动力吸振与阻尼减振装置。

主动隔振装置在底座上作隔振实验。

被动隔振装置在简支梁上作隔振实验。

动力吸振装置有单式动力吸振器和复式动力吸振器两种，均在简支梁上作吸振实验。

油阻尼减振器用来对简支梁作减振实验。

8.4.3 激振信号源简介

SJF—3 型数字式激振信号源是输出功率较大的正弦信号源，可用来推动 JZ—1 电动式激振器或 JZF—1 型非接触式激振器，供激振实验用，也可作一般功率发生器用。它是振动科研与教学实验工作的必备仪器。

本仪器用数字显示激振频率和输出电流值。调节精细、准确，并有过载报警，使用方便、可靠。

8.4.4 测振仪简介

SCZ2—3 型数字式双通道测振仪，配接 ZG—1 型磁电式振动速度传感器，可以同时对两个测点进行振动位移、速度和加速度的测量。除面板上的数字表头显示被测振动体的振动外，还可配接电子示波器、磁带记录仪和频谱分析仪，以观察或记录被测振动体的振动波形，对该振动过程进行分析与研究。

8.4.5 虚拟式测试仪器库简介

虚拟仪器库由“波形显示器与数据记录仪”和“FFT 分析仪”两种虚拟仪器组成，

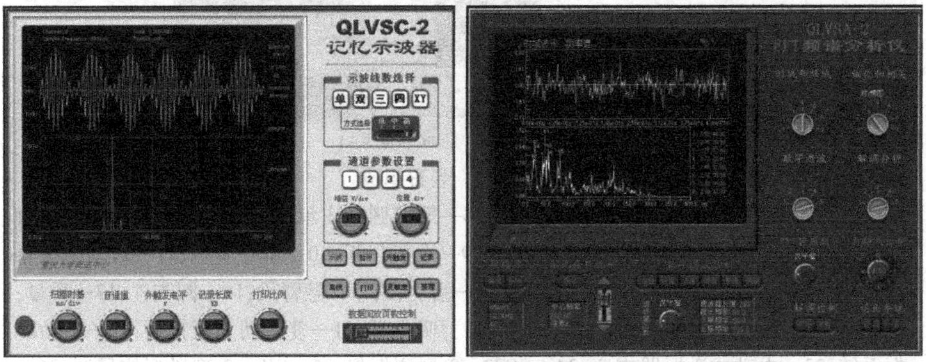

图 8.36 虚拟测试仪器库的组成

如图 8.36 所示。图中 QLVSC—2 型波形显示器与数据记录仪主要完成波形显示、数据记录和数据回放功能。波形显示分单线、双线、三线、四线和 X-Y 五种示波线数。对于单线示波，根据扫描时基的大小（采样频率的高低）分高频、中频和低频三种显示方式。操作“示波线数据选择”按钮，可进行线数选择；操作“方式选择”开关，可进行高、中、低显示方式选择。

QLVSA—2 型 FFT 频谱分析仪主要用于固有频率测量和振动信号的时域、频域和相关分析。本仪器具有非常丰富的测试分析功能，其使用方法请参阅“QLV 型多功能虚拟式信号分析仪器库”操作手册。

习 题

8.1 拟用固有频率$f_n = 100Hz$，阻尼比$\zeta = 0.7$的惯性式测振装置（题图 8.1）测频率为$f = 45Hz$的加速度时，其振幅误差为多少？又，若用此装置所记录频率为5Hz之振动位移的振幅范围为±0.1mm，则可测试的最大加速度为多少？

8.2 如果有两只惯性式测振传感器，其固有角频率和阻尼率分别为$\omega_{n1} = 250rad/s$，$\zeta_1 = 0.5$；$\omega_{n2} = 100rad/s$，$\zeta_2 = 0.6$，现在要测量转速为$n = 3\ 500r/min$电机的简谐振动位移，应当选用哪只传感器？为什么？

8.3 应变式加速度传感器如题图 8.3 所示。加在弹簧悬臂上的质量$m = 1.25kg$，弹簧悬臂具有均匀的矩形横截面$b = 2cm$，$h = 0.4cm$，悬臂材料的弹性模量$E = 210GN/m^2$，悬臂和支座的质量忽略不计。在悬臂上对称地贴有 4 片相同的电阻应变片，并采用全桥连接的方式，应变片的灵敏系数$K = 2$，电阻值$R_1 = R_2 = R_3 = R_4 = 120\Omega$，质量$m$的质心到应变片中心的距离$L = 8cm$。问：

(1)当应变仪读数为 200 微应变($\mu\varepsilon$)时，每片应变片的电阻变化为多少？这时的水平加速度a又为多少？

(2)若用此加速度计测量振动频率为 80 次/秒的加速度是否合适？为什么？

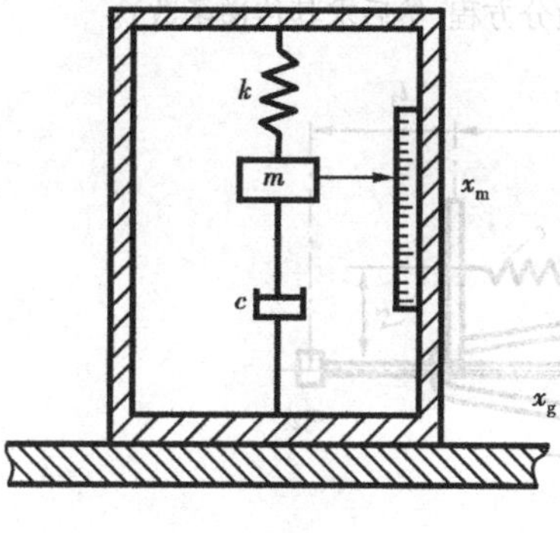

题图 8.1

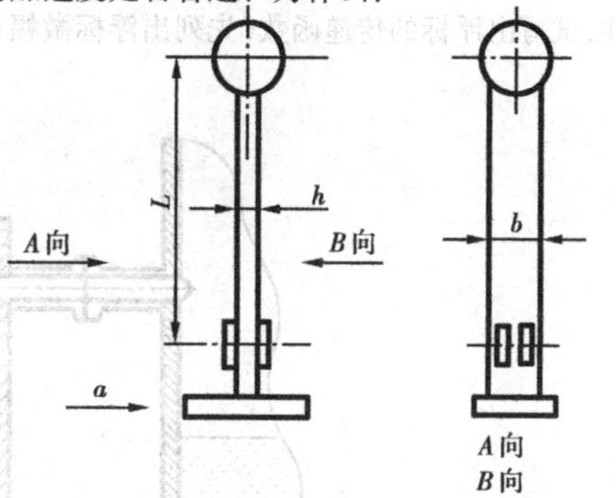

题图 8.3

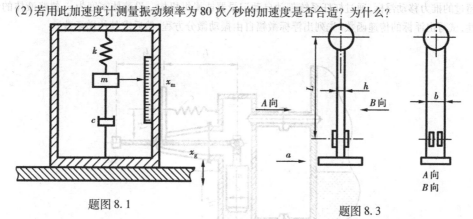

8.4 用于自动检验表面波纹的杠杆电触点位移传感器（题图 8.4），由与被检验表面接触的测量杆 1 和增大测量杆位移L / l倍的杠杆 3 组成。测量杆由刚度为c_1的弹簧 2 压向被检验表面，杠杆 3 固接在具有角刚度c_2的板弹簧 5 上。当零件表面波纹超出许可范围时，触点 4 中的一个闭合——发出检测出废品的信号。检验工作的生产率与零件相对传感器移动的速度v成正比，然而，速度过大可能在B_1点处破坏接触。若零件表面的数学方程为$x = a \sin 2\pi Z / A$（式中A为粗糙度波长），测量杆 1 的质量为m，杠杆 3 对铰链O的转动惯量为J，忽略摩擦力，测量杆安装在被

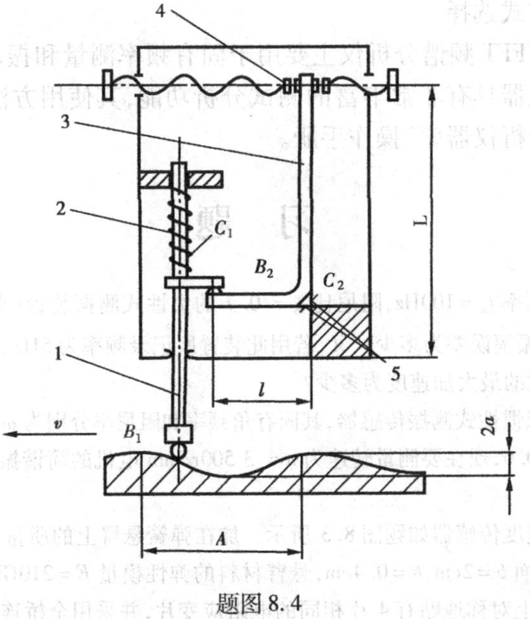

题图 8.4

检验表面时弹簧 2 有预张紧 x_0，铰链处弹簧 5 有预张紧 ϕ_0，求零件移动的极限速度 v^*。

8.5　液位传感器(测量液体水平面的敏感构件)如图题 8.5 所示。由沉没在液体中的浮标(直径为 d，质量为 m_1)、杠杆系统、刚度为 c 的弹簧和质量为 m_2 的平衡重组成。当液面 H_0 变化时，超过的推力移动浮标，通过杠杆系统带动自动记录器或操纵机构。设液体密度为 ρ，忽略液体的惯性，试写出浮标的传递函数(先列出浮标微幅自由振动微分方程，然后求其传递函数)。

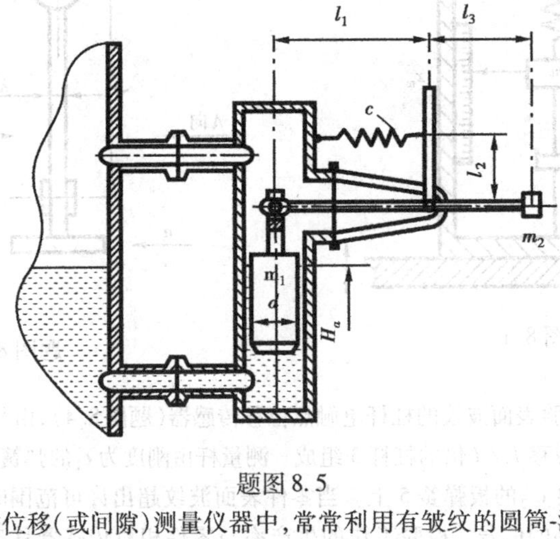

题图 8.5

8.6　在非接触的位移(或间隙)测量仪器中，常常利用有皱纹的圆筒-波纹管作为增张器(放大器)，波纹管中内部压力的微小变化将引起它的长度有相对大的改变，题图 8.6 所示为用于自动检验零件椭圆度的波纹管变换器简图。质量为 m 的圆筒 4 悬挂在仪器外壳 1 中刚度为 c_1 的平板弹簧 2 上，圆筒 4 同刚度为 c_2 的波纹管 5 刚性连接，波纹管中的压力由导管 6 供给。预紧力 f_0 和仪器的调节用刚度为 c_3 的弹簧 7 实现，当被检验的尺寸超出允许范围时，触点 8 中的一个发生闭合并产生挑出废品的信号。在把零件送往检验时，为了减小仪器振动衰减的时间，在测量系统中引入粘滞摩擦阻尼器 3，阻尼器的阻尼力与移动速度成比例，即 $F=\alpha\dot{X}$。设波纹管中压力的变化与测量端和零件之间间隙的变化成比例，即 $\Delta p/p_0=(e/\delta)A\sin\omega t$，式中 e 为偏离圆柱形状的振幅，δ 为零件和顶端之间的间隙，ω 为零件的角速度，A 为系数。试作出仪器的振幅—频率特性曲线，并求测量动态误差不超过被测量值 ±10% 的角速度 ω 的范围（也即这样的范围，在该范围内，质量 4 振动的振幅与静偏离的差不大于 10%）。

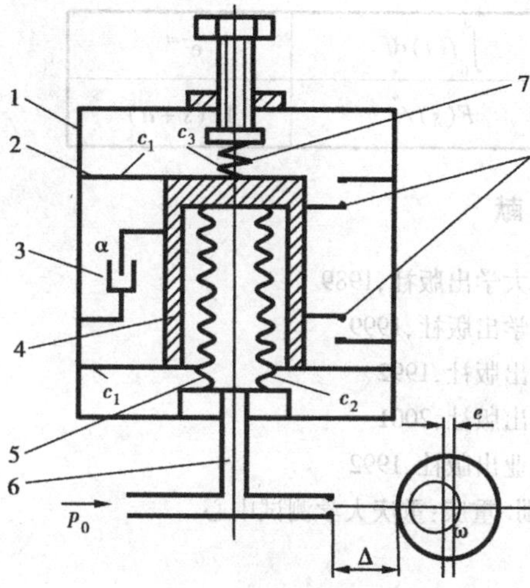

题图 8.6

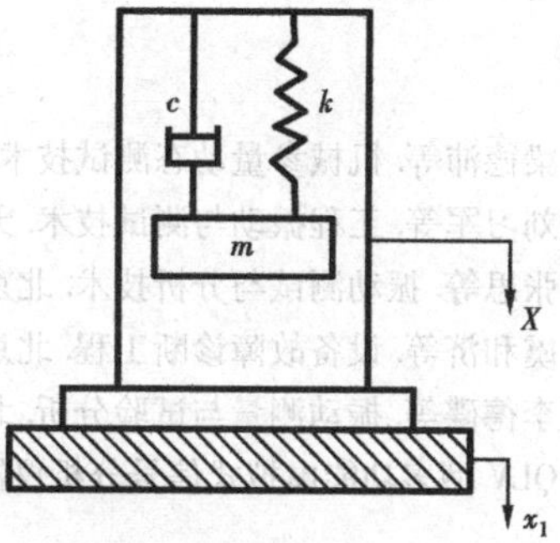

题图 8.7

8.7 在题图 8.7 所示惯性式位移测振传感器中，质量块 m 的绝对位移振幅为 X，质量块相对于其壳体的位移振幅为 X_r，基座（即被测振动物体）振动的位移振幅为 X_e，该传感器的测振原理是否就是基于 $X_e=X-X_r$ 这一关系式？为什么？

8.8 某测振仪器的频响曲线如题图 8.8 所示，问可否用该仪器来进行振动测量，为什么？又在振动测量中，能够正确反映或记录简谐振动的传感器，是否就一定能正确反映或记录一般的周期振动？为什么？

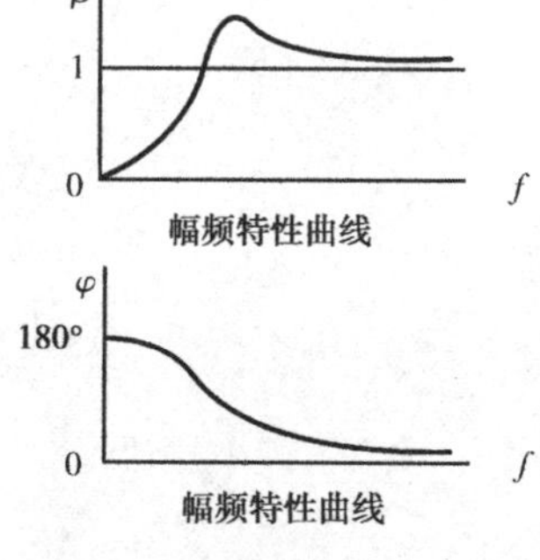

题图 8.8

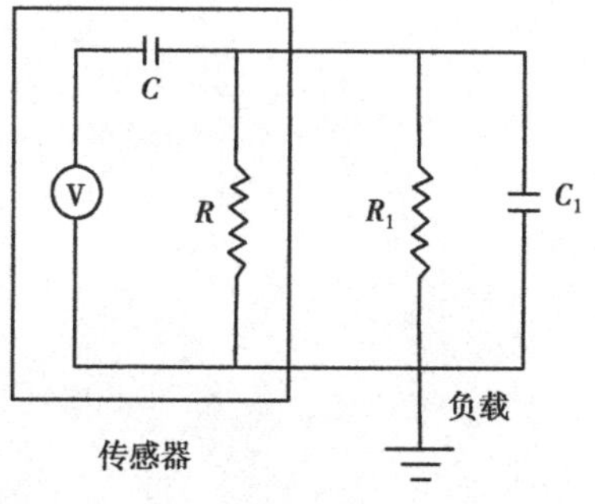

题图 8.10

8.9 当用共振法测定阻尼系统的固有频率，且用压电式加速度计进行拾振时，是否所测得的加速度共振频率就是该系统的固有频率？为什么？

8.10 压电式加速度传感器有一 R_1—C_1 负载，跨接如题图 8.10 所示。传感器的等效电路由电容 C 串接一电压源 $V=q/C$。式中 q 为传感器中所产生的电荷，R 为传感器的漏电阻。当 $V_1=V_0$ 时，q 从静止起有一量值为 Q 的阶跃变化。求从阶跃变化开始时的 $V_1(t)$。（可用拉普拉斯变换法进行求解）

附：拉普拉斯变换对

$f(t),t\geqslant 0$	$u(t)$	$\int_0^t f(t)\,\mathrm{d}t$	e^{-at}
$F(s)=L^{-1}[f(t)]$	$1/s$	$F(s)/s$	$1/(s+a)$

参考文献

1. 梁德沛等. 机械参量动态测试技术. 重庆：重庆大学出版社，1989
2. 刘习军等. 工程振动与测试技术. 天津：天津大学出版社，1999
3. 张思等. 振动测试与分析技术. 北京：清华大学出版社，1992
4. 虞和济等. 设备故障诊断工程. 北京：冶金工业出版社，2001
5. 李德碟等. 振动测量与试验分析. 北京：机械工业出版社，1992
6. QLV 型多功能虚拟式信号分析仪器库操作手册. 重庆：重庆大学测试中心

第9章

噪声测量

声是人们十分熟悉的一种物理量,它是人与人之间,发声物与人之间传递信息的重要工具。它的一大特点是有很强的共享性。对人而言,只要你处在声场之中,无论主观上是否愿意,你都将被迫接受声场中的声信号。凡是不希望听到的声音都称为噪声。噪声给人们带来的是不需要的信号和干扰,长期暴露在强烈的噪声环境中会严重伤害人体健康,引起心血管系统、神经系统等方面的疾病并导致听力受损。因而噪声是主要公害之一。

工业和运输业中的机电设备是广泛存在的主要噪声源,因而防治噪声是机械工程及自动化领域的一项重要任务。同时,噪声也是反映产品性能和设备运行状态的重要指标和特征。无论是从防治噪声还是从获取信息的角度来说,精确地测定噪声是一项基本而重要的工作。它将为控制噪声、改进产品、设备运行状态监测、制定环保措施及法律等提供必要的依据。

噪声测量实质上也就是声测量,在这一章里,这两种说法都使用。在机械工程领域,噪声测量的任务主要是:1)测定噪声的强烈程度;2)分析噪声的结构与特性;3)查找噪声源等。

9.1 声学基本概念

9.1.1 声波和噪声

声音由振动产生，在媒质中传播。振源也称为声源。它可以是机械振动，如机器运转时各零部件的振动，它激发周围的空气而发声；也可以是弹性媒质自身的振动发声，如安全阀放气时气流的振动和风机运转时叶轮拍击气体产生的振动，弹性媒质可以是气体、液体和固体。但对人而言，主要是通过空气接收声波，所以这一章研究的声测量是指空气中的声测量。

当声波在空气中传播时，空气质点受迫在原位置沿传播方向来回振动，空气密度因此发生变化，相应位置的压强也发生变化，并向邻近的质点传递此变化，形成压力传播过程，即声波。声波属于疏密波，由于空气质点的振动方向与声波的传播方向一致，所以声波又称为纵波，见图 9.1。

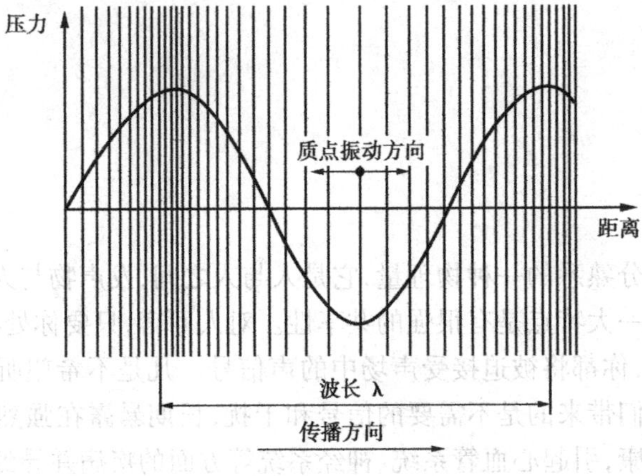

图 9.1 声波示意图

声波的频率 f、周期 T、波长 λ 和声速 c 之间的关系为

$$\lambda = c/f = c \cdot T \tag{9.1}$$

声波具有一般波动特性，在空间传播过程中遇到阻碍物时会产生反射、折射和绕射（衍射）等典型的波动现象。两个同频率的声波在声场中相遇时会发生干涉现象：在声场中的某些点，两声波相位相同会相互加强；而在某些点，两声波相位相反会相互削弱。不同频率的声波则不会发生干涉。能发生干涉的声波称为相干波，反之称为非相干波。

一定频率范围的声波作用于人耳可使人产生听觉。这个频率范围被定义为 20 ~ 20 000Hz，称为声频范围。低于或高于此频率范围的声波不会使人产生听觉，分别称为次声波和超声波。人类语言的频率范围约为100~5 000Hz，交响乐的频率范围比较宽，约为50~18 000Hz。

在标准状态下，声音在空气中的传播速度在20℃时为344m/s，由式(9.1)可以算出，声频范围内声波的波长为0.017~17m。

声波传播的区域称为声场。当声波的传播在声场内可以自由进行，不受任何阻碍，也不存在反射时，这样的声场称为自由声场(自由场)。自由场是没有边界、媒质均匀且各向同性的声场。满足自由场条件的声学实验环境是人工消声室。消声室的所有内表面都装有高效的吸声材料和吸声装置(吸声体)，声源在消声室内发出的声波在任何方向都被完全吸收而不会被反射，如同在一个无穷大的空间中传播一样，从而模拟了自由场条件。

如果声波在声场内受封闭的边界的多次反射，使得声场中各点的声音强度相同，这种和自由场相对的声场称为扩散场，也叫混响场。满足混响场条件的声学实验环境是人工混响室。实际上内表面都为坚硬全反射面的体积不太大的房间，可以近似地视为一个混响场。

噪声是声波众多形态中的一种。从声波的物理特性来说，噪声是紊乱或统计上随机的空气压强波动。从声波对人的干扰来说，噪声是不需要的声音，是那些听起来令人烦恼和不安的声音。

在机械工程范围内，按照噪声起因的不同，可将其分为以下三类：

①机械性噪声。因弹性体机械振动而产生的噪声，如齿轮、轴承和壳体振动时发出的噪声。

②气体动力性噪声。因气体振动而产生的噪声，如风机、内燃机、各种排气口等产生的噪声。

③电磁性噪声。因电磁振动而引起的噪声，如电动机、变压器等产生的噪声。

9.1.2 噪声的物理度量

噪声的强弱采用声压、声强和声功率来度量，其中声压是比较容易测量的也是最基本的一个参数。

(1)声压

当声波在声场中传播时，声场中任意一点的压强会在当地静态大气压强的基础上叠加一个波动分量，这个波动分量就称为该点的瞬时声压，它是时间的函数，记为$p(t)$。瞬时声压的单位和大气压强一样是帕(Pa，N/m^2)。

多个声波在同一声场中传播时，声场中各质点将同时接受各个声波传来的压力变化，并传给声波传播方向的下一个质点，即各声波在声场中的传播是独立的。声场中某点的瞬时声压等于各声波单独作用时该点的瞬时声压之和

$$p(t) = \sum_{i=1}^{N} p_i(t) \tag{9.2}$$

这称为声波的线性叠加原理。

就噪声测量而言，声场中某点的声压定义为该点的瞬时声压的均方根值（有效值），称为有效声压，简称声压，用 p 表示。p^2 又称为均方声压，它们分别为

$$p = \sqrt{\frac{1}{T}\int_{\tau}^{\tau+T} p^2(t)\,\mathrm{d}t}, p^2 = \frac{1}{T}\int_{\tau}^{\tau+T} p^2(t)\,\mathrm{d}t \tag{9.3}$$

式中 τ——某时刻；

T——平均时间。

一般而言，声压会随时间的变化而变化，也就是说 p 是 τ 的函数。如果声压随时间的变化甚小（小于 5 分贝，分贝概念随后介绍），则称这种噪声为稳态噪声，否则为非稳态噪声。

正常人双耳刚刚能听到的频率为 1 000Hz 的纯音（单一频率的声音，其瞬时声压为正弦函数）的声压是 2×10^{-5} Pa（20μPa），称之为听阈声压。此值规定为声压测量的基准，记为 p_0。而使人耳开始产生疼痛感觉的声压则称为痛阈声压，其值是 20Pa。痛阈声压是听阈声压的 10^6 即百万倍（120 分贝），可见人耳感受声压的动态范围之宽。和标准大气压（$1.013\ 25\times10^5$ Pa）相比，痛阈声压只约为它的五千分之一，所以声波在空气中传播时所引起大气压强的扰动是很小的。

（2）声强

声强是指在声场中的某一点上，单位时间内通过一个与指定方向垂直的单位面积的平均声能，以 I 表示，单位为瓦/米²（W/m²）。在自由场中，相应于听阈声压的声强为 10^{-12} W/m²，并以此作为声强的基准。而相应于痛阈声压的声强为 1W/m²。

声强的计算式为

$$I = \frac{1}{T}\int_{0}^{T} p(t)\cdot v(t)\,\mathrm{d}t \tag{9.4}$$

式中 T——积分平均时间；

$p(t)$——瞬时声压；

$v(t)$——质点沿指定方向的瞬时速度分量。

声强既有大小又有方向，它是一个矢量，通常是在单位面积的法线方向上测量声强；而声压只有大小而无方向，因而它是一个标量。

（3）声功率

声源的声功率是指其在单位时间内所发出的声能，用符号 W 表示，单位是瓦（W）。声功率的基准是 10^{-12} W。当观察点和声源的距离大于声源的尺寸时，此声源可以视为点声源。在自由场中，点声源将等同地向各个方向发射声能。若媒质不吸收声能，声源发出的全部声能就要均匀地通过观察点所在的以声源为球心的球面。

因此，声源的声功率被该球面积除就是观察点的声强 I，即

$$I = \frac{W}{4\pi r^2} \tag{9.5}$$

式中 r——观察点到声源的距离。

根据式(9.5)，不难理解在自由场中，声强与离声源的距离成反比这一规律。

在一般条件下，如果测得包围声源的某个封闭面上各点法向的声强，那么，声功率和声强的关系可以写为

$$W = \sum_{i=1}^{N} I_i \Delta s_i \tag{9.6}$$

式中 I_i——对应面积为 Δs_i 处的声强值；

Δs_i——各声强方向对应的元面积。

声功率是声源自身的基本物理特征，是评价和比较声源发声强弱的重要参数。一个置于空气中的声源，它的声功率通常是不变的，与周围的环境无关；而声压和声强是声源发出的声音在空气中传播时，在声场内各点产生的效应(压强的波动和能量的流动)，与声场特性和观察点有关。

9.1.3 噪声测量中的级与级的单位分贝(dB)

噪声强弱的变化范围是很大的，即便在人的听觉范围内，从听阈到痛阈，声压的变化也为 $1:10^6$，相差100万倍。而相应的声强之比则为 $1:10^{12}$，达万亿倍之多。一方面，直接用线性尺度来表示声压、声强和声功率值是很不方便甚至是不可能的。另一方面，人耳对声刺激的响应接近对数关系。因此，噪声测量中是采用测量值与基准值之比的对数来表示噪声的强弱，即声压级、声强级和声功率级。级是相对量，量纲一，它的单位是分贝(dB)。

(1)声压级

声压级用符号 L_p 表示。声压 p 对应的声压级定义为它与基准声压之比的常用对数的20倍，或它们相应均方声压之比的常用对数的10倍，数学表达式为

$$L_p = 20\lg\frac{p}{p_0} = 10\lg\frac{p^2}{p_0^2} \quad (\text{dB}) \tag{9.7}$$

式中 p——声压有效值；

p_0——基准声压，在空气中取 $p_0 = 20\mu\text{Pa}$。

若由式(9.7)算出的数值为 n，便称 L_p 为 n dB。由此关系，可以算出正常人双耳从听阈到痛阈相应的声压级为0~120dB。

(2)声强级

声强级是声强与基准声强之比的常用对数的10倍，记为 L_I

$$L_I = 10\lg\frac{I}{I_0} \quad (\text{dB}) \tag{9.8}$$

式中　I——声强；

I_0——基准声强，在空气中取 $I_0=10^{-12}\mathrm{W/m^2}$。

正常人双耳从听阈到痛阈相应的声强级为 0～120dB。在自由场中，任何一点的声压级和声强级的分贝数是相等的。

从广义上讲，信号的功率与幅值平方成比例，式(9.7)和式(9.8)形式上的差别是容易理解的。

(3)声功率级

声功率级是声源声功率与基准声功率之比的常用对数的 10 倍，记为 L_W

$$L_W = 10\lg\frac{W}{W_0}\ (\mathrm{dB}) \tag{9.9}$$

式中　W——声源声功率；

W_0——基准声功率，在空气中取 $W_0=10^{-12}\mathrm{W}$。

需要指出，级是相对量，是一个量与基准量之比的对数表示。因此级是量纲一的，而以 dB(分贝)为单位。只有在规定基准值后，级的分贝值才能表示一个量的大小。例如，声场中某点的声压级 $L_p=80\mathrm{dB}$，即表示该点的声压是基准声压的 10^4 倍；0dB 不是表示没有声压，而是表示声压等于基准声压。

有时基准值是不言而喻的。例如在电工学中，称某放大器的增益是 40dB，就表示输出信号的幅值是输入信号幅值(基准量)的 10^2 倍。

9.1.4　声压级的叠加、扣除和平均

(1)级的叠加

当声场中有两个或两个以上的声源存在时，任何一点的声压是所有声源共同作用的结果。噪声测量结果是以声压级表示的，而声压级是声压经比例运算和对数运算的结果。所以合成总声压级与各个声源单独作用时的声压级的关系不是简单的求和，这一点对初学者来说要特别注意。

设媒质中有 N 个独立声源(非相干声源)发出的声波在传播，根据声波的线性叠加性，声场中某一点(观测点)的合成瞬时声压 $p_t(t)$ 等于各个声源单独作用时该点瞬时声压 $p_i(t)$ 的和，参看式(9.2)。

$$p_t(t) = \sum_{i=1}^{N} p_i(t)$$

所以

$$p_t^2 = \frac{1}{T}\int_0^T \left(\sum_{i=1}^{N} p_i(t)\cdot\sum_{j=1}^{N} p_j(t)\right)\mathrm{d}t$$

各声源发出的声波是互不相干的，所以有

$$\frac{1}{T}\int_0^T p_i(t)\cdot p_j(t)\,\mathrm{d}t = \begin{cases}0 & i\neq j\\ p_i^2 & i=j\end{cases} \tag{9.10}$$

总声压的均方值可写为

$$p_t^2 = \sum_{i=1}^{N} p_i^2 \tag{9.11}$$

于是，总声压级 L_{pt} 为

$$L_{pt} = 10\ \lg \frac{p_t^2}{p_0^2} = 10\ \lg \sum_{i=1}^{N} \frac{p_i^2}{p_0^2}$$

根据声压级的定义和对数运算法则

$$L_{pi} = 10\ \lg \frac{p_i^2}{p_0^2}\ ,\ \frac{p_i^2}{p_0^2} = 10^{L_{pi}/10}$$

由此可得

$$L_{pt} = 10\ \lg \sum_{i=1}^{N} 10^{L_{pi}/10} \tag{9.12}$$

式中　L_{pi}——第 i 个声源单独发声时测得的声压级。

由于工程实际中存在的噪声，极少发生声波相干的情况，式(9.12)在实际噪声测量中有着普遍意义。

现在考虑仅有两个声源，且 $p_1 = p_2 = p$，即 $L_{p1} = L_{p2} = L_p$ 的最简单的情况，由式(9.12)

$$L_{pt} = 10\ \lg(2 \cdot 10^{L_p/10}) = 10\ \lg 10^{L_p/10} + 10\ \lg 2 = L_p + 3\quad (\mathrm{dB})$$

此例表明，当两个声源各自在声场中同一点引起的声压级相等时，则该点处总的声压级等于其中一个声源引起的声压级的分贝值再加上 3 分贝。例如 $L_{p1} = L_{p2} = 80\mathrm{dB}$，则 $L_{pt} = (80+3)\mathrm{dB} = 83\mathrm{dB}$。这也说明，要将某噪声源发出的噪声声压级降低 3dB，等于将声源声功率降低一半，一般而言是不容易的。

当 $L_{p1} \neq L_{p2}$ 且 $L_{p1} > L_{p2}$，则总声压级等于较高的声压级加上一个增量 ΔL

$$L_{pt} = L_{p1} + \Delta L \tag{9.13}$$

由声压级定义(9.7)和式(9.11)有

$$\Delta L = L_{pt} - L_{p1} = 10\ \lg \frac{p_1^2 + p_2^2}{p_0^2} - 10\ \lg \frac{p_1^2}{p_0^2} =$$

$$10\ \lg \frac{p_1^2 + p_2^2}{p_1^2} = 10\ \lg\left(1 + \frac{p_2^2}{p_1^2}\right)$$

因为
$$10\ \lg \frac{p_2^2}{p_1^2} = 10\ \lg \frac{p_2^2}{p_0^2} - 10\ \lg \frac{p_1^2}{p_0^2} = L_{p2} - L_{p1}$$

所以
$$\frac{p_2^2}{p_1^2} = 10^{-(L_{p1}-L_{p2})/10}$$

由此可得

$$\Delta L = 10\ \lg(1 + 10^{-(L_{p1}-L_{p2})/10}) \tag{9.14}$$

式(9.14)表明,增量 ΔL 是两声源声压级差($L_{p1}-L_{p2}$)的函数。当 $L_{p1}=L_{p2}$,两声源声压级差等于零时,由式(9.14),ΔL 取极大值等于 3dB。随着声压级差($L_{p1}-L_{p2}$)的增加,增量 ΔL 下降。当声压级差($L_{p1}-L_{p2}$)等于或大于 10dB 时,增量 ΔL 小于 0.5dB,此时,产生低声压级 L_{p2} 的声源对总噪声的贡献可以忽略不计,总声压级近似等于较高的那个声压级,即 $L_{pt}\approx L_{p1}$。

为实用方便,将式(9.14)表示的 ΔL 和声压级差($L_{p1}-L_{p2}$)的关系画成曲线(图9.2)和制成表(表9.1),利用图或表由级差($L_{p1}-L_{p2}$)直接查出分贝增量 ΔL,很容易求出总声压。

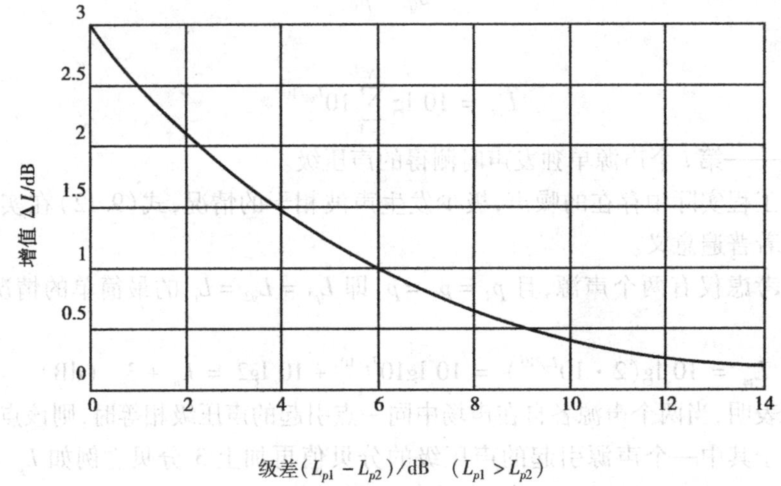

图9.2 分贝增值图

表9.1 分贝增值表(单位:dB)

$L_{p1}-L_{p2}$($L_{p1}>L_{p2}$)	0	1	2	3	4	5	6	7	8	9	10
ΔL	3.0	2.5	2.1	1.8	1.5	1.2	1.0	0.8	0.6	0.5	0.4

当声源多于两个时,总声压级的求得可以按式(9.12)计算,也可以按图9.2或表9.1采用两两合成的办法求得,且合成的结果与次序无关。

例9.1 已知 $L_{p1}=90\text{dB}$,$L_{p2}=95\text{dB}$,$L_{p3}=88\text{dB}$,试分别用计算法和曲线法求总声压级。

解 1)计算法 由式(9.12)得

$$L_{pt}=10\lg(10^{90/10}+10^{95/10}+10^{88/10})=96.8\ \text{dB}$$

2)曲线法 按图9.2

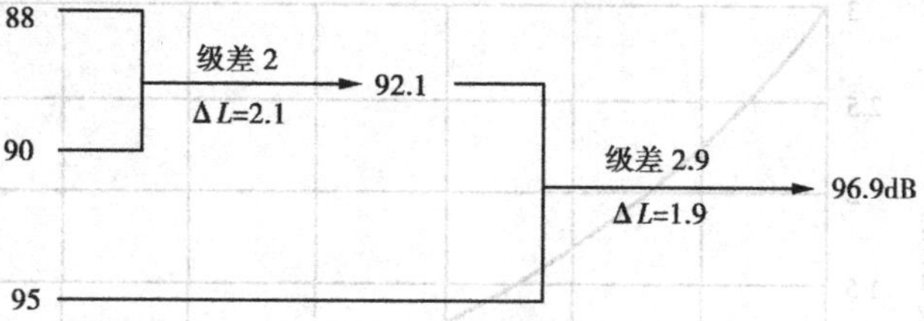

两种方法的结果相差仅0.1dB。在工程实际应用中,分贝的小数点部分常采取四舍五入的办法处理,这样处理是完全允许的。

(2)级的扣除

在现场进行噪声声压级测量时,测量结果不可避免地会受到周围测量环境的影响。因为环境有它的本底噪声(背景噪声),所以,测量所得的结果,实际是本底噪声和声源噪声声压级叠加的结果。为了得到声源声压级的实际大小,必须从测量结果中扣除本底噪声的影响,进行分贝扣除运算。扣除运算可由叠加运算演变而来。

设测得的总声压计为 L_{pt},则

$$L_{pt} = 10\lg\frac{p_t^2}{p_0^2}, \qquad \frac{p_t^2}{p_0^2} = 10^{L_{pt}/10}$$

同理,设本底噪声的声压级为 L_{pe},则

$$L_{pe} = 10\lg\frac{p_e^2}{p_0^2}, \qquad \frac{p_e^2}{p_0^2} = 10^{L_{pe}/10}$$

因此,所求声源的声压级 L_{pso} 为

$$L_{pso} = 10\lg\left(\frac{p_t^2 - p_e^2}{p_0^2}\right) = 10\lg(10^{L_{pt}/10} - 10^{L_{pe}/10}) \tag{9.15}$$

和分贝叠加相似,实际应用中,也常采用从总声压级中扣除一个分贝减量求得声源声压级 L_{pso}。

$$L_{pso} = L_{pt} - \Delta L \tag{9.16}$$

上式中,分贝减量 ΔL 是总声压级 L_{pt} 和背景噪声声压级 L_{pe} 之差的函数,关系式为

$$\Delta L = 10\lg\left(\frac{1}{1 - 10^{-(L_{pt}-L_{pe})/10}}\right) \tag{9.17}$$

式(9.17)表示的函数关系见图9.3,用此图可以很方便地根据($L_{pt} - L_e$)查出分贝减量 ΔL。分贝扣除的运算还可以按经简化的表9.2进行。

表9.2 本底噪声扣除值表(单位:dB)

$L_{pt} - L_{pe}$	3	4	5	6	7	8	9	10
应从 L_{pt} 中扣除的 ΔL	3.00	2.30	1.70	1.25	0.95	0.73	0.60	0.45

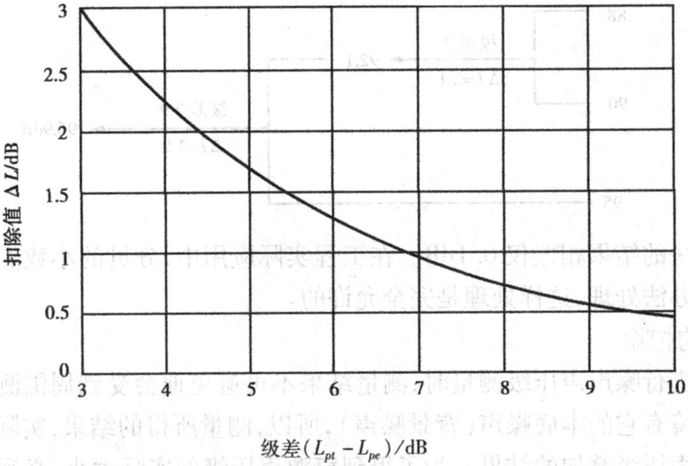

图9.3　本底噪声影响修正曲线

应当指出,若总噪声与本底噪声之差小于3dB时,测量结果是无效的,因为这时本底噪声声压级比被测声源的真实声压级还高(在等于3dB时二者相等)。在对若干声源发出的噪声声压级作识别时,会遇到级差小于3dB的情况,这时可用式(9.15)或式(9.17)计算。当总噪声与本底噪声之差大于10dB时,本底噪声对测量结果的影响可以忽略不计,扣除量取零,所测得的总声压级可以视为声源实际声压级。

例9.2　在某测点,机器运转时测得总声压级为94dB,而机器停机时测得背景噪声声压级为85dB。试分别用计算法和查表法求机器运转时在该点产生的声压级。

解　1)计算法　由式(9.15)

$$L_{pso}=10\ \lg(10^{94/10}-10^{85/10})=93.4\ \mathrm{dB}$$

2)查表法

由级差 $L_{pt}-L_{pe}=94\mathrm{dB}-85\mathrm{dB}=9\mathrm{dB}$,查表得出的分贝减量 $\Delta L=0.60\mathrm{dB}$,则

$$L_{pso}=L_{pt}-\Delta L=94\mathrm{dB}-0.60\mathrm{dB}=93.4\ \mathrm{dB}$$

结果是一样的。

(3)级的平均

当需要通过测量声压级来确定声源的声功率或需要确定声场的平均声压级时,就涉及级的平均问题。平均声压级 $\overline{L}_p$ 是声场中各测点的均方声压的平均值对应的声压级,即

$$\overline{L}_p=10\ \lg\frac{\frac{1}{N}\sum_{i=1}^{N}p_i^2}{p_0^2}=10\ \lg\frac{1}{N}\sum_{i=1}^{N}10^{L_{pi}/10} \tag{9.18}$$

9.2 噪声的频谱和频带

以频率为横坐标,以噪声中相应的频率分量的强弱(声压、声压级、声强级或声功率级)为纵坐标而绘制的图形称为噪声频谱图(幅值谱),简称噪声谱。它表明了噪声的频率结构,即噪声中包含哪些频率成分,各频率分量的强弱,哪些频率分量对噪声的贡献是主要的。借助频谱图并结合具体的测量对象,就可以分析产生噪声的主要原因和找出噪声源。因此,噪声的频谱分析是噪声测量的主要内容之一。

噪声的瞬时声压信号 $p(t)$ 通常视为随机信号,可按第2章和第5章介绍的信号分析原理和技术进行常规的窄带功率频谱分析;也可以将20~20 000Hz的声频范围分为若干频带作倍频程宽带分析。

9.2.1 窄带频谱和声压谱级

用 $S_p(f)$ 表示瞬时声压信号 $p(t)$ 的功率谱密度(单边谱),即

$$S_p(f) = \lim_{T\to\infty}\frac{2}{T}\left|\int_0^T p(t)\mathrm{e}^{-\mathrm{j}2\pi ft}\mathrm{d}t\right|^2 \tag{9.19}$$

又称 $S_p(f)$ 为均方声压谱密度,它的量纲是帕²/赫兹(Pa^2/Hz)。实际分析时,积分长度 T 取有限值。

在噪声测量中,常常用级为单位来度量噪声功率谱密度的幅值,称为声压谱级。噪声在某一频率处的声压谱级 $L_{ps}(f)$ 是指以该频率为中心频率,带宽为1Hz的频带内所有声能的声压级。按此定义,根据式(9.19)可得

$$L_{ps}(f) = 10\lg\frac{S_p(f)\cdot 1\mathrm{Hz}}{p_0^2} \tag{9.20}$$

在该式中,分子上的均方声压谱密度乘以1Hz是表示将1Hz带宽内的所有声能求和并将均方密度量纲——帕²/赫兹(Pa^2/Hz)转为均方量纲——帕²(Pa^2)。

应该指出,声压谱级只适用于噪声具有连续频谱的时候。实际上,在对噪声作窄带谱分析时,常常只需要得出频谱的分布状态和各分量幅值的相对大小,而不做幅值量值的绝对测量。

$S_p(f)$ 和 $L_{ps}(f)$ 是以瞬时声压 $p(t)$ 为基础导出的,所以它们和噪声测点有关。由于窄带频谱具有较高的频率分辨率,常用于噪声源特性的分析和诊断。这种分析通常用数字信号分析技术实现。

9.2.2 频带声压级与倍频程频谱

由于声频范围为20~20 000Hz,有1 000倍的变化范围。为了噪声测量和分析的方便快捷,也为了测试分析仪器设计和制造的可能性,把这一频率范围分为若干连

续频段，每一频段称为频带，每一个频带都有自己的上限频率和下限频率，它们遵循以下倍频程关系式：

$$f_h^i = 2^m f_l^i \tag{9.21}$$

式中 f_h^i——第 i 个频带的上限频率；

f_l^i——第 i 个频带的下限频率；

m——倍频程数，常用的是 $m=1,1/3,1/12$ 等。

任一频带的上限频率和相邻的下一个频带的下限频率相等，这叫做邻接条件，即

$$f_h^i = f_l^{i+1} \tag{9.22}$$

各频带在频率轴上的位置，用该频带的中心频率 f_0^i 来表示，它定义为该频带上下限频率的几何平均值

$$f_0^i = \sqrt{f_l^i \cdot f_h^i} \tag{9.23}$$

频带宽度 B^i 则定义为上、下限频率之间的频率跨度，即

$$B^i = f_h^i - f_l^i \tag{9.24}$$

由式(9.21)，(9.22)，(9.23)和(9.24)可得

$$f_0^{i+1} = 2^m \cdot f_0^i \tag{9.25}$$

$$B^i = (2^{m/2} - 2^{-m/2}) f_0^i \text{ 或 } \frac{B^i}{f_0^i} = (2^{m/2} - 2^{-m/2}) \tag{9.26}$$

可见，各频带的中心频率也满足倍频程关系。当倍频程数 m 决定后，比例带宽 B^i/f_0^i 是常数。按此规律划分的频带称为 m 倍频程，按此原则设计的带通滤波器组称为 m 倍频程式滤波器。噪声宽带谱分析常用 1 倍频程（习惯上也称倍频程，$m=1$）和 1/3 倍频程（$m=1/3$）模式，它们的中心频率和相应的频带范围见表 9.3，用一组为数不多的倍频程式滤波器就可以覆盖整个声频范围。

表 9.3　1 倍频程和 1/3 倍频程的频率参数

1 倍频程				1/3 倍频程			
中心频率/Hz	带宽/Hz	上截止频率/Hz	下截止频率/Hz	中心频率/Hz	带宽/Hz	上截止频率/Hz	下截止频率/Hz
16	11	22	11	16	3.7	17.8	14.1
				20	4.6	22.4	17.8
				25	5.8	28.2	22.4
31.5	22	44	22	31.5	7.2	35.5	28.2
				40	9.2	44.7	35.5
				50	11.5	56.2	44.7
63	44	88	44	63	14.6	70.8	56.2
				80	18.3	89.1	70.8
				100	22.9	112	89.1

续表

1 倍频程				1/3 倍频程			
中心频率/Hz	带宽/Hz	上截止频率/Hz	下截止频率/Hz	中心频率/Hz	带宽/Hz	上截止频率/Hz	下截止频率/Hz
125	89	177	88	125	29	141	112
				160	37	178	141
				200	46	224	178
250	178	355	177	250	58	282	224
				315	73	355	282
				400	92	447	355
500	355	710	355	500	116	562	447
				630	140	708	562
				800	183	891	708
1 000	710	1 420	710	1 000	231	1 122	891
				1 250	291	1 413	1 122
				1 600	365	1 778	1 413
2 000	1 420	2 840	1 420	2 000	461	2 239	1 778
				2 500	579	2 818	2 239
				3 150	730	3 548	2 818
4 000	2 840	5 690	2 840	4 000	919	4 467	3 548
				5 000	1 156	5 623	4 467
				6 300	1 456	7 079	5 623
8 000	5 690	11 360	5 690	8 000	1 834	8 913	7 079
				10 000	2 307	11 220	8 913
				12 500	2 910	14 130	11 220
16 000	11 360	22 720	11 360	16 000	3 650	17 780	14 130
				20 000	4 610	22 390	17 780

将噪声的功率谱密度函数 $S_p(f)$ 在一个中心频率为 f_0^i，上、下限频率分别为 f_h^i 和 f_l^i 的频带范围内积分，可得噪声在相应频带的所有分量的均方声压值 p_{fi}^2

$$p_{fi}^2 = \int_{f_l^i}^{f_h^i} S_p(f)\,\mathrm{d}f \tag{9.27}$$

此式表示的运算很容易用数字方法实现。

另一种方法是，如用 $p(t,f_0^i,B^i)$ 表示瞬时声压信号 $p(t)$ 通过一个中心频率为 f_0^i，带宽为 B^i 的倍频程式带通滤波器的输出，它包含此滤波器带宽内的所有频率分量，求此输出的均方值也可得到噪声在该频带内的均方声压值

$$p_{fi}^{2} = \lim_{T\to\infty}\frac{1}{T}\int_{0}^{T}p^{2}(t, f_{0}^{i}, B^{i})\,dt \tag{9.28}$$

带通滤波可以用模拟滤波器,也可以将瞬时声压信号转换为数字信号后用数字滤波器来实现。

噪声在某频带内的均方声压 p_{fi}^2 对应的声压级 L_p^i 称为该频带的频带声压级,即

$$L_p^i = 10\lg\frac{p_{fi}^2}{p_0^2} \tag{9.29}$$

以各频带中心频率 f_0^i 为离散横坐标,以相应频带的频带声压级 L_p^i 为纵坐标作出的图形称为噪声的倍频程频谱。根据倍频程数 m 的不同,倍频程频谱又有1倍频程频谱、1/3倍频程频谱和1/12倍频程频谱等。倍频程频谱是离散谱,它以为数不多的离散谱线(也有用直方图或谱线顶点的连线组成的折线)覆盖了整个声频范围。倍频程频谱既可用模拟技术也可以用数字技术获得,分析设备紧凑,可做成便携式,分析效率高,被广泛作为对噪声特性的评价指标。图9.4是某台风机发出的噪声的1倍频程频谱、1/3倍频程频谱和窄带频谱(窄带频谱是线性频率坐标,幅值未做绝对标定)。

1倍频程频谱显示,最高频带声压级出现在500和1 000Hz处,约为81dB。以降低10dB为准,风机噪声的主要频率范围是250~4 000Hz。1/3倍频程频谱则表明,500Hz处频带声压级最高,噪声的主要频率范围是250~2 000Hz。窄带频谱清楚地显示了2 000Hz频率范围内噪声各分量的频率及它们的相对强度。

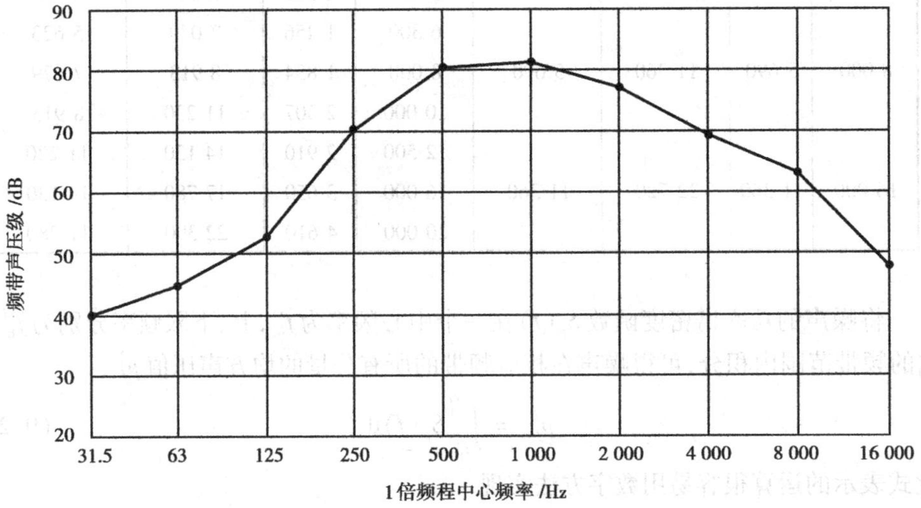

(a) 1倍频程频谱

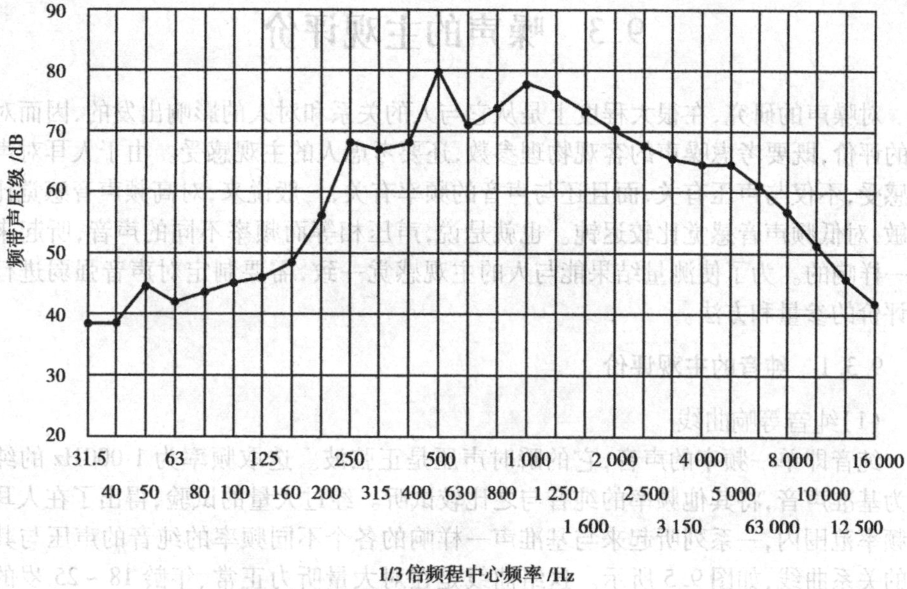

(b)1/3倍频程频谱

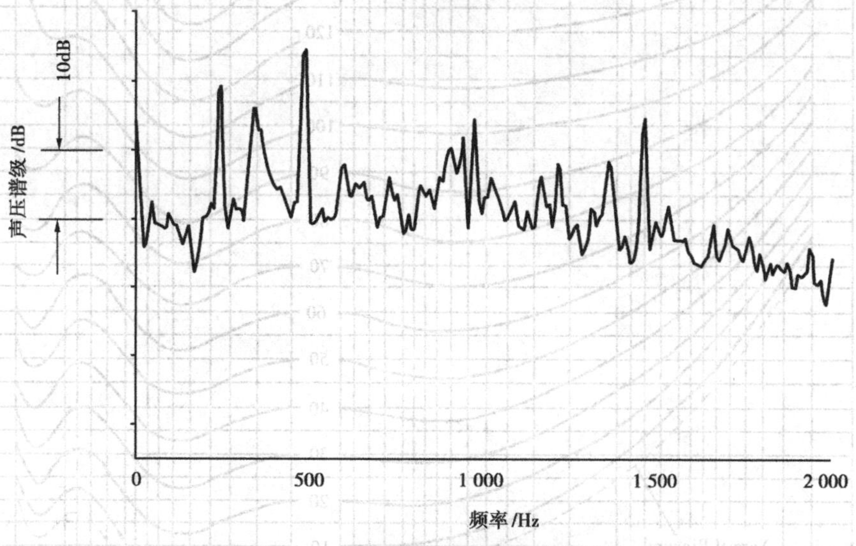

(c) 窄带频谱 (对数幅值)

图 9.4　风机噪声的频谱

9.3 噪声的主观评价

对噪声的研究,在很大程度上是从它与人的关系和对人的影响出发的,因而对噪声的评价,既要考虑噪声的客观物理参数,还要考虑人的主观感受。由于人耳对声音的感受,不仅与声压有关,而且还与声音的频率有关,一般说来,对高频声音感觉比较灵敏,对低频声音感觉比较迟钝。也就是说,声压相等而频率不同的声音,听起来是不一样响的。为了使测量结果能与人的主观感觉一致,需要制定对声音强弱进行主观评价的参量和方法。

9.3.1 纯音的主观评价

(1)纯音等响曲线

纯音即单一频率的声音,它的瞬时声压是正弦波。选取频率为1 000Hz的纯音作为基准声音,将其他频率的纯音与之比较试听。经过大量的试验,得出了在人耳听觉频率范围内,一系列听起来与基准声一样响的各个不同频率的纯音的声压与其频率的关系曲线,如图9.5所示。这组曲线是在对大量听力正常、年龄18~25岁的人

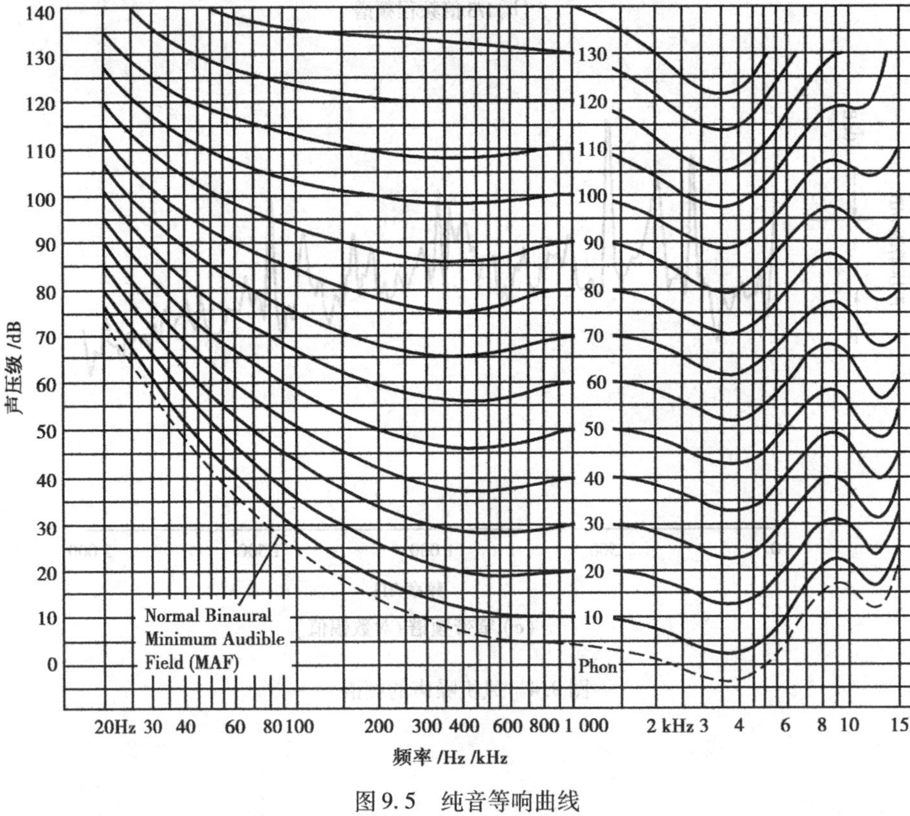

图9.5 纯音等响曲线

进行了广泛的试验,并对结果做统计平均和平滑后得出的,称为纯音等响曲线,已作为国际标准被广泛接受。等响曲线中,同一条曲线上的各频率不同的纯音与1 000Hz基准声音听起来一样的响,但一般具有不同的声压。对于各条等响曲线,均以1 000Hz纯音的声压级的分贝数作为该曲线的标记。如50分贝的等响曲线就是指以频率1 000Hz、声压50分贝的纯音的响度为基准的等响曲线。

等响曲线反映了人耳对各种不同频率的纯音的敏感程度,如100Hz,85分贝的纯音和4 000Hz,70分贝的纯音听起来与1 000Hz,80分贝的纯音一样响,因而它们都位于80分贝的等响曲线上,尽管它们的声压级相差幅度达15分贝。曲线显示出,人耳听觉的敏感度在低频和较高频率时下降,而在4 000Hz时最高。此外,在声压较高时,曲线趋于平坦,表明人耳对频率的敏感度下降。

(2)响度级和响度

等响曲线中的每一条曲线就表示一个响度级。响度级的单位是方(Phon),用L_N表示,在数值上等于等响曲线的序号即1 000Hz纯音的声压级的分贝值。同一曲线上的所有频率的纯音具有相等的响度级,如50分贝等响曲线上的所有频率纯音的响度级都是50方,这条等响曲线也就叫50方等响曲线。响度级是以等响曲线为基础确定的,因而它是描述纯音强弱的主观量。

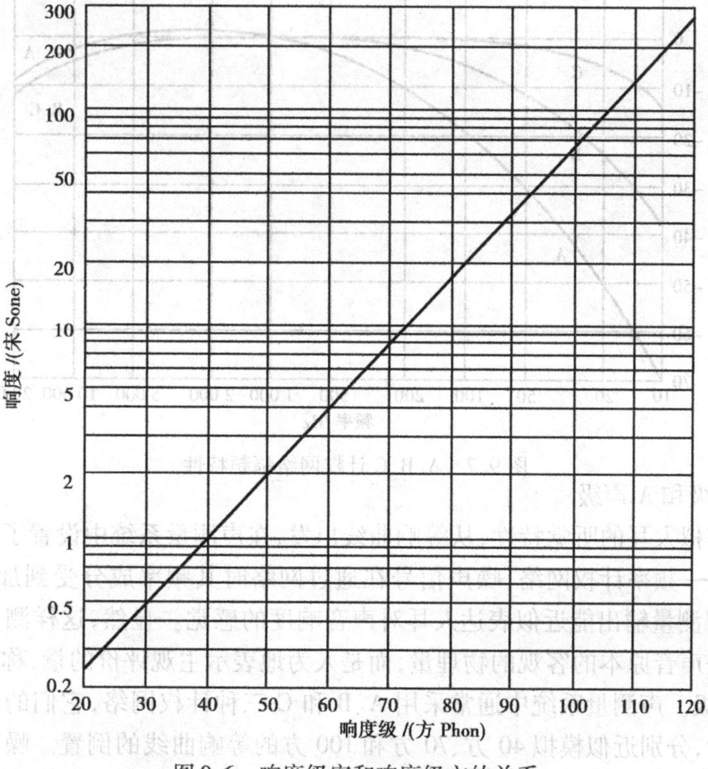

图9.6 响度级宋和响度级方的关系

人耳对声音的频率和声压的敏感程度是十分复杂和非线性的。但试验表明,对一个给定的声音,其声压每增加 10 分贝(响度级增加 10 方),近似对应于人耳感觉声音的响的程度加倍。用响度 N 来描述这种人耳感觉与响度级关系,它的单位是宋(Sone)。方—宋关系可用图 9.6 和下式表示

$$S = 2^{\left(\frac{P-40}{10}\right)} \tag{9.30}$$

式中 P——以方表示的响度级值;

S——响度宋的值。

根据式(9.30),响度 1 宋定义为响度级为 40 方的声音的响的程度,响度级每增加 10 方,响度加倍,即,40 方 1 宋,50 方 2 宋,60 方 4 宋等。

9.3.2 宽带噪声的主观评价

机械和环境噪声一般含有多个频率分量,并占据较宽的频带,即所谓宽带噪声。对宽带噪声的主观评价要比对纯音的主观评价复杂得多。常用的主观评价参数有 A 声级,等效连续 A 声级,噪声评价数 NR 等。

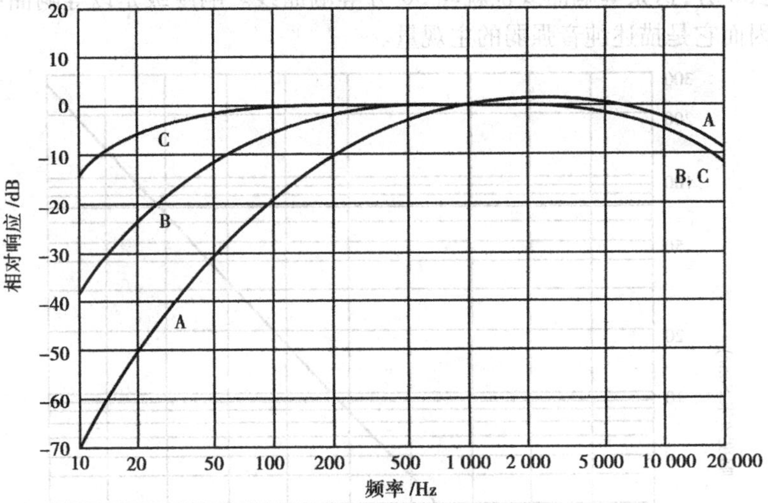

图 9.7 A、B、C 计权网络幅频特性

(1)声级和 A 声级

为了模拟人耳的听觉特性,从等响曲线出发,在声测量系统中设置了一种特殊的滤波网络——频率计权网络,噪声信号在通过网络时其频率成分受到加权(衰减或增强),使得测量输出能近似表达人耳对声音响度的感觉。显然,这样测量得出的声压级已不是声音原本的客观的物理量,而是人为地表示主观评价的量,称为计权声压级,简称声级。声测量系统中通常采用 A、B 和 C 三种计权网络,它们的幅频特性如图 9.7 所示,分别近似模拟 40 方、70 方和 100 方的等响曲线的倒置。噪声信号经它们计权后测量得出的声级分别叫做 A 声级、B 声级和 C 声级,用 L_A、L_B 和 L_C 表示,单

位是 dB(A)、dB(B)和 dB(C)。其中 A 计权网络对高频比较敏感,而对低频不敏感,能很好地符合人耳对噪声的主观感觉,故 A 声级已成为最广泛使用的宽带噪声主观评价尺度之一。

(2)等效连续 A 声级

噪声对人类的危害程度,除了与声音的响的程度有关外,还与噪声作用时间长度有关。等效连续 A 声级就是以一个稳定连续的 A 声级去表示在一段时间内出现的若干不同 A 声级的非稳定噪声的方法。在这段时间内此 A 声级与非稳定噪声具有相等的 A 计权声能(瞬时声压信号经 A 计权网络后的声能)。

在测点位置上,对一段时间内出现的若干不同的 A 声级,用能量平均的方法,求出一个等效的 A 声级,代表该段时间内噪声的大小,用 L_{eq} 表示,单位是 dB(A)。计算式为

$$L_{eq} = 10\lg \frac{\frac{1}{T}\int_0^T p_a^2(t)\,dt}{p_0^2} \tag{9.31}$$

或

$$L_{eq} = 10\lg \frac{1}{T}\int_0^T 10^{L_A(t)/10}\,dt \tag{9.32}$$

式中 T——测量时间;

$p_a(t)$——经 A 计权的瞬时声压;

p_0——参考声压(20μPa);

$L_A(t)$——噪声的瞬时 A 声级。

实际测量时,对于有限 N 次 A 声级测量,可以采用式(9.32)的离散简化形式计算如下

$$L_{eq} = 10\lg \frac{1}{N}\sum_{i=1}^{N} 10^{L_A^i/10} \tag{9.33}$$

式中 N——测量次数;

L_A^i——第 i 次测量得到的 A 声级。

等效连续 A 声级可以视为某个稳态连续噪声的 A 声级,它在测量期间具有和非稳态连续噪声相等的 A 计权声能。

(3)噪声评价数 NR

噪声评价数 NR 以 1 倍频程频谱为基础,同时考虑了噪声在每个频带内的强度和频率两个因素,比用单一的 A 声级更为严格。噪声评价数这一指标主要用于评定噪声对语言的干扰、听力损伤和对周围环境的影响。NR 数由下式决定

$$\mathrm{NR} = \frac{(L_p^i - a)}{b} \tag{9.34}$$

式中 L_p^i—— 第 i 个 1 倍频程频带声压级值,以分贝计;

a,b —— 与 1 倍频程中心频率有关的常数,见表 9.4。

表 9.4 常数 a、b 的值

1 倍频程中心频率 /Hz	63	125	250	500	1 000	2 000	4 000	8 000
a	35.5	22	12	4.8	0	−3.5	−6.1	−8.0
b	0.790	0.870	0.930	0.974	1	1.015	1.025	1.030

欲求宽带噪声的 NR 数，必须先作出它的 1 倍频程频谱，然后按式(9.34)和表 9.4 计算出每个频带声压级对应的 NR 数，其中最大值就是该噪声的噪声评价数。

以图 9.4 所示的风机噪声为例，计算出其各频带声压级对应的 NR 数如下：

1 倍频程中心频率/Hz	63	125	250	500	1 000	2 000	4 000	8 000
频带声压级/dB	45	52.5	70.3	80.5	81.2	77.2	69.4	63
NR 数	12	35	62.7	77.7	81.2	79.5	73.7	69

由于中心频率 1 000Hz 的 1 倍频程频带声压级 81.2dB 对应的 NR 数(NR81.2)最大，所以此风机噪声的噪声评价数为 NR81.2。

为便于实际应用，还可将式(9.34)绘成曲线。给定一个 NR 值，然后按表 9.4 给出的 a、b 值分别计算出各倍频程对应的频带声压级，将这些点相连，就得到对应给定 NR 数的 1 倍频程频谱的上限边界，如图 9.8 所示。同一条曲线上各 1 倍频程的频带声压级对人们的干扰程度相同，每条曲线在中心频率 1 000Hz 处的频带声压级数值就是该边界曲线的噪声评价数(由表 9.4 很容易看出，在 1 000Hz 处频带声压级分贝数等于该频带的 NR 数)，也即此曲线的序号。曲线强调了噪声的高频成分比低频成分更烦扰人的特性。

用图 9.8 对机器和环境噪声作评价，是以其 1 倍频程频谱最高点所靠近的曲线的噪声评价数作为它的 NR 数。将图 9.4 所示的风机噪声的 1 倍频程频谱标注在图 9.8 上(以小圆圈表示)，其最高点接近 NR81 的曲线，就表示它的噪声评价数是 NR81。用实测测试的 NR 数与容许的 NR 数比较，即可判断噪声是否超标，在哪几个频带内超标。

噪声评价数 NR 在数值上与 A 声级的关系可由以下经验公式近似表示

$$L_A \approx \begin{cases} NR + 5 & L_A > 75dB(A) \\ 0.8NR + 18 & L_A < 75dB(A) \end{cases} \tag{9.35}$$

如风机的噪声评价数为 NR81，其 A 声级近似估计为 86dB(A)。

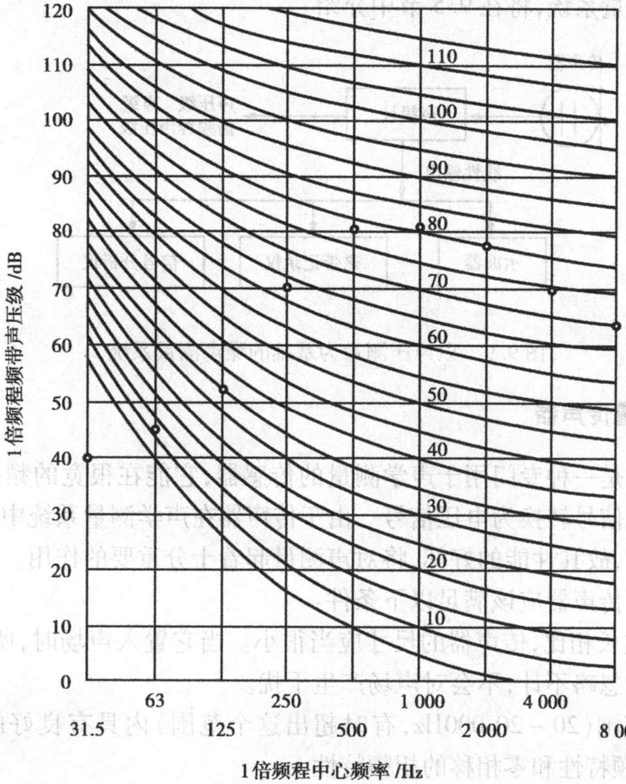

图9.8　噪声评价曲线

9.4　噪声测量原理和常用仪器

从基本原理上看，噪声测量和其他的机械工程参数测量是相似的。测声传感器将声压信号转换为电压信号，再输入测量分析仪器。但噪声测量有它自身的一些特殊性，如声强矢量的测量、声压的计权和测量结果以分贝值计等。所以目前用于噪声测量的有两类专门的声学测量系统，一类是声级（声压）测量系统，另一类是声强测量系统，它们分别包含若干声学测试仪器设备。本节将介绍其中基本的和声测量所特有的仪器的工作原理，各种通用仪器不在此一一介绍。

目前最常用的声级测量系统见图9.9。其中传声器是专用的声学传感器，它将瞬时声压信号$p(t)$转换为电压信号$e(t)$。声级计将此电压信号放大（或衰减）、加权（A、B或C，也可不加权）、倍频程滤波（附加）、均方根检波和对数转换，最后给出噪声的声压级、计权声级和倍频程声压级，还可以输出与$p(t)$成比例的电压信号供监测、存储和频谱分析等用。

关于声强测量系统,将在9.5节中介绍。

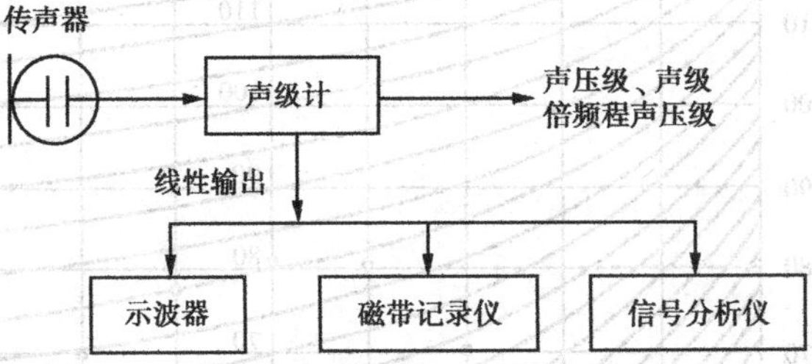

图9.9 以声压测量为基础的噪声测量系统

9.4.1 测量传声器

测量传声器是一种专门用于声学测量的传感器,它能在很宽的频率范围内不失真地将瞬时声压信号转换为电压信号。由于传声器在声学测量系统中是拾取噪声信号的第一个环节,故其性能的好坏,将对声测量起着十分重要的作用。

理想的测量传声器应该满足以下条件:

1)与声波波长相比,传声器的尺寸应当很小。当它置入声场时,所引起的反射、折射等效应可以忽略不计,不会对声场产生干扰。

2)在声频范围(20~20 000Hz,有时超出这个范围)内具有良好的频率响应特性,即平坦的幅频特性和零相移的相频特性。

3)动态范围宽。人耳感受声压变化的范围为0~120dB,实际噪声测量中声压的变化范围可能更宽,传声器应在很宽的动态范围内具有恒定的声压—电压转换灵敏度。

4)性能稳定。这对于精确可靠的重复测量是至关重要的。

5)高灵敏度和低的电噪声。

此外,考虑到噪声测量的现场条件,测量传声器应该能在湿度高、温度变化大、空气污染和有风的条件下正常工作。

根据声压—电压转换原理的不同,传声器分为磁电式(动圈式)、压电式和电容式三种。只有电容式传声器能很好地满足上述条件,因而成为最广泛使用的测量传声器。事实上,当前使用的噪声测量传声器无一不是电容式的。即使如此,对于电容式传声器而言,上述条件有的也是相互冲突的。比如,直径大的传声器灵敏度高,但频率范围就较窄,对声场的影响也较明显。所以实际使用时,要根据测量的目的和要求,选用适当参数的传声器,并熟悉了解它的各项性能。

(1)电容式传声器的结构和工作原理

电容式传声器的工作原理实质上就是极距变化型电容传感器的工作原理。组成电容器的两个极板之一是一片很轻的弹性金属膜,它在瞬时声压的作用下振动,从而改变了电容器的电容量，并被专门设计的电子线路检测转换为电压。电容式传声器的外形和结构见图9.10。

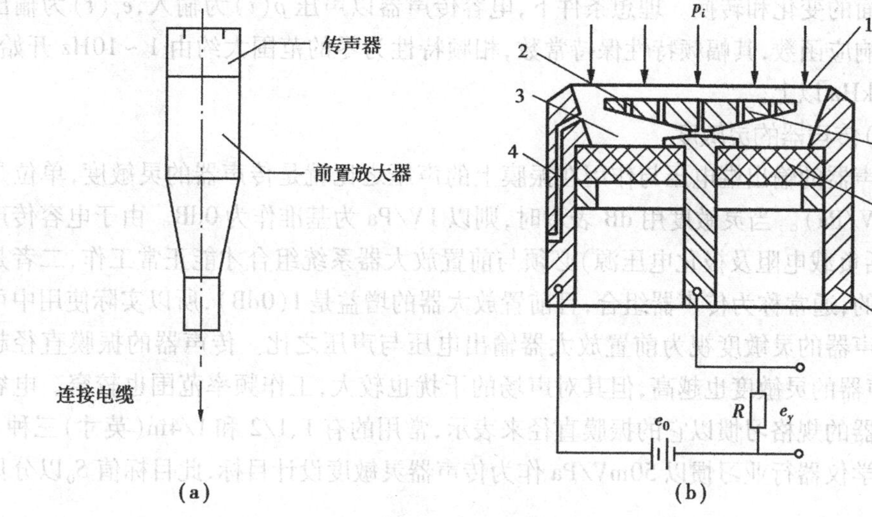

图9.10 电容式测量传声器的外形和结构示意图
(a)电容式测量传声器外形；(b)电容式测量传声器的结构示意图
1—振膜；2—后极板；3—内腔；4—均压孔；5—阻尼孔；6—绝缘体；7—壳体

传声器中的振膜是一绷紧的金属膜片，其厚度在十几微米到几十微米之间，振膜与后极板组成一个极距变化型电容传感器。后极板上有若干经特殊设计的阻尼孔，振膜在声压作用下振动时所造成的气流将通过这些小孔产生阻尼效应，以抑制振膜的振幅，改善传声器的声学特性。在壳体上开有静压平衡毛细孔，用来平衡振膜内外侧的静压力。然而动压(声压)的变化不能通过毛细平衡孔作用于内腔，从而保证只有振膜的外侧受声压作用。

将电容式传声器和一个高阻值的负载电阻 R 及极化电压源 e_0 串联。显然，若无声压作用，振膜不振动，由于传声器电容与负载电阻的串联，回路中不可能有电流流过电阻，输出电压等于零。当振膜在声压作用下振动时，电容器的极距变化，电容量随之变化，这时就有电流流过电阻产生电压降，即产生输出电压 $e_y(t)$。作为一个电压信号源，电容传声器的内阻是很大的，它必须与专门设计的前置放大器(射极/阴极跟随器)连接才能正常工作。前置放大器的增益为1(0dB)，输出输入幅值相等，主要起阻抗变换的作用。它的高输入阻抗和电容传声器的高内阻能很好匹配，接受传声器输出的 $e_y(t)$；其低输出阻抗便于连接后续测量电路。实际的结构是传声器通过螺纹联结直接固定在放大器上，镀金结点保证可靠的电路连接。这样传声器到放大器的高阻抗线路最短，而从放大器输出端到测量分析仪器的连接是低阻电缆(包括驱动电源线和信号输出线)，这有利于减少干扰，提高测量的信噪比并保证测量稳定可靠。

瞬时声压经电容传声器转换成电压 $e_y(t)$ 的过程甚为复杂，涉及声学、电学和振动学方面的变化和转换。理想条件下，电容传声器以声压 $p(t)$ 为输入，$e_y(t)$ 为输出的频率响应函数，其幅频特性保持常数，相频特性为零的范围大约由 1～10Hz 开始，直到 20kHz 以上。

(2)传声器的灵敏度

传声器的输出端电压与作用在振膜上的声压之比就是传声器的灵敏度，单位是伏/帕(V/Pa)。当灵敏度用 dB 表示时，则以 1V/Pa 为基准作为 0dB。由于电容传声器(包括负载电阻及极化电压源)必须与前置放大器系统组合才能正常工作，二者是不可分的，通常称为传声器组合，且前置放大器的增益是 1(0dB)，所以实际使用中可以把传声器的灵敏度视为前置放大器输出电压与声压之比。传声器的振膜直径越大，传声器的灵敏度也越高，但其对声场的干扰也较大，工作频率范围也较窄。电容式传声器的规格习惯以它的振膜直径来表示，常用的有 1、1/2 和 1/4in(英寸)三种。

声学仪器行业习惯以 50mV/Pa 作为传声器灵敏度设计目标，此目标值 S_0 以分贝表示为

$$S_0 = 20\lg\frac{50\times10^{-3}\,\text{V/Pa}}{1\,\text{V/Pa}} = -26\text{dB}$$

实际生产的传声器的灵敏度都会偏离此目标，偏离的大小用灵敏度修正值 K_0(dB)表示。例如，某传声器的灵敏度是 55mV/Pa，用分贝表示为

$$S_0 = 20\lg\frac{55\times10^{-3}\,\text{V/Pa}}{1\,\text{V/Pa}} = -25.2\text{dB}$$

它表示该传声器的灵敏度比目标值高 0.8dB。由于噪声测量仪器都是以灵敏度目标值 50mV/Pa 为标准设计的，所以若用此传声器做噪声测量，所得结果数据都将偏高 0.8dB，故该传声器的灵敏度修正值为 $K_0=-0.8\text{dB}$，此修正值必须从测量结果中扣除。

每个传声器出厂时都带一份鉴定证书，其中标有它的灵敏度修正值 K_0。在校准声测量系统时，应当按有关说明设置此修正值，测量系统会相应地校正传声器的灵敏度偏差，保证测量结果的准确性。

应该注意到，传声器置入声场中某点，必然对声场有干扰，置入前、后该点的声压会发生变化。由于声波的反射和绕射作用，实际作用在振膜上的声压比传声器置入前声场该点的声压大。这就出现了所谓的声压灵敏度和声场灵敏度的差别。前者是传声器输出电压和作用在振膜上的声压之比；后者是传声器输出电压和传声器置入前声场该点的声压之比。

一般情况下，声压灵敏度和声场灵敏度是不一样的。对于一个具体的置于声场中固定点的传声器，它的输出电压是一定的，而实际作用在振膜上的声压大于未置入

前声场原声压。因此，按两种灵敏度的定义计算，声场灵敏度总是大于声压灵敏度。这种差别在低频段甚小，可以忽略；而在高频段较明显。

声学测量传声器分为声场型和声压型两类。声场型产品型号的尾数为奇数，如丹麦的B&K4145和国产的CH13等；而声压型产品型号的尾数则为偶数，如丹麦的B&K4144和国产的CH14等。

声场型传声器在振膜的结构设计上作了一些安排，使之具有适当的阻尼，以减弱高频时反射所产生的压力增量。使用声场传声器正对声源(声波垂直振膜入射)测量时，可以得到一个接近该传声器置入前声场的声压值。这种传声器主要用于自由场测量，即声波有明显方向的场合，如消声室、室外和大型车间等反射较少的场合。测量时，传声器的指向应是声波正入射，即入射声波与传声器轴线平行而垂直于振膜。如果在这种场合使用声压传声器，测量结果有可能偏高，可以接受的办法是使声波掠入射，即入射声波与声压传声器轴线成90°，而平行于振膜。

声压型传感器结构上没有采取补偿措施，主要用于混响场测量及声波无明显方向的场合，如混响室、小型车间等反射较明显的场合。如果在这种场合使用声场传声器，测量的读数可能偏低。在不得不使用时，应该在传声器上加一个称为无规入射纠正器的声学共鸣器，改善其高频响应。

9.4.2 声级计

声级计是噪声测量最基本和最常用的便携式仪器，主要用于测量声压级、声级和倍频程声压级。

按照国际电工委员会(IEC)有关声级计的标准，根据测量精度和稳定性，将声级计分为0，1，2，3共4种类型，其主要技术指标见表9.5。其中，0级声级计用作标准声级计，1级声级计作为实验室或现场测量用精密声级计，2级声级计是用作一般测量用的普通声级计，3级声级计作为噪声监测声级计。

表9.5 声级计等级及其主要技术参数

声级计级别	0	1	2	3
工作1h内读数的最大变化(不包括预热)/dB	0.2	0.3	0.5	0.5
测量精确度/dB	±0.4	±0.7	±1.0	±1.5
不同频率范围声级精确度容许偏差/dB				
31.5~8 000Hz	±0.3	±0.5	±0.7	±1.5
20~12 500Hz	±0.5	±1	—	—

*0级、1级属精密声级计，2级、3级为普通声级计。

(1)声级计的工作原理

按其功能和使用范围，声级计又被分为普通声级计(工程现场测量中现已很少使用)、精密声级计、脉冲(精密)声级计和积分(精密)声级计几类。各种类型的声级计的工作原理是基本相同的,一般由传声器、前置放大器、放大/衰减器、计权网络、有效值检波器和输出指示等环节组成,其差别主要是附加的一些特殊功能。图9.11是典型的精密声级计工作原理框图。

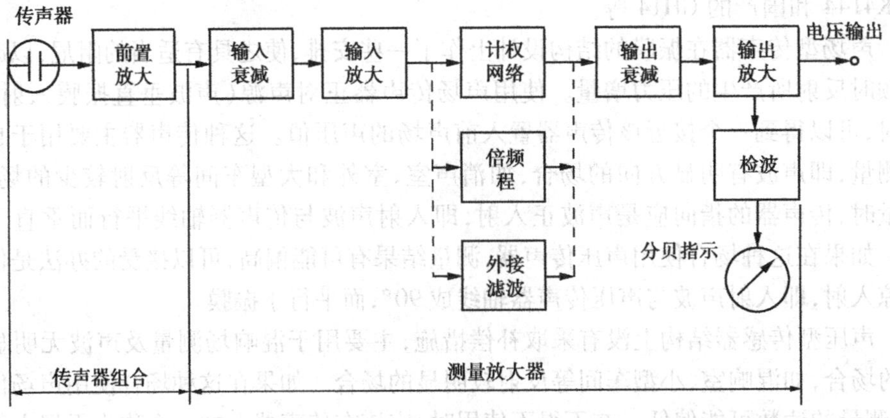

图9.11 声级计的工作原理框图

被测声压信号由电容式传声器组合接收,被转换为电压信号并经阻抗变换后由前置放大器输出低阻电压信号。此电压信号被送入一个称为测量放大器的系统。在测量放大器中,输入衰减/放大器对信号作幅值调节后送入计权网络,计权网络通常有A、B、C、线性(20~20 000Hz)及全通(10~50 000Hz)五种选择,经计权后的信号再经输出衰减/放大器处理后进入均方根检波器,完成对信号的均方根运算,求得噪声的均方根声压值(积分平均时间T可选),最后由指示器以“dB”指示噪声声压级或声级。

在测量放大器中,采用两套衰减/放大器的目的是为了保证在120dB或更大的动态范围内测量系统有良好的线性和高的信噪比。计权网络可以被1倍频程或1/3倍频程滤波器组(声级计附件)置换,这时声级计输出指示的是频带声压级,可以作噪声的1倍频程或1/3倍频程频谱分析,还可以接入通用模拟滤波器对噪声做更细致的分析。若计权网络选择线性或全通挡,输出放大器给出的电压信号就是瞬时声压的不失真转换,可接至示波器、记录仪和信号分析系统,对噪声信号进行监测、存储和作全面分析处理。

将传声器组合和测量放大器系统组合为一台便携式仪表就是声级计。声级计由电池供电,特别适合现场噪声测量,其外形见图9.12(倍频程式滤波器作为附件可以与声级计配合使用)。也可以由传声器和前置放大器组合、连接电缆和测量放大器组成噪声测量系统,用于实验室的声测量。

脉冲(精密)声级计除具备一般精密声级计的功能外,还能对不连续的、持续时间很短的脉冲声或冲击声进行测量。测得的脉冲噪声可以是其有效值或峰值,输出

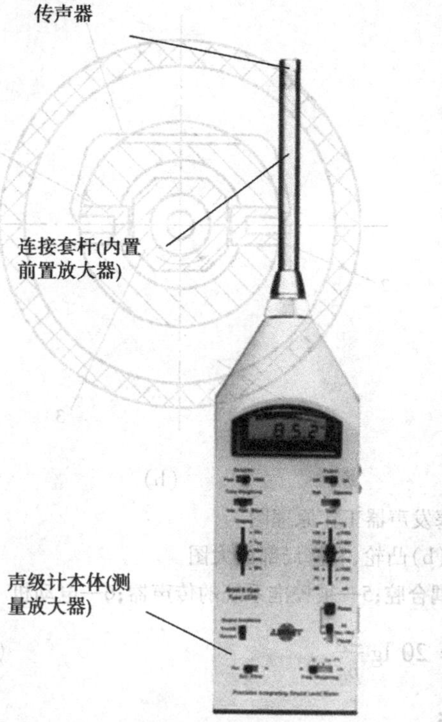

图9.12 B&K2230 精密积分声级计外形

指示有“脉冲”和“峰值”保持功能,便于读数。对枪炮声、冲压机械的冲压声和锤击等脉冲噪声的测量,均应使用脉冲声级计进行。

积分(精密)声级计除了具备一般精密声级计和脉冲(精密)声级计的功能外,还能用内部配置的微型数字处理器计算给定时间内的连续等效声级,平均时间可以从几秒到20几小时。这种声级计采用数字显示输出测量结果,特别适用于对非稳态连续噪声的连续等效声级测量。

(2)声级计的校准

为确保测量结果的准确度和可靠性,声测量系统应当定期校准。某些行业的噪声测量标准规定,每次测量前和结束后必须对噪声测量装置进行校准,两次的差值不得大于1dB,否则所得结果无效。

校准可以分别对传声器和声级计本体(测量放大器)进行,也可对整个声级计系统进行。传声器灵敏度的校准必须在专门的实验室进行,而测量放大器有内置灵敏度(系统增益)自检功能,可以很方便地随时校准(这时必须考虑传声器的灵敏度修正值 K_0),但计权网络特性的校准也只能在实验室进行。实际噪声测量中,常采用系统校准的方法,就是对传声器和测量放大器的组合灵敏度作综合校准(由于是整个系统的校准,无须考虑传声器灵敏度修正值 K_0)。这里仅就最常用的活塞发声器校准法作一介绍。

活塞发声器是一种可供现场使用的精确、可靠而又简单的校准装置。用一个由电池供电的电机,通过凸轮驱动一对独立而又对称的活塞运动,在耦合腔内产生一个高稳定度的无畸变的正弦声压,声压作用在传声器上,参看图9.13。调节声级计或测量放大器的灵敏度电位器,使输出指示为给定分贝值,整个声测量系统就校准好了。

活塞发声器产生的声压有效值和对应的声压级分别为

$$\Delta p = \frac{\sqrt{2}\nu P A_p l}{V_0} \tag{9.36}$$

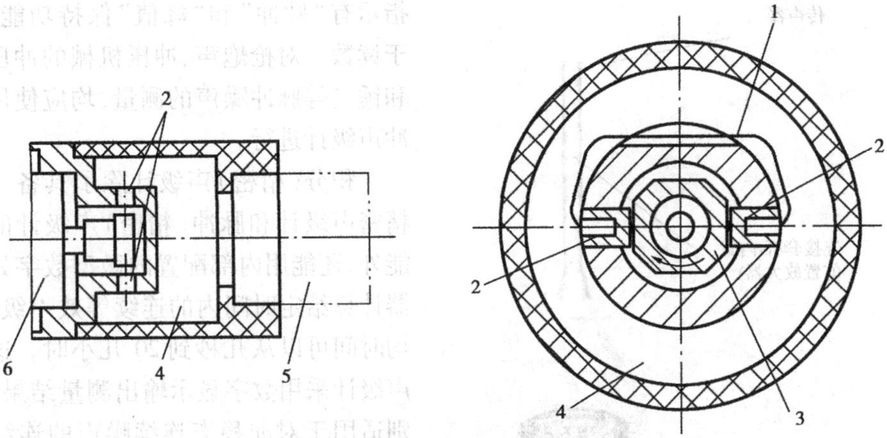

(a) (b)

图 9.13 活塞发声器工作原理图

(a)主要组成部分;(b)凸轮、和塞局部放大图

1—复位弹簧;2—活塞;3—凸轮;4—耦合腔;5—被校准系统的传声器;6—电动机

$$L_p = 20 \lg \frac{\Delta p}{p_0} \tag{9.37}$$

式中 ν——空气的比热比,取 $\nu = 1.41$;

l——活塞的行程;

A_p——活塞的面积;

V_0——耦合腔的体积;

P——大气压强。

由式(9.36)和式(9.37)可以看出,在大气压强一定的情况下,活塞发声器产生的声压级完全由它的结构尺寸决定,所以是相当稳定的。但在使用时必须保证传声器和活塞发声器的良好配合和密封,还要根据当地大气压力的变化,修正读数(这种校准装置都附有气压计和修正曲线)。活塞发声器发出的正弦声压频率为 250Hz,标准大气压下的有效声压为(124 ±0.2) dB。要注意的是,用活塞发声器校准声测量系统时,测量放大器的计权网络必须置于线性位置。

9.5 工业噪声测量

工业噪声测量,根据对象的不同,内容亦不同。若是为了评价机器设备或产品的噪声,则应对机器设备或产品进行噪声测量;若是为了了解噪声对人的干扰和危害,防止噪声污染,则应进行环境噪声测量。本节仅针对机械工程中最常遇到的机械设备的噪声测量问题加以讨论,而有关环境噪声的测量,读者可参阅有关专著。

9.5.1 一般现场测量

现场测量是指在工厂车间等现场环境条件下，对机械设备的噪声进行测量，其目的要么是为了对现场设备的噪声作出评价，要么是为了对不同类型机械设备的噪声作比较，或者是为了对设备的噪声进行控制。现场噪声测量主要是A声级测量和倍频程频谱分析，必要时可将信号记录下来，随后再做全面分析。

对某台设备的噪声测量是沿一条包围设备的测量回线进行的。对于外形尺寸小于0.3m的对象，回线与设备外轮廓的距离为0.3m；对于外形尺寸介于0.3~0.5m的机器，回线与设备外轮廓的距离为0.5m；对于外形尺寸大于1m的机器，回线与设备外轮廓的距离为1m。

传声器的高度应以机器的半高度为准，或选取机器的水平主轴的高度（但距地面均不得小于0.5m），或选取1.5m（人耳平均高度）。

在一般情况下，机器是非均匀地向各个方向辐射噪声，因此应沿测量回线选取若干点进行测量（一般不小于4点），如图9.14所示。测量时，传声器（一般为声场型）应正对机器的外表面，使声波正入射，其投影应落在测量回线的测点上。测点应远离其他设备或墙体等反射面，距离一般不小于2m，在各测点测量噪声的A声级（有时也辅以声压级）。当相邻两点所测得的噪声级差大于5dB时，则应在其间增加测点。一般规定，以所测得的最高A声级dB(A)为该机器噪声大小的评价值。如需对噪声做倍频程频谱分析，或要将声压信号记录下来作详细分析，通常以最高A声级或最高声压级点为主要测点，也可根据需要再选取辅助测点。

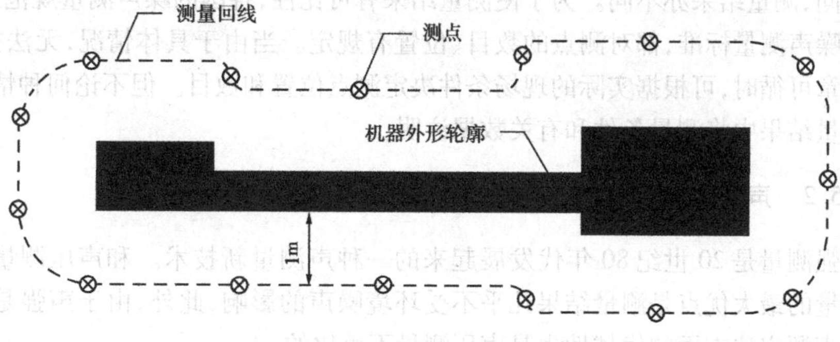

图9.14 机器噪声测点示意图

对空气动力机械，如通风机、压缩机、内燃机等，若要测量它们的进、排气噪声，则进气噪声测点应在进气口轴向，距管口平面最小距离为1倍管口直径，通常选在距管口平面0.5m或1m处。排气噪声测点则应取在与排气管轴线成45°方向上或管口平面上，距管口中心0.5m、1m或2m处，见图9.15。

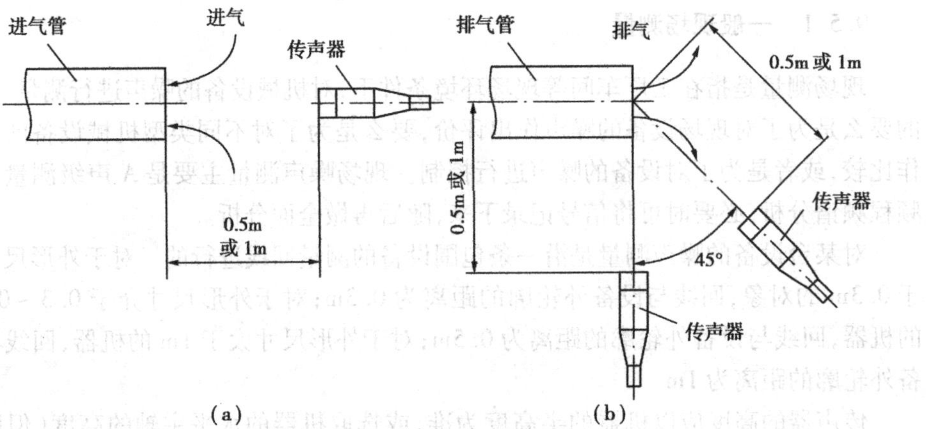

图 9.15　进、排气口噪声测点的选取

(a)进气口噪声测点的选取;(b)排气口噪声测点的选取

现场噪声测量时应当避免本底噪声的影响。无论是 A 声级测量还是倍频程声压级测量,都要同时测出相应的本底噪声,并按 9.1 节“声压级的扣除”中的相关公式或曲线,扣除本底噪声对测量结果的影响。

在对机器运转噪声作评价时,机器的运转参数必须符合有关的行业规定。如金属切削机床的噪声级测量是在正反转各级转速和中等进给量(空载)的情况下测量,取其最大值。

如上所述,机械设备(或其他设备)噪声的测量,由于测点与被测对象的相互位置的不同,测量结果亦不同。为了使测量结果有可比性,各国的噪声测量规范或各类产品的噪声测量标准,都对测点的数目、位置有规定。当由于具体情况,无法按规定办或无章可循时,可根据实际的现场条件决定测点位置和数目。但不论何种情况,都应在测量结果中将测量条件和有关数据注明。

9.5.2　声强测量

声强测量是 20 世纪 80 年代发展起来的一种声测量新技术。和声压测量相比,声强测量的最大优点是测量结果几乎不受环境噪声的影响,此外,由于声强是矢量,它在噪声源定位方面的优越性也是声压测量不可比的。

(1)声强测量原理

由 9.1 节介绍的声强定义可知,声强是单位面积的声功率流。功率等于速度与力的乘积,在流体(包括空气)中,单位面积上的瞬时声功率就等于单位面积上的力(压强)与速度的乘积,亦即

$$\text{瞬时声强} = \text{压强} \times \text{速度}$$

故平均声强为(参看式(9.4))

$$I_r = \overline{p(t) \cdot v_r(t)} \tag{9.38}$$

式中 I_r——声场中测量点在 r 方向的声强；

$p(t)$——声场中该点的瞬时声压；

$v_r(t)$——该点空气质点在 r 方向的瞬时速度；

上横线为积分平均的简化表示，即 $\frac{1}{T}\int_0^T(\,)\mathrm{d}t$。

将牛顿第二定律应用于流体，则得到流体力学中的欧拉方程

$$\frac{\partial v_r}{\partial t} = -\frac{1}{\rho}\frac{\partial p}{\partial r} \tag{9.39}$$

式中 $\frac{\partial p}{\partial r}$——瞬时声压沿 r 方向随距离的变化率，即压力梯度；

ρ——媒质密度；

$\frac{\partial v_r}{\partial t}$——媒质质点在 r 方向的加速度分量。

式(9.39)说明，正是压力梯度引起了媒质质点的加速度。加速度的大小与压力梯度成正比，方向与压力梯度的方向相反。将该式对时间积分就可以得到媒质质点的速度，即

$$v_r = -\frac{1}{\rho}\int\frac{\partial p}{\partial r}\mathrm{d}t \tag{9.40}$$

设 p_B 和 p_A 分别是声场中测量点处沿 r 方向相距一小间隔 Δr（与声波波长相比甚小）的两点的瞬时声压，则压力梯度$\frac{\partial p}{\partial r}$可以用有限差分近似表示为

$$\frac{\partial p}{\partial r} \approx \frac{p_B - p_A}{\Delta r} \tag{9.41}$$

测量点的瞬时声压可以用这两点的瞬时声压 p_B 和 p_A 的平均值表示

$$p \approx \frac{p_A + p_B}{2} \tag{9.42}$$

将式(9.40)、式(9.41)和式(9.42)代入式(9.38)可得计算声强的基本公式如下：

$$I_r = -\frac{1}{2\rho\Delta r}\overline{(p_A + p_B)\int(p_B - p_A)\mathrm{d}t} \tag{9.43}$$

该式表明，声强的工程测量可以借助两个互相靠近并留有间隔的一对传声器所测得的一对瞬时声压经计算来实现。测量的近似性或测量误差主要取决于传声器的特性的一致性、间隔 Δr 及测量的频率范围。

声强计算的基本公式(9.43)给出的是声场中某点沿指定方向的声强值。以此为基础，还可以导出所谓的声强谱，它表示声强的频率分布，即各频率分量对声强值的贡献。

式(9.43)中的积分平均可以做如下简化

$$\overline{(p_A + p_B)\int(p_B - p_A)\mathrm{d}t} = \overline{(p_A + p_B)\int p_B\mathrm{d}t} - \overline{(p_A + p_B)\int p_A\mathrm{d}t} =$$

$$\overline{p_A\int p_B\mathrm{d}t} + \overline{p_B\int p_B\mathrm{d}t} - \overline{p_A\int p_A\mathrm{d}t} - \overline{p_B\int p_A\mathrm{d}t}$$

其中,根据正交原理,有

$$\overline{p_B\int p_B\mathrm{d}t} = 0, \overline{p_A\int p_A\mathrm{d}t} = 0$$

所以

$$\overline{(p_A + p_B)\int(p_B - p_A)\mathrm{d}t} = \overline{p_A\int p_B\mathrm{d}t} - \overline{p_B\int p_A\mathrm{d}t} \tag{9.44}$$

用 $P_A(f,T)$ 和 $P_B(f,T)$ 分别表示瞬时声压 p_A 和 p_B 的有限傅里叶变换,即

$$P_A(f,T) = \int_0^T p_A(t)\mathrm{e}^{-\mathrm{j}2\pi ft}\mathrm{d}t, P_B(f,T) = \int_0^T p_B(t)\mathrm{e}^{-\mathrm{j}2\pi ft}\mathrm{d}t$$

根据傅里叶变换的乘法特性和积分特性(参看第2章)可得

$$\overline{p_A\int p_B\mathrm{d}t} - \overline{p_B\int p_A\mathrm{d}t} = \overline{\left(\frac{P_A^*(f,T)\cdot P_B(f,T)}{\mathrm{j}2\pi fT}\right)} - \overline{\left(\frac{P_B^*(f,T)\cdot P_A(f,T)}{\mathrm{j}2\pi fT}\right)}$$

式中 “$*$”表示取共轭;等号右边的上横线表示频域积分 $\int_{-\infty}^{\infty}(\cdot)\mathrm{d}f$。

在 $T\to\infty$ 时,可得

$$\overline{p_A\int p_B\mathrm{d}t} - \overline{p_B\int p_A\mathrm{d}t} = \overline{\left(\frac{S_{AB}(f) - S_{AB}^*(f)}{\mathrm{j}2\pi f}\right)} = \overline{\left(\frac{\mathrm{Im}S_{AB}(f)}{\pi f}\right)} \tag{9.45}$$

式中 $S_{AB}(f)$——瞬时声压 p_A 和 p_B 的互谱;

$\mathrm{Im}S_{AB}(f)$——互谱的虚部。

将上述结果代入式(9.44)和式(9.43),最后得到

$$I_{\mathrm{r}} = -\frac{1}{2\pi\rho\Delta r}\int_{-\infty}^{\infty}\frac{\mathrm{Im}S_{AB}(f)}{f}\mathrm{d}f \tag{9.46}$$

如果用 $I_{\mathrm{r}}(f)$ 表示声强的频率分布(声强谱),即

$$I_{\mathrm{r}} = \int_{-\infty}^{\infty}I_{\mathrm{r}}(f)\mathrm{d}f$$

则有

$$I_{\mathrm{r}}(f) = -\frac{1}{2\pi f\rho\Delta r}\mathrm{Im}S_{AB}(f) \tag{9.47}$$

该式表示声强谱 $I_{\mathrm{r}}(f)$ 可以由瞬时声压 p_A 和 p_B 的互谱导出,是声强谱数字分析的基础。

(2)声强测量仪器

1)声强探头

根据式(9.43),为了同时获得声场中测量方向上两点的瞬时声压信号 p_A 和 p_B,可用两只性能相同的传声器面对面地组合,固定在一个支架上而组成声强传感器来实现。两传声器的轴线就是声强测量的敏感方向,它们之间的间隔由定距柱固定,以保证一定的声学间距 Δr,见图9.16。也有将传声器背靠背或并排布置的,但以面对面布置性能最好,所以现在大都采用面对面布置方式。

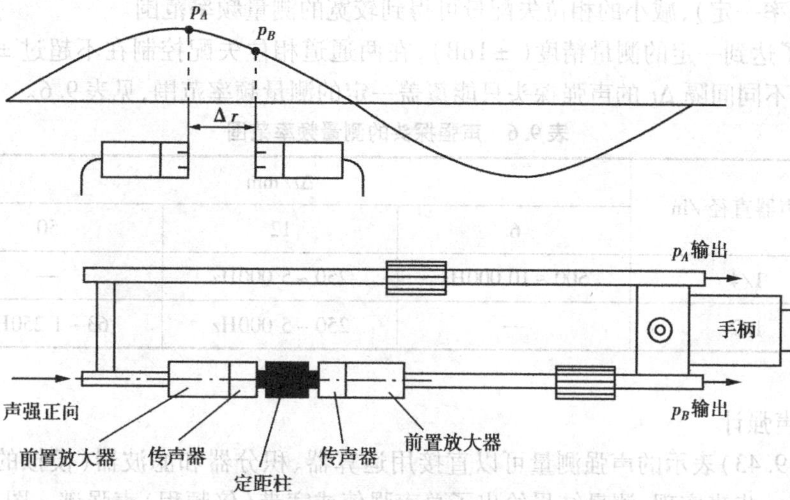

图9.16 声强探头示意图

声强探头是有方向性的,它测量的是沿传声器轴线的声强分量,以其前端到柄部方向为正。

组成声强探头的两只传声器经过仔细校准配对,并和前置放大器组合在一起。它们的幅频和相频特性在测量频率范围内有很好的一致性。当说到声强探头时,指的是图9.16所示的由两套传声器+前置放大器组成的传声器系统。两通道的连接电缆内有电源线和信号输出线,它们接至随后的测量装置专门端口上,由它们提供传声器和前置放大器工作所需的电源和接收转换后的声压信号。

声强探头的测量频率上限由两个传声器之间的间隔 Δr(定距柱尺寸)决定。由于声场压力梯度的测量是以差分代替微分,只有 Δr 远小于声波波长(一般要求声波波长至少是 Δr 的6倍以上),才能得到较好的近似。一定的 Δr 就对应一定的最小波长,亦即某个测量频率上限。所以间隔 Δr 越大则测量频率上限越低。

声强分析系统两通道之间的相位失配量(相频特性的不一致性)和传声器间隔 Δr 决定测量频率下限。声强探头测得的声压信号 p_A 和 p_B 之间是有相位差的,这个相位差对声强测量十分重要,可靠的声强测量要求两通道相位失配远小于信号相位差。一方面,随着频率的下降,声波波长增加,间隔 Δr 对应的两通道信号相位差减小,对通道相位失配的要求增高;另一方面,较大的 Δr 对应的信号相位差也较大,对通道相位失配的宽容度增加。所以，通道相位失配越小、间隔 Δr 越大，测量频率下限就越低。

归纳起来就是：Δr 增大，测量频率上限降低，下限向低端扩展，整个测量频率范围向低端移动；Δr 减小，测量频率上限向高端扩展，下限升高，整个测量频率范围向高端移动；两通道之间的相位失配量越小，测量频率范围的下限也越低，在 Δr 一定时（上限频率一定），减小的相位失配量可得到较宽的测量频率范围。

为了达到一定的测量精度（±1dB），在两通道相位失配控制在不超过 ±0.3°的条件下，不同间隔 Δr 的声强探头只能覆盖一定的测量频率范围，见表 9.6。

表 9.6 声强探头的测量频率范围

传声器直径 /in	Δr/mm		
	6	12	50
1/4	500 ~ 10 000Hz	250 ~ 5 000Hz	—
1/2	—	250 ~ 5 000Hz	63 ~ 1 250Hz

2）声强计

式(9.43)表示的声强测量可以直接用运算器、积分器和滤波器（模拟的或数字的）一步一步来实现，测量结果给出了总声强值或宽带（倍频程）声强谱。图 9.17 和图 9.18 所示分别是模拟式声强计和数字式声强计的工作原理框图。声强计是一种紧凑的便携式声强测量仪器，常用于现场声强测量。

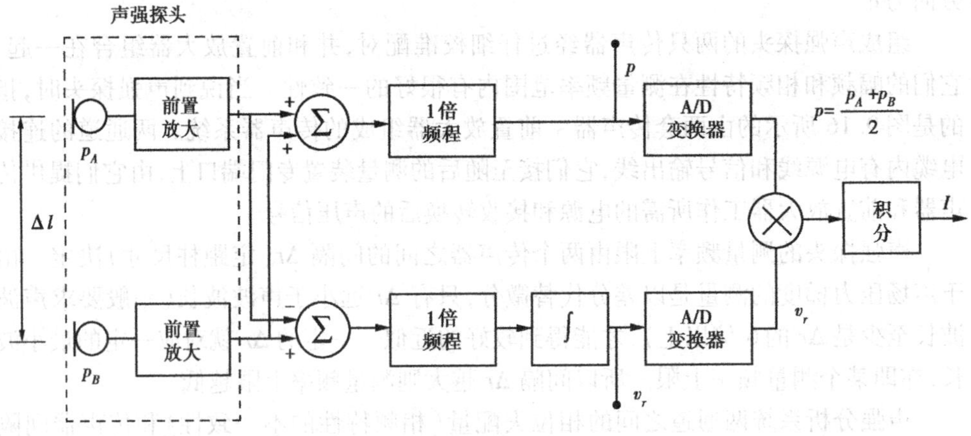

图 9.17 模拟式声强计

两种声强计的工作原理是相似的。声强探头同步拾取声压信号 p_A 和 p_B 并转换为电压信号。两路电压信号相加表示测点瞬时声压；相减表示压力梯度，经积分后表

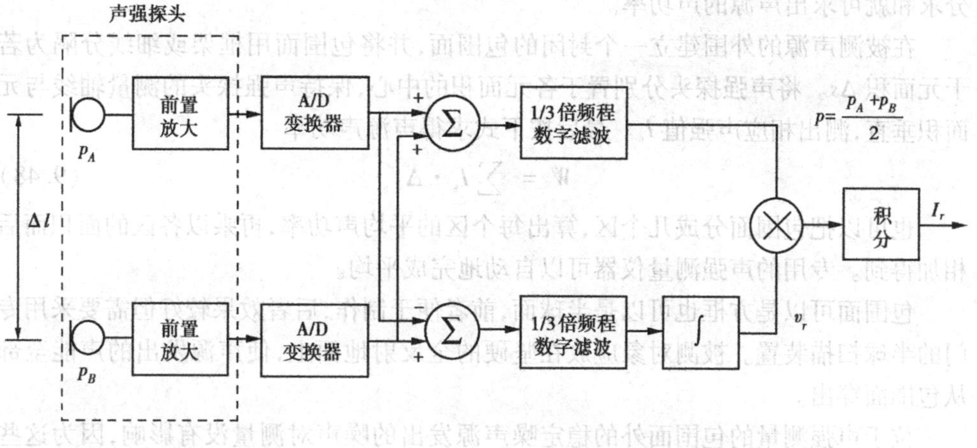

图9.18 数字式声强计

示质点速度。压力信号和速度信号相乘(均采用数字方法),再求积分平均就得出声强值。如果接入1倍频程或1/3倍频程滤波器,则可测得相应频带声强值,即1倍频程或1/3倍频程声强谱。

3)数字式声强分析系统

数字式声强分析系统一般由声强探头和双通道FFT分析仪组成,见图9.19。它的工作原理是根据式(9.47),用FFT算法计算两通道声压信号的互谱再进行频域幅值积分(除以角频率),可得出窄带声强谱,也可以得出倍频程声强谱和总声强值。FFT分析仪的工作原理可参看5.6节。

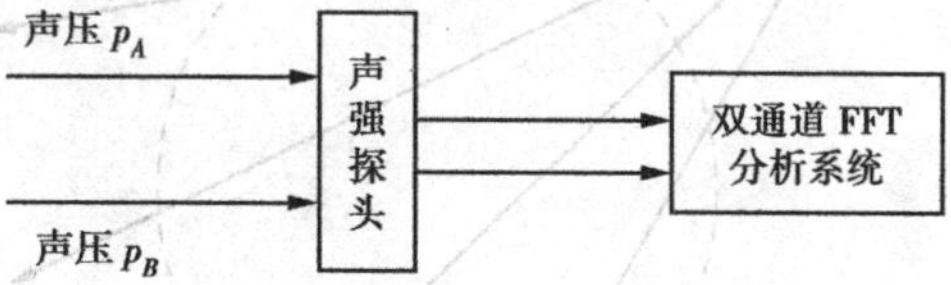

图9.19 数字式声强分析系统

(3)声强测量的应用

作为一种先进的声测量技术,声强测量的应用是十分广泛的。包括声源声功率测定、声源定位和排列、机械表面声辐射效率、结构的振强(噪声辐射结构内的功率流)和声场空间变换等。这里仅就声功率测量和声源定位作一简介。

1)声功率测定

声源声功率是评价声源发声大小的最客观的指标,声压只是声源发出的声能在声场中的体现。用测量声压来测定声功率受到很多条件的限制,对环境条件要求高,测量误差较大。而用测量声强来测定声功率具有一系列的优越性,它能在工程现场条件下操作,并能得出较为可靠的测量结果,所以这种测量技术得到越来越广泛的应用。

由于声强是声场中单位面积流过的声功率,因此声强在包围声源的封闭面上积分求和就可求出声源的声功率。

在被测声源的外围建立一个封闭的包围面,并将包围面用框架或细线分隔为若干元面积 Δs。将声强探头分别置于各元面积的中心,保持声强探头的测量轴线与元面积垂直,测出相应声强值 I_s。最后按下式求得声源声功率

$$W = \sum I_s \cdot \Delta_s \tag{9.48}$$

也可以把包围面分成几个区,算出每个区的平均声功率,再乘以各区的面积而后相加得到。专用的声强测量仪器可以自动地完成平均。

包围面可以是方框也可以是半球面,前者便于制作,后者效果较好但需要采用专门的半球扫描装置。被测对象应放在坚硬的全反射地面上,使声源发出的声能全部从包围面穿出。

位于声强测量的包围面外的稳定噪声源发出的噪声对测量没有影响,因为这些声能从包围面的一侧进入(声强为负),从另一侧穿出(声强为正),在包围面上的积分为零(但包围面内不能有吸声体),参看图9.20。所以用声强测量技术测定声源声功率可以在工程现场进行,这是声强测量的一大优越性。

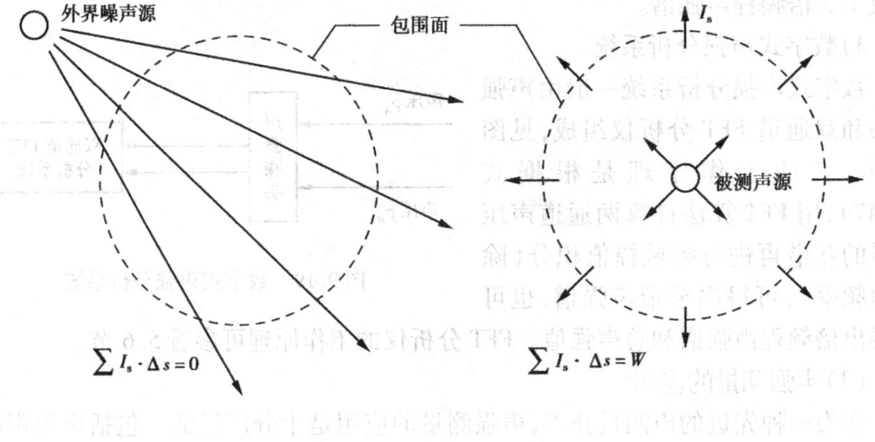

图9.20　声功率测量示意图

2)声源定位和声强图

声强是一个矢量,声强探头在接收入射声波时是具有方向性的。利用这一原理,可以通过声强测量来寻找噪声源。具体做法是,让声强探头沿一条水平测量线平行移动(探头的两传声器的轴线平行于测量线),测量线的高度与估计的噪声源的高度大致相同或参考前述现场声级测量的高度。在某一点上声强的方向会突然改变,这里噪声入射线必然与探头的轴线垂直,便可知道噪声源位于通过声强探头定距柱中心的垂直平面上。然后沿着和上述测量线成90°的另一测量线重复这一扫描过程,这样就能找出位于二平面相交线上的噪声源。这种声源定位的方法称为零点定位法,适用于查找单一或集中的噪声源,参看图9.21。

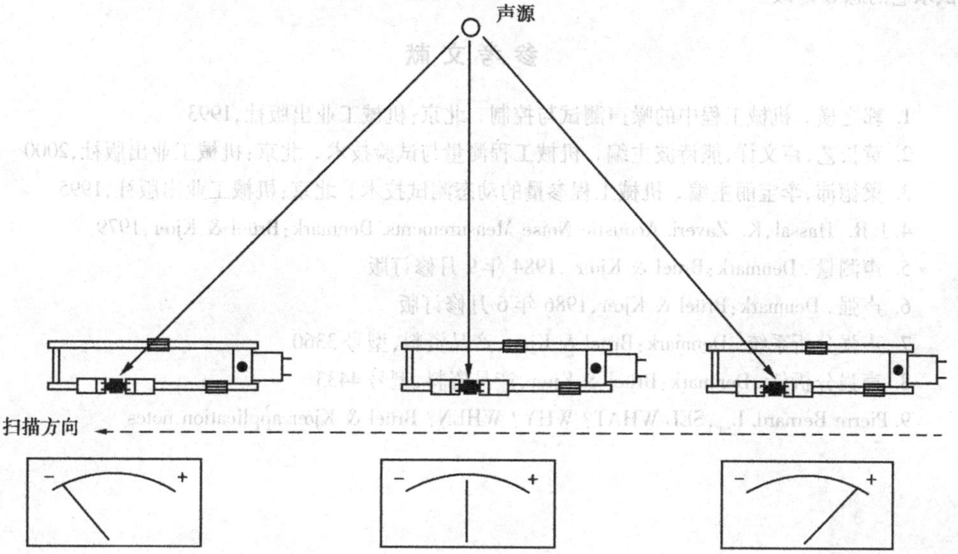

图 9.21 用零点定位法查找声源示意图

一台机器往往不只有一个噪声源,各声源噪声辐射的大小可以用声强图来判断。设置一个测量网格面靠近机器,表示机器的某个辐射面。在网格结点上测量声强辐射,可以作出声强值随测量面坐标变化的三维图——声强图。由于声强测量可以在近声场进行(测量点靠近机器的表面),不受环境噪声的干扰,而近场测量的声强值与声源位置的相关性较大,所以从声强图上能比较准确地识别多个声源和(或)声渊(机器的吸声部分,声强在这里呈负值,表示声能流入)。

习　题

9.1　求证式(9.17)。

9.2　声场中某点的瞬时声压为

$$p(t) = A_1\sin(100\pi t) + A_2\cos(400\pi t) + A_3\sin(2\,000\pi t)$$

式中 $A_1 = 2\text{Pa}, A_2 = 1.2\text{Pa}, A_3 = 1\text{Pa}$。求该点的均方声压 p^2,声压 p,声压级 L_p,A 声级 L_A。

9.3　声场中某测点附近有 3 个声源,同时发声时测得 A 声级为 92dB(A);1 号声源停止,2、3 号声源发声时测得 A 声级为 87.5dB(A);2 号声源停止,1、3 号声源发声时测得 A 声级为 90.6dB(A)。求各声源单独发声时产生的 A 声级(不计声场背景噪声)。

9.4　测得某风机的 1 倍频程各频带声压级如下:

1 倍频程中心频率/Hz	63	125	250	500	1 000	2 000	4 000	8 000
频带声压级/dB	45	52.5	70.3	80.5	81.2	77.2	69.4	63

试求它的总 A 声级。

参考文献

1. 郭之璜．机械工程中的噪声测试与控制．北京:机械工业出版社,1993
2. 黄长艺,卢文详,熊诗波主编．机械工程测量与试验技术．北京:机械工业出版社,2000
3. 梁德沛,李宝丽主编．机械工程参量的动态测试技术．北京:机械工业出版社,1995
4. J. R. Hassal, K. Zaveri. Acoustic Noise Measurements. Denmark: Brüel & Kjœr, 1979
5. 声测量．Denmark: Brüel & Kjœr ,1984 年 9 月修订版
6. 声强．Denmark: Brüel & Kjœr, 1986 年 6 月修订版
7. 声强分析系统．Denmark: Brüel & Kjœr, 产品资料, 型号 3360
8. 声强分析仪．Denmark: Brüel & Kjœr, 产品资料, 型号 4433
9. Pierre Bernard. L_{eq}, SEL WHAT? WHY? WHEN? Brüel & Kjœr application notes

第10章

应变、应力测试

应用应变测定构件表面的应变及应力，对于分析与研究零件、机构或结构的受力情况及工作状态的可靠性程度，验证设计计算结果的正确性具有重要的作用。应变、应力测试技术，对于发展设计理论，研究机械工程中某些物理现象的机理及实现机械运行自动化，都具有重要的意义。

10.1 概　述

应用电阻应变片作为传感器件,测量应变、应力及与相关的物理量,是一种常见的实验应力分析方法。其测试原理如下:把电阻应变片粘贴在被测构件表面上,并接入测量电路。当被测构件受外力作用引起变形时,应变片敏感栅也随之变形,敏感栅的电阻值发生相应变化。其变化量的大小与构件表面成一定的比例关系,经后接测量电路(如电桥)转换为电信号输出,由显示记录仪器记录或输入计算机、分析仪器进行数据处理。其测试过程可用方框图10.1表示。

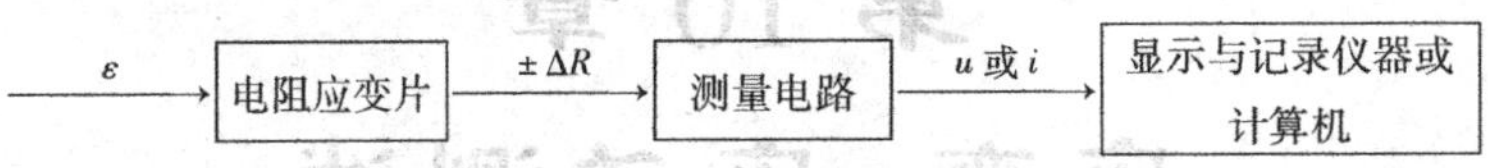

图10.1　应变测试方框图

测量结果是应变值,通过应变与应力的力学关系,可计算出被测构件应力大小。

应变测试具有如下特点:

1)用途广泛　以应变测试为基础,可制成多种传感器件,用于测量应力、力、力矩、压力、位移等物理量,易于实现多点同步测量、远距离测量和遥测,且能用于生产过程的自动检测和自动控制。

2)动态特性好　因其尺寸小,重量轻,基本上不干扰试件的应力状态,几乎无惯性,还可组合成各种应变花,测量复杂应力状态。其动态应变范围可达0~500kHz。

3)测量范围大　一般测量范围在$10 \sim 10^4\mu\varepsilon$量级。用高精度测量系统可测$10^{-2}\mu\varepsilon$,用大应变片可测塑性变形。

4)适应性强　选用不同种类的应变片,可以在高温、高压、强振、潮湿、腐蚀等恶劣环境中测量,性能稳定,价格便宜。因此,应变测试得到广泛应用。

10.2　应变片的选择

应变测试中,应根据被测对象的受力状态和构件的材质、测试精度要求、测试环境等条件,选用合适的应变片。

10.2.1　敏感栅材料的选择

制成栅状的金属丝是感受构件应变状态的传感元件,常称为敏感栅,它是应变片的核心部分,直接影响应变测试精度。因此,对敏感栅材料有一定的要求:

①在弹性范围和塑性范围内,其灵敏系数应稳定,电阻率高。

②电阻温度系数小,且对铜的电动势小。

③有良好的加工性和焊接性。

常用的敏感栅材料见表10.1。

表10.1 敏感栅常用金属材料的性能

材料名称	主要成分%	电阻率 ρ /($\Omega \cdot mm^2 \cdot ℃^{-1}$)	电阻温度系数 α_o/($10^{-6} \cdot ℃^{-1}$)	线膨胀系数 /($10^{-6} \cdot ℃^{-1}$)	最高使用温度/℃	灵敏系数 k_0
康铜	Ni45 Cu55	0.45~0.54	±20	14.9	+250 静态 +400 动态	2.0
镍铬合金	Ni80 Cr20	0.9~1.1	110~130	14.0	+400 静态 +800 动态	2.1~2.5
镍铬铝合金	Ni73 Cr20Al3~4 Fe 余量	1.33	±10	13.30	+800 静态 +1 000 动态	2.4
铂钨合金	W8.5 Pt81.5	0.74	192	9.0	+800 静态 +1 000 动态	3.2

通常,在200℃以下温度进行测试,由于康铜灵敏系数稳定,电阻温度系数小,故应用广泛,但在300℃以上高中温度进行测试,由于康铜电阻温度系数急剧变化而不宜采用,致使灵敏系数不稳定,应选用镍铬合金、铂钨合金等材料。若要求体积小,输出大的传感元件时,宜采用半导体材料。常用的半导体材料见表10.2。

表10.2 常用半导体材料

材料名称	弹性模量 10^{12}达因/cm^2	电阻率	灵敏系数	晶向
P型硅	1.87	7.8	175	111
N型硅	1.23	11.7	-132	[100]

10.2.2 底基材料的选择

敏感栅是用粘结剂粘贴在底基上的。底基的作用除了支撑敏感栅外,还必须准确地把试件应变传递给敏感栅。因此要求底基材料和粘结剂都具有弹性模数小,绝缘电阻高,化学性能稳定,较薄的厚度并有良好的抗温抗热性能。常用的底基材料有纸基、胶基及玻璃纤维布基。

1)纸基　制造简单,易于粘贴、价格便宜、工作特性能满足大部分使用要求,故应用普遍。但耐湿性和耐热性差,一般用于70℃以下温度,短时间测试工况中。常采用硝化纤维素和乙基纤维素粘合剂。

2)胶基　采用酚醛、环氧和聚脂等有机材料固化制成的底基,简称为胶基。其耐湿性、耐热性、绝缘性、弹性等优于纸基,使用温度可达100～300℃,适于环境温度高,湿度大,测试时间长的工况。粘合剂应适合所选择的底基材料。

3)玻璃纤维布基　采用玻璃纤维布、石棉等材料制作底基,工作温度可提高到400～500℃。

10.2.3　栅长与栅厚的选择

应变片测出的应变是测点粘贴区域内应变的平均值。为保证测定的应变接近于测点的真实应变,应选择栅长小的应变片。例如使用在传感器弹性元件上或试件应变梯度较大的条件下,宜选用栅长小的应变片。在测量瞬态或高频动应变时,要求频率响应好,宜用栅长小的应变片。当测量材质不均匀的木材、混凝土试件时,应采用栅长大的应变片,以测出其应变的平均值,值得注意的是,选用栅长小的应变片时,其横向效应大,将产生测量误差,应予以修正。

10.2.4　灵敏系数的选择

应变片灵敏系数K值愈大,输出也愈大。K值大,可简化测量电路中的放大单元。故在实际测量时宜选用K值大的应变片。目前,大多数应变仪按$K=2$设计,所选择的应变片宜选用$K=2$的应变片。当$K\neq 2$时,根据测试精度要求,应对测量结果进行修正。有些应变仪设有灵敏系数调节装置。在一定范围内允许使用$K\neq 2$的应变片而不需修正。

10.2.5　测试环境的选择

温度、湿度、高压等环境条件对应变片的性能影响很大。

①环境温度变化时,虽无外力作用,应变片敏感栅的电阻值也要发生变化,且由于敏感栅材料与试件材料的线膨胀系数不一致,而产生附加应变也引起电阻值的变化,从而使敏感栅产生热输出,造成测量误差。因此要求选用电阻温度系数小的应变片。为了补偿热输出,已研制出各种温度下的自补偿应变片,如粘贴式自补偿应变片:工作温度在150～400℃,补偿温度为$\pm 1.8\mu\varepsilon/℃$,如图10.2所示。

焊接式高温应变片:工作温度在400～550℃内,如图10.3所示。

实际测量中,还可利用测量电桥的和差特性达到温度补偿的目的。

②环境湿度大,易使应变片受潮,导致应变片绝缘电阻下降,并产生零漂。因此,在潮湿环境中进行应变测试时,应选用防潮性能好的胶基应变片。

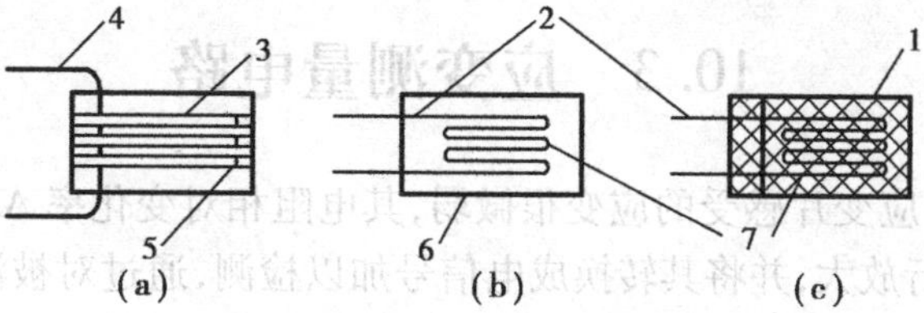

图 10.2 粘贴式自补偿应变片

(a)150℃短接式片;(b)204 胶制片;(c)J—06—2 胶制片

1—浸胶玻璃布;2,4—引出带;3—应变丝;

5—短接线;6—浸胶纸;7—丝栅

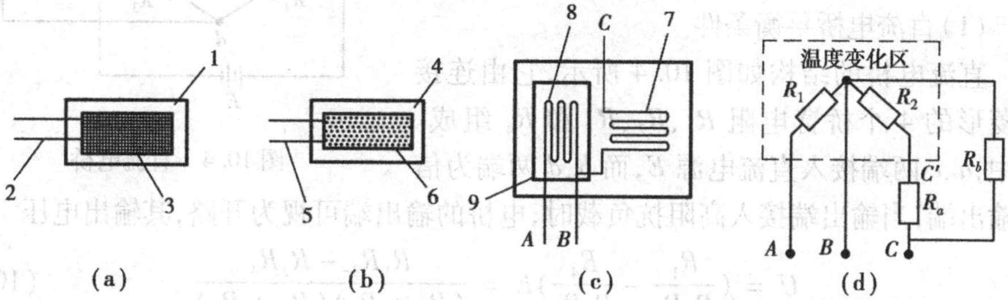

图 10.3 焊接式高温应变片

(a)400℃焊接片;(b)500℃焊接片;(c)、(d)半桥焊接式温度自补偿片及其线路

1—卡码基底;2,5—引出带;3—浸胶玻璃布;4—铁铝基底;

6—磷酸盐胶;7—补偿栅 R_2;8—工作栅 R_1;9—焊接线和焊点

③在高压条件下,应变片底基材料愈厚,底基蠕变愈大,压力效应也愈大,附加应变也愈大,从而导致测量误差。因此,在高压下进行应变测量,应选用压力效应小的应变片,即应选择底基厚度较薄的胶基康铜栅箔式应变片。底基厚度约为0.015mm。

10.2.6 在特殊条件下对应变片的选择

无感应变片:双层精确重叠的无感应变片,应用于应变片有相对于磁力线运动的场合。

抗核辐射应变片:聚酰亚胺或无机粘结剂与康铜、镍铬合金制成的应变片可抗核辐射。

在动态测试条件下,应选用疲劳寿命高、频响特性好的应变片,以提高信噪比。

在测平面应力时,对于主应力方向未知的工况,应选用应变花(表 10.4)来测量几个方向上的线应变,并应用材料力学公式求得主应力的大小和方向。

10.3 应变测量电路

应变测试中,应变片感受的应变很微弱,其电阻相对变化率 $\Delta R/R$ 很小,需要专门的测量电路进行放大,并将其转换成电信号加以检测,通过对被测应变性质(拉或压)的鉴别,再输入显示、记录仪表进行显示记录,或输入计算机、分析仪器进行分析处理。通常采用电桥电路对信号进行变换或放大。

10.3.1 直流电桥

(1)直流电桥平衡条件

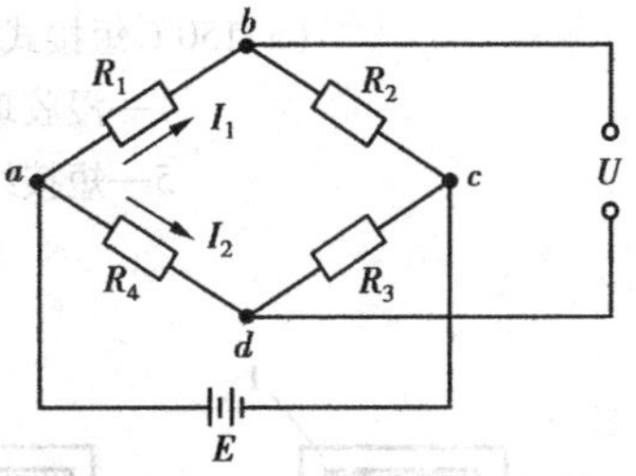

图 10.4 直流电桥

直流电桥的结构如图 10.4 所示,它由连接成菱形的 4 个桥臂电阻 R_1、R_2、R_3 和 R_4 组成。其中,a、c 两端接入直流电源 E,而 b、d 两端为信号输出端,当输出端接入高阻抗负载时,电桥的输出端可视为开路,其输出电压

$$U = \left(\frac{R_1}{R_1R_2} - \frac{R_4}{R_3R_4}\right)E = \frac{R_1R_3 - R_2R_4}{(R_1 + R_2)(R_3 + R_4)} \tag{10.1}$$

当电桥平衡时,$U=0$ 则有

$$R_1R_3 = R_2R_4 \tag{10.2}$$

或

$$\frac{R_3}{R_4} = \frac{R_2}{R_1} \tag{10.3}$$

式(10.2)和式(10.3)称为电桥的平衡条件。此式说明,欲使电桥平衡,其相对两臂电阻乘积应相等。当电桥处于平衡状态时,若某桥臂电阻产生增量,而 E 保持不变,则电桥的输出电压 U 仅与该桥臂的电阻增量有关,如果该电阻增量是由应变信号引起的,则该输出电压的变化量,就表征了应变信号的变化量,从而实现了机械应变信号——电信号的转换过程。

(2)电桥电压灵敏度

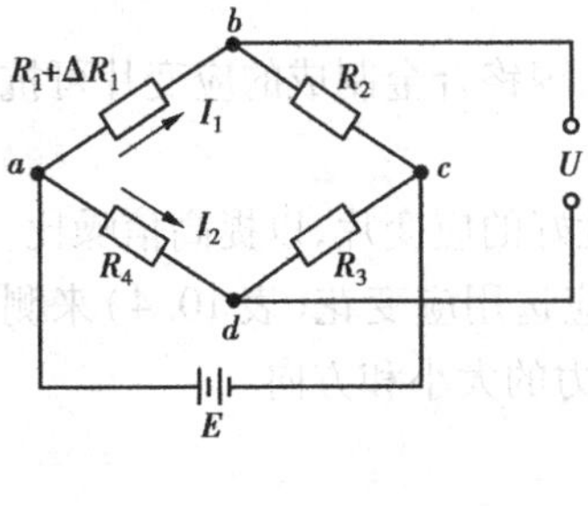

图 10.5 半桥单臂联接

由式(10.1)可知,当桥臂电阻 R_1 感受应变而产生电阻增量 ΔR_1 时,称为单臂电桥,见图 10.5,其输出电压为:

$$U = \frac{(R_1 + \Delta R_1)R_3 - R_2R_4}{(R_1 + \Delta R_1 + R_2)(R_3 + R_4)}E = \frac{\Delta R_1R_3}{(R_1 + \Delta R_1 + R_2)(R_3 + R_4)}E \tag{10.4}$$

根据平衡条件,设桥臂比为

$$n = \frac{R_3}{R_4} = \frac{R_2}{R_1}$$

则式(10.4)可改写成

$$U = \frac{n \cdot \Delta R_1 / R_1}{(1+n)^2 + (1+\frac{1}{n})\frac{\Delta R_1}{R_1}} E \tag{10.5}$$

一般情况下，$\Delta R_1 \ll R_1$，分母中的$\frac{\Delta R_1}{R_1}(1+\frac{1}{n})$可略去，故电桥的输出电压

$$U_O \approx \frac{n}{(1+n)^2} \cdot E \cdot \frac{\Delta R_1}{R_1} \tag{10.6}$$

由灵敏度可得电桥电压灵敏度

$$K_V = \frac{U_O}{\Delta R_1 / R_1} = \frac{n}{(1+n)^2} \cdot E \tag{10.7}$$

由此可见：

①电桥电压灵敏度 K_V 正比于供桥电压 E，但供桥电压受限于应变片允许的工作电流。故一般情况下，不依赖增大 E 来实现电压灵敏度的提高。

②电桥电压灵敏度 K_V 还与桥臂比 n 存在函数关系。恰当选择桥臂比 n 的值，可获得较高的电桥电压灵敏度。

③对式(10.7)求极值的方法，可导出 $n=1$ 时，$R_1=R_2=R_3=R_4$ 组成等臂电桥，K_V 有最大值，即电桥电压灵敏度，

$$K_V = \frac{1}{4}E \tag{10.8}$$

此时有：全等臂电桥的输出电压

$$U_O = \frac{1}{4}E \cdot \frac{\Delta R_1}{R_1} \tag{10.9}$$

④由式(10.8)可知，当 E、$\frac{\Delta R_1}{R}$ 为定值时，电桥的输出电压及灵敏度为定值，且与桥臂电阻值的大小无关。

(3)非线性误差

由式(10.6)可知，单臂电桥的输出电压 U_O 是略去了分母中的$(1+\frac{1}{n})\frac{\Delta R_1}{R_1}$项而得到的近似值，而实际值 U 由式(10.5)确定，用相对误差表征非线性误差 δ，则有

$$\delta = \frac{U_O - U}{U} \times 100\% =$$

$$\frac{\dfrac{n\cdot E}{(1+n)^2}\cdot\dfrac{\Delta R_1}{R_1}-\dfrac{n\cdot E}{(1+n)^2+(1+n)\dfrac{\Delta R_1}{R_1}}\cdot\dfrac{\Delta R_1}{R_1}}{\dfrac{n\cdot E}{(1+n)^2+(1+n)\dfrac{\Delta R_1}{R_1}}\cdot\dfrac{\Delta R_1}{R_1}}\times 100\% \tag{10.10}$$

对全等臂电桥，$n=1$，整理式(10.10)可得：

$$\delta=\frac{1}{2}\frac{\Delta R_1}{R_1}\times 100\% \tag{10.11}$$

由式(6.3)电阻的相对变化量为$\dfrac{\mathrm{d}R}{R}=K_0\varepsilon$，故

$$\delta=\frac{1}{2}K_0\varepsilon\times 100\%$$

对于康铜等金属电阻应变片 $K_0\approx 2$，即使测较大应变（如 1 000$\mu\varepsilon$）时，其非线性误差仅为 $\delta=\frac{1}{2}\times 2\times 1\,000\times 10^{-6}\times 100\%=0.1\%$，也可满足测试要求。

但对于半导体应变片，其灵敏系数 $K_0\geqslant 120$，当测较大应变（如 1 000$\mu\varepsilon$）时，其非线性误差为：

$$\delta=\frac{1}{2}\times 120\times 1\,000\times 10^{-6}\times 100\%=6\%$$

显然是不容忽视的，应予修正或补偿。

(4)差动电桥及其补偿原理

为了减少和克服非线性误差，以及由温度变化引起的电阻相对变化量，常采用差动电桥进行测试，如图 10.6 所示。

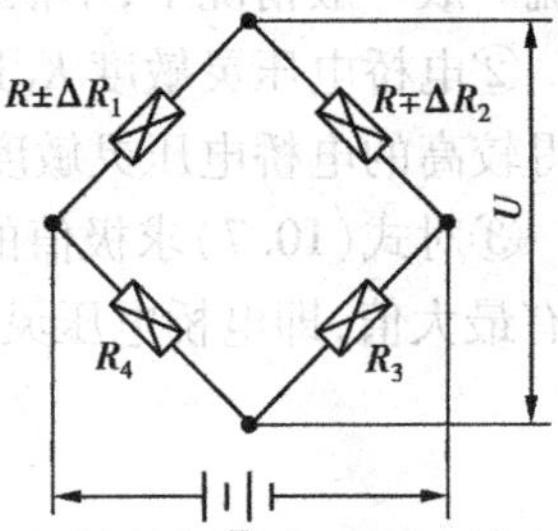

图 10.6　双臂电桥

图 10.6 称为双臂电桥，R_1，R_2 采用同规格应变片，原始阻值 $R_1=R_2=R_3=R_4=R$，且 R_1，R_2 产生的电阻增量数值相同，$\Delta R_1=\Delta R_2=\Delta R$，但符号相反，其输出电压：

$$U_0=\frac{(R_1+\Delta R_1)R_3-(R_2-\Delta R_2)R_4}{(R_1+\Delta R_1+R_2-\Delta R_2)(R_3+R_4)}E=\frac{1}{2}\frac{\Delta R}{R}E \tag{10.12}$$

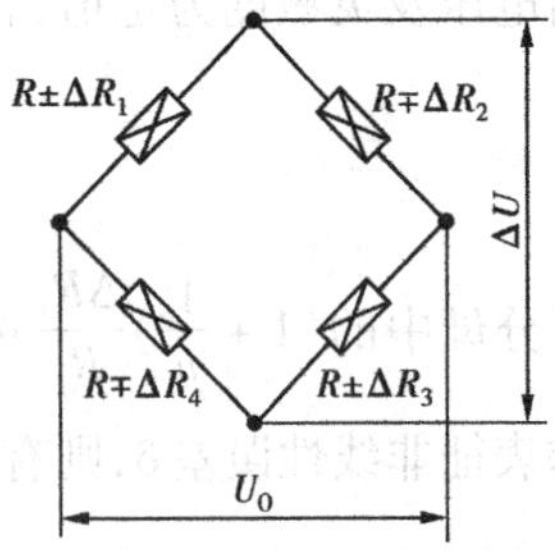

图 10.7　全桥

与单臂电桥相比，其输出电压提高了一倍，且利用桥路的加减（或和差）特性，分式中没有略去项，故不存在非线性误差，同时还具有温度补偿特性。

图 10.7 称为全桥联接，即四个桥臂均为同规格应变片。桥臂电阻为 R，其增量

为 ΔR，其输出电压：

$$U_0 = \frac{\Delta R}{R}E \tag{10.13}$$

与单臂电桥相比较，其输出电压提高到4倍，既能克服非线误差，又能进行温度补偿。

10.3.2 交流电桥

供桥电压采用交流电源的电桥称为交流电桥，4个桥臂可以是电阻、电容或电感组成，如图10.8(a)，(b)，(c)所示。桥臂不再是直流电桥中的"纯电阻"，而是呈复阻抗特性。分别用 Z_1,Z_2,Z_3,Z_4 表示4个桥臂的电抗，分别代替桥臂电阻 R_1,R_2,R_3,R_4，则直流电桥的平衡关系式也可适用于交流电桥的平衡关系式。故有：

$$Z_1Z_3 = Z_2Z_4 \tag{10.14}$$

用复数表示则可改写成：

$$Z_{01}\cdot Z_{03}e^{j(\phi_1+\phi_3)} = Z_{02}\cdot Z_{04}e^{j(\phi_2+\phi_4)} \tag{10.15}$$

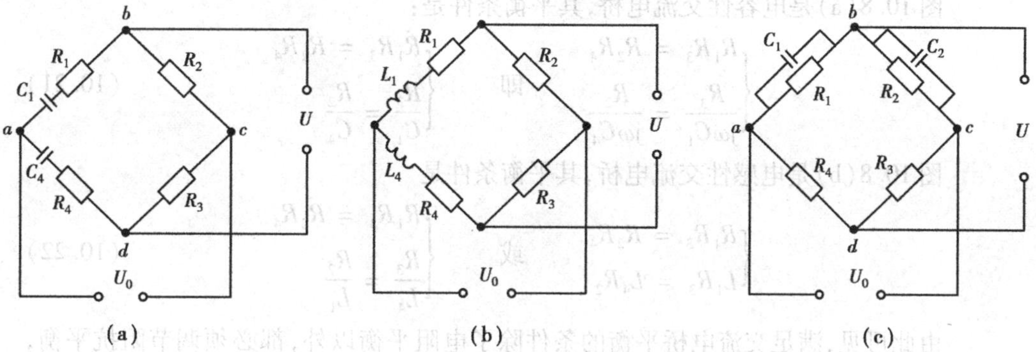

图10.8 交流电桥

(a)电容电桥；(b)电感电桥；(c)电阻电桥

式中 $Z_{01},Z_{02},Z_{03},Z_{04}$ 分别为各桥臂阻抗的模，$\phi_1,\phi_2,\phi_3,\phi_4$ 分别是各阻抗角，要满足式(10.15)应使

$$\left.\begin{aligned} Z_{01}\cdot Z_{03} &= Z_{02}\cdot Z_{04} \\ \phi_1+\phi_3 &= \phi_2+\phi_4 \end{aligned}\right\} \tag{10.16}$$

式(10.16)称为交流电桥的平衡条件。此式表明，交流电桥的平衡必须同时满足两个条件，即相对两臂阻抗模的乘积应相等，且相对两臂阻抗角之和也应相等。

图10.8(c)是半桥双臂联接的交流电阻电桥，相当于在应变片 R_1,R_2 上分别并联分布电容 C_1,C_2，各桥臂阻抗为：

$$
\left.\begin{aligned}
Z_1 &= \frac{R_1}{1 + j\omega R_1 C_1} \\
Z_2 &= \frac{R_2}{1 + j\omega R_2 C_2} \\
Z_3 &= R_3 \\
Z_4 &= R_4
\end{aligned}\right\} \tag{10.17}
$$

将式(10.17)代入式(10.14)有

$$
\frac{R_1}{1 + j\omega R_1 C_1} \cdot R_3 = \frac{R_2}{1 + j\omega R_2 C_2} \cdot R_4 \tag{10.18}
$$

经整理后得

$$
\begin{cases}
R_1 R_3 = R_2 R_4 \text{ 或} \dfrac{R_3}{R_4} = \dfrac{R_2}{R_1} & (10.19) \\
R_1 C_1 = R_2 C_2 \text{ 或} \dfrac{R_1}{C_2} = \dfrac{R_2}{C_1} & (10.20)
\end{cases}
$$

图 10.8(a)是电容性交流电桥,其平衡条件是:

$$
\begin{cases}
R_1 R_3 = R_2 R_4 \\
\dfrac{R_3}{j\omega C_1} = \dfrac{R_2}{j\omega C_4}
\end{cases}
\quad \text{即} \quad
\begin{cases}
R_1 R_3 = R_2 R_4 \\
\dfrac{R_3}{C_1} = \dfrac{R_2}{C_4}
\end{cases}
\tag{10.21}
$$

图 10.8(b)是电感性交流电桥,其平衡条件是

$$
\begin{cases}
R_1 R_3 = R_2 R_4 \\
L_1 R_3 = L_4 R_2
\end{cases}
\quad \text{或} \quad
\begin{cases}
R_1 R_3 = R_2 R_4 \\
\dfrac{R_3}{L_4} = \dfrac{R_2}{L_1}
\end{cases}
\tag{10.22}
$$

由此可见,满足交流电桥平衡的条件除了电阻平衡以外,都必须调节阻抗平衡,即分别调节电容或电感平衡。

10.3.3 放大电路

(1)交流放大式测量电路

过去,由于极间耦合和零漂问题难于解决,因此大多数应变测量仪器采用交流调制式传输方式,如 yD6—3、yD15 等动态电阻应变仪,其原理框图如图 10.9 所示。

图中:

1)电桥　大多采用交流电桥,它是一个调制器,由高频振荡器提供幅值稳定载波作为桥压,在电桥内,被应变信号调制后变成调幅波,将应变片的电阻变化按比例转换成电压信号,然后送至交流放大器放大。应变仪设置有专门的桥盒。

2)高频振荡器　产生幅值稳定的高频正弦波电压,简称载波。它既是调制器(电桥)的桥压,也是解调器的参考电压,为使被测应变信号实现不失真传输,应使载

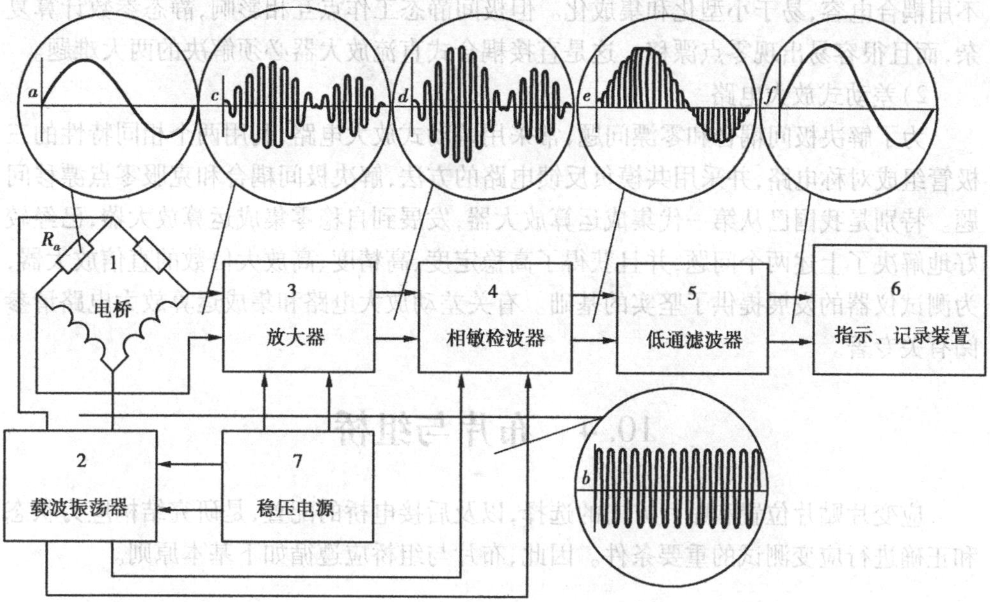

图10.9　动态电阻应变仪原理框图

波电压的频率比被测信号频率高5~10倍。

3）放大器　将电桥输出的微弱调幅电压信号进行不失真电压的功率放大。要求它有很高的稳定性。

4）相敏检波器　它是由4个二极管组成环电路。利用振荡器提供的同一载波信号作为参考信号，在相敏检波器内辨别极性。放大的调幅波还原成与被测应变信号相同的波形。

5）低通滤波器　相敏检波器输出的电压信号中，含有高频载波分量，为此应变仪设置有低通滤波器滤去高频成分，使输出信号还原成已放大的被测输入信号。

（2）直流放大式测量电路

随着电子技术的发展，特别是大规模集成电路的发展，过去存在于直流放大器的极间耦合和零点漂移问题，得到了很好的解决，因而，直流放大式测量电路广泛应用到新一代的测试仪器中。其基本特征是采用直接耦合的方式进行信号的放大、传输和处理。

1）直接耦合式放大器的特点

为了放大缓变信号，直流放大器采用多级放大，而前级与后级间是直接耦合，从而产生了极间静态工作点相互影响。为解决这一问题，可以采用阻容耦合、变压器耦合和直接耦合方式。前两种耦合方式的基本特征是采用电容和变压器隔直，极间静态工作点互不影响，但不能放大直流或缓变信号，且体积大，集成电路要制作耦合电容或电感原件是非常困难的，故不易集成化。而直接耦合式放大器能放大缓变信号，不用耦合电容，易于小型化和集成化。但极间静态工作点互相影响，静态参数计算复杂，而且很容易出现零点漂移。这是直接耦合式直流放大器必须解决的两大难题。

2）差动式放大电路

为了解决极间耦合和零漂问题，常采用差动式放大电路，利用两个相同特性的三极管组成对称电路，并采用共模负反馈电路的方法，解决极间耦合和克服零点漂移问题。特别是我国已从第一代集成运算放大器，发展到自稳零集成运算放大器，已经较好地解决了上述两个问题，并且获得了高稳定度、高精度、高放大倍数的直信放大器，为测试仪器的发展提供了坚实的基础。有关差动放大电路和集成运算放大电路请参阅有关专著。

10.4 布片与组桥

应变片贴片位置和贴片方向的选择，以及后接电桥的配置，是研究结构应力状态和正确进行应变测试的重要条件。因此，布片与组桥应遵循如下基本原则。

10.4.1 布片的一般原则

（1）根据试验目的布片

对于鉴定性试验，通过结构应力的测定，了解结构承受危险载荷时是否安全可靠，应力状态是否符合设计要求。因此，应选择结构的危险点处布片。

对于研究性试验，测定应力的分布曲线，以验证计算理论和方法的合理性，除选择危险点布片外，还要在应力变化大的主应力点和形状尺寸变化大的点处布片。

（2）根据结构分析布片

对于结构对称和外载也对称的工况，可在结构的对称面上布片，可减少测点数量。若需要校核其准确性，可在另一侧面布置校核点即可获得整体结构的应力状态。

（3）根据应力方向布片

分析结构应力性质进行布片。对于已知的单向应力状态，应沿应力方向布片。对于平面应力状态，应采用单向布片结合应变花进行测量，通过计算获得主应力值。

10.4.2 组桥

（1）组桥形式与电桥的和差特性

由电桥工作原理可知，其输出电压与输入应变满足下式：

$$\Delta u = \frac{u_0 k}{4}(\varepsilon_1 - \varepsilon_2 + \varepsilon_3 - \varepsilon_4) \tag{10.23}$$

此式常称为电桥的和差特性式。

根据此式，采用拉、压应变相间组桥，可分别组成单臂、双臂和全桥。

①当 $\Delta R_1=\Delta R_2=\Delta R_3=\Delta R_4$ 时，三种方式输出灵敏度之比为 1∶2∶4，可见，采用双臂和全桥联接，可提高灵敏度，且能实现温度补偿。

②进行多点测试时（如汽车骨架应力测试），为避免接线繁杂，减少干扰，可采用公用补偿片的办法组成双臂电桥。

③某些测试仪器，如 Dater Logeer UCAM—70A 及 Scamner USB—70A 多通道数据采集系统，能满足实时多点同步测量的要求，直接采用单臂连接，大大减少了接线工作量。数据处理极为简便。

（2）常见布片与组桥方式

见表 10.3。

表 10.3 常见布片与组桥方式

载荷形式	需要测量的载荷	布片图	组桥图	$\frac{\varepsilon'}{\varepsilon}$ ①	所测载荷及应力计算公式
拉（压）	拉（压）	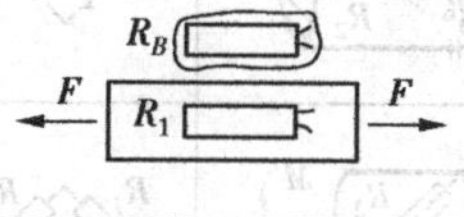		1	$\sigma=\varepsilon'E$ $F=\varepsilon'EA$
		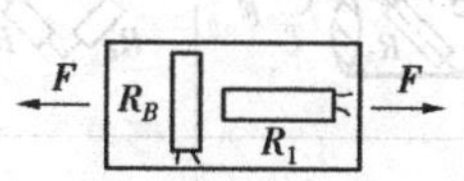	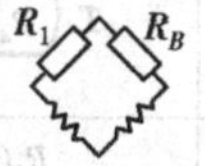	$1+\mu$	$\sigma=\frac{\varepsilon'E}{1+\mu}$ $F=\frac{\varepsilon'EA}{1+\mu}$
		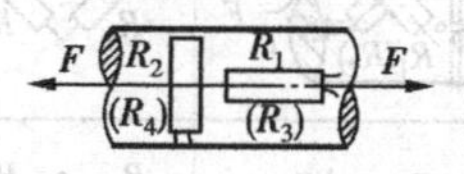	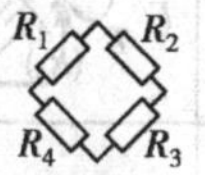	$2\times(1+\mu)$	$\sigma=\frac{\varepsilon'E}{2(1+\mu)}$ $F=\frac{\varepsilon'EA}{2(1+\mu)}$
弯　曲	弯　矩	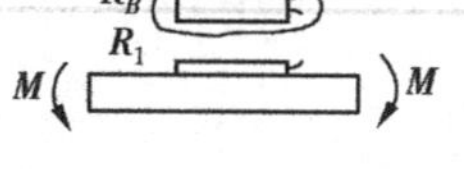		1	$\sigma=\varepsilon'E$ $M=\varepsilon'EW$
拉（压）弯组合	拉（压）	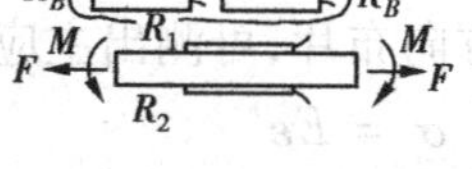	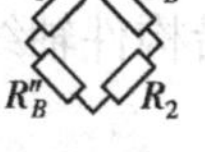	2	$\sigma=\frac{\varepsilon'E}{2}$ $F=\frac{\varepsilon'EA}{2}$
	弯　矩	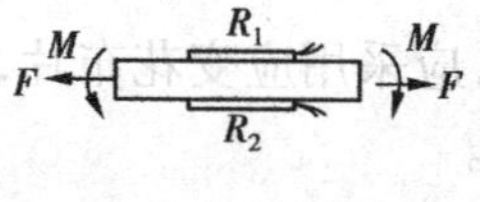		2	$\sigma=\frac{\varepsilon'E}{2}$ $M=\frac{\varepsilon'EW}{2}$

续表

载荷形式	需要测量的载荷	布　片　图	组桥图	$\frac{\varepsilon'}{\varepsilon}$①	所测载荷及应力计算公式
扭　转	扭　矩	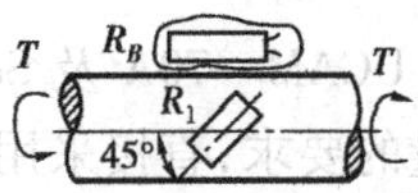		1	$\tau=\frac{\varepsilon' E}{1+\mu}$ $T=\frac{\varepsilon' E W_n}{1+\mu}$
		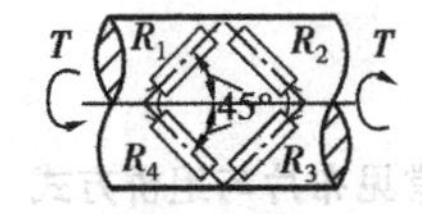		4	$\tau=\frac{\varepsilon' E}{4(1+\mu)}$ $T=\frac{\varepsilon' E W_n}{4(1+\mu)}$
拉(压)扭组合	扭　矩	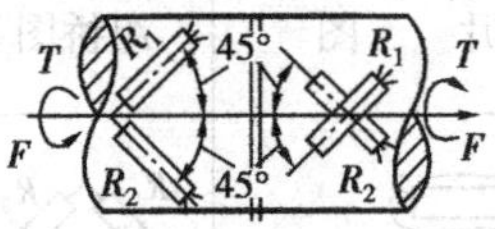		2	$\tau=\frac{\varepsilon' E}{2(1+\mu)}$ $T=\frac{\varepsilon' E W_n}{2(1+\mu)}$
拉(压)弯扭组合(弯矩沿轴向无梯度)	扭　矩	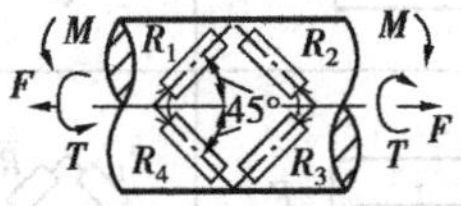		4	$\tau=\frac{\varepsilon' E}{4(1+\mu)}$ $T=\frac{\varepsilon' E W_n}{4(1+\mu)}$
拉(压)弯扭组合(弯矩沿轴向有梯度)	扭　矩	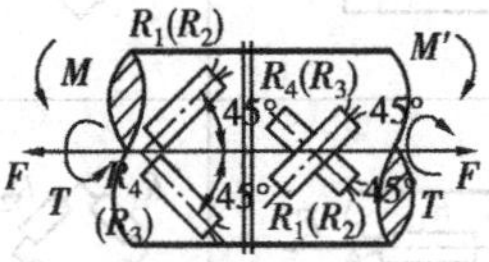		4	$\tau=\frac{\varepsilon' E}{4(1+\mu)}$ $T=\frac{\varepsilon' E W_n}{4(1+\mu)}$
剪　切	剪切力	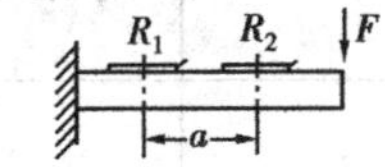		1	$F=\frac{\varepsilon' E W}{a}$

① ε'—由仪器测得的指示应变值；

ε—试件的真实应变值。

10.4.3　典型应力状态的布片及主应力计算

1)单向应力状态　沿构件轴线方向布片,可测出主应变,则主应力为:

$$\sigma = E\varepsilon'$$

式中　E——材料的弹性模量;

ε'——测得的应变。

2)平面应力状态　一般情况下,应采用应变花布片,分别测得三个方向的线应变,再计算出相应的主应变和主应力。

常见应变花布片与应力计算公式见表10.4。

表 10.4 应变花及其计算公式

名称	应变花形式	主应变和主应力计算公式	σ_1 与 0°轴线的夹角 ϕ 值
三片60°应变花	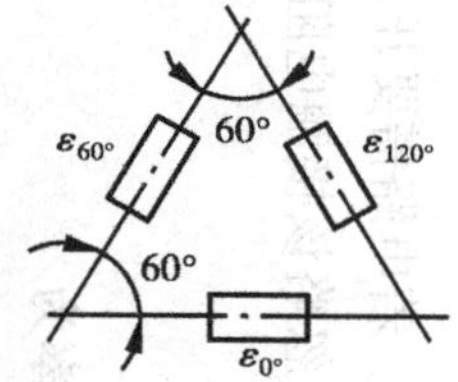	$\varepsilon_{2}^{1}=\dfrac{\varepsilon_{0}+\varepsilon_{60^\circ}+\varepsilon_{120^\circ}}{3}\pm\sqrt{\left(\varepsilon_{0^\circ}-\dfrac{\varepsilon_{0^\circ}+\varepsilon_{60^\circ}+\varepsilon_{120^\circ}}{3}\right)^2+\dfrac{1}{3}(\varepsilon_{60^\circ}-\varepsilon_{120^\circ})^2}$ $\sigma_{2}^{1}=E\left[\dfrac{\varepsilon_{0^\circ}+\varepsilon_{60^\circ}+\varepsilon_{120^\circ}}{3(1-\mu)}\pm\dfrac{1}{1+\mu}\sqrt{\left(\varepsilon_{0^\circ}-\dfrac{\varepsilon_{0^\circ}+\varepsilon_{60^\circ}+\varepsilon_{120^\circ}}{3}\right)^2+\dfrac{1}{3}(\varepsilon_{60^\circ}-\varepsilon_{120^\circ})^2}\right]$	$\dfrac{1}{2}\arctan\left[\dfrac{\sqrt{3}(\varepsilon_{60^\circ}-\varepsilon_{120^\circ})}{2\varepsilon_{0^\circ}-\varepsilon_{60^\circ}-\varepsilon_{120^\circ}}\right]$
三片45°应变花	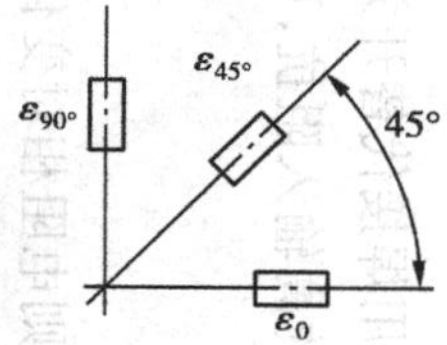	$\varepsilon_{2}^{1}=\dfrac{\varepsilon_{0^\circ}+\varepsilon_{90^\circ}}{2}+\dfrac{1}{2}\sqrt{(\varepsilon_{0^\circ}-\varepsilon_{90^\circ})^2+(2\varepsilon_{45^\circ}-\varepsilon_{0^\circ}-\varepsilon_{90^\circ})^2}$ $\sigma_{2}^{1}=\dfrac{E}{2}\left[\dfrac{\varepsilon_{0^\circ}+\varepsilon_{90^\circ}}{1-\mu}\pm\dfrac{1}{1+\mu}\sqrt{(\varepsilon_{0^\circ}-\varepsilon_{90^\circ})^2+(2\varepsilon_{45^\circ}-\varepsilon_{0^\circ}-\varepsilon_{90^\circ})^2}\right]$	$\dfrac{1}{2}\arctan\left[\dfrac{2\varepsilon_{45^\circ}-\varepsilon_{0^\circ}-\varepsilon_{90^\circ}}{\varepsilon_{0^\circ}-\varepsilon_{90^\circ}}\right]$
四片60°应变花	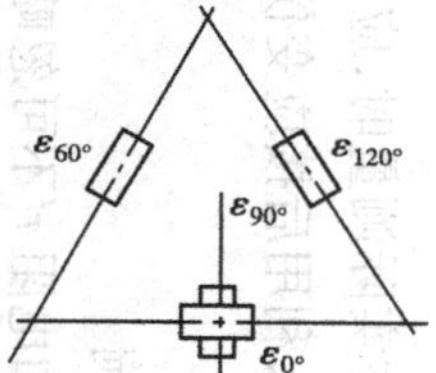	$\varepsilon_{2}^{1}=\dfrac{\varepsilon_{0^\circ}+\varepsilon_{90^\circ}}{2}\pm\dfrac{1}{2}\sqrt{(\varepsilon_{0^\circ}-\varepsilon_{90^\circ})^2+\dfrac{4}{3}(\varepsilon_{60^\circ}-\varepsilon_{120^\circ})^2}$ $\sigma_{2}^{1}=\dfrac{E}{2}\left[\dfrac{\varepsilon_{0^\circ}+\varepsilon_{90^\circ}}{1-\mu}\pm\dfrac{1}{1+\mu}\sqrt{(\varepsilon_{0^\circ}-\varepsilon_{90^\circ})^2+\dfrac{4}{3}(\varepsilon_{60^\circ}-\varepsilon_{120^\circ})^2}\right]$	$\dfrac{1}{2}\arctan\left[\dfrac{2(\varepsilon_{60^\circ}-\varepsilon_{120^\circ})}{\sqrt{3}(\varepsilon_{60^\circ}-\varepsilon_{90^\circ})}\right]$
四片45°应变花	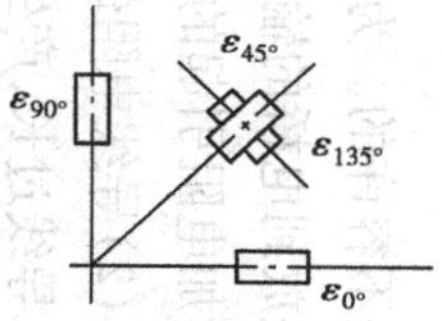	$\varepsilon_{2}^{1}=\dfrac{\varepsilon_{0^\circ}+\varepsilon_{45^\circ}+\varepsilon_{90^\circ}+\varepsilon_{135^\circ}}{4}\pm\dfrac{1}{2}\sqrt{(\varepsilon_{0^\circ}-\varepsilon_{90^\circ})^2+(\varepsilon_{45^\circ}-\varepsilon_{135^\circ})^2}$ $\sigma_{2}^{1}=\dfrac{E}{2}\left[\dfrac{\varepsilon_{0^\circ}+\varepsilon_{45^\circ}+\varepsilon_{90^\circ}+\varepsilon_{135^\circ}}{2(1-\mu)}\pm\dfrac{1}{1+\mu}\sqrt{(\varepsilon_{0^\circ}-\varepsilon_{90^\circ})^2+(\varepsilon_{45^\circ}-\varepsilon_{135^\circ})^2}\right]$	$\dfrac{1}{2}\arctan\left[\dfrac{\varepsilon_{45^\circ}-\varepsilon_{135^\circ}}{\varepsilon_{0^\circ}-\varepsilon_{90^\circ}}\right]$

10.5 保证应变测试精度的措施

进行应变测试,在正确选择电阻应变片、配套测试仪器、合理布片与组桥的条件下,还应采取一些重要的措施,消除各种误差,保证测试的精确度。

10.5.1 减少贴片误差

实际贴片中,由于贴片方向与理论主应力方向产生一夹角 δ_φ,如图 10.10 所示,则实际测得的应变值,不是主应力方向的真实应变值,从而产生一个附加误差。

当 δ_φ 愈大,附加误差也愈大,例如单向应力状态下,δ_φ 引起的误差为:$\delta_{\varepsilon\varphi}=(1+\mu)\varepsilon_1\sin^2\delta_\varphi$,则实测应变与理论应变的相对贴片误差:

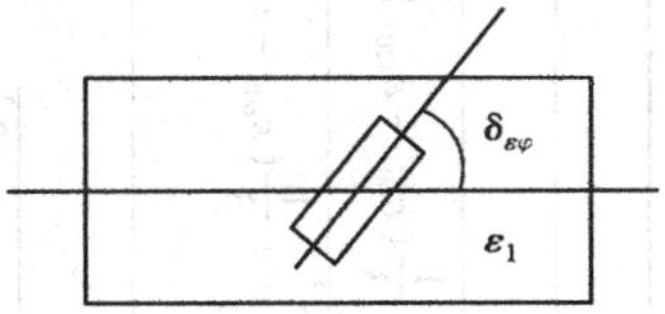

图 10.10 贴片误差

$$e_\varphi=\frac{\delta_{\varepsilon\varphi}}{\varepsilon_1}=(1+\mu)\sin^2\delta_\varphi$$

式中:μ——材料的泊松比。

若取 $\mu=0.2$

当 $\delta_\varphi=10°$时 $e_\varphi=3.6\%$; 当 $\delta_\varphi=15°$时,$e_\varphi=8\%$;

当 $\delta_\varphi=20°$时 $e_\varphi=14\%$; 当 $\delta_\varphi=30°$时,$e_\varphi=30\%$。

可见,随贴片角度误差增大,贴片误差加大,因此贴片误差是不容忽视的,测试时应精细操作。

10.5.2 克服附加电阻的影响

(1)接触电阻的影响

实际接线时,在电桥输入端用接线柱(或开关)则产生接触电阻 r。对于单臂电桥,其应变值 $\varepsilon_r=\dfrac{\Delta r}{KR_1}$,若 $K=2$,$R_1=120\Omega$,$r=0.01\Omega$,则

$$\varepsilon_r=\frac{0.01}{2\times120}\times10^6\approx42\mu\varepsilon$$

这是不容许的。为此,在实际测量时,应采用焊接代替开关。若电路需要开关则应把开关放到电桥的输出端,利用后接应变仪的高输入阻抗,可忽略该接触电阻,从而减少附加电阻引起的误差。

(2)导线电阻的影响

导线过长,产生附加电阻 r'不可忽略,则电阻相对变化率为

$$\frac{\Delta R}{R+r'}=\frac{\varepsilon KR}{R+r'}=\frac{KR}{R+r'}\cdot K\varepsilon$$

显然，$R < R + r'$，所以，实际测得的电阻相对变化率，由于导线电阻的不可忽略而减少，即灵敏度下降，因此应予修正。

10.5.3 准确定度

由于现场测试时的环境条件差别较大。因此，实际测试时都要进行现场标定，如图 10.11 所示。

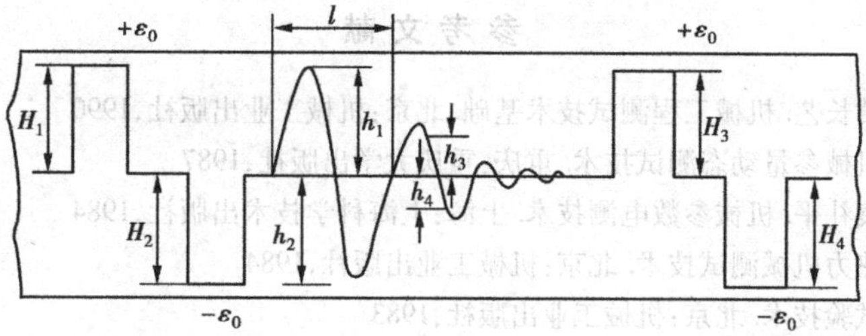

图 10.11 定度曲线

图中 H_1、H_3 与 H_2、H_4 分别为测试前后正负应变的标定高度，应变片灵敏系数 $K=2$，$R=120\Omega$ 时，则标定常数 $C_{\pm}$ 可用下式计算：

正应变时：$C_{+} = \dfrac{\varepsilon_0}{(H_1 + H_3)/2}$

负应变时：$C_{-} = \dfrac{\varepsilon_0}{(H_2 + H_4)/2}$

式中：ε_0 为标定曲线高度对应的标准应变值。

则实测的最大应变值分别为：

$$\varepsilon_{+\max} = C_{+} h_1 = \frac{\varepsilon_0}{(H_1 + H_3)/2} h_1$$

$$\varepsilon_{-\max} = C_{-} h_2 = \frac{\varepsilon_0}{(H_2 + H_4)/2} h_2$$

值得注意的是，若选用的应变片 $K \neq 2$，$R \neq 120\Omega$，则必须予以修正。若采用笔录仪或光线示波器在记录纸上记录应变测试时间历程，则只能靠手工进行后续处理。若采用数字式记录仪，则可直接读出结果。

10.5.4 温度补偿

环境温度变化，将产生附加应变值，影响测试结果，如前述，利用电桥的和差特性消除其影响。因此，实际测试时大多采用双臂或全桥连接，达到自补偿，也可设置补偿片的方法实现温度补偿。

10.5.5 其他措施

①防止干扰：由于现场测试时存在接地不良，导线分布电容、互感、电焊机强磁场干扰或雷击等原因，会导致测试结果的改变，应采取措施排除。

②动态测试时，要注意应变片的频响特性，由于很难保证同时满足结构对称和受载情况对称，因此一般情况下多为单片工作半桥测量。

参考文献

1. 严普强，黄长艺. 机械工程测试技术基础. 北京：机械工业出版社，1990
2. 梁德沛. 机械参量动态测试技术. 重庆：重庆大学出版社，1987
3. 石来德，袁礼平. 机械参数电测技术. 上海：上海科学技术出版社，1984
4. 叶大均. 热力机械测试技术. 北京：机械工业出版社，1984
5. 丁汉哲. 试验技术. 北京：机械工业出版社，1983
6. 卢文祥，杜润生. 机械工程测试·信息·信号分析. 武汉：华中理工大学出版社，1990

第11章

其他机械参量测量

11.1 力与扭矩的测量

11.1.1 力的测量

力是物质之间的一种相互作用。从宏观上来看,即是一个物体对另一个物体的作用,或另一物体对这个物体的反作用。力可以使物体产生变形,在物体内产生应力;也可以改变物体的机械运动状态,或改变物体所具有的动能和势能。对力的本身是无法进行测量的,因而对力的测量总是通过观测物体受力作用后,形状、运动状态或所具有的能量的变化来实现的。

力值的计量也是从力的动力效应引申出来的。牛顿第二定律揭示了力的大小与物体质量和加速度的关系,依据这一关系,在法定计量单位中规定:使 1kg 质量的物体产生 $1\mathrm{m/s^2}$ 加速度的力称为 1 牛,记作 1N,作为力的计量单位。

各种机器在原动力的推动下,经过力或力矩的传递才能使机器的各部分产生所需的各种运动并做功。在此过程中,机器的零件和部件都受到一定的载荷(力或力矩),由此可知,力是和机器运行过程密切相关的重要参数。测定和分析载荷的大小、方向及其特征,研究影响载荷的各种因素及其可能产生的后果,可为机器的设计及改进提供可靠的依据,促进机器质量和使用寿命的提高。又如在生产过程和材料性能测试中,经常需要测量与分析各种切削力、轧制力、冲压力、推力、牵引力、剪切力等等。因而力的测量是广泛存在的课题。

力值测量所依据的原理是力的静力效应和动力效应。

力的静力效应是指弹性物体受力作用后产生相应变形的物理现象。虎克定律是该物理现象的理论概括,即:弹性物体在力作用下产生变形时,若在弹性范围内(严格地说是在比例极限内),物体所产生的变形量与所受的力值成正比(即 $\Delta x = kF$),从而建立起变形量与力值间的对应关系,因此,只需通过一定手段测出物体的弹性变形量,就可以间接确定物体所受的力的大小。利用静力效应测力的特征是间接测量测力传感器中“弹性元件”的变形量,此变形量可以直接表现为机械变形量,也可以是通过弹性受力元件的物性转换为其他物理量(如用压电式、压阻式、压磁式传感器测力时)。

力的动力效应是指具有一定质量的物体受到力的作用时,其动量将发生变化,从而产生相应加速度的物理现象,此物理现象由牛顿第二定律描述(即 $F = ma$)。当物体质量确定后,该物体所受力与由此产生的加速度间,具有确定的对应关系。因此只需测出物体的加速度,就能间接测得力值。利用动力效应测力的特点就是通过测量力传感器中质量块的加速度而间接获得力值。

由于力的度量精度是靠国家计量局所设置的测量基准来保证和实现的,所以力的测量都是采用比较法。各种力值测量方法可以归纳为两类,第一类是直接比较法,它是将待测力直接与基准量进行比较,如各种天平。此法简单易行,在一定条件下可以获得很高的测量精度,但因此法往往是分级加载,其测量精度决定于分级密度和用于加载的基准量的准确度。此法只适用于静态测量。第二类是间接比较法,它是将待测力通过测力传感器,按比例转换为其他物理量,然后再与标定值进行比较,最终求得力值的大小。标定值是事先通过一定的标定方法获得的。此法可用于力值的静态和动态测量,其测量精度主要决定于传感器的质量和标定精确度。

(1)测力传感器

1)应变测力传感器

应变式测力传感器是由电阻应变片、弹性元件和其他附加构件所组成,是利用静力效应测力的位移型传感器。在利用静力效应测力的传感器中弹性元件是必不可少的组成环节,也是传感器的核心部分,其结构形式和尺寸、力学性能、材料选择和加工质量等,是保证测力传感器使用质量和测量精度的决定性因素。衡量弹性元件性能的主要指标是:非线性、弹性滞后、弹性模量的温度系数、热膨胀系数、刚度、强度和固有频率等。弹性元件的结构形式,可根据被测力的性质和大小以及允许的安放空间等因素,设计成各种不同的形式。可以说弹性元件的结构形式一旦确定,整个测力传感器的结构和应用范围也就基本确定。常用的测力弹性元件有柱式、环式、梁式和剪切式等。

2)压电式测力传感器

压电式测力传感器有以下特点:①静态特性良好,即灵敏度高、静刚度高、线性度好、滞后小。②动态特性好,即固有频率高、工作频带宽,幅值相对误差和相位误差小、瞬态响应上升时间短。因此特别适于测量动态力和瞬态冲击力。③稳定性好、抗干扰能力强,这是因为制作敏感元件的压电石英稳定性极好,对温度的敏感性很小,其灵敏度基本上是常数,此外抵抗电磁场干扰的能力也很强,但对湿度较敏感。④当采用大时间常数的电荷放大器时,可以测量静态力,但长时间的连续测量静态力将产生较大的误差。由于以上特点,压电式测力传感器已发展成为动态力测量中十分重要的手段。选择不同切型的压电晶片按照一定的规律组合,则可构成各种类型的测力传感器。

3)压阻式测力传感器

压阻式传感器是在半导体应变片的基础上发展起来的新型半导体传感器。它是在一块硅体的表面,利用光刻、扩散等技术直接刻制出相当于应变片敏感栅的“压阻敏感元件”,其扩散深度仅为几微米,且具有很高的阻值(达数千欧以上),使用时由硅基体接受被测力,并传给“敏感元件”。由于压阻式传感器的上述特点,使它具有体积小、重量轻、灵敏度高、动态性能好、可靠性高、寿命长、横向效应小以及能在恶劣环境下工作等一系列的优点。除测力外,还可用于压力、加速度、温度等参量的测量。

压阻式传感器受温度的影响比较大,应采取相应的补偿措施,上述传感器是采取电桥补偿。它的灵敏系数 K 不是常数,其输出有非线性误差(这是半导体传感器的共性),可通过提高掺杂浓度和作非线性补偿来克服。

4)压磁式测力传感器

某些铁磁材料受机械力 F 作用后,其内部产生机械应力,从而引起其磁导率(或磁阻)发生变化,这种物理现象称为“压磁效应”。具有压磁效应的磁弹性体叫做压磁元件,是构成压磁式传感器的核心。压磁元件受力作用后,磁弹性体的磁阻(或磁导率)发生与作用力成正比的变化,测出磁阻变化量即间接测定了力值。

压磁式测力传感器具有输出功率大、抗干扰能力强、精度较高、线性好、寿命长、维护方便,能在有灰尘、水和腐蚀性气体的环境中长期运行等优点。适合在冶金、矿山、造纸、印刷、运输等部门应用,有较好的发展前途。

(2)动态切削力的测量

切削力是机械加工过程中的重要参量,其测量方法是比较典型的动态力测量。

1)压电式切削测力仪

压电式测力仪的核心是压电式测力传感器。根据所测切削力的类型和特征,选择若干测力传感器和弹性元件适当组合,再配上附加构件和测量电路,即构成各类压电式切削测力仪。

图11.1所示为压电石英动态车削测力仪的结构示意图,它用于测量主切削力 F_z(单向)。该测力仪采用整体结构,压电式测力传感器从下方装入体内,其上承载面与吃刀抗力 F_y 处于同一平面内,可在一定程度上减小 F_y 对 F_z 的干扰。由于此种测力仪类似于刀架,从而保证了测力仪所测得的力与刀具实际承受的力一致。

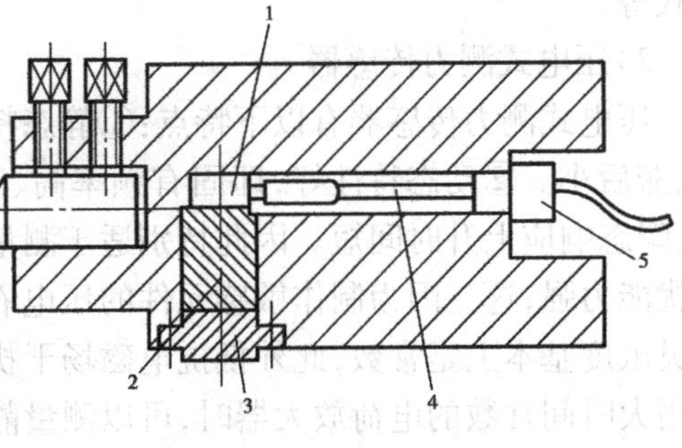

图11.1 压电石英动态车削测力仪的结构示意图

1—传感器;2—分载调节柱;3—压盖;

4—低噪声电缆;5—密封接头

所有的压电测力传感器在作用前都必须预加一定的载荷,然后将其产生的电荷消除,使传感器处于预载状态。预载的作用是消除传感器内外接触表面间的间隙,以便获得良好的静、动态特性。借助预载可调整测力仪的线性度和灵敏度,特别是安装有多个传感器的测力仪,预载是实现各传感器灵敏度匹配的有效手段。预载使传感器获得足够的正压力,可靠摩擦传递切向力,实现对剪切力和扭矩的测量。预载多采用螺纹压紧来实现,如图11.1中的压盖3。

当外力作用在预载后的传感器上时,预紧件和传感器同时产生变形 x,有

$$F = x(K_T + K_P) \tag{11.1}$$

式中 K_T、K_P分别为传感器和预紧件的刚度。由此式可知，外力 F 是由传感器和预紧件共同承受，两者的受力比等于两者的刚度比，此即所谓分载原理。改变预紧件的刚度也就调节了两者的受力比，所以预紧件又称为分载调节元件，如图 11.1 中的分载调节柱。通过分载调节可以改变传感器的灵敏度和量程。预载和分载往往是同时考虑的。

测力传感器在测力仪中的安装位置(即支承点)的合理选择，对提高测力系统的刚度、灵敏度和降低横向干扰都有重要作用。

2)电阻应变式切削测力仪

各类动态测力仪中，电阻应变式是目前应用较为广泛的一种。其优点是灵敏度高，可测切削力的瞬时值。应用电桥补偿原理，可消除各向切削分力的相互干扰，从而使测力仪结构大为简化。半导体应变片的应用，使其灵敏度提高到 200，也就可使测力仪的刚度提高一个数量级，做到受最大作用力时，变形量小于 1μm，其固有频率可达数千赫。加之，与电阻应变式测力传感器相配的电子测量仪器已经标准化，且性能稳定，使用方便，这就促进了电阻应变式测力仪的广泛应用。

电阻应变式传感器的核心问题是弹性元件设计和布片与接桥，对于应变式测力仪同样如此。设计合理的弹性元件，并选择相应的布片和接桥方式，则可构成用于各种切削过程，能测单向力或多向力的切削测力仪。切削测力仪中常用的弹性元件有悬臂梁式、双端固定梁式、模板式、八角环式等。其中以八角环式的性能较为优良，目前已被广泛采用。

(3)瞬态冲击力的测量

测量瞬态冲击力的原理是动力效应，即通过测量瞬态冲击过程的加速度来间接测量和分析瞬态冲击力。因而所采用的测量方法，选用的仪器及测试系统的组成，均与振动加速度测量类同，但也有其自身的特点和要求，主要是以下几方面：

(a)冲击过程的作用和持续时间很短，因此要求测量仪器对脉冲响应要快，要具有极短的上升时间。

(b)冲击的作用强度大，要求测量仪器能测量很大的加速度和其他参数，即动态范围很大。

(c)冲击波的频谱是连续的，并包含从 0 ~ ∞ 的所有频率分量，要求测量仪器有较宽的频率范围。

(d)所使用的显示、记录仪，必须具有“捕捉”瞬态信号的功能。

下面介绍冲击过程主要参数的测量及基本测量系统。

1)冲击加速度峰值的测量

其测量系统由压电加速度计、电荷放大器和峰值电压表等组成。

一般情况下，冲击测试系统的频响范围应满足如下条件

$$\left.\begin{aligned} f_H &\geqslant \frac{10}{\tau} \\ f_L &\leqslant \frac{0.02}{\tau} \end{aligned}\right\} \tag{11.2}$$

式中 f_L——低频(下限)截止频率;

f_H——高频(上限)截止频率;

τ——冲击脉冲持续时间。

冲击测量一般都选用压电加速度计,因它的频响很宽,并可测很高的加速度。所选加速度计的固有频率 f_0 应高于高频截止频率 3 ~ 5 倍。因此,可根据脉冲宽度 τ,由式(11.2)确定高、低频截止频率,再确定 f_0,并据此去选用合适的加速度计。

压电式加速度计的后继测量装置,必须配用电荷放大器和含有峰值保持电路的峰值电压表。一般在电压放大器中含有低通滤波器,以滤掉高次谐波和其他干扰。

2)冲击波形的测量

通过冲击波形可以描述冲击量对时间的变化关系,也可求得冲击持续时间。测量系统由压电加速度计、电荷放大器和存储示波器组成。

测量冲击波形最好用记忆存储示波器,它是一种专用示波器,除具有一般示波器的功能外,还能将瞬态波形在荧光屏上保持一段时间,或将波形在示波器中存储一段较长的时间。在测量连续冲击运动的波形时,可使用一般的阴极射线示波器,并用快速摄影装置来拍摄波形。

如果冲击加速度不太大及冲击持续时间较长时,可以采用应变式加速度计或压阻式加速度计组成的测量系统,它具有抗干扰能力强、低频特性好等优点。

3)冲击脉冲的频谱分析

为确定冲击脉冲的频率构成和分析冲击对机械系统的影响,必须对冲击脉冲的时间历程进行频谱分析,即求冲击频谱和冲击响应谱。冲击波形的频谱和响应谱除了用计算的方法求取外,往往采用试验方法来获得更为有效一些。具体做法是:先在试验现场,用磁带记录下冲击脉冲信号,然后再将磁带记录仪的回放波形输入到频谱分析仪或 FFT 分析仪,或专用计算机进行频谱分析,得到所需的频谱、响应谱及其他数据。其测量系统方框图如图 11.2 所示。此系统可采用磁带记录仪快记慢放的方法来扩大分析频率的范围。

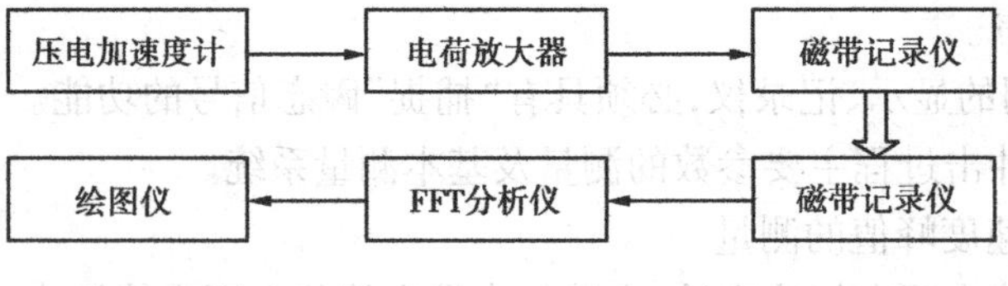

图 11.2　频谱分析系统

将压电加速度计所测信号，经电荷放大器放大后，直接送入实时分析仪和瞬态波形存储器，也可实现冲击脉冲信号的实时分析。瞬态波形存储器是一种捕获和分析单次冲击波形的现代化仪器，已在实验研究中广泛应用。它可按预先设定的阈值，自动将经过采样、A/D 转换后的数字信号存储起来，其输出可以是数字信号，也可以是模拟信号，并可作时间尺度变换。

11.1.2 扭矩的测量

使机器元件转动的力偶或力矩叫做转动力矩，简称扭矩。任何元件在扭矩的作用下，必定产生某种程度的扭转变形。因此，习惯上又把转动力矩叫做扭转力矩，简称扭矩。

扭矩是各种工作机传动轴的基本载荷形式，是旋转机械动力输出的重要指标，是检验产品是否合格的标志之一，是计算机械功率和效率的必需参数。扭矩的测量对传动轴载荷的确定和控制，对传动系统各工作零件的强度设计和原动机容量的选择，都有重要意义。

扭矩随时间的变化过程叫做扭矩的时间历程。按照时间历程的特点，扭矩可以分为静态扭矩和动态扭矩。静态扭矩是扭矩值不随时间变化，或者随时间变化很小、很缓慢的扭矩。动态扭矩则是扭矩值随时间变化很大、很迅猛的扭矩。

静态扭矩包括静止扭矩、恒定扭矩、缓变扭矩和微脉动扭矩。静止扭矩的扭矩值为常数，传动轴静止不旋转。它的特征参数是扭矩 T 为常数，转速 n 为零。如起重机吊重静止时的扭矩。恒定扭矩的扭矩仍为常数，但传动轴以某转速旋转。如电机稳定工作时的扭矩。缓变扭矩的扭矩值随时间做缓慢变化。因为扭矩变化缓慢，在短暂时间内可以认为扭矩值是恒定的。微脉动扭矩是瞬时值有幅度不大的脉动变化的扭矩，常用扭矩平均值 T_m 来衡量。

动态扭矩包括振动扭矩、过渡扭矩及随机扭矩三种。振动扭矩的扭矩值是波动的，并具有一定周期。通过对机器的振动扭矩进行频谱分析可对机械设备进行状态检测和故障诊断。过渡扭矩是机械从一种工况转换到另一种工况时的扭矩变化过程。如电机启动过程的扭矩变化。随机扭矩是一种不确定的，无规律变化的扭矩。它的扭矩值是用概率统计的方法求平均值得到的。

$$T_m = \lim_{\tau\to\infty}\frac{1}{\tau}\int_0^{\tau}T(t)\,dt \tag{11.3}$$

这是描述扭矩的常量分量，若要描述扭矩的波动分量可用方差 $\sigma^2_{\Delta T}$ 来描述。

$$\sigma^2_{\Delta T} = \lim_{\tau\to\infty}\frac{1}{\tau}\int_0^{\tau}[T(t) - T_m]^2\,dt \tag{11.4}$$

实测的扭矩常具有某种程度的随机性，即实际机械的工作扭矩常有某种不规则的波动与变化。

扭矩的测量包括两方面:一是扭矩传感器,二是测试系统。

目前,扭矩传感器的状况如表 11.1 所示。扭矩传感器主要有两大类,第一类通过磁电感应获取信号的磁(齿)栅式扭矩传感器,如德国 HBM 的 T32FN、T34FN,日本小野测器和中国湘西仪表厂均有生产。这类传感器输出信号的本质是两路相差角位移信号,需要对信号进行组合处理才能得到扭矩信息。它是非接触式传感器,无磨损、无摩擦,可用于长期测量。但体积大,不易安装,不能测静止扭矩,低于 600 转时,须背负小电机补偿转速,操作复杂等。第二大类是以电阻应变片为敏感元件,如德国 HBM 公司的 T1、T2、T4 系列扭矩传感器,北京的三晶集团的 JN338 系列传感器等。它在转轴或与转轴串接的弹性轴上安装 4 片精密电阻应变片,并把它们连接成惠斯顿电桥。扭矩使轴的微小变形引起应变片阻值发生变化。桥输出信号与扭矩成比例。桥的激励电压和测量信号的传送方式有两种:一种是接触式传送,通过滑环和电刷传送激励电压和测量信号,电刷寿命可达 6 亿转次;另一种是非接触式传送,包括传感器感应方式传送如 T30FN、JN338 以及微电池供电、无线传送测量信号等。该大类传感器具有可测量静态和动态扭矩、高频冲击和振动信息,体积小,重量轻,输出信号易于计算机处理等优点,正逐渐得到越来越多的应用。

表 11.1 国内外扭矩传感器

敏感元件	信号传输形式	国家及代表产品
电阻应变片	接触式:通过滑环和电刷传送激励电压和测量信号	德国 HBM 公司 T1、T2 系列传感器
	非接触式: 1. 通过变压器形式传送激励电压和测量信号 2. 变压器或电池供电、调频/发射机遥测计传送数据	HBM 公司 T30FN 日本アイウップス(株) 中国北京三晶集团
磁(齿)栅式位移传感器组	非接触测量:磁(齿)栅磁电感应信号	日本小野测器齿栅式扭矩传感器 德国 HBM 中国湘西仪表厂
其他元件如:光栅、电容、齿轮等	非接触测量:用光栅、电容、齿轮等感应信号	

扭矩测试系统的国内外现状如表 11.2 所示,表中测试系统的传感器都是齿栅式扭矩传感器,测量的基本原理相同。根据扭矩测量的实现环境,目前的扭矩测试仪可分为以下几种类型:

①数字式。采用中小规模集成电路和组合逻辑电路设计硬件系统。这是早期的

测试系统，如 JS—2，JSGS—1A，PY—A，PMN—II 等。其缺点是仪器可靠性差，功能单一，操作复杂，体积庞大。

②单片机型。采用单片机采集和处理数据。这是目前较普遍的仪器形式，如 ZJYW—1，JW—1，JW—1A(B)，TS900A 等。体积小，性能高，但这种仪器的分析能力很弱或根本没有。

表 11.2　扭矩测试系统国内外现状

名　称	型　号	采样时间		软硬件环境	厂　家
		扭　矩	转　速		
数字扭矩仪	TS—900A	1 ~ 100s	每隔 20ms	单片机	日本小野测器（ONO SOKKI）
	JN338	0.1 ~ 10s	100ms	单片机	北京三晶集团
扭矩转速仪	JS—2 JSGS—1A PMN—II PY1A	取决于传感器	1s	组合逻辑电路	湘西仪表厂 江苏海安电机厂 上海第二电表厂
微机扭矩仪	JW—1	1s，3s，100ms，5ms	1s，3s，100ms，5ms	单片机	湘西仪表厂
	JW—1A JW—1B	1s，0.25ms，5ms，8ms，15ms，25ms，35ms	1s，0.25ms，5ms，8ms，15ms，25ms，35ms		
微机型扭矩转速仪	ZJYW1	1s，20ms	1s，20ms	单片机	上海第二电表厂
机械效率仪	JXW—1	1s	1s	单片机	湘西仪表厂
齿轮传动实验台	CLS—II	—	—	单片机系统，用串行通信至通用微机进行常规处理	浙江丝绸工学院（1992）

③微机型。即软件式扭矩仪，如 CLS—II 型齿轮传动实验台，利用单片机采集数据，通过串行口将这些数据传送至通用微机，进行离线的常规数据处理。这种仪器系统的数据准确，分析能力有所增强，但实时性不强，不能满足瞬时扭矩、转速测试的要求，界面并不直观，没有充分利用微机的资源，整体性能仍不高。

(1)扭矩测量原理

在众多的扭矩测量方法中,以测轴的应变和扭角最为普遍,下面将分别介绍其原理。

1)应变测扭矩

由材料力学可知,在扭矩 M 的作用下,轴体表面上沿与轴线成45°和135°倾角方向上的主应力 σ_1,σ_3,其数值与轴体表面上最大扭应力相等,如图 11.3 所示,即:

$$\tau = \sigma_1 = -\sigma_3$$

设与 σ_1、σ_3 对应的主应变分别为 $\varepsilon_1,\varepsilon_3$,则

$$\varepsilon_1 = -\varepsilon_3$$

且有

$$\varepsilon_1 = \frac{\sigma_1}{E} + \mu\frac{-\sigma_3}{E} = \frac{(1+\mu)}{E}\sigma_1 = \frac{(1+\mu)}{E}\tau = \frac{\sigma}{E}$$

$$\varepsilon_3 = \frac{-\sigma_3}{E} + \mu\frac{\sigma_1}{E} = -\frac{(1+\mu)}{E}\sigma_3 = -\frac{(1+\mu)}{E}\tau = -\frac{\sigma}{E}$$

式中 E——轴体材料的弹性模量;

μ——轴体材料的泊松比;

σ——应力。

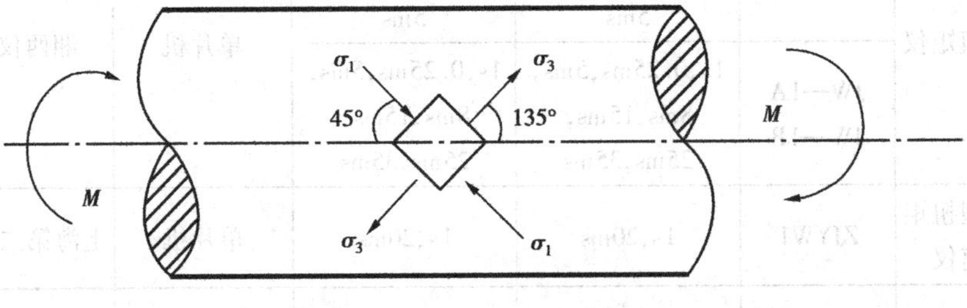

图 11.3 轴体表面应力计算简图

当轴体的扭转断面系数为 W 时,则有

$$\varepsilon_1 = -\varepsilon_3 = \left(\frac{1+\mu}{E}\right)\frac{M}{W} = K_\varepsilon M \tag{11.5}$$

$$\sigma_1 = -\sigma_3 = \frac{M}{W} = K_\sigma M \tag{11.6}$$

式中 K_ε,K_σ 为比例常数。

$$K_\varepsilon = \frac{1+\mu}{EW} \tag{11.7}$$

$$K_\sigma = \frac{1}{W} \tag{11.8}$$

当实心轴的直径为 D,空心轴的外径和内径分别为 D 及 d 时,对于

实心轴：　　$W=\frac{\pi}{16}D^3\approx 0.2D^3$

空心轴：　　$W=\frac{\pi(D^4-d^4)}{16D}\approx 0.2D^3(1-a^4)$

由式(11.5)和式(11.6)可知，ε_1(或 ε_3)及 σ_1(或 σ_3)都与被测扭矩 M 成正比。通过测量轴体表面的扭转主应变或应力即可确定扭矩 M。工程实际中常用应变片将轴的主应变转变为电信号，通过电信号的定标来测扭矩值。

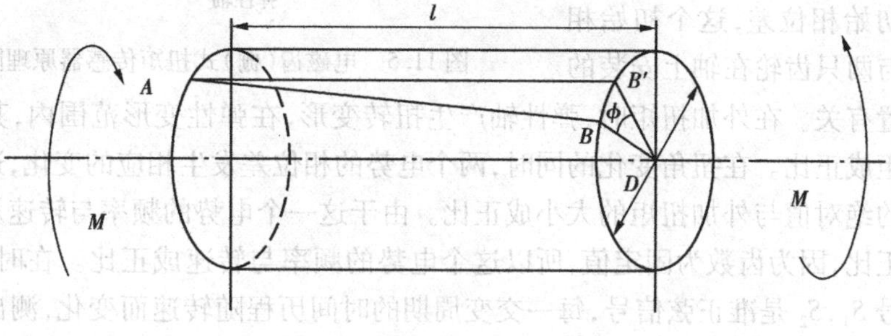

图 11.4　轴体扭转角变位简图

2)转角测扭矩

当轴受扭矩时，沿轴向相距为 l 的任意两截面之间，将产生相对扭转角 ϕ，如图 11.4 所示，其值为：

$$\phi=\frac{Ml}{GJ_p} \tag{11.9}$$

式中，G 为剪切弹性模量，J_p为轴体截面的极惯性矩。当轴体为实心圆截面时，

$$J_p=\frac{\pi D^4}{32}\approx 0.1D^4$$

当轴体为环形截面(外径 D，内径 d)时，

$$J_p=\frac{\pi(D^4-d^4)}{32}\approx 0.1(D^4-d^4)$$

由式(11.9)可知，扭角 ϕ 与扭矩 M 成正比，在实际测量中，常在弹性轴上装两个齿轮盘，齿轮盘之间的扭角即为轴的扭角 ϕ，通过电磁耦合将扭角信号耦合成电信号，再经定标输出扭矩值。

(2)典型的扭矩传感器

1)电磁齿(栅)式扭矩传感器

电磁齿(栅)式扭矩传感器(以下简称齿(栅)式)的基本原理是通过磁电转换，把被测扭矩转换成具有相位差的两路电信号，而这两路电信号的相位差的变化量与被测扭矩的大小成正比。经定标并显示，即可得到扭矩值。齿(栅)式传感器工作原理如图 11.5 所示。

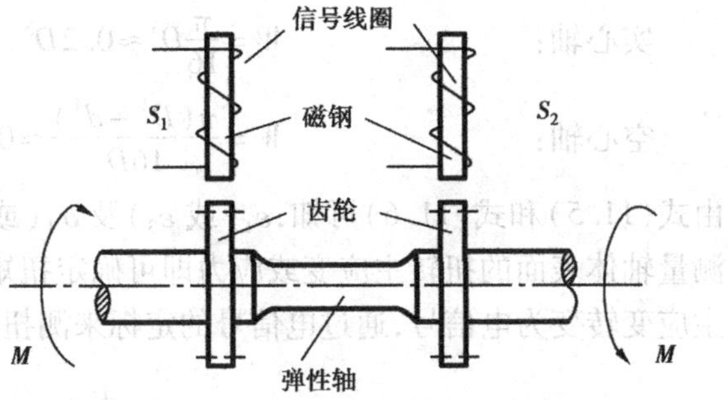

图 11.5 电磁齿(栅)式扭矩传感器原理图

在弹性轴两端安装有两只齿轮,在齿轮上方分别有两条磁钢,磁钢上各绕有一组信号线圈。当弹性轴转动时,由于磁钢与齿轮间气隙磁导的变化,在信号线圈中分别感应出两个电势,在外加扭矩为零时,这两个电势有一个恒定的初始相位差,这个初始相位差只与两只齿轮在轴上安装的相对位置有关。在外加扭矩时,弹性轴产生扭转变形,在弹性变形范围内,其扭角与外加扭矩成正比。在扭角变化的同时,两个电势的相位差发生相应的变化,这一相位差变化的绝对值与外加扭矩的大小成正比。由于这一个电势的频率与转速及齿数的乘积成正比,因为齿数为固定值,所以这个电势的频率与转速成正比。在时间域内,感应信号 S_1,S_2 是准正弦信号,每一交变周期的时间历程随转速而变化,测出它们之间的相差 $\Delta\phi$,即可得到扭矩值。由材料力学可知:

$$\Delta\phi = \frac{32L}{\pi Gd^4}T \tag{11.10}$$

式中 $\Delta\phi$——弹性轴的扭转角;

T——扭矩;

G——弹性轴材料的剪切弹性模量;

d——弹性轴直径;

L——弹性轴工作长度。

其中,L、d、G 都是常数,令 $K = \frac{\pi Gd^4}{32L}$,则有

$$T = K\Delta\phi \tag{11.11}$$

因此,扭矩的测量就转换成相位差的测量,而 S_1、S_2 是准正弦信号,其相位的测量需要用高频脉冲插补法,即用一组高频脉冲来内插被测信号,然后对高频脉冲计数,如图 11.6 所示。

由于这种传感器的信号为模拟信号,需设计接口卡将其转换为数字信号后再输入计算机,同时在卡上要完成比相操作,整个系统精度主要取决于卡的质量,而该接口卡设计复杂,比相操作将耗去相当多的时间,对测试仪的实时测量将带来影响。

2)应变式数字扭矩传感器

应变式数字扭矩传感器,其测量原理是运用敏感元件(精密电阻应变片)组成的应变电桥附着在弹性应变轴上,可以检测出该弹性轴受扭时毫伏(mV)级应变信号。将该应变信号放大后,经过压频转换,变换成与扭应变成正比的频率信号。传感器系

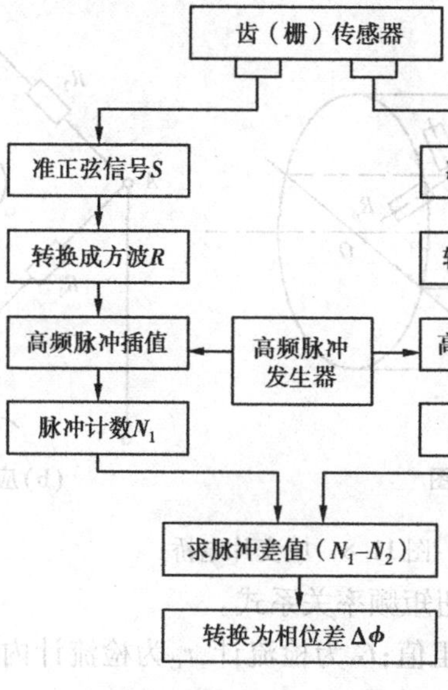

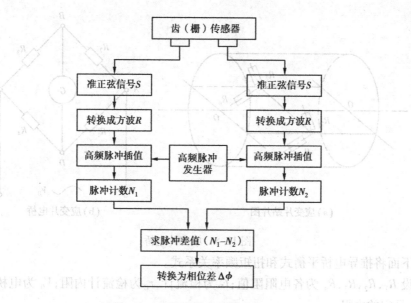

图 11.6　高频脉冲插补法求相位差

统的能源输入及信号输出是由两组带间隙的特殊环形变压器所承担，因此实现了无接触的能源及信号传递功能。这类扭矩传感器不足之处是测量之前需要预热来平衡电桥。其原理如图 11.7 所示。

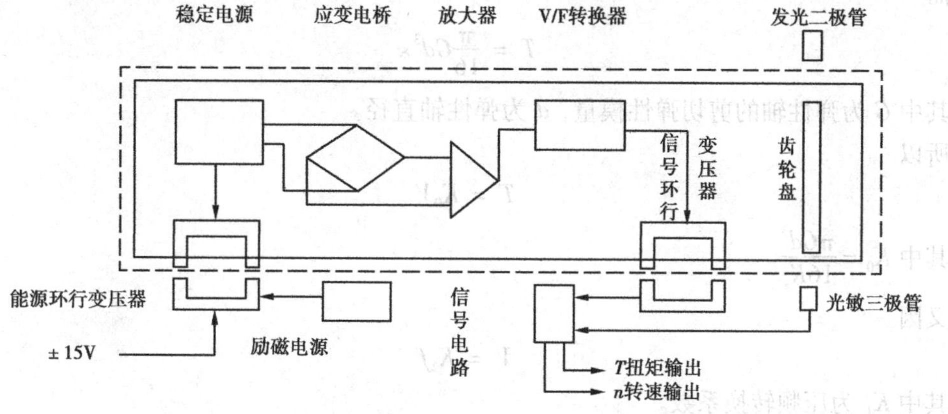

图 11.7　应变扭矩传感器原理图(虚线内为旋转部分)

其中应变片电桥部分见图 11.8，在相对轴中心线 45°方向上贴上两片电阻应变片，在轴的另一侧，对称贴上另外两片应变电阻，当力矩加在旋转轴上时，由 4 只应变片分别检测压缩和拉伸力，扭矩的变化转化为电阻阻值的变化并反映在电桥上，通过式(11.12)可测出扭矩的大小，在贴片时，对称贴装应变片可自动补偿温度变化引起的误差。

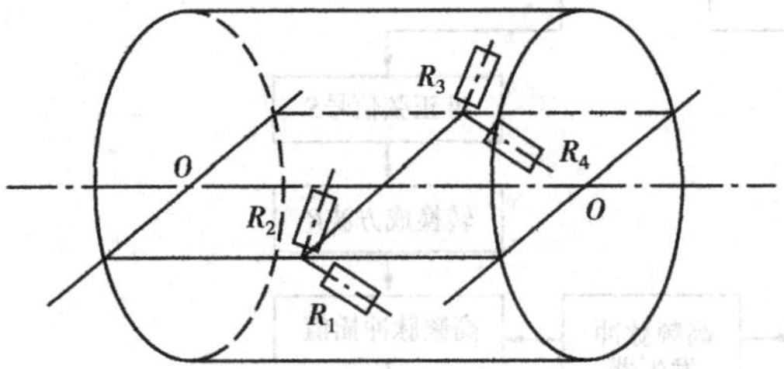

(a)应变片贴片图

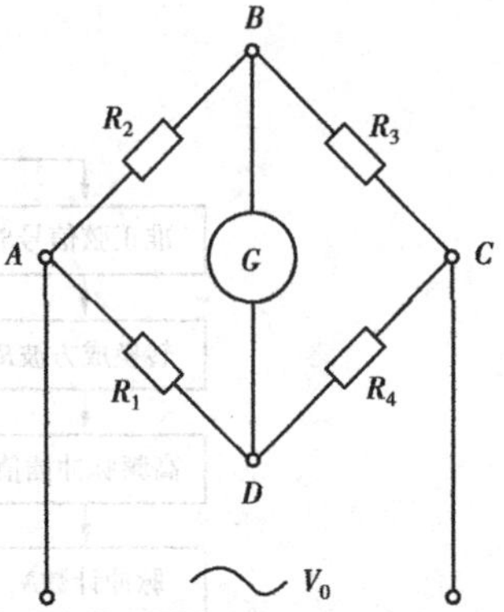

(b)应变片电桥

图 11.8　应变片电桥

下面将推导电桥平衡式和扭矩频率关系式。

设 R_1,R_2,R_3,R_4 为各电阻阻值；G 为检流计，r_G 为检流计内阻；V_0 为电桥电源电压，r_0 是它的内阻。

全桥电路测量扭矩的电压输出为

$$V = K_s\varepsilon$$

其中 K_s 为应变电桥常量，ε 为应变。

而

$$T = \frac{\pi}{16}Gd^3\varepsilon$$

其中 G 为弹性轴的剪切弹性模量，d 为弹性轴直径。

所以

$$T = K_0V$$

其中 $K_0=\dfrac{\pi Gd^3}{16K_s}$。

又因

$$V = K_1f$$

其中 K_1 为压频转换系数。

所以扭矩计算公式为

$$T = K_0K_1f \tag{11.12}$$

数字式应变传感器输出即是数值信号，很容易输入计算机处理，响应速度快，体积小，工作稳定，操作简单。

(3)转速测量

转速的测量必须和扭矩的测量保持同步，才能保证功率值的正确。转速的测量方式很多，为了保证与扭矩同步，通常的扭矩传感器里已集成了转速测量装置，这种测量装置就是最常见的编码盘加光电二极管方式。在旋转轴上安装测速轮，在传感器外壳上安装一只由发光二极管及光敏三极管组成的槽形光电开关架，测速轮的每一个齿将发光二极管的光线遮挡住时，光敏三极管就输出一个高电平，反之就输出低电平，由于测速轮齿数 k 已知，通过以下公式得到转数 n：

$$n = \frac{60m}{Kt} \tag{11.13}$$

式中 n 为转速（r/min），m 为脉冲数，K 为齿轮盘齿数，t 为时间（s）。若齿轮盘齿数 K 为60，则 n 即为脉冲频率。

(4)功率测量

当扭矩和转速都测出来以后，就可对功率进行计算，由电工学可知，当 T 和 n 已知时，功率为：

$$P = \frac{1}{9\ 550}Tn \tag{11.14}$$

式中 P 为功率（kW），n 为转速（r/min），T 为扭矩（Nm）。

11.2　温度的测量

温度是度量物体的物理量，是国际单位制7个基本物理量之一。在工农业生产、国防、科研及办公设备自动化领域中，温度是一个重要的检测、控制参数。特别是在工业生产中，关于温度的研究和测量对于生产率、产品质量和自动控制程度的提高均有着重要意义。

温度测量是一个复杂问题，随着测试对象、测试环境的不同而有所变化。要解决实际的测温问题，应从以下三个方面考虑：一是深入研究被测对象的特点和要求，以明确要解决问题的性质；二是选择正确的测温方法，其中包括选择测温传感器和显示仪表；三是分析测温误差来源并提出校正方法。下面分别以接触法测温、非接触法测温来介绍常用的温度测量方法。

11.2.1　接触法测温

当被测对象的比热及热导率都比较大并且与检测元件有良好的接触时，用接触法是一种较好的选择。接触式测温是把测温用的传感器和被测对象直接接触，两者进行热交换，最后达到热平衡，并显示出温度值。常用的接触式测温仪器有热电阻测温仪、热电偶测温仪、膨胀式测温仪以及数字温度传感器测温仪。

(1)热电阻测温仪

热电阻测温仪以其高精度、小误差的显著特点广泛应用于石油、电力、纺织、化工橡胶等工业领域。热电阻测温仪是利用导体或半导体的电阻随温度变化的物理特性而制作的。构成热电阻测温仪的感温元件有金属丝电阻和热敏电阻。

1)金属丝热电阻测温仪

一般金属导体具有正的电阻温度系数,电阻率随温度上升而增加,在一定温度范围内,电阻与温度的关系为:

$$R_t = R_0[1 + \alpha(t - t_0)] = R_0(1 + \alpha\Delta t) \tag{11.15}$$

式中 R_t——温度为 t 时的电阻值;

R_0——温度为 t_0 时的电阻值;

α——电阻温度系数,随材料不同而异。

由于铂电阻具有很好的精度、稳定性及合适的测温范围,因此多选择铂电阻作为温度传感器的材料。在0~850℃范围内,工业用铂电阻温度传感器的温度-电阻公式为:

$$R = R_0(1 + At + Bt^2) \tag{11.16}$$

式中 R_0——0℃时的电阻值;

A,B——系数,可通过查表得到;

t——温度。

图11.9为铂电阻测温方框图,用精密电流源对铂电阻进行偏置。用低噪声、低漂移的差动放大器放大电压信号,并采用高分辨率A/D转换器进行A/D转换。CPU读出A/D数据后对数据进行处理得出阻值,进而求出温度。

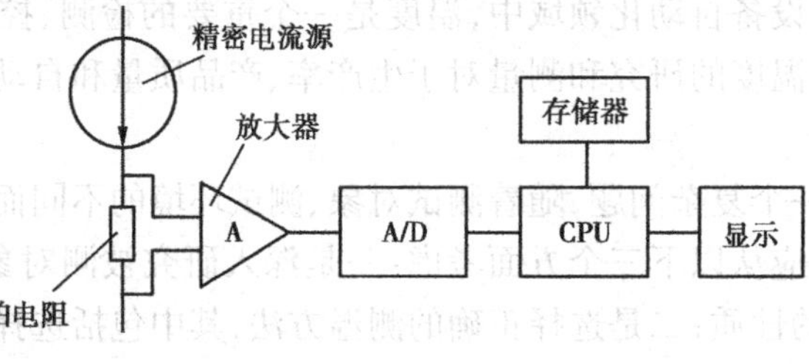

图11.9 铂电阻的测温方框图

金属丝热电阻的优点:稳定,准确,线性度优于热电偶。金属丝热电阻的缺点:第一是使用贵金属铂使其价格极其昂贵;第二是存在自热效应;第三是响应较慢。

2)热敏电阻测温仪

热敏电阻测温仪是一种电阻值随温度成指数变化的半导体感温元件。热敏电阻是由金属氧化物的粉末按一定比例混合烧结而成的半导体。在-50~+350℃温度范围内,具有较好的稳定性。

热敏电阻按其使用的材料和温度系数特点可分为三种类型:陶瓷类负温度系数型,钛酸盐正温度系数型和硅半导体正温度系数型。负温度系数型的电阻随温度升高而降低,其电阻-温度特性可用下式表示:

$$R_T = R_0 \exp(B_N/T - B_N/T_0) \tag{11.17}$$

式中 R_T——温度 T 时的热敏电阻值；

B_N——负温度系数；

R_0——在250℃时的热敏电阻值。

正温度系数热敏电阻的阻值随温度升高而升高，其热电性质由下式表示：

$$R_T = R_0 \exp[(T - T_0)B_P] \tag{11.18}$$

式中 B_P——正温度系数。

由于热敏电阻有非线性化的缺点，一般需要经过线性化处理，使输出电压与温度之间基本上成线性关系。

热敏电阻与金属丝电阻比较具有以下优点：第一是因有较大的电阻温度系数，所以灵敏度较高；第二是体积小，热惯性小，响应速度快；第三是热敏电阻元件的电阻值可达3～700kΩ，远距离测量时，导线电阻的影响可不予考虑。热敏电阻的缺点是：非线性严重，老化较快，对环境温度的敏感性大。

3）电阻与温度的关系特性

热电阻测温仪的感温元件的电阻与温度的关系特性是热电阻的基本特性，也是热电阻传感器工作的理论基础。感温元件的电阻与温度的关系特性在实际应用中可以用以下方式表示：列表法、内插法和作图法。

①列表法

列表法是用一张表格将感温元件的电阻值与温度的对应关系表示出来，通常称它为"分度表"。分度表完全是由大量的实验、测试数据并经过数据处理后得出的。在实际工作中，分度表的用处很大，一般已知热电阻的电阻值，则可在分度表中查出相对应的温度来。与热电阻配套的显示仪表、调节器或温度变送器的刻度与线路计算等，都是根据分度表来确定的。

②内插法

内插法是建立在分度表的基础上的。分度表只能表示有限的感温元件的电阻与温度关系特性的对应关系，而无法得出任意的电阻与温度关系特性。一般感温元件如铂热电阻、铜热电阻等，它们的电阻与温度的关系特性不是线性的。这样只有以内插方程的方式得出它们在不同的温度下对应的电阻值。内插方程可以用下述一般表达式来表示：

$$R_t = R_0(1 + At + Bt^2 + Ct^3 + \cdots) \tag{11.19}$$

式中 R_t——热电阻在温度为 t 时的电阻值；

R_0——热电阻在温度为0℃的电阻值；

A、B、C——在固定温度点上所确定的分度常数，对于不同材料的热电阻，其数值也不同。即使是同一材料，在不同的测温范围，起值也不一定相同。如铂热电阻的电阻与温度关系特性，在温度为－200～0℃时，关系特性可表示为：

$$R_t = R_0[1 + At + C(t - 100)t^3] \quad (11.20)$$

在0～850℃时,电阻与温度关系特性则表示为

$$R_t = R_0(1 + At + Bt^2) \quad (11.21)$$

③作图法

作图法是首先查出某一感温元件在不同温度下的有限个电阻值(尽可能多),以温度值为横坐标值,电阻值为纵坐标值,将它们对应描绘在坐标中,然后用一条光滑的曲线将它连起来,这样就可以近似查出在限定温度范围内任意温度对应的电阻值。如图11.10所示,分别描述了铂、铜、钨和热敏电阻的电阻与温度关系特性曲线。

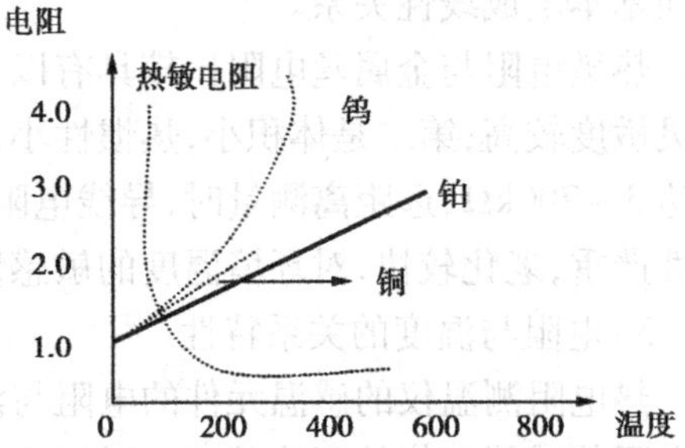

图11.10 热电阻的电阻与温度特性曲线

当热电阻处于被测温度场时,感温元件的电阻值仍是该处温度的量度。但要能够读出该温度值,还必须有显示测量装置与它配套连接才行。所以用来与热电阻配套的测量设备,按其本身作用的原理来说,其实都是"电阻测量器"。

(2)热电偶测温仪

在两种不同成分的导体(或半导体)A和B组成的闭合回路中,如果它们的两个接点的温度不同,则回路中会产生一个电动势,称为热电势。它的大小和两端的温度差有关。A、B焊接成对后称为热电偶。热电偶具有结构简单,热容量小,材料的互换性好,滞后效应小,信号能够远距离传送和多点测量,便于检测和控制等优点。因此利用热电偶作为传感器的热电偶测温仪在工业生产和科学研究中得到了广泛的应用。

热电偶闭合回路中产生热电动势现象被认为是导体的接触电动势和温差电动势的综合结果。接触电动势的大小与温度高低及导体中的自由电子密度有关。温度越高,接触电动势越大;两种导体自由电子密度的比值越大,接触电动势越大。温差电动势的大小取决于热电极两端的温差和热电极的自由电子密度。温差越大,温差电动势越大。电子密度与热电极材料成分有关。

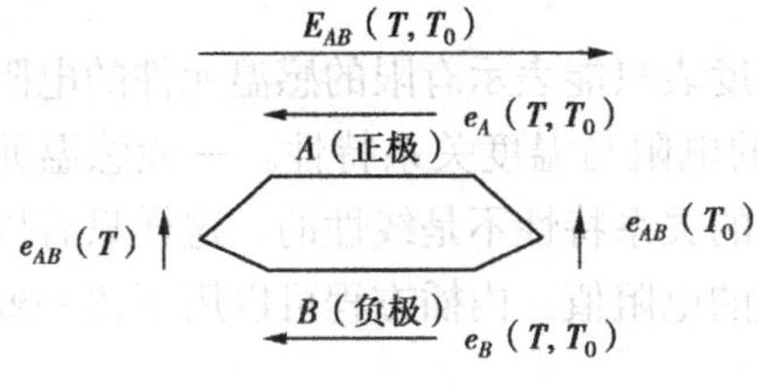

图11.11 热电偶回路热电势

现在来研究两种不同导体A和B组成的热电偶回路的总电势。如图11.11所示,设测量端与参考端的温度分别为T和T_0。若热电偶回路的热电势$E_{AB}(T,T_0)$包含A和B导体的两个接点分别在T和T_0处的接触电势$e_{AB}(T)$及$e_{AB}(T_0)$,以及A和B导体因其两端点存在温差而产生的温差电势$e_A(T,T_0)$和$e_B(T,T_0)$,取$e_{AB}(T)$的方

向为正向,则该热电势可表示为

$$E_{AB}(T,T_0)=e_{AB}(T)+e_B(T,T_0)-e_{AB}(T_0)-e_A(T,T_0)=\frac{k}{e}\int_{T_0}^{T}\ln\frac{N_{At}}{N_{Bt}}\cdot dt \tag{11.22}$$

式中 e 为电荷;k 为玻尔兹曼常数;N_{At}、N_{Bt} 分别为 A、B 电极单位体积内自由电子数,它不仅取决于热电偶材料的特性,而且随温度的变化而变化,因而不是一个常量。当热电偶的材料确定之后,其总电动势 $E_{AB}(T,T_0)$ 成为温度 T 和 T_0 的函数差。即

$$E_{AB}(T,T_0)=f(T)-f(T_0) \tag{11.23}$$

通常把 T 称为测量端或工作端温度,T_0 称为参考端或冷端温度。如 T_0 为定值,则其总电动势就只与 T 呈单值函数关系:

$$E_{AB}(T,T_0)=f(T)-C \tag{11.24}$$

这一关系奠定了热电偶测温的基础,即只要测得其电动势 $E_{AB}(T,T_0)$,就可求得被测温度 T。通常分度时将热电偶的 T_0 保持在0℃。

(a)

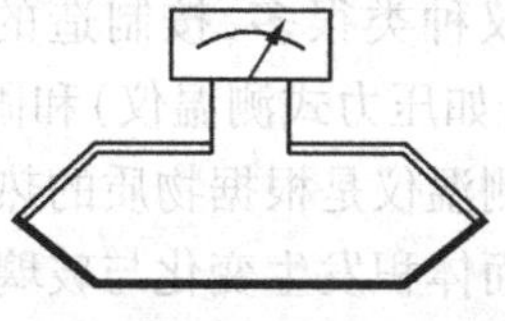

(b)

图11.12 热电偶与电测显示装置连接的两种基本电路

当热电偶与电测显示装置(如电测仪表)相连接时,通常其连接的基本电路有两种,如图11.12所示。其中图(a)是由参考端接入的显示装置来构成测温仪系统,图(b)是断开某一根热电极接入显示装置来构成测温仪系统。若要用计算机来代替仪表类显示装置,则放大电压信号后,还需配以A/D卡实现模/数转换。

在制造热电偶测温仪时,如需要一只加长的热电偶,常使用补偿导线来加长热电偶,而不直接使用长热电极的热电偶,其主要目的是为了降低仪器成本和改善热电偶测量线路的机械与物理性能。在一定温度范围内,与配用热电偶的热电特性相同的一对带有绝缘层的导线称为补偿导线。补偿导线与热电偶连接点的温度,不得超过规定的使用温度范围。

热电偶测温仪主要由热电偶感温元件、冷端补偿器、补偿导线、普通导线和温度显示装置组成。整个测温系统的结构和热电阻测温仪类似,其测量回路如图11.13所示。

测温时,热电偶的热端插入被测介质中感应被测温度,在热电偶回路中产生电势;热电偶冷端维持一定的温度或接到冷端补偿器上,由热电偶至冷端恒温器或冷端补偿器间的连线必须使用补偿导线,由冷端至显示装置的连线可使用普通导线。

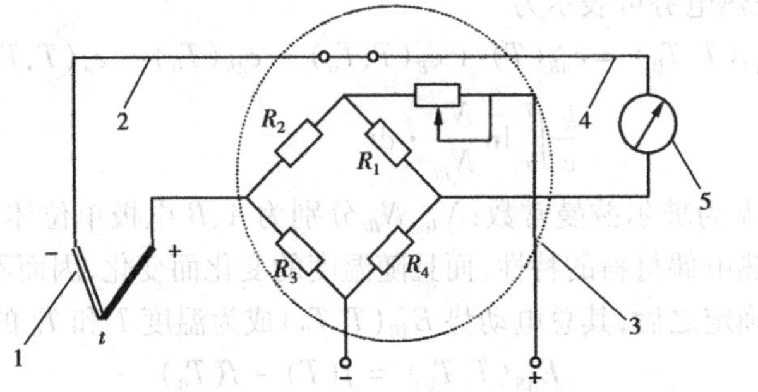

图 11.13　热电偶温度仪测量回路

1—热电偶;2—补偿导线;3—补偿器;4—普通导线;5—显示装置

(3)膨胀式测温仪

利用物质的热膨胀(体膨胀或线膨胀)性质与温度的物理关系为基础制作的温度测试仪称为膨胀式测温仪。

膨胀式测温仪种类很多,按制造的材料可分为液体膨胀式(如玻璃液体测温仪)、气体膨胀式(如压力式测温仪)和固体膨胀式(如双金属测温仪)三大类。

液体膨胀式测温仪是根据物质的热胀冷缩原理制造的。它利用作为介质的感温液体随温度变化而体积发生变化与玻璃随温度变化而体积变化之差来测量温度。玻璃液体温度仪的示值实际上是感温液体积与玻璃体积变化之差值。由于液体的体积膨胀系数比玻璃的体积膨胀系数大很多倍,因此可以明显看到的液体体积的变化。常用于玻璃温度测温仪中的液体有水银、甲苯、乙醇、煤油、汞铊等物质。液体膨胀式测温仪具有结构简单、读数直观、使用方便和价格便宜等优点,是目前应用最广泛的温度测量仪器之一。

气体膨胀式测温仪的工作原理是基于一个封闭的充满介质的容器内感温介质的体积或压力随温度发生变化。测量介质的体积或压力的变化,即可实现温度的间接测量。压力式测温仪在测量液体温度时,若封闭容器系统的体积不变时,液体的压力与温度成一定的函数关系,这种函数关系可表示为:

$$P_t - P_0 = \frac{\alpha}{\beta}(t - t_0) \tag{11.25}$$

从而可得

$$t = \frac{(P_t - P_0) \cdot \beta}{\alpha} + t_0 \tag{11.26}$$

式中　P_t 为液体在温度 t 时的压力,P_0 为液体在温度为 t_0 时的压力,α 为液体体积膨胀系数,β 为液体的压缩系数。所以只要分别测得 P_0、P_t,就可由式(11.26)算出温度 t。

压力式测温仪在电力、化工、纺织、食品等行业中多用于固定生产设备中。它具有结构简单、防爆，并可远距离测量，读数清晰，使用方便等优点。其测温范围为 -200～600℃。

固体膨胀式温度测试仪以双金属测温仪最为典型。在很多行业中用它来代替玻璃液体测温仪使用。它具有结构简单，牢固可靠，维护方便，抗震性好，价格低廉，无汞害及读数指示明显等优点。再加上冶金技术的发展，其测量准确度有了较大的提高，从而得到了广泛的应用。

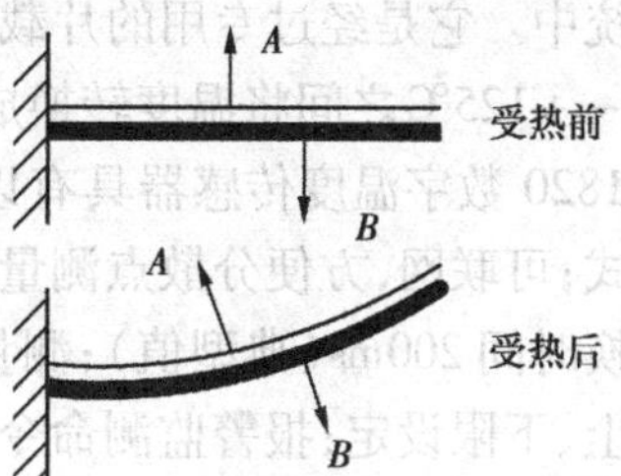

图 11.14 双金属片受热变形示意图

双金属测温仪的测温原理是：利用膨胀系数的不同将两层金属（或合金）牢固结合在一起，并将一端固定，另一端为自由端（图 11.14）。当温度升高时，膨胀系数较大的金属片伸长较多，必然会向膨胀系数较小的金属片一面弯曲变形。温度越高，产生的弯曲越大。双金属片在一定的温度范围内受热弯曲变形的规律可由下式表示：

$$\alpha = \frac{3l(a_2 - a_1)}{2(\delta_1 + \delta_2)}(t - t_0) \tag{11.27}$$

从而可得

$$t = \frac{2\alpha(\delta_1 + \delta_2)}{3l(a_2 - a_1)} + t_0 \tag{11.28}$$

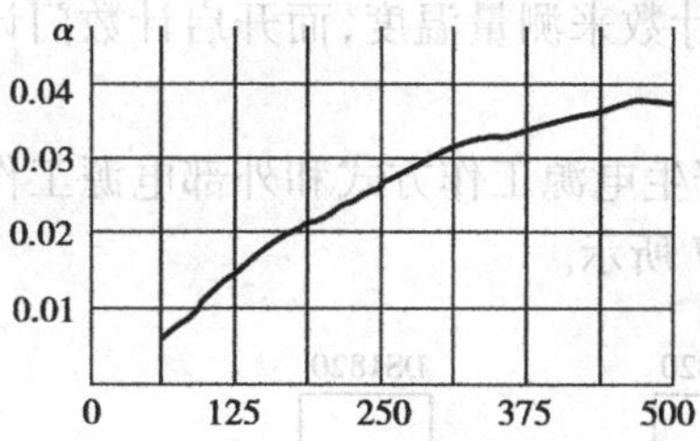

图 11.15 双金属片的 α-t 曲线

式中 α 为双金属片偏转角，a_1、a_2 分别为双金属片被动层（膨胀系数较小的一层）和主动层（膨胀系数较大的一层）的膨胀系数，δ_1、δ_2 为双金属片被动层和主动层的厚度，l 为双金属片的有效长度，t 为工作温度，t_0 为初始温度。当双金属片的长度 l 一定，δ_1、δ_2 的厚度一定，而且 $(a_1 - a_2)$ 在规定的温度范围内保持常数时，双金属片的偏转角 α 与温度 t 的关系成线性关系，双金属片的 α-t 曲线如图11.15所示。只要测出偏转角 α，就可通过式(11.28)得出被测物体的温度。

（4）数字温度传感器测温仪

传统的热电式温度传感器是将温度的变化转换成模拟电量的变化，如电阻 R、电流 I、电势 E 的变化等，再由测量电路对这些变化的电量进行放大、滤波等处理，以进行模拟显示或经过 A/D 转换后进行数字显示。随着数字温度传感器的出现和应用，不难看出模拟式传感器的不足：传感器输出模拟量，不便于计算机接口；远距离传输信号衰减，抗干扰性差；在智能仪器及数字测量系统中，必须进行信号放大；需要外部元件配合，热电阻需要测量电桥，热电偶需要进行冷端补偿等。

美国达拉斯半导体公司首家推出 DS1820 数字温度传感器，并将其应用于实际测温系统中。它是经过专用的片载温度测量工艺而制成的集成数字温度传感器，可在 −55 ~ +125℃之间将温度转换成对应 16 位二进制数字，并以串行方式输出。

DS1820 数字温度传感器具有以下特点：体积小，安装方便；独特的“一线总线”接口方式；可联网，方便分散点测量；三线/二线式连接方式，可通过数据线提供能量；温度转换时间 200ms（典型值）；测量精度：0.5℃；分辨率：0.062 5℃；用户自定义温度报警上、下限设定；报警监测命令可识别和定位温度超限节点。

DS1820 由温度传感器、温度数字转换电路、ROM、RAM、串行 I/O 等几部分组成。它只有一条数据线用以接收命令并回传所测温度数据，因此连接和控制比较简单。在每一个 DS1820 的 ROM 中存放了一个 64 位的 ID 号，开始 8 位数是产品类型编号（10h），随后 48 位数是该器件的自身序号，最后 8 位是前面 56 位的循环冗余校验码。传感器只有三根外引线：单总线数据输出端口 DQ，共用地线 GND，外供电源线 VDD，其引脚如图 11.16 所示。

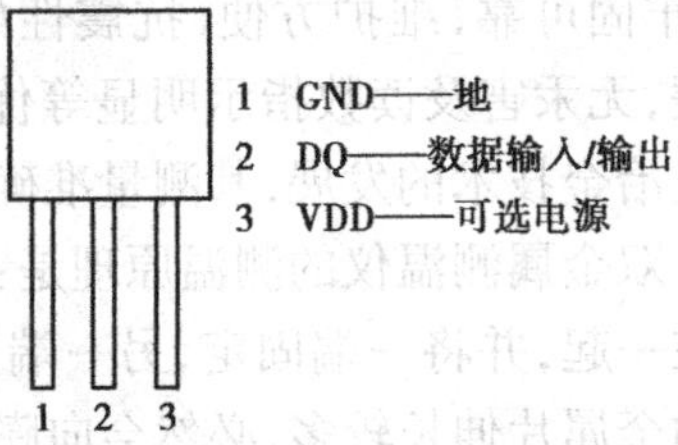

图 11.16 DS1820 的管脚排列

单总线供电原理是：当 DQ 或 VDD 为高电平时，高电平通过 D1 或 D2 向 C 充电便得到了内部电源电压。传感器温度测量原理是利用两个不同的温度系数振荡器，通过开启低温系数振荡器经历的时钟周期个数计数来测量温度，而开启计数门计数时间由高温系数振荡器决定。

DS1820 与单片机 AT89C52 的接口可采用寄生电源工作方式和外部电源工作方式两种，此处采用寄生电源工作方式，如图 11.17 所示。

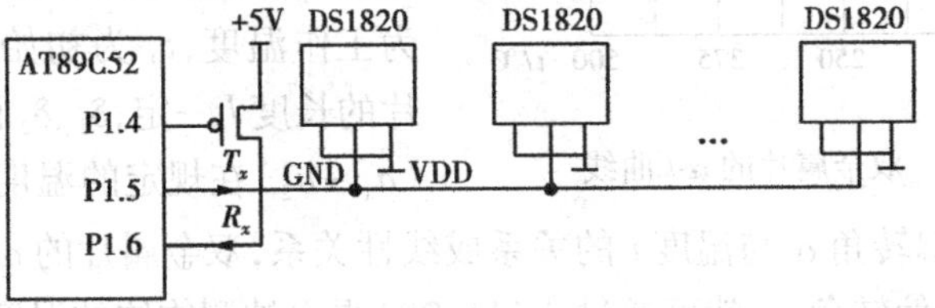

图 11.17 采用寄生电源供电的 DS1820 与单片机 AT89C52 的典型连接

这里 P1.4 作输出口用，相当于 T_x，P1.5 作输入口用，相当于 R_x，这种接法可挂接 DS1820 数十片，比单一口承受的片数要多，并且通讯距离长。

一般情况下，传感器数量越少，测量电缆的导线电阻及线间电容越小，现场的信号干扰越弱。“一线总线”的通讯距离越长，在不添加中继器的情况下，延长“一线总线”的通讯距离的关键是选用线间电容小、屏蔽性能好的通讯电缆。

11.2.2　非接触法测温

非接触测温法也可称为辐射测温法。最早的非接触测温就是以光学高温计为代表的测温法，与接触测温如电阻测温、热电偶测温不同，辐射测温直接应用基本的辐射定律，利用被测体的辐射能量与其温度有关的原理进行测量。它的测量可以与热力学温度联系起来，因此可以直接测量热力学温度。在制定1990年国际温标（ITS—90）的过程中，铝凝固点（630℃）以上的某些数值来自于辐射的测量结果就是一个证明。

非接触测温法的优点显而易见：它的测量不干扰被测温场，不影响温场分布，从而得到较高的测量准确度；在理论上无测量上限，所以它可以测到相当高的温度；探测时间短，易于快速与动态测量；无须接触被测物体，可用于恶劣环境下的温度测量。

非接触测温法的主要缺点在于：它不能直接测得被测对象的实际温度，要得到实际温度，需要进行材料发射率的修正，而发射率是一个影响因素相当复杂的参数，这就增加了对测量结果进行处理的难度；由于是非接触，辐射测温计的测量受到中间介质的影响，特别是在工业现场条件下，周围环境比较恶劣，中间介质对测量结果的影响更大，在这方面，温度计波长范围的选择很重要；由于辐射测温的相对复杂的原理，温度计的结构也相对复杂，从而价格较高，这也限制了辐射温度仪在某些方面的使用。

（1）红外测温仪

由于原子和分子的运动，每一物体都会辐射电磁波。非接触温度测量中最重要的波长或光谱范围是在0.5～20μm，这一范围内的自然射线，人们称为热辐射或红外线。

把从被测物接收的红外线，由透镜经过滤波器聚焦在检波器上。检波器通过被测物辐射密度的积分，产生一个与温度成正比例的电流或电压信号。在此后相连接的电器部件中，把此温度信号线性化，进行发射率区域的修正，并转化成一个标准的输出信号。

对被测物辐射的红外线进行温度测量的测试仪器，被称为辐射测温仪。辐射测温仪的优点：由于通过接收被测体辐射的红外线而进行测温，故可对那些难以接触到的或运动着的物体进行温度测量，如传热性能差的或是很小的热容量材料；响应时间短故能快速地实现对回路的有效调节；没有会磨损的部件，因而就不存在如使用温度计所存在的连续费用；对于很小的被测物体，及腐蚀性的化学物或敏感的表层的温度测试，使用辐射测温仪可避免由物体的导热性产生的测量误差；通过远距离的遥控测量，可远离危险区域，保护操作人员。

下面以接触非接触复合式红外测温系统为例说明红外测温仪的应用。如图11.18所示，该系统可应用于各种工业炉的温度测量。使用时将感温窥测管插入待测对象中，窥测管底部将与被测体达到热平衡，等于被测温度的大小，而管底部的热辐射经过透镜聚焦成像在红外探测器上，利用其光电效应产生与被测温度成对应关系的电压信号，此信号经过温度补偿送到显示仪表。显示仪表内部有放大器、模数转换器、单片计算机和数字显示电路等。由温度传感器送来的模拟电压信号首先输入放大器进行电压放大后经模/数(A/D)转换成数字信号，送入单片机进行智能数字线性处理，然后送显示器显示对应的温度数值(LED 显示)，同时备有输出接口，输出 0~10mA 或 4~20mA 的标准信号，可以接记录仪或接各类调节回路进行闭环自动控制。

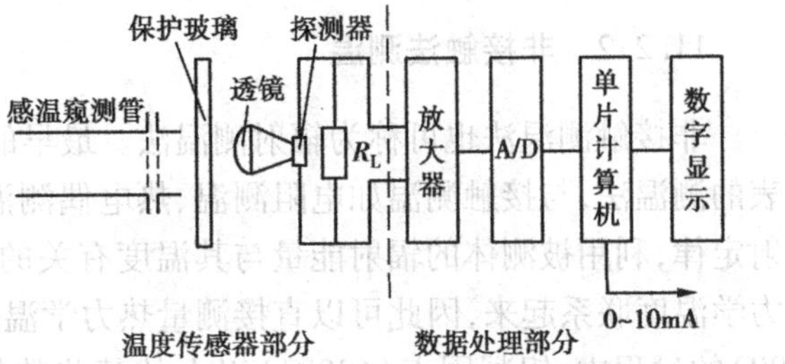

图 11.18 接触非接触复合式测温系统

(2)双色测温仪

双色测温仪包括光学系统、分色片滤光片、红外探测器、信号处理器及显示输出部分，其典型测温方框图如图 11.19 所示。红外辐射能量被透镜接收并聚焦在双波段滤光片红外探测器上，滤光片将红外辐射能量分成两个波段，波长范围为 0.75~1.1μm 和 0.95~1.31μm。通过每个滤光片的红外辐射波被两个独立的红外探测器接收并转换成电信号，然后经过信号处理器计算两个信号的比值及环境温度补偿后给出测温数据并显示输出。

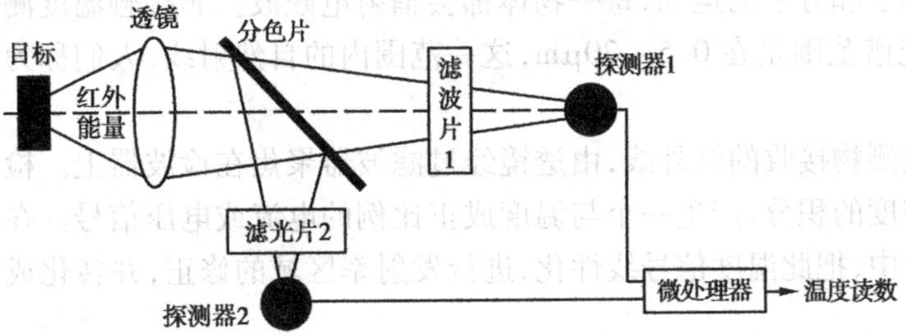

图 11.19 双色测温仪方框图

双色测温仪是测量物体在两个不同光谱范围发出的辐亮度，并将这两个辐亮度之比换算成物体的温度。双色测温仪的关键在于两个波段的选择。选择原则为两个波段的信号比值对温度的变化敏感程度。当温度有较小变化时，两个波段内信号的比值仍然较大，这样就会使仪器有较大的温度分辨率。双色测温仪的基本方程为：

$$T = B/[A + \lg(e_1/e_2) - \lg(E_1/E_2)] \tag{11.29}$$

式中 T——目标的温度；

e_1——第一波段内目标的发射率；

e_2——第二波段内目标的发射率；

E_1——第一波段内目标的能量；

E_2——第二波段内目标的能量；

A,B——标定常数。

上述方程中的两个比值 e_1/e_2 和 E_1/E_2，对了解双色测温仪的优越性很重要。e_1/e_2 是两个波段内目标发射率的比值，称为双色测温仪的坡度。第二个比值 E_1/E_2 是两个探测器信号的比值，探测器信号正比于所接收到的目标的红外辐射。如果目标不充满视场，达到每个探测器的能量也有变化，但是，仪器接收能量的变化对每个探测器是相同的，这表明能量的比值是相同的。因此，由于大气、灰尘、烟雾、粒子的存在，使仪器接收的能量受到衰减时，双色测温仪仍能准确测温，因为衰减在两个波段内是相同的。在下述条件下，用双色测温仪是最佳的解决方案：大气中有灰尘、烟雾、蒸汽和粒子；透镜不清洁；仪器视场局部受阻或遮挡；目标不充满视场；运动或震动的物体。

(3)光纤测温

光导纤维自问世以来，得到了迅速的发展和应用，形成了一个新的技术领域。光导纤维在传感领域的应用，解决了不少温度测量方面的问题。光纤测温有以下特点：光纤测温时，传感器的体积小，不破坏被测温场，耐高温高压，抗化学腐蚀，物理和化学性能稳定；光纤构造灵活，可制成单根、成束、阵列等结构形式，可在一般传感器难以达到的场合进行测温；由于光纤传感器具有高灵敏度，传送信息量大，柔软可绕曲，高强度，低损耗，宽频带等特点，可在密闭狭窄空间等特殊环境下进行测温。所以，容易实现对复杂测温条件下温度的远距离监视，可使仪表部分远离现场。

1)串讯光纤温度传感器

用光纤测量温度的变化有许多方法，其中最灵敏的方法是探测单模光纤中光程的变化，然后与位于固定温度的参考光纤进行比较；其次是微分干涉仪法或串讯法，它的理论基础是相距很近的两光纤间的串讯对温度的依赖性。

温度的变化引起光纤线度和包层与芯折射率的变化。一般说来，线膨胀系数和折射率改变温度系数对于包层与芯是不同的，可探测的最小温度变化由测量系统的信噪比确定。实验证明：对于可见光，串讯随温度而变化，温度灵敏度一般由光纤芯的线膨胀和热光效应决定。

串讯光纤温度传感器的串讯热响应出现在具有公共包层的两光纤芯之间，可用来探测非常小的温度变化。多芯光纤温度传感器可扩大温度变化的测量范围，又不损失测量灵敏度。

2)波长转换光纤温度传感器

利用单根光纤和波长转换技术制成的光纤温度传感器的测量精度，实际上与所用光纤系统的性质（如光纤长度、直径和联接器）无关。该传感器系统的工作原理如图11.20所示，来自发光二极管（LED）的光经由光纤和耦合器传递到固态传感器晶体,投射到传感器上的光被吸收,再以稍不同的波长发射出去,这个过程称为光致发光,发光的波长由传感器的温度确定。光致发光的光沿同一根光纤送回到测量系统作为激发光,然后被波长分离信号探测器接收。探测器的输出送到测量系统的电子仪器,由此获得对应于传感器温度的输出信号。因此,该系统的测量精度不受光纤信号衰减的影响。

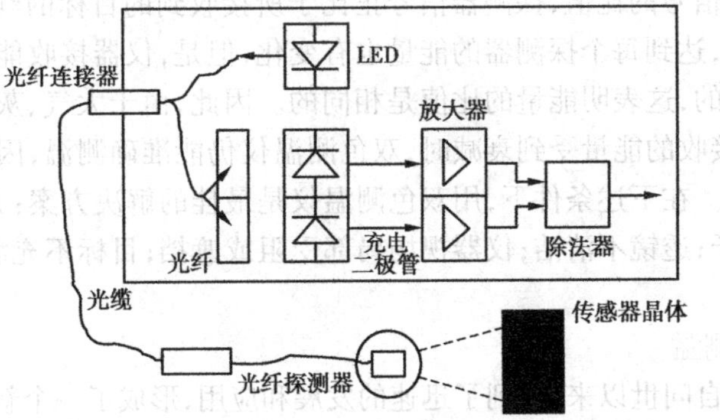

图 11.20　波长转换光纤温度传感器系统的原理框图

波长转换光纤温度传感器的主要电子仪器是模拟装置和微处理器,前者利用斩波信号有效的衰减噪声,它包括 LED 的驱动电路和放大器以及相敏探测器;后者控制 LED 的驱动电流,提供与光电子系统衰减无关的信号电平,利用 S_2/S_1 获得待测温度值。波长转换光纤温度传感器系统的主要优点是:噪声干扰小,电流隔离和安全可靠。

参考文献

1. 梁德沛,李宝丽. 机械工程参量的动态测试技术. 北京:机械工业出版社,1995
2. 黄长艺,卢文祥,熊诗波. 机械工程测量与试验技术. 北京:机械工业出版社,2000
3. 崔志尚. 温度计量与测试. 北京:中国计量出版社,1998

第12章

虚拟测试仪器

12.1 导 论

12.1.1 虚拟仪器的概念

虚拟仪器(Virtual Instrument,简称 VI)是虚拟技术在仪器仪表领域中的一个重要应用,它是日益发展的计算机硬件、软件和总线技术在向其他技术领域密集渗透的过程中,与测试技术、仪器技术密切结合,共同孕育出的一项新成果。1986 年美国的国家仪器公司(National Instruments Corporation,简称 NI)首先提出了虚拟仪器的概念,认为虚拟仪器是由计算机硬件资源、模块化仪器硬件和用于数据分析、过程通讯及图形用户界面的软件组成的测控系统,是一种由计算机操纵的模块化仪器系统。如果需要作进一步说明,则虚拟仪器是以计算机作为仪器统一的硬件平台,充分利用计算机独具的运算、存储、回放、调用、显示以及文件管理等智能化功能,同时把传统仪器的专业化功能和面板控件软件化,使之与计算机结合起来融为一体,这样便构成了一台从外观到功能都完全与传统硬件仪器相同,同时又充分享用计算机智能资源的全新的仪器系统。由于仪器的专业化功能和面板控件都是由软件形成,因此国际上把这类新型的仪器称为“虚拟仪器”或称“软件即仪器”。

各种功能强大、越来越复杂的虚拟仪器不断涌现,促使虚拟仪器得到了高速发展。作为共性,虚拟仪器的特点主要表现为:

1)硬件接口标准化;

2)硬件软件化;

3)软件模块化;

4)模块控件化;

5)系统集成化;

6)程序设计图形化;

7)计算可视化;

8)硬件接口软件驱动化。

以 PC 机为仪器统一的硬件平台,将测试仪器的功能和形象逼真的仪器面板控件均形成相应的软件并以文件形式存放于机内的软件库中,同时在计算机的总线槽内插入对应的、可实现数据交换的模块化硬件接口卡,若使库内仪器测试功能、仪器控件的软件和由接口卡输入至机内的数据,在计算机系统管理器的统一指挥和协调下运行,便构成了一类全新概念的仪器——虚拟式仪器。

12.1.2 虚拟仪器的产生和现状

测量仪器发展至今，大体可分为四代：第一代为模拟式仪器仪表，如指针式电流、电压表、万用表、模拟式信号产生器等，它们对测量结果进行指示的基本结构是电磁机械式结构，一般是借助指针来指示最终结果；第二代为数字化仪器，这类仪器目前仍用得相当普遍，如数字电压表、数字频率计、数显表、记忆示波器等，这类仪器的特点是将模拟信号的测量转化为数字信号的测量，并以数字方式输出和显示最终结果，这类仪器适用于快速响应和准确度要求较高的测量领域；第三代仪器为智能仪器，在这类仪器内置有微处理器，因此它能进行自动测试又具有一定的数据处理功能，可取代部分脑力劳动，因此称为智能仪器，它的功能模块主要是硬件或固化的软件，这样对开发和应用仍缺乏灵活性；第四代仪器为虚拟仪器，它是现代计算机技术、数据通信技术和测量技术相结合的产物，它几乎克服了传统硬件化仪器的主要缺点，是对传统仪器观念的一次巨大变革，是仪器发展的方向。

自20世纪80年代以来，美国NI研制和推出了多种总线系统的虚拟式仪器。它推出的LabVIEW图形编程系统已被广泛使用。在NI之后，美国惠普(HP)公司紧紧跟上，推出了HPVEE编程系统，用户可用它组建或挑选自己所需的仪器。除此之外，世界上陆续有数百家公司，如Tektronix公司、Racal公司等也相继推出了多种总线系统和虚拟式仪器。作为仪器领域中的新兴技术，虚拟式仪器的研究、开发在国内也已经经过了起步阶段。从20世纪90年代中期以来，国内的一批高校和科技公司在研究和开发虚拟仪器产品和虚拟仪器设计平台以及引进消化国外产品等方面做了一系列有益工作。例如重庆大学，在自行研制的“框架协议”开发系统中成功开发了15类30余种直接的虚拟仪器，并已在国内推广了1 000台以上，取得了一批瞩目的成果。相信在不久的将来，国内将会推出种类更多、性能更优、功能更强的并具有自主版权的虚拟仪器产品。

虚拟仪器依靠其自身的优势使它在仪器市场中的竞争力不断增强，世界上许多大的仪器公司均在虚拟仪器市场上占有一席之地。1988年，国际上开始有虚拟仪器产品面市，当时只有5家制造商推出的30种产品。此后，虚拟仪器产品每年成倍增加，到1994年底，虚拟仪器制造厂已达95家共生产1 000多种虚拟仪器产品，销售额达2.93亿美元，占整个世界仪器销售总额73亿美元中的约4%。目前，我国正处于科学技术蓬勃发展的新时期，对仪器设备的需求将更加强劲。虚拟仪器赖以生存的PC近几年正以迅猛的势头席卷全国，这为虚拟仪器的发展奠定了基础，因而虚拟仪器作为传统仪器的替代品，市场容量将会越来越巨大。据统计，1995年我国进口电子测量仪器73.5万台，价值32亿美元。据“国际自动化仪表”杂志1999年的预测，到21世纪前10年，全世界将有50%的仪器仪表为虚拟仪器，虚拟仪器的生产厂家将超过千家，品种将达到数千种，市场占有率将达到电测仪器的50%！这一预测对整个仪器仪表领域,不啻是一次强烈的震撼!使从事电测电控仪器、分析仪器科学技术研究与开发的科学家和工程师们都看清了虚拟仪器对传统仪器的巨大挑战,认识到在21世纪虚拟仪器不仅无容争议地将成为仪器的发展方向,而且必将在许多品种和领域内逐步取代传统硬件化仪器,使成千上万种传统仪器演变成计算机软件,成为一系列文件融入计算机中!

12.1.3 虚拟仪器的硬件系统

虚拟仪器的硬件系统一般分为计算机硬件平台和测控功能硬件。计算机硬件平台可以是各种类型的计算机,如PC、便携式计算机、工作站、嵌入式计算机等。计算机管理着虚拟仪器的硬软件资源,是虚拟仪器的硬件支撑。计算机技术在显示、存储能力、处理性能、网络、总线标准等方面的发展,推动着虚拟仪器系统的发展。

按照测控功能硬件的不同,虚拟仪器可分为GPIB、VXI、PXI和DAQ四种标准体系结构。

1)GPIB(General Purpose Interface Bus) 通用接口总线,是计算机和仪器间的标准通讯协议。GPIB的硬件规格和软件协议已纳入国际工业标准——IEEE 488.1和IEEE 488.2。它是最早的仪器总线,目前多数仪器都配置了遵循IEEE 488的GPIB接口。典型的GPIB测试系统包括一台计算机、一块GPIB接口卡和若干台GPIB仪器。每台GPIB仪器有单独的地址,由计算机控制操作。系统中的仪器可以增加、减少或更换,只需对计算机的控制软件作相应改动。这种概念已被应用于仪器的内部设计。在价格上,GPIB仪器覆盖了从比较便宜的到异常昂贵的仪器。但是GPIB的数据传输速度较低,一般低于500KB/s,不适合对系统速度要求较高的应用,因此在应用上已经受到了一定程度的限制。

2)VXI(VMEbus eXtension for Instrumentation) VME总线在仪器领域的扩展,是在1987年,在VME总线、Eurocard标准(机械结构标准)和IEEE 488等的基础上,由主要仪器制造商共同制定的开放性仪器总线标准。VXI系统最多可包含256个装置,主要由主机箱、零槽控制器、具有多种功能的模块仪器和驱动软件、系统应用软件等组成。系统中各功能模块可随意更换,即插即用组成新系统。

目前,国际上有两个VXI总线组织:

①VXI联盟,负责制定VXI的硬件(仪器级)标准规范,包括机箱背板总线、电源分布、冷却系统、零槽模块、仪器模块的电气特性、机械特性、电磁兼容性以及系统资源管理和通讯规程等内容。

②VXI总线即插即用(VXI Plug&Play,简称VPP)系统联盟,宗旨是通过制定一系列VXI的软件(系统级)标准来提供一个开放性的系统结构,真正实现VXI总线产品的"即插即用"。

这两套标准组成了VXI标准体系,实现了VXI的模块化、系列化、通用化以及

VXI 仪器的互换性和互操作性。但是 VXI 价格相对过高,适合于尖端的测试领域。

3)PXI(PCI eXtension for Instrumentation) PCI 在仪器领域的扩展,是 NI 于1997年发布的一种新的开放性、模块化仪器总线规范。其核心是 Compact PCI 结构和 Microsoft Windows 软件。PXI 是在 PCI 内核技术上增加了成熟的技术规范和要求形成的。PXI 增加了用于多板同步的触发总线和参考时钟、用于精确定时的星形触发总线以及用于相邻模块间高速通信的局部总线等,来满足试验和测量的要求。PXI 兼容 Compact PCI 机械规范,并增加了主动冷却、环境测试(温度、湿度、振动和冲击试验)等要求。这样以来,可保证多厂商产品的互操作性和系统的易集成性。

4)DAQ(Data AcQuisition) 数据采集,指的是基于计算机标准总线(如 ISA、PCI、USB 等)的内置功能插卡。它更加充分地利用计算机的资源,大大增加了测试系统的灵活性和扩展性。利用 DAQ 可方便快速地组建基于计算机的仪器(Computer-Based Instruments),实现"一机多型"和"一机多用"。在性能上,随着 A/D 转换技术、仪器放大技术、抗混叠滤波技术与信号调理技术的迅速发展,DAQ 的采样速率已达到1GB/s,精度高达24位,通道数高达64个,并能任意结合数字 I/O、模拟 I/O、计数器/定时器等通道。仪器厂家生产了大量的 DAQ 功能模块可供用户选择,如示波器、数字万用表、串行数据分析仪、动态信号分析仪、任意波形发生器等。在 PC 上挂接若干 DAQ 功能模块,配合相应的软件,就可以构成一台具有若干功能的 PC 仪器。这种基于计算机的仪器,既具有高档仪器的测量品质,又能满足测量需求的多样性。对大多数用户来说,这种方案很实用,具有很高的性能价格比,是一种特别适合于我国国情的虚拟仪器方案。

12.1.4 虚拟仪器的软件系统

虚拟仪器技术最核心的思想,就是利用计算机的硬/软件资源,使本来需要硬件实现的技术软件化(虚拟化),以便最大限度地降低系统成本,增强系统的功能与灵活性。基于软件在 VI 系统中的重要作用,NI 提出了"软件就是仪器(The software is the instrumentation)"的口号。VPP(VXI Play & Play)系统联盟提出了系统框架、驱动程序、VISA、软面板、部件知识库等一系列 VPP 软件标准,推动了软件标准化的进程。虚拟仪器的软件框架从低层到顶层,包括三部分:VISA 库、仪器驱动程序、应用软件。

1)VISA(Virtual Instrumentation software Architecture) 虚拟仪器软件体系结构,实质就是标准的 I/O 函数库及其相关规范的总称。一般称这个 I/O 函数库为 VISA 库。它驻留于计算机系统之中执行仪器总线的特殊功能,是计算机与仪器之间的软件层连接,以实现对仪器的程控。它对于仪器驱动程序开发者来说是一个个可调用的操作函数集。

2)每个仪器模块都有自己的仪器驱动程序,仪器厂商以源码的形式提供给用户。

3)应用软件建立在仪器驱动程序之上，直接面对操作用户，通过提供直观友好的测控操作界面、丰富的数据分析与处理功能，来完成自动测试任务。

12.1.5 虚拟仪器的开发

应用软件开发环境是设计虚拟仪器所必需的软件工具。目前，较流行的虚拟仪器软件开发环境大致有两类：一类是图形化的编程语言，代表性的有 HPVEE，LabVIEW 等；另一类是文本式的编程语言，如 C，Visual C ++，LabWindows/CVI 等。图形化的编程语言具有编程简单、直观、开发效率高的特点。文本式编程语言具有编程灵活、运行速度快等特点。

1)LabVIEW 是美国 National Instrument Corporation 研制的图形编程虚拟仪器系统，主要包括数据采集、控制、数据分析、数据表示等功能。它提供一种新颖的编程方法，即以图形方式组装软件模块，生成专用仪器。LabVIEW 由面板、流程方框图、图标/连接器组成，其中面板是用户界面，流程方框图是虚拟仪器源代码，图标/连接器是调用接口(Calling Interface)。流程方框图包括输入/输出(I/O)部件、计算部件和子 VI 部件，它们用图标和数据流的连线表示；I/O 部件直接与数据采集板、GPIB 板或其他外部物理仪器通信；计算部件完成数学或其他运算与操作；子 VI 部件调用其他虚拟仪器。

2)Lab Windows 的功能与 LabVIEW 相似，且由同一家公司研制，不同之处是它可用 C 语言对虚拟仪器进行编程。它有着交互的程序开发环境和可用于创建数据采集和仪器控制应用程序的函数库。LabWindows/CVI 还包含了数据采集、分析、实现的一系列软件工具。通过交互式的开发环境可以编辑、编译、联接、调试 ANSI_C 程序。在这种环境中，通过 Lab Windows/CVI 函数库中的函数来写程序。另外，每个库中的函数有一个称为函数面板的交互式界面，可用来交互的运行函数，也可直接生成调用函数的代码。函数面板的在线帮助有函数本身及其各控件的帮助信息。LabWindows/CVI 的威力在于它强大的库函数，这些库包含了绝大多数的数据采集各阶段的函数和仪器控制系统的函数。

3)Visual C ++是微软公司开发的可视化软件开发平台，由于和操作系统同出一家，因此有着天然的优势。使用 Visual C ++作为虚拟仪器的开发平台，一般有 4 个步骤。第一，开发 A/D 插卡的驱动程序，完成数据采集功能。第二，开发虚拟仪器的面板，以供用户交互式操作。第三，开发虚拟仪器的功能模块，完成虚拟仪器的各项功能。第四，有机地集成前三步功能，构建出一个界面逼真、功能强大的虚拟仪器。

12.1.6 基于PC平台的虚拟仪器的基本构成

针对基于PC的虚拟仪器而言，它的基本构成如图12.1所示。

1）图中各种功能软件　它是具有测试分析仪器功能的各种软件，包括采集卡驱动软件，软面板功能软件，信号显示、分析软件等等。这部分是虚拟仪器的灵魂，是虚拟仪器的最大特色。

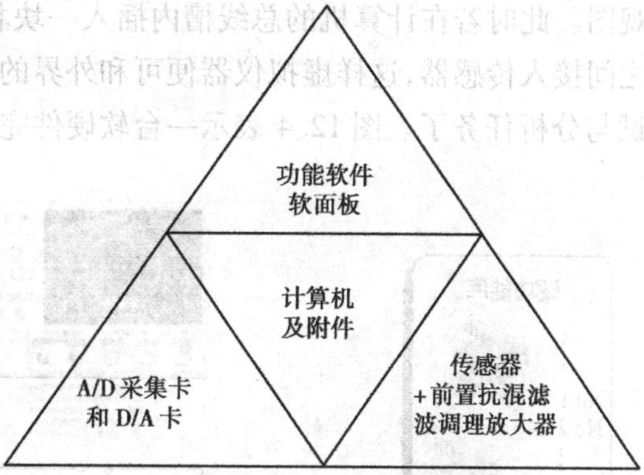

图12.1　VI构成示意图

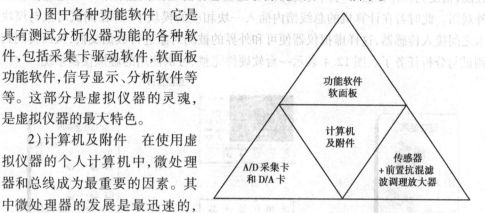

2）计算机及附件　在使用虚拟仪器的个人计算机中，微处理器和总线成为最重要的因素。其中微处理器的发展是最迅速的，它使虚拟仪器的能力得以极大地提高。现在可以利用快速傅里叶变换进行高速的实时计算，并把它用于过程控制或者其他控制系统中。总线技术的发展也为提高虚拟仪器的处理能力提供了必要的支持。使用ISA总线，可以使插在电脑中的数据采集板的采集速度达到2MB/s；使用PCI总线使得高速微处理器能够更快地访问数据，最高采集速度可提高到132MB/s。由于总线速度的大大提高，现在可以同时使用数块数据采集板，甚至图像数据采集也可以和数据采集结合在一起。计算机技术是虚拟仪器的核心。

3）A/D采集卡和D/A卡　在虚拟仪器中，I/O设备集成在数据采集板上，直接插到个人计算机总线上。数据采集板进行数据采集，并且及时地把数据存放到RAM中，微处理器就可以立即访问这些数据。数据采集板技术极大地推动了虚拟仪器的发展，因为它把微处理器和总线技术的进步直接演变为输入/输出设备的改进和系统能力的提高。

4）传感器+前置抗混滤波调理放大器　它们是测试系统的基础，没有高质量的传感器和各种高质量的调理放大器，测试系统就没有了基础。

12.1.7 虚拟仪器的形成

传统的硬件仪器，主要由机箱和底盘，插在底盘上的反映仪器功能、性能、精度指标的各种电子卡和与电子卡有序联接，用以控制仪器的工作状态、调用仪器功能和参数的面板控件三大部分组成。如果将PC作为一套带有智能化功能的仪器通用的机箱和底盘，把电子卡组成的硬功能（包括性能和精度指标）库和面板控件组成的硬控件库，按图12.2所示的那样实行软件化，从而形成“软功能库”和“软控件库”。然后将它们送入计算机,在计算机内的一个称为"框架协议"的专家系统内进行软装配、软连接、软组合、软修改、软增删等一系列软性操作,最后便形成一台从外观到功能、性能,精度到操作方法都与同类硬件仪器完全一样的虚拟仪器,图 12.3 是虚拟仪器外观图。此时若在计算机的总线槽内插入一块相应的模块卡,并在测试对象与模块卡之间接入传感器,这样虚拟仪器便可和外界的被测对象进行数据交换,从而实现其测试与分析任务了。图 12.4 表示一台软硬件完整、可供使用的虚拟仪器系统。

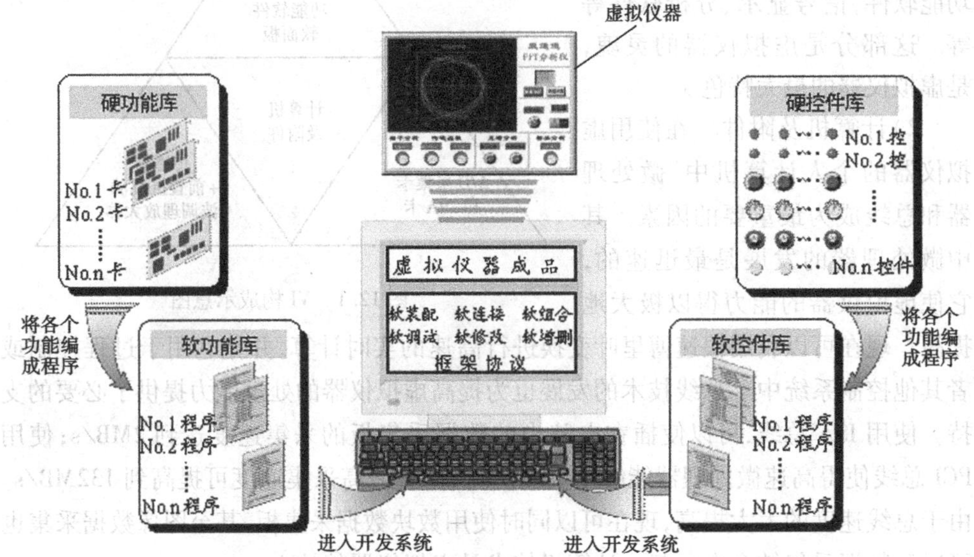

图 12.2 将一种(台)传统硬件仪器形成以 PC 为硬件平台的虚拟仪器

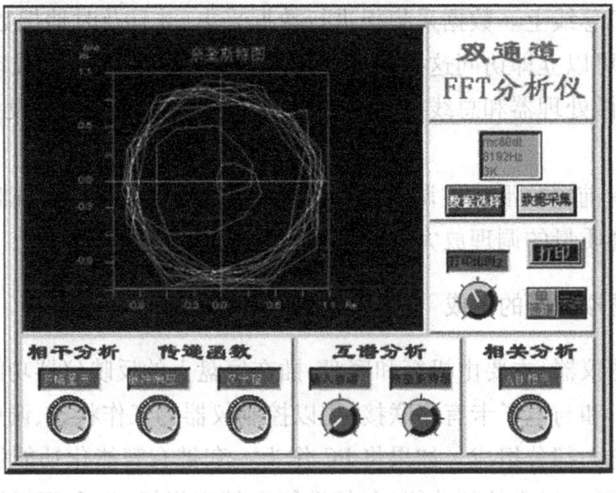

图 12.3 虚拟仪器外观图

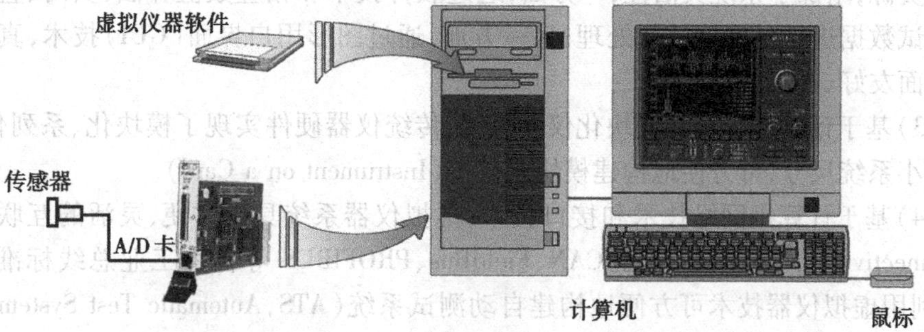

图12.4　虚拟式仪器系统的构成

12.1.8　虚拟仪器的特点

与传统仪器相比虚拟仪器有许多优势，如表12.1所示。

表12.1　虚拟仪器与传统仪器的比较

传统仪器	虚拟仪器
与其他仪器设备的连接十分有限	可方便地与网络外设、应用等连接
功能由仪器厂商定义	功能由用户自己定义
图形界面小，人工读数，信息量小	图形界面，计算机读数，分析处理
数据无法编辑	数据可编辑、存储、打印
硬件是关键部分	软件是关键部分
价格昂贵	价格低廉
系统封闭，功能固定，扩展性低	基于计算机技术开放的功能，模块可构成多种仪器
开发和维护费用高	基于软件系统的结构，大大节省开发维护费用
技术更新慢	技术更新快
多为实验室所拥有	个人可拥有一个实验室

现代化生产要求电子仪器品种多、功能强、精度高、自动化程度高，而且要求测试速度快、实时性好、具有良好的人机界面。虚拟仪器正可以实现这些要求。与传统仪器相比，虚拟仪器有以下优点：

1）融合计算机强大的硬件资源，突破了传统仪器在数据处理、显示、存储等方面的限制，大大增强了传统仪器的功能。高性能处理器、高分辨率显示器、大容量硬盘等已成为虚拟仪器的标准配置。

2)利用计算机丰富的软件资源,一方面,实现了部分仪器硬件的软件化,节省了物质资源,增加了系统灵活性;一方面,通过软件技术和相应数值算法,实时、直接地对测试数据进行各种分析与处理;另一方面,通过图形用户界面(GUI)技术,真正做到界面友好、人机交互。

3)基于计算机总线和模块化仪器总线,传统仪器硬件实现了模块化、系列化,大大缩小系统尺寸,可方便地构建模块化仪器(Instrument on a Card)。

4)基于计算机网络技术和接口技术,虚拟仪器系统具有方便、灵活的互联能力(Connectivity),广泛支持诸如CAN、FieldBus、PROFIBUS等各种工业总线标准。因此,利用虚拟仪器技术可方便地构建自动测试系统(ATS,Automatic Test System),实现测量、控制过程的网络化。

5)基于计算机的开放式标准体系结构。虚拟仪器的硬、软件都具有开放性、模块化、可重复使用及互换性等特点。因此,用户可根据自己的需要,选用不同厂家的产品,使仪器系统的开发更为灵活,效率更高,缩短了系统组建时间。

12.1.9 虚拟仪器的发展

目前,虚拟仪器在国内外都已取得很大发展。在国内,秦树人教授领导的重庆大学虚拟仪器研究开发中心,经过多年的工作,研发出30余种(系列)虚拟仪器产品,并提出了以下有关虚拟仪器发展的观点。

(1)21世纪的仪器产品应具有鲜明的个性

要求不同类型的产品具有不同的个性是21世纪产品发展的方向。而即使是同类型产品不同的类别,也应有不同的个性。例如目前全世界生产的FFT动态信号分析仪,无一例外地都具有时域、幅值域、频域(频谱)、传递相干、互谱、相关等分析功能。将这些大功能模块细化后可以多达上百个功能。但是用户真正需要用的功能往往不要这么多,而且不同的用户还要根据自己不同的用途,在这上百种功能中选择不同种类的功能。显然传统硬件仪器固有的封闭性(即一经制造完毕即不能按用户的要求改动)无法满足用户的这一要求。虚拟式仪器是开放系统,可以满足用户提出的对功能设置、功能增减的任何要求。因此虚拟仪器符合具有个性的这一特点。

(2)21世纪的仪器产品应具有参与性

这里所说的参与性主要是指用户可以参与仪器产品的设计、制造、维护等全过程。对于传统硬件化仪器产品,其设计、制造是专家和制造厂的事,用户虽然可以提出某些意见和要求,但不可能立即实现,而且用户也不可能参与产品的设计与制造。用户能做的事就是使用好已买回去的(绝不可能随意改动的)仪器产品。由图12.2所示的虚拟仪器系统结构可知,对于虚拟仪器,用户不仅可以参与、提出意见、提出要求,而且可以自行定义、自行在计算机上进行设计和制造。虚拟仪器是最具参与性特点的产品。

(3)21世纪的产品应具有快的响应速度

响应速度是相对于技术进步和市场需求而言的。毫无疑问,虚拟仪器作为一种以软件为主体的产品,在跟踪技术进步和市场需要方面、在更新换代和预测维修方面,其响应速度(包括产品生产周期和产品更新换代周期)是软件与硬件的较量,显然软件产品的响应速度是传统硬件产品完全不能比拟的。因此,虚拟仪器具有响应速度快的特点。

(4)21世纪的产品应最大限度实现绿色化

保护环境和节省能源是21世纪人类共同的战略任务,制造业必须承担起消除污染、保护环境、节约能源和资源的责任。当仪器设备的制造从硬加工转变为软加工后,其在硬加工中消耗的大量能源和大量原材料(资源),以及在制造、包装、运输、使用过程中产生的一切污染(废物、废气、废水和噪声)都将被消除,从而使虚拟仪器成为一类典型的绿色化产品。

(5)虚拟仪器的标准化、模块化、网络化

虚拟仪器从问世至今,一直走的是一条标准化、开放性、多厂商的路线,经过10多年发展,正沿着总线与驱动程序的标准化、软件模块化、硬件模块的即插即用化、编程平台图形化等方向发展。随着计算机网络技术、多媒体技术、分布式技术等的飞速发展,融合于计算机技术的虚拟仪器技术,其内容也更加丰富。例如,美国NI、HP公司以及泰克等公司均已开发出或正在致力于开发通过Internet网进行远程测试的开发工具;我国重庆大学测试中心研究的"仪器流技术",也实验成功虚拟仪器的网上传输,并将进一步推出现有虚拟仪器产品的网络版。

虚拟仪器技术是现代电子测量仪器发展的方向,它将继续沿着标准化、模块化、网络化方向发展,并必将在更多、更广的领域得到普及和应用。

12.2 虚拟仪器的总线系统

12.2.1 概述

在虚拟仪器中,总线系统是最重要的组成部分。按数据传送方式,总线系统可划分为"位并行"传送总线和"位串行"传送;按照使用范围划分,则有计算机(包括外设)总线、测控总线和网络通信总线等等。但无论哪一类总线,它们的共同的功能是通过共用的信号线把计算机或测控系统中的各种设备连成一个整体,以便相互间进行信息的交换。计算机、测控系统等采用总线结构设计后,在系统设计、生产、使用、维护上便产生了如下的一些优越性:

(1)简化系统设计

在计算机和测控系统中,采用总线结构设计,能使系统结构变得简单。根据总体性能，把系统分为若干功能子系统、功能模块，再利用总线将这些子系统或功能模块联系起来，按一定的规约进行协调工作，这就是现在广泛流行的模块化结构设计方法。按这种方法设计的系统，结构紧凑、明快。比如在微型机中，将 CPU、内存板及接口板等插在总线底板的插槽中，就组成了一个微机系统。如不采用总线结构，在过去有两种设计方法：一种是把系统要实现的功能全部设计在一块大板子上；另一种是把系统要实现的功能分成若干部分，分别设计各个功能，尤其是一些复杂的大系统，设计起来是非常困难的。后一种方法，虽然也是一种模块结构，但模块之间的连接很复杂、繁琐。本来可以公用的电路不能公用，增加了所需的器件和电路。

(2)获得多家厂商支持

已成为国际、国家标准的总线，或规范公开的总线，无版权私有问题。因此，各国的厂商只要它们认为有市场需要，就可设计、生产符合某种总线要求的功能模块和配套的软件。这有利于促进符合这种总线规范的产品的发展，丰富它的内容，提高它的性能。

(3)便于组织生产

具有总线式模块化结构的产品，与系统的联系就是总线规约，因此模块之间有一定的独立性。这就使得组织各专业化生产更容易，使产品的性能和质量得到进一步的提高和保证。同时，由于模板的功能比较单一，调试时仪器设备相对简单，对调试工人的技术水平要求不高，便于组织大规模生产。

(4)便于产品的更新换代

现代的电子技术发展迅速，为满足要求，产品需要不断升级换代。模块式结构的产品可及时更换新型器件，提高产品性能，而不必对系统作大的更改，往往只需更换某一块或某几块功能模块甚至个别器件即可跟上需要。

(5)维修方便

总线或模块化设计的产品，一般都有很好的故障诊断软件，很容易诊断出模板级的故障。一旦发现某块模板有问题，立即将其更换，系统就能很快重新投入使用。

(6)经济性好

由于简化了系统设计，便于组织大规模生产，因此能降低产品成本。用于测控系统和自动化制造系统的现场总线，还可以节省大量的现场连接电缆。

另外，由于有许多家厂商生产符合某种总线规约的产品，彼此竞争，使用户有更多的机会选择性能价格比高的产品。

虚拟仪器作为一种以计算机为支撑的测试仪器，为了达到优化结构、提高性能的目的，势必也要采用总线结构设计的方法。为充分利用这一设计方法的优越性，根据实际情况，从与之关系密切的计算机总线和测控总线中，选择合理的总线，是关键的第一步。因为总线选择的正确与否，将直接关系到虚拟仪器产品的使用性和以后的升级换代等一系列问题。

12.2.2 GPIB 总线系统

(1)概述

GPIB(General Purpose Interface Bus,通用接口总线)是一种国际通用的可编程仪器的数字接口标准,它不仅用于可编程仪器装置之间的互连、仪器与计算机的接口,而且广泛用作微型计算机与外部设备的接口。

(2)性能特点

GPIB 是一种异步数据传送方式的双向总线。如前述,它是由24 根线(IEC-IB 为25 根线,多了一根地线)组成的一条无源电缆。设备之间通过这条电缆传送两类信息:一类是为完成测试任务所需要交换的实质性信息,如设定设备工作条件的程控命令、获得测试结果的测量数据以及表明设备工作状况的状态数据等,统称为仪器消息。它直接由接口系统传送,但不为接口系统所使用;另一类则是为了完成上述仪器消息的传递,而使总线上各设备接口处于适当状态所需要传送的接口系统自身管理的信息,统称为接口消息。要构成一个有效的测试系统,正确地传送各类信息,需要将具有不同工作方式的各种设备正确地连接到接口总线上。设备的工作方式决定了相互之间信息的流通,系统中的每一个设备都按以下三种方式之一工作:

"听者"方式:从数据总线上接收信息。在同一时刻可以有两个以上的听者处于工作状态,具有这种功能的设备如微型计算机、打印机、绘图仪等。

"讲者"方式:向数据总线上发送信息。一个系统可以包括两个以上的讲者,但在每一个时刻只能有一个讲者工作。具有这种功能的设备如微型计算机、磁带机、磁盘驱动器等。

"控者"方式:用于整个系统的管理。比如启动系统中的设备,使其进入受控状态;制定某个设备为讲者,某个设备为听者;促使讲者和听者之间的直接通信;以及处理系统中某些设备的服务请求,对其他设备进行寻址或允许讲者使用总线等。控者通常由微型计算机担任,一个系统可以不止一个控者,但每一时刻只能有一个控者在起作用。

需要指出的是,一种设备可以兼有几种身份。例如在系统中的计算机,可以具有控者、讲者、听者三种功能。当然,这也并非必须。如打印机只需听功能,因为它只要完成接受打印信息即可。

确定了系统中每个设备的工作方式,要正确传送信息还得知道信息来自哪里,送到哪里去。也就是设备的识别定位问题。解决这一问题的方法就是给总线上的每个设备都赋予它自己的地址。然后,根据需要可以选择一个讲者和若干个听者就可通信了。

(3)GPIB 系统的构成

GPIB 总线结构和所连设备与总线的关系如图 12.5 所示。在某一时刻,某一设备工作于听状态,则意味着该设备从总线接收数据;若某设备处于讲者状态,则该设备向总线发送数据。控者用寻址别的设备的方法来实现对总线的管理或者批准某一讲者暂时使用总线。连到总线上的设备可以拥有前述三种基本工作方式之一、之二或全部。但是,在任何时刻,都只能有一个总线控者或一个讲者起作用。

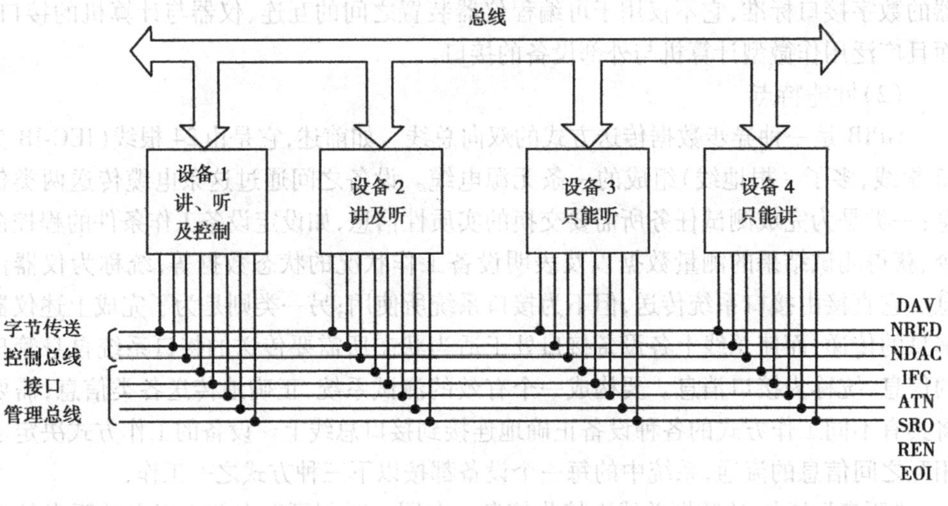

图 12.5　GPIB 总线结构与连接设备

(4)GPIB 总线的优缺点

1)是工业标准(IEEE—488),应用基础广泛

作为工业标准的 GPIB,得到了广大商家和用户的肯定,众多的仪器厂家设计制造了大批 GPIB 产品,成千上万的研究开发人员和无数的用户为 GPIB 产品的合理使用、性能完善进行深入广泛的研究。良好的市场基础和广泛的技术支持,使它的使用几乎深入到了测试领域的每一个角落。

2)数据传输速率较低,难以满足高速数据处理的需要

GPIB 的最高数据传输速率为每秒 1MB,这样的传输速率只能用于数据处理速度要求不高的场合。在进行高速数字化以及数字输入输出、有大量数据需要处理时,无法满足需要。这一局限性在一定程度上决定了 GPIB 的发展不会有更大的突破。

(5)GPIB 总线与微机的连接

对于带 GPIB 接口的仪器,要把它同计算机连接起来,构成一个自动测试系统,需要设计或购买一块专门的 GPIB 接口卡插在 PC 机上,之后就可以编程构建自己的系统了。开发 GPIB 总线虚拟仪器的硬件插卡,则需要设计专门的插件扩展箱,和计算机连接起来。对于使用 NI 的 LabView 和 LabWindows 的用户,编程工作会大大减少,因为 NI 免费提供大量 GPIB 仪器的源码级驱动程序,节省了用户在编程上的时间开销。对于一般的用户,编程工作还是比较麻烦的。

图12.6表示GPIB总线和仪器与计算机连接成在线测试系统。

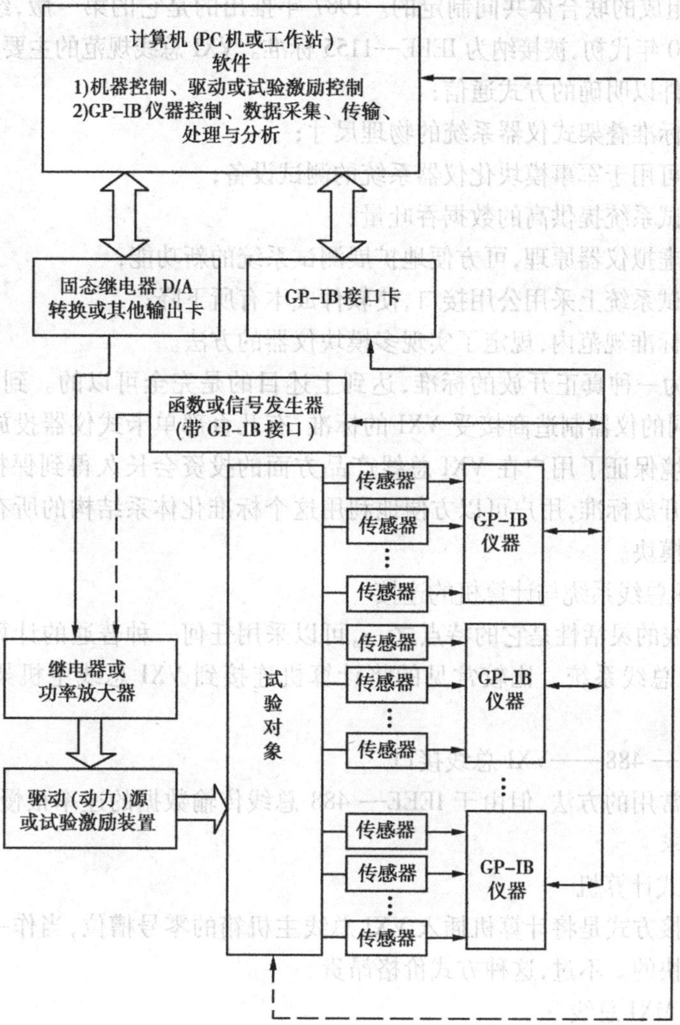

图12.6 GPIB总线与计算机连成在线测试系统

12.2.3 VXI总线系统

(1)概述

VXI是VMEbus Extention for Instrumentation的缩写，意为"VME总线在仪器领域的扩展"。它是继GPIB第二代自动测试系统之后，为适应测试系统从分立台式和装架叠式结构向高密度、高效率、多功能、高性能和模块化发展的需要，吸收智能仪器和PC仪器之设计思想，集GPIB系统和高级微机总线VMEbus之精华，于1987年推出的一种开放的新一代自动测试系统工业总线标准。VXI 总线规范由 5 家国际著名的测试和仪器公司组成的联合体共同制定的。1987 年推出的是它的第一版,经过修改和完善,20 世纪 90 年代初,被接纳为 IEEE—1155 标准。VXI 总线规范的主要目的是:

1)使器件以明确的方式通信;

2)缩小标准叠架式仪器系统的物理尺寸;

3)提供可用于军事模块化仪器系统的测试设备;

4)为测试系统提供高的数据吞吐量;

5)使用虚拟仪器原理,可方便地扩展测试系统的新功能;

6)在测试系统上采用公用接口,使软件成本有所下降;

7)在该标准规范内,规定了实现多模块仪器的方法。

VXI 作为一种真正开放的标准,达到上述目的是完全可以的。到目前为止,有 200 多家不同的仪器制造商接受 VXI 的标准,有几百部单卡式仪器投放市场。这一多供货商环境保证了用户在 VXI 总线产品方面的投资会长久得到保护。由于 VXI 总线是一种开放标准,用户可以方便地利用这个标准化体系结构的所有优点来设计自己的专用模块。

(2)VXI 总线系统与计算机的连接

VXI 总线的灵活性是它的特点之一,可以采用任何一种普通的计算机或操作系统控制 VXI 总线系统。比较常见的将计算机连接到 VXI 总线主机架上的方法有三种:

1)IEEE— 488——VXI 总线接口

这是最常用的方法,但由于 IEEE— 488 总线传输数据的速率很慢,某些情况下难以满足要求。

2)嵌入式计算机

这种连接方式是将计算机插入 VXI 总线主机箱的零号槽位,当作一个模块。传输速率是最快的。不过,这种方式价格昂贵。

3)采用 MXI 总线

通过 MXI 总线接口控制 VXI 总线系统的布局和使用 IEEE— 488 时的布局是相似的,MXI 总线接口在计算机中占据一个插槽,而 MXI-VXI 总线接口则插入 VXI 总线机架的零号槽。这种方式的传输速率比嵌入式计算机的要稍微低一些,比 IEEE— 488 接口的要快。

图 12.7 表示 VXI 总线和仪器与计算机的连接。

(3)VXI 总线的特点

1)VXI 总线是一种真正开放的标准

到目前为止,已有 200 多家制造商收到 VXI 总线联合体颁发的识别码,有千百部不同的仪器模块投放市场。大量商家同时参与竞争,有利于 VXI 器件品种的增加、性能完善。用户可以方便地利用这种标准化体系结构自由选择所需要的优良的器件，在最短的时间内，设计出廉价的、专用功能的仪器测试系统。

2）较高的测试系统数据吞吐量

与VME总线相容的VXI总线数据传送率理论值可达40MB/s，增扩的本地总线可高达100MB/s。不同等级器件优先权中断的使用，更能高效地利用数据总线。这都有助于提高整个系统的吞吐量。从而，降低了用户的测试费用，增强了竞争优势。

3）更容易获得高性能的仪器系统

VXI总线为仪器提供了良好的电源、电磁兼容、冷却等高可靠性环境，还有各种工作速度的精确同步时钟。这种比GPIB和PCI系统有利的得天独厚的条件，有助于获得比以往更高性能的仪器。

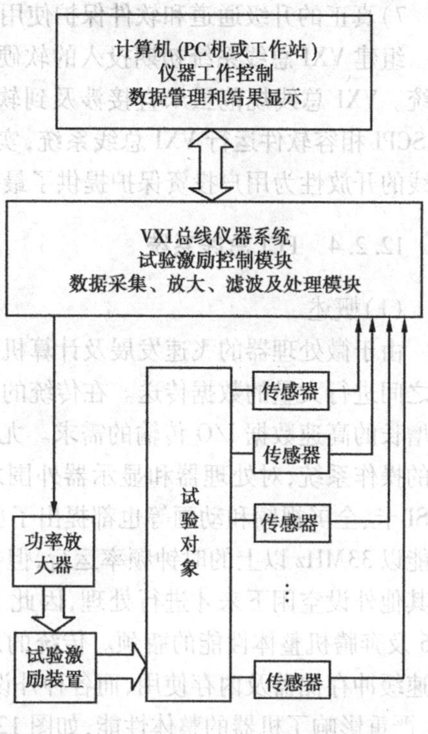

图12.7　VXI总线和仪器与计算机的连接

4）虚拟仪器概念成为现实

用户可借助VXI总线随意地组建不同的测试系统，甚至通过软件将VXI总线硬件系统分层次组成不同功能的测试系统。尽管VXI总线仪器没有面板和显示器，但操作者利用PC机具有图形能力的交互测试生成软件，可在显示器屏幕上根据各种信息产生各种曲线、图表、数据和仪器面板、操作菜单，甚至产生测试软件控制仪器系统运行。这样，VXI总线系统在用户面前随时可以演变成一个不同的具有传统仪器形象的测试系统，虚拟仪器概念变成现实。

5）缩小体积，降低成本

采用共用电源、消除面板、共用冷却、高密度紧凑的结构设计都有利于减小尺寸。选用需要的测试组件、较少的CPU管理等措施降低系统的冗余度，就会减小系统尺寸和降低成本。这些对经常需要建造庞大、多功能测试系统的军事用户来说是相当重要的。随着应用电子技术的普及，模块式仪器系统的重要性在商业民用部门也会提高。

6）与GPIB仪器相容，可混合使用，相得益彰

VXI总线仪器中定义了488—VXI接口器件和VXI—488仪器，使得VXI总线系统完全可以与GPIB测试系统共存，使两种系统的资源可同时调用。

7)真正的升级通道和软件保护使用户的测试系统永远不会废弃

组建 VXI 总线系统初期投入的软硬资源可以直接用于发展后的高级 VXI 总线系统。VXI 总线规范虽未直接涉及到软件,但 488—VXI 接口器的引入,允许 488.2 和 SCPI 相容软件运行 VXI 总线系统,实际上使用户软件投资得到保护。总之,VXI 总线的开放性为用户投资保护提供了最佳方案。

12.2.4 PCI 总线系统

(1)概述

由于微处理器的飞速发展及计算机应用领域的不断拓宽,经常需要在 CPU 和外设之间进行大量的数据传送。在传统的总线结构(ISA、微通道等)下,已不能满足日益增长的高速数据 I/O 传输的需求。尤其是 Windows 和 OS/2 之类面向图形用户界面的操作系统,对处理器和显示器外围之间传输数据的速度要求更高。LAN 网卡、SCSI 卡、全屏视频和动画等也都提出了更高的数据传输的要求。虽然高性能微处理器能以 33MHz 以上的时钟频率运行,但在传统总线结构下,因为要等待硬盘、显示卡及其他外设空闲下来才进行处理,因此 16 位的 ISA 总线控制结构已成为制约 386、486 及奔腾机整体性能的瓶颈。传统的总线结构往往把高速数据通道预留给 CPU、高速缓冲存储器及内存使用,而各种外设卡到扩充总线控制器的数据通道却既慢又窄,严重影响了机器的整体性能,如图 12.8 所示。

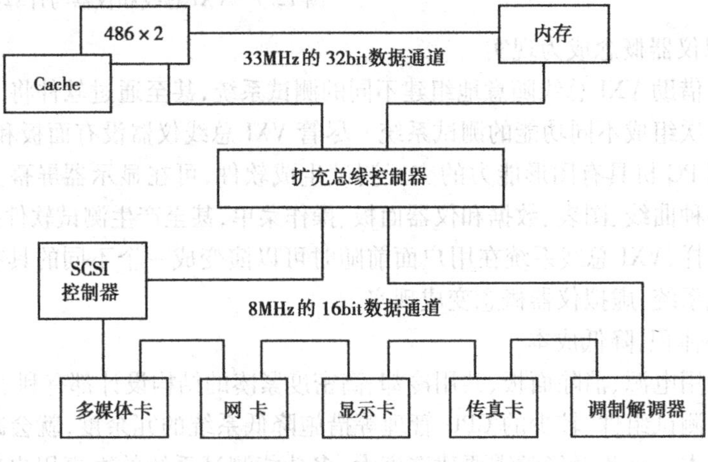

图 12.8 传统的总线结构

解决这一问题的最有效的办法是在传统总线结构基础上加以局部总线来改进总体性能。为此,在 20 世纪 90 年代初,由视频电子标准协会(VESA)和 Intel 分别提出了 VL-BUS 和 PCI(Peripheral Component Interconnect)两种先进的局部总线规范。它们都为系统提供了一个高速的数据传输通道,系统的各设备可以直接或间接地连接其上,各设备间通过局部总线可以完成数据的快速传递,从而很好地解决了数据传输的瓶颈问题。

两种局部总线相比,VL-BUS 针对图形加速,其带宽为 32bit,其数据传输率可达 132MB/s,但因其设计原则是以低价格占领市场,因而本身也存在一些问题:

1)VL-BUS 局部总线设计简单,无缓冲器,在 CPU 速度高于 33MHz 时,会导致处理延迟,产生等待状态;

2)每一个 VL 总线只能可靠地控制 3 台设备。

PCI 总线是一种先进的高性能的局部总线,针对整个系统。它以 33MHz 的时钟频率工作,带宽为 32bit,最高数据传输率可达 132MB/s,比 ISA 总线快 7~8 倍,并且总线时钟频率最高可达 50MHz。PCI 总线有严格的规范来保证高度的可靠性和兼容性,完全兼容 ISA、EISA、MAC 总线;支持多台设备,可以带相对较多负载(多达 10 台)且运行更为可靠;不受制于处理器,为 CPU 和高速外设提供了一条高吞吐量的数据通道,非常适用于网络适配器、磁盘驱动器、视频卡、图形加速卡及各类高速外设;支持即插即用的结构;采用多路复用技术等一系列优点更受到了众多厂家的支持,成为市场的主流。它从一开始就作为一种长期的总线标准加以制定,有广阔的发展前景。目前,PC 机市场绝大多数的奔腾机都以 PCI 为系统总线。当然,PCI 毕竟是局部总线,在系统中,仍需辅以 ISA/EISA 标准总线的支持。表 12.2 是 ISA,EISA,VESA,PCI 总线各自的特点。

表 12.2 标准总线与局部总线比较表

总线名称	ISA	EISA	VESA	PCI
数据传输位置	8/16	8/16/32	16/32	32/64
系统配置能力	资源冲突突出	有条件地自动配	较差	最强
配置方便性	人工,不方便	用 EISA 配置程序	一般	全自动最方便
峰值最高速率	<8MB/s	<33MB/s	<132MB/s	<528MB/s
驱动能力	依硬件类型	依硬件类型	依据硬件支持	与硬件无关
接纳 I/O 设备	低速广泛适用	中速广泛适用	中高速为主	允许高速设备
信号的兼容性	广泛	广泛	基于视频	相对广泛
成本价格	低	高	中等	将下降到中下
插座的引脚数	(31+18)×2	[(28+17)×2]+98	[(28+30)×2]+98	124/(32 位) 188/(64 位)
插座的兼容性	8 位/16 位卡	部分同 ISA	在 ISA 基础上	可靠的 MC 风格
物理尺寸	小/中/大,齐备	相对大小灵活	典型长卡,尺寸长	32/62 位两类

局部总线技术是 PC 体系结构发展史上的重大变革,它使外设与 CPU 和内存之

间的数据交换速度得到了质的飞跃。由于局部总线标准的建立和微处理器的飞速发展,PC 机和工作站之间的性能差距正在逐渐消失,为多媒体和视频应用的普及提供了物质基础。

(2)PCI 总线接口

由于 PCI 总线规范十分复杂,其接口的实现比 ISA、EISA 的技术难度大,其原因主要是:

1)各种 TTL 和 CMOS 逻辑、FPGG、PLD 等器件通常只有输出特性的直流指示,而实现 PCI 接口时,则必须选用输入输出的交流开关特性与 PCI 规范相符的器件。

2)PCI 是一种同步总线,绝大多数包含在高性能数据和控制路径中的逻辑都需要一个 PCI 系统时钟的拷贝,这一点与 PCI 苛刻的负载要求相矛盾。另外,在完成某些功能,如 32 位突发传送时,往往需要很多的时钟负载,而时钟上升沿到输出有效的时间必须小于 11ns,这进一步加重了时钟扇出问题。

3)实现 PCI 规定功能需要大量的逻辑。完成逻辑校验,地址译码,实现配置所需的各类寄存器等 PCI 的基本要求,大致需要 10 000 门逻辑。此外,往往还要加上诸如 FIFO,用户寄存器,后端设备接口等。

实现 PCI 接口的有效方案有 2 种:专用接口芯片和 PLD。专用芯片放置于系统或插卡特定功能与 PCI 总线之间,提供传递数据和控制信号的接口电路。这是一种能解决设计难点的有效方法。但前提是这种芯片必须具有较低的成本和通用性,而不只限于插卡一侧的特定处理器总线;能够优化数据传输;提供配置空间;具备片内 FIFO 功能(用于突发性传输)等。目前,只有少数厂家提供这类芯片,如 AMCC 开发的主/从控制接口芯片 S5930—33。

实现 PCI 接口控制的另一个行之有效的方案是采用 PLD。其特点是不受所需实现的插卡功能限制。设计灵活,开发周期短,易于维护。目前,ALTERA 提供有 CPLDD 器件 FLEX800 系列,Xilinx 提供有 FPGA 器件 XC3100A 系列,两者的电气特性均与 PCI 规范完全一致,可以应用于各类 PCI 接口设计。

图 12.9 表示 PCI 总线与计算机连接成在线测试系统。

(3)PCI 总线的电气特性

PCI 同时定义了 3.3V 和 5V 两种信号环境。相应定义了 2 种微通道型插槽和 3 种插卡,见图 12.10。由于定位标志的存在,5V 插卡只能插到 5V 插槽中,3.3V 插卡只能插到 3.3V 插槽中,只有通用插卡才能插到任意一插槽中。PCI 总线对负载要求十分严格。粗略估计,总线上允许 10 个电气负载,直接的硅连接作为一个负载,插卡作为 2 个电气负载。PC 机上单一的 PCI 总线通常只允许 3 个插卡。另外,1 个边缘连接插脚只允许连到一个元件引脚上,并且其负载不能超过 10pF。任何超出以上限制的设计都需要一个 PCI-TO-PCI 桥保证系统一致可靠。PCI 推荐使用表面安装工艺,以减小总线负载。

PCI 总线采用无端接方式，信号传输通过反射波实现。当一总线驱动器驱动某一信号时，往往只将信号电平驱动到实际所需电平的一半，信号传输至终点后完全反射回来，从而使信号电平加倍，达到所需驱动电平。当总线工作于 33MHz 时，信号往返时间不得超过 10ns。这种信号传输法，要求驱动器的输出阻抗与被驱动总线的特性阻抗大致相等。因此，PCI 指定了设备 I/O 驱动所必需的电压电流特性，特别是在电平转换瞬间的交流特性。

PCI 对信号时序也作了详细的规定。例如，当工作于最高频率 33MHz 时，要求总线上设备信号的建立时间小于 7ns，输出信号满足时钟上升沿至输出有效时间小于 11ns 等。

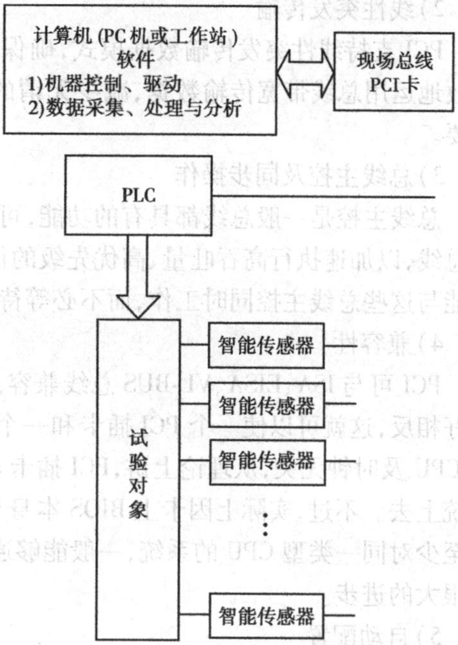

图 12.9　PCI 总线与计算机连接成在线测试系统

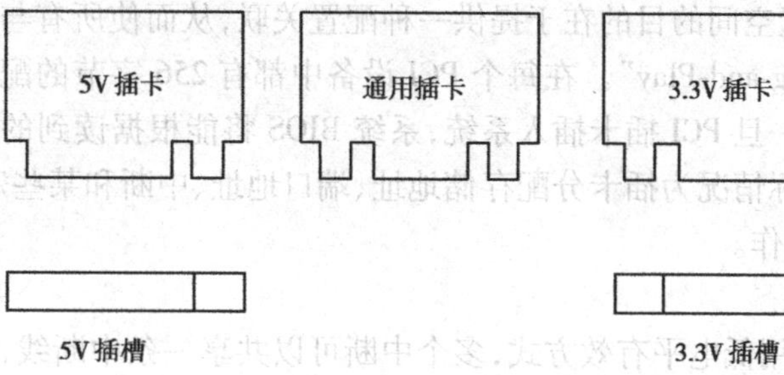

图 12.10　PCI 总线插槽和插卡

(4)PCI 总线的综合特点

PCI 总线作为一种优良的总线标准，与 ISA、EISA、VL-BUS 等总线相比有着显著的特点，表现在：

1)独立于 CPU 的结构设计

PCI 采用独立于 CPU 的设计结构，具有一种独特的中间缓冲器，将 CPU 子系统与外设分开。据此，用户可随意增加设备而不必担心会降低整机性能及可靠性。同时，这种设计也可确保 CPU 的不断更新换代，不会使其他个别系统的设计变得过时。PCI 局部总线与 Intel 处理器全线兼容，包括 Pentium、Overdrive 以及 686 处理器。

2)线性突发传输

PCI 支持线性突发传输数据模式,确保总线不断满载数据。线性突发传输能更有效地运用总线带宽传输数据,减少无谓的地址作业,该功能对高性能处理器尤为重要。

3)总线主控及同步操作

总线主控是一般总线都具有的功能,可让任一具有处理效能的外围设备暂时接管总线,以加速执行高吞吐量、高优先级的任务。PCI 独特的同步操作可确保微处理器能与这些总线主控同时工作,而不必等待总线主控操作的完成。

4)兼容性

PCI 可与 ISA、EISA、VL-BUS 总线兼容。由于 PCI 插卡的元件放置与一般 ISA 卡正好相反,这就可以使一个 PCI 插卡和一个 ISA 插卡共用一个位置。由于 PCI 指标与 CPU 及时钟无关,从理论上讲,PCI 插卡是通用的,可插到任何一个有 PCI 总线的系统上去。不过,实际上因卡上 BIOS 本身与 CPU 及 OS 有关,不一定做得那么通用,但至少对同一类型 CPU 的系统,一般能够通用。在这一方面,PCI 总线比 VL 总线有了很大的进步。

5)自动配置

ISA 的插卡往往需要设置开关和跳线,不方便。PCI 总线规范保证了 PCI 的插卡可以自动进行配置。PCI 定义了 3 种地址空间即存储器空间、输入/输出空间和配置空间,PCI 定义配置空间的目的在于提供一种配置关联,从而使所有与 PCI 兼容的设备实现真正的"Plug-and-Play"。在每个 PCI 设备中都有 256 字节的配置空间用来存放自动配置信息,一旦 PCI 插卡插入系统,系统 BIOS 将能根据读到的有关该卡的信息,结合系统的实际情况为插卡分配存储地址、端口地址、中断和某些定时信息,从根本上免除了人工操作。

6)共享中断

PCI 总线是采用低电平有效方式,多个中断可以共享一条中断线,而 ISA 总线是边沿触发方式,且不能共享。

7)扩展性好

如果需要把许多设备接到 PCI 总线上,而总线驱动能力不足时,可以采用多级 PCI 总线。这些总线都可以并发工作,每个总线上都可以接挂若干设备。因此,PCI 总线结构的扩展性是非常好的。

8)严格规范

PCI 总线对协议、时序、负载、电性能和机械性能指标等都有严格的规定,这正是其他总线不及的地方,从而也保证了它的可靠性和兼容性。当然,由于 PCI 总线规定十分复杂,其接口的实现较 ISA、EISA 有着较高的技术难度。

9)低成本

采用电气/驱动总负载与频率符合 ASIC 标准工艺和其他电气工艺流程；采用多路转换，使引脚数很少；PCI 部件尺寸小，尽可能使更多的功能装入指定尺寸的部件中。上述措施，大大降低了成本。

PCI 总线是一种用于 PC 机典型的总线系统，由于 PC 机具有极广大的用户，因此尽管 PCI 总线有若干缺点，但仍然是应用最广泛的总线系统。

12.3 虚拟仪器开发系统

12.3.1 概述

虚拟仪器具有两个基本特征：①以通用计算机为支撑；②硬件功能软件化。对于硬件功能软件化，其实质就是软件编程，以实现虚拟仪器的外观(面板)、控件(旋钮)和具体的功能，比如：FFT 变换、A/D 转换、函数发生器等。这项工作对一般用户而言，是相当困难的。一方面，要清楚各种仪器的原理和构成；另一方面，要有计算机编程经验。也就是说，用户若要自己开发一个虚拟仪器，首先就是了解清楚仪器的构造，深入学习难懂的 C/C ++ 编程。这是不切实际的，也不利于测试工作的进行。而对于专门的虚拟仪器开发人员，每开发一台仪器，都要重复一些以前做过的类似工作，也是一种时间和精力的浪费。比如说，要开发两种不同型号却有相同显示面板的示波器，生成面板部分的代码就必须写两次，重复劳动，很麻烦。如果能开发一个虚拟仪器生成系统，将构建一台仪器所需的各个部分，事先做好，保存起来，到使用时直接调用，事情就方便多了。相同的工作，只要做一次，以后无须重复便可以满足要求。

NI 的 LabView 和 HP 公司的 VEE 就是这样的虚拟仪器开发系统。以 LabView 为例，它是一个图形化的编程工具，要构建一台仪器，只需进行一些简单的连线即可。但是，对于普通的使用者来讲，这样的连线其实并不简单。原因是对仪器的内部构造没有深入的了解，不知道线该怎么连。如果是一个很复杂的仪器，更是无法下手。由此看来，这样的开发系统，只适合测试和工程领域的专家使用。对于一般的用户，更需要的应该是一种要求更低的系统。既不需要学习难懂的 VC ++ 编程，也不需要深入剖析各个仪器的内部构造，仅需做些更简单的工作就可以生成所需仪器。本章讲述的就是一个虚拟仪器系统，主要面向非专家类的使用者，相对 LabView 而言，降低了对用户的要求。它力图在系统自身内部做好大量的专业性的工作，留给用户的只是进行一些简单的选择，以及其他的一些相当轻松的任务，比如，调整显示面板的大小和位置、确定各旋钮的位置等。而且，在用户构造仪器的过程中，系统提供周到、仔细的帮助，提示用户每一步的具体做法和下一步即将做什么。即使是不懂测试的人员，只要他会操作计算机，那么，通过系统的帮助，也能很快构造出所需的仪器。事实上，要开发出上述所讲的一个系统，并不简单。因为用户做的工作少了、简单了，系统内部就需处理更多、更复杂的事务,要考虑各种可能的情形。其次,既然是面向更普通的使用者,系统的帮助就应该是相当全面和完善的,不仅能解决构造仪器过程中所遇到的一般性问题,还要能就一些比较专业的知识给出浅显易懂的描述和表达,使用户易于理解。存在多种选择方案时,考虑到用户的实际情况,应能有些必要的比较和分析,提出参考意见,协助用户作出明智的选择。利用开发系统使用户实现自定义、自设计、自研制仪器,实际上是一项相当繁杂的工作。本章介绍本书著者研制的框架协议开发系统,这一系统与 LabView 不同,它可直接开发出各种虚拟仪器而无须用户自己编程。

12.3.2 "框架协议"开发系统简介

(1)测试仪器设计制造新概念

虚拟仪器既然是一类软件化的仪器,它的设计与制造和传统的硬件化仪器比较,从形成到内容都发生了深刻的变化。可以说,虚拟仪器的设计制造是测试仪器设计制造的全新概念。

图 12.11 表示了这一新概念及其与传统硬件化仪器设计制造的区别。

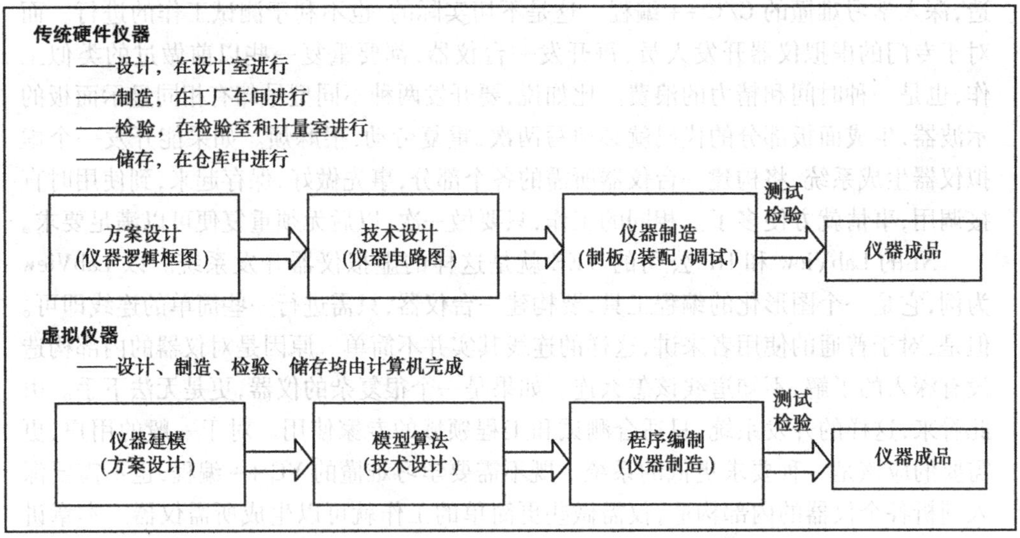

图 12.11 虚拟仪器的设计与制造——测试仪器设计制造新概念

(2)虚拟仪器的开发系统

目前比较流行的开发系统是美国 NI 的 LabView 图形编程系统。本书介绍一种由我国自行研制的"框架协议"开发系统(Frame Agreement System)。利用这种开发系统可实现多种形式和功能的测试仪器的开发(设计与制造)。"框架协议"系统由功能库、控件库、开发系统、帮助模块和成品库等几个部分组成,具体构成如图 12.12

所示。

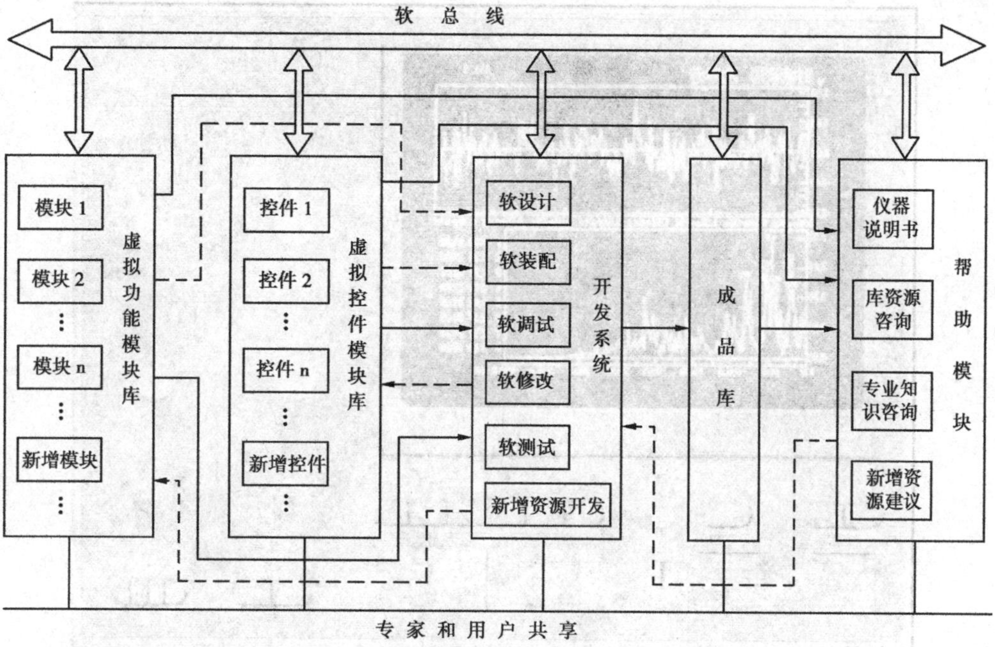

图12.12 “框架协议”开发系统组成图

以下对该系统结构作一些说明。

1)功能模块库

将一批测试计量仪器(如零级电压表、一级毫安表、超低频示波器、多线高频记忆示波器、函数信号发生器、频率/时间测量仪、相位计、测温仪、自记仪、流量计、噪声振动测试仪、扭矩仪、转速仪、FFT分析仪、实时倍频程分析仪等数十上百种电量、非电量测量仪及静态、动态测试测量仪)的功能、技术参数和精度指标以模块的形式存放,形成一个测试功能软件库。

2)控件库

存放着一大批以软件形成的形象逼真的仪器、仪表控制零件和元件。例如量程开关、波段选择开关、按钮、旋钮、电位器、滑块、信号灯等,供“框架协议”系统构造虚拟仪器时调用。

3)开发系统

功能模块库和控件库是构成虚拟式仪器的基本构件,开发系统模块则像一个设计所和实验室。它为形成仪器产品提供技术支持。科技人员或用户可利用开发系统的功能,调用功能模块库中的功能模块和控件库中的控件,按照仪器成品的技术要求和各种控制关系对产品进行软设计、软装配、软调试、软修改、软测试等软操作,直至形成虚拟仪器的成品,并输送至成品库。图12.13表示一个由开发系统开发完成的虚拟仪器的成品。

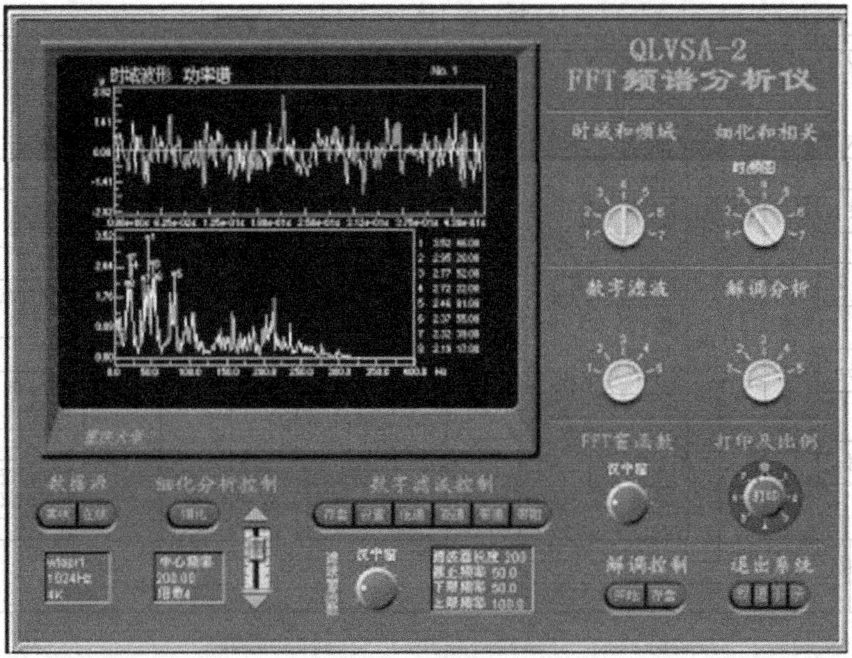

图 12.13　虚拟式 FFT 频谱分析仪

4) 成品库

由开发系统开发的仪器成品,全部存放于成品库,用户可根据需要通过计算机的键盘或鼠标进行调用。

5) 帮助模块

由于虚拟式测试仪器结构在“框架协议”系统中除去可以利用功能模块库和控件库中已有的功能模块和控件进行设计、装配、调试从而形成成品进入成品库外,还可利用系统中的帮助模块直接面向用户,并根据用户的要求,为设计构造新一类仪器提供咨询和相应的信息。例如用户要求的新仪器需要哪些功能模块和控件模块,哪些功能模块和面板控件是系统中已有的,哪些是需要新开发的,以及新仪器中功能模块和面板控件间应建立何种控制关系,两者的软连接接口应如何设计等都可通过帮助模块来加以实现,从而可产生新的虚拟式仪器。“框架协议”开发系统这一功能,使它成为既具开放性又具可逆性的测试仪器系统。开放性是指任何时候仪器系统的功能和成品可随意增减、删除、修改;可逆性是指仪器的成品既可按(已有功能模块+已有控件)⟶成品,又可面向用户按用户要求⟶(新功能模块 +新控件)⟶新成品。

按照虚拟仪器的这一开发系统模式生产的成品将包括:功能单一的仪器,功能多样的仪器，集数十上百种功能于一体的大型仪器系统或仪器库（相当于一个实验室或一个车间、一个工厂）。这一开发系统既是可由专家定义、开发，又可由用户定义开发的开放系统，还是一个可随时改变库函数的可逆系统。

参考文献

1. 秦树人等．集成测试技术与虚拟式仪器．中国机械工程，1999，10（1）：77～80
2. Shuren Qin. Integrated Testing Technology and Virtual Instrument. Proceedings of 1st. ISIST, Aug., 1998
3. 秦树人．虚拟仪器——测试仪器从硬件到软件．振动、测试与诊断，2000，20（1）
4. 美国 NI 公司．虚拟仪器——仪器技术的重大革命．1997（资料）
5. 梁毅，高葆新编译．虚拟仪器性能的推动力．国外电子测量技术，1997（3）
6. 王常年译．组建自己的虚拟式仪器．国外电子测量技术，1996（6）
7. 林正盛．虚拟仪器技术及其应用．电子技术应用，1997（3）：24～26
8. 韩九强等．虚拟仪器软件开发平台的研究．西安交通大学学报，1997，31（9）：6～9
9. 刘昱等．仪器仪表测试平台的研究——Labview 图形编程环境的应用，电子技术应用，1996（1）：22～24
10. 刘阳．虚拟仪器的现状及发展趋势．电子技术应用，1996，（4）：4～5
11. 刘金甫．航空 VXI 总线应用技术开发中应重视虚拟仪器技术的研究．测控技术，1996，15（6）：26～28
12. 李歌雨．Java 应用程序中图像按钮的实现．计算机世界，1997（12）：79～80